LED 器件选型与评价

LED Package Selection And Characterization

编著｜康玉柱 杨恒 林太峰

中国电力出版社
CHINA ELECTRIC POWER PRESS

内 容 提 要

本书主要介绍设计LED照明产品时常用的LED器件评价与选型的基础知识和实操方法。全书共分为5章，分别介绍照明基础知识、LED器件原理、LED器件可靠性、LED器件的选型以及应用案例。全书内容由浅入深，以LED器件的评价方法为主线贯穿全书，各章节又自成体系，可跳跃阅读。

本书适合大专以上的学生、工程师阅读，也可供大专院校师生参考。

图书在版编目（CIP）数据

LED 器件选型与评价 / 康玉柱，杨恒，林太峰编著 . —北京：中国电力出版社，2021.11
ISBN 978-7-5198-5783-7

Ⅰ . ①L… Ⅱ . ①杨… Ⅲ . ①发光二极管 - 选型②发光二极管 - 质量评价 Ⅳ . ① TN383

中国版本图书馆 CIP 数据核字（2021）第 130190 号

出版发行：中国电力出版社
地　　址：北京市东城区北京站西街 19 号（邮政编码 100005）
网　　址：http://www.cepp.sgcc.com.cn
责任编辑：丁　钊（010-63412393）
责任校对：黄　蓓　常燕昆　朱丽芳　于　维
装帧设计：王红柳
责任印制：杨晓东

印　　刷：北京雁林吉兆印刷有限公司
版　　次：2021 年 11 月第一版
印　　次：2021 年 11 月北京第一次印刷
开　　本：710 毫米 ×1000 毫米　16 开本
印　　张：34（2 插页）
字　　数：760 千字
定　　价：98.00 元

前言

近几年 LED 照明技术越来越成熟，竞争也越来越激烈。许多厂家纷纷寻找"新蓝海"，开拓高附加值领域。其中，智能照明、人因照明、植物照明等照明的新领域，往往都有一个共同特点，那就是不再以单独追求光效为目标，而是更看重光品质。光品质的基础是光谱，按需提供光谱，也就是所谓的光谱工程，是当下研究和应用的重点。以往获取光谱及其参数基本是靠机器测试，但在光谱工程时代，一般都需要进行光谱模拟，对假想的光谱进行参数计算，再结合试验确定最终方案。因此基于光谱的各种计算，成为当前从事照明新领域的相关人员必备技能。

另外，智能照明、人因照明、植物照明等高附加值领域，对产品可靠性的要求往往较高，如何根据加速寿命试验得到的数据来计算实际应用环境下照明产品的寿命，以及如何设置恶劣测试条件来模拟实际的恶劣应用环境来评估产品的可靠性，也成为当前从事照明新领域的相关人员必备技能。

由于目前 LED 产品品牌、种类、型号非常多，例如，仅三星 LED 一个品牌目前就有 1000 多个型号。此时照明厂商需要快捷有效的评价工具，根据产品需要，对众多 LED 器件进行综合评价，选用最合适的 LED 器件来开发产品。这是当前从事照明新领域相关人员的另一项必备技能。

目前市场上缺乏引导工程师了解和掌握以上三个技能的参考书籍，相关书籍往往仅在单一领域深入讲解，此时缺乏相关专业领域背景的工程师很难快速理解和掌握相关知识及计算方法。例如光度、色度参数计算，有专门的光度学、色度学书籍，但这类书籍全都与照明无关，仅从颜色角度来深入阐述，而从事照明工作的工程师是不需要了解那么多与色度有关的知识，如非相关专业，也很难理解那么多且深奥的专业知识。再如可靠性，也有很多电子元器件、半导体器件的可靠性书籍，但没有仅针对 LED 可靠性的单一书籍和具体计算过程。此类可靠性书籍往往非常深奥，需要大量的数学知识，很多工程师望而生畏。其实 LED 可靠性的核心计算只需要深入了解和运用对数正态分布和威布尔分布即可。具体到 LED 器件评价与选型，就更加没有现成的书籍参考，更多是要在工作中积累经验。本书作者从事 LED 照明产品开发和 LED 器件技术支持工作多年，有丰富且实用的评价理论和选型技巧，本书将这些经验分享给工程师，可让工程师在实际工作中少走弯路。

全书分为 5 章。第 1 章主要介绍照明基础知识，包括光度学、色度学和常用照明标准，着重举几个计算实例，这一章是第 4 章的基础。第 2 章简要介绍 LED 器件的工作原理和生产工艺，目的是让读者更好地理解 LED 器件可靠性的影响因素，故这一章是第 3 章的基础。第 3 章介绍可靠性一般理论，具体介绍 LED 有关的两个常用可靠性指标——光衰寿命和开关寿命，同时介绍环境因素对 LED 器件可靠性的影响，第 3 章同样是第 4 章的基础。第 4 章具体介绍 LED 器件的评价与选型。第 5 章是具体应用实例，选择植物照明和人因照明两个典型例子，内容详细，工程师可按照此章内容制作出可用的样品。

全书内容有明显层次划分，大部分内容为所有读者均可阅读的内容。涉及计算时，会分为三个层次。第一个层次适合 LED 设计总监阅读，内容是计算原理和计算步骤；第二个层次适合经理阅读，内容是具体的公式推导和计算细则；第三个层次适合工程师阅读，内容为计算程序和相关注释。这样划分，读者可对内容进行选择性阅读，分别可把握宏观、微观和操作层面的内容。

本书可作为一本案头实用工具书，让读者在实际工作中随时有理论依据可查，有计算工具可用。读者在阅读本书时，如果有问题需要讨论，可搜索 QQ 群 811382768，验证信息"读者"，加入该群后可讨论与本书有关内容。全书有较多具体计算程序，统一用当前火热且易于上手的 Python 编写，工程师不需要大的修改即可直接套用相关计算程序作为产品开发时的辅助工具。本书涉及的程序源代码以及部分资料也可在群文件处下载。

此外，本书作者计划针对个别较难理解的章节和内容，录制一些讲解视频，并放在网上供读者观看，有需要的读者请登录 https://www.bilibili.com/，并搜索 Up 主 Pascalkang 观看。

在此对中国电力出版社的建议和鼎力支持深表感谢，限于作者学识和能力，书中不当和欠缺之处，请予以批评指正。

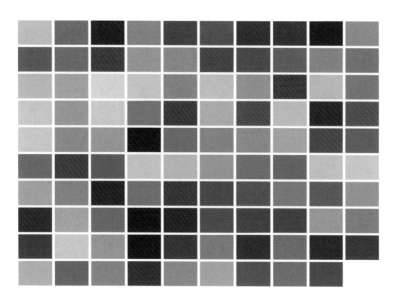

彩图 1　TM—30 所采用的 99 个标准色样

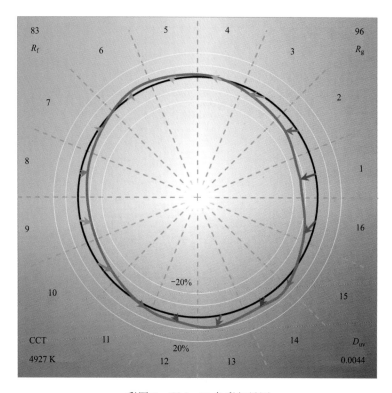

彩图 2　TM—30 色彩矢量图

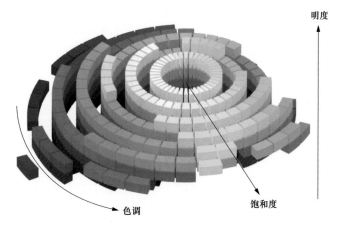

彩图 3　明度、饱和度、色调

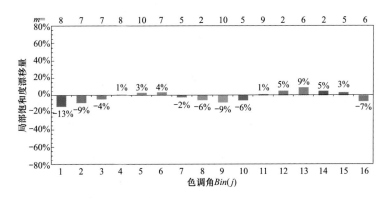

彩图 4　局部饱和度漂移量展示方法

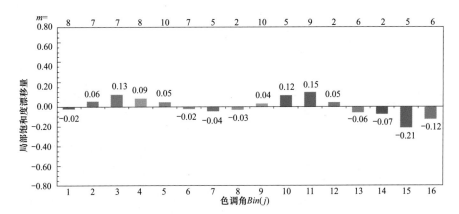

彩图 5　局部色调漂移量展示方法

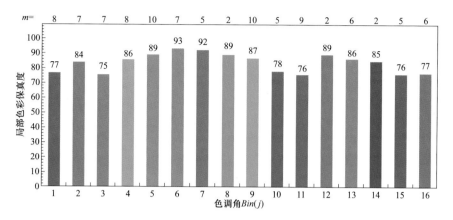

彩图 6　局部色彩保真度展示方法

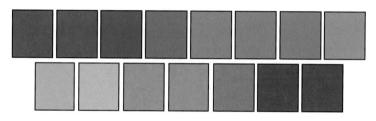

彩图 7　CQS 计算用 15 个颜色样本（在 D65 照射下）

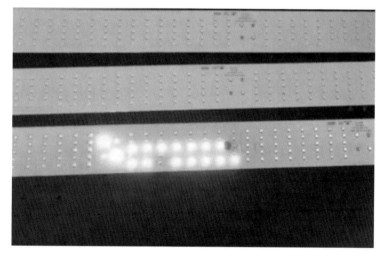

彩图 8　旁路通道产生的不良现象

目录

目录

目录

目录

第 1 章 ● 照明基础知识

1.1 光 度 学

可见光能被人眼感知，当可见光照射到物体上且反射到人眼时，就形成了视觉，人能感知物体的明暗、颜色、材质等特性，这个过程就是照明。人眼接收光信号并最终传递到大脑形成视觉，是一个很复杂的生理过程，这一过程并不是纯物理过程，并且人眼对不同波长光的敏感程度不同，此时研究光的特性及其参数，即研究涉及照明时光的特性及其参数，需要根据视觉特性来加权处理，其相关理论称为光度学。本节介绍光度学，以下先回顾照明的历史和光学基本概念，然后介绍光度学常用概念及相关计算。

1.1.1 照明历史

人类历史上最重要的照明用光源当属太阳，太阳是一个由氢为主要成分组成的炽热气态球体，其内部温度高达几百万摄氏度，表层热力学温度大约在 6000K。太阳每时每刻都向地球发送光和热，其能量是由太阳内部不断进行的热核聚变反应而产生的。当然这当中不仅有可见光，还有大量红外线、紫外线、X 射线等。正午的日光在地面上可形成 10^5lx 以上的照度。古代白天照明主要靠太阳。到了晚上，有月亮的情况下可以靠月亮进行一定程度的照明，只是照度很低，满月时大约也只有 0.2lx，这大大限制了人类的夜间活动。随着人类改造自然能力的不断提高，为了在太阳落下后能驱散黑暗，继续工作生活，人们开始自己制造光源。人类制造和利用光源的历史几乎是与人类的发展史一样漫长。最先被人类利用的光源是火光源。早在四、五十万年前，北京周口店猿人就已经懂得从自然界的失火中引来火种，并使之不断燃烧发光，保持黑夜有照明。大约在十万年前，到了古人类时期，人类学会了用石块摩擦取火和钻木取火。后来人们又发明了蜡烛、煤油灯、煤气灯，但都没有摆脱利用火来取光。大约在 1807 年，英国的弗莱·戴维在一次化学实验中发现，当两根带电的炭棒接近到一定距离的时候，会发出极亮的弧光，随后他发明了用碳极做的弧光灯。英国物理学家和化学家约瑟夫·威尔逊·斯旺随后利用电流通过碳丝时产生发光的道理，研制出了碳丝电灯，但寿命较短。美国大发明家托马斯·阿尔瓦·爱迪生先后采用 1600 多种材料做成的灯丝进行试验，最后选定用钨丝作为灯丝，使灯泡寿命达到了 1 万 h，电灯自此取代了煤气灯。随着科学技术的进步，电光源不断发展，不断出现新品种。1931 年发明低压钠灯，1936 年发明荧光灯和高压汞灯，1959 年发明卤素灯，1964 年发明金卤灯，1965 年发明高压钠灯，1973 年发明三基色荧光灯，1980 年发明紧凑型荧光灯，1991 年发明高频无极灯。

2000 年以后，随着发光二极管（LED，Light Emitting Diode）技术的成熟，半导体照明成了新一代照明，更加节能，寿命也更长。

1.1.2　光学基本概念

光可用波长、频率、速度等物理量来表征。波长通常用 λ 表示，频率用 υ 表示，光速用 c 表示，其中 c 在真空中为常数，其值为 299792458m/s，一般可按照 3×10^8 m/s 来近似。波长、频率、速度三者关系为

$$\lambda = \frac{c}{\nu} \tag{1-1}$$

按国际单位制，波长一般使用 nm（纳米）、μm（微米）、mm（毫米）、m（米）、km（千米）等单位，频率一般使用 Hz（赫兹）为单位，能在人眼的视觉系统中引起明亮感觉的电磁辐射称为可见光，可见光对应的波长（真空中）为 380～780nm，对应频率为 $3.8 \times 10^{14} \sim 7.9 \times 10^{14}$ Hz。从 380～780nm 人眼感受到的颜色分别为紫色、蓝色、绿色、黄色、橙色、红色，电磁波频谱如图 1-1 所示。

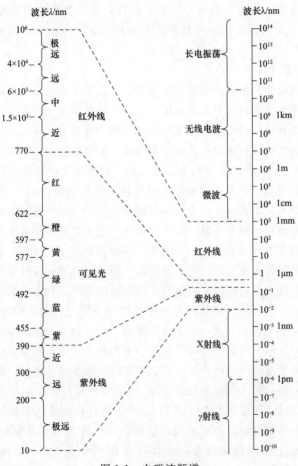

图 1-1　电磁波频谱

　　将辐射的强度按波长或频率（一般使用波长）绘制成图谱，称为光谱。某种光源发射的光可由它的光谱能量分布 $P(\lambda)$ 来表示，其中 λ 是波长。光谱能量分布是指光的能量密度随波长变化而变化的情况，其曲线下方与波长坐标轴围成的面积，即是该光源的能量。一般把 $P(\lambda)$ 称为绝对光谱。将 $P(\lambda)$ 除以其最大值进行归一化，得到的光谱 $S(\lambda)$ 称为相对光谱。相对光谱与绝对光谱的关系为

$$S(\lambda) = \frac{P(\lambda)}{\max[P(\lambda)]} \tag{1-2}$$

　　将 $P(\lambda)$ 除以光源能量使其曲线下方面积为 1 进行归一化，得到的光谱 $E(\lambda)$ 称为等能光谱。等能光谱与绝对光谱的关系为

$$E(\lambda) = \frac{P(\lambda)}{\displaystyle\int_0^\infty P(\lambda)\mathrm{d}\lambda} \tag{1-3}$$

　　当一束光中各种波长的能量大致相等时，称其为白光；若其中各波长的能量分布不均匀，则称其为彩色光；当一束光只包含一种波长的能量，而其他波长的能量都为零时，称其为单色光。三种光色的相对光谱能量分布如图 1-2 所示。

　　理想的白光和单色光都是不存在的。例如透过大气层的日光平均光谱，即重组日光光谱，如图 1-3 所示。而对单色光光源来说，普遍存在一定的光谱宽度。实际中有多种光谱展宽效应，例如半导体发光是电子从价带跃迁到导带，两个能带均为一个范围，故而造成了跃迁能量有多种数值。

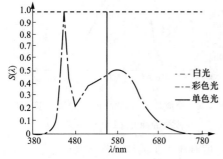

图 1-2　三种光色的相对光谱能量分布

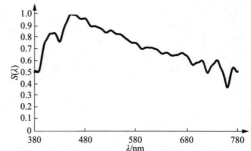

图 1-3　重组日光光谱

　　此外无法从根本上避免的是光谱自然展宽。根据量子力学中的海森堡不确定原理，某激发态能量的不确定性 ΔE 和电子在该能态的平均寿命 Δt 之间存在如下关系

$$\Delta E \cdot \Delta t \geqslant \frac{\hbar}{2} \tag{1-4}$$

式中：$\hbar$ 为约化普朗克常数，与普朗克常数 $h(6.63\times10^{-34}\mathrm{J\cdot s})$ 的关系为

$$\hbar = \frac{h}{2\pi} \tag{1-5}$$

对电磁波来说，能量为普朗克常数与频率的乘积

$$E = h\nu \tag{1-6}$$

两边求微分可得

$$\Delta E = h\Delta\nu \tag{1-7}$$

式（1-1）两边求微分，可得

$$\Delta\lambda = -\frac{c}{\nu^2}\Delta\nu$$

$$= -\frac{\lambda^2}{c}\Delta\nu \tag{1-8}$$

其中负号表示二者负相关，运算中可略去。

由式（1-4）、式（1-5）、式（1-7）、式（1-8）化简可得

$$\Delta\lambda \geqslant \frac{\lambda^2}{4\pi c\Delta t} \tag{1-9}$$

一般电子处于激发态的典型寿命为 10^{-8} s，代入式（1-9）可估算出光谱展宽约为 5.4×10^{-6} nm，这与半导体单色光源通常几纳米的宽度相比是非常微小的，所以光谱自然展宽通常不占主导地位。一个典型的峰值波长 450nm 蓝光 LED 的相对光谱如图 1-4 所示。

如果是蓝光芯片激发荧光粉转换得到的单色光，则光谱会更宽一些，例如图 1-5 所示为峰值波长为 540nm 的蓝光激发荧光粉转换的绿光 LED 相对光谱。

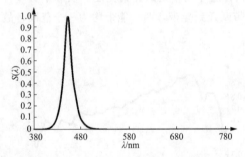
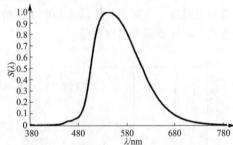

图 1-4　蓝光 LED 的相对光谱　　图 1-5　峰值波长 540nm 的蓝光激发荧光粉
转换的绿光 LED 相对光谱

对于光谱只有一个峰值的相对光谱，能量密度对应于 1 的波长称为峰值波长，用符号 λ_P（Peak Wavelength）表示。此外由相对光谱还可求出主波长，用符号 λ_D（Dominant Wavelength）表示，关于主波长的定义和计算方法将在 1.2 节介绍。此外，对于单峰值光谱，光谱的宽窄可用光谱半峰宽 FWHM（Full Width Half Maximum）来表征，记为 δ_λ，单位 nm。峰值左侧对应相对光谱值为 0.5 的波长，记为 λ_L；峰值右侧对应相对光谱值为 0.5 的波长，记为 λ_R，则光谱半峰宽可用式（1-10）算得，其含义如图 1-6 所示

$$\delta_\lambda = \lambda_R - \lambda_L \tag{1-10}$$

图 1-4 所示蓝光的 FWHM 约为 18nm，图 1-5 所示绿光的 FWHM 约为 108nm，而普通芯片直接发光的绿光 LED 的光谱半峰宽（FWHM）典型值为 30～40nm，显然蓝光激发荧光粉转换得到的单色光谱半峰宽要大很多，如果用于显示，光谱半峰宽数值大会导致色域（Color Gamut）变小，有关色域的内容将在 1.2 节介绍。相对光谱一般是由

测试得出，也可通过理论计算或模拟得到，通常没有解析表达式，往往只有一些离散点的值，实际中用得比较多的是 5nm 间隔和 1nm 间隔的数据，对 380～780nm 的可见光波段来说，分别对应有 81 个数据点和 401 个数据点。一般用 1nm 间隔的数据来做光度和色度计算，精确度就足够了。如果只有 5nm 间隔的光谱数据，可通过三次样条插值的方式获得近似 1nm 间隔的数据。

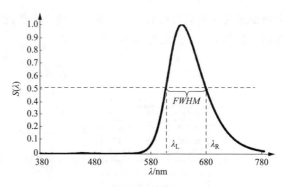

图 1-6 光谱半峰宽示意图

对单色 LED 的相对光谱来说，作为一阶近似可用正态分布的概率密度曲线表示，因此用峰值波长 λ_P 和光谱半峰宽 δ_λ 两个量就足以描述，这给模拟 LED 相对光谱带来了极大的便利。正态分布概率密度函数为

$$f(x) = \frac{1}{\sqrt{2\pi}\sigma}\exp\left[-\frac{(x-\mu)^2}{2\sigma^2}\right] \tag{1-11}$$

其曲线下面积为 1，如果直接用此曲线模拟光谱，得到的是等能光谱 $E(\lambda)$。式（1-11）中自变量 x 取均值 μ 时，函数取到峰值，故将指数前面的系数去掉，即可模拟相对光谱 $S(\lambda)$

$$S(\lambda) = \exp\left[-\frac{(\lambda-\lambda_P)^2}{2\sigma^2}\right] \tag{1-12}$$

令 $S(\lambda)=0.5$，可解得

$$\begin{cases} \lambda_L = \lambda_P - \sqrt{2\ln2}\,\sigma \\ \lambda_R = \lambda_P + \sqrt{2\ln2}\,\sigma \end{cases} \tag{1-13}$$

从而可得光谱半峰宽 δ_λ 为

$$\delta_\lambda = 2\sqrt{2\ln2}\,\sigma \tag{1-14}$$

所以

$$\sigma = \frac{\delta_\lambda}{2\sqrt{2\ln2}} \tag{1-15}$$

从而已知欲模拟的 LED 单色光谱为峰值波长 λ_P 和光谱半峰宽 δ_λ，可得到相对光谱 $S(\lambda)$ 的解析表达式为

$$S(\lambda) = \exp\left[-\frac{4\ln2\,(\lambda-\lambda_P)^2}{\delta_\lambda^2}\right] \tag{1-16}$$

下面生成图 1-4 所示的蓝光光谱正态近似模拟曲线，用 Python 程序 1.1.1 来实现。程序 1.1.1 的功能是读取一个 1nm 间隔单峰值光谱（本书所用光谱数据，读者可加入前言中提到的 QQ 群，可随本书 Python 程序一起下载。对光谱数据来说，Excel 表内只有一个 sheet，第 1 列存储波长，即 380～780 这 401 个数，第 2 列开始存储光谱数据），输出一

个用正态曲线模拟的相对光谱，输入、输出光谱的峰值波长 λ_P 相同，光谱半峰宽 δ_λ 也相同。程序 1.1.1 的流程如图 1-7 所示。

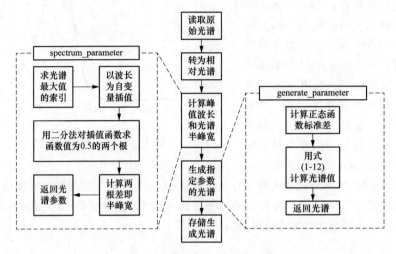

图 1-7　程序 1.1.1 的流程图

图 1-8 为实际光谱与模拟光谱的比较，其中实线为单色蓝光实际光谱，虚线为正态模拟光谱。可见在半峰值以上模拟效果很好，模拟光谱与实际光谱非常接近；但在半峰值以下，实际光谱强度值随波长变化减小较慢，即与正态曲线相比存在尾部展宽现象。

同样可生成图 1-5 所示的荧光粉转换的单色绿光光谱正态近似模拟曲线，如图 1-9 所示。其中实线为单色绿光实际光谱，虚线为正态模拟光谱，可见在整个光谱范围内模拟效果都不是很好，实际光谱与模拟光谱相比，左右不对称，像是以峰值点为中心，逆时针旋转了一定的角度，又或是实际绿光光谱的峰值有些向左偏。

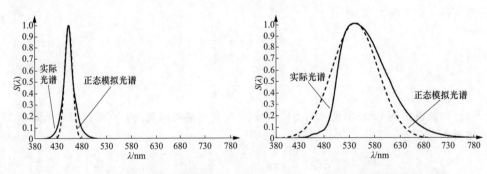

图 1-8　正态曲线模拟蓝光光谱　　　　图 1-9　正态曲线模拟绿光光谱

为了表征实际光谱与正态模拟的接近程度，可考虑采用统计中常用的针对正态分布拟合检验的偏度、峰度检验法。此时把波长 λ 当作随机变量，等能光谱 $E(\lambda)$ 当作概率密度。设 $F(\lambda)$ 为分布函数，即

$$F(\lambda) = \int_{380}^{\lambda} E(x)\,\mathrm{d}x \tag{1-17}$$

易知 $F(\lambda)$ 为严格单调递增函数，故它有反函数 $G(\lambda)$ 且严格单调，根据数理统计中的反变换采样理论，先生成 n 个在 $[0，1]$ 上均匀分布的随机数，代入反函数 $G(\lambda)$，即可得到 n 个服从 $F(\lambda)$ 的随机数且概率密度为 $E(\lambda)$。设这 n 个随机数分别为 λ_1、λ_2、$\cdots$、λ_n，则样本的偏度 G_1 和峰度 G_2 分别为

$$G_1 = \frac{B_3}{B_2^{3/2}} \tag{1-18}$$

$$G_2 = \frac{B_4}{B_2^2} \tag{1-19}$$

其中 $B_k(k=2，3，4)$ 是样本的 k 阶中心矩，计算式为

$$B_k = \frac{1}{n} \sum_{i=1}^{n} (\lambda - \bar{\lambda})^k \tag{1-20}$$

$\bar{\lambda}$ 为样本的均值，即

$$\bar{\lambda} = \frac{1}{n} \sum_{i=1}^{n} \lambda_i \tag{1-21}$$

若 $E(\lambda)$ 为正态分布，则可证当 n 充分大时，有

$$G_1 \sim N\left[0，\frac{6(n-2)}{(n+1)(n+3)}\right] \tag{1-22}$$

$$G_2 \sim N\left[3 - \frac{6}{n+1}，\frac{24n(n-2)(n-3)}{(n+1)^2(n+3)(n+5)}\right] \tag{1-23}$$

以下检验假设 H_0：$E(\lambda)$ 为正态分布，则

$$\sigma_1 = \sqrt{\frac{6(n-2)}{(n+1)(n+3)}} \tag{1-24}$$

$$\sigma_2 = \sqrt{\frac{24n(n-2)(n-3)}{(n+1)^2(n+3)(n+5)}} \tag{1-25}$$

$$\mu_2 = 3 - \frac{6}{n+1} \tag{1-26}$$

$$U_1 = \frac{G_1}{\sigma_1} \tag{1-27}$$

$$U_2 = \frac{G_2 - \mu_2}{\sigma_2} \tag{1-28}$$

当 H_0 为真且 n 充分大时，近似有 $U_1 \sim N(0，1)$，$U_2 \sim N(0，1)$，取显著性水平 α，H_0 的拒绝域为

$$|u_1| \geqslant k_1 \quad \text{或} \quad |u_2| \geqslant k_2 \tag{1-29}$$

其中 k_1、k_2 可由以下两式确定

$$P_{H_0}\{|U_1| \geqslant k_1\} = \frac{\alpha}{2}，P_{H_0}\{|U_2| \geqslant k_2\} = \frac{\alpha}{2} \tag{1-30}$$

这里记号 $P_{H_0}\{\cdot\}$ 表示当 H_0 为真实事件 $\{\cdot\}$ 的概率，即有 $k_1 = z_{\alpha/4}$，$k_2 = z_{\alpha/4}$，于是

得到拒绝域为

$$|u_1| \geqslant z_{\alpha/4} \quad \text{或} \quad |u_2| \geqslant z_{\alpha/4} \tag{1-31}$$

一般如果取显著性水平 $\alpha = 0.1$，则 $z_{\alpha/4} = 1.96$，所以如果 $|u_1| \geqslant 1.96$ 或 $|u_2| \geqslant 1.96$，则在显著性水平 α 下应认为 $E(\lambda)$ 不是正态分布，不应用正态曲线来近似。

以上方法较为复杂且需要较大的运算量，为了表征模拟光谱与实际光谱的接近程度，最好使用其他比较光谱差异的方法，并且这种方法应不局限于比较与正态曲线的差异。此时可考虑用等能光谱的相对差 ΔE 来表征。设两个等能光谱 $E_1(\lambda)$ 和 $E_2(\lambda)$，则相对差为

$$\Delta E = \frac{\int |E_1(\lambda) - E_2(\lambda)| \, d\lambda}{\int E_1(\lambda) + E_2(\lambda) \, d\lambda} \tag{1-32}$$

由等能光谱的定义可知式（1-32）的分母为 2，故

$$\Delta E = \frac{1}{2} \int |E_1(\lambda) - E_2(\lambda)| \, d\lambda \tag{1-33}$$

式（1-33）的含义如图 1-10 所示，ΔE 表示两曲线差值构成的面积占两曲线围成面积的百分比。式（1-33）中积分求得的值为图中阴影面积。注意此处使用的是等能光谱，自变量积分时采用 m 为单位，每个光谱下方的面积为 1，故纵坐标数值较大。

比较两个光谱的差异时，为什么要用等能光谱而不用绝对光谱 $P(\lambda)$ 或相对光谱 $S(\lambda)$，此处简单说明。不用绝对光谱很容易理解，例如两个相对光谱相同，但绝对光谱不同的光谱，从下节的色度学有关知识可知，二者几乎所有的色度特性都一样，但是绝对光谱不相同，所以直接比较绝对光谱在色度学角度来看没有意义。相对光谱只将峰值做了归一化，不同的相对光谱可能包含不同的光能量，有可能存在两个相对光谱 $S_1(\lambda)$ 和 $S_2(\lambda)$，虽然光谱不完全重合，但是绝大部分色度特性非常接近。例如二者只在某个波长处有差异，其中一个非常大而把其他分量压制，但本质上二者几乎是一样的，如图 1-11 所示。图 1-11 中 $S_2(\lambda)$ 各波长强度值为 $S_1(\lambda)$ 的一半，只在 584nm 处取值为 1，二者包含的光能差一倍，但是色度特性几乎是一样的，不过此时如果用相对光谱来做光谱差异表征，在差值面积意义下，二者的差异还是非常显著的。

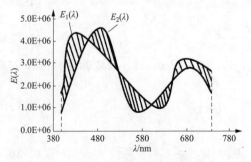

图 1-10　光谱曲线差值面积

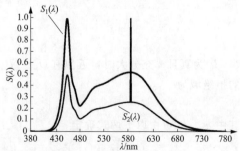

图 1-11　相近相对光谱示例

有了表征两个光谱接近程度的量 ΔE，下面来比较用正态曲线模拟 LED 单色光谱与实测光谱的差异大小。以下计算图 1-8 和图 1-9 所示模拟光谱与实际光谱的 ΔE。用 Python 程序 1.1.2 来处理此问题。程序 1.1.2 的功能是读取两个 1nm 间隔的光谱，用式（1-3）将二者变换为等能光谱，用式（1-33）计算 ΔE 并输出。程序 1.1.2 的流程如图 1-12 所示。

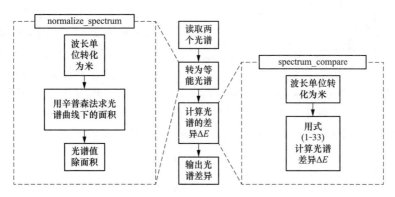

图 1-12 程序 1.1.2 的流程图

经程序运行计算，差异分别为 0.182 和 0.155。ΔE 的最小值为 0，最大值为 1，理想白光和理想单色光的 ΔE 就为 1。

如果要更准确地模拟 LED 单峰光谱，还有一些二阶近似方法。如参考文献［3］中采用双高斯模型，相对光谱 $S(\lambda)$ 为

$$S(\lambda) = \frac{G(\lambda) + 2G^5(\lambda)}{3} \tag{1-34}$$

其中 $G(\lambda)$ 为

$$G(\lambda) = \exp\left[-(\lambda - \lambda_P)^2 / \delta_\lambda^2\right] \tag{1-35}$$

参考文献表明该模型与实际 LED 单峰光谱的拟合度 $R^2 = 0.9913$，拟合效果非常好。该模型存在的问题是模拟光谱的实际光谱半峰宽与被模拟光谱并不相等，本书称此模拟方法为 Guo 方法。再如参考文献［4］中细致地研究了实际光谱带尾展宽效应，将正态模拟的指数部分加入了衰减因子，使其在下降末期速度变缓，更加接近实际光谱，其公式如式（1-36）所示。该模型也存在模拟光谱的实际光谱半峰宽与被模拟光谱并不相等的问题，本书称此模拟方法为 Shen 方法

$$S(\lambda) = \exp\left[-3.2213\left(\frac{\lambda - \lambda_P}{\delta_\lambda}\right)^2 \exp\left(-0.3\left|\frac{\lambda - \lambda_P}{\delta_\lambda}\right|\right)\right] \tag{1-36}$$

如果采用这两种模型来模拟图 1-4 和图 1-5 蓝光和绿光光谱，则模拟效果分别如图 1-13 所示。

图 1-13 中实线为原始相对光谱，点画线为 Guo 方法模拟光谱，点线为 Shen 方法模拟光谱。可见 Guo 方法和 Shen 方法对芯片直接发光的蓝光光谱模拟效果较好，对芯片激发荧光粉的绿光光谱左边带尾扩展太厉害，右边带尾扩展不足。经计算，蓝光用 Guo 方法和 Shen 方法模拟的光谱与原光谱差异 ΔE 分别为 0.102 和 0.150，比纯正态分布模

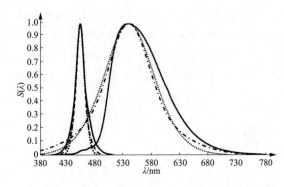

图 1-13　两种二阶近似模拟光谱比较

拟分别改善了 44.0％ 和 17.6％。绿光用 Guo 方法和 Shen 方法模拟的光谱与原光谱差异 ΔE 分别为 0.160 和 0.159，差异不大。

对芯片发光的较为对称的光谱来说，由于用正态模拟时，半峰值以上模拟效果非常好，半峰值以下原始光谱出现明显的带尾展宽现象，据此特点作者提出一种新的二阶近似方法，称为分段二阶近似。原理是模拟光谱对应波长处于半峰值区间以外时，减缓指数下降速度，将指数的二次形式改为一次形式。令式（1-16）左端为 0.5，可得正态模拟的左右半峰波长分别为

$$\lambda'_L = \lambda_P - \frac{1}{2}\delta_\lambda \tag{1-37}$$

$$\lambda'_L = \lambda_P + \frac{1}{2}\delta_\lambda$$

当 $\lambda \in [\lambda'_L, \lambda'_R]$ 时，光谱按照式（1-16）构造；当 $\lambda \in [380, \lambda'_L]$ 时，光谱按照式（1-38）构造

$$S(\lambda) = 0.5\exp[-\alpha_L(\lambda'_L - \lambda)] \tag{1-38}$$

当 $\lambda \in [\lambda'_R, 780]$ 时，光谱按照式（1-39）构造

$$S(\lambda) = 0.5\exp[-\alpha_R(\lambda - \lambda'_R)] \tag{1-39}$$

式中：α_L 和 α_R 分别为拟合系数。按照分段方法模拟图 1-4 和图 1-5 蓝光和绿光光谱结果如图 1-14 所示。

其中对蓝光来说，拟合系数 $\alpha_L = \alpha_R = 1$，对绿光来说，拟合系数 $\alpha_L = 0.2$，$\alpha_R = 0.02$。模拟光谱与原光谱差异 ΔE 分别为 0.03 和 0.08，比纯正态分布模拟分别改善了 83.5％ 和 48.4％，拥有非常高的近似程度。但是分段近似方法的缺点也很显著，因为实际模拟光谱时，往往并不知道实际光谱的形状，从而难以确定合适的拟合系数 α_L 和 α_R。例如上面的模拟，

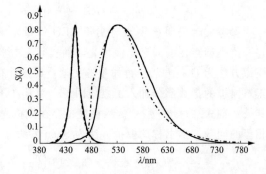

图 1-14　分段方法近似模拟光谱

蓝光由于光谱对称，可用相等的拟合系数；而绿光有一定偏度，在左侧需要更快的下降，而在右侧则需要减缓下降。总体来说，分段模拟较适合芯片直接发光的 LED，而不适合荧光粉激发的单色光。实际中如果已经测得某样品的光谱，而要模拟该产品存在的离散性，光谱峰值波长或光谱半峰宽等其他参数满足一定的分布，此时可用已测得

的光谱作为基础，进行一定的变换来得到需要的模拟光谱，这时模拟精度往往较高，可称为三阶近似。一般同一类型的 LED 光谱半峰宽变化较小，但是峰值波长有较大的变化范围，故而三阶近似可保持已测光谱的形状不变，通过平移波长坐标来实现不同的峰值波长，4.2 节的具体算例中，将举一例智能球泡灯色度计算的例子，届时会用到三阶近似。

1.1.3 辐射度量与光度量

辐射度量是用能量单位描述辐射能的客观物理量。光度量是光辐射能被平均人眼接受所引起的视觉刺激大小的度量，即光度量是具有平均人眼视觉响应特性的人眼所接收到的辐射量的度量。因此，辐射度量和光度量均可定量描述辐射能强度，但辐射度量是辐射能本身的客观度量，是纯粹的物理量；而光度量则还包括了生理学、心理学的概念在内。

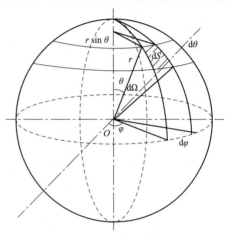

无论研究辐射度量还是光度量，一般都是在三维空间内研究不随时间变化的量，有些量是有方向性的，需要用到立体角的概念。立体角 Ω 是描述辐射能向空间发射、传输或被某一表面接收时发散或汇聚的角度，如图 1-15 所示。定义为：以锥体的基点为球心做一球表面，锥体在球表面上所截取部分的表面积 $\mathrm{d}S$ 和球半径 r^2 之比

图 1-15　立体角示意图

$$\mathrm{d}\Omega = \frac{\mathrm{d}S}{r^2} = \frac{(r\sin\theta\mathrm{d}\varphi)\cdot(r\mathrm{d}\theta)}{r^2} = \sin\theta\mathrm{d}\theta\mathrm{d}\varphi \tag{1-40}$$

式中：θ 为高度角；φ 为方位角；$\mathrm{d}\theta$、$\mathrm{d}\varphi$ 分别为其增量，立体角的单位是球面度 sr。式（1-40）中第二个等号成立的原因是设想球面微元很小时，其面积近似为矩形面积，矩形的长和宽分别用式中两个括号内的弧长表达式来表示。这个推导过程并不精确，严格来说需要证明面积微元与矩形面积为等价无穷小，长和宽与弧长也是等价无穷小。为了避免论证的麻烦，此处不做赘述，在 5.1 节植物照明的算例中，会使用雅克比行列式做积分变换来避免此类问题。对于半径为 r 的球，其表面积等于 $4\pi r^2$，所以一个光源向整个空间发出辐射能或一个物体从整个空间接收辐射能时，其对应的立体角为 4π 球面度，而半球空间所张的立体角为 2π 球面度，在 θ、φ 角度范围内的立体角为

$$\Omega = \iint \sin\theta\mathrm{d}\theta\mathrm{d}\varphi \tag{1-41}$$

求空间任意一个表面 S 对空间某一点 O 所张的立体角，可由 O 点向空间表面 S 的外边缘作一系列射线，由射线所围成的空间角即为表面 S 对 O 点所张的立体角。因而不管空间表面的凹凸如何，只要对同一 O 点所做射线束围成的空间角是相同的，那么它们就有相同的立体角。

很长时间以来，国际上所采用的辐射度量和光度量的名称、单位、符号等很不统一。国际照明委员会（CIE）在 1970 年推荐采用的辐射度量和光度量单位基本上和国际单位制（SI）一致，并在后来为越来越多的国家（包括我国）所采纳。表征电磁辐射能量强弱、方向、能量密度等参数主要有辐射能、辐射通量、辐射强度、辐射亮度、辐射出射度、辐射照度等，下面逐一介绍。

（1）辐射能。辐射能 Q 是以辐射形式发射、传播或接收的能量，单位为 J（焦耳）。

（2）辐射通量。辐射通量 Φ 又称为辐射功率，是以辐射形式发射、传播和接收的功率，单位为 W（瓦），即 J/s（焦/秒）。若以 t 表示时间，辐射通量的定义式为

$$\Phi = \frac{\mathrm{d}Q}{\mathrm{d}t} \tag{1-42}$$

（3）辐射场能量密度 ρ。是指辐射场中单位体积内的辐射能量。

$$\rho = \frac{\mathrm{d}Q}{\mathrm{d}V} \tag{1-43}$$

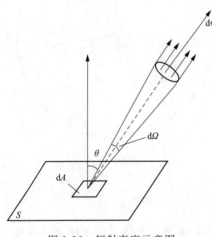

图 1-16　辐射亮度示意图

（4）辐射强度。辐射强度 I 可定义为：在给定方向上包含该方向的立体角元内辐射源所发出的辐射通量 $\mathrm{d}\Phi$ 除以该立体角元 $\mathrm{d}\Omega$，单位为 W/sr。即在给定方向上的辐射强度为

$$I = \frac{\mathrm{d}\Phi}{\mathrm{d}\Omega} \tag{1-44}$$

（5）辐射亮度。辐射源面上一点沿给定方向的辐射亮度 L 可定义为：在给定方向上包含该点的面元 $\mathrm{d}A$ 的辐射强度 $\mathrm{d}I$ 除以该面元在垂直于给定方向平面上的正投影面积，如图 1-16 所示，单位为 W/(sr·m²)

$$L = \frac{\mathrm{d}I}{\mathrm{d}A\cos\theta} = \frac{\mathrm{d}^2\Phi}{\mathrm{d}\Omega\mathrm{d}A\cos\theta} \tag{1-45}$$

式中：θ 为给定方向与面元法线方向的夹角。如果一个辐射源其表面辐射亮度 L 不随方向变化，则称为朗伯辐射体，简称朗伯体。

（6）辐射出射度。辐射出射度 M 等于离开辐射源面上一面元的辐射通量 $\mathrm{d}\Phi$ 除以该面元的面积 $\mathrm{d}A$，单位为 W/m²

$$M = \frac{\mathrm{d}\Phi}{\mathrm{d}A} \tag{1-46}$$

对于朗伯体有关

$$M = \pi L \tag{1-47}$$

证明如下：用极坐标表示的立体角为

$$\mathrm{d}\Omega = \sin\theta\mathrm{d}\theta\mathrm{d}\varphi \tag{1-48}$$

由辐射亮度定义，从 $\mathrm{d}A$ 上发出的辐射通量为

$$\mathrm{d}\Phi = \mathrm{d}A \int_{\varphi=0}^{2\pi} \int_{\theta=0}^{\pi/2} L\cos\theta\sin\theta\mathrm{d}\theta\mathrm{d}\varphi \tag{1-49}$$

由于朗伯体的辐射亮度 L 与方向无关，所以可将 L 提到积分号外

$$d\Phi = LdA \int_{\varphi=0}^{2\pi}\int_{\theta=0}^{\pi/2} \cos\theta\sin\theta d\theta d\varphi \tag{1-50}$$

因为

$$\int_{0}^{2\pi} d\varphi = 2\pi \tag{1-51}$$

$$\int_{0}^{\frac{\pi}{2}} \cos\theta\sin\theta d\theta = \frac{1}{2} \tag{1-52}$$

所以

$$d\Phi = LdA \cdot \pi \tag{1-53}$$

又根据辐射出射度定义，得

$$M = \frac{d\Phi}{dA} = \frac{LdA \cdot \pi}{dA} = \pi L \tag{1-54}$$

（7）辐射照度。在辐射接收面上一点的辐射照度 E 等于投射在包括该点的一个面元上的辐射通量 $d\Phi$ 除以该面元的面积 dA

$$E = \frac{d\Phi}{dA} \tag{1-55}$$

这个量的单位与辐射出射度的单位相同，但辐射出射度是表征辐射源的，而辐射照度则是表征辐射接收面的。

上面介绍了几个最重要的辐射量，各量都有单色量与之对应。表示单色辐射量时采用对应辐射量符号加下角标 λ，例如 Φ_λ、L_λ、E_λ 等。而且，对所有辐射量 X 来说，在全光谱范围内累加（积分）即可求出全光谱的对应参数，如式（1-56）所示。对可见光来说，积分限为 380～780

$$X = \int_{0}^{\infty} X_\lambda d\lambda \tag{1-56}$$

为了与后面将遇到的光度量相区别，辐射量符号有时加个下角标 e，例如 Φ_e、L_e、E_e 等，而相应的光度量符号加个下角标 υ。

可见光实际上就是能引起人眼光亮感觉的电磁辐射。人眼对很强的紫外线或红外线也有反应，但这种反应不是光亮感觉，而是其他生理效应。本节所讨论的都是可见光引起的光亮感觉。

人眼实际上相当于传感器，人脑是计算机，人眼捕捉信号后利用局部的处理能力对信号稍作加工后就通过神经将数据传到大脑做完整的分析。人眼结构如图 1-17 所示。

成像过程大体上为物体反射光线通过起透镜作用的晶状体将物体成像到视网膜上，视网膜上布有上亿个锥状细胞和杆状细胞，相当于照相机的 CMOS，用于测定特定角度的光强度和光色度。两种细胞分别用于光强较强和光强较弱时的感光，光强较强时有明显的色度感觉，而光强较弱时则只有灰度明暗感觉。

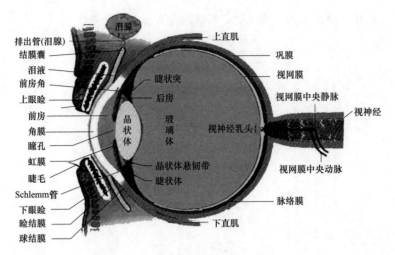

图 1-17　人眼结构

由于不同物体之间亮度差别很大，将它们成像在视网膜上时，相应的照度差别也会很大。太阳的照度达到大约 10^5 lx，人眼可直接看到最暗的恒星为六等星，照度约 10^{-8} lx。对于这样大范围的变化，人眼仅靠瞳孔的变化是调节不过来的，主要还是通过杆状细胞和锥状细胞作用的生理转换来适应。

当强光进入人眼时，锥体细胞起作用，杆体细胞由于视紫红素褪色而失去作用。当光变弱时，视紫红素便逐渐得到恢复，这时，对弱光敏感的杆状细胞便发生作用。视紫红素的恢复需要一定时间，因此暗适应过程比较缓慢，从亮环境进入暗环境，要达到完全适应约需要 30min。有趣的是视紫红素不被红光破坏，为了缩短这种恢复所需要的时间，进入强光环境时可佩戴一幅红色玻璃眼镜。工作在 X 光透视室中的医生走出暗室时，常戴一副红眼镜就是这个道理。

在人眼的明暗适应方面，瞳孔的自动调节也起一定作用。不过这种作用是有限的，它的调节只能使进入眼球内的光通量改变大约 20 倍。

由于眼睛对强光和弱光的视觉过程是由两种不同的视细胞来完成的，这两种感光细胞的光谱响应特性是不同的。因此，将亮适应的视觉称为明视觉（Photopic），将暗适应的视觉称为暗视觉（Scotopic）。亮适应一般指眼睛已适应亮度大于 $5cd/m^2$ 的环境，这时起视觉作用的是锥状细胞；暗适应一般指眼睛已适应亮度小于 $0.005cd/m^2$ 的环境，这时起视觉作用的是杆状细胞。如果亮度介乎于明视觉与暗视觉所对应的亮度水平之间，视网膜中的锥状细胞和杆状细胞同时起作用，则称为中间视觉（Mesopic）。锥状细胞和杆状细胞的数目大约分别为七百万个和一亿三千万个，在视网膜上的分布极为不均匀。锥状细胞集中在黄斑区，特别是在中心窝附近其密度达到最大，随着远离黄斑区，其密度逐渐减小。杆状细胞的分布密度随着离开黄斑而逐渐增加。在以中心窝为中心的 2°视场内几乎没有杆状细胞，到 4°视场处开始明显的分布有杆状细胞，在离视轴 20°左右处密度达到最大值，角度再增大密度又逐渐减少。所以明视觉的视场较小，一般规定为 2°；

暗视觉视场较大，一般应大于 4°。

当人眼接受光刺激后，存在暂留现象。在眼睛接受光脉冲刺激之后，大约要过 0.01s，才达到响应的最大值，其残留时间大约为 0.1s。如果是一个周期性的光刺激，当周期较长时，早先的刺激所残留的印象完全消失，则眼睛可看出黑暗的过程。若周期变短，在光被遮断的时间内残留的印象变暗，但未完全消失，感觉上变为一种闪烁感。周期进一步缩短，残留印象与初始感觉相近，闪烁感也随之消失。闪烁消失时对应的频率称为临界频率。临界频率的值与光信号的强弱有关，视场角不同，这个值也有些差别。一般光信号越强，临界频率越大，视场角越小，临界频率越大。通常情况下，临界频率不超过 100Hz。各人之间临界频率也是有些不同的，而且在一定的亮度下，临界频率还与人的适应能力有关，与人的身体状况和精神状态有关。基于这个事实，可用测定临界频率的方法来衡量一个人的疲劳程度。

当周期光信号的频率高于临界频率时，眼睛对这种周期变化光的感觉就像一个恒定光一样，其视亮度为

$$\overline{L} = \frac{1}{T}\int_0^T L(t)\,\mathrm{d}t \tag{1-57}$$

式中：$L(t)$ 为周期变化光的实际亮度，它是时间的函数；T 是周期。这称为塔尔波特（Talbot）定律，这个定律表明，眼睛感觉到的是周期性变化光的平均值。这个定律就是 LED 产品用占空比调光的基础。

利用塔尔波特定律可制成塔尔波特衰减器，即扇形盘衰减器，其形状如图 1-18 所示。当它在光路中快速旋转时，就能达到减光的目的。其透过率为

$$\tau = \frac{\alpha}{360°} \tag{1-58}$$

这种衰减器的最大优点是不改变光束的光谱成分，所以它是一种很好的中性衰减器。但要注意的是：当接收器不是人眼，而是别的光电探测系统时，这个系统是否具有类似于塔尔波特定律所描述的那种响应特性，是必须事先加以验证的，否则就不能使用扇形转盘作为衰减器。

图 1-18 扇形衰减器

人眼对不同光的响应程度是不同的，例如同样辐射强度的蓝光和绿光，人眼则觉得绿光更亮。对此现象的定量描述可以用光谱光视效能，其定义式为

$$K(\lambda) = \frac{\Phi_v(\lambda)}{\Phi_e(\lambda)} \tag{1-59}$$

式中：$\Phi_e(\lambda)$ 表示光谱辐射通量；$\Phi_v(\lambda)$ 表示光谱光通量；$K(\lambda)$ 表示在某一波长上每一瓦光功率可以产生多少流明的光通量。相同大小的 $\Phi_v(\lambda)$ 引起人眼的感觉是一样的。由于人眼对不同波长的光敏感程度不一样；$K(\lambda)$ 在整个可见光谱区的每一个波长都是不一样的。实验表明，当人眼锥状细胞起主要感光作用时，波长 555nm 左右 $K(\lambda)$ 达到最大值，用 K_m 来表示。为方便起见，通常将 $K(\lambda)$ 值在峰值波长处归一化为 1，得

到一个只表示相对值的函数 $V(\lambda)$，称为明视见函数，一般也简称视见函数，即

$$V(\lambda) = \frac{K(\lambda)}{K_{\mathrm{m}}} \qquad\qquad (1\text{-}60)$$

式中：$K_{\mathrm{m}} = 683\mathrm{lm/W}$。

在暗视觉条件下，即杆状细胞起主要感光作用时，也有相应的视见函数，记为 $V'(\lambda)$，称为暗视见函数，也有类似式（1-60）的计算方法，其中暗视觉的 $K'_{\mathrm{m}} = 1755\mathrm{lm/W}$。

不同人的视觉特性是有差别的。1924年国际照明委员会（CIE）根据吉普逊等几组科学家对200多名被测者测定的结果，推荐了一个标准的明视见函数，从 $400 \sim 750\mathrm{nm}$ 每隔10nm用表格的形式给出，若将其画成曲线，则如图1-19所示，是一条有一中心波长，两边大致对称的光滑钟形曲线。这个视见函数所代表的光度观察者称为 CIE 标准观察者。表1-1是经过内插和外推的以5nm为间隔的标准 $V(\lambda)$ 函数值。在大多数情况下，用这个表所列值来进行的各种光度计算，已能达到足够高的精确性。

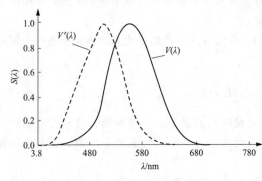

图 1-19　视见函数

在图1-19和表1-1中，同时给出了 $V'(\lambda)$ 函数曲线和数值，这是1951年由国际照明委员会公布的暗视见函数的标准值并经内插而得到的。曲线的峰值所对应的波长为507nm。

表 1-1　　　　　　　　　　　　明视觉视见函数及暗视觉视见函数

λ/nm	$V(\lambda)$	$V'(\lambda)$	λ/nm	$V(\lambda)$	$V'(\lambda)$
380	0.00004	0.00059	460	0.06000	0.56700
385	0.00006	0.00108	465	0.07390	0.62000
390	0.00012	0.00221	470	0.09098	0.67600
395	0.00022	0.00453	475	0.11260	0.73400
400	0.00040	0.00929	480	0.13902	0.79300
405	0.00064	0.01852	485	0.16930	0.85100
410	0.00121	0.03484	490	0.20802	0.90400
415	0.00218	0.06040	495	0.25860	0.94900
420	0.00400	0.09660	500	0.32300	0.98200
425	0.00730	0.14360	505	0.40730	0.98800
430	0.01160	0.19980	510	0.50300	0.99700
435	0.01684	0.26250	515	0.60820	0.97500
440	0.02300	0.32810	520	0.71000	0.93500
445	0.02980	0.39310	525	0.79320	0.88000
450	0.03800	0.45500	530	0.86200	0.81100
455	0.04800	0.51300	535	0.91485	0.73300

λ/nm	$V(\lambda)$	$V'(\lambda)$	λ/nm	$V(\lambda)$	$V'(\lambda)$
540	0.95400	0.65000	665	0.04458	0.00021
545	0.98030	0.56400	670	0.03200	0.00015
550	0.99495	0.48100	675	0.02320	0.00010
555	1.00000	0.40200	680	0.01700	0.00007
560	0.99500	0.32880	685	0.01192	0.00005
565	0.97860	0.26390	690	0.00821	0.00004
570	0.95200	0.20760	695	0.00572	0.00003
575	0.91540	0.16020	700	0.00410	0.00002
580	0.87000	0.12120	705	0.00293	0.00001
585	0.81630	0.08990	710	0.00209	0.00001
590	0.75700	0.06550	715	0.00148	0.00001
595	0.69490	0.04690	720	0.00105	0.00000
600	0.61300	0.03350	725	0.00074	0.00000
605	0.56680	0.02310	730	0.00052	0.00000
610	0.50300	0.01593	735	0.00036	0.00000
615	0.44120	0.01088	740	0.00025	0.00000
620	0.38100	0.00737	745	0.00017	0.00000
625	0.32100	0.00497	750	0.00012	0.00000
630	0.26500	0.00335	755	0.00008	0.00000
635	0.21700	0.00224	760	0.00006	0.00000
640	0.17500	0.00150	765	0.00004	0.00000
645	0.13820	0.00101	770	0.00003	0.00000
650	0.10700	0.00068	775	0.00002	0.00000
655	0.08160	0.00046	780	0.00001	0.00000
660	0.01600	0.00031			

由于人眼对不同波长的电磁辐射响应程度是不同的，因此在照明这种强烈依赖于人的感觉的应用中，就不能用物理量——辐射度来刻画，而要用光度来表征。这二者的转换纽带就是视见函数。

下面介绍光度学最基本的表征参数——光通量（Luminous Flux）。通量这个术语在物理领域经常使用，表示单位时间内通过一个面积的能量流，它的意义与功率类似。光通量的定义为能被人的视觉系统所感受到的那部分光辐射功率大小的度量，单位是 lm（流明）。从定义就可看出，这个值特指人能感受到的，即只需考虑 380～780nm 波长范围内的光辐射。利用之前所述的视见函数，光通量可由式（1-61）求出

$$\Phi = K_{\mathrm{m}} \int_{380}^{780} \Phi_{\mathrm{e}}(\lambda) V(\lambda) \mathrm{d}\lambda \tag{1-61}$$

式中：$\Phi_{\mathrm{e}}(\lambda)$ 为光辐射功率的光谱密度；$V(\lambda)$ 是明视觉视见函数；$K_{\mathrm{m}} = 683\mathrm{lm/W}$ 表

示在人眼视觉系统最敏感的波长（555nm）上，每瓦光功率相应的流明数。实际测试时，一般是每隔 1nm（或更小）测试绝对光谱辐射通量，然后近似用求和代替积分，对 380～780nm 范围内按表 1-1 进行加权后累加，即可得到光通量。在具体计算光通量时，要保证光谱密度点数与视见函数点数相同，即要么都为 5nm 间隔的，要么都为 1nm 间隔的。对于 $\Phi_e(\lambda)$ 的单位为 W/nm 的，如果是 5nm 间隔，求和后应乘以求和间隔 5；如果是 1nm 间隔，则直接求和即可。对于 $\Phi_e(\lambda)$ 的单位是 W/m 的，最后还要乘以单位转换系数 1×10^{-9}。为书写简单，本书的光谱都采用 W/nm 为单位。如果要求得的光通量更精确一些，也可用辛普森法求积分近似值。Python 程序 1.1.3 用来做不同波长间隔的光谱数据转换，模式 1 为从 5nm 间隔转换为 1nm 间隔，采用三次样条插值，结果保留到小数点后 6 位；模式 2 为从 1nm 间隔转换为 5nm 间隔，只需对 5nm 波长对应光谱值直接采样即可。图 1-20 是程序 1.1.3 的流程图。

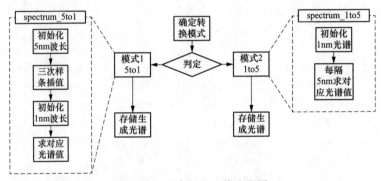

图 1-20　程序 1.1.3 的流程图

Python 程序 1.1.4 用来求某个光谱的光通量，程序中有两种模式可选，模式 1 简单将光谱和视见函数对应波长值相乘求和；模式 2 用辛普森法求积分近似值。如果光谱是 5nm 间隔的，则需要先用 Python 程序 1.1.3 转换为 1nm 间隔的光谱。图 1-21 是程序 1.1.4 的流程图。

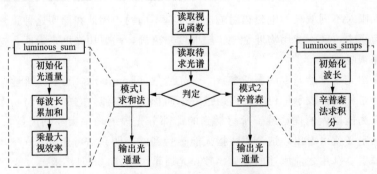

图 1-21　程序 1.1.4 的流程图

在显示测试结果时，往往不关心绝对光谱，而是显示相对光谱。绝大部分色度参数可由相对光谱导出。理论上，有了光通量和相对光谱，即可推导出其他光色度参数。有了相对光谱和光通量，也可计算绝对光谱，方法如式（1-62）所示，即用相对光谱与已知光通量和相对光谱代表的光通量之比相乘。常用于测试光通量和光谱的设备——积分球，就是先通过带有 $V(\lambda)$ 修正滤光器的照度计测量光源光通量，再用光栅分光并用 CCD 阵列测试分光后不同波长分量的辐射强度，从而测得一个过渡光谱，再利用光通量将这个光谱修正为绝对光谱，修正方法和用相对光谱计算绝对光谱的方法类似，只是将式（1-62）中的相对光谱 $S(\lambda)$ 换为过渡光谱即可

$$P(\lambda) = S(\lambda) \frac{\Phi}{\int_{380}^{780} S(\lambda)V(\lambda)\mathrm{d}\lambda} \tag{1-62}$$

无论绝对光谱还是相对光谱都是物理量，与人眼无关，只有经过视见函数的加权后，才是与人的感知有关的光度量。

虽然光通量的单位不是 7 个基本单位之一，但是在照明领域，它是最基础的。绝大部分情况，光通量的大小表征了人感受到光的强弱，即光通量越大，在某固定场合，人感觉越明亮。照明控制的一个最基本的任务就是调节控制光通量。典型室内光源的光通量为 $200\sim5000\mathrm{lm}$；而典型的户外光源，例如路灯，一般为 $3000\sim20000\mathrm{lm}$。

有了光通量 Φ，其他光度量与之前所述的辐射度量相对应即可。以下将辐射度量及对应的光度量总结在一起见表 1-2。

表 1-2　　　　　　　　辐射度与光度量的计算及对应关系

辐射度	符号	单位	符号	光度	符号	单位	符号
辐射能	Q_e	焦	J	光量	Q_v	流明·秒	lm·s
辐射通量	Φ_e	瓦	W	光通量	Φ_v	流明	lm
辐射强度	I_e	瓦每球面度	W/sr	发光强度	I_v	坎德拉	cd
辐亮度	L_e	瓦每球面平方米	W/(sr·m²)	（光）亮度	L_v	坎德拉/平方米	cd/m²
辐出射度	M_e	瓦每平方米	W/m²	光出射度	M_v	流明/平方米	lm/m²
辐照度	E_e	瓦每平方米	W/m²	（光）照度	E_v	勒克斯	lx

对已知光谱密度的辐射度量 $X_e(\lambda)$，均可通过视见函数转换到光度量 X_v，例如辐射度量的辐射通量、辐射强度、辐亮度、辐照度转换为光度量的光通量、光强、亮度、照度，都可用类似式（1-63）进行

$$X_v = K_\mathrm{m} \int_{380}^{780} X_e(\lambda)V(\lambda)\mathrm{d}\lambda \tag{1-63}$$

式中：X_v 表示光度量；$X_e(\lambda)$ 表示某辐射度量的光谱密度。一般实际计算时，都是将积分转化为求和，所以已知 $380\sim780\mathrm{nm}$ 每个波长对应的辐射度量即可。下文在不致混淆的情况下，光度量都省略下标 v。

一个光源发出的光通量大小，代表了这个光源发出可见光能力的大小。由于光源的发光机制不同，或其设计、制造工艺不同，尽管它消耗的功率一样，但发出的光通量却可能差很多。对电光源来说，输入的是电能，用功率 P（单位 W）来表示，输出为光通

量 Φ（单位 lm），二者之比，称为光效 η(Efficacy，单位 lm/W)，即

$$\eta = \frac{\Phi}{P} \tag{1-64}$$

光效描述了一个电光源将电能转化为光能的能力，这个值越大，表明同样的电能产生的光越多，即意味着达到同样照明效果时越节能。LED 由于其物理原理，光效普遍较高，目前典型的 LED 器件已经可以做到 235lm/W 以上（例如三星 LED 的 LM301B 系列），做成 LED 灯具，往往也可达到 150lm/W 以上（甚至可以做到 200lm/W 以上）。而白炽灯，光效一般仅为 8lm/W。表 1-3 列出了一些常见电光源的光效。

表 1-3   **常见电光源的光效**

光源种类	光效/(lm/W)	光源种类	光效/(lm/W)
白炽灯	8～15	金属卤化物灯	75～95
卤钨灯	25	高压钠灯	80～120
普通荧光灯	70	低压钠灯	200
三基色荧光灯	95	高频无极灯	50～70
紧凑型荧光灯	60	LED	100～300

1.1.4　黑体辐射谱

黑体辐射谱，尤其是其可见光部分，在色度学中，可对应到黑体辐射曲线。黑体辐射曲线是非常重要的参照标准，而计算黑体辐射曲线的基础是得到任意温度下的黑体辐射谱。用普朗克公式可计算黑体辐射谱，以下就来推导温度 T 对应的黑体辐射辐出射度的光谱密度 $M_e(\lambda, T)$。本部分均为辐射度量，为书写简便，略去下标 e。黑体辐射辐出射度的光谱密度 $M(\lambda, T)$ 一般也称为谱辐射本领。

19 世纪末，由于电磁学和光学方面新的测量技术迅速发展，很多物理学家都热衷于研究物体的热辐射问题。实验表明，具有一定温度的所有宏观物体都向周围空间辐射电磁波，辐射频率覆盖从无线电波到 X 射线的各个频段。实验还表明，一定时间内物体的总辐射能和辐射能随波长的分布都与物体本身的温度有关，随着物体温度的升高，物体在单位时间内向外发射的辐射能也随之增大，辐射谱中包含的短波成分也越来越多。例如，物体温度为 6000K 也就是约等于太阳表面温度时，辐射能相当一部分在可见光区，物体看起来为青白色。当温度降到 1200K 时，分布在可见光区的辐射能只占总辐射能很小的一部分，物体呈暗红色。当温度降至室温时，不仅物体的总辐射能大大减小了，而且绝大部分处于远红外区，这时人眼已觉察不出物体发出的辐射。

物体在辐射的同时，也吸收外界入射到它表面的辐射，当辐射和吸收平衡时，物体的温度不再变化，物体与外界辐射场处于热平衡状态，这时的辐射称为平衡热辐射，简称热辐射。

为了描述辐射场与物体间的能量交换，引入谱吸收本领 $\alpha(\lambda, T)$，也称为谱吸收率，是指在波长 λ 附近，单位波长间隔内被物体吸收的辐射通量与照射在该物体上的辐射通量之比。$\alpha(\lambda, T)$ 是无量纲的量，取值范围为 $0 \leqslant \alpha(\lambda, T) \leqslant 1$。实验表明，物体的

谱吸收本领 $\alpha(\lambda, T)$ 不仅与波长 λ 有关，而且也是温度 T 的函数。

为了描述物体的辐射和吸收之间的定量关系，1859 年德国物理学家古斯塔夫·罗伯特·基尔霍夫从热力学原理证明了下列定律：在热平衡状态下，任何物体的谱辐射本领 $M(\lambda, T)$ 与谱吸收本领 $\alpha(\lambda, T)$ 的比值，仅是波长 λ 和温度 T 的函数

$$\frac{M(\lambda, T)}{\alpha(\lambda, T)} = f(\lambda, T) \tag{1-65}$$

$f(\lambda, T)$ 是一个与物体本身性质无关的普适函数。上述规律称为基尔霍夫定律。由基尔霍夫定律可知，一个物体在某一温度下吸收某一波长范围内的热辐射本领强，则它在同一温度下发射这一波长范围的热辐射本领也强。如果一个物体在任何温度下对入射的任何频率辐射都全部吸收，就称为绝对黑体，简称黑体（Black Body）。也就是说对黑体而言，谱吸收本领 $\alpha(\lambda, T) = 1$，将它代入式（1-65），便得到黑体的谱辐射本领

$$M(\lambda, T) = f(\lambda, T) \tag{1-66}$$

即黑体的谱辐射本领 $M(\lambda, T)$ 就是基尔霍夫定律中的普适函数 $f(\lambda, T)$。黑体是全吸收、不反射的物体，自然界不存在理想的绝对黑体。日常所看到的黑色物体，只是近似的黑体，它仍然反射一定辐射，它对可见光以外的辐射不一定会完全吸收。不过物理学家用耐火材料做成的开有小孔的空腔物体可当作最接近绝对黑体的模型，如图 1-22 所示。

从小孔射入空腔的辐射，在空腔内壁上经过多次吸收和反射后，将几乎完全被吸收掉，因此对腔外的观察者来说，这个空腔的小孔可视为黑体表面。通过实验可测量到小孔中有电磁辐射逸出，小孔有电磁辐射逸出的原因可作如下解释：构成腔壁物质的大量带电粒子在各自平衡位置附近振动，自然会向腔内不断发出电磁辐

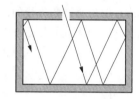

图 1-22　绝对黑体的模型

射，这些振子的辐射和从小孔入射的辐射又可被腔壁的振子所吸收，因此电磁辐射场充满整个空腔，如果将腔壁保持在一定温度 T，经过一段时间后，腔内辐射场和腔壁通过辐射和吸收交换的能量达到平衡，即单位时间内腔壁振子发射的能量等于它们所吸收的能量，这时空腔内辐射场为平衡热辐射，具有均匀、稳定和各向同性的性质。通过小孔逸出的辐射与腔内空间的辐射可看作一样的。从小孔逸出的热辐射，称为平衡黑体辐射，简称黑体辐射。将光谱分析仪器对准小孔进行测量，即可定量研究黑体辐射的规律，如黑体辐射能量密度的频谱是怎么分布的，黑体辐射能量密度与黑体温度有什么关系等。从光源的角度来看，黑体是理想的标准光源，它为研究其他热辐射光源的频谱提供了基准。实验还表明，对非黑体表面的热辐射，其辐出射度总是小于与非黑体保持同样温度的绝对黑体的辐出度。

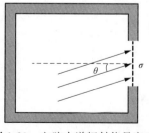

图 1-23　空腔内谱辐射能量密度
与空腔小孔表面谱辐出度的关系

以下来计算空腔内谱辐射能量密度 $\rho(\lambda, T)$ 与空腔小孔表面的谱辐出度 $M(\lambda, T)$ 之间的关系。空腔小孔面积为 σ，如图 1-23 所示。

腔内辐射场向四面八方辐射，其立体角为 4π，其

中照射在空腔小孔上的辐射通量 Φ 只限于来自小孔 σ 的左侧，垂直于小孔的光在单位时间内穿过的体积为 $c\sigma$，光辐射与 σ 法线方向夹角为 θ 时，要投影到法线方向，4π 空间内的谱能量密度为 $\rho(\lambda,T)$，单位立体角内则为 $\rho(\lambda,T)/4\pi \cdot \mathrm{d}\Omega$，故辐射通量 Φ 为

$$\Phi = \int c\sigma\cos\theta\mathrm{d}\Omega\rho(\lambda,T)/(4\pi)$$

$$= \frac{c\sigma\rho(\lambda,T)}{4\pi}\int_0^{2\pi}\mathrm{d}\varphi\int_0^{\pi/2}\sin\theta\cos\theta\mathrm{d}\theta$$

$$= \frac{c\sigma\rho(\lambda,T)}{4} \tag{1-67}$$

于是，空腔小孔表面的谱辐射照度与空腔内谱辐射能量密度之间的关系为

$$E(\lambda,T) = \frac{c\sigma\rho(\lambda,T)}{4\sigma} = \frac{c}{4}\rho(\lambda,T) \tag{1-68}$$

由于小孔是空的，不存在透射率反射率问题，辐照度就等于辐出射度

$$M(\lambda,T) = \frac{c}{4}\rho(\lambda,T) \tag{1-69}$$

下面来计算空腔内的光波模式数。在一个由边界限制的空间 V 内，只能存在一系列独立的具有特定波矢 $\vec{k}$ 的平面单色驻波。这种驻波称为电磁波的模式或光波模式，以 $\vec{k}$ 为标志。波矢是波数矢量的简称，波矢 $\vec{k}$ 是一个矢量，其大小由式（1-70）确定，其中 λ 为波长，方向为波的传播方向。

$$k = \frac{2\pi}{\lambda} \tag{1-70}$$

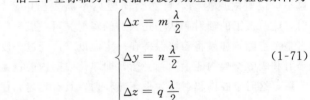

图 1-24 立方体空腔

设空腔为立方体，如图 1-24 所示。

沿三个坐标轴方向传播的波分别应满足的驻波条件为

$$\begin{cases} \Delta x = m\dfrac{\lambda}{2} \\[2mm] \Delta y = n\dfrac{\lambda}{2} \\[2mm] \Delta z = q\dfrac{\lambda}{2} \end{cases} \tag{1-71}$$

式中：m、n、q 为正整数。将 $k_x = 2\pi/\lambda_x$ 代入式（1-71）中，有

$$k_x = \frac{m\pi}{\Delta x} \tag{1-72}$$

在 k_x 方向上，相邻两个光波矢量的间隔为

$$\Delta k_x = \frac{m\pi}{\Delta x} - \frac{(m-1)\pi}{\Delta x} = \frac{\pi}{\Delta x} \tag{1-73}$$

同理，相邻光波矢量在波矢空间三个方向的间隔为

$$\begin{cases} \Delta k_x = \dfrac{\pi}{\Delta x} \\[2mm] \Delta k_y = \dfrac{\pi}{\Delta y} \\[2mm] \Delta k_z = \dfrac{\pi}{\Delta z} \end{cases} \tag{1-74}$$

因此每个波矢在波矢空间所占的体积元为

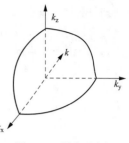

$$\Delta k_{x}\Delta k_{y}\Delta k_{z} = \frac{\pi^{3}}{\Delta x \Delta y \Delta z} = \frac{\pi^{3}}{V} \qquad (1\text{-}75)$$

如图 1-25 所示，在波矢空间中，处于 k 到 $k+\mathrm{d}k$ 之间的波矢 $\vec{k}$ 对应的点都在以原点为圆心，k 为半径，$\mathrm{d}k$ 为厚度的薄球壳内，略去高阶无穷小，则这个球壳的体积为

图 1-25 波矢空间

$$\frac{4}{3}\pi(k+\mathrm{d}k)^{3} - \frac{4}{3}\pi k^{3} = 4\pi k^{2}\mathrm{d}k \qquad (1\text{-}76)$$

根据式（1-71）的驻波条件，$\vec{k}$ 的三个分量只能取正值，因此 k 到 $k+\mathrm{d}k$ 之间，可存在于 V 中的光波模式在波矢空间所占的体积只是上述球壳的第一卦限，所以

$$\mathrm{d}V_{k} = \frac{4\pi k^{2}\mathrm{d}k}{8} = \frac{\pi k^{2}\mathrm{d}k}{2} \qquad (1\text{-}77)$$

由式（1-75）已知每个光波矢的体积元，则在该体积内的光波模式数为

$$\mathrm{d}M = 2\frac{\mathrm{d}V_{k}}{\pi^{3}/V} = \frac{k^{2}\mathrm{d}k}{\pi^{2}}V \qquad (1\text{-}78)$$

式中乘以 2 是因为每个光波矢量 $\vec{k}$ 都有两个可能的偏振方向，因此光波模式数是光波矢量数的 2 倍。

由式（1-70）可得

$$\mathrm{d}k = \frac{2\pi}{\lambda^{2}}\mathrm{d}\lambda \qquad (1\text{-}79)$$

从而式（1-78）可用波长形式表示，并计算出单位体积内，波长 λ 到 $\lambda+\mathrm{d}\lambda$ 间隔的光波模式数 $n(\lambda)$ 为

$$n(\lambda) = \frac{\mathrm{d}M}{V\mathrm{d}\lambda} = \frac{8\pi}{\lambda^{4}} \qquad (1\text{-}80)$$

每一种光波模式为一个独立的自由度，可看作一个谐振子。普朗克假定，谐振子的能量只能取 $E_{0}=h\nu$ 整数倍的那些离散值，即

$$E_{n} = nh\nu = nE_{0}(n = 0,1,2,3,\cdots) \qquad (1\text{-}81)$$

根据统计力学，体系具有能量 E_{n} 的概率正比于 $\mathrm{e}^{-E_{n}/k_{B}T}$，其中 k_{B} 为玻尔兹曼（Boltzmann）常数，大小为 $1.38\times10^{-23}\mathrm{J/K}$。设 $\beta=1/k_{B}T$，则每一个谐振子的平均能量为

$$\overline{E(\nu,T)} = \frac{\sum_{n=0}^{\infty}nE_{0}\mathrm{e}^{-nE_{0}\beta}}{\sum_{n=0}^{\infty}\mathrm{e}^{-nE_{0}\beta}} = -\frac{\partial}{\partial\beta}\ln\sum_{n=0}^{\infty}\mathrm{e}^{-nE_{0}\beta} \qquad (1\text{-}82)$$

利用等比级数的求和公式，可得

$$\sum_{n=0}^{\infty}\mathrm{e}^{-nE_{0}\beta} = \frac{1}{1-\mathrm{e}^{-E_{0}\beta}} \qquad (1\text{-}83)$$

将式（1-83）代入式（1-82）后得到

$$\overline{E(\nu,T)} = \frac{E_{0}\mathrm{e}^{-E_{0}\beta}}{1-\mathrm{e}^{-E_{0}\beta}} = \frac{E_{0}}{\mathrm{e}^{E_{0}\beta}-1} = \frac{h\nu}{\mathrm{e}^{h\nu/k_{B}T}-1} \qquad (1\text{-}84)$$

此处如果要严谨证明以上操作的可行性，需要证明函数的一致收敛性，从而保证求和与求导可交换顺序，由于涉及较复杂数学，此处从略。式（1-80）的 $n(\lambda)$ 与式（1-84）的 $\overline{E(\nu, T)}$ 相乘，并将频率换为波长，便得到腔内谱能量密度为

$$\rho(\lambda, T) = \frac{8\pi hc}{\lambda^5} \frac{1}{e^{hc/\lambda k_B T} - 1} \tag{1-85}$$

将式（1-85）代入式（1-69）得到黑体的辐出度为

$$M(\lambda, T) = \frac{2\pi hc^2}{\lambda^5} \frac{1}{e^{hc/\lambda k_B T} - 1} \tag{1-86}$$

式（1-86）即为普朗克公式，给定任意温度 T，均可得到黑体在该温度下的绝对光谱。在照明领域，往往只关心黑体辐射的相对光谱，故在运算时，可略去系数 $2\pi hc^2$ 以减小运算量。常见温度的黑体辐射绝对光谱如图 1-26 所示。为方便读者自行绘制自己想要的普朗克曲线，Python 程序 1.1.5 提供了绘制方法，并在程序中对有关参数做了详细说明，读者可自行修改程序中的有关参数来绘制自己想要的普朗克曲线。图 1-27 为程序 1.1.5 的流程图。

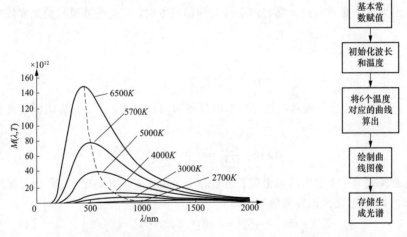

图 1-26　普朗克曲线　　　　　图 1-27　程序 1.1.5 的流程图

　　从图 1-26 可看出，曲线都是单峰曲线，温度越高，峰值越高，而且增长得非常快。此外峰值波长随温度升高向短波移动，如图 1-26 中虚线所示。曲线与横轴围成的面积虽是广义积分，不过直观地看上去应该是有限的且温度越高，面积越大，而面积是全部波长的总辐出度，即代表辐射功率，所以温度越高，黑体单位时间单位面积辐射出的能量越高。以上两点分别是著名的维恩位移定律和斯特藩—玻尔兹曼定律，以下利用普朗克公式（1-86）来推导这两个定律。

　　为求普朗克曲线波峰位置，先对式（1-86）求一阶导数，并令其为零，可得

$$\frac{\partial M}{\partial \lambda} = \frac{2\pi hc^2}{\lambda^6 (e^{hc/\lambda k_B T} - 1)} \left(\frac{hc}{\lambda k_B T} \frac{e^{hc/\lambda k_B T}}{e^{hc/\lambda k_B T} - 1} - 5 \right) = 0 \tag{1-87}$$

即

$$\frac{hc}{\lambda k_B T} \frac{e^{hc/\lambda k_B T}}{e^{hc/\lambda k_B T} - 1} - 5 = 0 \tag{1-88}$$

令

$$x = \frac{hc}{\lambda k_B T} \tag{1-89}$$

将式（1-89）代入式（1-88）可得

$$\frac{x e^x}{e^x - 1} - 5 = 0 \tag{1-90}$$

如果式（1-90）有唯一解，则说明在黑体辐出度取最大值时，对应波长与温度的乘积为定值，下面来证明这个事实。令

$$f(x) = \frac{x e^x}{e^x - 1} - 5 \tag{1-91}$$

由于当 $x \to 0$ 时，x 与 $e^x - 1$ 是等价无穷小，所以

$$f(0) = \lim_{x \to 0} \frac{x e^x}{e^x - 1} - 5 = \lim_{x \to 0} e^x - 5 = -4 < 0 \tag{1-92}$$

由于当 $x \to +\infty$ 时，e^x 与 $e^x - 1$ 是等价无穷大，所以

$$f(+\infty) = \lim_{x \to +\infty} \frac{x e^x}{e^x - 1} - 5 = \lim_{x \to +\infty} x - 5 = +\infty > 0 \tag{1-93}$$

$f(x)$ 的一阶导数为

$$f'(x) = \frac{e^x (e^x - 1 - x)}{(e^x - 1)^2} \tag{1-94}$$

令

$$g(x) = e^x - 1 - x \tag{1-95}$$

则

$$g(0) = \lim_{x \to 0} e^x - 1 - x = 0 \tag{1-96}$$

且 $g(x)$ 的一阶导数为

$$g'(x) = e^x > 0 \tag{1-97}$$

所以 $g(x)$ 在 $(0, +\infty)$ 内单调递增，从而 $g(x) > g(0) = 0$，因此

$$f'(x) = \frac{e^x g(x)}{(e^x - 1)^2} > 0 \tag{1-98}$$

所以 $f(x)$ 在 $(0, +\infty)$ 内单调递增，再结合式（1-92）和式（1-93）可知 $f(x)$ 在 $(0, +\infty)$ 内有唯一实根。

根据式（1-89），辐出度取峰值时对应的波长 λ_m 为

$$\lambda_m T = \frac{hc}{x k_B} = b \tag{1-99}$$

通过数值计算，可得到常数 b 为 2.8979×10^{-3} m · K。由式（1-99）可知，随着温度 T 升高，峰值波长 λ_m 减小，维恩位移定律得证。

对式（1-89）两边微分可得

$$d\lambda = -\frac{hc}{x^2 k_B T} dx \tag{1-100}$$

将式（1-86）再对 λ_m 在（0，$+\infty$）上积分来求曲线下面积，可得

$$S = \int_0^\infty M(\lambda, T)\,\mathrm{d}\lambda$$

$$= \int_0^\infty \frac{2\pi hc^2}{\lambda^5} \frac{1}{e^{hc/\lambda k_B T} - 1}\,\mathrm{d}\lambda \tag{1-101}$$

将式（1-89）和式（1-100）代入式（1-101），并考虑式（1-89）在（0，$+\infty$）积分上下限相反，正好抵消掉式（1-100）的负号，由此可得

$$S = \frac{2\pi hc^2}{(hc/k_B T)^4} \int_0^\infty \frac{x^3}{e^x - 1}\,\mathrm{d}x \tag{1-102}$$

下面求积分

$$I = \int_0^\infty \frac{x^3}{e^x - 1}\,\mathrm{d}x \tag{1-103}$$

先用 x^n 替换式（1-103）中的 x^3，得到

$$I(n) = \int_0^\infty \frac{x^n}{e^x - 1}\,\mathrm{d}x$$

$$= \int_0^\infty \frac{x^n e^{-x}}{1 - e^{-x}}\,\mathrm{d}x \tag{1-104}$$

需要求出的是 $I(3)$。由于式（1-104）的分母总是小于 1，所以可将其展开成收敛的几何级数

$$\frac{1}{1 - e^{-x}} = \sum_{k=0}^\infty e^{-kx} \tag{1-105}$$

从而可得

$$I(n) = \int_0^\infty x^n e^{-x} \sum_{k=0}^\infty e^{-kx}\,\mathrm{d}x$$

$$= \int_0^\infty x^n \sum_{k=1}^\infty e^{-kx}\,\mathrm{d}x$$

$$= \sum_{k=1}^\infty \int_0^\infty x^n e^{-kx}\,\mathrm{d}x \tag{1-106}$$

做变量替换 $u = kx$，可得

$$x^n = \frac{u^n}{k^n} \tag{1-107}$$

$$\mathrm{d}x = \frac{\mathrm{d}u}{k} \tag{1-108}$$

式（1-108）就可写为

$$I(n) = \sum_{k=1}^{\infty} \int_0^{\infty} \frac{u^n}{k^n} e^{-u} \frac{\mathrm{d}u}{k}$$

$$= \sum_{k=1}^{\infty} \frac{1}{k^{n+1}} \int_0^{\infty} u^n e^{-u} \mathrm{d}u \tag{1-109}$$

以上操作均涉及一致收敛问题，本书一概略去。前面的求和项系数只与 k 有关，该级数和为黎曼 ζ 函数 $\zeta(n+1)$，后面的积分只与 u 有关，该积分为 Γ 函数 $\Gamma(n+1)$。从而得到一个一般公式

$$I(n) = \int_0^{\infty} \frac{x^n}{e^x - 1} \mathrm{d}x = \zeta(n+1)\Gamma(n+1) \tag{1-110}$$

本书需要求得的值为 $I(3) = \zeta(4)\Gamma(4)$。

以下分别来介绍黎曼 ζ 函数和 Γ 函数。

Γ 函数，也称欧拉第二积分，是阶乘函数在实数与复数上扩展的一类函数。其在实数域上的定义为

$$\Gamma(x) = \int_0^{\infty} t^{x-1} e^{-t} \mathrm{d}t \,(x > 0) \tag{1-111}$$

利用分步积分法，可得 Γ 函数的递推公式为

$$\Gamma(x+1) = \int_0^{\infty} t^x e^{-t} \mathrm{d}t$$

$$= \int_0^{\infty} -t^x \mathrm{d}e^{-t}$$

$$= -t^x e^{-t} \Big|_0^{+\infty} + x \int_0^{\infty} t^{x-1} e^{-t} \mathrm{d}t$$

$$= x\Gamma(x) \tag{1-112}$$

由式（1-112）可推知

$$\Gamma(4) = 3\Gamma(3) = \cdots = 3!\Gamma(1) \tag{1-113}$$

下面来计算 $\Gamma(1)$。

$$\Gamma(1) = \int_0^{\infty} e^{-t} \mathrm{d}t = -e^{-t} \Big|_0^{+\infty} = 1 \tag{1-114}$$

将式（1-114）代入式（1-113）得

$$\Gamma(4) = 6 \tag{1-115}$$

黎曼 ζ 函数主要和"最纯"的数学领域数论相关，它也出现在应用统计学、物理以及调音的数学理论中。黎曼 ζ 函数的定义为：设一复数 s，其实部 $Re(s) > 1$ 且

$$\zeta(s) = \sum_{n=1}^{\infty} \frac{1}{n^s} \tag{1-116}$$

在这里介绍一点题外内容，就是著名的黎曼猜想。内容是式（1-116）非平凡零点的实部均为 1/2，即非平凡零点都在复平面上的一条垂直于实轴的直线上。所谓非平凡零点，是指非显而易见的零点，黎曼 ζ 函数的平凡零点为负偶数，即对自然数 m，有式（1-117）成立

$$\zeta(-2m) = \sum_{n=1}^{\infty} n^{2m} = 0 \tag{1-117}$$

除此以外，其他全部零点都落在实部为 1/2 的直线上。黎曼猜想由数学家波恩哈德·黎曼于 1859 年提出，至今未能被证明。德国数学家戴维·希尔伯特在第二届国际数学家大会上提出了 20 世纪数学家应当努力解决的 23 个数学问题，其中就包括黎曼猜想。克雷数学研究所悬赏的世界七大数学难题中也包括黎曼猜想。虽然在知名度上，黎曼猜想不及费尔马猜想和哥德巴赫猜想，但它在数学上的重要性要远超后两者，是当今数学界最重要的数学难题，当今数学文献中已有超过一千条数学命题以黎曼猜想（或其推广形式）的成立为前提。照明问题能跟此数学皇冠上的明珠沾边，实属荣幸。

对于 s 取实数的情况，当 $s>1$ 时，式（1-116）是收敛的。特别的，可以证明，当 s 为正偶数 2m 时，有

$$\zeta(2m) = \sum_{n=1}^{\infty} \frac{1}{n^{2m}} = B_m \pi^{2m} \tag{1-118}$$

其中 B_m 为有理数。因为本书只需要得出 $\zeta(4)$，为简化论证过程，采用其他方法具体来求式（1-119）的结果

$$\zeta(4) = \sum_{n=1}^{\infty} \frac{1}{n^4} \tag{1-119}$$

令

$$S_0 = 1 + \frac{1}{2^4} + \frac{1}{3^4} + \cdots \tag{1-120}$$

$$S_1 = 1 + \frac{1}{3^4} + \frac{1}{5^4} + \cdots \tag{1-121}$$

$$S_2 = \frac{1}{2^4} + \frac{1}{4^4} + \frac{1}{6^4} + \cdots$$

$$= \frac{1}{2^4}\left(1 + \frac{1}{2^4} + \frac{1}{3^4} + \cdots\right)$$

$$= \frac{1}{2^4} S_0 \tag{1-122}$$

由式（1-120）～式（1-122）可得

$$S_0 = \frac{16}{15} S_1 \tag{1-123}$$

把函数 $f(x) = |x|$，$x \in [-\pi, \pi]$ 展开成傅里叶级数。考虑到函数 $f(x)$ 在 $[-\pi, \pi]$ 上满足狄利克雷充分条件，把 $f(x)$ 延拓为周期函数，该周期函数的傅里叶级数在

$[-\pi，\pi]$ 上收敛于 $f(x)$。以下计算傅里叶系数

$$a_n = \frac{1}{\pi}\int_{-\pi}^{\pi} f(x)\cos nx\,\mathrm{d}x$$

$$= \frac{1}{\pi}\int_{-\pi}^{0}(-x)\cos nx\,\mathrm{d}x + \frac{1}{\pi}\int_{0}^{\pi} x\cos nx\,\mathrm{d}x$$

$$= -\frac{1}{\pi}\left(\frac{x\sin nx}{n} + \frac{\cos nx}{n^2}\right)\Big|_{-\pi}^{0} + \frac{1}{\pi}\left(\frac{x\sin nx}{n} + \frac{\cos nx}{n^2}\right)\Big|_{0}^{\pi}$$

$$= \frac{2}{n^2\pi}(\cos n\pi - 1)$$

$$= \begin{cases} -\dfrac{4}{n^2\pi}, n = 1,3,5,\cdots \\ 0, n = 2,4,6,\cdots \end{cases} \tag{1-124}$$

$$a_0 = \frac{1}{\pi}\int_{-\pi}^{\pi} f(x)\,\mathrm{d}x$$

$$= \frac{1}{\pi}\int_{-\pi}^{0}(-x)\,\mathrm{d}x + \frac{1}{\pi}\int_{0}^{\pi} x\,\mathrm{d}x$$

$$= \frac{1}{\pi}\left(-\frac{x^2}{2}\right)\Big|_{-\pi}^{0} + \frac{1}{\pi}\left(\frac{x^2}{2}\right)\Big|_{0}^{\pi}$$

$$= \pi \tag{1-125}$$

$$b_n = \frac{1}{\pi}\int_{-\pi}^{\pi} f(x)\sin nx\,\mathrm{d}x$$

$$= \frac{1}{\pi}\int_{-\pi}^{0}(-x)\sin nx\,\mathrm{d}x + \frac{1}{\pi}\int_{0}^{\pi} x\sin nx\,\mathrm{d}x$$

$$= -\frac{1}{\pi}\left(\frac{x\cos nx}{n} + \frac{\sin nx}{n^2}\right)\Big|_{-\pi}^{0} + \frac{1}{\pi}\left(\frac{x\cos nx}{n} + \frac{\sin nx}{n^2}\right)\Big|_{0}^{\pi}$$

$$= -\frac{\cos n\pi}{n} + \frac{\cos n\pi}{n}$$

$$= 0 \tag{1-126}$$

把傅里叶系数代入式（1-127）

$$f(x) = \frac{a_0}{2} + \sum_{n=1}^{\infty}(a_n\cos kx + b_n\sin kx) \tag{1-127}$$

得到

$$f(x) = \frac{\pi}{2} - \frac{4}{\pi}\left(\cos x + \frac{1}{3^2}\cos 3x + \frac{1}{5^2}\cos 5x + \cdots\right), x \in (-\pi,\pi) \tag{1-128}$$

对式（1-128）两边逐项积分，积分区间为（0，x），可得

$$\frac{x^2}{2} = \frac{\pi}{2}x - \frac{4}{\pi}\left(\sin x + \frac{1}{3^3}\sin 3x + \frac{1}{5^3}\sin 5x + \cdots\right) \tag{1-129}$$

对式（1-129）重复上述操作，可得

$$\frac{x^3}{6} = \frac{\pi}{4}x^2 - \frac{4}{\pi}\left[(1-\cos x) + \frac{1}{3^4}(1-\cos 3x) + \frac{1}{5^4}(1-\cos 5x) + \cdots\right] \quad (1\text{-}130)$$

令 $x=\pi/2$，代入式（1-130）可得

$$\frac{\pi^3}{48} = \frac{\pi^3}{16} = \frac{4}{\pi}S_1 \quad (1\text{-}131)$$

从而可解得

$$S_1 = \frac{\pi^4}{96} \quad (1\text{-}132)$$

将式（1-132）代入式（1-133）可得

$$S_0 = \frac{\pi^4}{90} \quad (1\text{-}133)$$

即

$$\zeta(4) = \frac{\pi^4}{90} \quad (1\text{-}134)$$

从而

$$I(3) = \zeta(4)\Gamma(4) = \frac{\pi^4}{15} \quad (1\text{-}135)$$

将式（1-135）代入式（1-102），可得

$$S = \int_0^\infty M(\lambda,T)\mathrm{d}\lambda$$
$$= \sigma T^4 \quad (1\text{-}136)$$

其中

$$\sigma = \frac{2\pi^5 k_B^4}{15 h^3 c^2} \quad (1\text{-}137)$$

可得到常数 σ 为 $5.67\times10^{-8}\mathrm{J/m^2 \cdot s \cdot K^4}$。由式（1-137）可知，总辐出度与温度 T 的 4 次方成正比，即普朗克曲线下面积随黑体温度升高迅速增大，斯特藩—玻尔兹曼定律得证。

下面考虑波长极限情况下辐出度的近似表达式。

当 $\lambda\to\infty$ 时有

$$e^{hc/\lambda k_B T} - 1 \to hc/\lambda k_B T \quad (1\text{-}138)$$

从而

$$M(\lambda,T) = \frac{2\pi hc^2}{\lambda^5}\frac{1}{e^{hc/\lambda k_B T} - 1}$$
$$\stackrel{\lambda\to\infty}{=} \frac{2\pi c k_B T}{\lambda^4} \quad (1\text{-}139)$$

式（1-139）称为瑞利—琼斯分布，是普朗克公式的长波极限分布。

当 $\lambda\to0$ 时有

$$e^{hc/\lambda k_B T} - 1 \to e^{hc/\lambda k_B T} \quad (1\text{-}140)$$

从而

$$M(\lambda, T) = \frac{2\pi hc^2}{\lambda^5} \frac{1}{e^{hc/\lambda k_\text{B} T} - 1}$$

$$\xrightarrow{\lambda \to 0} \frac{2\pi hc^2}{\lambda^5} e^{-hc/\lambda k_\text{B} T} \qquad (1\text{-}141)$$

式（1-141）称为维恩分布，是普朗克公式的短波极限分布。

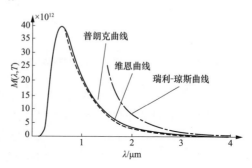

普朗克分布、瑞利—琼斯分布和维恩分布在 5000K 时的曲线如图 1-28 所示。可见在短波区域，瑞利—琼斯公式误差较大，应用瑞利—琼斯公式误差小于 5% 的波长范围是 $\lambda \in (0.14/T, +\infty)$；在长波区域，维恩公式误差较大，应用维恩公式误差小于 5% 的波长范围是 $\lambda \in (0, 0.0047/T)$。所以可见光区域可用维恩公式近似计算，但不适用瑞利—琼斯公式。

图 1-28　普朗克分布、瑞利—琼斯分布和维恩分布在 5000K 时的曲线

1.1.5　计算实例

本书的一大特色是将基本理论运用到解决实际问题中去，让读者学以致用，在运用中加深对理论的理解，并提高读者自行解决其他类似问题的能力。以下介绍点、线、面光源的照度计算，亮度几何平均值有关计算。

1.1.5.1　点、线、面光源的照度计算

点光源的照度计算是各种照度计算的基础，也是最简单的，以下先来计算点光源形成的照度，如图 1-29 所示。

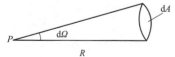

图 1-29　点光源照度

点光源 P 向一个垂直面元 $\mathrm{d}A$ 所张的立体角 $\mathrm{d}\Omega = \mathrm{d}A/R^2$，由式（1-44）有

$$I = \frac{\mathrm{d}\Phi}{\mathrm{d}\Omega} = \frac{\mathrm{d}\Phi}{\mathrm{d}A/R^2} \qquad (1\text{-}142)$$

故可得

$$\frac{\mathrm{d}\Phi}{\mathrm{d}A} = \frac{I}{R^2} \qquad (1\text{-}143)$$

将式（1-143）代入式（1-55）可得

$$E = \frac{I}{R^2} \qquad (1\text{-}144)$$

式（1-144）称为距离平方反比定律，它表明，一个发光强度为 I 的点光源，在距离它 R 处的平面上产生的照度，与这个光源的发光强度成正比，与距离的平方成反比。但必须注意，被照的平面一定要垂直于光线投射的方向。如果被照平面的法线与光线成一角度 θ，则情况如图 1-30 所示。

设平面 V 为被照面，其法线为 M，L 为光源，发光强度为 I，而 V' 为与光线方向垂直的平面。L 至 P 点的距离为 R。由距离平方反比定律可知，在 V' 面上的照度为

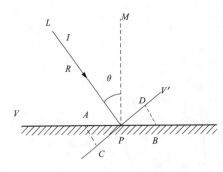

图 1-30 倾斜照明时的照度计算

$$E' = \frac{I}{R^2} \qquad (1\text{-}145)$$

由于 V 面上代表一定面积的 AB 投影在 V' 面上时有 $CD = AB\cos\theta$，也就是说，落在 CD 上的光通量将被分散开来落到较大的面积 AB 上，所以平面 V 上的照度为

$$E = E'\cos\theta = \frac{I}{R^2}\cos\theta \qquad (1\text{-}146)$$

式（1-146）被称为余弦法则。它表明，在计算一个光源在一个平面上产生的照度时，必须考虑这个平面是否与光线的方向垂直。在被照面与光线方向不垂直时，光线可被分解到两个互相垂直的平面上，在两个垂直的平面上形成的照度分别称为水平照度和垂直照度。如图 1-31 所示，光源 L 的发光强度为 I，L 与一个平面 H 距离为 h。设 PL 与 AL 的夹角为 θ，则根据余弦法则，P 点的水平照度 E_H 为

$$E_H = \frac{I}{R^2}\cos\theta \qquad (1\text{-}147)$$

由于 $R = h/\cos\theta$，代入式（1-147）得

$$E_H = \frac{I}{h^2}\cos^3\theta \qquad (1\text{-}148)$$

可见，随 P 点远离 A 点，P 点的水平照度很快减小。

假设 L 是一盏路灯，离开地面的高度是 h，要想测定离 A 点较远的路面照度 E_H 时，会因为 E_H 很小而造成测量上的困难，这时，可改为测定 P 点的垂直照度 E_V，即 PV 面上 P 点的照度。由图 1-31 得

$$E_V = \frac{I}{R^2}\sin\theta = \frac{I}{h^2}\cos^2\theta\sin\theta \qquad (1\text{-}149)$$

所以

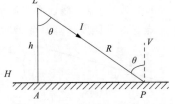

图 1-31 用垂直照度计算水平照度

$$\frac{E_H}{E_V} = \frac{\cos\theta}{\sin\theta} = \frac{h}{AP} \qquad (1\text{-}150)$$

故有

$$E_H = E_V \frac{h}{AP} \qquad (1\text{-}151)$$

水平照度 E_H 和垂直照度 E_V 的相对值随距高比 AP/h 大小的变化如图 1-32 所示。由图 1-32 可见，水平照度 E_H 随距高比 AP/h 增大迅速减小，而垂直照度 E_V 随距高比先增大再减小，但减小的速度比水平照度要慢，由式（1-151）可知，垂直照度是水平照度大小的距高比倍。由式（1-149）可算得，当距高比 $AP/h = 1/\sqrt{2}$（约为 0.7）时，垂直照度取最大值，最大值为中心水平照度的 $2/3\sqrt{3}$（约为 0.385）倍。

理想点光源在实际中并不存在，光源都是有一定大小的。当某光源的大小与照射距

离相比非常小时（实际中通常以照射距离是光源大小尺寸的 10 倍以上作为衡量标准），可视为点光源，此时用点光源做近似计算，得到的照度计算结果误差很小。常见的点光源，例如球泡灯，层高较高的工矿灯，距离较远的路灯等。

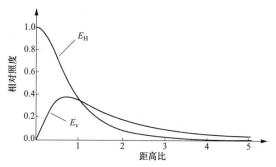

图 1-32 水平照度 E_H 和垂直照度 E_V 的相对值随 AP/h 大小的变化

实际中还有许多线形光源，例如日光灯、洗墙灯、线槽灯等，其长度较长，不能视为点光源，但其宽度较窄，可视为线光源。如果已知光强在线光源上的线密度分布，则在光源外某点的照度可用线光源每个微元形成的点光源照度积分叠加得出，一般较为复杂。在实际中一般可用余弦型光源来近似计算做初步估计，如误差较大，再逐步修正。以下先介绍余弦型光源的概念。与前面介绍的朗伯辐射体类似，亮度 L 不随发光角度变化的光源称为余弦型光源。之所以称为余弦型光源，是因为它的发光强度随高度角 θ 按余弦方式变化且不随方位角变化而变化

$$I_\theta = I_0 \cos\theta \qquad (1\text{-}152)$$

将式（1-152）代入式（1-45）可得

$$L = \frac{\mathrm{d}(I_0 \cos\theta)}{\mathrm{d}A\cos\theta} = \frac{\mathrm{d}I_0}{\mathrm{d}A} \qquad (1\text{-}153)$$

即亮度 L 不随高度角 θ 变化而变化，为常数。实际中的漫反射体和漫透射体，都可视为余弦型光源，其表面亮度均为常量。

由于实际中很多线光源近似为余弦型光源或可用余弦型光源作为初步估算，以下计算一例余弦型线光源形成的照度。有了前面点光源照度计算公式，其他光源形式均可在点光源形成的照度基础上积分获得。如图 1-33 所示，有一长条形的光源，其长度为 l，宽度为 a，在它的端点 O 与光源垂直的方向上有一正对着光源的点 P，设 $OP=h$。

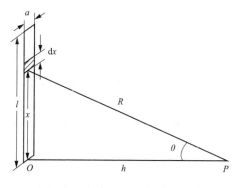

图 1-33 长条形光源的照度计算

假定这个光源的发光面是余弦发射面，亮度为 L，则任意一部分面积上的垂直发光强度为

$$\mathrm{d}I_0 = L\mathrm{d}A \qquad (1\text{-}154)$$

且有 $I_\theta = I_0 \cos\theta$。现考虑 $\mathrm{d}x$ 这一小段发光面对 P 点的照度 $\mathrm{d}E$，此时小发光面可视为点光源，根据式（1-146）余弦法则，可得到

$$\mathrm{d}E = \frac{\mathrm{d}I_\theta}{R^2}\cos\theta = \frac{\mathrm{d}I_0}{R^2}\cos^2\theta = \frac{\mathrm{d}I_0}{h^2}\cos^4\theta$$

$$(1\text{-}155)$$

此时发光面微元面积 $\mathrm{d}A = a\mathrm{d}x$，再结合式（1-154）、式（1-155）可化为

$$\mathrm{d}E = \frac{aL}{h^2}\cos^4\theta\mathrm{d}x \tag{1-156}$$

而根据三角函数关系有

$$x = h\tan\theta \tag{1-157}$$

对式（1-157）微分，可得

$$\mathrm{d}x = \frac{h}{\cos^2\theta}\mathrm{d}\theta \tag{1-158}$$

式（1-158）代入式（1-156），并在 $\left[0,\ \arctan(l/h)\right]$ 上积分，可得

$$E = \frac{aL}{h}\int_0^{\arctan\frac{l}{h}}\cos^2\theta\mathrm{d}\theta = \frac{aL}{2h}\int_0^{\arctan\frac{l}{h}}(1+\cos2\theta)\mathrm{d}\theta = \frac{aL}{2h}\arctan\frac{l}{h} + \frac{al}{4h}\sin2\theta\Big|_0^{\arctan\frac{l}{h}}$$

$$= \frac{aL}{2h}\arctan\frac{l}{h} + \frac{al}{4h}\frac{2\tan\theta}{1+\tan^2\theta}\Big|_0^{\arctan\frac{l}{h}} = \frac{aL}{2h}\left(\arctan\frac{l}{h} + \frac{hl}{h^2+l^2}\right) \tag{1-159}$$

式（1-159）是对有限长度的条形光源照度计算公式，不难将它推广到无限长光源的情况（这种情况例如在超市照明时，通常有首尾相接的荧光灯管），即令 $l\to\infty$，这时式（1-159）的括号内第一项 $\to\pi/2$，第二项 $\to0$，所以

$$E_{l\to\infty} = \lim_{l\to\infty}\frac{aL}{2h}\left(\arctan\frac{l}{h} + \frac{hl}{h^2+l^2}\right)$$

$$= \frac{\pi aL}{4h} \tag{1-160}$$

式（1-160）实际上是半无限长条形光源的照度公式，如果要求无限长条形光源照度公式，只需在式（1-160）基础上乘2。

另一种极端情况是当条形光源的长度和宽度都为有限值，而距离 h 远大于长度 l 时，则式（1-159）式的括号内第一项 $\to l/h$，第二项 $\to l/h$，所以

$$E_{0,\infty} = \lim_{l/h\to0}\frac{aL}{2h}\left(\arctan\frac{l}{h} + \frac{hl}{h^2+l^2}\right)$$

$$= \frac{alL}{h^2} \tag{1-161}$$

式（1-161）中的 al 是光源面积，与亮度 L 相乘为光强，即

$$E = \frac{I}{h^2} \tag{1-162}$$

式（1-162）表明当距离光源很远时，可把有限尺寸的光源当作点光源，距离平方反比定律仍然成立。

由对称性可知，位于线光源中心垂直方向上的点照度最高，由式（1-159）可知该点照度 E_0 为

$$E_0 = \frac{aL}{h}\left(\arctan\frac{l}{2h} + \frac{2hl}{4h^2+l^2}\right) \tag{1-163}$$

设 $h = kl$，以下来研究在 $l/h\to0$ 时，式（1-151）与式（1-163）的近似程度，以及

式（1-161）与式（1-159）的近似程
度。式（1-159）中的照度此处称为
$E_{0.5}$，意思是该照度为距离中心点照度
0.5 个线光源长度的位置，即端点照
度。照度比较结果如图 1-34 所示。

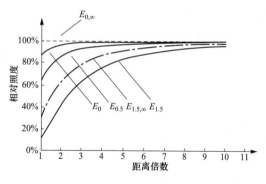

图 1-34　照度近似程度

　　为了方便比较，因为 $l/h \to 0$ 时的
照度 E_∞ 最大（即将线光源视为点光源
时，计算结果偏大），将其他照度按照
E_∞ 计算相对值，图中 $E_{1.5}$ 为距离中心
点 1.5 倍线光源长度的位置。由图 1-34
可见，离中心点越远，在同样距离倍数时，照度近似程度越差，或者说越需要更大的距
离倍数才能近似距离平方反比。所以说 10 倍距离法则不能一概而论，要看所求照度对应
点的位置，当所求照度点离中心点距离较远时，应以该点与线光源中心点的直接距离来
代替线光源与被照面的距离，在这样的修正下，可得到近似程度更高的结果。图 1-34 中
点画线即代表了这种近似，其中照度值 $E_{1.5,\infty}$ 的计算方法为

$$E_{1.5,\infty} = \frac{alL}{(1.5l)^2 + h^2} \tag{1-164}$$

以上照度表达式中均含有亮度 L，实际应用时，往往亮度未知，知道的通常是线光源的
光通量 Φ，此时假设线光源为余弦型出射，则根据式（1-53），可得

$$alL = \frac{\Phi}{\pi} \tag{1-165}$$

将式（1-165）代入式（1-159）即得

$$E_{0.5} = \frac{\Phi}{2\pi hl}\left(\arctan\frac{l}{h} + \frac{hl}{h^2 + l^2}\right) \tag{1-166}$$

应用式（1-166）来评估线光源在某点的照度时，除了不必测量线光源亮度，还无需考
虑线光源宽度，这在实际场合应用时往往比较方便。

　　实际中还有许多面形光源，例如平板灯、吸顶灯、投光灯等，其具有一定的长宽几
何尺度，不能视为点光源，但其主要是一个平面发光，可视为面光源。如果已知光强在
面光源上的面密度分布，则在光源外某点的照度可用面光源每个微元形成的点光源照度
积分叠加得出，一般较为复杂。

　　由于实际中很多面光源近似为余弦型光源或可用余弦型光源作为初步估算，以下计
算一例余弦型面光源形成的照度。如
图 1-35 所示，有一个半径为 a 的余
弦型圆盘发光体，亮度为 L，在其圆
心 O 上的法线方向的 P 点，与圆盘
的距离为 h，当 h 比 a 并不是大很多
倍时，就不能简单地用距离平方反比
定律来计算照度，而要用微元积分的

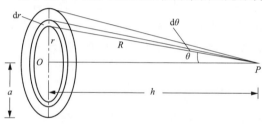

图 1-35　圆盘形余弦发射光源的照度计算

方法。

首先考虑在圆盘上距离圆心 O，半径为 r 至 $r+\mathrm{d}r$，所包含的圆环面积 $\mathrm{d}A$ 对 P 点所产生的照度 $\mathrm{d}E$。这个圆环上的每一个小部分射向 P 点的光线都与 OP 成相同角度 θ，所以形成的照度微元是相同的，故整个圆环在向着 P 这个方向上的发光强度为

$$\mathrm{d}I = L\mathrm{d}A\cos\theta \tag{1-167}$$

而圆环面积为

$$\mathrm{d}A = \pi(r+\mathrm{d}r)^2 - \pi r^2 = 2\pi r\mathrm{d}r \tag{1-168}$$

又根据图 1-35 中三角形关系，有

$$\mathrm{d}r = \frac{h}{\cos^2\theta}\mathrm{d}\theta \tag{1-169}$$

根据余弦法则，P 点的照度微元 $\mathrm{d}E$ 为

$$\mathrm{d}E = \frac{\mathrm{d}I}{R^2}\cos\theta \tag{1-170}$$

将式（1-167）～式（1-169）代入式（1-170）并在 $[0, \mathrm{arctan}\ (a/h)]$ 积分可得

$$E = \int_0^{\mathrm{arctan}\frac{a}{h}} 2\pi L\sin\theta\cos\theta\mathrm{d}\theta$$

$$= \pi L\sin^2\theta \Big|_0^{\mathrm{arctan}\frac{a}{h}}$$

$$= \frac{\pi a^2 L}{a^2 + h^2} \tag{1-171}$$

由式（1-171）可知，当圆盘半径很大时，照度与距离无关，为

$$E_{a\to\infty} = \lim_{a\to\infty}\frac{\pi a^2 L}{a^2 + h^2}$$

$$= \pi L \tag{1-172}$$

当圆盘半径有限，法线方向上 P 点与圆盘的距离 h 很大时，照度为

$$E_{0,\infty} = \lim_{a/h\to 0}\frac{\pi a^2 L}{a^2 + h^2}$$

$$= \frac{\pi a^2 L}{h^2} \tag{1-173}$$

式（1-173）中的 πa^2 即为圆盘面积，与亮度 L 相乘即为光强 I，此即为距离平方反比定律，说明距离无限远时，圆盘形光源可当作点光源。由式（1-171）还可知，圆盘形光源与点光源相比，同样距离和同样光强情况下，点光源形成的照度更高。根据式（1-53）可将亮度换为光通量，式（1-171）重写为

$$E = \frac{\Phi}{\pi(a^2 + h^2)} \tag{1-174}$$

1.1.5.2　亮度几何平均值有关计算

有了以上关于亮度、照度等基本计算例子，下面来研究略复杂一些的计算。近几年照

明领域（尤其在日本照明界）出现了不少采用亮度为基础数据，通过某种算法得出一些参数，用于表征照明质量的某种特性。例如 Panasonic 的岩井弥先生提出的 Feu 概念，东京工业大学的中村芳树先生提出的 NB 概念，都是基于将某区域空间亮度投影到某平面上，然后利用投影亮度进行计算。作者认为这类方法采用平面投影亮度代替三维空间亮度，由于忽略了反射面到观察点距离的不同，不可避免地会引入一定误差，故而在某些特定场合应用时，可能会存在问题。

据了解，在 Feu 的概念正式推出前，Panasonic 已经做了很久的准备工作。在 2011 年广州国际照明展览会（光亚展）亮相时，Panasonic 已经做了数年理论工作，大量实验工作，研制了测试表征设备，开发了成套设计软件且在日本很多设计事务所已采用该参数作为照明设计时考虑的评价参数之一。应该说该参数在实际应用中的绝大部分场合是至少可作为参考参数使用的。Feu 的计算原理为特定水平和垂直角度视野内亮度的几何平均值的幂函数，如式（1-175）所示，其中 lg（luminance geometric mean）是视野内亮度的几何平均值，视野范围取水平方向 $-50°\sim+50°$，垂直方向取 $-50°\sim+35°$

$$Feu = 1.5\,\lg^{0.7} \tag{1-175}$$

以下举一个 Feu 的具体计算例子，供读者进一步了解 Feu。如图 1-36 所示，与无限大余弦型反射平面 α（假设反射系数 $\rho=0.8$）相距 h（假设 $h=1$）的光源 O' 点在 α 平面内的投影点为 O，同时将观察点也设在 O' 点。

假设 O' 点处光源的光通量 Φ 为 100lm，光强分布函数为

$$I = I_0\cos\theta \tag{1-176}$$

简单计算可知

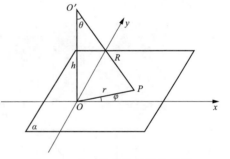

图 1-36　Feu 的具体计算示意图

$$I_0 = \frac{100}{\pi} \tag{1-177}$$

先计算 α 平面内某点 P 的照度 E_P

$$E_P = \frac{\mathrm{d}\Phi}{\mathrm{d}A} = \frac{I}{h^2}\cos^3\theta \tag{1-178}$$

从而由于 α 是余弦型发射面，P 点的亮度 L_P 为

$$L_P = \frac{\rho E_P}{\pi} = \frac{\rho I_0}{\pi h^2}\cos^4\theta \tag{1-179}$$

设 P 点的坐标为（x，y），则由图 1-36 可得

$$x^2 + y^2 = r^2 \tag{1-180}$$

$$\cos^2\theta = \frac{h^2}{h^2 + r^2} \tag{1-181}$$

所以

$$L_P(x,y) = \frac{\rho I_0}{\pi}\frac{h^2}{(h^2 + x^2 + y^2)^2} \tag{1-182}$$

根据 Feu 的定义，在 x 方向取与 O' 点成 $-50°\sim+50°$，在 y 方向取与 O' 点成 $-50°\sim+35°$，按照式（1-175），有

$$lg = \lim_{n\to\infty}(L_1 L_2 \cdots L_n)^{1/n}$$

$$= \lim_{n\to\infty}e^{\frac{1}{n}\sum_{i=1}^{n}\ln L_i} = e^{\lim_{n\to\infty}\frac{1}{n}\sum_{i=1}^{n}\ln L_i} = e^{\frac{1}{(x_2-x_1)(y_2-y_1)}\iint\ln\left(\frac{\rho I_0}{\pi}\cdot\frac{h^3}{(h^2+x^2+y^2)^2}\right)\mathrm{d}x\mathrm{d}y} \quad (1\text{-}183)$$

其中 $L_i(i=1, 2, \cdots, n)$ 为均匀分割视野区域的每子区域亮度。根据之前的假设，$I_0=100/\pi$，$\rho=0.8$，$h=1$，从而可确定式（1-183）的积分区域如下

$$\begin{cases} x_2=-x_1 = h\cdot\tan(50/180) = 1.19 \\ y_2 = h\cdot\tan(50/180) = 1.19 \\ y_1 = h\cdot\tan(-35/180) =-0.7 \end{cases} \quad (1\text{-}184)$$

将式（1-184）的积分区域代入式（1-183），可算得

$$lg = 2.66 \quad (1\text{-}185)$$

进而根据式（1-175）可算得

$$Feu = 2.97 \quad (1\text{-}186)$$

不同照明应用场合可采用不同的 Feu 值来营造不同的氛围，如图 1-37 所示。

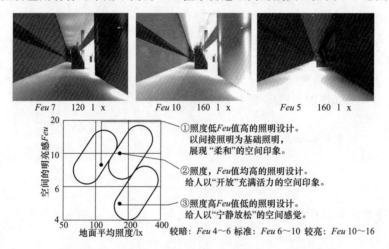

图 1-37　不同 Feu 值不同氛围（图片来自 Panasonic）

非线性亮度（NB，Nonlinear Brightness）的概念正式推出场合为 CIE2012 照明品质和能效大会（杭州），会上中村芳树教授做了关于该主题的详细介绍。事实上中村芳树教授应至少在 2006 年就在考虑该问题了，依据为 NB 的核心算法之一——基于小波变换的图像处理专利由中村芳树教授在 2006 年申请。NB 主要是基于投影到平面内的亮度进行数值变换，考虑到人眼的适应效应，未必亮度高就能看清楚物体。由于算法较复杂，在此不详细展开，如图 1-38 所示。在图 1-38 中，不开台灯，亮度降低，但是 NB 值增加了，笔记本电脑看得更清楚了。这一点可用对比度来类比理解，但是 NB 的计算远比对比度的计算要复杂得多。目前 NB 评价方法，也有测试表征设备以及成套的设计软件，并在日本照明设计中有一定的使用实例。

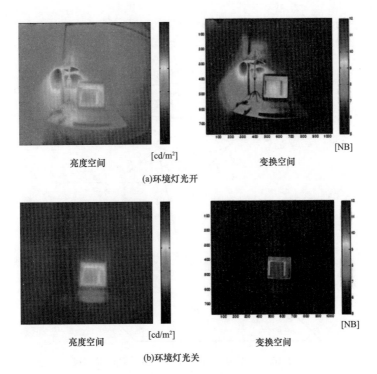

亮度空间　　　　[cd/m²]　　　　　　　　　　变换空间　　　　[NB]

(a)环境灯光开

亮度空间　　　　[cd/m²]　　　　　　　　　　变换空间　　　　[NB]

(b)环境灯光关

图 1-38　NB 与人眼是否看清楚某区域的关系示例图

（图片来自 Visual Technology Laboratory）

虽然在室内由于视野内反射面距观察点的距离差异较小，进而应用中将一般的空间曲面亮度投影到平面亮度来处理误差不大，但在特殊情况下，还是可能存在显著差异的，从以下特例的计算结果可看出这种差异。

首先考虑一个亮度为 L 的无限大余弦型反射平面，方程为 $z=h$，$h \in (0，+\infty)$，计算坐标原点 O 的照度 E，如图 1-39 所示。

用类似图 1-35 圆盘面的计算方法计算，最后令半径 $r \rightarrow \infty$ 即可，故结果与式（1-172）一致，为

$$E = \pi L \qquad (1\text{-}187)$$

其次考虑一个亮度为 L 的无限大余弦型反射圆锥面，其方程为

$$z = \cot\theta \sqrt{x^2 + y^2}，\theta \in \left(0，\frac{\pi}{2}\right) \qquad (1\text{-}188)$$

计算与原点相距 h 的 z 轴负方向点 P 的照度

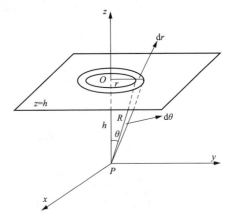

图 1-39　亮度为 L 无限大余弦型
反射平面照度计算

E，如图 1-40 所示。

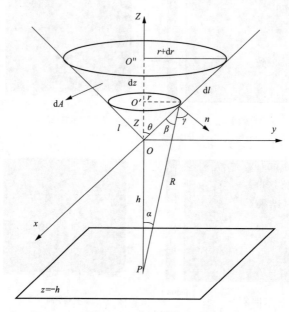

图 1-40 亮度为 L 无限大余弦型反射锥面照度

锥角为 θ 的无限大圆锥，根据圆台侧面积公式，其侧面微元 $\mathrm{d}A$，可由下式计算

$$\mathrm{d}A = \pi \mathrm{d}l(r + r + \mathrm{d}r) = 2\pi r \mathrm{d}l = 2\pi \frac{\sin\theta}{\cos^2\theta} z \mathrm{d}z \qquad (1\text{-}189)$$

式（1-189）在推导过程中略去了高阶无穷小量且此处 θ 为定值。朝向 P 点的光强 $\mathrm{d}I$ 为

$$\mathrm{d}I = L\mathrm{d}A\cos\gamma = L\mathrm{d}A\sin\beta = L\mathrm{d}A\sin(\theta - \alpha) = \frac{Lh\sin\theta}{R}\mathrm{d}A \qquad (1\text{-}190)$$

故圆台侧面微元在 P 点产生的照度 $\mathrm{d}E$ 为

$$\mathrm{d}E = \frac{\mathrm{d}I}{R^2}\cos\alpha$$

$$= 2\pi L\tan^2\theta \frac{hz(z + h)}{R^4}\mathrm{d}z$$

$$= 2\pi L\tan^2\theta \frac{hz(z + h)}{\left[r^2 + (z + h)^2 \right]^2}\mathrm{d}z$$

$$= 2\pi L\tan^2\theta \frac{hz(z + h)}{\left[\tan^2\theta z^2 + (z + h)^2 \right]^2}\mathrm{d}z \qquad (1\text{-}191)$$

对式（1-191）中的 z 在 $(0, \infty)$ 上积分，可得

$$E(\theta) = \int_0^\infty 2\pi L\tan^2\theta \frac{hz(z + h)}{\left[\tan^2\theta z^2 + (z + h)^2 \right]^2}\mathrm{d}z = \frac{\pi L\tan^2\theta}{\tan^2\theta + 1} \qquad (1\text{-}192)$$

根据式 (1-192)，令 $\theta \to \pi/2$ 有

$$E\left(\frac{\pi}{2}\right) = \lim_{\theta \to \frac{\pi}{2}} \frac{\pi L \tan^2\theta}{\tan^2\theta + 1} = \pi L \tag{1-193}$$

即与无穷大平面结果一致，这与圆锥角 θ 的含义相吻合。当 $\theta = \pi/4$ 时

$$E\left(\frac{\pi}{4}\right) = \frac{\pi L}{2} \tag{1-194}$$

可见结果刚好为无限大平面所产生照度的一半。所以在这两种特定情况，忽略掉反射面与观察点距离的不同，将空间亮度投影到平面上进而导出其他一些参数，其结果是相同的，但这两种情况却在观察点有着不同的照度，从而对于观察点的影响是不同的，或者说从观察点观察这两种情况下的反射面会有不同的感受。本例较为复杂，尤其是式 (1-192) 的积分，其结果竟不含参数 h。

1.2 色 度 学

色度学是对颜色刺激进行度量、计算和评价的一门学科，是以光学、视觉生理、视觉心理、心理物理等学科为基础的综合学科，它是色彩理论的基础。本书与专门介绍颜色有关知识的书籍不同，不会全面深入地介绍颜色有关理论，只介绍与照明有关的色度学知识。本节主要介绍色坐标、色温、色容差、显色指数等概念及其计算，本书所介绍的色度学概念主要以国际照明委员会（CIE）的有关文件（CIE 15：2004）为依据。

1.2.1 色品坐标

颜色视觉是一个很复杂的心理学过程。在颜色视觉实验中，最重要的是颜色匹配试验。试验表明，用红、绿、蓝三原色不同比例相加混合，能得到许多不同的颜色。人的视觉系统对接收到的色刺激有混合的功能。常说的三色原理，就是说任何一个颜色都能用线性无关的三个原色的适当比例相加混合与之匹配。如果用 (R)、(G)、(B) 代表三个原色的一个单位量，用 C 代表混合得到的颜色，则可用下面的代数式表示一次颜色匹配试验的结果

$$C = R(R) + G(G) + B(B) \tag{1-195}$$

式中：R、G、B 是三个系数，表示为了匹配颜色 C，三个原色所用的量分别是多少。如果这三个系数等比例增加，实际上颜色是不变的，只是亮度增加，所以 R、G、B 既包括了色度信息，又涵盖了亮度信息，故如果只对色度信息感兴趣（相当于使用 1.1 节提到的相对光谱），只要 R、G、B 的相对值就够了，即

$$\begin{cases} r = \dfrac{R}{R+G+B} \\[2mm] g = \dfrac{G}{R+G+B} \\[2mm] b = \dfrac{B}{R+G+B} \end{cases} \tag{1-196}$$

则可知 $r+g+b=1$，故而只用 r 和 g 即可确定一个颜色了。$(r，g)$ 及 b 称为色品坐标，用两个数即可确定（或表征）一个颜色。由于大部分光谱的色坐标会出现负值，这在使用上不方便，于是可以做变换到另外的三个（或仅表颜色时两个）色品坐标。常用的是 X、Y、Z，变换公式为

$$\begin{cases} X = 2.768892R + 1.751748G + 1.130160B \\ Y = 1.000000R + 4.590700G + 0.060100B \\ Z = 0.000000R + 0.056508G + 5.594292B \end{cases} \tag{1-197}$$

式中：X、Y、Z 也常称为三刺激值，可用类似式（1-197）计算出三刺激值 X、Y、Z 的相对值 x、y、z，$(x，y)$ 及 z 也称为色品坐标，将光谱对应的色品坐标绘制在二维坐标系里，这样的图称为色品图，在色品图上可直观地得到两个色坐标之间的距离大小，以及色坐标离哪个单色坐标较近等初步色度信息。

X、Y、Z 可用式（1-198）计算，其中 $\overline{x}(\lambda)$、$\overline{y}(\lambda)$、$\overline{z}(\lambda)$ 称为 CIE 1931 标准色度观察者光谱三刺激值，5nm 间隔数值详见表 1-4。CIE 标准 CIE 11664-1:2019 对 1nm 间隔数据做了标准化，读者可前往前言中的 QQ 群文件中下载

$$\begin{cases} X = k\int_{380}^{780} P(\lambda)\overline{x}(\lambda)\mathrm{d}\lambda \\ \\ Y = k\int_{380}^{780} P(\lambda)\overline{y}(\lambda)\mathrm{d}\lambda \\ \\ Z = k\int_{380}^{780} P(\lambda)\overline{z}(\lambda)\mathrm{d}\lambda \end{cases} \tag{1-198}$$

式中：k 为归一化系数，用于把三刺激值 Y 归一化到 100，其表达式为

$$k = \frac{100}{\int_{380}^{780} P(\lambda)\overline{y}(\lambda)\mathrm{d}\lambda} \tag{1-199}$$

表 1-4 　　　　　　　　　　　　　CIE 1931 标准光谱三刺激值

λ/nm	$\overline{x}(\lambda)$	$\overline{y}(\lambda)$	$\overline{z}(\lambda)$	λ/nm	$\overline{x}(\lambda)$	$\overline{y}(\lambda)$	$\overline{z}(\lambda)$
380	0.001368	0.000039	0.006450	430	0.283900	0.011600	1.385600
385	0.002236	0.000064	0.010550	435	0.328500	0.016840	1.622960
390	0.004243	0.000120	0.020050	440	0.348280	0.023000	1.747060
395	0.007650	0.000217	0.036210	445	0.348060	0.029800	1.782600
400	0.014310	0.000396	0.067850	450	0.336200	0.038000	1.772110
405	0.023190	0.000640	0.110200	455	0.318700	0.048000	1.744100
410	0.043510	0.001210	0.207400	460	0.290800	0.060000	1.669200
415	0.077630	0.002180	0.371300	465	0.251100	0.073900	1.528100
420	0.134380	0.004000	0.645600	470	0.195360	0.090980	1.287640
425	0.214770	0.007300	1.039050	475	0.142100	0.112600	1.041900

λ/nm	$\overline{x}(\lambda)$	$\overline{y}(\lambda)$	$\overline{z}(\lambda)$	λ/nm	$\overline{x}(\lambda)$	$\overline{y}(\lambda)$	$\overline{z}(\lambda)$
480	0.095640	0.139020	0.812950	635	0.541900	0.217000	0.000030
485	0.057950	0.169300	0.616200	640	0.447900	0.175000	0.000020
490	0.032010	0.208020	0.465180	645	0.360800	0.138200	0.000010
495	0.014700	0.258600	0.353300	650	0.283500	0.107000	0.000000
500	0.004900	0.323000	0.272000	655	0.218700	0.081600	0.000000
505	0.002400	0.407300	0.212300	660	0.164900	0.061000	0.000000
510	0.009300	0.503000	0.158200	665	0.121200	0.044580	0.000000
515	0.029100	0.608200	0.111700	670	0.087400	0.032000	0.000000
520	0.063270	0.710000	0.078250	675	0.063600	0.023200	0.000000
525	0.109600	0.793200	0.057250	680	0.046770	0.017000	0.000000
530	0.165500	0.862000	0.042160	685	0.032900	0.011920	0.000000
535	0.225750	0.914850	0.029840	690	0.022700	0.008210	0.000000
540	0.290400	0.954000	0.020300	695	0.015840	0.005723	0.000000
545	0.359700	0.980300	0.013400	700	0.011359	0.004102	0.000000
550	0.433450	0.994950	0.008750	705	0.008111	0.002929	0.000000
555	0.512050	1.000000	0.005750	710	0.005790	0.002091	0.000000
560	0.594500	0.995000	0.003900	715	0.004109	0.001484	0.000000
565	0.678400	0.978600	0.002750	720	0.002899	0.001047	0.000000
570	0.762100	0.952000	0.002100	725	0.002049	0.000740	0.000000
575	0.842500	0.915400	0.001800	730	0.001440	0.000520	0.000000
580	0.916300	0.870000	0.001650	735	0.001000	0.000361	0.000000
585	0.978600	0.816300	0.001400	740	0.000690	0.000249	0.000000
590	1.026300	0.757000	0.001100	745	0.000476	0.000172	0.000000
595	1.056700	0.694900	0.001000	750	0.000332	0.000120	0.000000
600	1.062200	0.631000	0.000800	755	0.000235	0.000085	0.000000
605	1.045600	0.566800	0.000600	760	0.000166	0.000060	0.000000
610	1.002600	0.503000	0.000340	765	0.000117	0.000042	0.000000
615	0.938400	0.441200	0.000240	770	0.000083	0.000030	0.000000
620	0.854450	0.381000	0.000190	775	0.000059	0.000021	0.000000
625	0.751400	0.321000	0.000100	780	0.000042	0.000015	0.000000
630	0.642400	0.265000	0.000050				

此时如果测出了辐射功率的光谱分布 $P(\lambda)$，直接按式（1-198）即可求出 X、Y、Z，进而按式（1-98）计算 X、Y、Z 的相对值 x、y、z。

$$\begin{cases} x = \dfrac{X}{X+Y+Z} \\[2mm] y = \dfrac{Y}{X+Y+Z} \\[2mm] z = \dfrac{Z}{X+Y+Z} \end{cases} \qquad (1\text{-}200)$$

由 (x, y) 构成的坐标系，称为 CIE 1931 色品坐标系，同样的色品坐标对应同样的颜色，不管它们的光谱组成是否一样，在视觉上是等效的。不同的色品坐标对应不同

的相对光谱 $S(\lambda)$，但不同的相对光谱有可能对应同一个色品坐标，这称为同色异谱。可以想见，一个相对光谱是无穷维希尔伯特空间中的一个点，而（x, y）只是二维平面上的一个点，前者的势大于后者，即使相对光谱按整波长采样为 401 个数，也远比两个数的自由度要大得多，从数学上看，从相对光谱到色品坐标的映射是单射但不是一一映射。本节后面所讲的色容差概念，可刻画不同的色品坐标之间的差异，但无法刻画相同色品坐标不同光谱的差异，要对后者的差异做表征，可用 1.1 节介绍的光谱差异 ΔE。

以上介绍的三刺激值是在小视场下得到的结果，即视场等于 2°，完全是视网膜中部锥状细胞特性的反映。如果离开中心窝向边缘方向，锥状细胞密度逐渐减小，而柱状细胞逐渐增多。另外，从解剖学发现，视网膜中央部分覆盖着一层黄色素，这层黄色素分布的密度也是中心窝部分高，而向外围逐渐降低。而且随着年龄增长，黄色素也有增加趋势。由于黄色素对蓝、紫色的光吸收较多，这就造成了小视场与大视场颜色感觉的差别。因此大于 4°视场的色感觉是有所不同的。反映到数值上就是 $\overline{x}(\lambda)$、$\overline{y}(\lambda)$、$\overline{z}(\lambda)$ 函数值的稍许不同。为了解决这个问题，CIE 于 1964 年在实验的基础上，又规定了一组适合 10°大视场的补充标准色度观察者光谱三刺激值 $\overline{x}_{10}(\lambda)$、$\overline{y}_{10}(\lambda)$、$\overline{z}_{10}(\lambda)$，亦即大视场的色匹配函数，见表 1-5。同样，CIE 标准 CIE 11664-1：2019 对 1nm 间隔数据做了标准化，读者可前往前言中的 QQ 群下载。

表 1-5 　　　　　　　　　CIE 1964 补充光谱三刺激值

λ/nm	$\overline{x}_{10}(\lambda)$	$\overline{y}_{10}(\lambda)$	$\overline{z}_{10}(\lambda)$	λ/nm	$\overline{x}_{10}(\lambda)$	$\overline{y}_{10}(\lambda)$	$\overline{z}_{10}(\lambda)$
380	0.000160	0.000017	0.000705	480	0.080507	0.253589	0.772125
385	0.000662	0.000072	0.002928	485	0.041072	0.297665	0.570060
390	0.002362	0.000253	0.010482	490	0.016172	0.339133	0.415254
395	0.007242	0.000769	0.032344	495	0.005132	0.395379	0.302356
400	0.019110	0.002004	0.086011	500	0.003816	0.460777	0.218502
405	0.043400	0.004509	0.197120	505	0.015444	0.531360	0.159249
410	0.084736	0.008756	0.389366	510	0.037465	0.606741	0.112044
415	0.140638	0.014456	0.656760	515	0.071358	0.685660	0.082248
420	0.204492	0.021391	0.972542	520	0.117749	0.761757	0.060709
425	0.264737	0.029497	1.282500	525	0.172953	0.823330	0.043050
430	0.314679	0.038676	1.553480	530	0.236491	0.875211	0.030451
435	0.357719	0.049602	1.798500	535	0.304213	0.923810	0.020584
440	0.383734	0.062077	1.967280	540	0.376772	0.961988	0.013676
445	0.386726	0.074704	2.027300	545	0.451584	0.982200	0.007918
450	0.370702	0.089456	1.994800	550	0.529826	0.991761	0.003988
455	0.342957	0.106256	1.900700	555	0.616053	0.999110	0.001091
460	0.302273	0.128201	1.745370	560	0.705224	0.997340	0.000000
465	0.254085	0.152761	1.554900	565	0.793832	0.982380	0.000000
470	0.195618	0.185190	1.317560	570	0.878655	0.955552	0.000000
475	0.132349	0.219940	1.030200	575	0.951162	0.915175	0.000000

续表

λ/nm	$\overline{x}_{10}(\lambda)$	$\overline{y}_{10}(\lambda)$	$\overline{z}_{10}(\lambda)$	λ/nm	$\overline{x}_{10}(\lambda)$	$\overline{y}_{10}(\lambda)$	$\overline{z}_{10}(\lambda)$
580	1.014160	0.868934	0.000000	685	0.028623	0.011130	0.000000
585	1.074300	0.825623	0.000000	690	0.019941	0.007749	0.000000
590	1.118520	0.777405	0.000000	695	0.013842	0.005375	0.000000
595	1.134300	0.720353	0.000000	700	0.009577	0.003718	0.000000
600	1.123990	0.658341	0.000000	705	0.006605	0.002565	0.000000
605	1.089100	0.593878	0.000000	710	0.004553	0.001768	0.000000
610	1.030480	0.527963	0.000000	715	0.003145	0.001222	0.000000
615	0.950740	0.461834	0.000000	720	0.002175	0.000846	0.000000
620	0.856297	0.398057	0.000000	725	0.001506	0.000586	0.000000
625	0.754930	0.339554	0.000000	730	0.001045	0.000407	0.000000
630	0.647467	0.283493	0.000000	735	0.000727	0.000284	0.000000
635	0.535110	0.228254	0.000000	740	0.000508	0.000199	0.000000
640	0.431567	0.179828	0.000000	745	0.000356	0.000140	0.000000
645	0.343690	0.140211	0.000000	750	0.000251	0.000098	0.000000
650	0.268329	0.107633	0.000000	755	0.000178	0.000070	0.000000
655	0.204300	0.081187	0.000000	760	0.000126	0.000050	0.000000
660	0.152568	0.060281	0.000000	765	0.000090	0.000036	0.000000
665	0.112210	0.044096	0.000000	770	0.000065	0.000025	0.000000
670	0.081261	0.031800	0.000000	775	0.000046	0.000018	0.000000
675	0.057930	0.022602	0.000000	780	0.000033	0.000013	0.000000
680	0.040851	0.015905	0.000000				

二者只在短波长处有较大差异，具体如图 1-41 所示。由于目前主流 LED 厂商都采用 2°视场数据确定的色品坐标来分 Bin，故本书如无特别指出，默认使用 2°视场数据。

在 CIE 1931 色品图上，两个色点的坐标差 Δx、Δy 代表了一定的颜色差异，但是感觉上的色差与色坐标之差并不一致。在色品图上不同的色

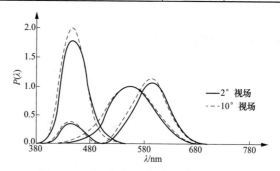

图 1-41 2°视场和 10°视场三刺激值比较

域，刚刚能觉察到色差别的距离是不一样的，而且不同方向的色差，灵敏阈值也不一样。为此，科学家寻求另外的坐标系，希望在新的坐标系中，色差是均匀的。CIE 于 1960 年接受了一个经坐标变换后的色品图，坐标用 u、v 表示，称为 CIE 1960 均匀色空间，其与 1931 色坐标的转换关系为

$$\begin{cases} u = \dfrac{4x}{-2x+12y+3} \\ v = \dfrac{6y}{-2x+12y+3} \end{cases} \tag{1-201}$$

又过了十多年，颜色科学家在有关色差的研究中，觉得 1960 年的均匀色空间还不

够理想，主要是 540nm 与 700nm 之间的光谱轨迹与无彩点 C 之间的距离靠得太近了，而这个区域所代表的黄色、橙色、红色等在食品工业、石油工业、油漆工业和其他一些工业中，应用十分广泛。为此，在 1976 年，CIE 又推荐了一个新的坐标系 u'、v'，其中 u' 与 1960 年的 u 一样，而 v' 为

$$v' = \frac{3}{2}v \tag{1-202}$$

从而新的色品坐标 u'、v' 与 x、y 的变换关系为

$$\begin{cases} u' = \dfrac{4x}{-2x + 12y + 3} \\ v' = \dfrac{9y}{-2x + 12y + 3} \end{cases} \tag{1-203}$$

找到一个理想的色品图是十分困难的，因为一个理想的均匀色品图不是一个平面而是一个曲面，并且无法用欧氏几何空间来描述，所以在平面上只能找到近似均匀的色品图。后面介绍色容差概念时读者可以看到，从 (x, y) 到 (u, v) 再到 (u', v')，麦克亚当椭圆越来越接近于圆，色品图的发展历程可以说是让色品图上的麦克亚当椭圆尽可能变圆的一个过程，但距离处处半径相等的圆还有很大差距，这说明 u'、v' 色品坐标系仍然是不均匀的，然而 u'、v' 色品坐标系在 LED 照明常用到的黑体曲线附近与圆非常接近，所以理论上 u'、v' 是目前最适合 LED 产品的色品坐标系，然而由于种种原因，CIE 1931 色品坐标系 (x, y) 仍然是最主流和应用最广泛的色品坐标系。

(1) 单色光的色坐标。对于单色光的光谱，可视为有半峰宽的单峰光谱，其半峰宽趋于 0 时的极限光谱。根据式 (1-11)、式 (1-15) 和式 (1-16)，可得在正态模拟近似模型时单色光光谱的等能光谱

$$E(\lambda_P) = \lim_{\delta_\lambda \to 0} \frac{2\sqrt{\ln 2}}{\sqrt{\pi}\delta_\lambda} \exp\left[-\frac{4\ln 2 \, (\lambda - \lambda_P)^2}{\delta_\lambda^2}\right] \tag{1-204}$$

根据狄拉克 δ 函数的定义，可知

$$E(\lambda_P) = \delta_{\lambda_P} \tag{1-205}$$

其中

$$\delta_{\lambda_P} = \delta(\lambda - \lambda_P) \tag{1-206}$$

将式 (1-205) 代入式 (1-198)，并考虑狄拉克 δ 函数的挑选性，可得波长为 λ_P 的单色光三刺激值为

$$\begin{cases} X_{\lambda_P} = \displaystyle\int_{380}^{780} \delta(\lambda - \lambda_P)\overline{x}(\lambda)\,\mathrm{d}\lambda = \overline{x}(\lambda_P) \\[3mm] Y_{\lambda_P} = \displaystyle\int_{380}^{780} \delta(\lambda - \lambda_P)\overline{y}(\lambda)\,\mathrm{d}\lambda = \overline{y}(\lambda_P) \\[3mm] Z_{\lambda_P} = \displaystyle\int_{380}^{780} \delta(\lambda - \lambda_P)\overline{z}(\lambda)\,\mathrm{d}\lambda = \overline{z}(\lambda_P) \end{cases} \tag{1-207}$$

将式 (1-207) 代入式 (1-200) 即得单色光的 1931 色品系色坐标为

$$\begin{cases} x_{\lambda_{\mathrm{P}}} = \dfrac{X_{\lambda_{\mathrm{P}}}}{X_{\lambda_{\mathrm{P}}} + Y_{\lambda_{\mathrm{P}}} + Z_{\lambda_{\mathrm{P}}}} \\[4mm] y_{\lambda_{\mathrm{P}}} = \dfrac{Y_{\lambda_{\mathrm{P}}}}{X_{\lambda_{\mathrm{P}}} + Y_{\lambda_{\mathrm{P}}} + Z_{\lambda_{\mathrm{P}}}} \end{cases} \tag{1-208}$$

将波长 $380\sim780\mathrm{nm}$ 每隔 $1\mathrm{nm}$ 的色坐标求出来，绘制到 1931 色品坐标系内，得到如图 1-42 所示的马蹄形图形，下端直线是直接连接 $380\mathrm{nm}$ 和 $780\mathrm{nm}$ 的色坐标线段。

将图形在 $380\mathrm{nm}$ 对应色品坐标附近放大，以及 $780\mathrm{nm}$ 对应色品坐标附近放大，可看到在马蹄形曲线上，色坐标随波长变化并不是单调的，如图 1-43 所示。然而在大部分范围内，沿曲线顺时针行进，即是波长增大的方向。

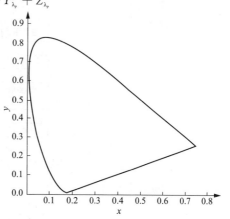

图 1-42 CIE1931 马蹄形区域

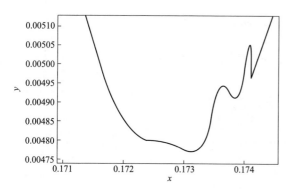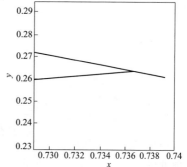

图 1-43 马蹄形首尾不单调区域

以上马蹄形区域可用 Python 程序 1.2.1 绘制，程序 1.2.1 的流程图如图 1-44 所示。如果没有 $1\mathrm{nm}$ 间隔的三刺激值，可先用程序 1.1.3 把 $5\mathrm{nm}$ 的三刺激值通过三次样条插值方法转换为 $1\mathrm{nm}$ 间隔的数据（严格来说，对于等波长间隔光谱数据，标准 CIE 11664-3 推荐采用 Sprague-Karup 插值法）。

（2）普朗克曲线的色坐标。不同温度对应着不同的普朗克曲线，不同的普朗克曲线对应不同的色品坐标。将这些色品坐标用光滑曲线连接起来，就构成了通常所说的黑体曲线（轨迹）。由式（1-86）可得到任意温度 T 的普朗克曲线，即光谱。代入式（1-198）及式（1-200）即可算出 1931 色品坐标。困难在于当 $T\to\infty$ 和 $T\to0$ 时，光谱发散，此时需要特殊讨论来计算。

当 $T\to\infty$ 时，由式（1-86）有

$$\lim_{T\to\infty} \frac{2\pi hc^2}{\lambda^5} \frac{1}{e^{hc/\lambda k_{\mathrm{B}}T} - 1} \to \frac{2\pi ck_{\mathrm{B}}T}{\lambda^4} \tag{1-209}$$

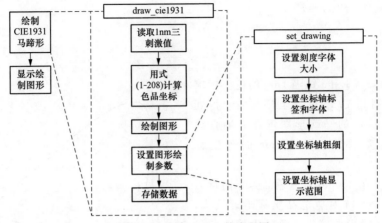

图 1-44　程序 1.2.1 的流程图

再由式（1-198）及式（1-200）有

$$x_\infty = \frac{X_\infty}{X_\infty + Y_\infty + Z_\infty}$$

$$= \frac{\lim\limits_{T\to\infty} 2\pi c k_B T \int\limits_{380}^{780} \dfrac{\overline{x}(\lambda)}{\lambda^4}\mathrm{d}\lambda}{\lim\limits_{T\to\infty} 2\pi c k_B T \int\limits_{380}^{780} \dfrac{\overline{x}(\lambda) + \overline{y}(\lambda) + \overline{z}(\lambda)}{\lambda^4}\mathrm{d}\lambda} \tag{1-210}$$

$$= \frac{\int\limits_{380}^{780} \dfrac{\overline{x}(\lambda)}{\lambda^4}\mathrm{d}\lambda}{\int\limits_{380}^{780} \dfrac{\overline{x}(\lambda) + \overline{y}(\lambda) + \overline{z}(\lambda)}{\lambda^4}\mathrm{d}\lambda}$$

同理可得

$$y_\infty = \frac{Y_\infty}{X_\infty + Y_\infty + Z_\infty}$$

$$= \frac{\int\limits_{380}^{780} \dfrac{\overline{y}(\lambda)}{\lambda^4}\mathrm{d}\lambda}{\int\limits_{380}^{780} \dfrac{\overline{x}(\lambda) + \overline{y}(\lambda) + \overline{z}(\lambda)}{\lambda^4}\mathrm{d}\lambda} \tag{1-211}$$

经计算，当 $T\to\infty$ 时，普朗克曲线的色品坐标为（0.2399，0.2342）；当 $T\to0$ 时，略为复杂，为此先证明以下引理。

引理 1：设 $f(x)$ 在区间 $[a, b]$ 上可积，$n>1$，则存在 $\xi\in[a, b]$，使得

$$\int\limits_a^b f(x)\mathrm{d}x = n\int\limits_\xi^b f(x)\mathrm{d}x \tag{1-212}$$

证明：记 $A = \int\limits_a^b f(x)\mathrm{d}x$，令 $F(x) = n\int\limits_x^b f(t)\,\mathrm{d}t$，$x\in[a, b]$，则 $F(a)=nA$，$F(b)=0$。

当 $A=0$ 时，有 $F(a)=F(b)=0$，取 $\xi=a$ 或 $\xi=b$ 即可。当 $A>0$ 时，由 $n>1$ 可得，$F(b)=0<A<nA=F(a)$。对连续函数 $F(x)$ 用介值定理可得，存在 $\xi\in(a,b)$，使得 $F(\xi)=A$，即式（1-212）成立。当 $A<0$ 时，类似论证可证得式（1-212）成立。

引理 2：积分第二中值定理，设 $f(x)$ 在 $[a,b]$ 上单调递增且非负，$g(x)$ 在 $[a,b]$ 上可积，则存在 $\xi\in[a,b]$，使得

$$\int_a^b f(x)g(x)\mathrm{d}x = f(b)\int_\xi^b g(x)\mathrm{d}x \tag{1-213}$$

积分第二中值定理的证明过程在很多高等数学书上都有，此处不再赘述。有兴趣的读者可参考有关高等数学书籍。

引理 3：设 $f(x)$ 在 $[a,b]$ 上单调递增且非负，$g(x)$ 在 $[a,b]$ 上可积，$n>1$，则存在 $\xi\in[a,b]$，使得

$$\int_a^b f(x)g(x)\mathrm{d}x = nf(b)\int_\xi^b g(x)\mathrm{d}x \tag{1-214}$$

证明：由引理 2，存在 $\zeta\in[a,b]$，使得 $\int_a^b f(x)g(x)\mathrm{d}x = f(b)\int_\zeta^b g(x)\mathrm{d}x$，由引理 1，存在 $\xi\in[\zeta,b]$，使得 $\int_\zeta^b g(x)\mathrm{d}x = n\int_\xi^b g(x)\mathrm{d}x$，代入上式即知式（1-214）成立。

引理 4：设 $f(x)$ 在 $[a,b]$ 上单调递增且大于 0，$g(x)$ 在 $[a,b]$ 上连续且大于 0，则式（1-213）成立且当 $f(x)$ 含参数，导致 $f(x)$ 因参数而有 $f(x)\to0$ 时，有 $\xi\to b$。

证明：$g(x)$ 在 $[a,b]$ 上连续，则 $g(x)$ 在 $[a,b]$ 上可积，故式（1-213）成立。设 $f(x)=\dfrac{h(x)}{n}$，其中 $h(x)$ 在 $[a,b]$ 上连续且大于 0，则当 $n\to\infty$ 时，有 $f(x)\to0$ 且根据引理 3 有

$$\int_a^b f(x)g(x)\mathrm{d}x = h(b)\int_\xi^b g(x)\mathrm{d}x \to 0 \tag{1-215}$$

由于 $g(x)$ 和 $h(x)$ 在 $[a,b]$ 上连续且大于 0，故等式右侧要 $\to0$，只能有积分区间 $\to0$，即 $\xi\to b$，得证。

由式（1-86）、式（1-198）以及式（1-200）可知，温度 $T\to0$ 时，色品横坐标可用式（1-216）来计算

$$x_0 = \lim_{T\to0} \frac{\int_{380}^{780} M(\lambda,T)\overline{x}(\lambda)\mathrm{d}\lambda}{\int_{380}^{780} M(\lambda,T)[\overline{x}(\lambda)+\overline{y}(\lambda)+\overline{z}(\lambda)]\mathrm{d}\lambda} \tag{1-216}$$

由于 $M(\lambda,T)$ 是 λ 的单峰函数且二阶导数小于零，故在峰值左侧函数单调递增，在峰值右侧函数单调递减。由式（1-99）可计算峰值波长，当 $\lambda_m>780\mathrm{nm}$ 时，可算得 $T<3718\mathrm{K}$，故当 $T\to0$ 时，峰值位于式（1-22）积分区间的右侧，故此时函数 $M(\lambda,T)$ 单调递增且大于 0 且 $\lim\limits_{T\to0} M(\lambda,T)\to0$，另有 $\overline{x}(\lambda)$ 与 $\overline{x}(\lambda)+\overline{y}(\lambda)+\overline{z}(\lambda)$ 在 $[380,780]$ 上为

连续函数且大于 0，故由引理 4 可得

$$x_0 = \lim_{T \to 0} \frac{M(780,T) \int_{\xi}^{780} \overline{x}(\lambda) \mathrm{d}\lambda}{M(780,T) \int_{\zeta}^{780} [\overline{x}(\lambda) + \overline{y}(\lambda) + \overline{z}(\lambda)] \mathrm{d}\lambda}$$

$$= \lim_{T \to 0} \frac{\int_{\xi}^{780} \overline{x}(\lambda) \mathrm{d}\lambda}{\int_{\zeta}^{780} [\overline{x}(\lambda) + \overline{y}(\lambda) + \overline{z}(\lambda)] \mathrm{d}\lambda} \tag{1-217}$$

且其中 ξ, $\zeta \to 780$，式（1-217）分数上下两个积分均 $\to 0$，应用罗必塔法则上下求导可得

$$x_0 = \lim_{T \to 0} \frac{\int_{\xi}^{780} \overline{x}(\lambda) \mathrm{d}\lambda}{\int_{\zeta}^{780} [\overline{x}(\lambda) + \overline{y}(\lambda) + \overline{z}(\lambda)] \mathrm{d}\lambda}$$

$$= \lim_{T \to 0} \frac{\overline{x}(\xi)}{\overline{x}(\zeta) + \overline{y}(\zeta) + \overline{z}(\zeta)}$$

$$= \frac{\overline{x}(780)}{\overline{x}(780) + \overline{y}(780) + \overline{z}(780)} \tag{1-218}$$

同理可得，色品坐标纵坐标为

$$y_0 = \frac{\overline{y}(780)}{\overline{x}(780) + \overline{y}(780) + \overline{z}(780)} \tag{1-219}$$

将表 1-4 内的数据代入式（1-218）和式（1-219）可得当 $T \to 0$ 时，普朗克曲线的色品坐标为（0.7368，0.2632）。

以下在 CIE 1931 色品坐标系来具体绘制黑体曲线。考虑到 LED 照明中，色温 1800～6500K 是最常用的范围，为了避免后面求色温时的麻烦，将此范围扩大至 1000～10000K，在这段温度范围内，每隔 1K 求取色坐标，在这范围之外，则放大步长粗略求值。

Python 程序 1.2.2 用于绘制黑体曲线，为便于观察，同时将单色光色品坐标构成的马蹄形图形一并绘出，如图 1-45 所示。

图 1-45 中实线部分对应的黑体温度为 1000～10000K，左侧"＋"线对应的黑体温度为 10000～∞K，右侧"·"线对应的黑体温度为 0～1000K。由于图 1-43

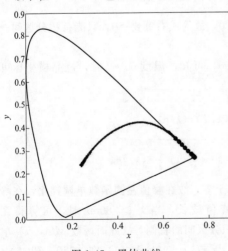

图 1-45　黑体曲线

所示的问题，黑体曲线并不是单调的，但由图 1-43 还可看出，当温度足够高时，如果在黑体曲线上顺着温度升高方向行进，则左手始终是－y 方向，然而这一点要解析证明是较为复杂的。程序 1.2.2 的流程图如图 1-46 所示。

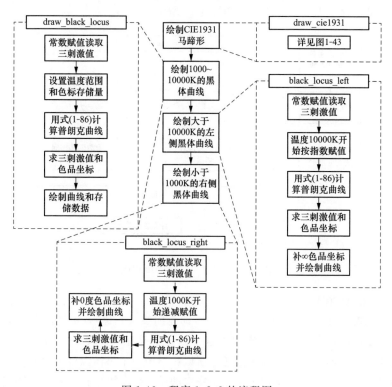

图 1-46　程序 1.2.2 的流程图

（3）理想白光的色坐标（x_w，y_w）。在理想白光情况下，$P(\lambda)＝P$（也称为等能白光），即光谱相对强度与波长 λ 无关。故根据式（1-198）和式（1-200）可得理想白光色品坐标为

$$\begin{cases} x_w = \dfrac{\displaystyle\int_{380}^{780} \overline{x}(\lambda)\,\mathrm{d}\lambda}{\displaystyle\int_{380}^{780} \left[\overline{x}(\lambda) + \overline{y}(\lambda) + \overline{z}(\lambda)\right]\mathrm{d}\lambda} \\[4mm] y_w = \dfrac{\displaystyle\int_{380}^{780} \overline{y}(\lambda)\,\mathrm{d}\lambda}{\displaystyle\int_{380}^{780} \left[\overline{x}(\lambda) + \overline{y}(\lambda) + \overline{z}(\lambda)\right]\mathrm{d}\lambda} \end{cases} \tag{1-220}$$

经计算，可得理想白光的色品坐标为（0.3333，0.3334），然而按照 CIE 15：2004 的式（6.2），此处理想白光的色品坐标取为（0.3333，0.3333）。以后本书中称这个色坐标对应的点为白点（等能白点）。另可算出，在 CIE 1964 色品坐标系内，白点的色品坐标仍为（0.3333，0.3333）。

对于任意光谱（无论是绝对光谱、相对光谱还是等能光谱）求 CIE 1931 色品坐标或 CIE 1964 色品坐标，直接按照式（1-198）～式（1-200）计算即可。Python 程序 1.2.3 给出了计算程序，读者只需将待求光谱放入程序目录下的 Excel 文件容器，然后运行程序即可。程序 1.2.3 的流程图如图 1-47 所示。

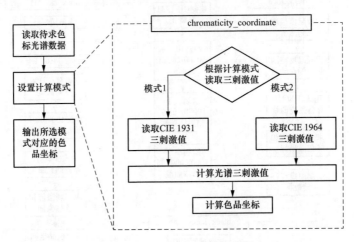

图 1-47 程序 1.2.3 的流程图

1.2.2 相关色温

具有不同温度 T 的黑体对应着不同的普朗克曲线（光谱），不同的普朗克曲线对应了黑体曲线上不同的色品坐标（事实上这个结论不是显而易见的，需要严格的证明），即普朗克曲线之间不存在异谱同色问题，所以相当于一个黑体温度就对应了一个黑体曲线上的色品坐标。这个温度就代表了一个特定的颜色，所以称其为对应普朗克曲线（光谱）的色温。而相关色温是指：当色品坐标不在黑体曲线上，该光谱在均匀色空间的色品坐标距离黑体曲线上最近的色品坐标，这个色品坐标的色温就是该点的相关色温（以下在不致误会的情况下，不对色温和相关色温作区分，统称为色温）。通常在计算这个最近距离时，需在 CIE 1960 均匀色空间进行。首先要将待求色温点的 CIE 1931 色品坐标 $(x_t,\ y_t)$ 通过式（1-201）变换到 CIE 1960 色品坐标系 $(u_t,\ v_t)$，同时也要将黑体曲线从 $(x_P,\ y_P)$ 通过式（1-201）变换到 $(u_P,\ v_P)$，然后按照式（1-221）求出使得 ΔC 最小的点 $(u_P,\ v_P)$，该点对应的普朗克曲线温度 T，就是点 $(u_P,\ v_P)$ 的相关色温 T_c，也即点 $(x_P,\ y_P)$ 的相关色温 T_c。

$$\Delta C = \sqrt{(u_t - u_P)^2 + (v_t - v_P)^2} \tag{1-221}$$

但要注意的是：相关色温的定义是有范围限制的，只有比较接近黑体曲线的色点才有色温的概念，具体为当 $\Delta C \leqslant 5 \times 10^{-2}$ 时色温才有意义。LED 照明领域遇到的色温基本上都在 $1000 \sim 10000\mathrm{K}$ 这个范围，故本书只考虑求取这个范围内的色温。Python 程序 1.2.4 用于求已知色品坐标的色温，程序 1.2.4 的流程图如图 1-202 所示。如果色品坐标未知，已知光谱，则需要先用 Python 程序 1.2.3 计算 CIE 1931 色品坐标，再用

Python 程序 1.2.4 计算色温。

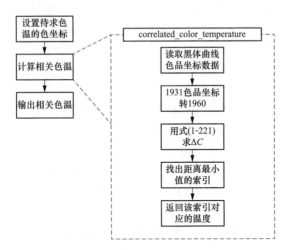

图 1-48 程序 1.2.4 的流程图

1.2.3 色容差

与传统的照明产品（如白炽灯和气体放电灯）相比，LED 更易于实现丰富多变的光谱，这使得 LED 光源有着除白光照明以外更广泛的应用领域，如植物照明、紫外线杀菌、光纤通信、景观照明等。但是在灵活多样的同时，白光 LED 照明应用也存在光色不一致的问题。

白光 LED 的实现方案主要有蓝光 LED 激发黄光荧光粉、直接单色 LED（例如用红绿蓝单色 LED 以及用更多单色 LED）合成白光光谱、紫外 LED 激发三基色荧光粉三种。以目前最常见的方案即蓝光 LED 激发黄光荧光粉为例，其用到的荧光粉种类主要有铝酸盐荧光粉、氮化物荧光粉、硅酸盐荧光粉三种。此外 LED 的外延结构有显著的工艺参数离散性，导致峰值波长和光谱半峰宽都存在一定的离散性。以上多样性因素加上 LED 器件在封装阶段引入的离散性（例如单个器件的荧光粉用量及荧光粉颗粒直径存在随机性），使得白光 LED 器件的光谱存在较大离散性。虽然通常白光 LED 应用到光源或灯具里，可通过多颗混光来减小光谱的差异，但是在不同批次、不同厂家之间还是存在比较显著的光谱差异。

通常应用白光照明的场合，都要求光源尽量具有一致的光谱或至少相同或接近的色品。这种相同或相近要求包括同一厂家同一批次、同一厂家不同批次、不同厂家的产品。光谱接近可保证目视光源无显著色差且光源经物体反射后仍无显著色差，色品接近可以保证目视光源无显著色差。

在颜色工程领域，色差是一个较为复杂的参数，历史上建立了很多模型，需要较多的运算，感兴趣的读者可参考有关色度学专著。目前评价光源色品的差异，主要是采用色容差概念，它是由美国柯达公司的颜色科学家 David L. MacAdam（1942）提出的，经过几十年的实际应用，非常成熟且被广泛接受，虽然存在一些缺陷和不方便，但仍是照明工业界普遍选用的评价方案。其评价方法是先用光源光谱基于 $2°$ 视场三刺激值计算出 CIE1931 色坐标（x，y），再根据选定的参考坐标点确定椭圆系数，然后计算经过椭圆系数加权的距离，用这个距离的大小来表征颜色差异的大小。

1942 年 MacAdam 做了大量的颜色匹配实验，最终从 CIE1931（x，y）色品坐标系选取了 25 个参考点，认为在每个参考点的观察误差是正态分布，并在不同的方向可有不同的标准差 σ，考虑 1 个标准差的误差坐标点，并将这些点绘制成封闭曲线。经研究发现，这些封闭曲线近似为椭圆，然而长短轴大小和椭圆方向各不相同，这说明 CIE1931 色品坐标系并非一个均匀色空间，否则应为半径相同的圆，即人眼的主观色品差异在参考点各个方向的宽容度是一样的。同时 MacAdam 认为 3 个标准差的距离是恰可察觉色差，其实这取决于恰可觉察色差的定义。如果恰可觉察色差定义为刚好有 50% 的人认为有色差，那大约是 1.35 个 σ 的范围，而 3 个 σ 对应的概率是 0.866。

MacAdam 原始文献中并未给出 25 个椭圆的具体参数，后人根据原始文献里的椭圆图形，抓取出这个 25 个椭圆的参数，见表 1-6。

表 1-6　　　　　　　　　　　　　MacAdam 25 个椭圆参数

序号	x_c	y_c	a	b	θ
1	0.1600	0.0570	0.00085	0.00035	62.5
2	0.1870	0.1180	0.00220	0.00055	77.0
3	0.2530	0.1250	0.00250	0.00050	55.5
4	0.1500	0.6800	0.00960	0.00230	105.0
5	0.1310	0.5210	0.00470	0.00200	112.5
6	0.2120	0.5500	0.00580	0.00230	100.0
7	0.2580	0.4500	0.00500	0.00200	92.0
8	0.1520	0.3650	0.00380	0.00190	110.0
9	0.2800	0.3850	0.00400	0.00150	75.5
10	0.3800	0.4980	0.00440	0.00120	70.0
11	0.1600	0.2000	0.00210	0.00095	104.0
12	0.2280	0.2500	0.00310	0.00090	72.0
13	0.3050	0.3230	0.00230	0.00090	58.0
14	0.3850	0.3930	0.00380	0.00160	65.5
15	0.4720	0.3990	0.00320	0.00140	51.0
16	0.5270	0.3500	0.00260	0.00130	20.0
17	0.4750	0.3000	0.00290	0.00110	28.5
18	0.5100	0.2360	0.00240	0.00120	29.5
19	0.5960	0.2830	0.00260	0.00130	13.0
20	0.3440	0.2840	0.00230	0.00090	60.0
21	0.3900	0.2370	0.00250	0.00100	47.0
22	0.4410	0.1980	0.00280	0.00095	34.5
23	0.2780	0.2230	0.00240	0.00055	57.5
24	0.3000	0.1630	0.00290	0.00060	54.0
25	0.3650	0.1530	0.00360	0.00095	40.0

其中 x_c、y_c 为椭圆的中心，a、b、θ 分别为椭圆的长短半轴和逆时针旋转角度。下面来绘制这 25 个椭圆。首先来考虑如何绘制，一般椭圆的标准方程为

$$\frac{x^2}{a^2} + \frac{y^2}{b^2} = 1 \tag{1-222}$$

图像如图 1-49 所示。

观察图 1-49 容易想到以 θ 为参变量，列出椭圆的参数方程，而 θ 从 $0 \rightarrow 2\pi$ 的过程，即是 θ 逆时针旋转，将椭圆上的点描绘了一遍。所以要想办法把式（1-222）中的直角坐标系变量 x、y 用 θ 表达。一个容易想到的方式为

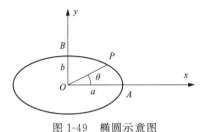

图 1-49 椭圆示意图

$$\begin{cases} x = a\cos\theta \\ y = b\sin\theta \end{cases} \tag{1-223}$$

但此时的 θ 并非图 1-49 中所示的仰角 $\angle AOP$，因为 $x = OP\cos\theta$，但 $a \geqslant OP$，所以 $a\cos\theta \geqslant x$。然而由式（1-223）可知，由此式计算出来的点 (x, y) 确实在椭圆（1-222）

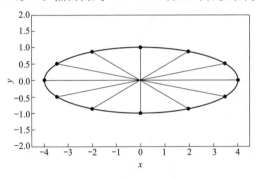

图 1-50 简单绘制椭圆

上，并且随着 θ 从 $0 \rightarrow 2\pi$ 变化，(x, y) 在椭圆上逆时针连续变化，此时如果仅是绘制椭圆本身，也是可以的。如图 1-50 所示，将 θ 赋予 12 个值，每个值间隔 $\pi/6$，由图可看出实际画出椭圆后，角度并不均匀。

为了改进式（1-223），根据图 1-49，令 $r = OP$，则由图 1-49 可知

$$\begin{cases} x = r\cos\theta \\ y = r\sin\theta \end{cases} \tag{1-224}$$

代入椭圆方程式（1-222）可得

$$r = \frac{1}{\sqrt{\dfrac{\cos^2\theta}{a^2} + \dfrac{\sin^2\theta}{b^2}}} \tag{1-225}$$

将此式再代入式（1-224）即可得

$$\begin{cases} x = \dfrac{\cos\theta}{\sqrt{\dfrac{\cos^2\theta}{a^2} + \dfrac{\sin^2\theta}{b^2}}} \\[4mm] y = \dfrac{\sin\theta}{\sqrt{\dfrac{\cos^2\theta}{a^2} + \dfrac{\sin^2\theta}{b^2}}} \end{cases} \tag{1-226}$$

如按照式（1-226）绘制椭圆，则参数 θ 的含义非常明确，就是图 1-49 中的仰角 $\angle AOP$。同样将 θ 赋予 12 个值，每个值间隔 $\pi/6$，重新绘图如图 1-51 所示，可看出角度比之前绘制的变均匀了。

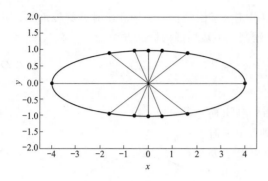

图 1-51　有参数意义绘制椭圆

两种椭圆绘制方法，在绘图方面虽无大的差别，但在后文涉及圆—椭圆变换运算时，如果采用前者，可能会出错误。后文如涉及椭圆绘制和变换问题，本书皆采用后一种方法。

有了绘制椭圆的方法，下面来具体讨论如何绘制 MacAdam 椭圆。由于这 25 个 MacAdam 椭圆，每个都有一定倾角，需要将椭圆进行绕圆心旋转操作，可按式（1-227）操作

$$\begin{cases} x' = x\cos\alpha - y\sin\alpha \\ y' = x\sin\alpha + y\cos\alpha \end{cases} \tag{1-227}$$

其中（x，y）是以 0°倾角绘制椭圆的数组，（x'，y'）是以 α 为倾角绘制椭圆的数组，其中 α 是表 1-6 最后一列数据，用程序计算时，需先将角度转换为弧度。

又由于每个椭圆的圆心都不在原点，故需要做坐标平移操作。圆心从（0，0）平移到（x_c，y_c），可按式（1-228）操作

$$\begin{cases} x'' = x' + x_c \\ y'' = y' + y_c \end{cases} \tag{1-228}$$

其中（x'，y'）是以（0，0）为圆心绘制椭圆的数组，（x''，y''）是平移到（x_c，y_c）以后的数组。

25 个椭圆的图形如图 1-52 所示（为便于观察，图中将长短轴各放大 10 倍，并绘制出黑体曲线作为参照）。

Python 程序 1.2.5 用于绘制 CIE 1931 色品坐标系内的 MacAdam 椭圆，图 1-53 为程序 1.2.5 的流程图。

如果用式（1-203）将图 1-51 的结果变换到 CIE 1976 色品坐标系，即（x，y）→（u'，v'），则如图 1-54 所示。可见与 CIE 1931 色品坐标系中的椭圆相比，CIE 1976 色品坐标系中的 MacAdam 椭圆虽然还是椭圆，但更接近于圆，说明 CIE 1976 色品坐标系比 CIE 1931 色品坐标系更均匀。

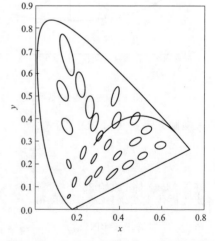

图 1-52　CIE1931 色品坐标系 MacAdam 25 个椭圆（图中将长短轴各放大 10 倍）

在实际应用色容差概念时，单位是 SDCM（Standard Deviation of Color Matching），也可用 step 来表示，即 1 个标准差为 1SDCM 或 1-step，以下对这两种单位不做区分。一般认为 3-step 的色差距离为恰可察觉色差，在 CIE TN 001：2014 讨论了这个内容，并提出如果不同的人眼分别色差时呈正态分布，则 50％的人可察觉色差时对应的距离

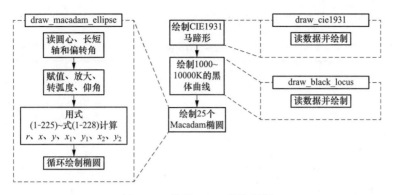

图 1-53　程序 1.2.5 的流程图

应是 1.18-step（本书前面算出来的结果是 1.35-step）。在 CIE1931 色品坐标系内已知某个色坐标点，求其到某参考色点的 step，应用椭圆的直角坐标系方程较为方便。MacAdam 给出了椭圆直角坐标系方程

$$g_{11}\mathrm{d}x^2 + 2g_{12}\mathrm{d}x\mathrm{d}y + g_{22}\mathrm{d}y^2 = 1 \qquad (1\text{-}229)$$

其中方程的系数 g_{11}、g_{12}、g_{22} 也称为椭圆系数，与椭圆的参数 a、b、θ 的关系为

$$\begin{cases} g_{11} = \dfrac{\cos^2\theta}{a^2} + \dfrac{\sin^2\theta}{b^2} \\[2mm] g_{12} = \sin\theta\cos\theta\left(\dfrac{1}{a^2} - \dfrac{1}{b^2}\right) \\[2mm] g_{22} = \dfrac{\sin^2\theta}{a^2} + \dfrac{\cos^2\theta}{b^2} \end{cases} \qquad (1\text{-}230)$$

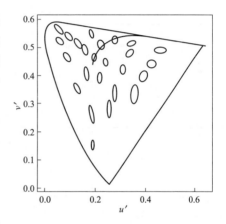

图 1-54　CIE1976 色品坐标系 MacAdam 25 个椭圆（图中将长短轴各放大 10 倍）

在求某色点 (x, y) 与参考点 (x_c, y_c) 的色容差 S 时，公式为

$$S = \sqrt{g_{11}(x-x_c)^2 + 2g_{12}(x-x_c)(y-y_c) + g_{22}(y-y_c)^2} \qquad (1\text{-}231)$$

其中椭圆系数 g_{11}、g_{12}、g_{22} 随参考点 (x_c, y_c) 的不同而不同。如果参考点 (x_c, y_c) 刚好为 MacAdam 原始 25 个椭圆的中心点，则椭圆系数可根据表 1-6 和式（1-230）换算得出。此外在 IEC、ANSI 以及 GB 等不同标准中，针对各自规定的参考色点（对应不同色温），都给出了相对应的椭圆系数，然而同样未给出具体的插值方案，并且常有自相矛盾的地方，给实际应用带来不便。

与照明有关的标准主要是以国际电工委员会 IEC 为代表的欧标和以美国国家标准学会 ANSI 为代表的美标。中国国家标准化管理委员会 GB 一般与欧标一致，此外国际照明委员会 CIE 和美国能源部 DOE 又各自有一些技术建议。以下分别介绍这些文件对色容差的规定，并讨论其存在的问题。

IEC 对参考色点的规定，在 IEC 60081—1997 和 IEC 62612—2015 里均有提及，考虑到色点相同而后者时间更新且比前者多一个 P 2700 的色点，故以该标准规定的色点

为准，这里将 IEC 62612—2015 的表 3 列出见表 1-7。

表 1-7   IEC 62612—2015 参考色点

标称颜色	相关色温	色品坐标	
		x	y
F6500	6400	0.313	0.337
F5000	5000	0.346	0.359
F4000	4040	0.380	0.380
F3500	3450	0.409	0.394
F3000	2940	0.440	0.403
F2700	2720	0.463	0.420
P2700	2700	0.458	0.410

注　标称颜色的字母含义是：
　　F 表示来自 IEC 60081 附录 D。
　　P 表示接近普朗克曲线。

在 IEC 60081—1997 里对除 P 2700 色点以外的椭圆系数做了规定，见表 1-8。

表 1-8   IEC 椭圆系数和椭圆参数

颜色	g_{11}	g_{12}	g_{22}	θ	a	b
F 6500	86×10^4	-40×10^4	45×10^4	$58°23'$	0.00223	0.00095
F 5000	56×10^4	-25×10^4	28×10^4	$59°37'$	0.00274	0.00118
F 4000	39.5×10^4	-21.5×10^4	26×10^4	$54°00'$	0.00313	0.00134
F 3500	38×10^4	-20×10^4	25×10^4	$52°58'$	0.00317	0.00139
F 3000	39×10^4	-19.5×10^4	27.5×10^4	$53°10'$	0.00278	0.00136
F 2700	44×10^4	-18.6×10^4	27×10^4	$57°17'$	0.00258	0.00137

根据表 1-5 的椭圆参数 a、b、θ 代入式（1-230）导出的椭圆系数 g'_{11}、g'_{12}、g'_{22} 与规定的椭圆系数 g_{11}、g_{12}、g_{22} 并不完全相同，相对差异见表 1-9。

表 1-9   椭圆参数和椭圆系数相对差异

颜色	F 6500	F 5000	F 4000	F 3500	F 3000	F 2700
g_{11}	86×10^4	56×10^4	39.5×10^4	38×10^4	39×10^4	44×10^4
g_{12}	-40×10^4	-25×10^4	-21.5×10^4	-20×10^4	-19.5×10^4	-18.6×10^4
g_{22}	45×10^4	28×10^4	26×10^4	25×10^4	27.5×10^4	27×10^4
g'_{11}	85.9×10^4	56.9×10^4	40.0×10^4	36.6×10^4	39.3×10^4	42.1×10^4
g'_{12}	-40.5×10^4	-25.5×10^4	-21.6×10^4	-20.1×10^4	-19.7×10^4	-17.4×10^4
g'_{22}	45.0×10^4	28.3×10^4	25.9×10^4	25.1×10^4	27.7×10^4	26.2×10^4
g_{11}/g'_{11}	0.1%	-1.5%	-1.2%	3.8%	-0.7%	4.5%
g_{12}/g'_{12}	-1.2%	-2.1%	-0.6%	-0.5%	-1.2%	6.9%
g_{22}/g'_{22}	-0.1%	-1.0%	0.3%	-0.5%	-0.8%	3.1%

ANSI 对参考色点的规定为：在 ANSI C78.377—2015 和 ANSI C78.376—2014 里均有提及，但并不完全相同，ANSI C78.377—2015 的表 A1 中所列色点为 7-step 四边形分 bin 的色标中心，ANSI C78.376—2014 的表 1 中所列色点为用于计算色容差的色标中心，但与前者相比，缺少 2200、2500、4500、5700K 和灵活色温所对应的参考色标。这两个标准规定的色标分别见表 1-10 和表 1-11。

表 1-10   **ANSI C78.377—2015 参考色点**

色温/K	x	y
2200	0.5018	0.4153
2500	0.4806	0.4141
2700	0.4578	0.4101
3000	0.4339	0.4033
3500	0.4078	0.3930
4000	0.3818	0.3797
4500	0.3613	0.3670
5000	0.3446	0.3551
5700	0.3287	0.3425
6500	0.3123	0.3283
灵活色温	0.4237	0.3998

表 1-11   **ANSI C78.376—2014 参考色点**

色温/K	x	y
2700	0.459	0.412
3000/暖白	0.440	0.403
3500	0.409	0.394
4000/4100/冷白	0.380	0.380
5000	0.346	0.359
6500/日光	0.313	0.337

在 ANSI C78.376—2014 里对椭圆系数做了规定，见表 1-12。

表 1-12   **ANSI C78.376—2014 椭圆系数和椭圆参数**

色温/K	g_{11}	g_{12}	g_{22}	θ	a	b
2700	40×10^4	-39×10^4	28×10^4	$53°42'$	0.00270	0.00140
3000/WarmWhite	39×10^4	-39×10^4	27.5×10^4	$53°13'$	0.00278	0.00136
3500	38×10^4	-40×10^4	25×10^4	$52°58'$	0.00317	0.00139
4000/4100/CoolWhite	39.5×10^4	-43×10^4	26×10^4	$53°43'$	0.00313	0.00134
5000	56×10^4	-50×10^4	28×10^4	$59°37'$	0.00274	0.00118
6500/Daylight	86×10^4	-80×10^4	45×10^4	$58°34'$	0.00223	0.00095

根据表 1-12 的椭圆参数 a、b、θ 代入式（1-230）导出的椭圆系数 g'_{11}、g'_{12}、g'_{22} 与

规定的椭圆系数 g_{11}、g_{12}、g_{22} 并不完全相同，相对差异见表 1-13。

表 1-13   ANSI 椭圆参数和椭圆系数相对差异

色温/K	2700	3000/暖白	3500	4000/4100/冷白	5000	6500/日光
g_{11}	40.0×10^4	39.0×10^4	38.0×10^4	39.5×10^4	56.0×10^4	86.0×10^4
$2g_{12}$	-39.0×10^4	-39.0×10^4	-40.0×10^4	-43.0×10^4	-50.0×10^4	-80.0×10^4
g_{22}	28.0×10^4	27.5×10^4	25.0×10^4	26.0×10^4	28.0×10^4	45.0×10^4
g'_{11}	37.9×10^4	39.3×10^4	36.6×10^4	39.8×10^4	56.9×10^4	86.1×10^4
$2g'_{12}$	-35.6×10^4	-39.4×10^4	-40.2×10^4	-43.4×10^4	-51.0×10^4	-80.7×10^4
g'_{22}	26.8×10^4	27.7×10^4	25.1×10^4	26.1×10^4	28.3×10^4	44.8×10^4
g_{11}/g'_{11}	5.4%	−0.8%	3.8%	−0.7%	−1.5%	−0.2%
$2g_{12}/2g'_{12}$	9.6%	−1.1%	−0.5%	−0.9%	−2.1%	−0.9%
g_{22}/g'_{22}	4.5%	−0.7%	−0.5%	−0.5%	−1.0%	0.5%

    国家标准对参考色点和椭圆系数的规定，在 GB/T 10682—2010 和 GB/T 31831—2015 里均有提及，相同色温参数相同，前者比后者多 F 8000 和 F 6500 这两个标称色温，故将 GB/T 10682—2010 中表格 D2 的参考色点和对应椭圆系数列出分别见表 1-14 和表 1-15。

表 1-14   GB/T 10682—2010 参考色点

颜色	相关色温	x	y
F 8000	8000	0.294	0.309
F 6500	6400	0.313	0.337
F 5000	5000	0.346	0.359
F 4000	4040	0.380	0.380
F 3500	3450	0.409	0.394
F 3000	2940	0.440	0.403
F 2700	2720	0.463	0.420

表 1-15   GB/T 10682—2010 椭圆系数

颜色	g_{11}	g_{12}	g_{22}	θ	a	b
F 8000	111×10^4	-56.5×10^4	54.5×10^4	58°17′	0.00226	0.00095
F 6500	86×10^4	-40×10^4	45×10^4	58°23′	0.00223	0.00095
F 5000	56×10^4	-25×10^4	28×10^4	59°37′	0.00274	0.00118
F 4000	39.5×10^4	-21.5×10^4	26×10^4	54°00′	0.00313	0.00134
F 3500	38×10^4	-20×10^4	25×10^4	52°58′	0.00317	0.00139
F 3000	39×10^4	-19.5×10^4	27.5×10^4	53°10′	0.00278	0.00136
F 2700	44×10^4	-18.6×10^4	27×10^4	57°17′	0.00258	0.00137

    根据表 1-11 的椭圆参数 a、b、θ 代入式（1-230）导出的椭圆系数 g'_{11}、g'_{12}、g'_{22} 与规定的椭圆系数 g_{11}、g_{12}、g_{22} 并不完全相同，相对差异见表 1-16。

表 1-16 GB 椭圆参数和椭圆系数相对差异

颜色	F 8000	F 6500	F 5000	F 4000	F 3500	F 3000	F 2700
g_{11}	111.0×10^4	86.0×10^4	56.0×10^4	39.5×10^4	38.0×10^4	39.0×10^4	44.0×10^4
g_{12}	-56.5×10^4	-40.0×10^4	-25.0×10^4	-21.5×10^4	-20.0×10^4	-19.5×10^4	-18.6×10^4
g_{22}	54.5×10^4	45.0×10^4	28.0×10^4	26.0×10^4	25.0×10^4	27.5×10^4	27.0×10^4
g'_{11}	85.6×10^4	85.9×10^4	56.9×10^4	40.0×10^4	36.6×10^4	39.3×10^4	42.1×10^4
g'_{12}	-40.8×10^4	-40.5×10^4	-25.5×10^4	-21.6×10^4	-20.1×10^4	-19.7×10^4	-17.4×10^4
g'_{22}	44.8×10^4	45.0×10^4	28.3×10^4	25.9×10^4	25.1×10^4	27.7×10^4	26.2×10^4
g_{11}/g'_{11}	29.7%	0.1%	-1.5%	-1.2%	3.8%	-0.7%	4.5%
g_{12}/g'_{12}	38.5%	-1.2%	-2.1%	-0.6%	-0.5%	-1.2%	6.9%
g_{22}/g'_{22}	21.7%	-0.1%	-1.0%	0.3%	-0.5%	-0.8%	3.1%

CIE TN 001：2014 认为 MacAdam 当初对于恰可觉察色差定义不清，而且在 CIE1931 色品坐标系内应用基于椭圆的色容差概念来表征色品差不方便应用。此外在 CIE1976 的白光区域，MacAdam 椭圆近似为圆（见图 1-54），而 LED 大部分应用实际就是在这个区域，故考虑用（u'，v'）色品坐标系内的圆代替椭圆，对于 n-step 的色品差，圆的方程如下

$$(u' - u'_c)^2 + (v' - v'_c)^2 = (0.0011n)^2 \tag{1-232}$$

式中：u'_c、v'_c 为参考色标；u'、v' 为待评估色标。

参考色标 u'_c、v'_c 可由表 1-7 通过式（1-203）变换得到，CIE TN 001：2014 中的表 1 也列出了四位有效数字的 u'_c、v'_c，与推导出的 u''_c、v''_c 一起列出见表 1-17，可发现 F 3500 色标有些差异，其他坐标是一致的。

表 1-17 CIE 1976 白光区域的参考色标 u'_c、v'_c

标称色温	F 2700	F 3000	F 3500	F 4000	F 5000	F 6500
x	0.463	0.440	0.409	0.380	0.346	0.313
y	0.420	0.403	0.394	0.380	0.359	0.337
u''_c	0.2603	0.2530	0.2368	0.2235	0.2092	0.1951
v''_c	0.5313	0.5214	0.5132	0.5029	0.4884	0.4726
u'_c	0.2603	0.2530	0.2385	0.2235	0.2092	0.1951
v'_c	0.5313	0.5214	0.5131	0.5029	0.4884	0.4726
u''_c/u'_c	0.0%	0.0%	-0.7%	0.0%	0.0%	0.0%
v''_c/v'_c	0.0%	0.0%	0.0%	0.0%	0.0%	0.0%

根据表 1-7 色标中心和表 1-8 的椭圆参数 a、b、θ 计算出 CIE1931 色品坐标系内的 5-step 椭圆数据，然后用式（1-203）变换到 CIE1976 色品坐标系绘出如图 1-55 所示实线椭圆。根据表 1-17 中 u'_c、v'_c 色标中心和式（1-232），计算出 5-step 圆数据，绘出如图 1-55 所示虚线圆。

由图 1-55 可见，除 3500K 外，圆和椭圆确实非常接近（注：在 CIE TN 001：2014 原

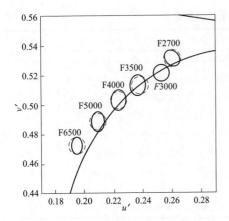

图 1-55　CIE1976 色品坐标系 IEC
5-step 椭圆及圆

文内 3500K 也很接近，可能是选取的 CIE1931 色品坐标系的参考色点并非 IEC 60081—1997 内的参考色点），按照表 1-17 将 3500K 对应的参考色标 u'、v' 按照式（1-203）的反变换式如下

$$\begin{cases} x = \dfrac{9u'}{6u' - 16v' + 12} \\ y = \dfrac{2v'}{3u' - 8v' + 6} \end{cases} \quad (1\text{-}233)$$

变换回 CIE1931 色品坐标系，对应值为 (0.411，0.393)。

ANSI C78.377—2015 的附录 C 采纳了 CIE TN 001:2014 的建议，给出了 4-step 的圆形区，同时在表 C1 中给出了更多色温对应的 CIE1976 色品坐标系的参考色点，见表 1-18。

表 1-18　　　　ANSI C78.377—2015 CIE1976 色品坐标系圆

标称色温/K	圆中心点				半径
	CCT/K	D_{uv}	u'_c	v'_c	
2200	2238	0.0000	0.2876	0.5355	
2500	2460	0.0000	0.2743	0.5318	
2700	2725	0.0000	0.2614	0.5269	
3000	3045	0.0001	0.2490	0.5206	
3500	3465	0.0005	0.2364	0.5126	0.0044
4000	3985	0.0010	0.2248	0.5031	（CIE1976 色品坐标系）
4500	4503	0.0015	0.2163	0.4943	
5000	5029	0.0020	0.2098	0.4863	
5700	5667	0.0025	0.2037	0.4777	
6500	6532	0.0031	0.1978	0.4679	

DOE 的技术建议。DOE fact sheet，LED Color Stability—2014 中建议用 $\Delta u'v'$ 在 CIE1976 色品坐标系来描述 LED 色漂后的颜色差异（距离），同时指出使用 MacAdam 椭圆时的 1-step 约为 $\Delta u'v'$ 的 0.001，这比 CIE 的建议 0.0011 小约 10%。

根据人眼的生理结构、格拉斯曼定律以及 MacAdam 所做的颜色匹配实验，无论选择何种色品坐标系，对于每个色点，椭圆参数和椭圆系数是唯一的且椭圆参数和椭圆系数之间有如式（1-230）所示的确定的转换关系，所以对同一色点，二者应是自洽的。但是 MacAdam 当初文章中对于插值算法未做详细描述，以及标准体系众多，国际上未对色容差衡量做统一规定，从而导致 LED 厂商和用户在应用色容差来评价色品差异时，可能会有差异。以下列出主要问题：

（1）标准不自洽及参考色温不全问题。由表（1-6）、表（1-9）、表（1-12）可看出 IEC、ANSI、GB 关于椭圆参数 a、b、θ 和椭圆系数 g_{11}、g_{12}、g_{22} 均有些不自洽的问题。目前针对中功率 LED 产品，国际厂商一般都采用椭圆分 bin，例如 Cree 的 J SERIES 3030，见表 1-19，再如 Osram 的 Duris S5，见表 1-20。

表 1-19   Cree 的 J SERIES 3030 分 Bin 方案

色温/K	中心点		长半轴	短半轴	旋转角（°）
	x	y	a	b	
6500	0.3123	0.3282	0.00223	0.00095	58.57
5700	0.3287	0.3417	0.00249	0.00107	59.09
5000	0.3447	0.3553	0.00274	0.00118	59.62
4500	0.3613	0.3670	0.00252	0.00113	57.58
4000	0.3818	0.3797	0.00313	0.00134	53.72
3500	0.4073	0.3917	0.00309	0.00138	53.22
3000	0.4338	0.4030	0.00278	0.00136	53.22
2700	0.4578	0.4101	0.00270	0.00140	53.70

表 1-20   Osram 的 Duris S5 分 Bin 方案

色温/K	中心点		长半轴	短半轴	旋转角（°）
	x	y	a	b	
6500	0.3123	0.3282	0.00220	0.00090	58.10
5700	0.3287	0.3425	0.00240	0.00107	58.80
5000	0.3446	0.3551	0.00270	0.00117	59.80
4500	0.3613	0.3669	0.00297	0.00127	57.00
4000	0.3818	0.3796	0.00313	0.00137	53.40
3500	0.4077	0.3929	0.00310	0.00140	53.90
3000	0.4339	0.4032	0.00287	0.00140	53.70
2700	0.4577	0.4098	0.00267	0.00137	54.10

考虑二者的相对差异 d。两个值 A、B 的相对差异 d 的定义为

$$d = \frac{2|A-B|}{A+B} \tag{1-234}$$

CreeJ Series 3030 和 Osram Duris S5 分 Bin 方案相对差异见表 1-21。

表 1-21   Cree 与 Osram 3030 椭圆分 Bin 方案差异

色温/K	中心点		长半轴	短半轴	旋转角（°）
	x	y	a	b	
6500	0.00%	0.00%	1.94%	0.00%	1.61%
5700	0.00%	0.46%	5.00%	0.00%	0.98%
5000	0.03%	0.11%	2.07%	0.00%	0.60%

续表

| 色温/K | 中心点 | | 长半轴 | 短半轴 | 旋转角（°） |
	x	y	a	b	
4500	0.00%	0.05%	21.10%	0.00%	2.02%
4000	0.00%	0.05%	0.15%	0.00%	1.19%
3500	0.10%	0.61%	0.44%	0.00%	2.50%
3000	0.02%	0.10%	4.06%	0.00%	1.77%
2700	0.02%	0.15%	1.65%	0.00%	1.47%

这些差异主要是标准众多，标准本身参数不自洽，以及不同厂商对不同标准的理解不同造成的。以下仅以国际四大 LED 厂商 Cree、Osram、Lumileds、Nichia 的 3030 产品分 Bin 方案为例统计，列出厂商之间分 Bin 参数差异，差异值用表 1-22 的所有可用参数的样本标准差表示。

表 1-22　　Cree、Osram、Lumileds、Nichia 的 3030 产品分 Bin 差异

Std	Cree	Osram	Lumileds	Nichia
Cree	0.00%	3.42%	0.46%	4.49%
Osram	3.42%	0.00%	1.11%	2.45%
Lumileds	0.46%	1.11%	0.00%	1.85%
Nichia	4.49%	2.45%	1.85%	0.00%

除对标准理解不同外，由于标准中对很多色温的参考色点未做规定，厂商只能依据来自各个标准的碎片信息，自行定义和推导参考色点及相应椭圆系数和椭圆参数。在 LED 用户测试时，由于用椭圆系数来计算色容差比较方便，与用椭圆参数定义的厂商规格书相比，又会产生差异。除以上四大 LED 厂商外，日韩、中国台湾地区以及中国大陆 LED 厂商各自的分 Bin 标准之间也都有一些差异且考虑到欧美、日韩与中国台湾地区在总体营业额方面大致"三分天下"，故除 Cree、Osram、Lumileds、Nichia 以外的厂商影响力也非常大，限于篇幅，其他厂商的分 Bin 差异在此不再赘述。

（2）标准缺乏条文说明。我国大部分国家标准，例如 GB 50034—2013《建筑照明设计标准》，对于较难理解或较此前标准改动较大的条款，附有条文说明，来阐述相关问题的历史、解决方法等。而国外的标准，无论是 IEC、ANSI 还是 CIE，往往没有相关说明，这有时会造成用户对标准的误读误用，并对有些概念很难深入理解。而且如果没有参与这些标准的制定工作，更是难以掌握各个条款的依据和理论；同时，这也可能会导致标准的背景知识理论不能得到充分的公开和研读，有可能会出现标准组织内未发现的潜在错误，而由于没有充分的公开背景，用户一般也很难发现类似错误举例如下：

CIE TN 001：2014 作为 CIE 重要的技术说明，正文只有短短 4 页，对于 CIE1976 色品坐标系的圆与 CIE 1931 色品坐标系椭圆的一致性，只简单通过画图说明比较接近，故可用 CIE 1976 色品坐标系的圆来代替 CIE 1931 色品坐标系的椭圆作为实际应

用。实际上此处应添加一些理论讨论，并加以实际应用限制。例如对于某些白光区域其他标准未做椭圆系数规定的色点，能否将 (x, y) 色品坐标先转换为 (u', v') 色品坐标，然后在 (u', v') 色品坐标系内做出 n-step 圆，再将圆的 (u', v') 坐标反变换回 (x, y) 色品坐标，而成为椭圆，其椭圆系数即为所求椭圆系数，并且可随之导出相应椭圆参数。如果这样可行，则在白光区域完全可抛开 MacAdam 的理论，从而做出更加明确的可操作性更强的定义。之所以要变换回 (x, y) 色品坐标系，是因为目前依据 (x, y) 色品坐标来分 Bin 仍然是 LED 业界默认规则，几乎没有厂商抛开 (x, y) 色品坐标系，直接用 (u', v') 色品坐标系分 Bin 并出货给客户。以下对 (x, y) 与 (u', v') 的变换与反变换的理论问题做简单讨论。

设 (x, y) 色品坐标系内参考色点 (x_c, y_c)，通过式（1-203）变换到 (u', v') 色品坐标系内参考色点 (u'_c, v'_c)，在 (u', v') 色品坐标系内计算半径为 r 的圆，根据式（1-232），圆的方程为

$$(u' - u'_c)^2 + (v' - v'_c)^2 = r^2 \tag{1-235}$$

改写为以 (u', v') 色品坐标系内仰角 θ，$\theta \in [0, 2\pi]$ 为参数的参数方程为

$$\begin{cases} u' = u'_c + r\cos\theta \\ v' = v'_c + r\sin\theta \end{cases} \tag{1-236}$$

将 (u', v') 通过式（1-233）变换回 (x, y) 色品坐标系，此时需要研判点集 (x, y) 的轨迹是否为椭圆，以及是否是以 (x_c, y_c) 为中心的椭圆。由于式（1-203）和式（1-233）这两个变换都不是线性变换，所以从 (u', v') 色品坐标系内的圆变换回 (x, y) 色品坐标系内，图形不一定是椭圆。为了便于研究，将原 (x, y) 色品坐标系做平移变换到 (x', y') 坐标系，将轨迹中心平移到坐标原点，平移变换为

$$\begin{cases} x' = x - x_c \\ y' = y - y_c \end{cases} \tag{1-237}$$

由式（1-203）和式（1-235）可得式（1-238）

$$\left[\frac{4(x' + x_c)}{-2(x' + x_c) + 12(y' + y_c) + 3} - \frac{4x_c}{-2x_c + 12y_c + 3} \right]^2 + \\ \left[\frac{9(y' + y_c)}{-2(x' + x_c) + 12(y' + y_c) + 3} - \frac{9y_c}{-2x_c + 12y_c + 3} \right]^2 = r^2 \tag{1-238}$$

将式（1-238）展开可知方程仍为二次型，二次型的一般式为

$$Ax^2 + Bxy + Cy^2 + Dx + Ey + F = 0 \tag{1-239}$$

令判别式 Δ 为

$$\Delta = B^2 - 4AC \tag{1-240}$$

由解析几何知识可知，当 $\Delta < 0$ 时，式（1-239）表示椭圆或圆；当 $\Delta = 0$ 时，式（1-239）表示抛物线；当 $\Delta > 0$ 时，式（1-239）表示双曲线或两条相交的直线。将式（1-238）展开整理的各项系数如式（1-241）所示。以下各式推导方法需在前言里提到的 QQ 群文件中下载

$$A = -16x_c^2 r^2 + 192x_c y_c r^2 + 48x_c r^2 - 576y_c^2 r^2$$
$$+ 2628y_c^2 - 288y_c r^2 + 1152y_c - 36r^2 + 144$$
$$B = 192x_c^2 r^2 - 2304x_c y_c r^2 - 5256x_c y_c - 576x_c r^2 - 1152x_c$$
$$+ 6912y_c^2 r^2 + 3456y_c r^2 + 972y_c + 432r^2$$
$$C = -576x_c^2 r^2 + 2628x_c^2 + 6912x_c y_c r^2 + 1728x_c r^2$$
$$- 972x_c - 20736y_c^2 r^2 - 10368y_c r^2 - 1296r^2 + 729$$
$$D = -32x_c^3 r^2 + 576x_c^2 y_c r^2 + 144x_c^2 r^2 - 3456x_c y_c^2 r^2 - 1728x_c y_c r^2$$
$$- 216x_c r^2 + 6912y_c^3 r^2 + 5184y_c^2 r^2 + 1296y_c r^2 + 108r^2$$
$$E = 192x_c^3 r^2 - 3456x_c^2 y_c r^2 - 864x_c^2 r^2 + 20736x_c y_c^2 r^2$$
$$+ 10368x_c y_c r^2 + 1296x_c r^2 - 41472y_c^3 r^2 - 31104y_c^2 r^2$$
$$- 7776y_c r^2 - 648r^2$$
$$F = -16x_c^4 r^2 + 384x_c^3 y_c r^2 + 96x_c^3 r^2 - 3456x_c^2 y_c^2 r^2 - 1728x_c^2 y_c r^2$$
$$- 216x_c^2 r^2 + 13824x_c y_c^3 r^2 + 10368x_c y_c^2 r^2 + 2592x_c y_c r^2 + 216x_c r^2 - 20736y_c^4 r^2$$
$$- 20736y_c^3 r^2 - 7776y_c^2 r^2 - 1296y_c r^2 - 81r^2$$

$$(1-241)$$

将式（1-241）代入式（1-240）可得 Δ 的表达式为

$$\Delta = 168192x_c^4 r^2 - 4036608x_c^3 y_c r^2 - 1009152x_c^3 r^2 + 36329472x_c^2 y_c^2 r^2$$
$$+ 18164736x_c^2 y_c r^2 + 2270592x_c^2 r^2 - 186624x_c^2 - 145317888x_c y_c^3 r^2$$
$$- 108988416x_c y_c^2 r^2 - 27247104x_c y_c r^2 + 2239488x_c y_c - 2270592x_c r^2$$
$$+ 559872x_c + 217976832y_c^4 r^2 + 217976832y_c^3 r^2 + 81741312y_c^2 r^2$$
$$- 6718464y_c^2 + 13623552y_c r^2 - 3359232y_c + 851472r^2 - 419904 \quad (1-242)$$

令 $\Delta = 0$，可求得当式（1-238）为抛物线时，r_p^2 表达式为

$$r_p^2 = \frac{324}{73(-2x_c + 12y_c + 3)^2} \quad (1-243)$$

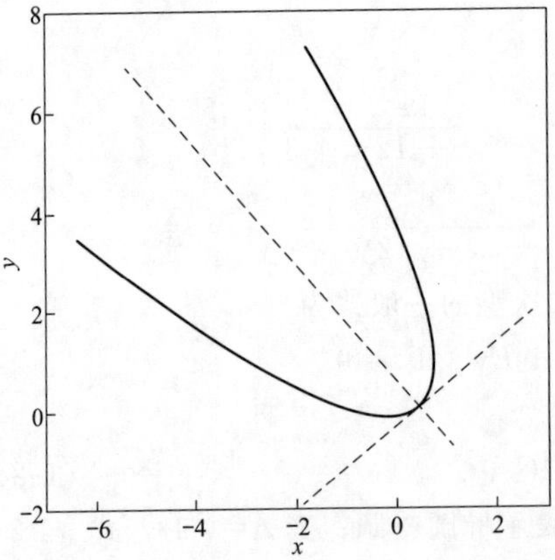

图 1-56 (u', v') 圆反变换回 (x, y)（参考色点在原点）为抛物线的情况

当 $r < r_p$ 时，式（1-238）为椭圆。令 $x_c = 0$，$y_c = 0$，代入式（1-49）得 r_p 为

$$r_p = \frac{6}{\sqrt{73}} \quad (1-244)$$

此时抛物线如图 1-56 所示。其中抛物线的顶点坐标为（5630931/12292036，154696/3073009）[原文献《色容差标准比较及应用》中所求得的顶点坐标为（3/4，8/9），此值有误，在本书 QQ 群下载的资料中采用圆锥曲线分析方法重新进行了计算]。而 $x_c = 0$，$y_c = 0$ 意味着原色品坐标系 (x, y) 内的参考点即为原点，但现在抛物线顶点与原点存在差异，可以想象在椭圆的情形下也可能存在变换回去参考点发生改变的

问题，以下举一例说明。

令 $x_c=0$，$y_c=0$，$r=r_p/2$，此时式（1-238）为椭圆，如图 1-57 所示。图中"＋"位置为椭圆中心，坐标为 $(-9/146, 16/219)$，显然偏离了坐标原点。长短半轴如式（1-245）所示，近似值约为 $a\approx0.153$，$b\approx0.311$（此处由于算法差异，与原文献《色容差标准比较及应用》中的长短轴值略有差异，主要是坐标轴旋转角度不同造成的）

$$\begin{cases} a = \dfrac{6\sqrt{6}}{\sqrt{5749 + \sqrt{12331849}}} \\ b = \dfrac{6\sqrt{6}}{\sqrt{5749 - \sqrt{12331849}}} \end{cases} \tag{1-245}$$

由以上两例计算可知，采用式（1-233）将 CIE 1976 色品坐标系内的圆变换到 CIE 1931 色品坐标系后，变换公式是非线性的，并不能保持图形的拓扑特征，但是可保证仍为二次型曲线，故有可能是椭圆、抛物线、双曲线中的一种。然而即使是椭圆，变换前后的几何中心也不具有一致性，由图 1-57 可见椭圆中心与圆心（原点）有一定的偏离。

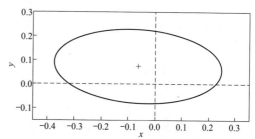

图 1-57　(u', v') 圆反变换回 (x, y)（参考色点在原点）为椭圆的情况

将表 1-7 所列 CIE1976 色品坐标系内的参考色点 (u', v') 通过式（1-233）变换回 CIE 1931 色品坐标系参考色点 (x, y)，再用表 1-7 基于式（1-235）做 5-step 圆，即令 $r=0.0055$，然后用式（1-233）整体变换回 CIE 1931 色品坐标系，此时圆变为椭圆，求出椭圆对称中心点 (x', y')，相应数值及与参考色点 (x, y) 的相对差异列于表 1-23。

表 1-23 　　　　椭圆对称中心点 (x', y') 与参考色点 (x, y)

色温/K	x	y	x'	y'	x/x'	y/y'
2200	0.50186	0.41531	0.50197	0.41552	−0.022%	−0.051%
2500	0.48057	0.41409	0.48067	0.41431	−0.021%	−0.053%
2700	0.45788	0.41020	0.45797	0.41041	−0.020%	−0.051%
3000	0.43393	0.40322	0.43401	0.40343	−0.018%	−0.052%
3500	0.40784	0.39304	0.40791	0.39324	−0.017%	−0.051%
4000	0.38179	0.37976	0.38186	0.37994	−0.018%	−0.047%
4500	0.36124	0.36690	0.36129	0.36707	−0.014%	−0.046%
5000	0.34469	0.35509	0.34473	0.35526	−0.012%	−0.048%
5700	0.32861	0.34250	0.32865	0.34266	−0.012%	−0.047%
6500	0.31229	0.32833	0.31232	0.32848	−0.010%	−0.046%

鉴于以上色容差标准和厂商执行情况，应选用尽量小的椭圆来保证测试时不会产生争议。有些灯珠厂商产品出厂前已做了相应的区域收缩。例如 Samsung LED 在应对这个问题时，根据 DOE 的建议，将 CIE 1931 色品坐标系内的 1-step 椭圆对应到 CIE 1976 色品坐标的半径为 0.001 的圆，这样选取半径比 CIE 和 ANSI 规定的 0.0011 小 10%，相应的椭圆也

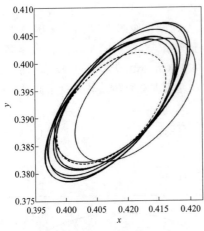

图 1-58   3500K 对应的 5-step
IEC、ANSI、CIE、GB、Cree、Osram、
Lumileds、Nichia、Samsung 的
MacAdam 椭圆

会小一些,这样出现争议的情况会显著减少。

以 3500K 色温为例,将 5-step 的 IEC、ANSI、CIE、GB、Cree、Osram、Lumileds、Nichia、Samsung 的椭圆一起绘出,如图 1-58 所示,可看出 Samsung LED 的应对方法(见图 1-58 虚线区域)所包括的区域最小且几乎不会与其他方案交叉冲突(除 CIE TN 001:2014 外)。

1.2.4   显色指数

物体在光源照明下呈现的颜色效果,即光源显色性,本部分介绍照明光源对物体颜色的影响及其评价方法。

人眼的颜色视觉是在自然光照明下,长期进行各种生产劳动和辨色活动中逐渐形成的。所谓自然光,在白天指日光,夜间为火光,火光的光谱分布大致相当于黎明和黄昏时的日光。尽管由于时相、季节、纬度、气候等条件的变化,日光会有不同的光色和光谱分布,但是日光和火光都是炽热发光体,其发光光谱分布都是连续光谱。由于人眼长期适应于这类光源照明,在这类光源照明下观察物体的颜色是恒定的,对物体颜色的辨别能力是准确的,故可人为规定在日光和灯泡照明下看到的物体颜色是物体的"真实"颜色。

随着科学技术的发展,与日光、火光具有相似连续光谱分布的白炽灯统治照明工业的时代已经过去,许多发光效率高的新光源不断出现,如荧光灯、高压钠灯、高压汞灯、氙灯、LED 等。它们具有新的发光机理,发光的光谱分布也不再完全是连续光谱,有线状谱、带状谱,更多的是混合光谱。在这些新光源照明下看到的物体颜色与日光和白炽灯光下看到的颜色会产生较大的差异。人眼在不同光谱照明下看到的物体颜色可能会改变,有可能感到物体颜色失真,这种影响物体颜色的照明光源特性称为光源显色性。显色性好的光源,物体色失真小,显色性的好坏是评价光源性能的一个重要方面。

光源的光谱分布决定光源的显色性。像日光、白炽灯等具有连续光谱分布的光源均有较好的显色性。除连续光谱的光源外,由几个特定颜色光组成的混合光源也可以有很好的显色性。例如 450nm(蓝)、540nm(绿)、640nm(橘红)波长区的辐射对提高光源的显色性具有特殊的效果。用这三个颜色光以适当的比例混合所产生的白光与连续光谱的日光或白炽灯具有同样优良的显色性。而 550nm 和 580nm 波长附近的光谱成分对颜色显现有不利影响,被称为干扰波长。

光源的色温和显色性之间没有必然的联系。具有不同光谱分布的光源可能有相同的色温,但显色性可能差别很大。各种色温的光源可能有较好或较差的显色性。

光源的显色性影响人眼观察的物体颜色。在纺织、印染、涂料、彩色摄影、彩色电视等处理物体表面色的工业技术部门必须考虑由光源显色性带来的影响。对光源显色性进行定量评价是光源制造部门评价光源质量的一个重要方面。1965 年 CIE 制订了一种评价光源显色性的方法——"测验色"法，经 1974 年修订，正式推荐在国际上采用。关于显色指数的国际文件，最新的是 CIE 13.3：1995《Method of Measuring and Specifying Colour Rendering Properties of Light Sources》。显色指数的国家标准是 GB/T 5702—2019《光源显色性评价方法》。

CIE 推荐定量评价光源显色性的"测验色"法规定用黑体或标准照明体 D 作为参照光源，将其显色指数定为 100，并规定了若干测试用的标准颜色样品；通过在参照光源下和待测光源下对标准样品形成的色差，评定待测光源显色性，用显色指数值来表示。光源对某一标准样品的显色指数称为特殊显色指数 R_i

$$R_i = 100 - 4.6\Delta E_i \tag{1-246}$$

式中：ΔE_i 为在参照光源下和待测光源下样品的色差。

光源对特定 8 个颜色样品的平均显色指数称为一般显色指数 R_a，有

$$R_a = \frac{1}{8}\sum_{i=1}^{8} R_i \tag{1-247}$$

光源的一般显色指数越高，其显色性就越好，需要附加说明以下几点：

（1）参照照明体的选择。当待测光源的相关色温低于 5000K 时，选择黑体作为参照照明体，其色温可根据待测光源的相关色温选取。当待测光源的相关色温高于 5000K 时，选择标准照明体 D（重组日光）作为参照照明体，其色温也是根据待测光源来选取。待测光源与参照照明体应具有相同或近似相同的色品坐标，根据 CIE 13.3：1995 5.3 的说明，在 CIE 1960 色品坐标系内，色品差 ΔC 应小于 5.4×10^{-3} 才适用显色指数的概念，超出此范围显色指数的计算非常不准确

$$\Delta C = \sqrt{(u_t - u_r)^2 + (v_t - v_r)^2} \tag{1-248}$$

式中：u_t、v_t 为待测光源的色品坐标；u_r、v_r 为参照照明体的色品坐标。这个条件与相关色温的条件相比，更要严格，即显色指数的适用范围比相关色温的适用范围小了近一个数量级。

对于待测相关色温低于或高于 5000K 选用不同的参照照明体，主要原因如下：如前文所述人类长期在日光和白炽光源照明下生产和劳动，形成颜色知觉，所以要选取一个尽量接近日光和白炽光的参照照明体。由于日光不是纯粹黑体辐射，尤其是经过大气散射后，在 5000K 以上与黑体曲线有较大的偏离，其不同色温的色点形成的曲线位于黑体曲线上方，低于 5000K 时则较接近黑体。此外，人类使用的白炽光源大部分都是低色温光谱，综合考虑这些因素做了如上规定。

参照照明体黑体可按照式（1-86）求得，标准照明体 D（重组日光）的光谱分布按 CIE 15：2004 文件中所述理论进行计算，其理论基础如下。由于日光在不同时间、不同地点，其光谱是不尽相同的。康狄特等人在全球测量了 622 例日光光谱，贾德、麦克亚当和威泽斯基对这些光谱做了统计学的特征矢量分析，得出一组公式，用以计算一定相关色温的典型日光的相对光谱功率分布。也就是说，用数理统计手段重新组合出该相关色温的典型日光光谱功率分布，这就是重组日光的含义。为了统一时相与空相引起的日光变化，CIE 规定的标准照明体 D 就采用了重组日光的概念。它是由在 CIE 1931 色度图上的一条位于黑体曲线上方的典型日光色度曲线来代表的。这条曲线是根据 CIE 1931

色度图上许多实测日光色度点的分布定出的，它包括 4000～40000K 典型日光的色度点。对某个相关色温对应的具体重组日光而言，其基本构成是平均日光光谱曲线 $S_0(\lambda)$ 加上偏离平均曲线的特征矢量 $S_1(\lambda)$ 和 $S_2(\lambda)$。某相关色温光谱分布 $S(\lambda)$ 计算公式为

$$S(\lambda) = S_0(\lambda) + M_1 S_1(\lambda) + M_2 S_2(\lambda) \tag{1-249}$$

式中：$S_0(\lambda)$、$S_1(\lambda)$、$S_2(\lambda)$ 是波长 λ 的函数，它们的 5nm 间隔数值读者可去前言提到的 QQ 群下载查看。实际使用时，如果需要 1nm 间隔的数据，此时不能采用 Python 程序 1.2.3 进行三次样条插值，而应该按照 CIE 15：2004 中关于标准照明体 D 65 和其他照明体 D 的说明，当需要该文献内表 T.2 以外的波长对应的光谱值，应采用线性插值或用该文献所列方法进行公式计算。本书采用较为简单的线性插值方法。因子 M_1 和 M_2 用式（1-250）计算

$$\begin{cases} M_1 = \dfrac{-1.3515 - 1.7703 x_D + 5.9114 y_D}{0.0241 + 0.2562 x_D - 0.7341 y_D} \\[3mm] M_2 = \dfrac{0.0300 - 31.4424 x_D + 30.0717 y_D}{0.0241 + 0.2562 x_D - 0.7341 y_D} \end{cases} \tag{1-250}$$

式中：(x_D, y_D) 为日光在 CIE 1931 色品坐标系内的色品坐标，其满足如下关系

$$y_D = -3.0000 x_D^2 + 2.870 x_D - 0.275 \tag{1-251}$$

其中 $x_D \in (0.250, 0.380)$。对不同相关色温 T_c 的重组日光，其 x_D 由下式计算

当 $4000K \leqslant T_c \leqslant 7000K$ 时

$$x_D = -\frac{4.6070 \times 10^9}{T_c^3} + \frac{2.9678 \times 10^6}{T_c^2} + \frac{0.09911 \times 10^3}{T_c} + 0.244063 \tag{1-252}$$

当 $7000K < T_c \leqslant 25000K$ 时

$$x_D = -\frac{2.0064 \times 10^9}{T_c^3} + \frac{1.9018 \times 10^6}{T_c^2} + \frac{0.24748 \times 10^3}{T_c} + 0.237040 \tag{1-253}$$

（2）颜色样品。CIE 选择了 14 种颜色样品作为计算光源显色指数的标准样品。前言中提到的 QQ 群下载资料给出了样品的反射系数 $\rho_i(\lambda)$，其中 1～8 号是中等饱和度、中等明度的有代表性色调的样品，计算一般显色指数 R_a 时只能用 1～8 号样品计算，求得的 R_a 值表示待测光源的色显现对参照照明体色显现的偏离。9～14 号样品包括饱和度较高的红、黄、绿、蓝以及欧美人的皮肤色和树叶绿色。考虑到 13 号色样是欧美女性的面部皮肤色，1984 年在我国制订的光源显色性评价方法的国家标准中，增加了我国女性面部的色样，作为第 15 种色样也列入附表内。计算特殊显色指数 R_i 时，可选择 15 种样品中的一种来计算。其中比较重要的是 R_9，在出口北美市场的法规 DLC 中，对于室内照明产品，明确要求 $R_9 > 0$。

（3）色品坐标。由于显色指数仅由相对光谱即可决定，所以以下都假定用相对光谱 $S(\lambda)$ 计算。此时为了计算色差，需要把光源三刺激值的 Y 归一化到 100，用式（1-254）来计算待测光源和参照照明体的色品坐标

$$\begin{cases} X = k \displaystyle\int_{380}^{780} S(\lambda) \overline{x}(\lambda) \, d\lambda \\[3mm] Y = k \displaystyle\int_{380}^{780} S(\lambda) \overline{y}(\lambda) \, d\lambda \\[3mm] Z = k \displaystyle\int_{380}^{780} S(\lambda) \overline{z}(\lambda) \, d\lambda \end{cases} \tag{1-254}$$

式中：k 是归一化系数，用式（1-255）来计算

$$k = \frac{100}{\int_{380}^{780} S(\lambda)\overline{y}(\lambda)\mathrm{d}\lambda} \tag{1-255}$$

各颜色样品在光源照射下的 CIE 1931 XYZ 三刺激值应根据式（1-256）计算

$$\begin{cases} X_i = k\int_{380}^{780} S(\lambda)\overline{x}(\lambda)\rho_i(\lambda)\mathrm{d}\lambda \\[2mm] Y_i = k\int_{380}^{780} S(\lambda)\overline{y}(\lambda)\rho_i(\lambda)\mathrm{d}\lambda \\[2mm] Z_i = k\int_{380}^{780} S(\lambda)\overline{z}(\lambda)\rho_i(\lambda)\mathrm{d}\lambda \end{cases} \tag{1-256}$$

式中：i 为评价颜色样品的序号；$\rho_i(\lambda)$ 为颜色样品可见光光谱反射系数。要把 CIE 1931 色品坐标转换到 CIE 1960 色品坐标用于后续计算，按照式（1-201）将以上 CIE 1931 色品坐标全部转换到 CIE 1960 色品坐标。

（4）色适应色品位移的修正。由于待测光源和参照照明体的色品坐标不完全相同，而使视觉在两种不同光源照明下受到颜色适应的影响。为了处理两种光源照明下的色适应，必须将待测光源的色品坐标 u_t、v_t 调整为参照照明体的色品坐标 u_r、v_r，即 $u'_t = u_r$，$v'_t = v_r$。这时各颜色样品的色品坐标 u_{ti}、v_{ti} 也要做相应的调整，成为 u'_{ti}、v'_{ti}。这种色品坐标的调整叫做色适应色品位移，修正关系为

$$\begin{cases} u'_{ti} = \dfrac{10.872 + 0.404\dfrac{c_r}{c_t}c_{ti} - 4\dfrac{d_r}{d_t}d_{ti}}{16.518 + 1.481\dfrac{c_r}{c_t}c_{ti} - \dfrac{d_r}{d_t}d_{ti}} \\[5mm] v'_{ti} = \dfrac{5.520}{16.518 + 1.481\dfrac{c_r}{c_t}c_{ti} - \dfrac{d_r}{d_t}d_{ti}} \end{cases} \tag{1-257}$$

式中：下标 r 代表参照照明体，下标 t 代表待测光源，下标 ti 代表待测光源照明下第 i 种标准色样。其中 c 和 d 为

$$\begin{cases} c = \dfrac{1}{v}(4 - u - 10v) \\[3mm] d = \dfrac{1}{v}(1.708v + 0.404 - 1.481u) \end{cases} \tag{1-258}$$

在计算显色指数时，用调整后的色品坐标来计算。

（5）色差 ΔE_i 的计算。CIE 规定以 CIE 1964 W＊U＊V＊色差公式来计算

$$\Delta E_i = \sqrt{(W^*_{ri} - W^*_{ti})^2 + (U^*_{ri} - U^*_{ti})^2 + (V^*_{ri} - V^*_{ti})^2} \tag{1-259}$$

式中：W^*、U^*、V^* 为光源照射下颜色样品的色度参数，可根据式（1-259）计算

$$\begin{cases} W^* = 25Y^{1/3} - 17 \\ U^* = 13W^*(u - u_0) \\ V^* = 13W^*(v - v_0) \end{cases} \tag{1-260}$$

式中：u、v 代表颜色样品的 CIE 1960 色品坐标；u_0、v_0 代表参考照明体的 CIE 1960 色品坐标。

可用 Python 程序 1.2.6 来计算显色指数，图 1-59 为程序 1.2.6 的流程图。程序采用 1nm 间隔光谱作计算，用线性插值把 5nm 间隔重组日光矢量转换为 1nm 间隔，用三次样条插值把 5nm 间隔 15 个色样反射系数转换为 1nm 间隔。

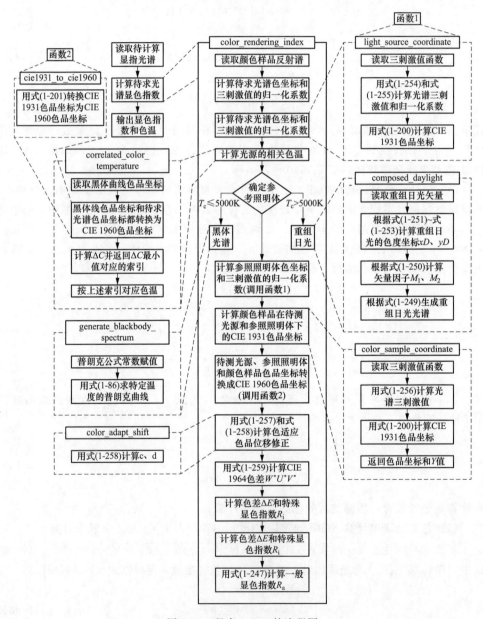

图 1-59　程序 1.2.6 的流程图

以上介绍的是显色指数的标准求法。对于求单个光谱的显色指数，其时间复杂度完全可以接受，但如果要短时间内求大量光谱的显色指数，例如快速分布式光度计小角度测试、连续调光并计算显色指数等应用场合，如果采用的计算用 MCU 运算速度不是很快，那么可考虑使用如下介绍的沃尔特斯法来减少运算量。

从前面的介绍可知，只要待测光源的相关色温 T_c 确定后，参照照明体的光功率分布便完全确定，进而可得到 u_r、v_r 以及 W_{ri}^*、U_{ri}^*、V_{ri}^*。也就是说对于每个确定光的 T_c，都有唯一的 u_r、v_r 和 W_{ri}^*、U_{ri}^*、V_{ri}^* 与之对应。沃尔斯特（Walters.W）建立了经验公式，用于拟合它们之间的关系

$$\begin{cases} f = a + bm + cn^2 \\ m = 10^4/T \end{cases} \tag{1-261}$$

式中：f 表示参照照明体的 u_r、v_r 及相应的 W_{ri}^*、U_{ri}^*、V_{ri}^*；T 为参照照明体的色温，可用待测光源的 T_c 代替；a、b、c 为拟合系数，前言中 QQ 群下载的这个系数表共有 396 个数据。这样，对于不同的 T_c，求其相应的 u_r、v_r 和 W_{ri}^*、U_{ri}^*、V_{ri}^* 值，可用式（1-261）代入相应的 a、b、c 进行计算。

以上就是关于显色指数及其计算方法。由于显色指数的概念已经提出和应用几十年，随着颜色科学技术不断发展，在很多场合，显色指数的概念已经不能完美描述有些颜色还原特性。显色指数是基于光源对于色彩保真度的影响建立起来的评价方法，然而该方法并没有反映光源导致颜色样品色差引起的饱和度增加等因素对人感受的影响。以下介绍北美照明学会（IES）提出的标准 TM-30，其中定义的参数色彩保真度指数 R_f 和色彩饱和度指数 R_g 能更全面地评价特定光谱对色彩的还原能力。

1.2.5 TM-30

TM-30 是北美照明学会（Illuminating Engineering Society of North America，IES）发布的关于颜色质量的评价标准。目前 TM-30 的最新版本为 2018 版，历史上还有 2015 版本，下面主要介绍 2018 版本。由于在 DLC5.0 中把 TM-30 考查的颜色质量参数列入条目内，虽然目前是可选项，但从发展趋势来看，将来很有可能至少在北美范围内取代显色指数（CRI）的概念。这对于照明产品出口北美的厂家来说尤为重要。很多北美终端客户，已经开始明确要求 TM-30 内的相关参数指标，故本节会详细介绍 TM-30 有关参数的计算以及有关图示的绘制。

长期以来，CIE 用来评价颜色质量的一般显色指数 R_a 被广泛用来描述各种光源技术的视觉体验。但 IES 认为 R_a 只考虑了颜色质量的一个方面，无法完全表达人眼对颜色的感知，不能建立视觉体验的整体性，在精确再现光源颜色方面是有缺陷的。为此，IES 在 2013 年 3 月成立一个颜色度量工作组（IES Color Metrics Task Group），负责研究表征光源显色性的改进措施，以便开发一种替代 CRI 的系统，更好地服务于照明行业及其利益相关者。2015 年 5 月 18 日，IES 正式发布了评价光源显色性的规范性文件 IES TM-30-15，采用色彩保真度指数 R_f（Fidelity Index）和色彩饱和度指数 R_g（Gamut Index）两个指标来共同评价颜色质量，这与 CIE 的 CRI 体系有重大区别。2018 年 10 月 9 日，IES 发布了新版的光源颜色质量评价标准——IES TM-30-18《光源颜色再现的

评价方法（Method for Evaluating Light Source Color Rendition)》，对旧版文件进行了部分更新。主要更新的内容如下：

（1）调整了色板在小于 400nm 和大于 700nm 范围的光谱反射率计算函数。

（2）调整了参考光源的过渡区，适用色温范围由原来的 4500～5500K 变为 4000～5000K。

（3）修改了色彩保真度 R_f 的评价公式，计算的比例因子从 7.54 改为 6.73。

做这些修订的主要原因是为了与国际照明委员会（CIE）发布的标准一致。在 2017 年 4 月，CIE 发布了一份技术报告《CIE 224：2017 Colour Fidelity Index for accurate scientific use》，对色彩保真度指数 R_f 进行了定义。该指数基于 IES TM-30-15 中的保真度指数计算，但对用于颜色评估样本的外推法、参考光源的过渡区以及保真度计算的比例因子等部分有细微差异。随着 TM-30-18 的发布，这两个文件得到了协调，这是色彩保真度指数测量迈向全球化的重要一步。

与 CIE 原有的显色指数评价系统相比，IES TM-30 的评价方法有以下 5 个重大变革：

（1）双指标评价系统。TM-30 采用色彩保真度指数 R_f 和色彩饱和度指数 R_g 两个指标来共同评价颜色质量。色彩保真度指数 R_f 用来表征光源的显色指数 CRI，即各标准色在待测光源照射下与在参照照明体照射下相比的相似程度，数字从 0～100，数值越高色彩真实度越佳。这项指标类似于 CIE13.3-1995 评估 CRI 时的一般显色指数 R_a，都是为了表征平均色彩保真度，但 TM-30 采用了 99 个全新的颜色样品和新开发的计算方法。IES 认为 R_f 可提供更具统计代表性和可靠性的数据，在颜色再现上会更加准确。

$R_f = 100$ 为最大值，代表与参照照明体照射下的颜色无色差，色彩效果逼真。

$R_f = 0$ 为最小值，代表与参照照明体照射下的颜色色差最大，色彩效果失真。

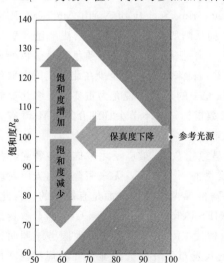

色彩饱和度指数 R_g 用来表征光源的色域指数 GAI（Gamut Area Index），即各标准色在待测光源照射下与参照照明体照射下相比的饱和程度，指数越大代表饱和度越佳。

$R_g = 100$，代表待测光源照射下的饱和度和参照照明体照射下的饱和度相同，色彩饱和度适中。

$R_g > 100$，代表待测光源可提高颜色样品的饱和度，物体看起来更加鲜艳和具有活力。

$R_g < 100$，代表颜色的饱和度在待测光源照射下会降低，色彩饱和度不足，物体变得灰暗和呆滞。

R_f、R_g 所表示的含义如图 1-60 所示。

（2）更多和更真实的标准色。CIE 选择了 8

图 1-60　R_f、R_g 表征性能示意图

个孟塞尔（Munsell）色板作为标准颜色用于计算 R_a，这几个颜色具有中等明度和色饱和度，能充分代表室内照明的常用颜色，但对室外

照明存在的饱和度较高的颜色则没有代表性。由于所使用的颜色不足以代表所有的可见光波长，灯具制造商可优化它们的光源光谱功率分布（SPD，Spectral power distribution），以获得更高的测量数值，即使将 R_a 扩展为用 15 个色板计算，仍较容易优化与色板显色能力最相关的部分，即所谓的光谱游戏（Spectrum Game）。此时照明光源虽然对这 8 个色板的颜色还原能力较强，但对其他物体可能就要产生较大失真。

与 R_a 仅用 8 个标准色板计算相比，TM-30 体系采用的标准色板则多达 99 个，这些色板也不再是孟塞尔色卡，而是从 105000 个真实物体的颜色中挑选出的，包括了自然物、肤色、纺织品、涂料、塑料、印刷材料、色彩系统等 7 大类别，代表了我们生活中常见的各种从饱和到不饱和、从亮到暗的颜色。最重要的是这 99 个标准色对于各波长的敏感度基本相同，因此制造商很难通过调整光谱分布来提高测量数值。99 个标准色的反射率可从前言中 QQ 群下载资料中获得。

TM-30 所采用的 99 个标准色样如彩图 1 所示，其反射谱如图 1-61 所示。

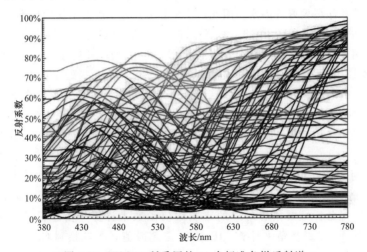

图 1-61 TM-30 所采用的 99 个标准色样反射谱

（3）选择更合理的参照照明体。由于 CRI 所使用的参照照明体在低于 5000K 时使用黑体辐射，高于 5000K 时使用重组日光模型，存在 5000K 的突变问题。TM-30 体系在 4000～5000K 的范围内使用了黑体辐射与重组日光混合的光谱作为参照照明体。参照照明体的选择如图 1-62 所示。

图 1-62 TM-30 参照照明体的选择

（4）采用更均匀的色度空间。TM-30 采用了现代色彩空间 CAM02-UCS（CIE Color Appearance Model 02），具有改进的均匀性和更精确的色彩适应方程，以及代表真实物体的一组优化后的颜色样品。

(5) 新增颜色矢量图形。由于保真度指数和饱和度指数是基于平均值计算的，只能综合评价光源对于各种颜色的平均显色能力，不能据此判断某一颜色的饱和程度。对于某些特定颜色的显色能力有需求时，TM-30 体系还提供了一个色彩矢量图（Color Vector Graphic），直接以图形来显示特定颜色在被测光源下的色偏移以及饱和度的改变是暗淡还是更加生动，这是对保真度和饱和度指数的重要补充，如彩图 2 所示。黑色圆圈代表参照照明体，由参照照明体照射下颜色样品的 16 个颜色分类所组成，红色圈代表待测光源。黑色圆圈内的矢量箭头都表示待测光源的这些颜色与参照照明体相比更暗淡，黑色圆圈外的矢量箭头都表示待测光源的这些颜色与参照照明体相比过度饱和了。当红、黑两个圆圈完美重叠时，表示待测光源和参照照明体的这些颜色的饱和度是相同的，两个光源之间基于饱和度的显色性没有区别。

IES 认识到颜色规格取决于多种条件，包括但不限于视觉需求、与家具和装饰材料的交互、年龄和颜色偏好等因素。因此，IES 建议照明专业人士使用更准确、更完整的颜色再现评估方法 IES TM-30-18，参照标准中的多种测量方法，根据各种光谱和应用特性制订适用规范。以下就来详细介绍 IES TM-30-18 的计算过程。

TM-30-18 主要应用于室内用光源或照明系统，对一些处于明视觉照明水平的（亮度大于 $5cd/m^2$）户外照明也适用。TM-30 最适合表征名义上的白光光源（例如色品坐标落在或接近黑体线的光源）。如果光源的色品坐标位于标准 C77.388-2017 定义的色品之外的区域，那么对待基于 TM-30 的计算结果就要小心谨慎，以免误用。

由于相对光谱即可决定 TM-30 的计算结果，故以下计算过程如无特别指出，均采用相对光谱。颜色样品（Color Evaluation Samples，CES）的三刺激值，均采用 CIE 1964 10°视角标准观察者对应的三刺激值函数来计算。由于目前色温的计算仍要先基于 CIE 1931 2°视角来计算 CIE 1931 三刺激值，再转换到 CIE 1960 UCS 色品坐标系内做相应计算，故对待测光源，要先计算 2°视角的三刺激值，进而计算色温并根据色温选择参照照明体。求取色温的方法和步骤前文已经介绍过，此处不再赘述。

有了色温后，即可确定参照照明体。参照照明体的选择与前述的显色指数选择方案类似，色温 4000K 以内选择黑体辐射，色温 5000K 以上选择重组日光。其区别只在于当待测光源的色温式（1-262）所示的范围时

$$4000K < T_t < 5000K \tag{1-262}$$

参照照明体要按照式（1-263）所示的黑体辐射谱和重组日光混合的方法来选择

$$S_r(\lambda, T_t) = \frac{5000 - T_t}{1000} S_p(\lambda, T_t) + \left(1 - \frac{5000 - T_t}{1000}\right) S_D(\lambda, T_t) \tag{1-263}$$

式中：$S_p(\lambda, T_t)$ 为在温度 T_t 下的黑体辐射谱；$S_D(\lambda, T_t)$ 为在温度 T_t 下的重组日光谱。有了待测光源的光谱 $S_t(\lambda)$ 和参照照明体的光谱 $S_r(\lambda)$，即可分别计算二者的 CIE 1964 三刺激值及对应的归一化系数

$$
\begin{cases}
X_{10,t} = k_t \int_{380}^{780} S_t(\lambda)\overline{x}_{10}(\lambda)\,d\lambda \\[2mm]
Y_{10,t} = k_t \int_{380}^{780} S_t(\lambda)\overline{y}_{10}(\lambda)\,d\lambda \\[2mm]
Z_{10,t} = k_t \int_{380}^{780} S_t(\lambda)\overline{z}_{10}(\lambda)\,d\lambda \\[2mm]
k_t = \dfrac{100}{\int_{380}^{780} S_t(\lambda)\overline{y}_{10}(\lambda)\,d\lambda}
\end{cases}
\tag{1-264}
$$

$$
\begin{cases}
X_{10,r} = k_r \int_{380}^{780} S_r(\lambda)\overline{x}_{10}(\lambda)\,d\lambda \\[2mm]
Y_{10,r} = k_r \int_{380}^{780} S_r(\lambda)\overline{y}_{10}(\lambda)\,d\lambda \\[2mm]
Z_{10,r} = k_r \int_{380}^{780} S_r(\lambda)\overline{z}_{10}(\lambda)\,d\lambda \\[2mm]
k_r = \dfrac{100}{\int_{380}^{780} S_r(\lambda)\overline{y}_{10}(\lambda)\,d\lambda}
\end{cases}
\tag{1-265}
$$

待测光源的光谱数据范围应在 380～780nm，如果数据不足，按照 TM-30 规定，至少要在 400～700nm 范围内，不足部分补 0。计算时一般应使用 1nm 间隔数据，最大不能超过 5nm 间隔，否则会有较大误差。

以下计算 99 个颜色样品的三刺激值

$$
\begin{cases}
X_{10,w,i} = k_w \int_{380}^{780} S_w(\lambda)R_i(\lambda)\overline{x}_{10}(\lambda)\,d\lambda \\[2mm]
Y_{10,w,i} = k_w \int_{380}^{780} S_w(\lambda)R_i(\lambda)\overline{y}_{10}(\lambda)\,d\lambda \\[2mm]
Z_{10,w,i} = k_w \int_{380}^{780} S_w(\lambda)R_i(\lambda)\overline{z}_{10}(\lambda)\,d\lambda
\end{cases}
\tag{1-266}
$$

式中：下标 w 表示 t 或 r，即待测光源和参照照明体各计算一遍。每个颜色样品分别在待测光源和参照照明体照射下的色品坐标，需要在 CAM02-UCS 系统内计算，为便于理解以下参数设置及计算过程，先简要介绍 CIECAM02 色貌模型。

长期以来，关于人眼彩色视觉特性的研究一直是颜色科学、视觉心理学及视觉生理学等学科研究的重要问题之一，人们通过大量的心理物理学实验及视觉实验来分析彩色信息在人眼中被感知、传递和认知的过程，从而建立起来人类视觉对于彩色信息处理的基本理论。色度学即是建立在这些实验基础上的学科。基于 CIE 标准色度体系的色度学从 1931 年推荐采用标准色度观察者光谱三刺激值 $\bar{x}(\lambda)$、$\bar{y}(\lambda)$、$\bar{z}(\lambda)$ 至今，其发展已经历了三个阶段，即色匹配阶段、色差阶段和色貌阶段。三刺激值、色品坐标、主波长、兴奋纯度等颜色参量可用来定量地描述颜色刺激的匹配；均匀颜色空间如 CIE LAB 色空间、CIE LUV 色空间的提出及明度、彩度、色调角的计算，为色差的定量研究提供了数学工具；但是以上对颜色信息的量化计算，实际上是需要满足一定的标准观察条件的，即两个色刺激的匹配或色差的计算必须满足特定的标准光源、标准色度观察者，背景也要求是统一的或基本是中性灰色等条件。CIE LAB、CIE LUV 色空间虽然考虑了不同照明光源对颜色的影响，但是最终还是采用了近似的数学处理方法。因此可以认为，经典的色度学或称之为基础色度学对不同照明光源、照明水平和观察背景等条件下引起的色适应、色对比、色同化等视觉现象并没有从量化上给出比较精确的预测，至于不同介质对颜色显色性的影响，更没有提出合理的计算参数，这反映了基础色度学研究和应用的局限性，也是色貌概念被提出和得以广泛研究的原因所在。1994 年国际照明委员会分会 TC1-27 发布了关于开展自发光体和反射体之间色貌模型评价研究的指南报告。报告指出，解决工业界颜色复制失真度问题已成为当前迫切需要解决的重大课题，希望迅速开展关于色貌的系统研究。所谓色貌是与色刺激和材料质地有关的颜色的主观表现，或引用 G. Wyszecki 在 1984 年出版的《知觉与人类行为手册》一书中的定义，色貌是指观察者对视野中的颜色刺激根据其视知觉的不同表象而区分的颜色知觉属性（又称为色貌属性）。由于任何颜色刺激其自身物理条件包括空间特性（如大小、形状、位置、表面纹理结构等）、时间特性（静态、动态、闪烁态等）、光谱辐亮度分布和观察者对颜色刺激的注意程度、记忆、动机、情感等主观因素的影响，颜色的外观表象即色貌表现一般都非常丰富，产生这些现象的机理相当复杂，如有 Bezold-Brucke 色调漂移、Abney 效应、Helmholtz-Kohlrausch 效应、Hunt 效应、Stevens 效应、Helson-Judd 效应等，都是色貌研究的内容。色貌模型就是对色貌的各种属性作定量计算的数学模型。

色貌属性包括视明度、明度、视彩度、彩度、色饱和度、色调等，其定义如下：

（1）视明度（brightness）。视明度是指观察者对所观察颜色刺激在明亮程度上的感受强度，或认为是刺激色辐射出光亮的多少，过去也曾被称为主观亮度。视明度是一绝对量，其大小变化对应于颜色刺激表现为从亮变为暗，或从暗变为亮。

（2）明度（lightness）。明度是指观察者对所观察颜色刺激所感知到的视明度相对于同一照明条件下完全漫反射体视明度的比值，明度是一个相对量。

（3）视彩度（colorfulness）。视彩度是英国的 Hunt 教授在 1977 年正式提出并做出说明的概念，现在也被 CIE 所采用。它是指某一颜色刺激所呈现色彩量的多少或人眼对色彩刺激的绝对响应量。一般情况下，照度增加，物体变得更明亮，人眼对其色彩知觉也相应变得更强烈，即视彩度增加。如果某颜色为没有色彩刺激的中性颜色，则其视彩度为 0。

（4）彩度（chroma）。彩度是相对量，等于视彩度与同样照明条件下白色物体的视明度之比。

（5）饱和度（saturation）。饱和度也是一种相对量，等于色刺激的视彩度与视明度之比。

（6）色调（hue）。色调是颜色的三属性之一，该视觉属性表示所感觉到的物体所具有的颜色特征，如红、黄、绿或蓝，或是它们任意两种的混合色。

由于彩度和饱和度所表征的颜色概念类似，故在本书中不做区分。在以上 6 个色貌属性中，明度、饱和度、色调是最重要的，常被称为颜色三要素。为了直观地了解这三个属性所表达的含义，下面简要说明色序系统。

人们之间需要交流和传输颜色的信息，为了准确地表述颜色，人们长期探索着。最初人们用语言、形容词来描述颜色，这种方式较为粗糙，不够精确；CIE 色度系统的建立为颜色的描述找到了一种良好的方式，它是基于每一种色彩都能用三个选定的原色适当混合来与之相匹配的原理，用三刺激值来定量的描述颜色的。它可用仪器客观地进行测量。它是应用心理物理学的方法来表示在特定条件下的颜色量可准确地互相传输颜色的信息。除此系统外，人们还建立了许多其他表色系统，这些系统用各种颜料混合后制成许多尺寸相同的卡片，按照一定原则依次排列起来，给予每个卡片以相应的字符和数码，这些将颜色按照感知色貌的特性在色空间进行有序排列所构成的系统，称为色序系统（color-order system）。这类系统种类繁多，可分为三大类：①加色法混色系统，例如奥斯瓦尔德系统；②减色法混合系统即颜料混合系统，例如罗维朋色度计表示颜色的系统；③基于颜色知觉或色貌原理的系统，例如孟塞尔系统、NCS 自然色系统。色序系统可非常直观地传输颜色的信息。它对近代色貌模型的建立和发展产生了巨大的影响，尤其是在视觉实验中起了很大的作用。

孟塞尔表色系统是目前使用的最重要的表色系统之一，美国国家标准协会和美国材料试验学会已将它作为颜色标准，日本的颜色标准也以孟塞尔表色系统为基础，美国国家标准协会在标定标准颜料时也用孟塞尔标号，孟塞尔表色系统得到世界的公认。它是由美国美术家孟塞尔（A. H. Munsell）在 1905 年建立的一种表色系统，他用一个三维空间的模型将各种表面色用三种视觉特性——明度、色调、饱和度全部表示出来。在立体模型中，每一个部位代表着一种特定的颜色，其中颜色的饱和度在孟塞尔系统中用孟塞尔彩度表示，并按照色调、明度、彩度这样规定的次序给出一个特定的颜色标号。

有了以上三维色空间的概念，即可用彩图 3 来形象地解释明度、饱和度和色调。在彩图 3 中，垂直向上的方向为明度增加的方向，垂直向下为明度减小的方向；从圆心往外为饱和度增加的方向，从外往圆心为饱和度减小的方向；顺着圆周变化为色调的变化方向，变化的角度即为色调角。

色适应（chromatic adaptation）是产生色貌现象的根本原因，也是建立色貌模型的核心基础。色适应是人的视觉系统在观察条件发生变化时，自动调节视网膜三种锥体细胞的相对灵敏度，以尽量保持对一定物理目标表面的颜色感知即色貌保持不变的现象。它用于连接两个媒体和两种不同照明观察条件。

一般来说对某一颜色光预先适应后再观察其他颜色，则其他颜色的明度和饱和度都会降低。在一个白色或灰色背景上注视一块颜色纸片一段时间，当拿走颜色纸片后，仍继续注视背景的同一点，背景上就会出现原来颜色的补色，这一诱导出的补色时隐时现，直至最后完全消失，这种现象称为负后像现象，也是色适应现象的一种。因此，在颜色视觉实验中，如果先后在两种光源下观察颜色，就必须考虑视觉对前一光源色适应的影响。

在色适应的基础上可以获得大量的"对应色"视觉数据。对应色就是在不同观察条件下色貌匹配的两个刺激。例如，如果在一组观察条件下的一个刺激（X_1，Y_1，Z_1），与另一组观察条件下的另一个刺激（X_2，Y_2，Z_2）的色貌相匹配，那么（X_1，Y_1，Z_1）、（X_2，Y_2，Z_2）和它们的观察条件一起组成了一对对应色，所以也可以说色适应是预测对应色的一种能力。对于一些与颜色有关的工业来说色适应是很重要的。例如，注重光源显色性的照明行业和进行一系列不同光源下颜色复制的颜色复制工业等。

通过视觉实验来获得不同观察条件下的对应色数据是有限的，所以期望有一个基于数学模型的色适应变换来预测每个（X_1，Y_1，Z_1）所对应的（X_2，Y_2，Z_2）。描述色适应的数学模型称为色适应变换（chromatic adaptation transform，CAT），用它来预测每个（X_1，Y_1，Z_1）所对应的（X_2，Y_2，Z_2）。

色适应变换，或称为色适应模型，不包括明度、彩度和色调等色貌属性，它仅提供从一个观察条件下的三刺激值到另一个观察条件下匹配的三刺激值变换公式。色适应变换是在大量视觉匹配实验的基础上，通过归纳演绎后总结出的一个模拟人的视觉感知适应变换过程的数学模型。

所有的现代色适应变换不论从概念上还是数学上均可归结到 1902 年德国学者 von Kries 提出的假设，这个假设表示为

$$\begin{cases} L_a = k_L L \\ M_a = k_M M \\ S_a = k_S S \end{cases} \tag{1-267}$$

式中：L、M、S 是初始的锥体响应；L_a、M_a、S_a 是预测的锥体响应；k_L、k_M、k_S 是初始锥体信号缩放系数。

由于早期的色适应变换仅能解决不同观察条件下的对应色问题，并不能用于描述处于一定观察条件下颜色的色貌，例如照明水平的改变、观察环境的影响和不完全适应等。它也没有提供测量颜色感知属性（明度、饱和度和色调）的方法。这些问题，需要由更为复杂的色适应变换和色貌模型来解决。

人们希望用一个数学模型来描述色貌。CIE 技术委员会 1-34（TC1-34）对色貌模型的定义是：至少要包括对相关的色貌属性（如明度、彩度和色调）进行预测的数学模型。为了对这些属性进行合理的预测，模型至少要有一个色适应变换。模型必须更加复杂地包含对视明度和视彩度的预测，或模拟亮度对它们的影响，例如 Stevens 效应或 Hunt 效应等。具体的说就是指根据特定照明、背景以及周边环境等条件下的 CIE 色度参数（例如三刺激值）进行色貌属性参数（例如明度、彩度和色调）计算或预测的数学表达式或数学模型。

色貌模型主要是解决不同媒体（Media）在不同的照明条件（illuminant condition）、

不同的背景（background）、不同的环境（surround）和不同的观察者（observer）下的颜色真实复制问题。开展色貌模型研究具有重要的科学和实用价值。在颜色科学基础研究领域，色貌模型的理论可直接用于解决均匀色空间、标准色差理论等问题；而在应用研究领域，色貌模型的研究结果可解决许多跨媒体的颜色信息保真（faithfully）复制问题。

应用于 TM-30 计算的色貌模型是 CIECAM02，是 CIE TC8-01 于 2002 年 9 月 26 日推荐使用的。它可被用于色彩管理等应用场合，它仍然是由色适应变换和预测的相关属性的计算等组成。

CIECAM02 模型选用的色适应变换空间是修订的 Li 的 RGB 空间，也就是修订的 MC CAT 2000 变换。在 CIECAM02 模型中被称为是色适应变换 CAT02，它是从很多备选者当中挑选出来的。

CIECAM02 模型采用的是修改了的双曲线动态响应函数，它是基于 Michaelis-Menten 等式，由 Valeyon 和 Van Norren 的心理物理实验数据组成。这些动态响应函数只在很亮和很暗的颜色上有差异。CIECAM02 所使用的修订的非线性压缩既考虑了它对色度分度的影响，又改进了在不同的 L_A（测试适应场的亮度）值下的饱和度。

CIECAM02 模型提出了饱和度、视彩度、视亮度值，同样对明度和视亮度加入了预测因子以避免负值出现。其中也考虑了由不同的周边环境而产生的效应。

CIECAM02 色貌模型的色貌属性有：红绿度（redness-greenness）a、黄蓝度（yellowness-blueness）b、色调角 h 和色调 H、明度 J、视亮度 Q、饱和度 S、彩度 C、视彩度 M。

对 CIECAM02 模型有了初步了解后，下面继续前面的参数计算。先设置 TM-30 计算时所用到的 CIECAM02 模型环境参数。

（1）背景亮度 $Y_b = 20\mathrm{cd/m^2}$。

（2）环境参数。可能取的环境参数见表 1-24，此处取平均环境。

表 1-24 可能取的环境参数

环境	c	N_c	F
平均环境	0.69	1.0	1.0
暗环境	0.59	0.95	0.9
黑环境	0.525	0.80	0.8

（3）测试适应场的亮度 $L_A = 100\mathrm{cd/m^2}$。

（4）白点适应深度 D，取值范围是 0.0～1.0，一般取 0.6，此处取 $D = 1.0$。

以上参数建立了对所有 TM-30 计算的一般条件，目的是为了保证一致性和可比较性。不同的环境条件将导致不同的计算结果。除此以外，加上待测光源和参照照明体的亮度因数 $Y_w = 100$，从而可以算得以下亮度水平适应因子。

$$\begin{cases} k = \dfrac{1}{5L_A + 1} = 0.0020 \\[2mm] F_L = \dfrac{1}{5}k^4(5L_A) + \dfrac{1}{10}(1-k^4)2(^5L_A)1/3 = 0.7937 \\[2mm] n = \dfrac{Y_b}{Y_w} = 0.2000 \\[2mm] N_{bb} = N_{cb} = 0.725\left(\dfrac{1}{n}\right)^{0.2} = 1.0003 \\[2mm] z = 1.48 + \sqrt{n} = 1.9272 \end{cases} \tag{1-268}$$

需要注意的是 CIECAM02 色貌模型包括色适应变换，这套变换就内嵌在 CAM02-UCS 内，所以不需要对色坐标进行其他处理。

下面计算颜色样品的色坐标。颜色样品在待测光源照射下的色坐标是 $CES_{t,i} = (J'_{t,i}, a'_{t,i}, b'_{t,i})$，颜色样品在参照照明体照射下的色坐标是 $CES_{r,i} = (J'_{r,i}, a'_{r,i}, b'_{r,i})$，以下的计算过程如无特别说明，都要对待测光源、参照照明体和颜色样品进行计算，为书写简便，在不致引起误解的地方，将省略掉下标。

计算第一步需要将三刺激值 $X_{10}Y_{10}Z_{10}$ 转换为 $R'_a G'_a B'_a$ 三刺激值，转换过程中要用到色彩和亮度适应。由于适应变换中要用到适应白点，在 TM-30 计算中，用待测光源和参照照明体分别当作颜色样品色适应的白点，所以要先对待测光源和参照照明体作色适应变换。

首先将三刺激值 $X_{10}Y_{10}Z_{10}$ 通过矩阵 $M_{CAT\,02}$ 转换到锥体灵敏度空间 RGB

$$\begin{bmatrix} R \\ G \\ B \end{bmatrix} = M_{CAT02} \begin{bmatrix} X_{10} \\ Y_{10} \\ Z_{10} \end{bmatrix} \tag{1-269}$$

其中矩阵 $M_{CAT\,02}$ 的值为

$$M_{CAT02} = \begin{bmatrix} 0.7328 & 0.4296 & -0.1624 \\ -0.7036 & 1.6975 & 0.0061 \\ 0.0030 & 0.0136 & 0.9834 \end{bmatrix} \tag{1-270}$$

对 RGB 进行色适应变换

$$\begin{cases} R_c = \left[\left(Y_w\dfrac{D}{R_w}\right) + (1-D)\right]R \\[2mm] G_c = \left[\left(Y_w\dfrac{D}{G_w}\right) + (1-D)\right]G \\[2mm] B_c = \left[\left(Y_w\dfrac{D}{B_w}\right) + (1-D)\right]B \end{cases} \tag{1-271}$$

其中白点适应深度 D 一般应按照式（1-272）取值，然而如前文所示，TM-30 计算中约定 $D=1.0$

$$D = F\left[1 - \left(\dfrac{1}{3.6}\right)e^{\left(\frac{-L_A-42}{92}\right)}\right] \tag{1-272}$$

在 $D=1.0$ 的情况下，又考虑到待测光源和参照照明体的亮度因数 $Y_w=100$，故对待测

光源和参照照明体应用式（1-271）的变换时，恒有

$$\begin{cases} R_{c,w} = 100 \\ G_{c,w} = 100 \\ B_{c,w} = 100 \end{cases}$$

(1-273)

把色适应后的锥体灵敏度空间 RGB 用 M_{CAT02} 的逆矩阵转换回 $X_{10}Y_{10}Z_{10}$ 色空间有

$$\begin{bmatrix} X_c \\ Y_c \\ Z_c \end{bmatrix} = M_{CAT02}^{-1} \begin{bmatrix} R \\ G \\ B \end{bmatrix}$$

(1-274)

M_{CAT02} 的逆矩阵 M_{CAT02}^{-1} 为

$$M_{CAT02}^{-1} = \begin{bmatrix} 1.096124 & -0.278869 & 0.182745 \\ 0.454369 & 0.473533 & 0.072098 \\ -0.009628 & -0.005698 & 1.015326 \end{bmatrix}$$

(1-275)

然后用矩阵 M_{HPE} 进行后适应非线性压缩变换，变换到 Hunt-Pointer-Estevez 空间为

$$\begin{bmatrix} R' \\ G' \\ B' \end{bmatrix} = M_{HPE} \begin{bmatrix} X_c \\ Y_c \\ Z_c \end{bmatrix}$$

(1-276)

其中矩阵 M_{HPE} 的值为

$$M_{HPE} = \begin{bmatrix} 0.38971 & 0.68898 & -0.07868 \\ -0.22981 & 1.18340 & 0.04641 \\ 0.00000 & 0.00000 & 1.00000 \end{bmatrix}$$

(1-277)

将亮度水平适应因子应用到 $R'G'B'$ 上，得到适应后的锥体灵敏度响应为

$$\begin{cases} R'_a = \dfrac{400\,(F_L R'/100)^{0.42}}{27.13 + (F_L R'/100)^{0.42}} + 0.1 \\[2mm] G'_a = \dfrac{400\,(F_L G'/100)^{0.42}}{27.13 + (F_L G'/100)^{0.42}} + 0.1 \\[2mm] B'_a = \dfrac{400\,(F_L B'/100)^{0.42}}{27.13 + (F_L B'/100)^{0.42}} + 0.1 \end{cases}$$

(1-278)

式（1-278）中由于指数的存在，$R'G'B'$ 不能用负值代入，此时有两种处理方法：①如果 $R'G'B'$ 有负值，先将其绝对值代入式（1-278）进行计算，然后再把相应的计算结果取为负值；②令 $R'G'B'$ 中的负值取零。TM-30 的官方计算工具中是采用的方法二。

用式（1-279）计算与 CIECAM02 相关的红—绿坐标 a，黄—蓝坐标 b 为

$$\begin{cases} a = R'_a - \dfrac{12}{11}G'_a + \dfrac{1}{11}B'_a \\[2mm] b = \dfrac{1}{9}\,(R'_a + G'_a - 2B'_a) \end{cases}$$

(1-279)

色调角 h 为

$$h = \frac{180}{\pi}\arctan\left(\frac{b}{a}\right)$$

(1-280)

在程序中实际计算时要注意，要用有符号的反正切来计算，即根据点 (a, b) 所处的象限来决定最终角度，并且最好使用类似 $\arctan(b, a)$ 这样的函数来计算，避免当 $a \rightarrow 0$ 时超出浮点数精度甚至是溢出错误。对程序中实际计算值，当角度小于零时，可以做 +360 处理，使得色调角更具直观意义。

与 CIECAM02 色貌模型相关的明度 (J)、彩度 (C) 和视彩度 (M) 计算为

$$
\begin{cases}
J = 100 \left(\dfrac{A}{A_w}\right)^{\alpha} \\[2mm]
C = t^{0.9} \sqrt{\dfrac{J}{100}} \, (1.64 - 0.29^n)^{0.73} \\[2mm]
M = C F_L^{0.25}
\end{cases}
\tag{1-281}
$$

其中无彩色响应 A 为

$$
A = \left(2R_a' + G_a' + \frac{1}{20}B_a' - 0.305\right)N_{bb}
\tag{1-282}
$$

式（1-281）中的临时量 t 和偏心因子 e_t 的计算为

$$
\begin{cases}
e_t = \dfrac{1}{4}\left[\cos\left(\dfrac{\pi}{180}h + 2\right) + 3.8\right] \\[3mm]
t = \dfrac{\dfrac{50000}{13}N_{cb}N_c e_t \ \sqrt{a^2 + b^2}}{R_a' + G_a' + \dfrac{21}{20}B_a'}
\end{cases}
\tag{1-283}
$$

最后，将 CIECAM02 的相关量转换到 CAM02-UCS 均匀色空间坐标

$$
\begin{cases}
J' = \dfrac{(1 + 100 \cdot 0.007)J}{1 + 0.007J} \\[3mm]
a' = M'\cos\left(\dfrac{h\pi}{180}\right) \\[3mm]
b' = M'\sin\left(\dfrac{h\pi}{180}\right)
\end{cases}
\tag{1-284}
$$

其中 M' 由式（1-285）计算

$$
M' = \left(\frac{1}{0.0228}\right)\ln(1 + 0.0228M)
\tag{1-285}
$$

在式（1-279）～（1-285）中，只有式（1-282）需要对待测光源、参照照明体以及颜色样品都计算一遍，其他式子只需对颜色样品在待测光源照射下和参照照明体照射下计算即可。

为了计算每个样色样品在待测光源照射下和参照照明体照射下的色差，采用 CAM02-UCS 均匀色空间 $J'a'b'$ 的欧几里得距离来度量，即

$$
\Delta E_i = \sqrt{(J_{t,i}' - J_{r,i}')^2 + (a_{t,i}' - a_{r,i}')^2 + (b_{t,i}' - b_{r,i}')^2}
\tag{1-286}
$$

颜色样品在待测光源照射下和参照照明体照射下的色坐标可用多种方法来比较。在 TM-30 中，一共有 6 种数字方法和 1 种图形方法来比较和展现。这些比较方式是根据历史以及某些特定建筑照明的应用需要选取的，其他未被列入标准的，则可用于科研目

的，但也有可能将来被列入有关标准。针对不同的具体应用，不是所有的指标都需要被计算出来，但最重要的两项即色彩保真度指数 R_f 和色彩饱和度指数 R_g 是必须计算的。

色彩保真度指数 R_f，它是每个颜色样品色彩保真度的平均值，计算方法为

$$\begin{cases} R'_f = 100 - 6.73 \left(\dfrac{1}{99} \sum_{i=1}^{99} \Delta E_i \right) \\ R_f = 10\ln\left[\exp(R'_f/10) + 1 \right] \end{cases} \tag{1-287}$$

式中先求指数再求对数的操作是为了避免 R_f 出现负值，此时 R_f 最小为 0，最大为 100（实际上根据公式可知理论最大值略大于 100）。由计算过程可看出，R_f 与显色指数 R_a 类似，都是描述颜色样品在待测光源照射下和参照照明体照射下的相似程度。事实上，国际照明委员会 CIE 也是承认 R_f 这一表征的，具体是在文件 CIE 224:2017 当中。当 R_f 值较大时，说明待测光源与参照照明体相比，所有的颜色漂移都很小。当 R_f 值较小时，需要额外的表征方式来确定颜色如何漂移。

R_f 与 R_a 是有较大不同的，同一个光源的 R_f 可能大于 R_a 也可能小于 R_a。不同光源具有相同的 R_a，例如 80，可有非常不同的 R_f，甚至可差 30 多。特别的，光源增加红色光谱部分，对 R_f 带来的增长要比 R_a 的增长更多。更进一步，此前对于 R_a 最大化或优化至特定值，例如 80 以上的光源，有可能具有较低的 R_f，因为用于表征的颜色集合扩展大了，优化对 8 个颜色样品的色彩保真度要比优化对 99 个颜色样品的色彩保真度要容易得多。

由于 R_f 与 R_a 存在系统上的差异，所以没办法简单地把对 R_a 的要求（例如 $R_a > 80$）转换为对 R_f 的要求。然而随着不断的实验和实践，逐渐可总结出不同场合对 R_f 的不同要求。

计算 99 个颜色样品各自的色彩保真度指数的方法与计算 R_f 的方法类似，具体为

$$\begin{cases} R'_{f,i} = 100 - 6.73 \Delta E_i \\ R_{f,i} = 10\ln\left[\exp(R'_{f,i}/10) + 1 \right] \end{cases} \tag{1-288}$$

每一个 $R_{f,i}$ 的值都在 0～100 之间。由于计算过程中用了对数变换，所以 R_f 的值并不精确等于 $R_{f,i}$ 的算术平均值。

每个 $R_{f,i}$ 对应一个特定光谱反射率函数，由于同色异谱现象的存在，单一的 $R_{f,i}$ 应用到评估相似颜色的色彩保真度时可能并不完美，但是整体考虑全部 $R_{f,i}$ 有助于识别光源对相似颜色物体的色彩还原能力。

15 号和 18 号颜色样品是较为特殊的，它们代表了皮肤反射率函数，所以这两个颜色样品的色彩保真度指数的平均值可较好地表现光源对皮肤的平均颜色还原能力。

下面介绍色调角 Bin。把 99 个颜色样品分成 16 组，边界是 CIECAM02 中的 a'-b' 平面，如图 1-63 所示，将 a'-b' 平面分成 16 个辐射型区域，每个区域间隔 22.5°，水平轴（a' 轴）的正向被指定为 0°，用下标 j 来表示 Bin 号，

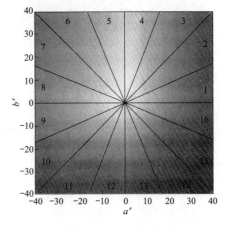

图 1-63　色调角 Bin

逆时针方向依次增加。

一个颜色样品属于哪个 Bin，是用它在参照照明体的照射下，计算出的色坐标 (a', b') 来确定，所以一旦色温确定了，每个颜色样品在参照照明体照射下的色坐标 (a', b') 就确定了，此时可用其对应的色调角 h 来直观确定该颜色样品属于哪个色调角 Bin。对任意给定的色温，每个色调角 Bin 的颜色样品数量 (m) 至少 2 个，最多 11 个。发生颜色样品分布不均匀的原因与颜色样品的选取过程有关，选取的 99 个颜色样品组成的色空间并非是球对称的。在每个色调角 Bin 内，对该 Bin 内颜色样品在待测光源和参照照明体的照射下的坐标分别求算术平均值，得到 $(a'_{t,j}, b'_{t,j})$ 和 $(a'_{r,j}, b'_{r,j})$，这 16 个坐标对的集合就是后续多项计算的基础。

下面来计算色彩饱和度指数 R_g。R_g 是用来度量每个色调 Bin 内的颜色样品的色坐标 (a', b') 的平均值，即 $(a'_{t,j}, b'_{t,j})$ 和 $(a'_{r,j}, b'_{r,j})$ 所围成的多变形的面积大小，计算公式为

$$R_g = 100 \frac{A_t}{A_r} \tag{1-289}$$

式中：A_t 和 A_r 分别表示待测光源平均色坐标 $(a'_{t,j}, b'_{t,j})$ 和参照照明体平均色坐标 $(a'_{r,j}, b'_{r,j})$ 所围成的面积，注意此处大写字母 A 并不表示前文所述的无色彩相应。其含义如图 1-64 所示的多边形所围成的面积。

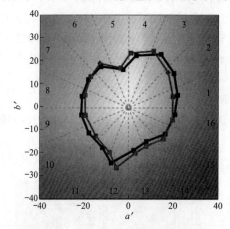

图 1-64　色彩饱和度指数 R_g 的计算

计算多边形面积 A 时，要用到如式（1-290）所示的多边形面积公式

$$A_w = abs\left(\frac{1}{2} \sum_{j=1}^{16} \begin{vmatrix} a'_{w,j} & b'_{w,j} \\ a'_{w,k} & b'_{w,k} \end{vmatrix} \right) \tag{1-290}$$

$$k = (j+1) \mod 16 \tag{1-291}$$

其中 mod 表示取余数。

R_g 的值等于 100，平均来说意味着与参照照明体相比，待测光源没有增加也没有减少颜色样品的色彩饱和度，但并不意味着所有颜色样品在待测光源和参照照明体的照射下都有相同的饱和度。R_g 值大于 100 意味着颜色样品在待测光源的照射下比参照照明体照射下色彩饱和度增加，R_g 值小于 100 意味着颜色样品在待测光源的照射下比参照照明体照射下色彩饱和度减小。R_g 不能描述哪些颜色在色彩饱和度方面增加或减小，具有同样 R_g 值的两个光源有可能具有不同的颜色还原能力。由于计算 R_g 采用的是 CAM02-UCS 均匀色空间，所以对不同色温的参照照明体来说，其 R_g 值几乎一样，只是不同色温所对应的色坐标所围成多边形的形状有微小差异。

至此就完成了对 TM-30 的两个主要参数 R_f 和 R_g 的介绍，这两个指数都是某种平均值，它们从不同的维度定量地表征了光源对色彩的还原能力。R_g 的增加或减少都会

带来 R_f 的减少，R_f 和 R_g 不能同时被最大化。R_g 值没有典型的最大值和最小值，然而有研究人员测试了 212 种商业光源，806 种其他来源不全已知的真实光源，并模拟计算了 14788 种理论上符合标准 ANSI C78.377-2017 规定范围的光源，得到如图 1-65 所示的 R_f 和 R_g 分布图，由图 1-65 可见 R_g 值的范围大概是 60～140，但如果要保证 R_f 在 80 以上，则 R_g 值的范围缩小为 80～120。

下面介绍颜色矢量图（Color Vector Graphic，CVG）。由于 R_f 和 R_g 是两个平均值，并没有给出颜色漂移的方向，颜色矢量图可视化地表达了颜色在色调圆上的色调和饱和度的漂移，如彩图 2 所示，黑色的圆就是色调圆，红色的闭合区域就是颜色漂移矢量末端形成的连续曲线，这个红色区域一般

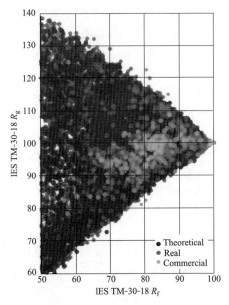

图 1-65 R_f 和 R_g 的分布图

被称作色域图形。颜色矢量坐标也是基于色调角 Bin 色品坐标平均值 $(a'_{t,j}, b'_{t,j})$ 和 $(a'_{r,j}, b'_{r,j})$，其中把参照照明体色坐标 $(a'_{r,j}, b'_{r,j})$ 归一化为半径为 1 的圆，归一化的方法为

$$
\begin{aligned}
x_{r,j} &= \cos\left(\frac{\sum_{i=1}^{m_i} h_i}{m_j}\right) \\
y_{r,j} &= \sin\left(\frac{\sum_{i=1}^{m_i} h_i}{m_j}\right)
\end{aligned}
\tag{1-292}
$$

式中：h 是每个色调角 Bin 内所包含的 m 个颜色样品的色坐标 (a'_r, b'_r) 对应的色调角，所以式（1-292）的三角函数内是 16 个色调角 Bin 内所含的颜色样品色调角的算术平均值。由于 $x_{r,j}$ 与 $y_{r,j}$ 的平方和为 1，故式（1-292）表示了一个半径为 1 的圆，它就是彩图 2 所示的黑色圆，称为参照圆。在每个色调角 Bin 内待测光源的色坐标平均值，也可相应做转化，得出与参照圆的相对位置。由方程（1-292）确定的是彩图 2 中矢量的起始位置，待测光源确定的与参照圆的相对位置就是矢量的末端，确定矢量末端的方程为

$$
\begin{cases}
x_{t,j} = x_{r,j} + \dfrac{a'_{t,j} - a'_{r,j}}{\sqrt{a'^{2}_{r,j} + b'^{2}_{r,j}}} \\[4mm]
y_{t,j} = y_{r,j} + \dfrac{b'_{t,j} - b'_{r,j}}{\sqrt{a'^{2}_{r,j} + b'^{2}_{r,j}}}
\end{cases}
\tag{1-293}
$$

颜色矢量图是一种可视化工具，它给出了非计算量可视化方面的特性，可直观地了解待

测光源与参照照明体相比颜色的漂移方向即漂移量的相对大小。对于颜色矢量图一般可做如下解读：如果矢量箭头由黑色参照圆指向外部，则平均来说该点饱和度增加；如果矢量箭头由黑色参照圆指向内部，则平均来说该点饱和度减小；如果矢量箭头沿参照圆的切线方向，则说明色调发生变化。比较不同光源的色域图形，可了解除去全局平均值 R_f 和 R_g 外，在每个色调角 Bin 局部，哪里会有饱和度的增大或减小，哪里会有色调的变化。这有时是很重要的，有可能两个光源有相近的 R_f 和 R_g，但是用于照明时给人的感觉却不同，原因就是局部的颜色漂移方向不同，如图 1-66 所示。两待测光源平均参数基本相同，但是局部颜色漂移方向却有很大不同。比如在第 1 个色调角 Bin，第一个光源照射下颜色样品的饱和度减小，但在第二个光源照射下颜色样品的饱和度增大，对实际感觉来说，对同样的红色物体，第一个光源照射下没有第二个光源照射下的红（鲜艳）。

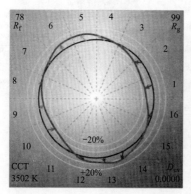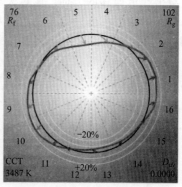

图 1-66　相近 R_f 和 R_g 但不同感觉

当然与 R_f 和 R_g 一样，颜色矢量图仍是一种统计平均值，它是基于 16 个颜色样品子集的平均值，虽然可作平均预测，但是对任何实际物体，颜色矢量图无法精确给出饱和度或色调的漂移量甚至是漂移方向。

下面介绍基于色调 Bin 的局部饱和度漂移，局部色调漂移以及局部色彩保真度。前文所述的颜色矢量，其纯径向的数字度量可用 16 个局部饱和度漂移来表征，每一个局部饱和度漂移都对应一个色调角 Bin。局部饱和度漂移用 $R_{cs,hj}$ 来表示，计算方法为

$$R_{cs,hj} = \frac{a'_{t,j} - a'_{r,j}}{\sqrt{a'^2_{r,j} + b'^2_{r,j}}}\cos\theta_j + \frac{b'_{t,j} - b'_{r,j}}{\sqrt{a'^2_{r,j} + b'^2_{r,j}}}\sin\theta_j \qquad (1\text{-}294)$$

式中：j 表示色调角 Bin 的序号；θ_j 是每个色调角 Bin 的角平分线与坐标横轴正向的夹角，其大小为

$$\theta_j = (2j-1)\frac{\pi}{16}, j = 1,2,\cdots,16 \qquad (1\text{-}295)$$

式（1-294）并不直观，其含义如图 1-67 所示，

由图 1-67 可见，要计算参照照明体照射下颜色样品的色品坐标点 P_r 的径向漂移分量，可分别用其在横纵坐标漂移量 Δa_r 和 Δb_r 在色调角 Bin 的角平分线 θ 方向上

(OS) 投影并求和得到。式（1-294）中的分母根式，所求值为 OP_r 的长度，因此所求饱和度漂移量为相对值，一般用百分比表示。饱和度漂移量采用相对值的原因是其绝对漂移量的数量级与颜色样品的饱和度值相当，这意味着高饱和度的样品有较大的漂移值。而相对漂移值较适合用于估计在给定色调 Bin 内颜色样品的平均漂移值，无论饱和度较大还是较小。由于局部饱和度漂移求的是特定色调 Bin 内颜色样品的平均漂移量，故对每个具体的颜色样品来说，其漂移量可能是不同的。

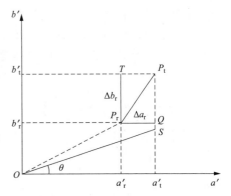

图 1-67　局部饱和度漂移计算示意图

对 16 个局部饱和度漂移量来说，其每一个值，如果是正的，则表示饱和度增加；如果是负的，则表示饱和度减小，这个参数不包含明度和色调信息。对不同的色调角 Bin，局部饱和度漂移量有不同的取值范围，对 14788 个理论光源和 212 个商业光源进行研究，局部饱和度漂移值的取值范围，如图 1-68 所示，如果要求色彩保真度 $R_f \geqslant 70$，则如图 1-69 所示。

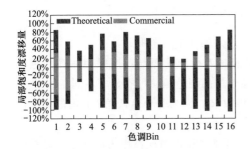
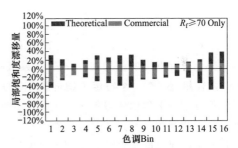

图 1-68　局部饱和度漂移量的取值范围　　图 1-69　局部饱和度漂移量的取值范围（$R_f \geqslant 70$）

16 个局部饱和度漂移量构成一组表达色域图形的量，其展示方法如彩图 4 所示。其中 m 表示每个色调角 Bin 内的颜色样品数量。

下面介绍局部色调漂移：颜色矢量的切向分量，可用局部色调漂移量来定量表征，用符号 $R_{hs,hj}$ 表示，局部色调漂移量的计算方法如式（1-296）所示，其中 j 与 θ_j 的含义与式（1-294）相同，其计算原理与局部饱和度漂移量类似，也可参看图 1-66

$$R_{hs,hj} = -\frac{a'_{t,j} - a'_{r,j}}{\sqrt{a'^2_{r,j} + b'^2_{r,j}}}\sin\theta_j + \frac{b'_{t,j} - b'_{r,j}}{\sqrt{a'^2_{r,j} + b'^2_{r,j}}}\cos\theta_j \tag{1-296}$$

虽然局部色调漂移量也是相对值，但习惯上用小数来表示。局部色调漂移量表示的是在同一个色调角 Bin 内样色样品的平均切向漂移，对某个具体的颜色样品来说，其漂移量大小可能是不相同的。对每个局部色调漂移量来说，数值为负，表示色坐标顺时针漂移（从橙到红、从蓝到绿、从绿到黄）；数值为正，表示色坐标逆时针漂移。在考虑局部色调漂移时，不包含明度和饱和度信息。对不同的色调角 Bin，局部色调漂移量有不同的取值范围，对 14788 个理论光源和 212 个商业光源进行研究，局部饱和度漂移值的取值范围，如图 1-70 所示，如果要求色彩保真度 $R_f \geqslant 70$，则如图 1-71 所示。

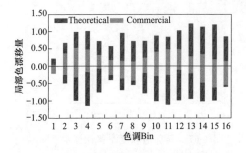 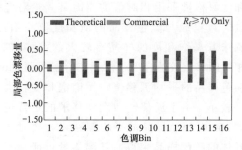

图 1-70　局部色调漂移量的取值范围　　图 1-71　局部色调漂移量的取值范围（$R_f \geqslant 70$）

16 个局部色调漂移量也构成一组表达色域图形的量，其展示方法如彩图 5 所示。其中 m 表示每个色调角 Bin 内的颜色样品数量。

下面介绍局部色彩保真度：对每一个色调角 Bin 来说，均可定义类似色彩保真度指数 R_f 的局部色彩保真度 $R_{f,hj}$，其中 j 是色调角 Bin 的序号，与色彩保真度计算类似，局部色彩保真度为

$$\begin{cases} R'_{f,hj} = 100 - 6.73 \left(\dfrac{1}{m_j} \sum_{i=1}^{m_j} \Delta E_i \right) \\ R_{f,hj} = 10\ln\left[\exp(R'_{f,hj}/10) + 1\right] \end{cases} \tag{1-297}$$

每个局部色彩保真度的值均在 0～100，数值高意味着待测光源与参照照明体在该色调角 Bin 内较相近。在一个特定色调角 Bin 内的颜色样品颜色漂移可有显著不同。16 个局部色彩保真度的平均值一般不等于色彩保真度指数 R_f，因为每个色调角 Bin 内的颜色样品数量是不相同的且经过了非线性变换。

局部色彩保真度与颜色矢量图上的矢量长度并不等比例对应，因为局部色彩保真度含有明度差异，而颜色矢量图只考虑饱和度和色调的差异。

局部色彩保真度与显色指数当中的特殊显色指数相当，例如 R_9，然而局部色彩保真度是基于一些颜色样品的平均值，而不是基于某单一颜色样品，这样可更好地预测某个具有相似色调但未知实际物体的色彩还原性。

局部色彩保真度的展示方式如彩图 6 所示。色彩保真度指数 R_f、色彩饱和度指数 R_g、局部饱和度漂移 $R_{cs,hj}$、局部色调漂移 $R_{hs,hj}$、局部色彩保真度 $R_{f,hj}$ 以及颜色矢量图的计算和显示可由 Python 程序 1.2.7 完成，其流程图如图 1-72 所示。

此外，北美照明学会官方提供了一个 TM-30 参数计算工具，是一个 Excel 表格，分为基础版和高级版，由于表格内在计算显色指数时没有 R_{15}，所以三星公司对高级版进行了必要的修改，增加了 R_{15} 的计算，该工具可在前言 QQ 群里下载。基本使用方法为打开 Excel，如果提示启用宏选项，则选择启用，然后将 1nm 间隔光谱复制到 Calculator Sheet 的 SPD 列，然后点击 Compute 按钮，稍许等待即可完成，详细使用方法见 Instruction Sheet。

图 1-72 程序 1.2.7 的流程图

1.2.6 D_{uv}

上一节介绍了 TM-30 有关参数的计算和展示，作为颜色矢量图，在图片四个角落都有固定参数显示，如彩图 2 所示。左上角为色彩保真度指数 R_f，右上角为色彩饱和度指数 R_g，左下角为相关色温 CCT，右下角的参数 D_{uv}，这一节来介绍其具体含义及计算方法，并进一步讨论与 D_{uv} 密切相关的概念色温（相关色温）的计算方法。

对通用照明来说，色品坐标是光源的一个关键参数，通常用 CIE 1931 色品坐标

(x, y) 或用 CIE 1976 色品坐标 (u', v') 来描述。但是这两个数字并未直观地提供颜色信息。实际应用时,相关色温 T_c 常被用于提供光源的颜色信息。但是相关色温只提供了一个维度的颜色信息,事实上还有另外一个维度,即色品坐标相对于黑体曲线的位置。为了实现这种表征,很多类似的被工业界用来描述色品坐标与黑体曲线距离的参数 d_{uv} 经常被提出和使用,但事实上并没有相关的官方标准给出其定义。后来,ANSI 在 C78.377-2008 版本中给出了其中一种 d_{uv} 的明确定义,即 D_{uv}。

尽管 D_{uv} 的概念很重要,但在一般的 LED 产品规格书中,往往只有相关色温和显色指数这两个颜色信息。至少出口北美的产品需要满足美标中有关 D_{uv} 的要求,不合适的 D_{uv} 很可能被终端客户拒收。有研究表明光源的色品坐标略低于黑体曲线较好,描述类似这种光源特性仅用相关色温和显色指数是做不到的。

ANSI 定义的 D_{uv} 概念提供了光源色品坐标相对黑体曲线的距离和方向信息,而工业界其他 d_{uv} 概念通常只有距离信息而不包含方向。采用 CCT 和 D_{uv} 两个参数来描述光源,可提供较全面的颜色信息并且非常直观,因此这两个参数可在测试报告甚至规格书内替代 (x, y) 或 (u', v'),并且这些参数之间有一一对应的转换关系。

有时在某些测试设备中并不显示 D_{uv} 数值,此时需要用相对光谱计算。有时做调光计算时,需要预先知道 D_{uv} 数值,此时也需要基于相对光谱计算。故后文详细介绍 D_{uv} 的计算方法。计算 D_{uv} 时,一般都需要先确定 CCT。计算 CCT 的方法有很多种,除了前文介绍的在 CIE 1960 均匀色空间用色品坐标距离黑体曲线的最小距离来确定对应点的 CCT 以外,还可把 CIE 1931 色品坐标代入特定多项式做近似计算,此类多项式的例子为

$$\begin{cases} T_c = 669A^4 - 779A^3 + 3660A^2 - 7047A + 5652 \\ A = \dfrac{x - 0.329}{y - 0.187} \end{cases} \tag{1-298}$$

$$\begin{cases} T_c = -437A^3 + 3601A^2 - 6831A + 5517 \\ A = \dfrac{x - 0.3320}{y - 0.1858} \end{cases} \tag{1-299}$$

这类多项式近似方法一般误差较大,可能有几 K 的误差,而且有一定的适用范围。较精确的方法是如前文所述的用一个小程序来寻找在 CIE 1960 色品坐标系中距离黑体曲线最短时黑体曲线上的点对应的普朗克曲线温度,精确度可到 1K。本节会介绍一些更精确的算法,适用范围在 CCT 为 $1000 \sim 20000K$,D_{uv} 为 $-0.03 \sim +0.03$。

当在 CIE 1960 色品坐标系确定好 CCT 后,设待测光源的色品坐标为 (u, v),如果知道的是 CIE 1931 色品坐标 (x, y),则可用式 (1-201) 将其变换到 CIE 1960 色品坐标系。黑体曲线上与之对应的点位 (u_0, v_0),则如果 (u, v) 在黑体曲线上方,则 D_{uv} 取正值;如果 (u, v) 在黑体曲线下方,则 D_{uv} 取负值。D_{uv} 的计算公式为

$$D_{uv} = SIGN(v - v_0) \sqrt{(u - u_0)^2 + (v - v_0)^2} \tag{1-300}$$

其中符号函数 SIGN 的定义为

$$\begin{cases} SIGN(z) = 1, \text{当 } z \geqslant 0 \\ SIGN(z) = -1, \text{当 } z < 0 \end{cases} \tag{1-301}$$

如前文所述，CIE 1931 色品坐标 (x, y) 或用 CIE 1976 色品坐标 (u', v') 没有携带直观的颜色信息，但是 CCT 和 D_{uv} 可做到，它们可确定白光的色品，并且可更方便地判断一个光源是否符合 ANSI 标准，因为 ANSI 标准就是用 CCT 和 D_{uv} 来定义光源色品范围的。

事实上，可以像 (x, y) 和 (u', v') 那样建立 (T_c, D_{uv}) 有序实数对，进而在 CCT-D_{uv} 坐标系内来表达色品，一个示例如图 1-73 所示。

可用这种方法来做品质控制，例如在通过图示看产品的离散性，超出范围的比例等。

由于 D_{uv} 的数值往往较小，小数点后会有较多的 0，实际使用时，将 D_{uv} 放大 1000 倍，此时单位是 tint，这样更方便使用。例如 D_{uv} 为 -0.003，也可表示为 -3tint，然而这个单位还未被广泛接受和使用。

有时只需要 D_{uv} 的数值，而 CCT 未知，此时如果已知待测光源的 CIE 1931 色品坐标 (x, y)，则可先将色品坐标用式（1-201）换算到 CIE 1960 色品坐标 (u, v)，然后用式（1-302）做近似计算

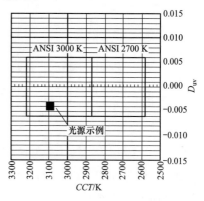

图 1-73 CCT-D_{uv} 坐标系内来表达色品的例子

$$\begin{cases} L_{FP} = \sqrt{(u - 0.292)^2 + (v - 0.240)^2} \\ a = \arccos\left(\dfrac{u - 0.292}{L_{FP}}\right) \\ L_{BB} = k_6 a^6 + k_5 a^5 + k_4 a^4 + k_3 a^3 + k_2 a^2 + k_1 a + k_0 \\ D_{uv} = L_{FP} - L_{BB} \end{cases} \tag{1-302}$$

其中多项式系数 k_i 为

$$\begin{cases} k_6 = -0.00616793 \\ k_5 = 0.0893944 \\ k_4 = -0.5179722 \\ k_3 = 1.5317403 \\ k_2 = -2.4243787 \\ k_1 = 1.925865 \\ k_0 = -0.471106 \end{cases} \tag{1-303}$$

其近似计算原理如图 1-74 所示。

采用如上方法的精确度如图 1-75 所示。在相关色温 2600～20000K，D_{uv} 在 -0.03～$+0.03$ 范围内，近似结果较为精确，误差最多只有 0.00003，实际应用时可忽略。但当色温低于 2600K 时，误差会迅速增大，例如在 2000K 时，误差可增大至 0.0005，这个计算方法记录在 ANSI C78.377 标准最新的版本内。

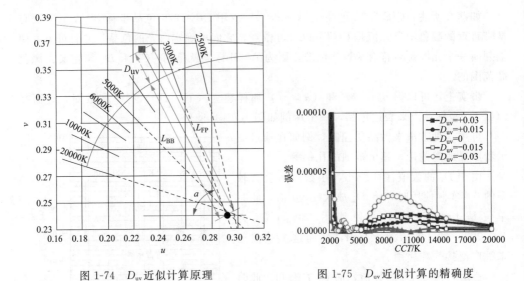

图 1-74 D_{uv} 近似计算原理　　　　　　图 1-75 D_{uv} 近似计算的精确度

由待测光源的 CIE 1931 色品坐标（x，y）求 D_{uv} 可由 Python 程序 1.2.8 完成，其流程图如图 1-76 所示。

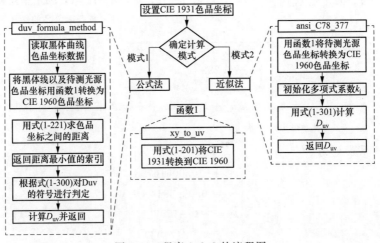

图 1-76 程序 1.2.8 的流程图

在一些特定情形下，已知待测光源的（T_c，D_{uv}）需要转换回 CIE 1931 色品坐标系，即（T_c，D_{uv}）→（x，y）。首先需要先由（T_c，D_{uv}）计算 CIE 1960 色品坐标，即（T_c，D_{uv}）→（u，v）。如图 1-77 所示，（u_0，v_0）点和（u_1，v_1）点分别对应黑体曲线上温度为 T_c 和 T_c + ΔT 对应的色品坐标点，其中 ΔT 是色温的微小变化，并认为某点对应的黑体曲线上相同色温点的连线在黑体曲线的法线上，即黑体曲线外一点到黑体曲线的最短距离为该点到黑体曲线切线的距离，这一结论并不是显而易见的，在本节后文中也要用到这一结论，关于这一结论的说明及黑体曲线的其他一些性质的讨论，读者可前往前言中提到的 QQ 群文件中下载。

由图 1-77 可得

$$\begin{cases} \Delta u = u_0 - u_1 \\ \Delta v = v_0 - v_1 \end{cases} \qquad (1\text{-}304)$$

再由图 1-77 中的三角函数关系，可得

$$\begin{cases} u = u_0 - D_{uv}\sin\theta \\ v = v_0 + D_{uv}\cos\theta \end{cases} \qquad (1\text{-}305)$$

其中三角函数计算可用式（1-306）来进行

$$\begin{cases} \sin\theta = \dfrac{\Delta v}{\sqrt{\Delta u^2 + \Delta v^2}} \\ \cos\theta = \dfrac{\Delta u}{\sqrt{\Delta u^2 + \Delta v^2}} \end{cases} \qquad (1\text{-}306)$$

如果对式（1-306）右边求极限，则可用黑体曲线的导数来表示所需三角函数为

$$\begin{cases} \sin\theta = \dfrac{1}{\sqrt{1/v'^2 + 1}} \\ \cos\theta = \dfrac{1}{\sqrt{1 + v'^2}} \end{cases} \qquad (1\text{-}307)$$

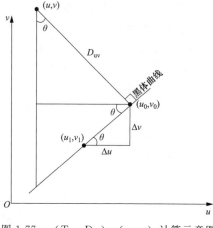

图 1-77　$(T_c,\ D_{uv}) \rightarrow (u,\ v)$ 计算示意图

此处的 v' 是 v 关于 u 的一阶导数。得到 $(u,\ v)$ 后，再通过式（1-308）进行 $(u,\ v) \rightarrow (x,\ y)$ 的变换即可

$$\begin{cases} x = \dfrac{3u}{2u - 8v + 4} \\ y = \dfrac{v}{u - 4v + 2} \end{cases} \qquad (1\text{-}308)$$

　　在实际计算过程中，如果考虑 T_c 取整数，则要在 CIE 1960 色品坐标系内预先计算出黑体曲线一定范围内的 v 关于 u 的一阶导数，以 1K 为间隔，本书一般考虑 1000～10000K 这个范围。$(T_c,\ D_{uv}) \rightarrow (x,\ y)$ 的具体计算由 Python 程序 1.2.9 完成，其流程图如图 1-78 所示。

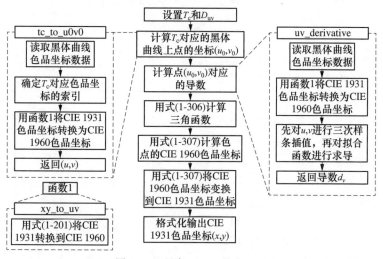

图 1-78　程序 1.2.9 的流程图

以下进一步讨论相关色温的计算方法。在 1.2.2 节介绍了相关色温的定义，准确计算相关色温应在均匀色空间进行，而理想的均匀色空间不是平面，而是曲面，此时曲面上两点间最短距离也不一定是直线，而要用微分几何的方法来具体求取。而 CIE 1960 均匀色空间只是近似均匀的平面色空间，在这个平面内，两点间的欧几里得距离就是最短距离。基于这个近似，在 1.2.2 节介绍了 CIE 15：2004 中关于相关色温的求取方法，即用一个小程序来搜索待测光源色品坐标与黑体曲线的最短距离，而最短距离落在黑体曲线上的点所对应的普朗克曲线温度即为相关色温，按照 1-2 节给出的小程序，其计算精度约为 1K，以下给出几种精确度更高的相关色温算法。

下面介绍三角形法，如图 1-79 所示。根据 1.2.2 节的方法，可求出最短距离 d_m，此时一并记录下 d_{m+1} 和 d_{m-1} 及其对应的色温 T_{m+1} 和 T_{m-1}。此时把 T_{m+1} 和 T_{m-1} 对应的色品坐标点 (u_{m+1}, v_{m+1}) 和 (u_{m-1}, v_{m-1}) 的连线视为直线，则在图 1-79 所示的三角形内，有如下关系

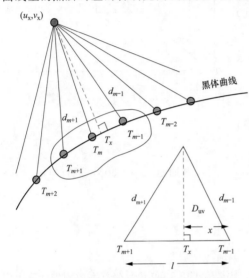

图 1-79　三角形法计算 T_c 示意图

$$\begin{cases} T_x = T_{m-1} + (T_{m+1} - T_{m-1})\dfrac{x}{l} \\ x = \dfrac{d_{m-1}^2 - d_{m+1}^2 + l^2}{2l} \\ l = \sqrt{(u_{m+1} - u_{m-1})^2 + (v_{m+1} - v_{m-1})^2} \end{cases}$$

(1-309)

当待求色温 T_x 确定后，就可以用式（1-310）来确定 D_{uv}

$$\begin{cases} D_{uv} = (d_{m-1}^2 - x^2)^{1/2} \mathrm{SING}(v_x - v_{Tx}) \\ v_{Tx} = v_{m-1} + \dfrac{(v_{m+1} - v_{m-1})x}{l} \end{cases}$$

(1-310)

其中符号函数 SING 的含义与前文相同。

下面介绍抛物线法，如图 1-80 所示。

前序步骤与三角形法相同，在确定了 d_{m-1}、d_m、d_{m+1} 后，假定三者数值成开口向上的抛物线关系，则由 d_{m-1}、d_m、d_{m+1} 及其对应的 T_{m-1}、T_m、T_{m+1} 可确定抛物线

$$d(T) = aT^2 + bT + c \quad (1-311)$$

代入数据求出抛物线的 3 个系数，由此就可求出待测光源的相关色温 $T_c = T_x$

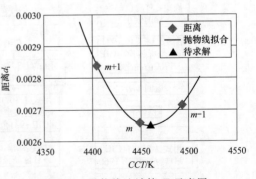

图 1-80　抛物线法计算 T_c 示意图

$$T_x = -\frac{b}{2a} \tag{1-312}$$

此时 D_{uv} 可由式（1-11）求出

$$D_{uv} = SIGN(v_x - v_{Tx})(aT_x^2 + bT_x + c) \tag{1-313}$$

式中的 v_{Tx} 并没有像三角形法那样的简单计算公式，而要把 T_x 代入普朗克公式，进而计算出 T_x 对应的 CIE 1931 色品坐标，再变换到 CIE 1960 色品坐标。

抛物线法在待测光源的色品坐标接近黑体曲线时有较大的误差，实际使用中往往将三角形法和抛物线法结合起来使用，选择一个适当的 D_{uv} 标识作为这两个方法的分界点，具体操作可查看有关文献，本书不再赘述。

1.2.7　主波长和色纯度

色品坐标点位置除了应用 CIE 各种色品坐标系，例如 1931、1960、1976 等，以及 1.2.6 节所示的（T_c，D_{uv}）方法，CIE 还推荐可用主波长和色纯度来表示。

一种颜色 S_1 的主波长，指的是某一种单色光刺激的波长，用符号 λ_d（其下标 d 表示 dominant）表示。这种单色光刺激，按一定比例与一种规定的无彩色刺激相加混合，能匹配出颜色 S_1。这种无彩色刺激在色品图上的位置称为白点，以 C 表示。

但是，并不是所有的颜色都有主波长，色品图中连接白点和光谱轨迹两端点所形成的三角形区域内各色品点都没有主波长（光谱轨迹两端点的连线称为"紫线"）。因此引入补色波长（complementary wavelength）这个概念。一种颜色 S_2 的补色波长是指某一种单色光刺激的波长，此波长的光谱色与适当比例的颜色 S_2 相加混合，能匹配出某一种规定的无彩色刺激（白光）。补色波长用符号 λ_c 表示。

计算自发光体主波长和色纯度时通常选用等能白光，其色品坐标前文有述，具体为（0.3333，0.3333），对于非自发光体（物体色）则采用 CIE 推荐的其他标准白光作为求主波长和补色波长的参考白点，本书如无特别指出，均以等能白点作为参考白点。

如图 1-81 所示，在 CIE 1931 色品坐标内，绘制出单色光的马蹄形区域，由白点 O 向 380nm 和 780nm 对应的色品坐标点分别引一条虚线段，虚线段和紫线共同确定了补色波长存在的范围，剩下的马蹄形区域则存在主波长。

求主波长时，由参考白点 O 向颜色 O_1 引一直线，延长直线与单色光谱轨迹交于点 D，交点 D 对应的单色光谱波长就是颜色 S_1 的主波长。求补色波长时，由颜色 S_2 向白点 O 引一直线，延长直线与单色光谱轨迹交于点 C，交点 C 对应的单色光谱波长就是颜色 S_2 的补色波长。

色纯度是指样品的颜色同主波长光谱色接近的程度。色纯度有兴奋纯度和色度

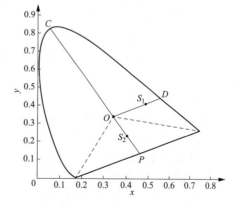

图 1-81　颜色主波长和补色波长的确定

纯度两种表示法，由于二者存在线性关系，本书采用直观意义较明显和较易理解的兴奋纯度来表示色纯度，对色度纯度感兴趣的读者可参看 CIE 15：2004 等有关资料。

兴奋纯度（excitation purity）是用 CIE 1931 色品图上两个线段的长度比率来表示的，一般以符号 P_e 表示。如图 1-81 所示，第一线段是由白点到待测光源色点的距离 OS_1，第二线段是由白点到主波长点的距离 OD，则

$$P_e = \frac{OS_1}{OD} \tag{1-314}$$

对补色波长的点，延长直线 OS_2 与紫线相交于点 P，则此时 P_e 的计算方法为

$$P_e = \frac{OS_2}{OP} \tag{1-315}$$

一种颜色的兴奋纯度表示了主波长对应的单色光被白光冲淡的程度，P_e 越大，表示待测光源与单色光越接近；P_e 越小，表示颜色越淡。

根据相似三角形对应边成比例，可知 P_e 可用如下色品坐标来计算

$$P_e = \frac{x - x_0}{x_d - x_0} \tag{1-316}$$

或

$$P_e = \frac{y - y_0}{y_d - y_0} \tag{1-317}$$

式中：(x, y) 是待测光源的色品坐标；(x_0, y_0) 为白点的色品坐标；(x_d, y_d) 为单色光谱轨迹上（主波长时）或紫线轨迹上（补色波长时）的色品坐标。

式（1-316）和式（1-317）的计算结果应相同。但是如果待测光源色品坐标与主波长点连线（或补色波长点连线）趋向平行于色品图 x 轴时，也就是 y、y_d 和 y_0 三点的值接近时，则式（1-317）误差较大，因而应采用式（1-316）；反之如果待测光源色品坐标与主波长点连线（或补色波长点连线）趋向平行于色品图 y 轴时，也就是 x、x_d 和 x_0 三点的值接近时，则式（1-316）误差较大，因而应采用式（1-317）。

颜色的主波长大致相当于颜色知觉中的色调，但不能完全等同；颜色的色纯度大致相当于颜色知觉中的饱和度，但不能完全等同。用主波长（或补色波长）和色纯度数对 (λ_d, P_e) 可唯一确定色品点，与只用色品坐标表示颜色色品相比，其优点在于这种表示颜色的方法能给人以具体的印象，能表明一种颜色的色调和饱和度的大致情况。

由图 1-81 容易得到从 $(\lambda_d, P_e) \rightarrow (x, y)$ 或 $(\lambda_c, P_e) \rightarrow (x, y)$ 逆过程的直观方法，即先根据主波长（或补色波长）搜索到对应的色品坐标，再连接白点根据比例即 P_e 来确定待测光源的色品坐标 (x, y)。

在计算主波长时，根据图 1-81 直观来看是比较简单的，但在程序处理时，还是需要一些算法的，此处简要介绍一种简单的算法。

首先判断所给色品坐标所处的位置。如果该色品坐标位于图 1-81 所示的两条虚线下方（当然严格来说首先应判断该色品坐标是否位于图 1-81 所示的马蹄形区域内，本

书考虑程序中所输入的色品坐标都来自于根据待测光源计算得来，故默认该色品坐标一定是处于马蹄形区域内的），则该色品坐标有补色波长，否则就有主波长。判断方法为设虚线的方程为

$$y = kx + b \tag{1-318}$$

设函数 $f(x, y)$ 满足如下关系

$$f(x,y) = y - kx - b \tag{1-319}$$

对某待测色品坐标（x_t，y_t）来说，如果满足

$$f(x_t, y_t) < 0 \tag{1-320}$$

则可判定该点位于方程式（1-317）所示的直线下方。

下面以计算主波长为例来说明具体算法，计算补色波长的算法类似。一个直观的方法是将图 1-81 中由 OS_1 确定的直线与马蹄形区域的方程联立求解即可得到点 D 的坐标，但问题是马蹄形区域并无解析表达式，并且马蹄形区域在 500nm 附近非单值，而且根据图 1-43 可知在马蹄形曲线首尾附近也非单值，所以无法表示成 y 关于 x 的函数。在此情况下，即使使用三次样条插值求分段函数也是不可行的。所以换个思路，并不一定要知道点 D 的坐标，而只需知道点 D 对应的单色光波长即可。通常求取主波长的精度只要小数点后一位，所以从 380～780 每隔 0.1 取一个点，则将马蹄形区域离散化成为 4001 个点，而所要求的点 D 就在这 4001 个点当中。经计算可验证，马蹄形区域曲线的横纵坐标随波长变化是单值函数，如图 1-82 所示。

波长由 380nm 以 0.1nm 为变化间隔变化到 780nm 时，一定会扫过使得点 O、点 S_1、点 D 三点共线或最接近共线的点 D，如图 1-83 所示。

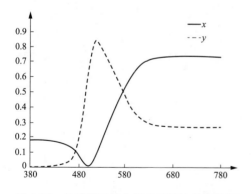

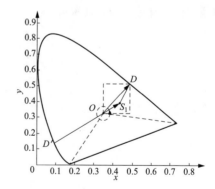

图 1-82 马蹄形区域曲线坐标随波长变化图　　图 1-83 三角形有向面积和矩形框判定示意图

此时可以考虑 $\triangle ODS_1$ 的有向面积为

$$S_{\triangle ODS_1} = \frac{1}{2} \overrightarrow{OD} \times \overrightarrow{OS_1} = \frac{1}{2} \begin{vmatrix} \vec{i} & \vec{j} & \vec{k} \\ x_D - x_O & y_D - y_O & 0 \\ x_{S_1} - x_O & y_{S_1} - y_O & 0 \end{vmatrix} \tag{1-321}$$

当面积为 0 或近似为 0 时所对应的点 D 即为所求。有向面积 $S_{\triangle_{ODS_1}}$ 的模的大小为

$$|S_{\triangle ODS_i}| = \frac{1}{2}|\overrightarrow{OD}| \cdot |\overrightarrow{OS_1}|\sin(\angle DOS_1) = \frac{1}{2}\begin{vmatrix} x_D - x_O & y_D - y_O \\ x_{S_i} - x_O & y_{S_i} - y_O \end{vmatrix} \quad (1\text{-}322)$$

有向面积的方向满足右手定则，从矢量 $\overrightarrow{OD}$ 逆时针旋转到矢量 $\overrightarrow{OS_1}$，此时有向面积的方向是垂直纸面向上。有向面积模的正负性可根据式（1-322）判定，当 $\angle DOS_1 \in (0, \pi)$ 时，有向面积的模大于 0；当 $\angle DOS_1 \in (\pi, 2\pi)$ 时，有向面积的模小于 0。所以在图 1-83 中，当点 D 沿着马蹄形轨迹逆时针旋转时，有向面积模的值先为正值；当矢量 $\overrightarrow{OD}$ 扫过点 S_1 后，有向面积模的值变为负值；当矢量 $\overrightarrow{OD}$ 扫过后 OS_1 的反向延长线 OD' 后，有向面积模的值再次变为正值。故而点 C、点 S_1、点 D 三点共线或最接近共线时即为有向面积模的值变号的时刻，此时选择使得有向面积模的值的绝对值最小的点即为所求点 D。确定了有向面积模的值变号的时刻，需要解决的问题是确定点 S_1 是在线段 OD 上还是在线段 OD 的延长线 OD' 上，后者不是想要的结果。此时可用以线段 OD 为对角线，点 C 和点 D 的横纵坐标差为边长的矩形来辅助判断，如图 1-83 中虚线矩形所示。如果点 S_1 在此矩形内，则可确定 S_1 在线段 OD 上。在求补色波长时，点 C 在马蹄形区域移动时，有向面积模的值只改变一次符号，故无需进行矩形判定。但是在求点 P 时，即求直线 OS_2 与紫线的交点，需要用到四个点确定的两条直线的交点计算算法，为方便读者迅速看懂程序，现简述如下：设四个点 (x_1, y_1)、(x_2, y_2)、(x_3, y_3)、(x_4, y_4) 分别确定两直线为 $ax + by = e$ 和 $cx + dy = f$，联立二者方程组为

$$\begin{cases} ax + by = e \\ cx + dy = f \end{cases} \quad (1\text{-}323)$$

根据线性代数有关知识，其解为

$$x = \frac{\begin{vmatrix} e & b \\ f & d \end{vmatrix}}{\begin{vmatrix} a & b \\ c & d \end{vmatrix}}, y = \frac{\begin{vmatrix} a & e \\ c & f \end{vmatrix}}{\begin{vmatrix} a & b \\ c & d \end{vmatrix}} \quad (1\text{-}324)$$

将四个点的坐标分别代入式（1-323）得

$$\begin{cases} ax_1 + by_1 = e \\ ax_2 + by_2 = e \\ cx_3 + dy_3 = f \\ cx_4 + dy_4 = f \end{cases} \quad (1\text{-}325)$$

其系数可求解为

$$a = e\frac{\begin{vmatrix} 1 & y_1 \\ 1 & y_2 \end{vmatrix}}{\begin{vmatrix} x_1 & y_1 \\ x_2 & y_2 \end{vmatrix}}, b = e\frac{\begin{vmatrix} x_1 & 1 \\ x_2 & 1 \end{vmatrix}}{\begin{vmatrix} x_1 & y_1 \\ x_2 & y_2 \end{vmatrix}}, c = f\frac{\begin{vmatrix} 1 & y_3 \\ 1 & y_4 \end{vmatrix}}{\begin{vmatrix} x_3 & y_3 \\ x_4 & y_4 \end{vmatrix}}, d = f\frac{\begin{vmatrix} x_3 & 1 \\ x_4 & 1 \end{vmatrix}}{\begin{vmatrix} x_3 & y_3 \\ x_4 & y_4 \end{vmatrix}} \quad (1\text{-}326)$$

此时将式（1-326）代入式（1-324）即可得交点坐标为

$$x = \cfrac{1\cdot\cfrac{\begin{vmatrix} x_1 & 1 \\ x_2 & 1 \end{vmatrix}}{\begin{vmatrix} x_1 & y_1 \\ x_2 & y_2 \end{vmatrix}} \quad 1\cdot\cfrac{\begin{vmatrix} x_3 & 1 \\ x_4 & 1 \end{vmatrix}}{\begin{vmatrix} x_3 & y_3 \\ x_4 & y_4 \end{vmatrix}}}{\cfrac{\begin{vmatrix} 1 & y_1 \\ 1 & y_2 \end{vmatrix}}{\begin{vmatrix} x_1 & y_1 \\ x_2 & y_2 \end{vmatrix}} \quad \cfrac{\begin{vmatrix} x_1 & 1 \\ x_2 & 1 \end{vmatrix}}{\begin{vmatrix} x_1 & y_1 \\ x_2 & y_2 \end{vmatrix}} \atop \cfrac{\begin{vmatrix} 1 & y_3 \\ 1 & y_4 \end{vmatrix}}{\begin{vmatrix} x_3 & y_3 \\ x_4 & y_4 \end{vmatrix}} \quad \cfrac{\begin{vmatrix} x_3 & 1 \\ x_4 & 1 \end{vmatrix}}{\begin{vmatrix} x_3 & y_3 \\ x_4 & y_4 \end{vmatrix}}}, \quad y = \cfrac{1\cdot\cfrac{\begin{vmatrix} 1 & y_1 \\ 1 & y_2 \end{vmatrix}}{\begin{vmatrix} x_1 & y_1 \\ x_2 & y_2 \end{vmatrix}} \quad 1\cdot\cfrac{\begin{vmatrix} 1 & y_3 \\ 1 & y_4 \end{vmatrix}}{\begin{vmatrix} x_3 & y_3 \\ x_4 & y_4 \end{vmatrix}}}{\cfrac{\begin{vmatrix} 1 & y_1 \\ 1 & y_2 \end{vmatrix}}{\begin{vmatrix} x_1 & y_1 \\ x_2 & y_2 \end{vmatrix}} \quad \cfrac{\begin{vmatrix} x_1 & 1 \\ x_2 & 1 \end{vmatrix}}{\begin{vmatrix} x_1 & y_1 \\ x_2 & y_2 \end{vmatrix}} \atop \cfrac{\begin{vmatrix} 1 & y_3 \\ 1 & y_4 \end{vmatrix}}{\begin{vmatrix} x_3 & y_3 \\ x_4 & y_4 \end{vmatrix}} \quad \cfrac{\begin{vmatrix} x_3 & 1 \\ x_4 & 1 \end{vmatrix}}{\begin{vmatrix} x_3 & y_3 \\ x_4 & y_4 \end{vmatrix}}} \tag{1-327}$$

由主波长（或补色波长）、色纯度倒算色品坐标时，根据波长数值不同，根据图 1-83 可划分为三个区域。第一个区域是 380nm 对应的点到右下虚线的反向延长线与马蹄形轨迹的交点；第二个区域是右下虚线的反向延长线与马蹄形轨迹的交点到左下虚线的反向延长线与马蹄形轨迹的交点；第三个区域是左下虚线的反向延长线与马蹄形轨迹的交点到 780nm 对应的点。当输入的波长位于第一个区域或第三个区域时，根据图 1-83 易知此时只可能是主波长，故色品坐标有唯一对应值；当输入的波长位于第二个区域时，此时的波长可能是主波长也可能是补色波长（当然输出时候一般情况下是明确知道输入的波长是主波长还是补色波长），此时有两个色品坐标与之对应，一个位于两条虚线之上侧，对应主波长，一个位于两条虚线之下侧，对应补色波长。

Python 程序 1.2.10 用于计算 $(x, y) \rightarrow (\lambda_d, P_e)$ 或 $(\lambda_d, P_e) \rightarrow (x, y)$（此处只给出 CIE 1931 色品坐标系即 2°视角情况示例，读者如需计算 10°视角情况，只需将标准色度观察者光谱三刺激值换为 10°视角数据即可），其流程图如图 1-84 所示。值得一提的是，并非所有的色品坐标都有对应的主波长和色纯度，例如白点（0.3333，0.3333）就没有。

主波长和色纯度一般应该在 CIE 1931 色品坐标系（2°视角数据）或在 CIE 1964 色品坐标系（10°视角数据）来计算，在其他色品坐标系内，由于基本都是非线性变换，即色品空间处处变换率不同，从而无法保证 (λ_d, P_e) 的不变性。在 CIE 1976 色品坐标系的例子可从前言 QQ 群文件中查找。

1.2.8　CQS

国际上一直没有停止对光谱颜色质量表征的研究，按时间顺序的发展如图 1-85 所示。虽然看上去在北美基于 TM-30 的评价方法逐渐成为主流，但在一些研究机构和大型企业以及设计师事务所，还是有不少业内人员推崇发明和发展得更早一些的光谱颜色评价手段——颜色质量度量（CQS，Color Quality Scale）。因此本节先介绍 CRI 存在的问题，再介绍 CQS 评价方法及其相关计算，即使读者在实际中应用不到，但仍可通过本节来了解常见光谱颜色质量表征的思想和手段，当然更重要的是更详细地了解现有 CRI 评价方法的局限性。

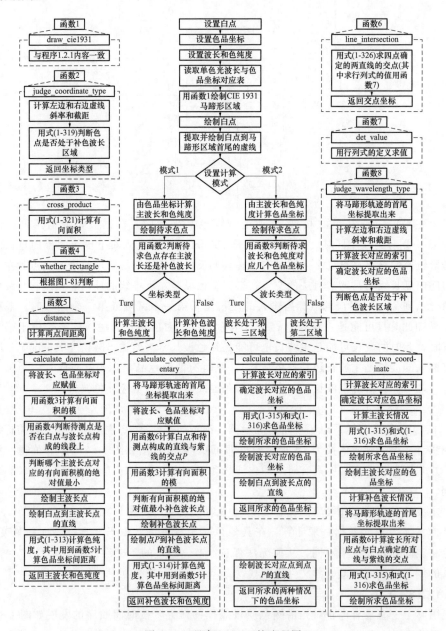

图 1-84 程序 1.2.10 的流程图

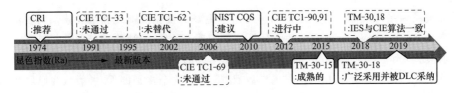

图 1-85　光谱颜色质量表征发展历史

国际照明委员会（CIE）将显色性定义为"在一个光源和参照照明体下有意识或无意识的比较光源对物体色貌影响的效应"。CIE 显色指数（CRI）被广泛使用，是国际公认的评价光源显色性能的指标。CRI 是在二十世纪中叶发展起来的，用来评估当时新型荧光灯光谱的显色性能。近年来，利用 LED 进行照明的商业化趋势暴露了 CRI 的一些缺点，尤其是应用于 LED 时，通过所谓的光谱工程，可对 LED 的光谱进行特定细微调整，从而极大地提高传统的显色性评价指标 CRI。这些问题导致了颜色质量度量（CQS）的发展，它由美国国家标准技术研究院（NIST）开发，立志于解决 CRI 的问题，适用于所有的光源技术，并在显色之外评估颜色质量的各个方面。

CRI 有许多缺点和问题，用于计算色差的统一色彩空间是过时的，不再推荐使用。这个色彩空间的红色区域尤其不均匀。相应的，CIE 目前推荐 CIE 1976L* a* b*（CIELAB）色彩空间和 CIE 1976L* u* v*（CIELUV）色彩空间来计算物体色差。CRI 使用的色彩适应变换也被认为是过时和不足的。Von Kries 色彩适应校正已被证明比其他方法表现得更差，如色彩测量委员会的色彩适应变换（CMCCAT2000）和 CIE 的色彩适应变换（CIE CAT02）。

CRI 方法规定了参照照明体的 CCT 与待测光源的 CCT 相匹配，假设对任何光源都具有完全的颜色适应能力。然而，这个假设对极端 CCT 是失效的。例如，一个色温 2000K（非常红）的黑体光源将达到 $R_a=100$，但是此时物体的颜色会被这样一种光源扭曲。

计算 R_a 所用的 8 个颜色样品没有一个是高度饱和的。这可能是有问题的，特别是对于光谱中有显著峰值和谷值的红绿蓝（RGB）白光 LED。此时该光源对非饱和颜色的显色能力可能较好，但对饱和颜色的显色能力却很差，但这却导致它有着较高的 R_a 值。RGB 白光 LED 具有高能效潜力，但较差的显色性可能会抑制它们的市场接受度。此时开发人员就需要一个更有效的度量来评估 RGB 白光 LED 光源及其灯具的显色性。

八种特殊显色指数通过简单的算术平均来组合获得一般显色指数 R_a。这使得光源有可能得分很好，但存在一两个颜色显色性很差。同样，RGB 白光 LED 也面临着被这个问题影响的风险，因为它们独特的光谱更容易在特定的颜色空间中呈现较差的显色性。如果像目前大多数荧光灯使用的荧光粉一样，白光 LED 也使用窄带荧光粉，则这些问题也出现在荧光粉转换白光 LED 中。

最后，显色性的定义本身是有局限性的。显色性是一种测量在感兴趣的光源照射下物体颜色保真度的方法，在与黑体或日光光源照射下物体色貌的任何偏差都被认为是不好的。由于这个限制，物体可感知的色调和饱和度的所有漂移都会导致 R_a 分数的等量减少。然而，在实际应用中，当某些光源照射某些表面时所观察到的反射物体颜色饱和度增加被认为是可取的。饱和度的增加可产生更好的视觉清晰度和增强感知明度。

来自 RGB 白光 LED 模拟的两个计算实例说明了 CRI 的缺陷和局限性。首先，考虑由峰值波长 466、538、603nm 的 RGB 单色光组成的光源。其光谱如图 1-86 的所示。

这个光源的色温是 3300K，显色指数 R_a 是 80。这个水平的 R_a 一般认为已经足够高了，大多数用户会相信这样的光源具有很好的显色性。然而，这个 RGB 白光 LED 多饱和的红色和粉色的显色能力很差，如图 1-87 所示，在 CIELAB 的坐标系内，展示了 15 种饱和颜色样品在 RGB 白光 LED 和参照照明体照明下的色品坐标位置。

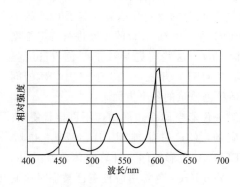

图 1-86　466、538、603nm 的
RGB 单色光组成的光谱

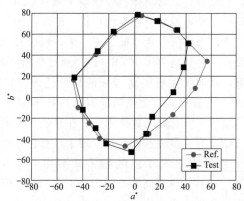

图 1-87　15 种饱和颜色样品在 466、538、603nm
白光 LED 和参照照明体照明下的色品坐标位置

这是一个二维的坐标系（a^*，b^*），其原点代表中性灰，坐标点与原点的距离代表饱和度，不同的高度角代表不同的色调。图 1-87 中灰色实线是 15 个颜色样品在参照照明体照明下的色品坐标，黑色实线是 15 个颜色样品在参照照明体照明下的色品坐标。a^* 坐标轴的正向大体上代表红色色调，很明显在待测光源照射下，红色样品的饱和度下降了。在这种情况下，由非饱和色样计算出的 CRI 导致了不合适的较高 R_a 值。

如图 1-88 所示的光谱与前面的光谱略有不同，它由峰值波长 455、534、616nm 的单色光构成，并且色温也是 3300K。

然而，这次的 R_a 只有 67，这是比较低的显色指数，一般只考虑用在颜色并不重要的场合。但是，如图 1-89 所示，在 CIELAB 坐标系内可看到，待测光源增加了绿色、蓝绿色、橙色和红色的饱和度。在实际生活当中，这种光源对大多数用户来说并不差，并且在一些情况下，反而更好（例如商照场合）。对这个 RGB 白光 LED 光源来说，如果在原有严格的 CRI 评价体系基础上再增加一些新的评价维度，可能带来潜在的好处。

一些基本原则指导了颜色质量度量（CQS）的发展，它们是基于实践和理论的考虑。为了充分理解 CQS 不同要素背后的原因，有必要简要描述一下这些指导原则。

CQS 是在不牺牲度量性能的情况下，在合理可能的范围内模仿 CRI 的。CRI 已在照明行业使用了几十年，尽管存在问题，但许多用户对它很满意。开发一种"外观和感觉"与常见 CRI 相似的新度量，不仅为 CQS 的开发提供了一个有用的起点，而且有望帮助行业采用。

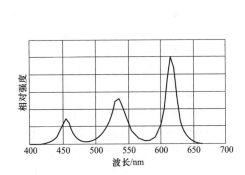

图 1-88　455、534、616nm 的
RGB 单色光组成的光谱

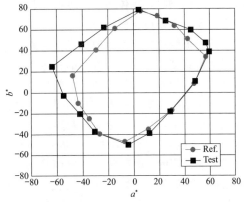

图 1-89　15 种饱和颜色样品在 455、534、616nm
白光 LED 和参照照明体照明下的色品坐标位置

虽然 CRI 被替代的一个主要原因是对一些 LED 光源相对较差的性能，但 CQS 是为了评估所有类型光源的颜色质量而开发的。不同技术的照明产品比较只有在所有光源都采用相同的评价标准时才有可能。将保持平均得分与荧光灯 CRI 的一致为目标，这是一个实际的考虑，因为 CRI 在荧光灯制造商中被广泛使用和接受。一个数值差别很大的新指标可能由于缺乏市场接受和使用而受到影响。

与 CRI 不同的是，CRI 只考虑待测光源照射下物体颜色的保真度，而新标准将寻求整合颜色质量的其他维度。多年来积累的证据表明，有时偏离了完美保真度，物体的颜色往往"看起来更好"，即观察者更喜欢物体颜色在色调或饱和度上的某些变化。这就是 1967 年 Judd 提出"奉承指数"的基础。他整理了之前的心理学研究结果，以确定人们偏爱的常见物体颜色漂移。例如，白人皮肤的偏爱颜色比真正的保真颜色更红、更饱和。绿色的叶子和草的颜色看起来不那么黄，比它们实际的颜色稍微饱和。这些发现也是所谓的颜色偏好指数（CPI）的基础。最近的研究表明，物体的颜色在人们的记忆中往往比它们实际的颜色稍微饱和一些，这表明人类理想化或偏爱的物体颜色比真实物体的颜色饱和度更高。后来的一项提案建议将 CPI 和 CRI 的元素合并成一个单一的指数——颜色偏好显色指数。

照明环境的照度对物体颜色有深刻的影响，但不能合理地纳入颜色质量度量。颜色质量度量需要适用于单独的光源，与它们的最终应用无关。即使已知某一灯泡发出 3000lm，也不知道该灯泡将安装在离用户多远的地方，也不知道是否将与其他光源一起安装。作为一个实际的问题，照度不能集成到一个颜色质量度量。然而，可以合理地假设，使用人工光源的环境比室外日光条件下的环境要暗很多。室内人工照明环境通常是 50～500lx，而室外日光可达 10 万 lx。如果日光被认为是人类的"终极参考光源"，因为人类进化的绝大部分依赖日光作为主要光源，那么也可以得出结论，被日光照射的物体看起来是最自然的。颜色的感知色调依赖于照度（Bezold-Brucke 效应），在较高的照度下颜色看起来更饱和（Hunt 效应）。因此，如果一个人造光源增加了物体的饱和度（相对于参考光源），物体实际上可能看起来更像被真实的日光照射时的样子，这可能使物体在观察者看来更自然。

区分相似颜色的能力，即色彩辨别能力，是光源颜色质量的另一个维度，它可以偏离绝对的保真度。光源允许区分的物体颜色数量可通过光源的色域区域（呈现的物体颜色）来推断。例如，如果选择一组颜色样品，并将其绘制在 CIELAB 中，以不同的光源照射，对于某些光源，样本之间的间距会更大，导致比其他光源更大的色域区域。在均匀的颜色空间中，当样本之间的距离较大时，样本之间的差异会更大（与距离较小时相比），观察者能分辨出更多的中间颜色。除了增强颜色辨别能力外，更大的物体色域区域与增加感知明度、增强视觉清晰度和增加物体颜色饱和度有关。色域面积显然是一种有用的测量光源某些颜色质量属性的方法，并已被提议作为一些新显色指标的中心组成部分。

最后，根据通常的度量惯例，新度量应产生 $0\sim100$ 之间的一个数字输出。CRI 可为非常差的待测光源生成负数很大的输出。例如，对于一个低压钠灯，$R_a=-47$。这种光源几乎不显色。其实如果数值为零，即可有效地传达相同的信息。负值不会传递任何有用的信息，而且可能会让用户感到困惑。

将新度量的输出限制为一个数字当然是有争议的。有人认为，仅用一个数字来表达颜色质量的不同方面是不可能的。的确，在某些情况下，颜色质量的不同维度（如保真度和偏好）可能是矛盾的。评估颜色质量等属性的度量标准本身就压缩了信息，造成了失真。毕竟，如果要全面描述光源如何改变对象的颜色信息，可使用光源的光谱功率分布确定详细的对无数多颜色样品的颜色呈现信息（例如，色调和饱和度变化的方向和大小）。即使有了所有这些信息，大多数用户仍需指导如何使用这些信息来判断光源是否适合特定的应用。度量的目的是将大量信息压缩成可管理和方便使用的东西。为了对最大数量的用户有用，考虑到其中大多数人的色度学知识非常有限，一个数字的输出是可取的。虽然大多数用户不知道这个数字是如何确定的，也不知道它的确切含义，但大多数人都很容易接受这一点。人们在生活中，会接触许多测量表征值，如鞋码、汽油辛烷值和电台频率。虽然大多数人不知道这些数字是如何确定的，但这些数字可帮助人们对不同输出之间的关系有一个大致的了解（如鞋码越大，脚越大）。但是对于需要专门资料的专家用户来说，额外的维度是有用的，应作为一个数字的有益补充。

在以上原则的指导下，通过计算分析和色度学模拟，NIST 提出了一种评价光源颜色质量的方法。由此产生的度量标准被命名为颜色质量度量（CQS），这是对 CRI 的明确认可，但又和 CRI 不同以避免用户之间的混淆。下面介绍有关 CQS 计算的详细说明。了解基本色度学的读者可能会发现计算细节很多，但提供足够完整的信息是很重要的，即使是色度学新手也可进行计算。NIST 的相关人员开发了用于计算 CQS 的 Excel 表格，最新版本是 9.0 版（截止到 2015 年），本书介绍的 CQS 计算原理是 NIST 于 2010 年发布的基本内容，9.0 版本对其中一些算法和颜色样品做了调整，感兴趣的读者可自行搜索 9.0 版本有关资料，对本书提供的计算程序只要稍加修改即可适应最新版本。

与 *CRI* 一样，*CQS* 也是一种测试样本方法。也就是说，当待测光源和参照照明体照射时，对一组预定的颜色样品的颜色差异（在均匀的物体颜色空间中）进行计算。*CQS* 的参照照明体选择与 *CRI* 相同。对于 5000K 以下的待测光源，参照照明体是与待测光源处于同一 CCT 下的普朗克辐射体。此处不再赘述，参见式（1-249）～式（1-253）。

CRI 在国际上选用了 14 个颜色样品，我国增加了女性面部的色样作为 15 号颜色样品。*CQS* 选用了 15 个颜色样品，都是目前商业上常用的 Munsell 色样，其色号和 5nm 间隔的反射谱见表 1-25。

表 1-25　　　*CQS* 计算用 15 个颜色样品的色号和反射谱

波长/nm	7.5P4/10	10PB4/10	5PB4/2	7.5B5/10	10BG6/8	2.5BG6/10	2.5G6/12	7.5GY7/10
380	0.1086	0.1053	0.0858	0.0790	0.1167	0.0872	0.0726	0.0652
385	0.1380	0.1323	0.0990	0.0984	0.1352	0.1001	0.0760	0.0657
390	0.1729	0.1662	0.1204	0.1242	0.1674	0.1159	0.0789	0.0667
395	0.2167	0.2113	0.1458	0.1595	0.2024	0.1339	0.0844	0.0691
400	0.2539	0.2516	0.1696	0.1937	0.2298	0.1431	0.0864	0.0694
405	0.2785	0.2806	0.1922	0.2215	0.2521	0.1516	0.0848	0.0709
410	0.2853	0.2971	0.2101	0.2419	0.2635	0.1570	0.0861	0.0707
415	0.2883	0.3042	0.2179	0.2488	0.2702	0.1608	0.0859	0.0691
420	0.2860	0.3125	0.2233	0.2603	0.2758	0.1649	0.0868	0.0717
425	0.2761	0.3183	0.2371	0.2776	0.2834	0.1678	0.0869	0.0692
430	0.2674	0.3196	0.2499	0.2868	0.2934	0.1785	0.0882	0.0710
435	0.2565	0.3261	0.2674	0.3107	0.3042	0.1829	0.0903	0.0717
440	0.2422	0.3253	0.2949	0.3309	0.3201	0.1896	0.0924	0.0722
445	0.2281	0.3193	0.3232	0.3515	0.3329	0.2032	0.0951	0.0737
450	0.2140	0.3071	0.3435	0.3676	0.3511	0.2120	0.0969	0.0731
455	0.2004	0.2961	0.3538	0.3819	0.3724	0.2294	0.1003	0.0777
460	0.1854	0.2873	0.3602	0.4026	0.4027	0.2539	0.1083	0.0823
465	0.1733	0.2729	0.3571	0.4189	0.4367	0.2869	0.1203	0.0917
470	0.1602	0.2595	0.3511	0.4317	0.4625	0.3170	0.1383	0.1062
475	0.1499	0.2395	0.3365	0.4363	0.4890	0.3570	0.1634	0.1285
480	0.1414	0.2194	0.3176	0.4356	0.5085	0.3994	0.1988	0.1598
485	0.1288	0.1949	0.2956	0.4297	0.5181	0.4346	0.2376	0.1993
490	0.1204	0.1732	0.2747	0.4199	0.5243	0.4615	0.2795	0.2445
495	0.1104	0.1560	0.2506	0.4058	0.5179	0.4747	0.3275	0.2974
500	0.1061	0.1436	0.2279	0.3882	0.5084	0.4754	0.3671	0.3462
505	0.1018	0.1305	0.2055	0.3660	0.4904	0.4691	0.4030	0.3894
510	0.0968	0.1174	0.1847	0.3433	0.4717	0.4556	0.4201	0.4180
515	0.0941	0.1075	0.1592	0.3148	0.4467	0.4371	0.4257	0.4433
520	0.0881	0.0991	0.1438	0.2890	0.4207	0.4154	0.4218	0.4548

续表

波长/nm	7.5P4/10	10PB4/10	5PB4/2	7.5B5/10	10BG6/8	2.5BG6/10	2.5G6/12	7.5GY7/10
525	0.0842	0.0925	0.1244	0.2583	0.3931	0.3937	0.4090	0.4605
530	0.0808	0.0916	0.1105	0.2340	0.3653	0.3737	0.3977	0.4647
535	0.0779	0.0896	0.0959	0.2076	0.3363	0.3459	0.3769	0.4626
540	0.0782	0.0897	0.0871	0.1839	0.3083	0.3203	0.3559	0.4604
545	0.0773	0.0893	0.0790	0.1613	0.2808	0.2941	0.3312	0.4522
550	0.0793	0.0891	0.0703	0.1434	0.2538	0.2715	0.3072	0.4444
555	0.0790	0.0868	0.0652	0.1243	0.2260	0.2442	0.2803	0.4321
560	0.0793	0.0820	0.0555	0.1044	0.2024	0.2205	0.2532	0.4149
565	0.0806	0.0829	0.0579	0.0978	0.1865	0.1979	0.2313	0.4039
570	0.0805	0.0854	0.0562	0.0910	0.1697	0.1800	0.2109	0.3879
575	0.0793	0.0871	0.0548	0.0832	0.1592	0.1610	0.1897	0.3694
580	0.0803	0.0922	0.0517	0.0771	0.1482	0.1463	0.1723	0.3526
585	0.0815	0.0978	0.0544	0.0747	0.1393	0.1284	0.1528	0.3288
590	0.0842	0.1037	0.0519	0.0726	0.1316	0.1172	0.1355	0.3080
595	0.0912	0.1079	0.0520	0.0682	0.1217	0.1045	0.1196	0.2829
600	0.1035	0.1092	0.0541	0.0671	0.1182	0.0964	0.1050	0.2591
605	0.1212	0.1088	0.0537	0.0660	0.1112	0.0903	0.0949	0.2388
610	0.1455	0.1078	0.0545	0.0661	0.1071	0.0873	0.0868	0.2228
615	0.1785	0.1026	0.0560	0.0660	0.1059	0.0846	0.0797	0.2109
620	0.2107	0.0991	0.0560	0.0653	0.1044	0.0829	0.0783	0.2033
625	0.2460	0.0995	0.0561	0.0644	0.1021	0.0814	0.0732	0.1963
630	0.2791	0.1043	0.0578	0.0653	0.0991	0.0805	0.0737	0.1936
635	0.3074	0.1101	0.0586	0.0669	0.1000	0.0803	0.0709	0.1887
640	0.3330	0.1187	0.0573	0.0660	0.0980	0.0801	0.0703	0.1847
645	0.3542	0.1311	0.0602	0.0677	0.0963	0.0776	0.0696	0.1804
650	0.3745	0.1430	0.0604	0.0668	0.0997	0.0797	0.0673	0.1766
655	0.3920	0.1583	0.0606	0.0693	0.0994	0.0801	0.0677	0.1734
660	0.4052	0.1704	0.0606	0.0689	0.1022	0.0810	0.0682	0.1721
665	0.4186	0.1846	0.0595	0.0676	0.1005	0.0819	0.0665	0.1720
670	0.4281	0.1906	0.0609	0.0694	0.1044	0.0856	0.0691	0.1724
675	0.4395	0.1983	0.0605	0.0687	0.1073	0.0913	0.0695	0.1757
680	0.4440	0.1981	0.0602	0.0698	0.1069	0.0930	0.0723	0.1781
685	0.4497	0.1963	0.0580	0.0679	0.1103	0.0958	0.0727	0.1829
690	0.4555	0.2003	0.0587	0.0694	0.1104	0.1016	0.0757	0.1897
695	0.4612	0.2034	0.0573	0.0675	0.1084	0.1044	0.0767	0.1949
700	0.4663	0.2061	0.0606	0.0676	0.1092	0.1047	0.0810	0.2018
705	0.4707	0.2120	0.0613	0.0662	0.1074	0.1062	0.0818	0.2051

续表

波长/nm	7.5P4/10	10PB4/10	5PB4/2	7.5B5/10	10BG6/8	2.5BG6/10	2.5G6/12	7.5GY7/10
710	0.4783	0.2207	0.0618	0.0681	0.1059	0.1052	0.0837	0.2071
715	0.4778	0.2257	0.0652	0.0706	0.1082	0.1029	0.0822	0.2066
720	0.4844	0.2335	0.0647	0.0728	0.1106	0.1025	0.0838	0.2032
725	0.4877	0.2441	0.0684	0.0766	0.1129	0.1008	0.0847	0.1998
730	0.4928	0.2550	0.0718	0.0814	0.1186	0.1036	0.0837	0.2024
735	0.4960	0.2684	0.0731	0.0901	0.1243	0.1059	0.0864	0.2032
740	0.4976	0.2862	0.0791	0.1042	0.1359	0.1123	0.0882	0.2074
745	0.4993	0.3086	0.0828	0.1228	0.1466	0.1175	0.0923	0.2160
750	0.5015	0.3262	0.0896	0.1482	0.1617	0.1217	0.0967	0.2194
755	0.5044	0.3483	0.0980	0.1793	0.1739	0.1304	0.0996	0.2293
760	0.5042	0.3665	0.1063	0.2129	0.1814	0.1330	0.1027	0.2378
765	0.5073	0.3814	0.1137	0.2445	0.1907	0.1373	0.1080	0.2448
770	0.5112	0.3974	0.1238	0.2674	0.1976	0.1376	0.1115	0.2489
775	0.5147	0.4091	0.1381	0.2838	0.1958	0.1384	0.1118	0.2558
780	0.5128	0.4206	0.1505	0.2979	0.1972	0.1390	0.1152	0.2635

波长/nm	2.5GY8/10	5Y8.5/12	10YR7/12	5YR7/12	10R4/14	5R4/14	7.5RP4/12	
380	0.0643	0.0540	0.0482	0.0691	0.0829	0.0530	0.0908	
385	0.0661	0.0489	0.0456	0.0692	0.0829	0.0507	0.1021	
390	0.0702	0.0548	0.0478	0.0727	0.0866	0.0505	0.1130	
395	0.0672	0.0550	0.0455	0.0756	0.0888	0.0502	0.1280	
400	0.0715	0.0529	0.0484	0.0770	0.0884	0.0498	0.1359	
405	0.0705	0.0521	0.0494	0.0806	0.0853	0.0489	0.1378	
410	0.0727	0.0541	0.0456	0.0771	0.0868	0.0503	0.1363	
415	0.0731	0.0548	0.0470	0.0742	0.0859	0.0492	0.1363	
420	0.0745	0.0541	0.0473	0.0766	0.0828	0.0511	0.1354	
425	0.0770	0.0531	0.0486	0.0733	0.0819	0.0509	0.1322	
430	0.0756	0.0599	0.0501	0.0758	0.0822	0.0496	0.1294	
435	0.0773	0.0569	0.0480	0.0768	0.0818	0.0494	0.1241	
440	0.0786	0.0603	0.0490	0.0775	0.0822	0.0480	0.1209	
445	0.0818	0.0643	0.0468	0.0754	0.0819	0.0487	0.1137	
450	0.0861	0.0702	0.0471	0.0763	0.0807	0.0468	0.1117	
455	0.0907	0.0715	0.0486	0.0763	0.0787	0.0443	0.1045	
460	0.0981	0.0798	0.0517	0.0752	0.0832	0.0440	0.1006	
465	0.1067	0.0860	0.0519	0.0782	0.0828	0.0427	0.0970	
470	0.1152	0.0959	0.0479	0.0808	0.0810	0.0421	0.0908	
475	0.1294	0.1088	0.0494	0.0778	0.0819	0.0414	0.0858	
480	0.1410	0.1218	0.0524	0.0788	0.0836	0.0408	0.0807	

续表

波长/nm	2.5GY8/10	5Y8.5/12	10YR7/12	5YR7/12	10R4/14	5R4/14	7.5RP4/12	
485	0.1531	0.1398	0.0527	0.0805	0.0802	0.0400	0.0752	
490	0.1694	0.1626	0.0537	0.0809	0.0809	0.0392	0.0716	
495	0.1919	0.1878	0.0577	0.0838	0.0838	0.0406	0.0688	
500	0.2178	0.2302	0.0647	0.0922	0.0842	0.0388	0.0678	
505	0.2560	0.2829	0.0737	0.1051	0.0865	0.0396	0.0639	
510	0.3110	0.3455	0.0983	0.1230	0.0910	0.0397	0.0615	
515	0.3789	0.4171	0.1396	0.1521	0.0920	0.0391	0.0586	
520	0.4515	0.4871	0.1809	0.1728	0.0917	0.0405	0.0571	
525	0.5285	0.5529	0.2280	0.1842	0.0917	0.0394	0.0527	
530	0.5845	0.5955	0.2645	0.1897	0.0952	0.0401	0.0513	
535	0.6261	0.6299	0.2963	0.1946	0.0983	0.0396	0.0537	
540	0.6458	0.6552	0.3202	0.2037	0.1036	0.0396	0.0512	
545	0.6547	0.6661	0.3545	0.2248	0.1150	0.0395	0.0530	
550	0.6545	0.6752	0.3950	0.2675	0.1331	0.0399	0.0517	
555	0.6473	0.6832	0.4353	0.3286	0.1646	0.0420	0.0511	
560	0.6351	0.6851	0.4577	0.3895	0.2070	0.0410	0.0507	
565	0.6252	0.6964	0.4904	0.4654	0.2754	0.0464	0.0549	
570	0.6064	0.6966	0.5075	0.5188	0.3279	0.0500	0.0559	
575	0.5924	0.7063	0.5193	0.5592	0.3819	0.0545	0.0627	
580	0.5756	0.7104	0.5273	0.5909	0.4250	0.0620	0.0678	
585	0.5549	0.7115	0.5359	0.6189	0.4690	0.0742	0.0810	
590	0.5303	0.7145	0.5431	0.6343	0.5067	0.0937	0.1004	
595	0.5002	0.7195	0.5449	0.6485	0.5443	0.1279	0.1268	
600	0.4793	0.7183	0.5493	0.6607	0.5721	0.1762	0.1595	
605	0.4517	0.7208	0.5526	0.6648	0.5871	0.2449	0.2012	
610	0.4340	0.7228	0.5561	0.6654	0.6073	0.3211	0.2452	
615	0.4169	0.7274	0.5552	0.6721	0.6141	0.4050	0.2953	
620	0.4060	0.7251	0.5573	0.6744	0.6170	0.4745	0.3439	
625	0.3989	0.7274	0.5620	0.6723	0.6216	0.5335	0.3928	
630	0.3945	0.7341	0.5607	0.6811	0.6272	0.5776	0.4336	
635	0.3887	0.7358	0.5599	0.6792	0.6287	0.6094	0.4723	
640	0.3805	0.7362	0.5632	0.6774	0.6276	0.6320	0.4996	
645	0.3741	0.7354	0.5644	0.6796	0.6351	0.6495	0.5279	
650	0.3700	0.7442	0.5680	0.6856	0.6362	0.6620	0.5428	
655	0.3630	0.7438	0.5660	0.6853	0.6348	0.6743	0.5601	
660	0.3640	0.7440	0.5709	0.6864	0.6418	0.6833	0.5736	
665	0.3590	0.7436	0.5692	0.6879	0.6438	0.6895	0.5837	

续表

波长/nm	2.5GY8/10	5Y8.5/12	10YR7/12	5YR7/12	10R4/14	5R4/14	7.5RP4/12	
670	0.3648	0.7442	0.5657	0.6874	0.6378	0.6924	0.5890	
675	0.3696	0.7489	0.5716	0.6871	0.6410	0.7030	0.5959	
680	0.3734	0.7435	0.5729	0.6863	0.6460	0.7075	0.5983	
685	0.3818	0.7460	0.5739	0.6890	0.6451	0.7112	0.6015	
690	0.3884	0.7518	0.5714	0.6863	0.6432	0.7187	0.6054	
695	0.3947	0.7550	0.5741	0.6893	0.6509	0.7214	0.6135	
700	0.4011	0.7496	0.5774	0.6950	0.6517	0.7284	0.6200	
705	0.4040	0.7548	0.5791	0.6941	0.6514	0.7327	0.6287	
710	0.4072	0.7609	0.5801	0.6958	0.6567	0.7351	0.6405	
715	0.4065	0.7580	0.5804	0.6950	0.6597	0.7374	0.6443	
720	0.4006	0.7574	0.5840	0.7008	0.6576	0.7410	0.6489	
725	0.3983	0.7632	0.5814	0.7020	0.6576	0.7417	0.6621	
730	0.3981	0.7701	0.5874	0.7059	0.6656	0.7491	0.6662	
735	0.3990	0.7667	0.5885	0.7085	0.6641	0.7516	0.6726	
740	0.4096	0.7735	0.5911	0.7047	0.6667	0.7532	0.6774	
745	0.4187	0.7720	0.5878	0.7021	0.6688	0.7567	0.6834	
750	0.4264	0.7739	0.5896	0.7071	0.6713	0.7600	0.6808	
755	0.4370	0.7740	0.5947	0.7088	0.6657	0.7592	0.6838	
760	0.4424	0.7699	0.5945	0.7055	0.6712	0.7605	0.6874	
765	0.4512	0.7788	0.5935	0.7073	0.6745	0.7629	0.6955	
770	0.4579	0.7801	0.5979	0.7114	0.6780	0.7646	0.7012	
775	0.4596	0.7728	0.5941	0.7028	0.6744	0.7622	0.6996	
780	0.4756	0.7793	0.5962	0.7105	0.6786	0.7680	0.7023	

虽然之前的研究表明，光源即使在不饱和的样品中表现很好，也可能在饱和的反射样品中表现很差，但大量的计算表明，反过来是不成立的。也就是说，没有光源光谱可很好地呈现饱和色，但在不饱和色下表现很差。因此，CQS 样本集仅限于饱和颜色。这些样品在 CIE 标准照明体 D65 照射下的模拟颜色外观如彩图 7 所示。

接下来就是计算颜色样品在待测光源和参照照明体照射下的三刺激值，计算过程与 CRI 的类似，读者可参见式（1-255）～式（1-256）。

下面进行色适应变换。即使参照照明体的 CCT 与待测光源的 CCT 匹配，色度也可能不同，因为待测光源的色度很少精确地落在黑体曲线或重组日光轨迹上。因此，需要一种颜色适应变换来补偿这种光色差异，CRI 也采用了这种方法。在 CQS 中采用了一种新的色彩适应变换方法。

在计算了被照色样的三刺激值后，对这些值进行了色彩适应校正。应用颜色测量委员会的颜色适应变换（CMCCAT2000）。首先计算由参照照明体和待测光源照射的理想扩散体的三刺激值作为参考白，分别为

$$
\begin{cases}
X_{w,r} = k_r \displaystyle\int_{380}^{780} S_r(\lambda)\tau(\lambda)\overline{x}(\lambda)\,d\lambda \\[2ex]
Y_{w,r} = k_r \displaystyle\int_{380}^{780} S_r(\lambda)\tau(\lambda)\overline{y}(\lambda)\,d\lambda \\[2ex]
Z_{w,r} = k_r \displaystyle\int_{380}^{780} S_r(\lambda)\tau(\lambda)\overline{z}(\lambda)\,d\lambda \\[2ex]
k_r = \dfrac{100}{\displaystyle\int_{380}^{780} S_r(\lambda)\overline{y}(\lambda)\,d\lambda}
\end{cases}
\tag{1-328}
$$

$$
\begin{cases}
X_{w,t} = k_t \displaystyle\int_{380}^{780} S_t(\lambda)\tau(\lambda)\overline{x}(\lambda)\,d\lambda \\[2ex]
Y_{w,t} = k_t \displaystyle\int_{380}^{780} S_t(\lambda)\tau(\lambda)\overline{y}(\lambda)\,d\lambda \\[2ex]
Z_{w,t} = k_t \displaystyle\int_{380}^{780} S_t(\lambda)\tau(\lambda)\overline{z}(\lambda)\,d\lambda \\[2ex]
k_t = \dfrac{100}{\displaystyle\int_{380}^{780} S_t(\lambda)\overline{y}(\lambda)\,d\lambda}
\end{cases}
\tag{1-329}
$$

一个理想的扩散体，扩散系数 $\tau(\lambda)\equiv1$，然后将颜色样品的三刺激值和参考白都转换到 R、G、B 值，为

$$
\begin{bmatrix} R_{i,t} \\ G_{i,t} \\ B_{i,t} \end{bmatrix} = M \begin{bmatrix} X_{i,t} \\ Y_{i,t} \\ Z_{i,t} \end{bmatrix}
\tag{1-330}
$$

$$
\begin{bmatrix} R_{w,r} \\ G_{w,r} \\ B_{w,r} \end{bmatrix} = M \begin{bmatrix} X_{w,r} \\ Y_{w,r} \\ Z_{w,r} \end{bmatrix}
\tag{1-331}
$$

$$
\begin{bmatrix} R_{w,t} \\ G_{w,t} \\ B_{w,t} \end{bmatrix} = M \begin{bmatrix} X_{w,t} \\ Y_{w,t} \\ Z_{w,t} \end{bmatrix}
\tag{1-332}
$$

其中变换矩阵 M 为

$$
M = \begin{bmatrix} 0.7982 & 0.3389 & -0.1371 \\ -0.5918 & 1.5512 & 0.0406 \\ 0.0008 & 0.0239 & 0.9753 \end{bmatrix}
\tag{1-333}
$$

然后，利用式（1-333）对颜色样品的 R、G、B 值进行所谓的对应变换

$$\begin{cases} R_{i,t,c} = R_{i,t}\alpha(R_{w,r}/R_{w,t}) \\ G_{i,t,c} = G_{i,t}\alpha(G_{w,r}/G_{w,t}) \\ B_{i,t,c} = B_{i,t}\alpha(B_{w,r}/B_{w,t}) \end{cases} \qquad (1\text{-}334)$$

式中：α 由式（1-335）决定

$$\alpha = Y_{w,t}/Y_{w,r} \qquad (1\text{-}335)$$

熟悉 CMCCAT2000 的读者可能会注意到此处缺少背景亮度适应变量（L_{A1} 和 L_{A2}），以及适应度（D）。由于这种情况下亮度值是未知的，此处假设亮度较高且相同（例如 $500\mathrm{cd/m^2}$），这使得适应度等于 1。当这些值相互抵消时，它们就不会出现在上面的方程中。

进行色适应校正后，可以用 M 的逆矩阵将 R、G、B 值反变换为三刺激值为

$$\begin{pmatrix} X_{i,t,c} \\ Y_{i,t,c} \\ Z_{i,t,c} \end{pmatrix} = M^{-1} \begin{pmatrix} R_{i,t,c} \\ G_{i,t,c} \\ B_{i,t,c} \end{pmatrix} \qquad (1\text{-}336)$$

其中 M^{-1} 为

$$M^{-1} = \begin{pmatrix} 1.076450 & -0.237662 & 0.161212 \\ 0.410964 & 0.554342 & 0.034694 \\ -0.010954 & -0.013389 & 1.024343 \end{pmatrix} \qquad (1\text{-}337)$$

接下来计算 15 个颜色样品的 $\mathrm{CIEL^*a^*b^*}$ 坐标值。CQS 计算中使用的均匀物体颜色空间为 $\mathrm{CIE\ 1976L^*a^*b^*}$，在参照照明体和待测光源照射下，每个颜色样品的坐标分别为

$$\begin{cases} L_{i,r}^* = 116\left(\dfrac{Y_{i,r}}{Y_{w,r}}\right)^{1/3} - 16 \\[2mm] a_{i,r}^* = 500\left[\left(\dfrac{X_{i,r}}{X_{w,r}}\right)^{1/3} - \left(\dfrac{Y_{i,r}}{Y_{w,r}}\right)^{1/3}\right] \\[2mm] b_{i,r}^* = 200\left[\left(\dfrac{Y_{i,r}}{Y_{w,r}}\right)^{1/3} - \left(\dfrac{Z_{i,r}}{Z_{w,r}}\right)^{1/3}\right] \end{cases} \qquad (1\text{-}338)$$

$$\begin{cases} L_{i,t}^* = 116\left(\dfrac{Y_{i,t,c}}{Y_{w,t}}\right)^{1/3} - 16 \\[2mm] a_{i,t}^* = 500\left[\left(\dfrac{X_{i,t,c}}{X_{w,t}}\right)^{1/3} - \left(\dfrac{Y_{i,t,c}}{Y_{w,t}}\right)^{1/3}\right] \\[2mm] b_{i,t}^* = 200\left[\left(\dfrac{Y_{i,t,c}}{Y_{w,t}}\right)^{1/3} - \left(\dfrac{Z_{i,t,c}}{Z_{w,t}}\right)^{1/3}\right] \end{cases} \qquad (1\text{-}339)$$

需要注意的是：在 CIELAB 的定义中，公式的随（X/X_n）、（Y/Y_n）和（Z/Z_n）的值不同而不同。这些条件仅当颜色样品反射率很低时才需要使用。通过计算验证，CQS 中使用的 15 个颜色样品不需要这样的条件公式，因此上述简单公式对于这些样本的精确计算是足够的。

从这些坐标，可导出颜色样品在参照照明体和待测光源照射下的饱和度为

$$\begin{cases} C_{i,r}^* = (a_{i,r}^{*\,2} + b_{i,r}^{*\,2})^{1/2} \\ C_{i,t}^* = (a_{i,t}^{*\,2} + b_{i,t}^{*\,2})^{1/2} \end{cases} \qquad (1\text{-}340)$$

参照照明体和待测光源的坐标差（ΔL^*，Δa^*，Δb^*）为

$$\begin{cases} \Delta L_i^* = L_{i,t}^* - L_{i,r}^* \\ \Delta a_i^* = a_{i,t}^* - a_{i,r}^* \\ \Delta b_i^* = b_{i,t}^* - b_{i,r}^* \end{cases} \tag{1-341}$$

特别，颜色样品在两种照明条件下的饱和系数为

$$\Delta C_i^* = C_{i,t}^* - C_{i,r}^* \tag{1-342}$$

每个颜色样品在参照照明体和待测光源照射下的色差为

$$\Delta E_i^* = \left[(\Delta L_i^*)^2 + (\Delta a_i^*)^2 + (\Delta b_i^*)^2\right]^{1/2} \tag{1-343}$$

在计算 CQS 时引入了饱和系数，而不是简单地计算每个颜色样品的色差。饱和因子的作用是抵消由待测光源照明（相对于参照照明体）引起的物体饱和度增加对色差的任何贡献。正如前面所讨论的，有证据表明，物体颜色饱和度的增加，只要在一定限度内，就不会对色彩质量造成损害，甚至可能是有益的。采取中间立场，加入饱和度因子修正，增加目标饱和度的待测光源不会受到惩罚，但也不会得到奖励。计算每个待测光源和参照照明体照射下颜色样品的色差，利用饱和系数对色差的修正为

$$\begin{cases} \Delta E_{i,s}^* = \Delta E_i^*, & if \ \Delta C_i^* \leqslant 0 \\ \Delta E_{i,s}^* = \left[(\Delta E_i^*)^2 - (\Delta C_i^*)^2\right]^{1/2}, & if \ \Delta C_i^* > 0 \end{cases} \tag{1-344}$$

注意，以上修正仅是修正了饱和度增加带来的色差，而不是对所有色品坐标（a^*，b^*）的变化都做修正，具体推导如下 [式 (1-344) 是恒成立的]

$$(a_{i,t}^* b_{i,r}^* - a_{i,r}^* b_{i,t}^*) \geqslant 0 \tag{1-345}$$

其中等号成立的条件是

$$\frac{a_{i,t}^*}{b_{i,t}^*} = \frac{a_{i,r}^*}{b_{i,r}^*} \tag{1-346}$$

为了保证式 (1-346) 成立，要求待测光源和参照照明体对应的色品坐标在同一条通过原点的直线上，即二者的色调相同。由式 (1-345) 可得

$$(a^{*\,2}_{i,t} + b^{*\,2}_{i,t})(a^{*\,2}_{i,r} + b^{*\,2}_{i,r}) \geqslant (a_{i,t}^* a_{i,r}^* + b_{i,t}^* b_{i,r}^*)^2 \tag{1-347}$$

根据 C 的定义进而可得

$$C_{i,t}^* C_{i,r}^* - a_{i,t}^* a_{i,r}^* - b_{i,t}^* b_{i,r}^* \geqslant 0 \tag{1-348}$$

根据式 (1-344) 可得

$$\begin{aligned} \Delta E_{i,s}^* &= \left[(\Delta E_i^*)^2 - (\Delta C_i^*)^2\right]^{1/2} \\ &= \left[(L_{i,t}^* - L_{i,r}^*)^2 + (a_{i,t}^* - a_{i,r}^*)^2 + (b_{i,t}^* - b_{i,r}^*)^2 - (C_{i,t}^* - C_{i,r}^*)^2\right]^{1/2} \\ &= \left[(L_{i,t}^* - L_{i,r}^*)^2 + 2(C_{i,t}^* C_{i,r}^* - a_{i,t}^* a_{i,r}^* - b_{i,t}^* b_{i,r}^*)\right]^{1/2} \end{aligned} \tag{1-349}$$

再结合式 (1-348) 可知

$$\Delta E_{i,s}^* \geqslant \left| L_{i,t}^* - L_{i,r}^* \right| \tag{1-350}$$

即修正饱和度造成的色差后总的色差仍不小于明度的差异，即受色品坐标（a^*，b^*）的影响且不受影响的情况为在待测光源和参照照明体照射下颜色样品的色品坐标具有相同的色调，从而可知色差增大部分来自于色调的差异。

前面所有的数学步骤都是针对每个颜色样品执行的。在计算一般颜色质量度量

(General Color Quality Scale，Q_a）时，考虑了 15 个颜色样品的颜色差异。如果只是将 15 种颜色的差异算术平均起来，那么即使一两个颜色样品显示出非常大的颜色差异，Q_a 值仍可能比较高。这种情况完全有可能出现在 RGB 白光 LED 的显著峰值和谷值中，这可能导致对一些颜色显色能力很差，但对于所有其他对象颜色显色能力表现良好。为了保证少数对象的颜色显色不良会对总体颜色质量度量产生显著影响，颜色差异通过平方平均值（Root Mean Square，RMS）进行组合为

$$\Delta E_{RMS} = \sqrt{\frac{1}{15}\sum_{i=1}^{15}(\Delta E *_{i,s})^2} \tag{1-351}$$

基于平方平均值为 $Q_{a,RMS}=100-3.1\Delta E_{RMS}$，3.1 为尺度因子，与 CRI 计算中使用的值 4.6 类似 ［见式（1-246）］。CRI 选择 4.6 为尺度因子的依据是使卤化磷酸盐基暖白荧光灯的 R_a 值为 51。CQS 选择 3.1 为尺度因子的依据是使一组 CIE 标准荧光灯光谱（F1～F12）的一般颜色质量度量（Q_a）的平均值等于这些光源的 CRI 平均值（$R_a=75.1$）。虽然这些代表性的荧光灯光谱平均值保持不变，但个别荧光灯的值并不相同。这一选择的目的是为了在实际使用中保持 CRI 和 CQS 在一定程度上的一致性，并将传统光源 CRI 到 CQS 值的变化最小化。

CRI 可给出负值，这是不需要的。由于 CRI 和 CQS 计算的基本结构是相同的，CQS 对于显色性非常差的光源也会产生负数结果。为了避免出现这样的负数，用类似 TM-30 的非负化处理方法来处理，即

$$Q_{a,0-100} = 10\ln[\exp(Q_{a,RMS}/10)+1] \tag{1-352}$$

式（1-351）的输入与输出关系如图 1-90 所示。只有数值低于 30 才会受到这种转换的影响，而较高的数值几乎不会受到影响。由于如此低的数值只适用于颜色质量非常差的照明产品，所以最底部的刻度是否线性是不重要的。

最后引入一个乘数因子，称作 CCT 因子，用来惩罚 CCT 极低的待测光源，CCT 极低的待测光源有更小的色域区域（因此，可以良好呈现的物体颜色更少），并且表现出更差的颜色辨别性能。CCT 因子是基于参照照明体的相对色域面积。首先，利用 CMCCAT2000 的色适应变换将 15 个 CQS 颜色样品在 CIE 标准照明体 D65 作为参照照明体照射下的三刺激值转换到 CIELAB 坐标系。之所以这样做，是因为 CIELAB 是为 D65 的最佳性能而设计的，使用这种转换可以更准确地评估各种 CCT 的相对色域区域。然后，在给定的 CCT 下，计算 15 个 CQS 颜色样品在

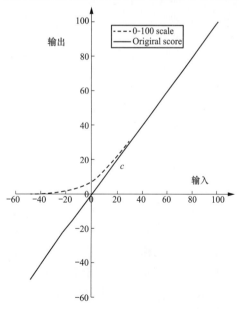

图 1-90　非负化函数的线性范围

CIELAB 的（a^*，b^*）坐标系中的色域面积。如图 1-87 所示，其中灰线多边形所围成的面积就是色域面积，计算方法与在 TM-30 中计算 R_g 的方法类似，参照式（1-96）改写为

$$\begin{cases} G = abs\left(\dfrac{1}{2}\sum_{j=1}^{16} \begin{vmatrix} a*_{j,r} & b*_{j,r} \\ a*_{k,r} & b*_{k,r} \end{vmatrix} \right) \\ k = (j+1)\bmod 16 \end{cases} \tag{1-353}$$

为了确定 CCT 因子，参照照明体的色域面积归一化为 D65（$=8210$ CIELAB 单位）。如果参照照明体的色域面积大于 D65 的色域面积，则简单的将 CCT 因子设为 1，否则用式（1-354）计算

$$\begin{cases} M_{CCT} = 1, & if\, G \geqslant 8210 \\ M_{CCT} = \dfrac{G}{8210}, & if\, G < 8210 \end{cases} \tag{1-354}$$

由此可见 CCT 因子 M_{CCT} 是一个大于 0 但不大于 1 的数。CCT 因子的计算结果见表 1-26，其中包含若干 CCT 值，只需要计算色温低于 3500K 的值。

表 1-26   ***CCT* 因子的计算结果**

CCT/K	色域面积	M_{CCT}
1000	1579	0.19
1500	5293	0.65
2000	7148	0.87
2500	7858	0.96
2856	8085	0.99
3000	8144	0.99
3500	8267	1.00
4000	8322	1.00
5000	8354	1.00
6000	8220	1.00
6500	8210	1.00
7000	8202	1.00
8000	8191	1.00
9000	8185	1.00
10000	8181	1.00
15000	8180	1.00
20000	8183	1.00

表 1-26 中光源色温 T_c 小于 4000K 的三阶多项式拟合方程如下（其可决系数高达 $R^2 = 0.9999$，实际中使用是有足够精度的）

$$M_{CCT} = T_c^3 (9.2672 \times 10^{-11}) - T_c^2 (8.3959 \times 10^{-7}) + T(0.00255) - 1.612$$

$$\tag{1-355}$$

最后，一般颜色质量度量 Q_a 为

$$Q_a = M_{CCT} Q_{a,0-100} \tag{1-356}$$

与 *CRI* 类似，*CQS* 值为个别样色样品提供了更详细的颜色质量评估。使用相同的比例因子，0～100 的转换公式，和上面描述的 *CCT* 因子，计算出每个颜色样品的特殊颜色质量度量 Q_i 为

$$\begin{cases} Q_{i,PRE} = 100 - 3.1 \Delta E_{i,s}^* \\ Q_{i,0-100} = 10\ln[\exp(Q_{i,PRE}/10) + 1] \\ Q_i = M_{CCT} Q_{i,0-100} \end{cases} \tag{1-357}$$

虽然 *CQS* 强调必须有一个数字输出，但也承认某些应用（例如，在工厂的质量控制）将需要关于光源显色性能的更具体信息。因此，对于专业用户，可从 *CQS* 计算中获得以下所述的三个额外指数。

(1) 颜色保真度指数 Q_f。用来评价物体色貌的保真度（与同一 *CCT* 的参照照明体照射下相比），类似于 *CRI* 的 R_a 功能。Q_f 的计算过程与 *CQS* 的 Q_a 完全相同，只是它不需要饱和因子修正，下面的公式在所有情况下都适用，无论颜色样品色度偏移的方向如何

$$\Delta E_{i,s}^* = \Delta E_i^* \tag{1-358}$$

就像对 Q_a 所做的一样，对 Q_f 的值也要进行缩放，使 12 个参考荧光灯光谱（F1～F12）的平均值与 *CRI* 的 R_a 相同。对 Q_f 来说，要将式（1-352）中尺度因子改为 2.93。事实上此处将尺度因子从计算 Q_a 采用的 3.1 调整到计算 Q_f 采用的 2.93 有一些问题，可能会出现 $Q_f > Q_a$ 的情况，例如待测光源对每个颜色样品的饱和度都不增加或只有个别样品有很少的增加，此时可能存在这个问题。如果尺度因子不变，则可保证 $Q_f \leqslant Q_a$。

(2) 颜色偏好度 Q_p。一般的颜色质量度量 Q_a 用来表示光源的整体颜色质量，而颜色偏好度量 Q_p 则把额外的权重放在物体色貌的偏好上。这个标准基于通常饱和度的增加是有好处的，应加分。Q_p 的计算过程与 Q_a 基本相同，只是它奖励光源来增加物体的颜色饱和度，式（1-352）被替换为

$$Q_{p,RMS} = 100 - 3.78\left[\Delta E_{RMS} - \frac{1}{15}\sum_{i=1}^{15} \Delta C^* \cdot K(i)\right] \tag{1-359}$$

式中：$K(i)$ 由式（1-360）确定

$$\begin{cases} K(i) = 1, if\, C_t^* \geqslant C_r^* \\ K(i) = 0, if\, C_t^* < C_r^* \end{cases} \tag{1-360}$$

像对 Q_a 的操作一样，对 Q_p 也进行尺度缩放，尺度因子为 3.78，使 12 个参考荧光灯光谱（F1～F12）的平均值与 *CRI* 的 R_a 相同。

(3) 色域面积 Q_g。计算为 15 个颜色样品在 CIELAB 物体颜色空间中被待测光源照射的 (a^*, b^*) 坐标所形成的相对色域面积。Q_g 用 CIE 标准照明体 D65 的色域面积乘以 100 归一化。因此，它的尺度不同于 Q_a、Q_f 和 Q_p，它的值可大于 100。15 个颜色样品的色域面积计算公式如式（1-353）所示，注意 Q_g 本就表示色域面积，故计算时不用进行 *CCT* 因子修正。

在某些情况下，RGB 白光 LED 光谱可通过增加物体在红色和绿色区域的饱和度来产生大的色域区域。较大的色域区域总是伴随着一定的色调变化。因此，通过观察相对

色域面积 Q_g，并了解光源类型，可对 15 个颜色样品的（a^*，b^*）色域形状做出合理的估计。需要注意的是：当色域面积比参照照明体的色域面积大得多时，它不一定有很好的颜色偏好和颜色辨别性能。

　　虽然 CQS 比 CRI 有一些改进，但最显著的变化是包含了饱和因子，当光源增强目标饱和度时，饱和因子是有效的。因为传统光源（白炽灯和放电灯）大多不提高饱和度（钕灯除外），因为有缩放因子，所以传统光源的 Q_a 和 R_a 通常非常接近。图 1-91 显示了几种传统光源（包括荧光灯和其他放电灯）Q_a 和 R_a（以及 Q_f、Q_p 和 Q_g）的比较。荧光灯的差异在 3 之内，所有这些灯的差异在 5 之内。

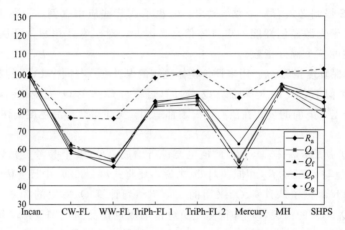

图 1-91　传统光源的 Q_a、R_a、Q_f、Q_p、Q_g 比较

　　另外，钕灯和部分 RGB 白光 LED 模型光谱的 CQS 差异更大，如图 1-92 所示，有些差异高达 20。除了增强物体饱和度的 RGB 白光 LED 光谱外，图 1-92 还显示了一些 RGB 白光 LED 光谱，它们对饱和颜色的显色能力相对较差，CQS 评分低于 CRI。

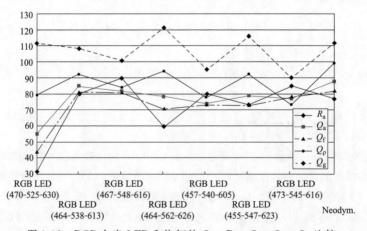

图 1-92　RGB 白光 LED 和钕灯的 Q_a、R_a、Q_f、Q_p、Q_g 比较

图 1-91 和图 1-92 中所用光源的数据见表 1-27。这表明，虽然 CQS 没有大幅改变传统灯具的 R_a 值（这是照明行业接受新度量的一个要求），但它恰当地处理了饱和度增强的 RGB 白色 LED 光源和有问题的 LED 光源。

表 1-27　　　　　　　　　　　图 1-91 和图 1-92 中所用光源的数据

光源	说明	CCT/K	R_a	Q_a	Q_f	Q_p	Q_g
Incan		2812	100	98	98	98	98
CW-FL	F34/CW/RS/EW	4196	59	61	62	57	76
WW-FL	F34T12WW/RS/EW	3011	50	54	54	53	76
TriPh-FL 1	F32T8/TL841	3969	85	83	83	84	98
TriPh-FL 2	F32T8/TL850	5072	86	85	84	88	101
Mercury	H38JA-100/DX	3725	53	53	50	62	87
MH	MHC100/U/MP/4K	4167	92	92	92	94	100
SHPS	SDW-T 100W/LV	2508	85	80	77	87	102
RGB LED（470-525-630）	Simulation	3018	31	55	44	79	111
RGB LED（464-538-613）	Simulation	3300	80	85	81	92	108
RGB LED（467-548-616）	Simulation	3300	90	82	81	84	101
RGB LED（464-562-626）	Simulation	3300	59	78	71	94	121
RGB LED（457-540-605）	Simulation	3300	80	74	73	77	95
RGB LED（455-547-623）	Simulation	3300	73	79	73	77	95
RGB LED（473-545-616）	Simulation	3304	85	77	78	73	90
Neodym	Incandescent type	2757	77	88	82	99	112

CQS 不仅适用于 RGB 白光 LED，还适用于荧光粉型白光 LED，后者目前在照明产品中占主导地位。目前的白光 LED 主要使用的是宽带荧光粉，但可预见的是，荧光粉 LED 在未来将会使用窄带荧光粉，而窄频带荧光粉将会出现与 RGB 白光 LED 同样的问题。荧光灯就是这样发展历程，它们最初是使用宽荧光粉开发的，但目前主要使用窄带荧光粉来提高能效和显色指数。

Python 程序 1.2.11 用于计算 CQS 相关的表征量值，主要是 Q_a、Q_f、Q_p、Q_g，其流程图如图 1-93 所示。

与照明有关的色度学基本内容就介绍到这里。纵观本节的内容，比较重要的是色品坐标、色温、色容差、显色指数等基本概念及计算方法。TM-30 和 CQS 属于近些年兴起的对光谱质量进行评价的新方法。TM-30 与 CQS 相比，CQS 更接近显色指数的概念，而 TM-30 所用色度学模型则更先进，在很大程度上，CQS 采用的模型仍属于初等色度学范畴，是以色品为核心；而 TM-30 相关理论属于高等色度学范畴，是以色貌为核心。但是 TM-30 的很多概念细节对于毫无色度学知识的读者来说较难理解，而 CQS 相对来说简单一些。考虑到科学的前瞻性，在 DLC 等标准内，逐步采用 TM-30 有关指标对照明产品进行评价，逐渐从显色指数过渡到新的表征方法。

图 1-93 程序 1.2.11 的流程图

1.2.9 计算实例

本节列举几个计算实例，帮助读者进一步理解基本概念和练习实际计算应用能力。以下介绍调光调色基本原理、任意两点的色容差计算、特定条件下光谱的逆算。

1.2.9.1 调光调色基本原理

近年来基于 LED 的调光调色照明产品不断涌现，这得益于 LED 光谱多变和易于调整，也得益于控制方案和驱动技术的长足发展。越来越多的企业推出了自己的调光调色产品，往往称之为智能照明产品。相比 LED 调光调色市场如火如荼的发展，系统阐述调光调色基本原理的书籍和文章却不多，这导致很多刚入门的智能照明工程师需要自己搜集整理零碎知识加以消化和学习，这当中很可能会产生误解。本例分别对调光和调色的基本原理做了阐述，并指正常见误解。

调光指通过改变驱动电流调整 LED 的光通量，达到调整照明产品亮暗程度的目的。调整方法主要有两种：①连续调整驱动电流绝对值的大小；②恒定驱动电流大小，调整电流通断的占空比。前者优点是易于理解，无需特殊处理即可做到无频闪，缺点是控制不精确，电源效率不固定，LED 正向导通电压变化等；后者的优点是瞬态光通量基本固定，便于模拟计算，控制方便准确，基本没有缺点。故在实际应用中，后者为大多数选择。当用占空比调整光通量时，光通量的平均值与占空比成正比，并且数值小于平均电流对应的光通量，这是初学者容易产生误解的地方之一，以下做简单的推导证明。

对 LED 来说，由于其自身特性，电流为零时光通量为零，光通量随电流增大而增大，但并非线性增加，往往呈现为上凸曲线，如图 1-94 所示。

用 $H(t)$ 来表示占空比函数，占空比函数是以 T 为周期的周期函数，具体表达式为

$$H(t) = \begin{cases} 1, kT < t \leqslant (k+\eta)T \\ 0, others. \end{cases} \tag{1-361}$$

式中：$k=0$，1，2，…；η 为占空比，即导通时间占整个周期的比例，$\eta \in (0, 1]$。占空比函数的示意曲线如图 1-95 所示。

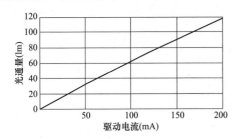

图 1-94　光通量随电流变化曲线　　　　图 1-95　占空比函数的示意曲线

光通量 Φ 与驱动电流 I 是上凸函数关系，故有

$$\frac{\mathrm{d}^2 \Phi}{\mathrm{d} I^2} < 0 \tag{1-362}$$

那么，驱动电流平均值为

$$\bar{I} = \frac{1}{T} \int_0^T H(t) I \mathrm{d}t$$

$$= \eta I \tag{1-363}$$

光通量平均值为

$$\bar{\Phi}(I) = \frac{1}{T} \int_0^T H(t) \Phi(I) \mathrm{d}t$$

$$= \eta \Phi(I) \tag{1-364}$$

以下来分析光通量的平均值和电流平均值对应的光通量哪个大。构造差异函数为

$$D(I) = \overline{\Phi}(I) - \Phi(\overline{I})$$
$$= \eta \Phi(I) - \Phi(\eta I) \tag{1-365}$$

对 I 求一阶导数可得

$$\frac{\mathrm{d}D(I)}{\mathrm{d}I} = \eta[\Phi'(I) - \Phi'(\eta I)] \leqslant 0 \tag{1-366}$$

一阶导数小于零的原因是根据式（1-362）可得到 $\Phi'(I)$ 为单调递减函数，从而可知 $D(I)$ 为单调递减函数，故有

$$D(I) < D(0) = 0 \tag{1-367}$$

进而可得

$$\overline{\Phi}(I) < \Phi(\overline{I}) \tag{1-368}$$

即光通量的平均值小于电流平均值对应的光通量。

调色一般是在调光的基础上，设置两路 LED，一路低色温，另一路高色温，通过控制每一路的占空比来控制低色温和高色温的比例。除此之外也有加入 RGB 等单色光的，例如彩色球泡灯，RGB 调色的实例在后文阐述智能时列举，此处以两路高低色温调整为例。基本原理是根据两路 LED 的相对光谱和光通量，倒推出两路 LED 的绝对光谱，将绝对光谱相加后再计算色坐标、色温、显色性指数等色度参数。常见误区是初学者认为混合光谱的色坐标与原始两路色坐标按照各自光通量的比例成线性关系，事实上这一般是不成立的，以下做简单的推导证明。

设两绝对光谱分别为 $P(\lambda)$、$Q(\lambda)$，混合后的绝对光谱为 $R(\lambda) = P(\lambda) + Q(\lambda)$，则三个光谱的色坐标分别为

$$\begin{cases} x_{\mathrm{P}} = \dfrac{X_{\mathrm{P}}}{X_{\mathrm{P}} + Y_{\mathrm{P}} + Z_{\mathrm{P}}} \\ y_{\mathrm{P}} = \dfrac{Y_{\mathrm{P}}}{X_{\mathrm{P}} + Y_{\mathrm{P}} + Z_{\mathrm{P}}} \end{cases} \tag{1-369}$$

$$\begin{cases} x_{\mathrm{Q}} = \dfrac{X_{\mathrm{Q}}}{X_{\mathrm{Q}} + Y_{\mathrm{Q}} + Z_{\mathrm{Q}}} \\ y_{\mathrm{Q}} = \dfrac{Y_{\mathrm{P}}}{X_{\mathrm{Q}} + Y_{\mathrm{Q}} + Z_{\mathrm{Q}}} \end{cases} \tag{1-370}$$

$$\begin{cases} x_{\mathrm{R}} = \dfrac{X_{\mathrm{P}} + X_{\mathrm{Q}}}{X_{\mathrm{P}} + Y_{\mathrm{P}} + Z_{\mathrm{P}} + X_{\mathrm{Q}} + Y_{\mathrm{Q}} + Z_{\mathrm{Q}}} \\ y_{\mathrm{R}} = \dfrac{Y_{\mathrm{P}} + Y_{\mathrm{Q}}}{X_{\mathrm{P}} + Y_{\mathrm{P}} + Z_{\mathrm{P}} + X_{\mathrm{Q}} + Y_{\mathrm{Q}} + Z_{\mathrm{Q}}} \end{cases} \tag{1-371}$$

其中大写的 X、Y、Z 分别为两光谱和混合光谱的三刺激值。

另设 $P(\lambda)$、$Q(\lambda)$ 的光通量分别为 Φ_{P}、Φ_{Q}，即

$$\begin{cases} \Phi_{\mathrm{P}} = K_{\mathrm{m}} \displaystyle\int P(\lambda) y(\lambda) \mathrm{d}\lambda \\ \Phi_{\mathrm{Q}} = K_{\mathrm{m}} \displaystyle\int Q(\lambda) y(\lambda) \mathrm{d}\lambda \end{cases} \tag{1-372}$$

以下推导证明两个事实：

(1) (x_P, y_P)、(x_Q, y_Q)、(x_R, y_R) 三点共线，即

$$\frac{y_R - y_P}{x_R - x_P} = \frac{y_Q - y_P}{x_Q - x_P} \tag{1-373}$$

(2) 通常混合色点的位置与原始色点的光通量无线性关系，即下式一般不成立

$$\begin{cases} x_R = \dfrac{\Phi_P x_P + \Phi_Q x_Q}{\Phi_P + \Phi_Q} \\[2mm] y_R = \dfrac{\Phi_P y_P + \Phi_Q y_Q}{\Phi_P + \Phi_Q} \end{cases} \tag{1-374}$$

下面证明第 1 个事实。

将式 (1-369) ～式 (1-371) 代入式 (1-373) 左边，化简可得

$$\begin{aligned} \frac{y_R - y_P}{x_R - x_P} &= \frac{\dfrac{Y_P + Y_Q}{X_P + Y_P + Z_P + X_Q + Y_Q + Z_Q} - \dfrac{Y_P}{X_P + Y_P + Z_P}}{\dfrac{X_P + X_Q}{X_P + Y_P + Z_P + X_Q + Y_Q + Z_Q} - \dfrac{X_P}{X_P + Y_P + Z_P}} \\[2mm] &= \frac{X_P Y_Q + Z_P Y_Q - Y_P X_Q - Y_P Z_Q}{Y_P Z_Q + Z_P X_Q - X_P Y_Q - X_P Z_Q} \end{aligned} \tag{1-375}$$

将式 (1-369) ～式 (1-371) 代入式 (1-373) 右边，化简可得

$$\begin{aligned} \frac{y_Q - y_P}{x_Q - x_P} &= \frac{\dfrac{Y_P}{X_Q + Y_Q + Z_Q} - \dfrac{Y_P}{X_P + Y_P + Z_P}}{\dfrac{X_P}{X_Q + Y_Q + Z_Q} - \dfrac{X_P}{X_P + Y_P + Z_P}} \\[2mm] &= \frac{X_P Y_Q + Z_P Y_Q - Y_P X_Q - Y_P Z_Q}{Y_P Z_P + Z_P X_Q - X_P Y_Q - X_P Z_Q} \end{aligned} \tag{1-376}$$

即式 (1-373) 左右两边相等，得证。

下面证明第 2 个事实。

根据式 (1-374) 第一个等式，将式 (1-369) ～式 (1-372) 代入化简，并考虑式三刺激值计算式 (1-198) 可得

$$x_R = \frac{\dfrac{Y_P X_P}{X_P + Y_P + Z_P} + \dfrac{Y_Q X_Q}{X_Q + Y_Q + Z_Q}}{Y_P + Y_Q} = \frac{X_P + X_Q}{X_P + Y_P + Z_P + X_Q + Y_Q + Z_Q} \tag{1-377}$$

进一步化简可得

$$(X_P Y_Q + X_P Z_Q - Y_P X_Q - Z_Q X_Q)(X_P Y_Q + Z_P Y_Q - Y_P X_Q - Y_P Z_Q) = 0 \tag{1-378}$$

根据式 (1-374) 第二个等式，将式 (1-369) ～式 (1-372) 代入化简，并考虑式三刺激值计算式 (1-198) 可得

$$y_R = \frac{\dfrac{Y_P^2}{X_P + Y_P + Z_P} + \dfrac{Y_Q^2}{X_Q + Y_Q + Z_Q}}{Y_P + Y_Q} = \frac{Y_P + Y_Q}{X_P + Y_P + Z_P + X_Q + Y_Q + Z_Q} \tag{1-379}$$

进一步化简可得

$$(X_P Y_Q + Z_P Y_Q - Y_P X_Q - Y_P Z_Q)^2 = 0 \tag{1-380}$$

比较式（1-378）和式（1-380）可知，式（1-380）成立是式（1-373）成立的充要条件。式（1-380）进一步整理可得

$$\frac{Y_P}{Y_Q} = \frac{X_P + Z_P}{X_Q + Z_Q} = \frac{X_P + Y_P + Z_P}{X_Q + Y_Q + Z_Q} \qquad (1\text{-}381)$$

再根据式（1-369）和式（1-370）可得

$$y_P = y_Q \qquad (1\text{-}382)$$

即当且仅当两原始光谱色坐标的纵坐标相等时，式（1-374）才成立。

此外，若式（1-378）前一个因式为0，可得

$$\frac{X_P}{X_Q} = \frac{Y_P + Z_P}{Y_Q + Z_Q} = \frac{X_P + Y_P + Z_P}{X_Q + Y_Q + Z_Q} \qquad (1\text{-}383)$$

再根据式（1-369）和式（1-371）可得

$$x_P = x_Q \qquad (1\text{-}384)$$

即当两原始光谱色坐标的横坐标相等时，式（1-374）第一个式子也成立。

故式（1-374）只在式（1-382）和式（1-384）才有可能成立或部分成立，即一般情况不成立。

实际模拟计算时，如果每个 LED 都先测试再混色计算则比较烦琐，故一般国际品牌 LED 厂商都会提供自有产品数据库，并可计算模拟结果，基于这一结果往往可大幅减少工程师的设计和试验时间。三星 LED 提供 Excel 版的色度计算工具 Circle-C（该工具可通过前言中提到的 QQ 群文件中下载），其主要功能为计算和比较 R_f、R_g，界面如图 1-96 所示，进行混光计算，界面如图 1-97 所示，专用于两路冷色和暖色的调光调色计算，界面如图 1-98 所示。每个界面均可选择三星 LED 的所有产品，后两个界面还可设置使用条件，例如驱动电流和管脚温度等，非常方便实用。

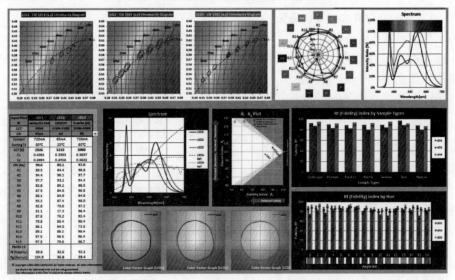

图 1-96　计算和比较 R_f、R_g 界面

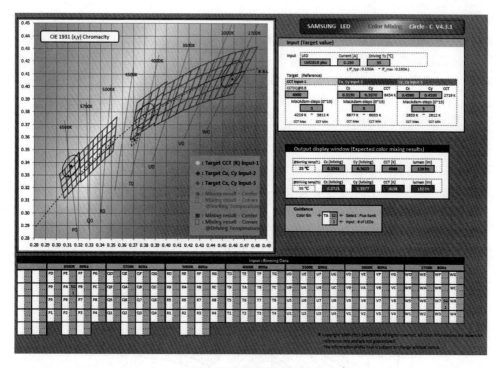

图 1-97　混光计算界面

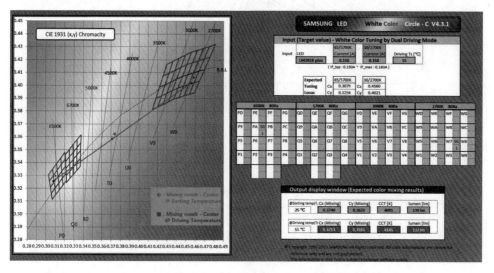

图 1-98　专用于两路冷色和暖色的调光调色计算界面

1.2.9.2　任意两点的色容差计算

在前文介绍色容差时提到，如果参考点（x_c，y_c）刚好为 MacAdam 原始 25 个椭圆的中心点，则椭圆系数可根据表 1-3 和式（1-230）换算得出，进而根据式（1-231）计算待求色点基于参考点的色容差。如果参考点 $(x_c，y_c)$ 为有关标准规定的点，则可直接在相关标准内查询该点的椭圆参数或椭圆系数。如果 $(x_c，y_c)$ 落在其他点，则需要根据 MacAdam 的文献《Specification of small chromaticity differences》中的图 1～图 3 查询，这些等高线图均画在坐标纸上，在当时计算机没有普及的情况下，是迫不得已的选择，当然在一定精度要求下也是可用和实用的，从坐标纸上读取椭圆系数数值后，需要扩大 10000 倍，如图 1-99～图 1-101 所示。

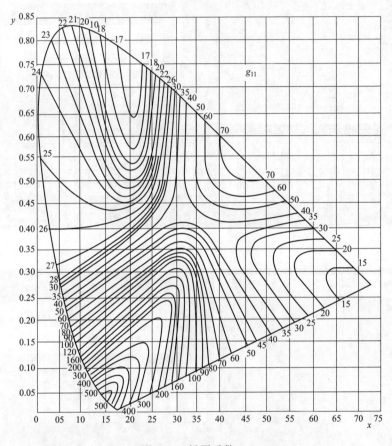

图 1-99　椭圆系数 g_{11}

现在计算机如此发达，再用坐标纸描点查询椭圆系数就太落后了，自然需要程序来处理。考虑以下几种处理方式：①基于最原始的方式，考虑表 1-3 为最原始数据，即 25 个带椭圆参数的椭圆，在 CIE 1931 色品坐标系内每个点都存在椭圆参数，椭圆参数的值随不同的色品坐标而有所不同，此时可考虑以 25 个已知点为基础，进行插值，进而通过插值函数求得未知点的椭圆参数，再用式（1-230）换算为椭圆系数②先根据 25 个已知点的椭圆参数计算出对应的椭圆系数，再用椭圆系数进行插值计算③根据 MacAdam 自己插值出来的中间结果，即图 1-99～图 1-101 这三张坐标纸来进一步插值，得出其他未知点的椭圆系数，但是 MacAdam 在他的文章中没有公布绘制等高线所用的

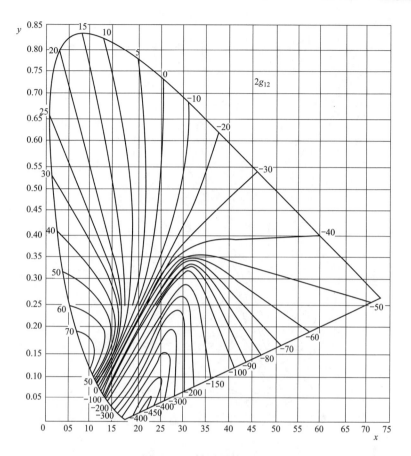

图 1-100   椭圆系数 $2g_{12}$

原始数据，也没有公布他如何根据 25 个椭圆参数来进行的插值，即插值方法未知，而且在他原文的描述中，很可能还存在对结果的人为调整。文中他写道："观察到的椭圆数目有限（25 个），实验不确定性的大小，以及系数与色度的复杂关系，这些都需要在等高线图的构建过程中进行大量的判断。因此，可绘制其他合理的等高线系统，以同样准确地表示观察到的椭圆系数。但是，本书作者认为，没有任何其他同样充分的数据表示方法能产生显著不同的内插系数值，而且这些等高线图所表示的趋势是真实的。因此，尽管更广泛的数据更有利于这种图表的建立，图 1-99～图 1-101 中所示系数值的初步分布是目前可用数据的充分表示。在不久的将来，似乎不太可能获得足够广泛的数据来确保更正确的表示这种分布。在此期间，图 1-99～图 1-101 可能被证明在说明色容差方面是有用的。"事实上插值方法有很多，但如 CIE TN 001：2014 所述，并未有任何标准和公认的文献中来对椭圆系数插值方法做约定。在原飞利浦照明公司的色度计算工具 UltraPlot 里，采用 Engauge Digitizer 软件将图 1-99～图 1-101 转换为数字，以此为基础计算出了二维坐标点及该点的加权系数，为节约计算时间，本书直接引用该加权系数表。在 UltraPlot 转换数据过程中，选用的是 Matlab 自定义的插值方法 v4，实际采用的

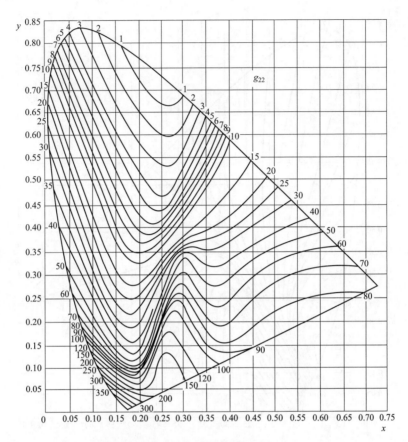

图 1-101　椭圆系数 g_{22}

是双调和插值或称为格林样条插值。它不同于前文采用过的三次样条插值，三次样条插值是一种局部插值方法，局部一些点构成三次多项式，若干分段三次多项式通过高阶导数光滑的约束来连接构成插值函数整体。而格林样条插值是一种全局插值方法，每一个未知点的值都与所有已知点的值有关。一般认为，前者适合均匀距离（网格）的数据，后者适合散乱点数据。第一种和第二种方式插值时，也考虑采用格林样条插值。第四种方式是在第三种方式的基础上，将现有主要标准已经规定的参考点及其对应的椭圆系数作为免算例外。即如果程序输入的色点在有关标准内，则查表直接对应已知椭圆系数，如果不在现有标准内，则按第三种方式计算椭圆系数。第五种方式是用式（1-232）直接计算色容差，即将参考点和待测点坐标全都转换到 CIE 1976 色品坐标系，直接按正圆近似计算，一般只在白光区域靠近黑体曲线附近的色点有足够的精度。此处提出第六种方式。在第五种方式的基础上，考虑先求参考点的椭圆系数，此时不能直接用式（1-241）求取椭圆系数，因为变换回去后图形几何中心不与原参考点重合，故需要先选择一个非参考色点，按此变换出的椭圆中心点恰好是原参考点，此时的椭圆系数才是所要求的椭圆系数。这样计算理论上要比第五种方式更精确一些。具体计算方法见前言 QQ 群文件。

　　以上各种计算方式，在编制程序的时候，均可从原始数据出发计算，也都可以从中间数据（例如拟合系数）出发计算，前者更精确，但耗时较长，后者计算速度快，一般实际中采用较多。

下面简要说明一下格林样条插值。工程领域以及自然科学实验领域，常需要对稀疏不均匀分布的原始数据进行插值成规则均匀格点分布。已经发展了许多方法来实现这一步，从求简单的空间平均值到统计学的分析过程（如 Kriging 插值法）。插值方法是一种基本的数学方法，随着科技和工程的发展，特别是现代计算机技术的快速发展，插值方法也在不断发展之中，而格林样条插值法就是当代发展起来的新插值技术之一。样条原指工程技术上为将一些指定样点连成一条光滑曲线而使用的一种绘图工具，后来在计算数学上被发展成为寻找一个光滑的曲线或曲面，使其穿过一组不规则分布的已知空间数据点的专门样条插值方法。最常用的是三次样条插值法，以一维插值为例，如果再给定区间端点 x_0、x_n 处的边界条件（给定斜率或令二阶导数为零），则可求出总体光滑的插值函数 $S(x)$。样条插值函数是用了局部分段或分片插值，再连接成总体光滑的曲线或曲面的插值方法。而格林样条插值法是一种更为简单的全局插值法，该方法基于双调和算子的格林函数，插值曲线（或曲面）是中心点在每个数据点的各个格林函数的线性叠加，调整各个格林函数的幅值可使插值曲线（或曲面）通过各数据点。

格林样条插值的方法在 20 世纪 80 年代已经提出，因其使用了双调和算子 ∇^4，所以也称其为双调和样条插值法。后来有人推导了常用坐标系下一些双调和算子的格林函数的具体形式。

由格林函数构成的数据表面函数为

$$w(\vec{x}) = \sum_{j=1}^{n} \alpha_j g(\vec{x}, \vec{x}_j) \tag{1-385}$$

式中：$\vec{x}$ 是待求点位置矢量；g 是格林函数；$\vec{x}_j$ 是对应已知数据 $w(\vec{x}_j)$ 的位置矢量；α_j 是未知权重，由式（1-386）确定

$$w(\vec{x}_i) = \sum_{j=1}^{n} \alpha_j g(\vec{x}_i, \vec{x}_j), i = 1, 2, \cdots, n \tag{1-386}$$

由式（1-386）可产生一个 $n \times n$ 的线性方程组，从而解得 α_j。格林函数需要满足如下非齐次偏微分方程

$$\nabla^2 (\nabla^2 - p^2) g(\vec{x}, \vec{x}') = \delta(\vec{x}, \vec{x}') \tag{1-387}$$

式中：∇^2 是 Laplacian 算子；δ 是 Dirac Delta 函数；p 是张力（对最小曲率解，其值为 0，本书采用最小曲率解）。求解方程式（1-387）需要在相应的坐标系（直角坐标系或求坐标系）内具体表达 ∇^2 和 δ，此处考虑二维直角坐标系，微分方程具体求解过程从略，其结果为

$$r^2(\ln r - 1) \tag{1-388}$$

式中：$r = |\vec{x} - \vec{x}'|$，即位置矢量差的模。由于二维格林函数含有自然对数，故用式（1-284）求未知权重 α_j 时，要求 $i \neq j$。由以上所述可得，二维直角坐标系情况下的插值函数为

$$w(x, y) = \begin{cases} \sum_{j=1}^{n} \alpha_j d_j^2 (\ln d_j - 1), d_j \neq 0 \\ w(x_i), d_j = 0 \end{cases} \tag{1-389}$$

式中：d是待测色点与已知色点的欧几里得距离，即

$$d_i = \sqrt{(x-x_i)^2 + (y-y_i)^2} \tag{1-390}$$

Python程序1.2.12用于计算任意两色点间的色容差，其流程图如图1-102所示。

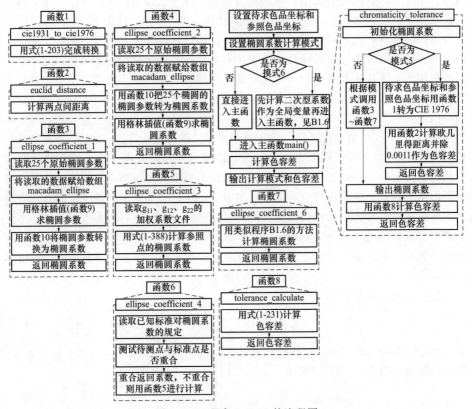

图 1-102　程序 1.2.12 的流程图

用程序1.2.12的模式1～模式6计算，结果显示与有关标准有一定差异。以色点（0.38，0.38）为例的椭圆系数，以及IEC60081-1997对该点的规定（即模式4）对比见表1-28，表中还计算了色点（0.385，0.375）与参照色点（0.38，0.38）的色容差。

表 1-28　　色点（0.38，0.38）的椭圆系数及与（0.385，0.375）的色容差

	g_{11}	g_{12}	g_{22}	SDCM
模式 1	352225	−134103	140965	4.4
模式 2	355937	−136708	160150	4.4
模式 3	385843	−211706	249923	5.1
模式 4	395000	−215000	260000	5.2
模式 5	—	—	—	5.0
模式 6	371665	−159963	285858	4.9

由表1-28可看出，6种模式计算出来的椭圆系数存在较大差异，特别是g_{12}和g_{22}，

不过最终计算出来的色容差区别并不是特别大，而且用标准规定的椭圆系数计算出来的色容差是最大的，其他计算方式计算出来的色容差都留有余量。如果假设标准规定的椭圆系数与平均人眼有较好的对应，则据此可认为在非标准点，用其他方法计算出来的椭圆系数也是留有余量的。

1.2.9.3　特定条件下光谱的逆算

当已知光谱时，一般可计算其对应的特征参数，例如本节介绍的色品坐标、色温、显色指数、TM-30 参数、主波长、色纯度、CQS 参数、椭圆系数等，如果已知绝对光谱，还可计算光通量。这些参数实际上都是对光谱数据的一种信息浓缩，以提取出一般人员容易理解的可描述特定应用的参数。光谱数据是一条自变量在 380～780nm 范围内变化的光滑曲线，具有无穷维，在实际计算时，根据精度要求一般取 0.1、1nm 或 5nm 间隔离散数据，分别对应的数据点数为 4001、401 和 41。本书一般选用 1nm 间隔，对应 401 个数据点，如果是相对光谱，则在这 401 个数据中至少有一个取值为 1，所以此时光谱具有 400 维，或说有 400 个独立变量，变量取值范围为 $[0, 1]$ 的实数。本例研究与前面所述内容相反的过程，即已知光谱的一些特性，例如色品坐标、色温、显色指数、TM-30 参数、主波长、色纯度、CQS 参数、椭圆系数等，求满足要求的光谱数据，即 401 个实数。所要求的特性，称为约束条件，一般约束条件的数量远少于 400，所以如果约束条件全为等式，则产生一个欠定方程组，理论上存在无穷多组解。实际应用中，往往存在不等式约束，例如显色指数不小于 80。此外，所求光谱，也常常是某种极值，例如色温 4000K 且与已知光谱差异 ΔE 最大的光谱。此时逆算光谱问题成为一个最优化问题，根据约束条件不同，分为线性规划和非线性规划两大类。约束条件为线性的，一般比较简单，用常见的线性规划处理方法，例如单纯型法即可处理。约束条件存在非线性运算的，往往比较复杂，一般可用迭代法处理，但对迭代初值有一定要求，并且迭代也可能不收敛。处理非线性规划问题，可考虑采用近几年比较热门的深度学习来尝试处理。

第2章 ● LED器件原理

2.1　LED 发光原理

LED 是发光二极管（Light Emitting Diode）的简称。顾名思义，LED 是一种可将电能转化为光能的电子器件并具有二极管特性。LED 是一种半导体二极管，与普通半导体二极管一样，有两个电极（负极和正极），LED 在工作时需外加电源，外加的电能也是由这两个正负极电极加到半导体二极管内。LED 在内部结构上有和半导体二极管相似的 P 区和 N 区，P 区和 N 区相交的界面形成 PN 结。LED 与普通半导体二极管一样是一种允许电流单向导通的器件。当 LED 正向导通时，电子和空穴在 PN 结区域复合发光，在能量空间来看，是电子从导带跃迁到价带，放出能量与禁带宽度相当的光子。本章介绍 LED 的发光原理和主要材料体系，LED 制作的工艺过程，包括外延、芯片以及封装，LED 当前主流封装形式以及常见失效类型。本节介绍 LED 如何发光。

2.1.1　LED 发展简史

1907 年，H. J. Round 第一次在一块碳化硅里观察到电致发光现象。由于其发出的黄光太暗，不适合实际应用。更难处在于碳化硅与电致发光不能很好的适应，研究被摒弃了。

1929 年，B. Gudden 和 R. Wichard 在德国使用从锌硫化物与铜中提炼的黄磷发光，再一次因发光暗淡而停止。

1936 年，G. Destiau 发表了一个关于硫化锌粉末发射光的报告。随着电流的应用和广泛的认识，最终出现了"电致发光"这个术语。20 世纪 50 年代，英国科学家在电致发光的实验中使用半导体砷化镓发明了第一个具有现代意义的 LED，并于 20 世纪 60 年代面世。据说在早期的试验中，LED 需要放置在液化氮气里，因此需要进一步的研究与突破以便能高效率的在室温下工作。

第一个商用 LED 仅能发出不可见的红外光，但迅速应用于感应与光电领域。20 世纪 60 年代末，在砷化镓基体上使用磷化镓发明了第一个可见的红光 LED。磷化镓的应用使得 LED 更高效，发出的红光更亮，甚至产生出橙色的光。

到 20 世纪 70 年代，磷化镓被用作发光有源区，随后开发出绿光。LED 采用双层磷化镓芯片（一个是红色，另一个是绿色）能合成出黄色光。就在此时，俄国科学家利用碳化硅制造出发出黄光的 LED。尽管它不如欧洲的 LED 高效，但在 20 世纪 70 年代末，它能发出纯黄色的光。

20 世纪 80 年代早期到中期，在砷化镓基体上使用磷化铝，使得第一代高亮度的

LED 诞生，先是红色，接着就是黄色，最后为绿色。到 20 世纪 90 年代早期，采用铝镓铟磷生产出了橘红、橙、黄光和绿光的 LED。第一个有历史意义的蓝光 LED 也出现在 20 世纪 90 年代早期，并且是再一次利用碳化硅，这一早期半导体光源的化合物。依据当今的技术标准去衡量，它与俄国以前的黄光 LED 一样发光暗淡。

20 世纪 90 年代中期，出现了超高亮度的氮化镓 LED，随即又制造出能产生高亮度的绿光和蓝光铟镓氮 LED。超高亮度蓝光芯片是白光 LED 的核心，在这个发光芯片上涂覆荧光粉，然后荧光粉通过吸收来自芯片上的蓝光转化黄绿光，进而与剩下的蓝光一起合成白光。这种技术可合成很多颜色的光，很多今天在 LED 市场上能看到的新奇颜色，例如浅绿色和粉红色，就是利用这种技术制造的。

进入 2000 年以后，LED 的亮度更是迅猛提升，尤其是 P 型掺杂问题的解决，使得蓝光 LED 有了长足的发展。从 2003 年开始，就已有很多 LED 进入照明应用领域。

到了 2010 年以后，LED 技术层面已经不存在根本性问题，LED 照明应用技术也越来越成熟。

从 2010～2020 年，在这十年的发展当中，LED 的光效又有极大的提升，甚至逐渐逼近理论极限。在刚刚成功用蓝光芯片激发荧光粉转换成白光时，光效是比较低的，甚至比白炽灯还低。例如在 1998 年，白光 LED 光效只有 5lm/W，随着外延结构的不断优化，封装工艺的不断改进，以及新型荧光粉的研发，白光 LED 的光效不断提升。1999 年，15lm/W；2000 年，20lm/W；2001 年，25lm/W；2002 年，30lm/W；2005 年，40lm/W；2007 年，60lm/W；2008 年，126lm/W；2010 年，132lm/W；2015 年，150lm/W；2018 年，223lm/W；2020 年，量产的 3030 产品已达 230lm/W，平均每年提升 21％。光效提升随时间变化如图 2-1 所示（此处光效均指 LED 器件光效而非整灯光效）。

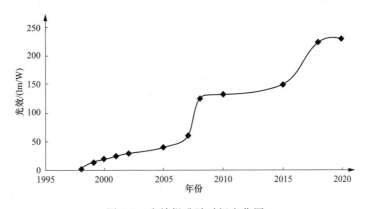

图 2-1　光效提升随时间变化图

在近几十年内，LED 器件的单价不断下降，基本上符合 Haitz 定律，即 LED 价格每 10 年降为原来的 1/10。目前典型的 3V-0.2W-2835 产品，价格已经低至 ￥0.01 以内，而光效仍能保持在 130lm/W 以上。很多 LED 照明产品甚至比传统照明产品的价格还要低，例如 LED 灯管，18W-1800lm，价格已经低至 ￥6 以内，而传统的 18W 荧光灯管仅镇流器的价格就要 ￥8 以上，这使得 LED 在全球范围内得到普及。另一方面，由于 LED 照明产品单价的不断下滑，加之市场需求量增长放缓，很多 LED 照明厂商面临严峻的市场竞争，纷纷开发高附加值产品，从一味的追求光效，追求性价比，逐渐朝追求更好的光谱质量，以适应人们更高品质生活的需求方向发展。

2.1.2 辐射和非辐射复合

LED 发光过程是电子和空穴发生复合并辐射出电磁波的过程，以下介绍半导体载流子复合理论。半导体中的电子和空穴要么以辐射方式（伴随光子发射）复合，要么以非辐射方式复合。在发光器件中，前者显然是希望发生的过程。然而，在实际条件下，非辐射复合永远不会降低到零。因此，辐射复合和非辐射复合之间存在竞争。辐射过程的最大化和非辐射过程的最小化可通过以下几种方式实现。

任何未掺杂或掺杂的半导体都有两种类型的自由载流子：电子和空穴。在平衡条件下，即没有外部刺激，如光或电流，根据质量作用定律，在给定的温度下，电子和空穴浓度的乘积是一个常数

$$n_0 p_0 = n_i^2 \tag{2-1}$$

式中：n_0 和 p_0 是平衡态电子和空穴浓度；n_i 是本征载流子浓度。本征载流子浓度为本征半导体（完全不含杂质且无晶格缺陷的纯净半导体称为本征半导体）材料中自由电子和自由空穴的平衡浓度，常用值为 300K 时的浓度值。本征载流子浓度与温度有关，同样材质的半导体，温度越高，热激越强烈，本征载流子浓度越高；与禁带宽度有关，同样的温度下，禁带宽度越窄，电子或空穴更容易从价带跃迁到导带，本征载流子浓度越高。质量作用定律的有效性仅限于非简并掺杂的半导体。

半导体中的过剩载流子可通过光的吸收或注入电流产生。总载流子浓度是平衡态和过剩载流子浓度的和

$$\begin{cases} n = n_0 + \Delta n \\ p = p_0 + \Delta p \end{cases} \tag{2-2}$$

式中：Δn 和 Δp 分别是过剩电子和过剩空穴。

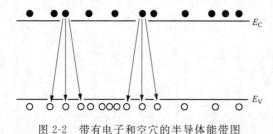

图 2-2 带有电子和空穴的半导体能带图

下面考虑载流子的重组。带有电子和空穴的半导体能带图如图 2-2 所示。

其中感兴趣的是载流子浓度下降的速率，用 R 表示复合速率。考虑导带中的自由电子。电子与空穴复合的概率与空穴浓度成正比，即 $R \propto p$。复合事件的数量也与电子的浓度成正比，

如图 2-1 所示。因此，复合速率与电子和空穴浓度的乘积成比例，即 $R \propto np$。使用比例常数 B，由此单位时间单位体积内的复合速率可写成

$$R = -\frac{\mathrm{d}n}{\mathrm{d}t} = -\frac{\mathrm{d}p}{\mathrm{d}t} = Bnp \tag{2-3}$$

方程（2-3）为双分子速率方程，比例常数 B 称为双分子复合系数。对直接带隙Ⅲ-Ⅴ族化合物半导体而言，它的典型值为 $10^{-11} \sim 10^{-9} \, \mathrm{cm}^3/\mathrm{s}$，见表 2-1。

接下来，考虑随时间变化的复合动力学。假设半导体受到光激发。平衡和过剩的电子和空穴浓度分别为 n_0、p_0、Δn、Δp。由于电子和空穴是成对产生和湮灭的（通过复合），稳态时过剩电子和空穴的浓度相等，即

$$\Delta n(t) = \Delta p(t) \tag{2-4}$$

代入双分子速率方程式（2-3），可得复合速率为

$$R = B[n_0 + \Delta n(t)][p_0 + \Delta p(t)] \tag{2-5}$$

对低水平激发情形，光激发的载流子浓度比多数载流子浓度要小得多，即

$$\Delta n \ll (n_0 + p_0) \tag{2-6}$$

将式（2-4）代入式（2-5），并考虑式（2-1）和式（2-6），可得

$$R = Bn_i^2 + B(n_0 + p_0)\Delta n(t) = R_0 + R_e \tag{2-7}$$

方程右边的第一项可称为平衡复合速率（R_0），第二项可称为过剩复合速率（R_e）。从速率方程可计算出含时载流子浓度变化率为

$$\frac{\mathrm{d}n(t)}{\mathrm{d}t} = G - R = (G_0 + G_e) - (R_0 + R_e) \tag{2-8}$$

式中：G_0 和 R_0 分别为载流子的平衡产生速率和复合速率。

现在假设半导体已经被光照过，产生了过剩载流子。在 $t=0$ 时，照明被关掉（即 $G_e=0$）。将式（2-7）代入式（2-8），并考虑 $G_0=R_0$，计算复合速率。得到微分方程为

$$\frac{\mathrm{d}}{\mathrm{d}t}\Delta n(t) = -B(n_0 + p_0)\Delta n(t) \tag{2-9}$$

用分离变量法可解出此微分方程

$$\Delta n(t) = \Delta n_0 \mathrm{e}^{-B(n_0+p_0)t} \tag{2-10}$$

式中：$\Delta n_0 = \Delta n\ (t=0)$，将式（2-10）重写如下

$$\Delta n(t) = \Delta n_0 \mathrm{e}^{-t/\tau} \tag{2-11}$$

式中：τ 称为载流子寿命。

$$\tau = \frac{1}{B(n_0 + p_0)} \tag{2-12}$$

对特定掺杂类型的半导体，式（2-12）可变为

$$\begin{cases} \tau_n = \dfrac{1}{Bp_0} = \dfrac{1}{BN_A}, & \text{for p type} \\ \tau_p = \dfrac{1}{Bn_0} = \dfrac{1}{BN_D}, & \text{for n type} \end{cases} \tag{2-13}$$

式中：τ_n 和 τ_p 分别是电子和空穴的寿命。利用这一结果，可对特定导电类型的半导体简化速率方程式（2-9），得到单分子速率方程为

$$\begin{cases} \dfrac{\mathrm{d}}{\mathrm{d}t}\Delta n(t) = -\dfrac{\Delta n(t)}{\tau_n}, & \text{for p type} \\ \dfrac{\mathrm{d}}{\mathrm{d}t}\Delta p(t) = -\dfrac{\Delta p(t)}{\tau_p}, & \text{for n type} \end{cases}$$

在低水平激发的情况下，光激发载流子浓度远小于多数载流子浓度。然而，光生载流子浓度远大于少数载流子浓度。一旦终止光致激发，少数载流子浓度会以指数衰减，

衰减的时间特征常数称为少数载流子寿命 τ。它是少数载流子产生与复合之间的平均时间。

注意，多数载流子浓度也按照相同的衰减时间特征常数 τ 作指数衰减。然而，多数载流子中只有小部分通过复合而消失。因此，对于低水平激发的情况，多数载流子复合所需的平均时间要比少数载流子的寿命长得多。在许多实际应用中，多数载流子的寿命可假定为无限长。

对于高水平激发的情况，光激发载流子浓度大于平衡载流子浓度，即 Δn 远大于 $(n_0 + p_0)$，双分子速率方程就可化为

$$\frac{\mathrm{d}\Delta n(t)}{\mathrm{d}t} = -B\Delta n^2 \tag{2-14}$$

考虑初始条件 $\Delta n_0 = \Delta n \ (t=0)$，用分离变量法求解微分方程（2-14）可得

$$\Delta n(t) = \frac{1}{Bt + \Delta n_0^{-1}} \tag{2-15}$$

与低密度近似相比，这个解代表了一种非指数载流子衰减。

在指数衰减中，经过时间常数 τ，载流子浓度从 Δn_0 减少到 $\Delta n_0 \mathrm{e}^{-1}$。根据式（2-15）按照相同定义给出非指数衰减的时间常数，可利用公式从衰减的斜率计算出"时间常数"

$$\tau(t) = -\frac{\Delta n(t)}{\dfrac{\mathrm{d}\Delta n(t)}{\mathrm{d}t}} \tag{2-16}$$

利用式（2-16）这个定义，可得到非指数衰减的时间常数为

$$\tau(t) = t + \frac{1}{B\Delta n_0} \tag{2-17}$$

因此，对于非指数衰减，"时间常数"依赖于时间。由式（2-17）可知，少数载流子寿命随时间增加而增加。足够长的时间后，将达到低水平激发情况，τ 达到低水平激发的值。

目前主流 LED 的有源区（发光区域）都是由量子阱构成的。量子阱利用两个势垒区，提供了一种将自由载流子限制在一个窄量子阱区域的方法。假设阱区的厚度为 L_{QW}。进一步假设导带和价带阱的载流子密度分别为 n^{2D} 和 p^{2D}。电子和空穴的有效三维载流子浓度可以分别用 n^{2D}/L_{QW} 和 p^{2D}/L_{QW} 来近似表示。利用这些值作为三维载流子浓度，由式（2-5）可推导出复合速率为

$$R = B\frac{n^{2D}}{L_{QW}}\frac{p^{2D}}{L_{QW}} \tag{2-18}$$

式（2-18）说明了量子阱和双异质结的本质优势之一。减少量子阱的厚度可获得高的三维载流子浓度（载流子/cm³）。从式（2-12）可看出，这降低了辐射复合的载流子寿命，提高了辐射效率。

对于足够小的量子阱厚度，波函数不再与物理阱宽成比例。必须用载流子分布宽度来代替 L_{QW}，当阱厚足够小时，载流子分布宽度大于 L_{QW}，因为波函数因量子隧穿而延伸到势垒中。在 AlGaAs/GaAs 材料体系中，当阱厚小于 10nm 时，应考虑这种影响。

半导体中的载流子衰减可通过对半导体进行短光脉冲激发后的发光衰减来测量。发光强度与复合速率成正比。计算低激发和高激发情况下的复合速率为

$$R = -\frac{\mathrm{d}n(t)}{\mathrm{d}t} = \frac{\Delta n(t)}{\tau}\mathrm{e}^{-t/\tau} \tag{2-19}$$

$$R = -\frac{\mathrm{d}n(t)}{\mathrm{d}t} = \frac{-B}{(Bt + \Delta n_0^{-1})^2} \tag{2-20}$$

图 2-3 所示为短脉冲光激发后的发光衰减。低密度激发的情况下，以时间常数 τ 作指数衰减。对于高密度激发的情况，衰减是非指数的。所有非指数衰减函数均可表示为以依赖于时间的时间常数作指数衰减的指数函数，即 $\exp[-t/\tau(t)]$。在大多数情况下，时间常数 τ 随时间增加。这种类型的衰减函数经常被称为扩展指数衰减函数，它描述的是比指数衰减慢的衰减。

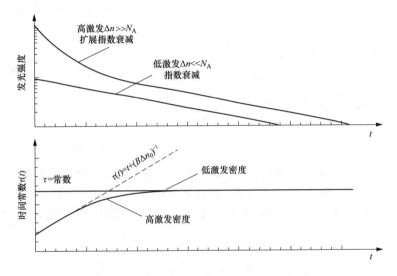

图 2-3　低激发密度和高激发密度的光衰减

LED 中载流子的复合动力学是限制 LED 开关时间的因素之一。用于通信应用的 LED 调制速度可能受到少数载流子寿命的限制。载流子寿命可通过有源区的高掺杂或有源区的载流子大注入来缩短。将自由载流子限制在量子阱区的异质结结构内常用来获得高的载流子浓度，从而缩短载流子寿命。

半导体中有两种基本的复合机制，即辐射复合和非辐射复合。在辐射复合事件中，一个光子的能量等于半导体的带隙能量，如图 2-4 所示。在非辐射复合过程中，电子能转化为晶格原子的振动能，即声子。因此，电子能被转换成热。显然，非辐射复合事件在发光器件中是需要尽量避免的。

有几个物理机制可使非辐射复合发生。晶体结构缺陷是非辐射复合最常见的原因。这些缺陷包括不需要的外来原子、本征缺陷、位错以及缺陷、外来原子或位错的复合物。在复合半导体中，本征缺陷包括间隙、空位和反占位缺陷。所有这些缺陷都具有不

同于替位型半导体原子的能级结构。这种缺陷经常在半导体的禁带内形成一个或多个缺陷能级。

半导体带隙内的能级是有效的复合中心，特别是当能级接近禁带中间的情况。载流子通过缺陷能级的复合示意图如图 2-5 所示。由于增加了非辐射过程，这种深能级或陷阱被称为光子杀手。

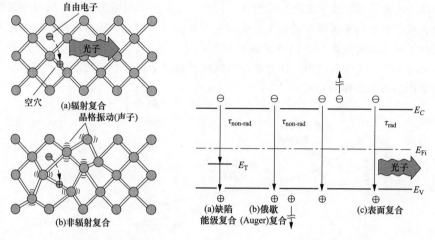

图 2-4　辐射复合和非辐射复合　　　图 2-5　缺陷能级示意图

图 2-5 中（a）是缺陷能级复合，它是一种间接复合，在半导体发光材料中往往充当非辐射复合中心，对 LED 发光有害。肖克莱（Shockley）、瑞德（Read）和豪（Hall）最先分析了自由载流子通过深能级复合的过程。通过陷阱能量 E_T 和浓度 N_T 的深能级非辐射复合速率为

$$R_{SR} = \frac{p_0 \Delta n + n_0 \Delta p + \Delta n \Delta p}{(N_T v_p \sigma_p)^{-1}(n_0 + n_1 + \Delta n) + (N_T v_n \sigma_n)^{-1}(p_0 + p_1 + \Delta p)} \qquad (2\text{-}21)$$

式中：$\Delta n = \Delta p$；v_n 和 v_p 分别是电子和空穴的热运动速度；σ_n 和 σ_p 是陷阱的捕获横截面；n_1 和 p_1 是当费米（Fermi）能级位于陷阱能级位置时电子和空穴的浓度，其数值由式（2-22）给出

$$\begin{cases} n_1 = n_i \exp\left(\dfrac{E_T - E_{Fi}}{kT}\right) \\ p_1 = p_i \exp\left(\dfrac{E_T - E_{Fi}}{kT}\right) \end{cases} \qquad (2\text{-}22)$$

式中：E_{Fi} 是本征半导体费米能级。

过剩电子的非辐射复合寿命可由方程 $R_{SR} = \Delta n / \tau$ 导出，因此，寿命为

$$\frac{1}{\tau} = \frac{p_0 + n_0 + \Delta n}{(N_T v_p \sigma_p)^{-1}(n_0 + n_1 + \Delta n) + (N_T v_n \sigma_n)^{-1}(p_0 + p_1 + \Delta p)} \qquad (2\text{-}23)$$

现在对多数载流子和少数载流子的情况加以区分，假设半导体为 P 型。空穴是多数载流子，即 $p_0 \gg n_0$ 且 $p_0 \gg p_1$。进一步假设与平衡态只有较小偏离，即 $\Delta n \ll p_0$，此时少

数载流子的寿命

$$\frac{1}{\tau} = \frac{1}{\tau_{n_0}} = N_T v_n \sigma_n \tag{2-24}$$

类似的，当电子是多数载流子时，做同样的上述假设，可以得到

$$\frac{1}{\tau} = \frac{1}{\tau_{p_0}} = N_T v_p \sigma_p \tag{2-25}$$

以上结果显示少数载流子的捕获率限制了肖克莱—瑞德复合速率。由于捕获多数载流子的可能性比捕获少数载流子的可能性大，所以式（2-23）也可写为

$$\frac{1}{\tau} = \frac{p_0 + n_0 + \Delta n}{\tau_{p_0}(n_0 + n_1 + \Delta n) + \tau_{n_0}(p_0 + p_1 + \Delta p)} \tag{2-26}$$

对于平衡态只有较小偏离的情况，例如 $\Delta n \ll p_0$，式（2-26）可简化为

$$\tau = \tau_{n_0} \frac{p_0 + p_1}{p_0 + n_0} + \tau_{p_0} \frac{n_0 + n_1 + \Delta n}{p_0 + n_0} \approx \tau_{n_0} \frac{p_0 + p_1}{p_0 + n_0} \tag{2-27}$$

对该方程的检验表明，在非本征半导体中，即使存在微小的平衡偏离，其寿命也不会改变。

为了进一步了解肖克莱—瑞德复合，现假设电子和空穴的陷阱捕获率相同，即 $v_n\sigma_n = v_p\sigma_p$ 以及 $\tau_{n0} = \tau_{p0}$，此时由式（2-27）可得

$$\tau = \tau_{n_0}\left(1 + \frac{p_0 + p_1}{p_0 + p_n}\right) \tag{2-28}$$

对本征半导体材料，即 $n_0 = p_0 = n_i$，式（2-28）可简化为

$$\tau_i = \tau_{n_0}\left(1 + \frac{n_i + p_1}{2n_i}\right) = \tau_{n_0}\left[1 + \cosh\left(\frac{E_T - E_{Fi}}{kT}\right)\right] \tag{2-29}$$

式中：E_{Fi} 是本征费米能级，其典型值位于禁带中央。cosh 函数当自变量为 0 时取最小值。因此当 $E_T - E_{Fi} = 0$ 时，即当陷阱能级接近或位于禁带中央时，非辐射复合速率取最小值。当满足这个条件时，寿命为 $\tau = 2\tau_{n_0}$。这一结果表明如果深能级位于禁带中央时，它是最有效的复合中心。

式（2-29）还展示了肖克莱—瑞德复合的温度依赖特性。非辐射复合寿命随升高而降低。其结果是，带间辐射复合效率随温度升高而降低。直接带隙的半导体材料可在低温下得到最高的带间辐射效率。

虽然大多数深能级跃迁是非辐射的，但也有一些深能级跃迁是辐射的。

例如，有些器件是通过深能级来进行辐射复合的。一个有名的例子是 N 掺杂的 GaP，就是以深能级为媒介来进行辐射复合的。它也满足肖克莱—瑞德模型，深能级复合速率随温度升高而增加。

对间接带隙半导体材料例如 GaP，通过声子为媒介进行辐射跃迁。这就意味着，此时辐射复合要伴随吸收或放出声子。由于在高温时存在大量声子，所以辐射复合（通过声子为媒介）可随温度升高而增加。

在深能级附近，发光强度减小。单点缺陷的影响相对较小，很难观察到。然而，缺陷常组成缺陷簇或扩展缺陷的集群。这种扩展的缺陷，例如，当外延半导体生长在不匹

配的衬底上，即与外延层晶格常数不匹配的衬底上时，会发生螺纹位错和错配位错。还有许多其他类型的扩展缺陷。

图 2-5 (b) 是另一种重要的非辐射复合，涉及三粒子作用过程。在这个过程中，通过电子—空穴复合（近似为 E_g）而获得的能量，被一个自由电子的激发耗散到导带中，或被一个空穴的激发耗散到价带中。高激发态的载流子随后会由于多次声子发射而损失能量，直到接近导带底或价带顶。

图 2-5 所示的两种俄歇复合速率

$$\begin{cases} R_{Auger} = C_p np^2 \\ R_{Auger} = C_n n^2 p \end{cases} \tag{2-30}$$

式中：C_p 和 C_n 分别是 P 型和 N 型半导体的俄歇复合系数。俄歇复合正比于载流子浓度的平方（p^2 或 n^2），因为在复合过程中需要两个相同类型的载流子（两个空穴或两个电子）。第一种过程更可能在 P 型半导体内发生，因为此时空穴较多；第二种过程更可能在 N 型半导体内发生，因为此时电子较多。

俄歇复合过程中，能量和动量都是守恒的。由于半导体内导带和价带的结构不同，两种俄歇复合系数 C_p 和 C_n 通常是不同的。

在大注入极限情况下，非平衡载流子浓度远大于平衡载流子浓度，此时俄歇复合速率为

$$R_{Auger} = (C_p + C_n)n^3 = Cn^3 \tag{2-31}$$

式中：C 是俄歇复合系数。俄歇复合的数值可通过考虑半导体带结构的量子力学计算来确定。Ⅲ-Ⅴ族半导体的典型俄歇复合系数为 $10^{-29} \sim 10^{-28}\,cm^6/s$。

只有在非常高的激发强度或非常高的载流子注入时，俄歇复合才会显著降低半导体中的发光效率。这是由于三次方载流子浓度的关系。在较低的载流子浓度下，俄歇复合速率很小，在实际应用中可忽略不计。

但俄歇复合一般是不可避免的，LED 的 Droop 效应一般认为也是因为大注入电流下的俄歇复合增加造成的。

在实际的 LED 设计和制造过程中，应尽量减少缺陷密度，进而降低深能级非辐射复合，从而提高载流子利用效率，即能效。

此外，大量的非辐射复合可发生在半导体表面。表面是晶格周期性结束的地方。能带模型是基于晶格是严格周期性的。由于这种周期性在一个表面结束，所以需要在半导体表面修改能带图。这种修改包括在半导体的禁带中加入电子态。

接下来，从化学角度考虑半导体表面。由于缺少相邻的原子，表面的原子不能具有与本体原子相同的成键结构。因此有些价电子轨道不形成化学键。这些部分填满的电子轨道，或悬空的化学键，是电子态，它们可位于半导体的禁带中，充当复合中心。根据价电子轨道的电荷态，它们可以是类受主态，也可以是类施主态。

悬垂的化学键也可重新排列，在同一平面的相邻原子之间形成化学键。这种表面重建可产生一种新的局部原子结构，其状态能不同于整体原子状态。表面结合结构取决于半导体表面的特殊性质。即使使用强大的理论模型，也很难预测表面态的能量位置。因

此，通常采用唯象模型来描述表面复合。

只有当两种载流子都存在时，才会发生表面复合。在 LED 的设计中很重要的一点是：载流子注入的有源区，其中自然存在两种载流子，此时要远离任何表面。这是可以实现的，例如，注入载流子的接触电极远小于半导体芯片面积。此外，接触必须离芯片侧面足够远。如果电流被限制在接触电极以下的区域，载流子将不会"看到"任何半导体表面。注意半导体器件的单极区，例如限制区，由于缺乏少数载流子而不受表面复合的影响。

生产制造时，已经开发了几种钝化技术来减少半导体中的表面复合，包括硫和其他化学物质的处理。

这几种非辐射复合的机制，包括缺陷能级复合、俄歇复合和表面复合，即使可减少，也不可能完全消除。例如，通过在空间上将活动区域与任何表面分离的设计，可大大减少表面复合；然而，即使分离很大，仍有少数载流子扩散到表面并在那里复合。

表面复合、非辐射体内复合和俄歇复合是不可避免的。任何半导体晶体都会有一些固有的缺陷。即使这些固有缺陷的浓度很低，它也不可能是零。热力学上可预测，如果需要能量 E_a 在晶格中产生一个特定的点缺陷，那么这种缺陷在特定晶格中确实形成的概率就由玻尔兹曼（Boltzmann）因子给出，即 $\exp(-E_a/k_BT)$。晶格点浓度和玻尔兹曼因子的乘积给出缺陷的浓度。固有点缺陷或扩展缺陷可在带隙中形成深能级，从而成为非辐射复合中心。

另一个问题是半导体的化学纯度。制造杂质含量低于十亿分之一（ppb）的材料是很困难的。因此，即使是最纯净的半导体也含有 $10^{12}\,cm^3$ 范围内的杂质。某些元素可能形成深能级，从而降低发光效率。

在 20 世纪 60 年代，当第一个Ⅲ-Ⅴ半导体被发明出来时，室温下的内部发光效率非常低，通常只有 1%。目前，高质量的半导体体材料和量子阱结构的内量子效率可超过 90%，在某些情况下甚至达到 99%。这一显著的进展很大程度上是由于改善了晶体质量，减少了缺陷和杂质浓度。

接下来，计算具有非辐射复合中心半导体的内量子效率。如果辐射寿命用 τ_r 表示，非辐射寿命用 τ_{nr} 表示，复合的总概率是由辐射和非辐射概率之和确定，即

$$\tau^{-1} = \tau_r^{-1} + \tau_{nr}^{-1} \tag{2-32}$$

辐射复合的相对概率由辐射复合概率除以总复合概率得到。从而给出了辐射复合的概率或内量子效率为

$$\eta_{int} = \frac{\tau_r^{-1}}{\tau_r^{-1} + \tau_{nr}^{-1}} \tag{2-33}$$

内量子效率给出了半导体内部发出的光量子数与复合的电荷量子数之比。请注意，并非所有内部发出的光子都能从半导体内发出，原因是存在光逸出问题、基板中的再吸收或其他再吸收机制。

2.1.3 辐射复合理论

下面首先从严格的量子力学模型出发讨论辐射复合理论。在此基础上，建立了基于

平衡生成和复合的半经典模型。这个模型是由 van Roosbroeck 和 Shockley 开发的。最后，讨论两能级原子中自发和受激跃迁的爱因斯坦（Einstein）模型。

基于量子力学的自发辐射由 Bebb 和 Williams（1972）、Agrawal 和 Dutta（1986）、Dutta（1993）、Thompson（1980）等人讨论过。自发辐射率的量子力学计算是基于由费米黄金法则给出的诱导辐射率，费米黄金法则给出单位时间内从量子力学状态 j 到状态 m 的跃迁概率（称为跃迁率）为

$$W_{j \to m} = \frac{\mathrm{d}}{\mathrm{d}t} |a'_m(t)|^2 = \frac{2\pi}{\hbar} |H'_{mj}|^2 \rho(E = E_j + \hbar\omega_0) \tag{2-34}$$

式中：H'_{mj} 是跃迁矩阵元。对于只依赖于空间变量 x 的一维情况，通过微扰哈密顿量 H' 将（初态）第 j 状态与（终态）第 m 状态联系起来的矩阵元素为

$$H'_{mj} = \langle \psi^0_m | H' | \psi^0_j \rangle = \int_{-\infty}^{\infty} \psi^{0*}_m(x) A(x) \psi^0_j(x) \mathrm{d}x \tag{2-35}$$

费米黄金法则的推导，微扰哈密顿量 H' 是假定有一个谐波时间依赖性，即 $H' = A(x)[\exp(i\omega_0 t) + \exp(-i\omega_0 t)]$，由光子谐波激发。由式（2-35）可知，电子与空穴波函数的空间重叠是复合的必要条件。这是显而易见的，因为空间上分离的电子和空穴将无法复合。

对于导带和价带间的光学跃迁，电子的动量是守恒的，因为光子动量极小（$p = \hbar k$）。动量守恒条件称为 k 选择规则。

对于 Bloch 状态，$|M_b|$ 的平均矩阵元素可使用四能带 Kane 模型（Kane，1957）导出，该模型考虑了传导、重空穴、轻空穴和分裂能带。在体半导体中，$|M_b|^2$ 为（Kane，1957；凯西和潘尼什，1978）

$$|M_b|^2 = \frac{m_e^2 E_g(E_g + \Delta)}{12 m_e (E_g + 2\Delta/3)} \tag{2-36}$$

式中：m_e 是自由电子质量；E_g 是禁带宽度；Δ 是自旋轨道分裂能量。对 GaAs 来说，$E_g = 1.424eV$，$\Delta = 0.33\mathrm{eV}$，$m_e^* = 0.067 m_e$，由此可得 $|M_b|^2 = 1.3 m_e E_g$。

考虑 k 选择规则，单位体积的总自发辐射率为

$$r_{sp}(E) = \frac{2\bar{n}e^2 E |M_b|^2}{\pi m_e^2 \varepsilon_0 h^2 c^3} \left(\frac{2m_r}{\hbar^2}\right)^{3/2} \sqrt{E - E_g} f_c(E_c) f_v(E_v) \tag{2-37}$$

式中：f_c 和 f_v 分别是电子和空穴的费米（Fermi）因子

$$E_c = (m_r/m_e^*)(E - E_g) \tag{2-38}$$

$$E_v = (m_r/m_{hh}^*)(E - E_g) \tag{2-39}$$

$$m_r = \frac{m_e^* m_{hh}^*}{m_e^* + m_{hh}^*} \tag{2-40}$$

m_{hh}^* 是重空穴的有效质量。式（2-37）给出了光子能量为 E 的自发辐射率。为了得到总自发辐射率，需要对所有可能的能量进行积分。因此，单位体积内电子—重空穴跃迁引起的总自发辐射率为

$$R = \int_{E_g}^{\infty} r_{sp}(E) \mathrm{d}E = A |M_b|^2 I \tag{2-41}$$

式中

$$I = \int_{E_g}^{\infty} \sqrt{E - E_g} f_c(E_c) f_v(E_v) \mathrm{d}E \tag{2-42}$$

式中：A 为式（2-37）中的常数系数。

如果用有效质量 m_{lh}^* 来代替 m_{hh}^*，类似可得到电子—轻空穴跃迁的方程。

基于量子力学的吸收系数 α（E）由 Agrawal 和 Dutta（1986）使用类似的分析导出

$$\alpha(E) = \frac{e^2 h |M_b|^2}{4\pi^2 m_e^2 \varepsilon_0 c \bar{n} E} \left(\frac{2m_r}{\hbar^2}\right)^{3/2} \sqrt{E - E_g} [1 - f_c(E_c) - f_v(E_v)] \tag{2-43}$$

虽然量子力学的复合模型是最合适和最准确的，但处理起来可能耗时和棘手。下面将用半经典方法的分析复合，这些方法通常更便于使用。

van Roosbroeck 和 Shockley 模型可用来计算平衡态和非平衡态的自发辐射复合速率。为了计算复合速率，该模型只需要知道几个基本参数，即禁带宽度、吸收系数和折射率。所有这些参数均可由众所周知的简单实验方法得到。

考虑半导体的吸收系数 α（v），单位是 cm^{-1}。在半导体中由电子和空穴复合产生的光子通常会被吸收，如图 2-6 所示。

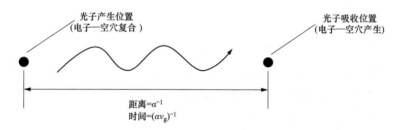

图 2-6　光子产生和被吸收间的移动距离和时间

具有频率 v 的光子被吸收之前的平均移动距离就是 α（v）$^{-1}$。光子被吸收的时间由式（2-44）给出

$$\tau(v) = \frac{1}{\alpha(v) v_g} \tag{2-44}$$

式中：v_g 是光子在半导体中传播的群速度。光子在介质中的频率与波长的关系如式（2-45）所示，即在介质中光速变慢，频率是不变的，相应的波长会变短。浸没式光刻就是利用这个原理，将光刻机发光部位浸入高折射率液体，晶圆也在液体中，这样光刻的光线波长变短，有利于缩小衍射极限。通常折射率 $\bar{n}(v)$ 是频率的函数且一般随频率增大而增大。

$$v\lambda = \frac{c}{\bar{n}} \tag{2-45}$$

群速度的定义是包络波上任一恒定相位点的推进速度，数值等于角频率对波数的变换率，由群速度定义以及式（2-45）和式（1-70）可得

$$v_{\mathrm{g}} = \frac{\mathrm{d}\omega}{\mathrm{d}k} = \frac{\mathrm{d}v}{\mathrm{d}(1/\lambda)} = c \frac{\mathrm{d}v}{\mathrm{d}(\bar{n}v)} \tag{2-46}$$

式中：$\bar{n}$ 是折射率，将式（2-46）代入式（2-44）可得

$$\frac{1}{\tau(v)} = \alpha(v) v_{\mathrm{g}} = \alpha(v) c \frac{\mathrm{d}v}{\mathrm{d}(\bar{n}v)} \tag{2-47}$$

式（2-47）给出了光子寿命的倒数，或单位时间光子被吸收的几率。吸收概率和光子密度的乘积得到单位时间单位体积的光子吸收率。

　　在平衡条件下，将折射率为 $\bar{n}$ 的介质看作完全吸收辐射但不反射辐射的黑体，则由式（1-80）、式（1-84）和频率为 v 的光子能量为 hv，可得单位体积单位波长内的平均光子数为

$$N(\lambda) = \frac{8\pi}{\lambda^4} \frac{1}{e^{hv/k_{\mathrm{B}}T} - 1} \tag{2-48}$$

由于在一定波长域和相应的频率域内的光子数是一定的，所以有

$$N(\lambda) \left| \mathrm{d}\lambda \right| = N(v) \left| \mathrm{d}v \right| \tag{2-49}$$

结合式（2-45）可得

$$N(v) = N(\lambda) \frac{c}{(\bar{n}v)^2} \frac{\mathrm{d}(\bar{n}v)}{\mathrm{d}v} \tag{2-50}$$

将式（2-50）代入式（2-48），有

$$N(v) = \frac{8\pi v^2 \bar{n}^2}{c^3} \frac{1}{e^{hv/k_{\mathrm{B}}T} - 1} \frac{\mathrm{d}(\bar{n}v)}{\mathrm{d}v} \tag{2-51}$$

式（2-51）就是介质黑体的光子数分布与频率的函数关系。

　　单位体积单位频率间隔内光子的吸收率由光子密度除以光子寿命给出，即结合式（2-47）和式（2-51），得到

$$R_0(v) = \frac{N(v)}{\tau(v)} = \frac{8\pi v^2 \bar{n}^2}{c^2} \frac{\alpha(v)}{e^{hv/k_{\mathrm{B}}T} - 1} \tag{2-52}$$

对所有频率积分即可得单位体积内光子的吸收率

$$R_0 = \int_0^\infty R_0(v)\,\mathrm{d}v = \int_0^\infty \frac{8\pi v^2 \bar{n}^2}{c^2} \frac{\alpha(v)}{e^{hv/k_{\mathrm{B}}T} - 1}\,\mathrm{d}v \tag{2-53}$$

式（2-53）就是著名的 van Roosbroeck-Shockley 方程。该方程可通过把吸收系数写成如下形式来化简

$$\alpha = \alpha_0 \sqrt{(E - E_{\mathrm{g}})/E_{\mathrm{g}}} \tag{2-54}$$

吸收系数的平方根依赖关系是由吸收系数和状态密度的比例关系引起的，而状态密度又遵循对能量的平方根依赖关系。其中 α_0 是在光子能量 $hv = 2E_{\mathrm{g}}$ 时的吸收系数。式（2-54）暗含了只有当光子能量 hv 大于禁带宽度 E_{g} 时，才能被介质吸收，这与爱因斯坦的光电效应理论是一致的，即只有当频率大于某个临界频率时，光才能被介质吸收并放出一个光电子，而频率小于这个临界频率，无论如何增大光强，也不会发生光电效应。表 2-1 给出了一些半导体的 α_0 近似值。计算条件为温度 300K，折射率采用带隙能量对应频率的折射率，多数载流子浓度按 $10^{18}\,\mathrm{cm}^{-3}$ 计算。

表 2-1 半导体材料光子吸收率

材料	E_g/eV	α_0/cm^{-1}	$\bar{n}$	$R_0/(cm^{-3}s^{-1})$	n_i/cm^{-1}	$B/(cm^3s^{-1})$	τ_{spont}/s
GaAs	1.42	2×10^4	3.3	7.9×10^2	2×10^6	2.0×10^{-10}	5.1×10^{-9}
InP	1.35	2×10^4	3.4	1.2×10^4	1×10^7	1.2×10^{-10}	8.5×10^{-9}
GaN	3.40	2×10^5	2.5	8.9×10^{-30}	2×10^{-10}	2.2×10^{-10}	4.5×10^{-9}
GaP	2.26	2×10^3	3.0	1.0×10^{-12}	1.6×10^0	3.9×10^{-13}	2.6×10^{-6}
Si	1.12	1×10^3	3.4	3.3×10^6	1×10^{10}	3.2×10^{-14}	3.0×10^{-5}
Ge	0.66	1×10^3	4.0	1.1×10^{14}	2×10^{13}	2.8×10^{-13}	3.5×10^{-6}

如果忽略折射率随频率的变化，而采用带隙能量对应频率的折射率，式（2-53）可进一步化简为

$$R_0 = 8\pi c\bar{n}^2\alpha_0\left(\frac{k_BT}{ch}\right)^3\sqrt{\frac{k_BT}{E_g}}\int_{x_g}^{\infty}\frac{x^2\sqrt{x-x_g}}{e^x-1}dx \qquad (2-55)$$

式中：$x=h_v/(k_BT)=E/(k_BT)$；$x_g=E_g/(k_BT)$，积分下限从 0 变为 x_g 的原因是光子能量需要大于禁带宽度才能被吸收。由于指数函数随 x 的增大而迅速增大，所以只有接近带隙能量的小范围能量对积分有贡献。上述积分没有简单的解析解，需要用数值方法来求解。

在平衡条件下，载流子产生速率（光子吸收速率）等于载流子复合速率（光子发射速率）。因此，van Roosbroeck-Shockley 模型提供了平衡态复合速率。如前所述，适用于平衡和非平衡条件的双分子速率方程给出了单位体积和单位时间内发生的复合事件数如式（2-3）所示，借此，可以应用 van Roosbroeck-Shockley 模型计算双分子复合系数 B。在平衡条件下，有

$$R = R_0 = Bn_i^2 \qquad (2-56)$$

用式（2-55）和式（2-56）即可计算双分子复合系数 B。表 2-1 给出了一些半导体双分子复合系数的计算结果。计算所需的所有材料参数也同时列在表格内。计算结果与实测结果匹配得较好。GaP、Si 和 Ge 等间接带隙半导体与Ⅲ-Ⅴ族直接带隙半导体相比，双分子复合系数非常小，与跃迁过程中的动量守恒有关。van Roosbroeck-Shockley 模型之所以称为半经典模型，主要是因为其推导过程中用到了能量量子化，不属于经典理论，但是所用统计分布为经典统计麦克斯韦—玻尔兹曼统计，这是描述独立定域粒子体系分布状况的统计规律。所谓独立定域粒子体系指的是这样一个体系：粒子间相互没有任何作用，互不影响，并且各个不同的粒子之间都是可以互相区别的，在量子力学背景下只有定域分布粒子体系中的粒子是可相互区分的，因此这种体系被称为独立定域粒子体系。而在经典力学背景下，任何一个粒子的运动都是严格符合力学规律的，有着可确定的运动轨迹可相互区分，因此所有经典粒子体系都是定域粒子体系。而纯量子统计中全同粒子是不可区分的，对光子这类波色子，应采用玻色—爱因斯坦统计；对电子这类费米子，应该采用费米—狄拉克统计。

下面考虑复合几率的温度依赖性和掺杂依赖性。图 2-7 是低温和高温时的载流子分布图，在低温和高温下 $E(k)$ 都是抛物线函数关系。从图 2-7 中可看出，随着温度的升高，每 dk 间隔的载流子数量减少。由于辐射复合需要动量守恒，电子的复合概率与

具有相等动量的空穴数成正比，所以复合概率随温度的升高而减小。双分子复合系数与温度成 $T^{3/2}$ 的关系。

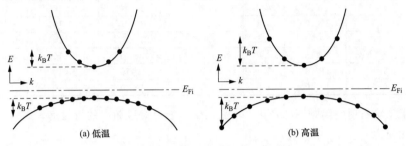

图 2-7　低温和高温时的载流子分布

图 2-8 是 P 型半导体非简并掺杂和简并掺杂时的载流子分布图。简并掺杂时每 dk 间隔的空穴浓度变为常数，在简并掺杂情况下复合几率不随掺杂浓度变化。

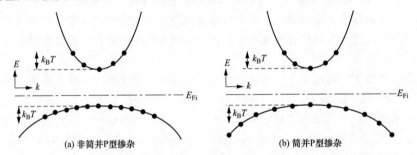

图 2-8　P 型半导体非简并掺杂和简并掺杂时的载流子分布图

通过双分子复合系数的量子力学计算可证实这一观点，双分子复合系数在简并掺杂时区域饱和。van Roosbroeck-Shockley 模型没有表现出这种特性，因为它的有效性仅限于非简并情况。

下面介绍爱因斯坦模型。第一个光学跃迁理论是由爱因斯坦提出的。爱因斯坦模型包括自发的、受激的或称诱导的跃迁。自发跃迁是自发发生的，也就是说，没有外部激励；相反，受激跃迁是由外部激励，即光子引起的。因此，诱导跃迁率与光子密度或辐射密度成正比。

系数 A 和 B 描述了原子中两个量子化能级的自发和受激跃迁。这些跃迁如图 2-9 所示。将这两个能级分别表示为 "1" 和 "2"，爱因斯坦假设单位时间内向下跃迁（2→1）和向上跃迁（1→2）的概率为

$$W_{2\to1} = B_{2\to1}\rho(v) + A \tag{2-57}$$

$$W_{1\to2} = B_{1\to2}\rho(v) \tag{2-58}$$

每个原子的向下跃迁概率有两项，即诱导项和自发项。诱导项 $B_{2\to1}\rho(v)$ 正比于辐射密度 $\rho(v)$。自发向下跃迁概率是一个常数 A。注意，自发辐射寿命由 $\tau_{spont} = A^{-1}$ 给出。向上跃迁的概率仅是 $B_{1\to2}\rho(v)$。

原子中的爱因斯坦系数 A 对应于半导体中的双分子复合系数。在一个原子中，浓度条件（即在双分子速率方程 $R = Bnp$ 中的 n 和 p）不发挥作用，因为向下辐射，高能

级必须被占（一个电子，"$n=1$"）和低能级必须空置（一个空穴，"$p=1$"）。

爱因斯坦证明了 $B=B_{1\to2}=B_{2\to1}$。因此受激吸收和受激辐射是互补的过程。他还证明，在折射率为 $\bar{n}$ 的均匀的各向同性介质中，对应频率为 v 的自发辐射与受激辐射系数的比为常数

$$\frac{A}{B}=\frac{8\pi\bar{n}^3hv^3}{c^3} \tag{2-59}$$

用量子力学也可以证明 $B_{1\to2}$ 和 $B_{2\to1}$ 的等价性，即利用费米黄金定律处理。

2.1.4　LED 电气特性

下面介绍 PN 结的电气特性。考虑一个具有 N_D 施主浓度和 N_A 受主浓度的 PN 突变结。假设所有的杂质都被完全电离，因此自由电子浓度用 $n=N_D$ 表示，自由空穴浓度用 $p=N_A$ 表示。并不考虑其他杂质和缺陷引起的补偿掺杂。

在无电压偏置的 PN 结附近，来自 N 型侧的施主电子扩散到 P 型侧，在那里它们遇到许多空穴并与之复合。空穴从 P 型侧扩散到 N 型侧，会发生一个类似的过程。结果，PN 结附近区域的自由载流子被耗尽，这个区域被称为耗尽区。

在耗尽区没有自由载流子的情况下，耗尽区唯一的电荷来自电离的施主和受主。这些掺杂剂形成一个空间电荷区，即 N 型侧为施主，P 型侧为受主。空间电荷区产生的电势称为扩散电压 V_D。扩散电压为

$$V_D=\frac{k_BT}{e}\ln\frac{N_AN_D}{n_i^2} \tag{2-60}$$

式中：N_A 和 N_D 分别为受主和施主浓度；n_i 为半导体的本征载流子浓度；e 为电子电量。扩散电压如图 2-10 的能带图所示。扩散电压是自由载流子达到导电类型相反的中性区所必须克服的势垒。

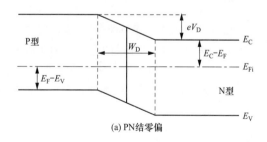

(a) PN结零偏

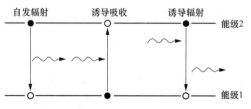

图 2-9　自发辐射、诱导吸收和诱导辐射

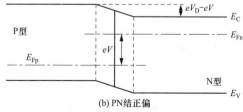

(b) PN结正偏

图 2-10　零偏和正偏情况下载流子扩散至中性区复合

耗尽区宽度、耗尽区电荷和扩散电压由泊松方程联系起来。因此，可从扩散电压确定耗尽层宽度。损耗层宽度为

$$W_D = \sqrt{\frac{2\varepsilon}{e}(V_D - V)\left(\frac{1}{N_A} + \frac{1}{N_D}\right)} \tag{2-61}$$

式中：$\varepsilon = \varepsilon_r \varepsilon_0$ 是介电常数；V 是二极管偏置电压。

当对 PN 结施加偏置电压时，电压会在耗尽区下降。由于自由载流子的耗尽，这一区域具有很强的电阻性。因此，正向偏压会减小 PN 结的势垒，反向偏压会增大 PN 结的势垒。在正向偏置条件下，电子和空穴被注入导电类型相反的区域，电流增加。载流子扩散到导电类型相反的区域，在那里它们最终会重新复合，从而发射出光子。

PN 结的电流—电压（I-V）特性首先由肖克莱（Shockley）提出，因此描述 PN 结二极管的 I-V 曲线的方程称为肖克莱方程。具有横截面积 A 的二极管的肖克莱方程为

$$I = eA\left(\sqrt{\frac{D_p}{\tau_p}}\frac{n_i^2}{N_D} + \sqrt{\frac{D_n}{\tau_n}}\frac{n_i^2}{N_A}\right)[\exp(eV/k_BT) - 1] \tag{2-62}$$

式中：$D_{n,p}$ 和 $\tau_{n,p}$ 分别是电子和空穴的扩散常数和少数载流子寿命。

在反向偏置条件下，二极管电流饱和，饱和电流由肖克莱方程中指数函数前的因子给出。二极管 I-V 特性可写成

$$I = I_S[\exp(eV/k_BT) - 1] \tag{2-63}$$

式中：I_S 就是反向偏置时的饱和电流，其表达式为

$$I_S = eA\left(\sqrt{\frac{D_p}{\tau_p}}\frac{n_i^2}{N_D} + \sqrt{\frac{D_n}{\tau_n}}\frac{n_i^2}{N_A}\right) \tag{2-64}$$

在典型正偏情况，二极管电压 $V \gg k_BT/e$，因此 $\exp(eV/k_BT) - 1 \approx \exp(eV/k_BT)$，故对正偏情况，肖克莱方程（2-62）可写为

$$I = I_S\exp[e(V - V_D)/k_BT] \tag{2-65}$$

式（2-63）中指数函数的指数表明，当二极管电压接近扩散电压时，电流明显增大，即 $V \approx V_D$。电流大幅增加时的电压称为阈值电压，该电压由 $V_{th} \approx V_D$ 给出。

图 2-10 所示的正偏 PN 结的能带图，也说明了费米能级在导带和价带边缘的分离。费米能级与能带边缘之间的能量差可从玻尔兹曼统计中推导出来，对 N 型半导体，有

$$E_C - E_F = -k_BT\ln\frac{n}{N_C} \tag{2-66}$$

对 P 型半导体，有

$$E_F - E_V = -k_BT\ln\frac{p}{N_V} \tag{2-67}$$

从图 2-10 所示的能带图可看出，以下能量之和为零

$$eV_D - E_g + (E_F - E_V) + (E_C - E_F) = 0 \tag{2-68}$$

在重掺杂半导体中，与带隙能量相比，能带边缘和费米能级之间的分离很小，即在 N 型一侧 $(E_C - E_F) \ll E_g$，在 P 型一侧，$(E_F - E_V) \ll E_g$。此外，从方程式推断，这些量只与掺杂浓度有微弱的（对数依赖）关系，见式（2-66）和式（2-67）。因此，可忽略式（2-68）的第三项和第四项和，用禁带宽度除以电子电量近似地表示扩散电压

$$V_{th} \approx V_D \approx E_g/e \tag{2-69}$$

由不同材料制成的几个半导体二极管的 I-V 特性以及这些材料的禁带宽度如图 2-11 所示。图 2-11 中所示的实验阈值电压，以及与这些材料的禁带宽度比较表明，禁带宽度与阈值电压确实相当吻合。

另有实验表明，基于Ⅲ-Ⅴ族氮化物 LED 的 V_f 与式（2-69）不是很符合，有如下几点原因：①在氮化物材料系常会发生较大的能带不连续，这将引起额外的压降；②氮化物材料系的欧姆接触不是特别成熟，也会引入额外压降；③P 型 GaN 体材料的电导率比较低；④N 型缓冲层会产生寄生压降。

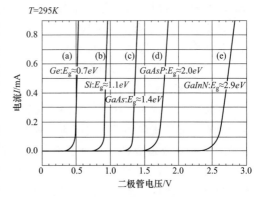

图 2-11　几个半导体二极管的 Ⅰ-Ⅴ 特性

肖克莱方程给出了 PN 结的理论 I-V 特性。为了描述实验测量的特性，可使用以下方程

$$I = I_S \exp[eV/(n_{ideal}k_B T)] \tag{2-70}$$

式中：n_{ideal} 是二极管的理想因子。对于一个完美的二极管，理想因子为单位值（$n_{ideal} = 1.0$）。对于实际二极管，一般假定理想因子典型值为 $1.1 \sim 1.5$。然而，对于Ⅲ-Ⅴ族砷化物和磷化物二极管，n_{ideal} 值有时高达 2.0。GaN/InGaN 二极管的 n_{ideal} 值甚至高达 7.0。

通常二极管有额外的或寄生电阻。串联电阻可是接触电阻过大引起的，也可以是中性区域电阻引起的。并联电阻可由任何旁路 PN 结的通道引起。这种旁路可能是由 PN 结的受损区域或表面缺陷造成的。

二极管的 I-V 特性，如肖克莱方程所给出的，通常需要修正，以考虑寄生电阻的影响。假设用一个电阻 R_P（与理想二极管并联）和一个电阻 R_S（与理想二极管和并联）来修正，则正向偏置 PN 结二极管的 I-V 特性为

$$I - \frac{V - IR_S}{R_P} = I_S \exp[e(V - IR_S)/(n_{ideal}k_B T)] \tag{2-71}$$

当 $R_P \rightarrow \infty$ 且 $R_S \rightarrow 0$ 时，式（2-71）退化为肖克莱方程。

有时，二极管的导通电压分布在一个电压范围内，而不是在阈值电压处突然发生。非突变启动被称为亚阈值启动或过早启动。亚阈值电流可由载流子通过半导体体中的表面态或深能级传输而产生。

在线性和对数刻度上详细检查二极管 I-V 特性，可诊断潜在的问题，如分流、串联电阻、过早开启和寄生二极管等。因此封装厂家在对 LED 灯珠分 Bin 时，一般会测试 LED 的瞬态响应，包括小电流、大电流、动态电阻等，用这个办法有时可筛查出一些潜在的品质缺陷。例如，在用 PECVD 淀积二氧化硅层时，如果机器设备参数调整不良，则有可能使二氧化硅层生长不够致密，甚至有大量位错缺陷，这是有可能在 LED

芯片内部形成旁路漏电通道，这些通道会使 LED 在小电流时开启暗亮，大电流时往往又会恢复正常，有时也会发生闪烁现象。在 LED 灯珠经过串并联做成线路板时，可能会发生断电后暗亮或闪烁，小电流启动时，灯珠不能同步开启等不良现象。这些灯珠短期内可能不会有大的隐患，但长期来看，旁路通道一旦转化为短路通道，则会引起死灯问题。一个旁路现象的例子如彩图 8 所示。

耗尽区产生和复合：肖克莱二极管方程不考虑耗尽区载流子的产生和复合事件。然而，在实际的二极管中，耗尽区有陷阱能级，这使得发生这种事件成为可能。载流子的产生和复合会导致正向和反向偏压的过剩电流。在正向偏置时，过剩电流是由于耗尽区少数载流子的复合造成的。这种复合电流只在低电压时起主导作用，其理想因子为 2.0。在较高的电压下，扩散电流起主导作用，理想因子为 1.0。在反向偏置的情况下，过剩电流是由耗尽区载流子的产生引起的。在耗尽区电场的影响下，产生的载流子向中性区漂移。由于耗尽层宽度的增加，产生的电流随反向电压的增加而增加。

光电流：实际的测量中，在有光的房间里，放置在透明容器中的二极管会产生光电流。因此，测量需要在黑暗中进行。关掉房间的灯或用一块黑布盖住装置有助于减少光电流。在黑暗中，在零电压下，电流应为零。然而，一个非常小的非零电流（如 10^{-12} A）经常被测量到。非零电流通常是由于测量仪器的精度有限造成的。即使在完全黑暗的环境下，最好的仪器也能在零偏压下测量出大约 10^{-15} A 的电流。

在接近 I-V 特性图的原点附近可估计二极管的并联电阻，在此处 $V \ll E_g/e$。在这个电压范围内，PN 结的电流可忽略，并联电阻为

$$R_P \approx \mathrm{d}V/\mathrm{d}I \big|_{V \ll E_g/e} \qquad (2\text{-}72)$$

注意，在通常的二极管中，并联电阻比串联电阻大得多，因此在计算并联时不必考虑串联电阻。

串联电阻可以在 $V > E_g/e$ 的高压下计算。对于足够大的电压，二极管 I-V 特性变为线性，串联电阻由 I-V 曲线的切线给出

$$R_S = \mathrm{d}V/\mathrm{d}I \big|_{V > E_g/e} \qquad (2\text{-}73)$$

光子从具有禁带宽度 E_g 的半导体辐射出来，具有如下关系

$$hv \approx E_g \qquad (2\text{-}74)$$

在理想的二极管中，每一个注入到有源区域的电子都会产生一个光子。能量守恒要求注入电子的能量等于光子的能量。因此，能量守恒需要

$$eV = hv \qquad (2\text{-}75)$$

也就是说，施加在 LED 上的电压乘以电子电量等于光子能量。有几个效应可改变由式（2-75）确定的二极管电压。这些效应将在下面讨论。

载流子在 PN 同质结中的分布，即由单一材料构成的 PN 结，取决于载流子的扩散常数。载流子的扩散常数不易测量。更常见的是对载流子迁移率的测量。例如，通过霍尔效应来测量。对于非简并半导体，扩散常数可通过爱因斯坦关系式由载流子迁移率推导出，该关系式为

$$\begin{cases} D_{n} = \dfrac{k_{B}T}{e}\mu_{n} \\[2mm] D_{p} = \dfrac{k_{B}T}{e}\mu_{p} \end{cases} \qquad (2\text{-}76)$$

式中：μ_{n} 和 μ_{p} 分别为电子和空穴的迁移率。

在没有外加电场的情况下，注入中性半导体的载流子通过扩散传播。如果将载流子注入导电类型相反的区域，少数载流子最终会复合。复合前少数载流子扩散的平均距离称为扩散长度。平均来说，注入 P 型区域的电子在与空穴复合之前，会扩散到扩散长度 L_{n}。扩散长度为

$$\begin{cases} L_{n} = \sqrt{D_{n}\tau_{n}} \\[2mm] L_{p} = \sqrt{D_{p}\tau_{p}} \end{cases} \qquad (2\text{-}77)$$

式中：τ_{n} 和 τ_{p} 分别为电子和空穴的少数载流子寿命。在典型的半导体中，扩散长度大约是几微米。例如，P 型砷化镓中电子扩散长度的是由 $L_{n}=(220\text{cm}^{2}/\text{s}\times10^{-8}\text{s})^{1/2}\approx15\mu\text{m}$。因此，少数载流子分布在几微米厚的区域内。

图 2-12（a）和（b）分别给出了零偏和正偏情况下 PN 结载流子的分布。注意，少数载流子分布在相当大的范围内。此外，少数载流子浓度随着这些载流子进一步扩散到邻近区域而降低。因此，复合发生在一个大的区域，少数载流子浓度变化强烈。因此，同质结中因有较大的复合区域而不利于有效的复合。

所有的高强度 LED 都不采用同质结设计，而是采用异质结，异质结比同质结器件有明显的优势。异质结器件采用两种半导体材料，即窄禁带有源区和宽禁带势垒区。如果一个结构包含两个势垒，即两个宽禁带半导体，那么这个结构就称为双异质结（通常缩写为 DH）。

异质结对载流子分布的影响如图 2-12（c）所示。注入双异质结有源区的载流子通过势垒被限制在有源区。因

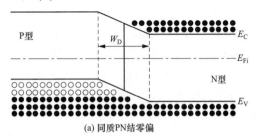

(a) 同质PN结零偏

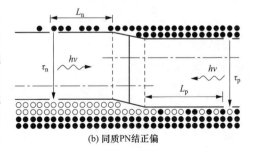

(b) 同质PN结正偏

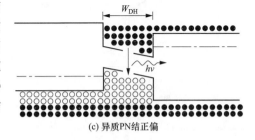

(c) 异质PN结正偏

图 2-12 同质结合异质结中少数载流子的扩散和复合

此，载流子复合区域的厚度是由有源区的厚度而不是扩散长度决定的。

这种变化有显著的影响。假设有源区的厚度比典型的扩散长度要小得多。扩散长度

可能范围为 $1\sim20\mu m$。双异质结有源区的可能范围从 $0.01\sim1\mu m$。因此，在双异质结的有源区的载流子浓度比在同质结有源区载流子的浓度要高得多，同质结有源区载流子的浓度分布在几个扩散长度上。考虑辐射复合速率的双分子复合方程式（2-3），可以看到，在有源区高浓度的载流子增加了辐射复合速率，降低了复合寿命。因此，所有高效率 LED 都采用双异质结设计或量子阱设计。

异质结的使用使得人们可通过限制载流子到有源区来提高 LED 的效率，从而避免少数载流子长距离的扩散。异质结也可用来把光限制在光波导区域，特别是在边发射 LED 中。一般来说，现代 LED 和半导体激光器都有许多异质结，如接触层、有源区和波导区。虽然异质结是 LED 的改进设计，但是也有与异质结相关的一些问题。

异质结带来的问题之一是异质界面引起的电阻。电阻的来源如图 2-13（a）所示，这是异质结的能带图。该异质结由两个具有不同禁带宽度的半导体组成，假设该异质结的两边都具是 N 型半导体。宽禁带材料中的载流子会向窄禁带材料扩散，占据低能量的导带底。由于电子的转移，形成电偶极子，在宽禁带材料中形成带正电荷的耗尽层和带负电荷的电子积聚层，在窄禁带材料中形成带负电荷的电子积聚层。电荷转移导致图 2-13（a）中所示的能带弯曲。从一个半导体转移到另一个半导体的载流子必须通过隧穿或通过热发射来克服界面形成的势垒。异质结引起的电阻对器件性能有很大的影响，特别是在大功率器件中。异质结电阻产生的热能使有源区升温，从而降低了辐射效率。

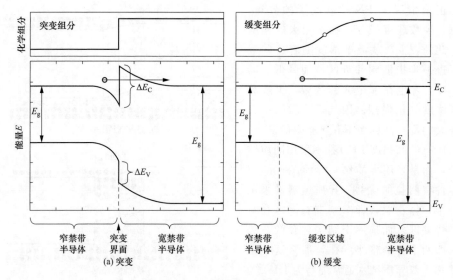

图 2-13 突变和缓变组分异质结

通过对异质结构附近半导体的化学成分进行调整，使其缓慢变化，可完全消除异质结能带的不连续性。缓变异质结的能带图如图 2-13（b）所示，在导带中不再存在阻碍电子流动的尖峰。结果表明，抛物线型渐变异质结的电阻与体材料的电阻相当。因此，通过抛物线缓变可完全消除突变异质结带来的附加电阻。

由于以下原因，渐变区域的形状应是抛物线形。由于电子转移到窄禁带材料上，宽禁带材料将失去自由载流子。因此，宽禁带材料中的电荷浓度为施主杂质浓度。假设整个异质结的施主杂质浓度 N_D 为常数，从泊松方程的解可得到静电动势为

$$\Phi = \frac{eN_D}{2\varepsilon}x^2 \qquad (2\text{-}78)$$

由方程可知，势依赖于空间坐标 x 的平方，即势呈抛物线形。为了补偿抛物线形状的耗尽电动势，半导体的组分也以抛物线的方式变化，从而产生一个整体平坦的电动势。这里假设化学成分的抛物线变化导致禁带宽度的抛物线变化，即禁带宽度线性的依赖于化学成分，可忽略能带弯曲。

下面给出缓变异质结的近似设计规则。假设导带不连续的突变异质结能量差 ΔE_C，结构是施主掺杂浓度 N_D 的均匀掺杂。假设载流子已经转移到窄禁带半导体上，从而在宽禁带半导体中产生了厚度 W_D 的耗尽区。如果在耗尽区中创建的势垒等于 $\Delta E_C/e$，那么电子将不再漂向窄禁带材料。由式（2-78）可推导出耗尽区厚度为

$$W_D = \sqrt{\frac{2\varepsilon\Delta E_C}{e^2 N_D}} \qquad (2\text{-}79)$$

为了减小突变异质结带来的电阻，异质结界面应在 W_D 范围内渐变。虽然式（2-79）的结果是一个近似值，但它对器件设计具有很好的指导意义，可进一步修改模型来改进计算。例如，可考虑窄禁带材料中电子积聚层引起的电动势变化。

一般来说，异质结中载流子的运输应尽可能绝热，即半导体器件内载流子的运输不应产生不必要的热量。对于大功率器件来说尤其如此，因为在器件内部产生的额外热量会由于工作温度升高而导致性能下降。

最后，在所有异质结器件中都需要注意晶格匹配。缓变结也需要，应尽量减少错位的数量，以减少非辐射复合中心。

在理想的 LED 中，注入的载流子被与有源区相邻的阻挡层限制在有源区。通过将载流子限制在有源区，可获得高的载流子浓度，从而提高复合过程的辐射效率。

将载流子限制在有源区的能量势垒通常为几百 meV，即远大于 $k_B T$。尽管如此，一些载流子还是可从有源区逃逸到势垒层。逃逸到势垒层中的载流子浓度较低，从而势垒层中的载流子辐射效率较低。

有源区的自由载流子服从费米—狄拉克分布，因此某些载流子的能量高于阻挡势垒的高度。如图 2-14 所示，一些载流子从有源区逃逸到势垒区域。

考虑电子在双异质结有源区，假设其被高度差为 ΔE_C 的势垒阻挡，如图 2-14 所示。载流子的能量分布由费米—狄拉克分布给出。因此，有源区中存在一定比例的载流子，其能量高于势垒。能量高于势垒的电子的浓度是由式（2-80）给出

$$n_B = \int_{E_B}^{\infty} \rho_D f_{FD}(E)\,\mathrm{d}E \qquad (2\text{-}80)$$

式中：ρ_D 是状态密度；f_{FD} 是费米—狄拉克分布函数；E_B 是势垒高度。对于体状态密度，能量高于 E_B 的载流子浓度为

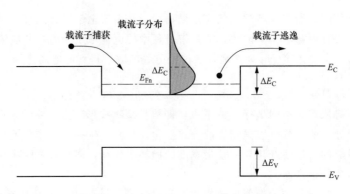

图 2-14　载流子在势阱中的捕获与逃逸

$$n_B = \frac{1}{2\pi^2}\left(\frac{2m^*}{\hbar^2}\right)^{3/2}\int_{E_C}^{\infty}\frac{\sqrt{E-E_C}}{1+e^{(E_{Fn}-E_n)/k_BT}}dE \qquad (2\text{-}81)$$

考虑到一般对能量远高于费米能量的载流子感兴趣，费米—狄拉克分布可近似为玻尔兹曼分布。由此可获得

$$n_B = N_C e^{-(E_n-E_{Fn})/k_BT} \qquad (2\text{-}82)$$

式中：N_C 为有效状态密度。式（2-82）给出了自由载流子在有源区—阻挡层界面的浓度。在阻挡层边缘的少数载流子会扩散到阻挡层中。扩散过程由初始浓度 n_B 和电子扩散长度 L_n 控制。取势垒边缘处的位置为原点（$x=0$），载流子分布可表示为

$$n_B(x) = n_B(0)e^{-x/L_n} = N_C e^{-(E_n-E_{Fn})/k_BT}e^{-x/L_n} \qquad (2\text{-}83)$$

式中：$L_n = (D_n\tau_n)^{1/2}$ 是扩散长度，τ_n 是少数载流子寿命，D_n 是扩散常数。扩散常数可由式（2-76）导出。

漏向势垒的电子扩散电流密度可由在 $x=0$ 处载流子浓度的导数得出

$$J_n\big|_{x=0} = -eD_n\frac{dn_B}{dx}(x)\bigg|_{x=0} = eD_n\frac{n_B(0)}{L_n} \qquad (2\text{-}84)$$

漏电流取决于势垒边缘的载流子浓度。因此，需要一个高的势垒高度来最小化漏电流。显然，要有效限制载流子，势垒必须远大于 k_BT。一些材料体系，如 AlGaN/GaN 或 AlGaAs/GaAs，具有相对较高的势垒，因此能降低势垒上的漏电流。其他材料系统，如在 600～650nm 发光的 AlGaInP/GaInP 具有较低的势垒，因此在势垒上有较强的载流子泄漏。

注意，漏电流随温度呈指数增长。因此，随着温度的升高，LED 的辐射效率会降低。为了降低辐射效率对温度的依赖性，需要更高的势垒。除了载流子泄漏外，Shockley-Read 复合等其他效应也会导致在高温时辐射效率降低。

上面介绍的内容，假设电子在P型区域扩散，忽略了漂移。然而，如果P型区有很大的电阻，电子漂移就不能忽略。这种漂移将增强电子电流。此外，以上还忽略了电接触。接触—半导体界面上的少数载流子浓度可认为是零，因为这种界面的表面复合速度很高。考虑到这些影响，Ebeling（1993）进一步计算了漏电流。如果接触点到有源区—势垒界面的距离用 x_p 表示，则漏电流为

$$J_{\mathrm{n}} = e D_{\mathrm{n}} n_{\mathrm{B}}(0) \left(\sqrt{\frac{1}{L_{\mathrm{n}}^2} + \frac{1}{L_{\mathrm{nf}}^2}} \coth \sqrt{\frac{1}{L_{\mathrm{n}}^2} + \frac{1}{L_{\mathrm{nf}}^2}} x_{\mathrm{p}} + \frac{1}{L_{\mathrm{nf}}} \right) \tag{2-85}$$

其中

$$L_{\mathrm{nf}} = \frac{k_{\mathrm{B}} T}{e} \frac{\sigma_{\mathrm{p}}}{J_{\mathrm{t}}} \tag{2-86}$$

式中：σ_{p} 是 P 型阻挡层的电导率；J_{t} 是二极管的总电流密度。

载流子从有源区溢出到限制层是另一种损耗机制。载流子溢出发生在大电流密度注入的情况下。随着注入电流的增大，有源区载流子浓度增大，费米能级升高。对于足够高的电流密度，费米能级将上升到势垒的顶部。有源区被载流子淹没，注入电流密度的进一步增大不会增加有源区载流子浓度。结果，光强度饱和。在大电流密度注入时，即使势垒足够高，也会发生载流子溢出，而在小电流密度注入时，可忽略势垒上的载流子泄漏。

考虑一个有源区宽度为 W_{DH} 的双异质结 LED，如图 2-15 所示。

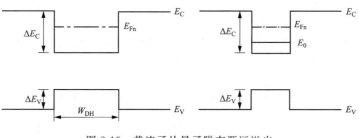

图 2-15　载流子从量子阱有源区溢出

载流子向有源区提供（通过注入）和从有源区移除（通过复合）的速率方程由式（2-87）给出

$$\frac{\mathrm{d}n}{\mathrm{d}t} = \frac{J}{e W_{\mathrm{DH}}} - Bnp \tag{2-87}$$

式中：B 是双分子复合系数。对大注入情况，有 $n = p$。由方程式（2-87）可得出稳态解（$\mathrm{d}n/\mathrm{d}t = 0$）

$$n = \sqrt{\frac{J}{eB W_{\mathrm{DH}}}} \tag{2-88}$$

载流子密度随注入器件电流密度的增加而增加，其结果是费米能级升高。与大注入近似，费米能级为

$$\frac{E_{\mathrm{F}} - E_{\mathrm{C}}}{k_{\mathrm{B}} T} = \left(\frac{3 \sqrt{\pi}}{4} \frac{n}{N_{\mathrm{C}}} \right)^{2/3} \tag{2-89}$$

在大注入情形，费米能级升高并最终会到达势垒顶部。此时，$E_{\mathrm{F}} - E_{\mathrm{C}} = \Delta E_{\mathrm{C}}$。利用这个值，可从方程中计算出有源区溢出处的电流密度，结合式（2-88）和式（2-89）可得

$$J\big|_{\text{overflow}} = \left(\frac{4N_{\text{C}}}{3\sqrt{\pi}}\right)^2 \left(\frac{\Delta E_{\text{C}}}{k_{\text{B}}T}\right)^3 eBW_{\text{DH}} \tag{2-90}$$

导带和价带都可能发生载流子溢出，谁先溢出取决于有效状态密度（N_{C}，N_{V}）和能带差（ΔE_{C}，ΔE_{V}）。

一般情况下，在有源区较小的结构中，载流子溢出问题更为严重。特别是单量子阱结构和量子点有源区本身就具有较小的尺度。在一定的电流密度下，有源区充满载流子，注入额外的载流子不会进一步增加发射光强。

单个量子阱结构的光强在低电流水平就达到饱和。随着量子阱数量的增加，发生饱和的电流水平增加，光饱和强度也增加。实验显示，一般 8 对以上量子阱饱和光强增速放缓，实际的 GaN 材料系 LED 多为 12～18 对量子阱结构。

对于量子阱结构和体材料有源区，溢出电流的计算是不同的。对于量子阱结构，必须使用二维（2D）的状态密度，而不是在上述计算中使用的三维状态密度。能量为 E_0 的量子态量子阱中的费米能级为

$$\frac{E_{\text{F}} - E_0}{k_{\text{B}}T} = \ln\left[\exp\left(\frac{n^{2D}}{N_{\text{C}}^{2D}}\right) - 1\right] \tag{2-91}$$

式中：n^{2D} 是每 cm^2 的二维载流子密度；N_{C}^{2D} 是二维有效状态密度，具体为

$$N_{\text{C}}^{2D} = \frac{m^*}{\pi\hbar^2}k_{\text{B}}T \tag{2-92}$$

在高载流子浓度，即简并情况时，由式（2-91）和式（2-92）可得

$$E_{\text{F}} - E_0 = \frac{\pi\hbar^2}{m^*}n^{2D} \tag{2-93}$$

接下来，写出量子阱的速率方程。载流子向有源区提供（通过注入）和从有源区移除（通过复合）的速率方程由式（2-94）给出

$$\frac{\mathrm{d}n^{2D}}{\mathrm{d}t} = \frac{J}{e} - B^{2D}n^{2D}p^{2D} \tag{2-94}$$

式中：$B^{2D} \approx B/W_{\text{QW}}$ 是二维结构的双分子复合系数。对大注入密度，有 $n^{2D} = p^{2D}$。在稳态条件（$\mathrm{d}n^{2D}/\mathrm{d}t = 0$）下求解式（2-94）可得

$$n^{2D} = \sqrt{\frac{J}{eB^{2D}}} = \sqrt{\frac{JW_{\text{QW}}}{eB}} \tag{2-95}$$

在大注入情形，费米能级升高并最终会到达势垒顶部。此时，$E_{\text{F}} - E_0 = \Delta E_{\text{C}} - E_0$。利用这个值，可从方程中计算出有源区溢出处的电流密度，结合式（2-93）和式（2-95）可得

$$J\big|_{\text{overflow}} = \left[\frac{m^*}{\pi\hbar^2}(\Delta E_{\text{C}} - E_0)\right]^2 \frac{eB}{W_{\text{QW}}} \tag{2-96}$$

因此，在双异质结和量子阱结构中，有源区的溢出都是一个潜在的问题。为了避免这个问题，大电流注入 LED 必须使用较厚的双异质结有源区，或多个量子阱（MQW）的有源区，或一个大的注入（接触）区域。通过选择这些参数，有源区的结构可优化设计，即在预期的工作电流密度下，不会发生载流子溢出。

载流子倾向于从 LED 的有源区逃逸到限制层。在双异质结中，如果有源区和限制层截面处的势垒高度较低，则会发生较多的载流子逃逸。此外，由于载流子热能增加，高温会使载流子更容易逃逸出有源区。

在Ⅲ-Ⅴ族半导体中，由于电子的扩散常数通常比空穴大，所以电子漏电流大于空穴漏电流。为了减少有源区外的载流子泄漏，一般可采用载流子阻挡层。特别是，许多 LED 结构采用电子阻挡层或电子阻滞剂，以减少电子逃逸出有源区。这种电子阻挡层是在限制层—有源区界面附近具有宽禁带宽度的区域。

带有电子阻挡层的 GaInN LED 能带图如图 2-16 所示。该 LED 具有 AlGaN 限制层和 GaInN/GaN 多量子阱有源区。在 P 型限制层中包含有一层电子阻挡层。图 2-16（a）显示了未掺杂的结构，说明了 ALGaN 电子阻挡层在导带和价带都对电流流动产生势垒阻挡作用。

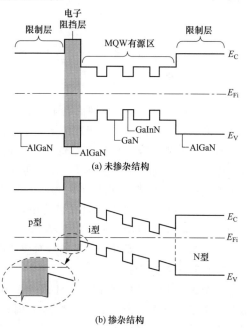

(a) 未掺杂结构

(b) 掺杂结构

图 2-16 未掺杂和掺杂的带电子阻挡层的 AlInGaN 能带图

然而，图 2-16（b）所示的掺杂结构表明，价带中的势垒被自由载流子屏蔽，因此 P 型限制层中的空穴流动没有势垒阻挡，即整体能带的不连续点位于导带内。

图 2-16 的放大图更详细地显示了电子阻挡层的价带边缘。在限制层—阻挡层界面上出现势垒尖峰（电子阻挡层中的空穴耗尽层）和低谷（P 型限制层中的空穴积聚层）。当向有源区传播时，空穴必须隧穿势垒尖峰。值得注意的是，通过在限制层—阻挡层界面上的组分缓变，可完全消除价带边缘的不平滑，使电子阻挡层完全不阻碍空穴流动。

注入电子的能量在电子空穴复合时转化为光能。因此，能量守恒要求发光器件的驱动电压或正向电压等于（或大于）禁带宽度除以电子电荷。因此二极管电压为

$$V = \frac{hv}{e} \approx \frac{E_g}{e} \qquad (2-97)$$

有几种机制导致驱动电压与这个值略有不同，这些机制将在下面进行讨论。

首先，如果二极管具有显著的串联电阻，就会产生额外的电压降。额外的电阻可以由接触电阻、突变异质结引起的电阻和在低载流子浓度或低载流子迁移率的材料中出现的体电阻引起。在串联电阻处出现 IR_S 级的电压降，从而提高了驱动电压。

其次，载流子注入量子阱结构或双异质结结构时，其能量可能会损失。非绝热注入的一个例子如图 2-17 所示，它显示了在正向偏压条件下的一个薄量子阱。图示说明载流子向量子阱注入时，电子失去能量 $\Delta E_C - E_0^e$，其中 ΔE_C 是导带能带不连续能差，E_0^e

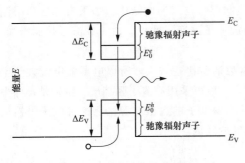

图 2-17　载流子非绝热注入

是的导带量子阱能量量子化的最低能态。同样，空穴的能量损失是 $\Delta E_V - E_0^h$，其中 ΔE_V 是价带能带不连续能差，E_0^h 是价带量子阱能量量子化的最低能态。载流子注入量子阱后，其能量通过声子发射即载流子能量转化为热而耗散。载流子的非绝热注入引起的能量损失与能带不连续的半导体有关，例如 GaN 和其他Ⅲ族氮化物材料。

因此，通过正向偏置 LED 的总电压降为

$$V = \frac{E_g}{e} + IR_S + \frac{\Delta E_C - E_0^e}{e} + \frac{\Delta E_V - E_0^h}{e} \tag{2-98}$$

式（2-98）右边的第一项是理论电压的最小值，第二项是由于器件中的串联电阻产生的压降，第三项和第四项是由于载流子非绝热注入到有源区产生的能耗带来的压降。

有实验发现二极管电压可略低于最小预测值，即可略低于如 $E_g/e \approx h\nu/e$。平均而言，电子和空穴都携带热能 $k_B T$。在正向偏置的 PN 结中，高能载流子比低能载流子更有可能扩散到导电类型相反的一侧，在那里它们会复合。在室温下，$4k_B T/e$ 相当于 100mV 左右的电压。在低电阻二极管中，电压可低于 $h\nu/e$ 约 $100 \sim 200$mV。例如，在正向偏压 GaAs LED 中（$E_g = 1.42eV$），一些光子发射能量 $h\nu = 1.42eV$，但是观察到二极管电压为 1.32V，即低于光子能量对应的电压。

2.1.5　光学特性

一个理想 LED 的有源区，每注入一个电子，就会释放出一个光子。每个带电荷的量子（电子）产生一个光量子（光子）。因此，理想的 LED 有源区的量子效率为 1。一般，内量子效率可定义为

$$\eta_{int} = \frac{有源区每秒辐射的光子数}{每秒注入到 LED 的电子数} = \frac{P_{int}/h\nu}{I/e} \tag{2-99}$$

式中：P_{int} 是有源区辐射的光功率；I 是注入的电流。

有源发出的光子要从 LED 芯片中逸出。在理想的 LED 中，所有从有源区发出的光子都会发射到自由空间中。这样的 LED 具有的出光效率为 1。然而，在实际的 LED 中，并不是所有的光功率都能从有源区发射到自由空间。有些光子可能永远离不开半导体。这是由几种可能的损失机制造成的。例如，假设 LED 衬底吸收发射波长，那么有源发出的光可被 LED 衬底重新吸收。光可入射到金属接触上，并被金属吸收。此外，全内反射现象，也称为光捕获现象，降低了光从半导体中逸出的能力。出光效率定义为

$$\eta_{extraction} = \frac{每秒辐射到自由空间的光子数}{每秒从有源区辐射出的光子数} = \frac{P/h\nu}{P_{int}/h\nu} \tag{2-100}$$

式中：P 是辐射到自由空间的光功率。

出光效率对高性能 LED 是一个严重的限制。如果不引入高度复杂和昂贵的器件工艺，很难将出光效率提高到超过 50%。

外量子效率定义为

$$\eta_{\text{ext}} = \frac{\text{每秒辐射到自由空间的光子数}}{\text{每秒注入到 LED 的电子数}} = \frac{P/h\upsilon}{I/e} = \eta_{\text{int}} \eta_{\text{extraction}} \quad (2\text{-}101)$$

外量子效率给出了有用的光粒子数与注入电荷粒子数之比。

功率效率定义为

$$\eta_{\text{power}} = \frac{P}{IV} \quad (2\text{-}102)$$

式中：IV 是施加到 LED 上的电功率。功率效率一般也称为电光转换效率（wall-plug efficiency）。

LED 发光的物理机制是电子—空穴对的自发复合和光子的同步发射。自发辐射过程与半导体激光器和超发光 LED 的受激发光过程有本质区别。自发复合的某些特性决定了 LED 的光学特性。以下将介绍 LED 的自发辐射特性。

电子—空穴复合过程如图 2-18 所示。假设导带中的电子和价带中的空穴的能量与波数的色散关系具有抛物线型关系

$$\begin{cases} E = E_{\text{C}} + \dfrac{\hbar^2 k^2}{2m_{\text{e}}^*} \\[2mm] E = E_{\text{V}} - \dfrac{\hbar^2 k^2}{2m_{\text{h}}^*} \end{cases} \quad (2\text{-}103)$$

式中：m_{e}^* 和 m_{h}^* 分别为电子和空穴的有效质量；$\hbar$ 是普朗克常数 h 除以 2π；k 是载流子波数；E_{C} 和 E_{V} 分别为导带底和价带顶。

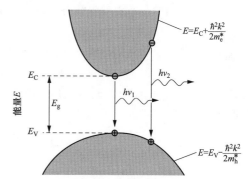

图 2-18　抛物线型电子和空穴复合发光

从能量和动量守恒的要求可以对辐射复合机理有了进一步了解。根据玻尔兹曼分布，电子和空穴的平均动能为 $k_{\text{B}}T$。能量守恒要求光子能量由电子能量 E_{e} 和空穴能量 E_{h} 之差给出

$$h\upsilon = E_{\text{e}} - E_{\text{h}} \approx E_{\text{g}} \quad (2\text{-}104)$$

如果热能相对于禁带宽度有 $k_{\text{B}}T \ll E_{\text{g}}$，则光子能量近似等于禁带宽度 E_{g}。因此，通过选择具有适当禁带宽度的半导体材料，可获得所需的 LED 发射波长。例如，GaAs 在室温下的禁带宽度为 1.42eV，因此 GaAs LED 发出的光为波长为 870nm 的红外光。

比较平均载流子动量和光子动量。一个具有动能 $k_{\text{B}}T$ 和有效质量 m^* 的载流子有动量

$$p = m^* \upsilon = \sqrt{2m^* \frac{1}{2} m^* \upsilon^2} = \sqrt{2m^* k_{\text{B}} T} \quad (2\text{-}105)$$

带有能量 E_{g} 的光子动量可由德布罗意关系导出

$$p = \hbar k = \frac{h\upsilon}{c} = \frac{E_{\text{g}}}{c} \quad (2\text{-}106)$$

用式（2-105）和式（2-106）分别计算载流子的动量和光子的动量，可发现载流子动量比光子动量大几个数量级。因此，电子动量在从导带跃迁到价带的过程中不会发生明显

的变化。因此跃迁是"垂直的",如图 2-18 所示,即电子只与具有相同动量或 k 值的空穴复合。

利用电子与空穴动量相等的要求,可将光子能量写成联合色散关系

$$h\nu = E_{\mathrm{C}} + \frac{\hbar^2 k^2}{2m_{\mathrm{e}}^*} - E_{\mathrm{V}} + \frac{\hbar^2 k^2}{2m_{\mathrm{h}}^*} = E_{\mathrm{g}} + \frac{\hbar^2 k^2}{2m_{\mathrm{r}}^*} \tag{2-107}$$

式中:m_{r}^* 为约化质量,由式(2-108)给出

$$\frac{1}{m_{\mathrm{r}}^*} = \frac{1}{m_{\mathrm{e}}^*} + \frac{1}{m_{\mathrm{h}}^*} \tag{2-108}$$

利用联合色散关系,可计算出联合态密度

$$\rho(E) = \frac{1}{2\pi^2}\left(\frac{2m_{\mathrm{r}}^*}{\hbar^2}\right)^{3/2}\sqrt{E - E_{\mathrm{g}}} \tag{2-109}$$

载流子在允带内的分布由玻尔兹曼分布给出,即

$$f_{\mathrm{B}}(E) = e^{-E/(k_{\mathrm{B}}T)} \tag{2-110}$$

辐射强度作为能量的函数与式(2-109)和式(2-110)的乘积成正比

$$I(E) \propto \sqrt{E - E_{\mathrm{g}}}\, e^{-E/(k_{\mathrm{B}}T)} \tag{2-111}$$

由式(2-111)给出的 LED 光谱线形如图 2-19 所示。对式(2-111)求导易算得最大发射强度出现在

$$E = E_{\mathrm{g}} + \frac{1}{2}k_{\mathrm{B}}T \tag{2-112}$$

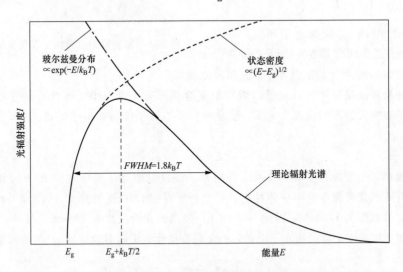

图 2-19　LED 的理论辐射光谱

下面来求光谱半峰宽 $FWHM$。把式(2-111)取最大值条件式(2-112)带入式(2-111)可得最值为

$$I_{\mathrm{M}}(E) = a\sqrt{\frac{k_{\mathrm{B}}T}{2}}\, e^{-\frac{E_{\mathrm{g}}}{k_{\mathrm{B}}T}}\, e^{-\frac{1}{2}} \tag{2-113}$$

式中：a 为正的常系数。把式（2-113）的一半带入式（2-111），化简后得到的超越方程式（2-114）应有两个实数解

$$8\mathrm{e}\left(\frac{E-E_\mathrm{g}}{k_\mathrm{B}T}\right)=\mathrm{e}^{2\left(\frac{E-E_\mathrm{g}}{k_\mathrm{B}T}\right)} \tag{2-114}$$

做变量代换为

$$x=2\left(\frac{E-E_\mathrm{g}}{k_\mathrm{B}T}\right) \tag{2-115}$$

可得非线性方程为

$$\mathrm{e}^x-4\mathrm{e}x=0 \tag{2-116}$$

用 Python 程序 2.1 _ 1 在区间 ［0，5］内解此方程，可得

$$\begin{cases}x_1=0.10182843\\x_2=3.69263453\end{cases} \tag{2-117}$$

从而可得光谱半峰宽 δ_E（$FWHM$）为

$$\delta_\mathrm{E}=E_2-E_1=\frac{1}{2}k_\mathrm{B}T(x_2-x_1)\approx1.8k_\mathrm{B}T \tag{2-118}$$

所以在能量表象，理论上来说，光谱半峰宽只与温度有关，随温度升高而展宽。如果把式（2-111）转换到波长表象，则峰值波长 450nm 的例子如图 2-20 所示。由图 2-20 可见，理论光谱与实际测试值有些偏差，左右并不对称。应认为光谱左侧计算结果与实际符合较好，右侧应该还有一些效应未考虑到，故而与实际光谱有较大差异。

在波长表象求光谱半峰宽为

$$\delta_\lambda=\frac{1.8k_\mathrm{B}T\lambda^2}{hc} \tag{2-119}$$

例如，室温下，辐射 870nm 的 GaAs LED，其光谱半峰宽 $\delta_\lambda=28\mathrm{nm}$。

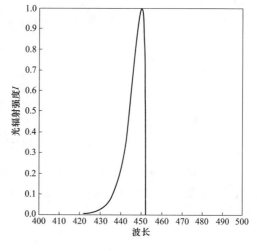

图 2-20　LED波长表象的理论辐射光谱

LED 发射的谱线宽度在几个方面都很重要。首先，与整个可见光谱范围相比，LED 在可见光范围内的线宽相对较窄。LED 的发射线宽甚至比人眼所感知到的单一颜色光谱宽度还要窄。例如，红色的波长范围为 625～730nm，这比 LED 的典型发射光谱要宽得多。因此，人眼感知到的 LED 发射谱是单色的。

其次，光纤有色散效应，在光纤中，由一定波长组成的光脉冲具有一定的传播速度范围。光纤中的材料色散限制了 LED 可实现的"比特率×距离"。

在直接带隙半导体中，载流子的自发辐射寿命为 1～100ns，这取决于有源区掺杂浓度（或载流子浓度）和材料质量。因此，LED 的调制速度可达 1Gbit/s。

半导体内部产生的光如果在半导体—空气界面内部发生全内反射，就无法从半导体

中逸出。如果光线的入射角接近正入射，光线就能从半导体中逸出。但是，当入射光为斜入射或掠入射时，会发生全内反射。全内反射大大降低了外量子效率，特别是对于由高折射率材料组成的 LED。

假设在半导体空气界面的入射角为 ϕ。那么折射光线的出射角 Φ，即可从斯涅尔（Snell）定律求出

$$\bar{n}_s \sin\phi = \bar{n}_{air} \sin\Phi \tag{2-120}$$

式中：$\bar{n}_s$ 和 $\bar{n}_{air}$ 分别是半导体和空气的折射率。得到全内反射临界角的条件是 $\Phi = 90°$ 时，如图 2-21 所示，有

$$\sin\phi_c = \frac{\bar{n}_{air}}{\bar{n}_s} \sin 90° = \frac{\bar{n}_{air}}{\bar{n}_s} \tag{2-121}$$

从而

$$\phi_c = \arcsin \frac{\bar{n}_{air}}{\bar{n}_s} \tag{2-122}$$

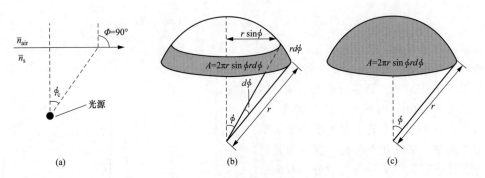

图 2-21　全内反射出光示意图

半导体的折射率通常很高。例如，GaAs 的折射率为 3.4。因此，根据式（2-122），全内反射的临界角度很小。在这种情况下，可使用近似计算 $\sin\phi_c \approx \phi_c$。从而全内反射的临界角

$$\phi_c \approx \frac{\bar{n}_{air}}{\bar{n}_s} \tag{2-123}$$

全内反射的角度决定了逃逸光锥。射入光锥的光可从半导体中逸出，而射入光锥外的光则受到全反射。

接下来计算半径为 r 的球锥面的表面积，以确定射入逃逸光锥的光的比例。图 2-21（b）和图 2-21（c）所示的伞形表面的表面积由积分给出

$$A = \int_0^{\phi_c} 2\pi r \sin\phi \, r d\phi = 2\pi r^2 (1 - \cos\phi_c) \tag{2-124}$$

假设光从半导体中的点状光源发出，总功率为 P_s。然后可从半导体中逸出的功率 P_e 由式（2-125）计算

$$P_e = P_s \frac{2\pi r^2 (1 - \cos\phi_c)}{4\pi r^2} \tag{2-125}$$

式中：$4\pi r^2$ 是半径为 r 的球面总表面积。

计算结果表明，在半导体内部发出的光只有一小部分能从半导体中逸出。这个比例为

$$\frac{P_e}{P_s} = \frac{1}{2}(1 - \cos\phi_c) \tag{2-126}$$

由于高折射率材料的全内反射临界角相对较小，因此余弦项可展开成幂级数。忽略高于二阶项的贡献，则有

$$\frac{P_e}{P_s} = \frac{1}{2}\left[1 - \left(1 - \frac{\phi_c^2}{2}\right)\right] = \frac{1}{4}\phi_c^2 \tag{2-127}$$

用式（2-123）的近似关系，有

$$\frac{P_e}{P_s} \approx \frac{1}{4}\frac{\bar{n}_{air}^2}{\bar{n}_s^2} \tag{2-128}$$

逸出问题是高效率 LED 的一个重要问题。在大多数半导体中，折射率比较高（>2.5），因此半导体中产生的光只有一小部分能从平面 LED 中逃逸出来。在折射率较小的半导体和折射率为 1.5 的聚合物中，这个问题就不那么重要了。

LED 的发光强度随着温度的升高而降低。这种发射强度的降低是由于几个温度相关的因素，包括：①通过深能级的非辐射复合；②表面复合；③异质结势垒层的载流子损耗。

在接近室温时，LED 发光强度对温度的依赖关系常用唯象的方程来描述

$$I = I\big|_{300K} \exp\left(-\frac{T - 300}{T_1}\right) \tag{2-129}$$

式中：T_1 是特征温度。LED 的特征温度越高，意味着温度依赖性越弱。

有源区晶格的温度，常称为结温，是一个重要的参数。结温有几方面的影响。首先，内量子效率取决于结温；其次，高温操作缩短器件寿命；第三，器件温度过高会导致封装材料的劣化。因此，了解作为结温与驱动电流的函数关系是很有必要的。

热可在接触层、阻挡层和有源区产生。在低电流水平下，由于焦耳热 I^2R 的依赖性，接触层和阻挡层的寄生电阻产生的热量很小。在低电流水平的主要热源是有源区，在那里热是由非辐射复合产生的。在高电流水平下，寄生电阻的贡献变得越来越重要，甚至可占据主导地位。

2.2 LED 制作工艺

LED 的生产制造较为复杂，属于半导体制造业，其很多生产制造工艺都与集成电路制造工艺相同或类似，甚至有很多工艺设备就是集成电路所采用或历史上采用过的设备。所以有丰富集成电路制造经验的公司往往在生产制造 LED 时有独到的工艺优势，例如三星、东芝等。建立 LED 生产线，往往需要较大的资金投入，一般需要建立洁净厂房，根据生产工艺的不同要求采用不同的洁净度。LED 器件的生产制造主要有以下几个步骤：

（1）衬底的制造。目前用于 LED 生产制造的衬底主要有砷化镓（GaAs）、蓝宝石

（Al₂O₃）、碳化硅（SiC）、硅（Si）、氮化镓（GaN）、氮化铝（AlN）等。衬底的选用主要考虑衬底与外延层的晶格匹配程度、衬底的单位面积成本、衬底是否导电、是否透明、衬底的尺寸大小、是否有配套的外延设备等因素。

（2）外延生长。目前一般是在选用的衬底上，外延生长Ⅲ-Ⅴ族半导体化合物。如果是生长蓝绿光以及紫外，一般采用AlInGaN材料体系；如果是红黄光及红外远红外，一般采用AlGaInP材料体系。外延生长常用的设备是分子束外延（MBE，Molecular Beam Epitaxy）、金属有机物化学气相沉积（MOCVD，Metalorganic Chemical Vapor Deposition）、等离子化学气相沉积（PECVD，Plasma-Enhanced Chemical Vapor Deposition）等，目前商业领域常用的设备是MOVCD，主要品牌有美国的Veeco，德国的AIXTRON，中国的AMEC等。

（3）芯片制作。对于生产完毕的外延片，要根据芯片的形式，例如正装、倒装、垂直结构等，在外延片上通过光刻、腐蚀、淀积等工艺制作正负电极，以及表面粗化等其他结构。还要进行划片、裂片等工艺，把2～8in的外延片分割成多个小芯片（wafer->die），芯片的尺寸一般用长度单位mil表示，1in等于1000mil。目前LED芯片的常见尺寸有0614、0918、1025、1128、1235、1532、1734、2235、2640、3737、5656、7777mil等，分别适合做0.2～10W的产品，多颗芯片集成封装成COB的形式，可以做更高的功率，如80、120W，甚至400W等。

（4）封装工艺。为了能使做好的芯片能通电使用，并对裸芯片进行物理和化学保护，一般需要把芯片进行封装。目前主要是将芯片封装在塑料支架里，支架材料主要有PPA、PCT、EMC、SMC等。对大功率器件，也常会把芯片封装在陶瓷基板上，常见的陶瓷基板有氧化铝和N化铝两种。除了单颗封装，也有把多颗芯片封装在一个封装内，例如COB（Chip On Board）形式，常将12颗芯片串联，以12颗为单位进行并联，进而扩展功率等级。除此以外，近几年也流行无封装产品，即芯片级封装（CSP，Chip Scale Package）。一般是将裸芯片做简单的保护后直接使用，而不将芯片键合到支架内，也不需要打线。

本节主要介绍外延、芯片和封装这三个工艺。

2.2.1　外延

LED与日常生活中白炽灯通过电致发热再把热转变为光不同，LED直接把电能转变为光能，提高了电能的利用效率，同时也更为安全可靠。

实际的LED具有复杂的多层薄膜结构，如图2-22所示。

不仅有PN结，PN结之间还有多量子阱结构。引入多量子阱，一方面可帮助"限制并俘获"电子与空穴，从而提高LED的复合效率，增强发光效率；另一方面，量子阱是进行能带调制而决定发光波长的关键结构，改变量子阱外延结构中势阱和势垒的成分、厚度等，能调控发光的波长。以蓝绿光LED为例，其典型的量子阱是以GaN为势垒以及InGaN为势阱的GaN/InGaN周期多层结构，当量子阱的周期和厚度相同时，阱中In组分越高，其禁带宽度就越窄，发光波长越长；而当In组分相同时，在一定范围内量子阱越厚，发光波长也会越长。此外，LED的外延结构中还包含AlGaN、超晶格等更细致的结构设计，来改善 LED 漏电电流（I_r）、反向电压（V_r）、发光效率和抗静电（ESD）能力等综合的电学和光学性能。

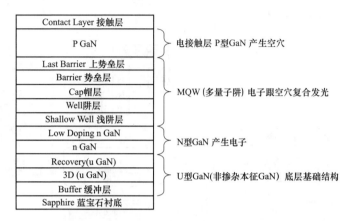

图 2-22　LED 多层结构示意图

为了制造出图 2-22 所示的类似复杂多层结构，一般要用外延技术。顾名思义，外延（Epitaxy）技术是指在具有一定结晶取向的原有晶体（一般称为衬底）上向"外"延伸出并按一定晶体学方向生长薄膜的方法，这个延续生长出的晶体层被称为外延层。在晶格匹配的衬底上，利用金属有机物为源材料进行的化学气相外延生长，根据其英文全称 Metal Organic Vapor Phase Epitaxy，一般简称为 MOVPE。基于外延原始意义，它也涵盖材料生长中在已有材料（或衬底）上的覆盖生长成膜现象。

不论是 N 化物系列的蓝绿光 LED，还是 AlGaInP 系列的红黄光 LED，目前其大规模生产制造工艺主要采用 MOCVD 技术与设备，就是利用金属有机物为源材料进行的化学气相沉积技术。用 MOCVD 进行 LED 材料外延的基本生长原理是：氢气或惰性气体（N 气或氩气）作为载气，把含有Ⅲ族元素的金属有机物（MO）源和含有Ⅴ族元素的非金属氢化物（NH_3，AsH_3，PH_3）携带到反应室中的加热衬底上方，在气相和气固界面发生一系列化学和物理变化，最终在衬底上形成外延层。以下介绍 MOCVD 的基本原理和应用。

（1）MOCVD 生长系统。MOCVD 生长系统一般包括原材料输运系统、反应室系统、尾气处理系统、控制系统以及原位监测，如图 2-23 所示。

由于反应室是生长系统的核心，因此有多种类型的反应室，也有不同的分类方法。按反应室容量可分为研究型的反应室和生产设备。按气流方向与衬底的关系，可分为水平和立式反应室。通常衬底生长面朝上，但也有衬底生长面朝下以抑制热对流的倒置反应室。根据反应室的工作压力可分为工作在大气压下的常压反应室和低压反应室。常压反应室的优点是设备简单、维修方便。低压反应室在反应室出口处需要增加反应室压力控制器和抽气泵系统，同时在 MO 源瓶的出口处也需要安装压力控制器，设备比常压系统复杂。然而低压反应室有如下优点：有助于消除反应室内热驱动对流、抑制有害的寄生反应和气相成核、有利于获得陡峭结合改善均匀性、减弱来自衬底的自掺杂、可使用较低的生长温度以及可使用较低蒸气压的 MO 源。因此低压反应室可改善外延层的厚度和组分均匀性，改善界面的陡峭程度，扩大金属有机化合物源的选择范围。现已成为生产型 MOCVD 的主流配置。

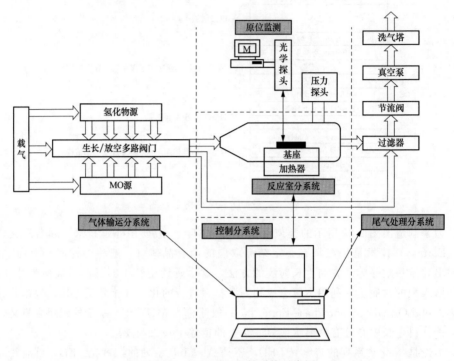

图 2-23　MOCVD 生长系统示意图

气体输运分系统的功能是向反应室内输运各种反应剂，并精确控制其剂量、送入的时间和顺序以及流过反应室的总气体流速等，以便生长特定成分与结构的外延层。气体输运分系统由载气供应子系统、氢化物供应子系统、MO 源供应子系统和特殊设计的生长/放空多路组合阀等组成。

载气的作用是把反应剂输运到反应室。载气供应子系统包括氢气和 N 气钢瓶、压力调节阀、氢气和 N 气的提纯器等。氢气易于提纯，并且具有还原性，成为最广泛使用的载气。需要注意的是 H_2 遇空气可能形成易燃、易爆的混合气。N_2 的作用除了和 H_2 一样作为载气外，还利用它的惰性，在装卸衬底、更换源瓶或维修设备打开系统前，用 N 气置换系统中的氢气。

MOCVD 生长系统使用的载气需要很高的纯度。氢气提纯普遍使用钯合金扩散纯化器，利用在 $300\sim400℃$ 只有氢气能扩散通过钯合金的特点，将氢气中的杂质，诸如 O_2、H_2O、CO、N_2 和所有碳氢化合物，都降到小于 1ppb。为防止工作中意外断电导致温度降低损坏钯合金膜，一般都配备不间断电源。另一种方法是采用高压 N 气为动力的 Verituri 气体真空发生器抽出钯合金中的氢，并配合 N 气吹扫来保护钯合金。纯化 N 气（和惰性气体）则采用化学和物理吸附型纯化器，诸如锆基或镍基化学吸收型纯化器。

氢化物供应子系统一般分为标准管路和双稀释管路两种。标准管路用于组分气体，如 AH_3、PH_3 和 NH_3 等，以及不需要进一步稀释的掺杂气体。气体通过质量流量控制器（MFC，Mass Flow Controller）来控制气体的组分和流量，用生长/放空阀来控制气体是否进入反应室。MFC 给出标准状态下的流量，一般以 sccm（标准毫升每分钟）或 slm（标准升每分钟）来表示。其读数与气体的性质有关，需要实际使用的气体进行标定。

标准管路氢化物的摩尔流量 n_V（单位为 mol/min）为

$$n_V = F/V_m \tag{2-130}$$

式中：F 为在标准状态下氢化物的流量，sccm；V_m 为 $22414\,cm^3/mol$，即在标准状态下理想气体的摩尔体积。

对于需求极低浓度的氢化物掺杂剂，采用双管稀释管路，将钢瓶中的混合气体进一步稀释，以满足工艺要求。双管稀释管路是将来自第 1 支 MFC1 的氢化物在进入生长/放空多路组合阀前，再经第 2 支 MFC2 通入氢气进行稀释。稀释后的混合气仅有一部分通过第 3 支 MFC3 控制其流量通入反应室，其余通过电子压力控制器（EPC，Electronic Pressure Controller）放空。双稀释管路最终进入反应室的氢化物摩尔流量 n_{Hy} 为

$$n_{Hy} = \frac{\alpha F_1 F_2}{V_m(F_1 + F_2)} \tag{2-131}$$

式中：F_1 为来自钢瓶的氢化物流量，sccm；α 为钢瓶中氢化物的稀释分数；F_2 为稀释流量，sccm；F_3 为进入反应室的稀释混合气体流量，sccm。双稀释调节范围与各个 MFC 量程有关。由于输运到反应室的掺杂混合气体中杂质含量一般都很低，通常不必考虑相对于标定气体（N气）的质量流量转换系数问题。

MO 源多为液态存储在不锈钢鼓泡瓶中，需用载气将其蒸汽携带到反应室。假设气体是理想的，在气相中的 MO 源以单分子形式存在，并且载气中的 MO 源已经达到饱和。则标准的 MO 源输运管路的 MO 摩尔流量 n_{MO}（mol/min）可由式（2-132）计算

$$n_{MO} = \frac{FP_{MO}}{V_m(P_{bub} - P_{MO})} \tag{2-132}$$

式中：P_{MO} 为源的蒸气压；P_{bub} 为鼓泡瓶内的气体压力；F 为通入鼓泡瓶的载气流量，sccm。注意应用此式要求 P_{MO} 和 P_{bub} 单位一致。可用 n_{MO} 乘以使用时间来估算源的消耗流量，再乘以相对分子质量则得到消耗的质量。载气流量由 MFC 控制，鼓泡瓶内的气体压力由 EPC 调节。

双稀释管路用在注入反应室的摩尔流量特别小而 MO 源的蒸气压又高的掺杂源管路中。在双稀释管路中，进入鼓泡瓶的载气 F_1 被 MO 源饱和，流出源瓶后立即与另一股载气 F_2 混合。与单稀释回路不同的是，稀释后的混合气体只有一部分 F_3 的气体进入反应室，其余的部分则通过 EPC 经放空管路放空。MO 源输运剂量有四个参量可调，分别是源瓶压力（P_{bub}）、F_1、F_2 和 F_3。进入反应室的 MO 源摩尔流量 n_{MO} 与这四个参量间的关系可以表示为

$$n_{\mathrm{MO}} = \frac{F_3}{V_{\mathrm{m}}} \frac{F_1}{F_2 + F_1(1 + \tilde{P})} \tilde{P} \qquad (2\text{-}133)$$

其中

$$\tilde{P} = \frac{P_{\mathrm{MO}}}{P_{\mathrm{bub}} + P_{\mathrm{MO}}} \qquad (2\text{-}134)$$

选择各个 MFC 量程可改变双稀释管路的调节范围。

通常一种元素只设置一条含有该元素的 MO 源管路，当生长具有相邻两层虽然组成元素相同但组分不同的多层结构时，为了注入剂量能快速变化，同一元素设置双重管路，即设置两个相同元素的 MO 源。

固态源（如 TMIn）需用专门设计的固态源瓶，以避免普通源瓶经常出现的气体流过固态床路径缩短的"沟流现象"造成固态源输出剂量不稳定。还可利用超声波浓度计测量固态源输出的浓度，再通过计算机调整 MFC 的流量值达到控制 MO 源剂量的目的。

生长/放空多路组合阀是由多个三通阀组成的。所有反应剂都先进入该组合阀，在这里选择进入生长管线或放空管线。进入生长管线的反应剂被高速流动的载气带入反应室，而进入放空管线的则被另外的载气携带到尾气系统中。

为了满足生长陡峭的异质结或突变掺杂的需要，反应剂必须能在两管线间快速、平稳的切换。为此切换时两管线间要维持压力平衡并进行流量补偿。利用两管线间的压差信号控制放空管线的流速，使放空管线的压力时刻跟随生长管线的压力变化，以维持在切换时的压力平衡。

当反应剂之间有严重预反应时，如 TMAl 和 NH_3 或 TMIn 和 TBP，需采用双生长/放空多路组合阀，将反应剂分成两组分别送入反应室的两个喷口。以免进入反应室后在到达衬底前就在气相中形成颗粒，或在阀门内部形成加合物沉淀堵塞阀门。

生长反应室包含放置衬底的基座、加热器和温度传感器，有的还配备光学原位测量用的光学窗口以及自动装卸片机械手。

生长反应室设计需要考虑以下几点：

1）保持反应室内气体无涡流的层流流动是反应室设计的关键。因为涡流会对外延层的界面陡峭程度、本底杂质水平、表面形貌以及厚度、组分和掺杂均匀性都产生不利影响。

2）良好的衬底温度均匀性是获得均匀外延层的前提。衬底的温度均匀性是由基座的温度均匀性来保证的。为使基座温度均匀分布，可采用多区加热或仔细调整 RF 感应圈与基座之间的耦合。采用旋转基座可改善温度均匀性，同时也改善反应剂分布均匀性。

3）克服源材料沿程耗尽所造成的外延层不均匀。解决沿气流方向不断沉积引起源材料耗尽有不同的设计理念。高速旋转盘式反应室采用的是可调节反应剂量分布的特殊喷口。行星式气垫旋转水平反应室则采取衬底自转加公转方法。水平反应室采用加大总流量，利用"冷指效应"保存一部分反应剂到下游使用，已获得均匀的外延层。

4）防止构成反应室的材料释放杂质对外延层造成玷污。基座的首选材料是包覆SiC的高纯石墨，石墨是电和热的良导体，在还原性气氛中有很好的化学惰性，也可用金属钼作为基座。反应室器壁通常由高纯石英玻璃或用不锈钢制成。

5）防止反应室在装卸片或运行时被空气玷污。反应室通常设置气闸和（或）N气手套箱，将反应室与外界隔离，既避免装卸片过程中空气的玷污又保护了操作人员的安全。

6）精确的控制反应室压力。

MOCVD尾气处理分系统是将有毒尾气进行无害化处理，使其浓度达到规定排放标准以下。尾气中除了含有有毒气体（未反应完的氢化物、MO源和某些反应副产物），还有很多颗粒，例如有毒的砷粉尘。尾气在进入节流阀前要用颗粒过滤器滤掉直径小于$0.1\mu m$的粉尘，以保证节流阀和真空泵都能正常工作。对于生长磷化物的系统，要设置专门冷凝白磷的冷阱，以使尾气中含有的白磷蒸气不会冷凝在节流阀和真空泵中。

从真空泵出来的气体仍含有毒气，在排放前需要将有毒物质浓度降低到规定排放标准以下。常用的去除有毒气体方法有利用化学反应吸收毒气的湿式过滤器，由液槽、填料式喷淋塔和循环液体的泵等组成。另一种尾气处理装置是利用吸附剂吸收毒气的活性炭过滤器。当活性炭吸收饱和时需要及时更换，在丢弃前要经过受控氧化处理。

MOCVD生长控制分系统主要由上位的工业控制计算机和下位的多个可编程控制器（PLC）等组成。上位计算机负责材料生长过程监控、控制系统的监控界面运行、数据记录、报警记录、数据趋势图以及操作人员的人工控制功能等。下位的PLC负责整个控制系统的运行，包括各种信号采集、数据处理以及各种输出信号控制。输入信号包括各类仪表传感器的流量、压力、温度、报警信号等。输出信号涉及电磁阀、接触器、电机、压力控制器、流量控制器、加热器等控制量。

MOCVD生长控制装置通过不同的人机对话界面至少完成下列功能：

1）材料生长程序的生成、运行、分析和统计功能。操作者可编写、编辑、存储和调用生长程序。当给出执行命令时计算机按生长程序控制进行外延生长，同时实时记录各种数据。此时还可通过人机对话界面来人为干预已经设定的但尚未进入执行阶段的程序或直接人工操作。记录的各种生长参数数据，用来分析外延层的特性与各种生长参数之间的关系，包括查找实验失败的原因，以及统计源的消耗量等。

2）手动控制功能。以满足设备调试及自动生长时实时数据修改的需要。可在人机对话界面的气路画面上，利用鼠标直接点击相应的图形实现阀门或阀门组的开关操作，设定和读取温度、流量、压力值等模拟量的数值。

3）安全功能。设有保证安全的互锁和前提控制条件防止人为误操作；具有报警处理程序，对传感器数据进行监控、分析、分级报警并同时采取相应措施。通过输入口令来识别操作者的权限等。计算机控制系统也需要设紧急人工停车按钮，在发现事故时人为停车。

其他功能如维修提示、辅助生长条件选择等。

MOCVD生长控制系统使得生长复杂结构变得简单容易，提高了重现性、安全性和生产效率。如再配以装、卸片机械手和开盒即用衬底，可实现 MOCVD 的自动生长。

原位监测在外延生长过程中的重要性早已被 MBE 证实，近年来适合于 MOCVD 反应室压力比较高的环境下进行表面原位监测的光学方法取得很大进展。原位光学测量不但用于研究型设备来研究生长参数对外延层的影响和生长模式等，在生产型设备上也应用得越来越广泛，用来优化生长工艺，避免出现废品和提高重现性。使用光学原位监测设备仅需要在反应室上提供相应的光学窗口。窗口通常采用无应力的石英玻璃，并且用氢气流吹扫以避免沉积。

最常用的热电偶和辐射高温计都很难测得真实的衬底温度。插在石墨基座中的热电偶，因衬底与基座接触不良而引起测量误差。当旋转衬底时，热电偶必须远离衬底，其读数与衬底温度相差更大。而辐射高温计需通过反应室的通光窗口测量衬底表面温度，但是发射率因生长材料不同而改变，另外当外延层中出现 Fabry-Perot 光学干涉时，随着外延层厚度的增加，辐射高温计的读数出现振荡，这些都影响读数的准确性。

为了得到衬底的真实温度，需要采用具有发射率校正功能的辐射高温计，即把辐射高温计与反射率计组合使用。在测量外延片热辐射的同时，用同样的波长（或某一固定波长）测量衬底的反射率。由反射率计算出发射率，最后使用 Planck 公式计算衬底的温度。采用发射率补偿技术的真实温度测量技术，可长时间保持每次生长的温度稳定性，从而提高了外延层厚度、组分等的重现性。

反射率计由光源、单色仪和探测器等组成，要求所用的光对生长层是透明的。其工作原理是基于外延层—衬底界面和外延层表面产生的 Fabry-Perot 干涉。一个振荡周期所对应的厚度为

$$h = \frac{\lambda}{2\sqrt{\bar{n}^2 - \sin^2\theta}}$$ (2-135)

式中：λ 为入射波长；$\bar{n}$ 为折射率；θ 为入射角。最简单的反射谱是记录垂直照射到生长层表面的单色光的反射随时间的变化。如取 GaN 的折射率为 2.35，入射波长为 635nm，垂直入射时每一个振荡周期对应的外延层厚度为 135nm。由此也可计算出生长速度。当反射率计测量的厚度与所用光波长为同一数量级时应用最广泛。如果外延层对光的吸收不能忽略，则随着外延层的厚度增加会使振幅逐渐变小。除上述已用于原位控制生长速度、层厚度外，在已知折射率与三元合金的组分关系和恒定生长速度的条件下，从反射率谱可计算出三元合金的组分。反射率谱的振幅会因生长过程中外延层表面变粗糙（或变平坦）而逐渐减小（或增大）。反射率谱的这些细节变化已经用来优化 N 化物系材料的生长，特别是生长核化层。

反射差分光谱仪（RDS，Reflectance Difference Spectroscopy），也称反射非对称谱（RAS，Reflectance Anisotropy Spectroscopy）。其原理是测量垂直入射偏振光在立方相半导体晶面两个主轴方向反射光的差别。由于立方相半导体的光学特性是各向异性的，观测到的非对称性起源于表面重构和弛豫所引起的表面非对称性，RDS 谱所反映的就是最外层表面的各向异性。由于表面化学剂量比的任何细小变化都会对表面各向异性有很大影响，因此不同材料组分的 RDS 谱不同，从而可用 RDS 谱推断材料组分。

RDS 还可观测到单层振荡，应用于量子点生长核器件结构的生长。RDS 谱的赝彩色图，同时显示出各外延层的掺杂浓度和材料组分的变化。RDS 已成为 MOCVD 条件下研究表面化学、表面重构、表面生长动力学、表面吸附和脱附及表面形貌的非常有力的工具。

分光椭圆偏振（SE，Spectroscopic Ellipsometry）是测量线偏振光在非垂直入射情况下，来自样品表面的反射光偏振状态的变化。这种反射光偏振状态的变化用 Ψ 和 Δ 描述。定义如下

$$\begin{cases} \Psi = \arctan \left| \dfrac{R_{p}}{R_{s}} \right| \\ \Delta = \Delta_{p} - \Delta_{s} \end{cases} \tag{2-136}$$

式中：R_p 和 R_s 分别表示平行于入射平面和垂直于入射平面的偏振光分量的反射系数；Δ_p 和 Δ_s 为反射时各自引起的相移。由直接测量的 Ψ 和 Δ 可计算出有效介电常数 $\varepsilon(E)$。$\varepsilon(E)$ 与薄膜的光学常数和厚度有关。利用 Ψ 或 Δ 或 $\varepsilon(E)$ 随入射光能量 E 的变化关系图，或选择某一能量下随时间的变化作图，来表示生长过程中表面特性的变化。

此外常用的原位监测仪还有表面光吸收仪（SPA，Surface Photoabsorption），光束挠度计（Deflectometer）。前者常用来研究原子层外延生长，材料的有序化，外延生长前衬底表面氧化层的清除以及陡峭界面组分变化等。后者一般用于测量外延片的翘曲曲率，从而计算异质外延生长时由于晶格失配和热失配所产生的应力。

（2）原材料。MOCVD 使用的原材料主要有金属有机化合物和氢化物，其化学、物理性质和纯度对 MOCVD 生长条件、外延层的质量等都有很大影响。

金属有机化合物源，简称 MO 源，亦称前体（Precursor）。这里所指的 MO 源实际上包含 MOCVD 所用的金属和非金属有机化合物。

一般来说，对 MO 源的要求综述如下：

1）室温下为液体，具有适当并且稳定的蒸气压，以保证精确和重现的控制送入反应室的源的剂量。对 Ⅱ、Ⅲ 族元素的 MO 源来说，其蒸气压在 $-10 \sim 20℃$ 以 $20 \sim 1000 Pa$ 为宜；对 Ⅴ、Ⅵ 族元素的源来说，其蒸气压在 $10^5 \sim 10^8 Pa$ 为宜。较低蒸气压的 MO 源适用于低压 MOCVD。

2）适宜的热分解温度。由于外延生长温度受限于源的分解温度，在很多情况下要求 MO 源具有低的热分解温度，以便在外延生长温度下基本上完全分解，以提高源的利用率。

3）易于合成和提纯。

4）反应活性较低，不与组合使用的其他的源发生预沉积反应。长年存储不会在源瓶中分解，最好对水和空气不敏感。

5）毒性低。事实上很难找到全部满足上述要求的 MO 源。最初 MOCVD 生长使用的 MO 源是市面上已经有的产品，如三甲基镓。随着 MOCVD 的发展，化学工作者开始针对 MOCVD 的需求进行研发；①改进源的制备路线和使用的溶剂、发展更多的提纯方法和纯度分析方法，使常用源的纯度大为提高；②研发新源，试图改进原有源的物

理化学性质，如研发低毒、低危险性的新 As 源和 P 源，低分解温度的 Te 源，降低 C、O 玷污的 Al 源或是为扩展 MOCVD 的应用所需新的金属有机化合物源；③提高源在使用过程中的运输剂量稳定性和利用率，如改善固态 TMIn 输运剂量稳定性，以及针对大规模生产的液态源原位灌注技术。

典型技术有机化合物的化学通式可表达为 $R_n M$，其中 M 表示金属原子，实际上 M 已经扩大到周期表 Ⅱ、Ⅲ、Ⅳ、Ⅴ 和 Ⅵ 族元素，R 代表有机基团，下标 n 为基团的数目。常见的有机基团有甲基、乙基、正丙基、异丙基、正丁基、另丁基、异丁基、叔丁基、烯丙基、苯基、苯甲基、环戊二烯基、胺基等。主要Ⅲ族和Ⅴ族的 MO 源及其性质见表 2-2、表 2-3 所示。

表 2-2　　　　　　　Ⅲ族金属有机化合物的熔、沸点和蒸气压

	化合物	相对分子量	密度/（g/mL）	熔点/℃	沸点/℃	蒸气压 P lg $(P (Torr)) = B-A/T (K)$	
						B	A
B 源	$B (CH_3)_3$, TMB	55.91	0.625	-161.5	-21.8	7.906	1250
	$B (C_2H_5)_3$, TEB	97.997	0.696	-92.9	95	7.413$-$1544.2/ $[T (K) -27.42]$	
Al 源	$Al (CH_3)_3$, TMAl	72.09	0.752	15.4	127	8.22	2134
	$Al (C_2H_5)_3$, TEAl	114.17	0.835	-52.5	194	9.0$-$2361/ $[T (K) -73.8]$	
	$Al (C (CH_3)_3)_3$, TBAl	198	—	<20	$65\sim70$	5.76	1558
	$AlH (CH_3)_2$, DMAlH	58.1	0.75	17.0	154	8.92	2575
	$AlH_3 (CH_3)_2 (C_2H_5) N$, DMEAAl	103.12	0.78	5	$50\sim55$/7Pa	10.7	3090
	$AlH_3 N (CH_3)_3$, TMAAl	89.01		76		—	2.666hPa/25℃
Ga 源	$Ga (CH_3)_3$, TMGa	114.82	1.15	-15.8	55.7	8.07	1703
	$Ga (C_2H_5)_3$, TEGa	156.91	1.06	-82.5	143.0	8.083	2162
	$Ga (C_3H_7)_3$, TMAGa	198.81	1.0	-100	175（分解）	23.3	6952
	$(C_2H_5)_2GaCl$, DEGaCl	163.3	1.35	$-5\sim-3$	$60\sim62$/ 2.666hPa	1.333hPa/44℃	
In 源	$In (CH_3)_3$, TMIn	159.93	1.568	88.4	133.8	11.09	3246
	$In (C_2H_5)_3$, TEIn	202.01	1.26	-32	184	8.94	2815
	$InC_2H_5 (CH_3)_2$, EDMIn	173.96		5.5		14.444	4210
	$Et_2In：NMe_2$	217.02				2.978	1460
	TMIn-TMP			45	—	6.9534	1573
	C_2H_5In	179.91				10.03	3309

表 2-3　　　　　　　　　　Ⅴ族金属有机化合物的熔、沸点和蒸气压

化合物		相对分子量	密度/(g/mL)	熔点/℃	沸点/℃	蒸气压 P $\lg[P(Torr)]=$ $B-A/T(K)$	
						B	A
N源	$(CH_3)_2NNH_3$, UDMHy	60.10	0.791	-58	62~64	8.19	1780
	$C_6H_5HNNH_2$, PhHy	108.19	1.1	20	243（分解）	8.75	3014
	$(CH_3)_3CNH_2$, TBAm	73.04	0.7	-67.5	45.2	10.06	2243
P源	$PH_2C(CH_3)_3$, TBP	90.11	0.7	3.85	55.85	9.7098	1539
	$(CH_3)_2CHPH_2$, iPrPH₂	76.08	—	—	—	443.95Pa/20℃	
	$P(N(CH_3)_2)_3$, TDMAP	162.97	0.898	-44	75/13.33hPa	9.16	2560
As源	$As(CH_3)_3$, TMAs	120.02	1.124	-87.3	50	7.405	1480
	$As(C_2H_5)_3$, TEAs	162.11	1.152	-91	140	8.23	2180
	$(C_2H_5)AsH_2$, EtAs	105.99	1.217	-125	36	7.96	1570
	$AsH_2C(CH_3)_3$, TBAs	134.05	1.08	-1.15	67.85	7.243	1509
	$As(C_6H_5)H_2$, PhAs	153.99	1.356	—	148	8.59	2410
	$As(N(CH_3)_2)_3$, TDMAAs	206.92	1.248	-53	53~57/13.33hPa	8.29	2391
Sb源	$Sb(CH_3)_3$, TMSb	166.85	1.528	-87.65	80.6	7.73	1709
	$Sb(C_2H_5)_3$, TESb	208.94	1.324	-29	159.5	7.90	2183
	$Sb(C_3H_7)_3$, TiPSb	251.02	1.20	—	53~58/5.333hPa	9.27	2881
	$Sb(N(CH_3)_2)_3$, TDMASb	253.81	1.3	—	57/2.666hPa	6.23	1734
Bi源	$Bi(C_2H_5)_3$, TEBi	254.09	2.30	-107.7	110	7.628	1816

其中镓源、铝源和铟源是应用最广泛的Ⅲ族 MO 源。常用的 Ga 源是 TMGa 和 TEGa。常用的 Al 源是 TMAl。

对Ⅲ-Ⅴ族化合物来说，P 型掺杂源为Ⅱ族 Zn、Mg、Cd、Be 等 MO 源和Ⅳ族的 C 源。有关Ⅱ和Ⅳ族源的特性见表 2-4 和表 2-5。

表 2-4　　　　　　　　　　Ⅱ族金属有机化合物的熔、沸点和蒸气压

化合物		相对分子量	密度/(g/mL)	熔点/℃	沸点/℃	蒸气压 P $\lg[P(Torr)]=$ $B-A/T(K)$	
						B	A
Zn源	$Zn(CH_3)_2$, DMZn	95.44	1.386	-42	46	7.80	1560
	$Zn(C_2H_5)_2$, DEZn	123.49	1.2	-28	118	8.28	2109
	$Zn(CH_3)_2N(C_2H_5)_3$, DMZn:TEA	196.4	—	—	95	8.27	1970

化合物		相对分子量	密度/(g/mL)	熔点/℃	沸点/℃	蒸气压 P $\lg[P(\text{Torr})]=B-A/T(K)$	
						B	A
Cd 源	$Cd(CH_3)_2$，DMCd	142.9	1.985	−4.5	105.5	7.76	1850
	$Cd(C_2H_5)_2$，DECd	170.5	—	−21	64/1333hPa	1.066hPa/29℃	
Hg 源	Hg	200.59	13.5	−38.9	357	7.84	3127
	$Hg(CH_3)_2$，DMHg	230.66	3.069	−154	93	7.575	1750
Be 源	$Be(C_2H_5)_2$，DEBe	67.13		12	194	7.59	2200
Mg 源	$Mg(C_5H_5)_2$，Cp_2Mg	154.49	1.1	176	150/0.1333hPa	$25.14-4198/T-2.18\ln(T)$	
	$Mg(C_6H_7)_2$，$DMCp_2Mg$	182.5	—	29	50~60/0.4hPa	7.30	2358

表 2-5 Ⅳ族金属有机化合物的熔、沸点和蒸气压

化合物		相对分子量	密度/(g/mL)	熔点/℃	沸点/℃	蒸气压 P $\lg[P(\text{Torr})]=B-A/T(K)$	
						B	A
C 源	CCl_4	153.82	1.59	−23	77	8.05	1807.5
	$CHCl_3$	119.38	1.492	−63	61	8.10	1735.14
	CBr_4	331.6	3.42	88~90	190	7.78	2346
Si 源	$(C_4H_9)_2SiH_2$，DTBSi	144.33	0.74	−38.0	128	8.83	2321
Ge 源	$Ge(CH_3)_4$，TMGe	132.7	0.966	−88	43.2	7.879	1571
Sn 源	$Sn(CH_3)_4$，TMSn	178.83	1.315	−53	78	7.50	1620
	$Sn(C_2H_5)_4$，TESn	234.94	1.187	−112	181	8.90	2739

Ⅲ-Ⅴ 化合物的 N 型掺杂剂为 S、Se、Te、Si 和 Sn 的化合物。虽然 SiH_4、Si_2H_6 和 H_2Se 等氢化物源已经广泛使用，但 Te 和 Sn 则采用 MO 源：DETe、Sn(CH_3)$_4$ 和 Sn(C_2H_5)$_4$ 都已用于 GaAs 和 InP 的 N 型掺杂。

在 MOCVD 技术中，从Ⅲ族到Ⅵ族的氢化物都得到应用。如Ⅲ族的 B_2H_6、Ⅳ族的 SiH_4 和 Si_2H_6、Ⅴ族的 NH_3、PH_3 和 AsH_3、Ⅵ族的 H_2S 和 H_2Se 等，它们都属于共价氢化物，是挥发性的气态或液态物质。表 2-6 列出了 MOCVD 用的氢化物源的一些物理性质。它们在空气中可燃或自燃，甚至能与空气形成爆炸性气体，并且有剧毒。氢化物之所以得到广泛应用是由于在外延层生长时，氢化物热分解时除提供主体元素外，在表面上还提供氢基，将来自 MO 源的含碳基团除去。此外，市售的氢化物已有相当高的纯度也是获得广泛使用的原因之一。

表 2-6 MOCVD 用的氢化物源

化合物	相对分子量	熔点/℃	沸点/℃	蒸气压/kPa	蒸气比重（空气＝1）	液体密度/（g/mL）	在空气中可燃性（体积百分数）	在空气中自燃温度/℃
B_2H_6	27.67	−165.5	−92.8	2746/0℃	0.95	0.470	0.8～88	37～52
Ga_2H_6	145.49	−21.4	139	245/0℃	—	—	自燃	—
SiH_4	32.11	−185	−111.5	2402/−30℃	1.12	0.68	>3 自燃，可爆炸	—
Si_2H_6	62.22	−132.6	−92.8	330/20℃	2.26	0.878	自燃	—
GeH_4	76.59	−165.9	−88.4	3952/20℃	2.26	1.523/142℃	自燃，可爆炸	—
NH_3	17.03	−77.7	−33.5	785/20℃	0.597	0.674	15～28 爆炸	650
PH_3	34.00	−132.8	−87.74	4090/20℃	1.146	0.746	可燃，可爆炸	40～50
AsH_3	77.95	−117	−62.48	1412/20℃	2.695	1.604	可燃	—
H_2S	34.08	−85.5	−60.4	1774/20℃	1.189	0.96	可燃	—
H_2Se	80.98	−65.73	−41.3	912/20℃	2.85	2.039	可燃	—

在 MOCVD 中使用的氢化物都有毒，生产规模越大，安全问题越突出。常用的 AsH_3、PH_3、H_2Se、B_2H_6 和 H_2N-NH_2 毒性都很大。如 AsH_3 在空气中浓度达到 500ppm 时，人暴露在其中 1～2min 就能致死；浓度达到 6～15ppm 时，致死时间是 30～60min。又如 PH_3 在空气中浓度达到 2000ppm 时，人暴露在其中 1～2 分钟就能致死，浓度达到 400～600ppm 时，致死时间是 30～60min。可见 AsH_3 比 PH_3 毒性更大。

常用的氢化物源通常存储在耐高压的钢瓶中，可分为液化气体钢瓶、压缩气体钢瓶和亚大气压吸附钢瓶等，其中液化气钢瓶和压缩气钢瓶最为常用。为了使剧毒 AsH_3、PH_3 钢瓶的存储、运输和使用更为安全，发展了亚大气压吸附钢瓶技术。钢瓶内填充对氢化物有高亲和力、比表面大的活性炭吸附剂，在低于大气压的条件下储存大量氢化物。利用吸附的可逆性，改变吸附平衡（如降压）可将吸附的氢化物释放出来。如果在 MOCVD 系统中，氢化物能按需要量原位产生，其安全性将大为提高。电化学 AsH_3 发生器是利用浸入 KOH 电解质的砷阴极被还原的方法产生 AsH_3

$$As + 3H_2O + 3e^- \rightarrow AsH_3 + 3OH^- \tag{2-137}$$

同时伴随副反应

$$2H^+ + 2e^- \rightarrow H_2 \tag{2-138}$$

为满足 MOCVD 对 AsH_3 的纯度要求，原位产生的 AsH_3 需经 AsH_3 纯化器去除水分和其他杂质。目前多种氢化物均可实现原位产生，安全利用。例如使用 H_2Se 原位发生器，仅在外延生长时 MOCVD 系统中才有少量 H_2Se 存在，一旦反应结束，原位发生器中的 H_2Se 被吹扫出去，系统中只有固态元素硒，因此非常安全。

（3）外延生长的合适温度范围。一般通过热力学来研究外延生长的合适温度范围，同时热力学是了解晶体生长过程的基础，热力学分析已用于讨论 MOCVD 生长驱动力、

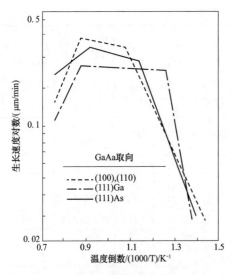

图 2-24 生长速度与温度倒数的关系

最大生长速度、点缺陷浓度等。热力学是建立在平衡基础上的，MOCVD 外延层的生长速度与生长温度、反应室工作压力、反应剂浓度、气体流速和衬底取向等因素有关。当其他因素固定时，生长速度的对数与生长温度的倒数的关系揭示出有关生长机理的重要信息，称为生长速度的 Arrhenius 图。以 TMGa 和 AsH$_3$ 为源生长 GaAs 为例，如图 2-24 所示。

图 2-24 中曲线可分为三个区域：550℃以下的低温区，550～750℃的中温区和 750℃以上的高温区。在低温区生长速度随生长温度的上升而迅速提高，由该段直线斜率计算出的活化能较高，相当于一般化学反应过程的活化能值，而且衬底曲线对生长速度及活化能都有影响。这表明在低温区生长速度被表面反应动力学所控制。随着温度的升高，表面反应速度急剧增加，到了中温区，温度对生长速度的影响很弱，生长速度与衬底取向几乎无关，随着 TMGa 分压增加而直线增加，与 AsH$_3$ 分压无关，生长被 TMGa 到达衬底表面的输运速度所控制。由于气相中原子或分子的扩散势垒较低，故生长速度也就随温度缓慢变化。在该区域中维持其他条件不变只增加气体流速时，会加快反应剂向衬底表面的输运，使生长速度提高。该区称为生长速度的质量输运控制区或扩散控制区。在高温区，生长速度随生长温度的升高反而下降，并且与衬底取向有关，这可能是由于表面脱附或由于气相反应导致反应物的耗尽所造成的。图 2-24 所示的这种典型关系在许多其他体系中均可观察到。

在质量输运控制区中进行外延生长的优点是外延生长效率高、外延层表面形貌好、生长速度对温度不敏感，因此，MOCVD 生长经常在质量输运控制区中进行。

（4）外延过程的化学反应。MOCVD 反应室中发生的化学反应包括在气相进行的均相反应和在固相表面进行的异相反应。研究这些反应，首先要确定反应生成物的品种和数量、所进行的化学反应以及反应速率。气相中存在的化学品种和数量可以采用质谱、红外吸收等各种技术来确定。表 2-7 列出了气相化学品种的分析方法并加以简要的比较。

表 2-7　　　　　　　　气相化学品种的分析方法

分析方法	非破坏性	选择性	灵敏度	定量	空间分辨率	简单	品种鉴别	主要稳定品种	反应中间物	备注
质谱（MS）	中	中	良	良	中	优	良	良	中	可用同位素示踪原子

续表

分析方法	非破坏性	选择性	灵敏度	定量	空间分辨率	简单	品种鉴别	主要稳定品种	反应中间物	备注
红外光谱（IRS）	优	良	中	良	差	优	良	良	差	实用性强
红外二极管激光器光谱（IRDLS）	优	优	良	良	良	良	优	良	中	有限额调谐范围
紫外-可见光谱（UVS）	优	良	良	中	差	良	良	中	良	—
拉曼光谱（Raman）	良	优	中	优	优	中	良	优	差	需要高功率激光器
激光感生荧光（LIF）	优	优	优	中	优	中	优	中	优	限于小分子
相干反斯托克拉曼散射光谱（CARS）	优	优	良	良	优	差	良	优	中	非线性效应

化学反应速率常数 α，与温度的关系可用 Arrhenius 公式表达

$$\alpha = A\exp\left(-\frac{E_a}{k_B T}\right) \tag{2-139}$$

式中：前因子 A 是该反应的固有常数，称为频率因子；E_a 是反应的激活能。

计入温度对频率因子的影响，修正的 Arrhenius 公式为

$$\alpha = AT^b\exp\left(-\frac{E_a}{k_B T}\right) \tag{2-140}$$

式中：b 为修正系数。

在不同温度下测量反应速率常数，将其对数与温度的倒数作图。利用最小二乘法拟合，就可以得到式（2-140）中的 A、b、E_a。需要指出的是能直接用上述方法测得的化学动力学数据很少，更多的则是利用统计力学、过渡态理论或键离解焓等气相动力学工具，估计气体速率参数。

对大多数 MOCVD 过程的表面反应了解甚少。表面反应速率参数的估计要比估计气相反应速率参数更为困难，由于不清楚存在于表面的品种和固体表面的电子结构。通常假定表面反应速率 R_i^s，等于从动力学理论估计的气相品种与表面碰撞的速度，乘以相应的反应黏附系数

$$R_i^s = \frac{\gamma_i p_i}{\sqrt{2\pi M_i R_g T}} \tag{2-141}$$

式中：γ_i 为与温度和覆盖率有关的 i 品种的反应黏附系数；p_i 为 i 品种的分压，M_i 为 i 品种的相对分子质量；R_g 为摩尔气体常数。

MOCVD 涉及的化学反应非常多，以下仅举一个例子，TMGa 与 NH₃ 共同注入反应室生长 GaN。首先 TMGa 热分解逐步丢失 CH₃ 生成 DMGa 和 MMGa。有以下三种分解方式：

1）均裂反应（homolysis）

$$Ga(CH_3)_n \longrightarrow Ga(CH_3)_{n-1} + CH_3 \tag{2-142}$$

2）氢解（hydrogenlysis）

$$H_2 + Ga(CH_3)_n \longrightarrow HGa(CH_3)_{n-1} + CH_4 \tag{2-143}$$

3）自由基反应（radical reaction）

$$CH_3 + Ga(CH_3)_n \longrightarrow CH_2Ga(CH_3)_{n-1} + CH_4 \tag{2-144}$$

和

$$H + Ga(CH_3)_n \longrightarrow Ga(CH_3)_{n-1} + CH_4 \tag{2-145}$$

研究发现，$Ga(CH_3)_3$ 在超过 500℃ 发生均裂反应失去第一个 CH_3，同时产生二甲基镓 $Ga(CH_3)_2$（DMGa）

$$Ga(CH_3)_3 \longrightarrow Ga(CH_3)_2 + CH_3 \tag{2-146}$$

而第二个甲基基团在 550℃ 时释放出来并产生单甲基镓 $Ga(CH_3)$（MMGa）：

$$Ga(CH_3)_2 \longrightarrow Ga(CH_3) + CH_3 \tag{2-147}$$

这两个甲基均裂反应的活化能分别为 248.95kJ/mol 和 148.11kJ/mol。$Ga(CH_3)$ 中的第三个甲基并不发生裂解而是形成固体 $(GaCH_3)_n$ 聚合物，然而根据键强计算的第三个甲基均裂反应活化能为 324.68kJ/mol。均裂反应产生的 CH_3 接着与 H_2 反应产生 H

$$H_2 + CH_3 \longrightarrow H + CH_4 \tag{2-148}$$

这些自由基彼此之间以及与 $Ga(CH_3)_3$ 发生反应，例如

$$Ga(CH_3)_3 + H \longrightarrow HGa(CH_3)_2 + CH_4 \tag{2-149}$$

$$CH_3 + CH_3 \longrightarrow C_2H_6 \tag{2-150}$$

在气相中 TMGa 及其分解产物 DMGa 和 MMGa 与 NH_3 反应生成配合物 $TMGa \cdot NH_3$、$DMGa \cdot NH_3$ 和 $MMGa \cdot NH_3$。由于 TMGa 和 MMGa 分解活化能较高，因此分解缓慢，而 DMGa 分解活化能低，生成 MMGa 的反应速率快。于是在高温时气相中 MMGa 和 $MMGa \cdot NH_3$ 为主要品种，而在低温时 TMGa 和 $TMGa \cdot NH_3$ 为主要品种。在气相中 TMGa、DMGa 和 MMGa 与 NH_3 反应还分别生成 $(CH_3)_2GaNH_2$、CH_3GaNH_2 和 $GaNH_2$，同时释放出 CH_4。NH_3 非常稳定，即使在高温下分解反应也以忽略，然而 NH_3 与 TMGa 分解出的 CH_3 反应

$$NH_3 + CH_3 \longleftrightarrow NH_2 + CH_4 \tag{2-151}$$

生成能对 GaN 生产有贡献的 NH_2。加上涉及与 CH_3 和 H 的反应，气相中总共有 18 个反应。

（5）MOCVD 的表面过程。外延生长过程实际上就是生长基元（原子、离子和简单分子）从气相不断的通过界面而并入晶格格点的过程，关键的问题在于生长基元将以何种方式，以及如何通过界面而进入晶格座位的，在进入晶格座位过程中又如何受界面结构的制约等。

先考虑表面成核过程。所谓成核是指相变过程中新相在亚稳态的母相中开始形成。成核的驱动力是新相和亚稳母相之间的体自由能差，它与母相的过饱和度或过冷度成正比。母相中的成分和（或）热涨落导致形成一些很小的新相晶胚，同时也就形成了相界面。晶胚形成所引起新相和母相间的界面能和弹性畸变能，称为成核的阻力。只有晶胚尺度大于某个临界值，才能使相变引起总体的自由能降低，才会稳定的长大形成新相核心。由于衬底上晶胚的高度通常为晶格常数，远小于其横向尺寸，故称为二维晶核。依

附于衬底上形成的二维晶核借用了部分衬底与母相的界面，使成核势垒下降。

完整光滑面的生长，指的是界面从原子或分子的层次来看，没有凹凸不平的平坦面，固、气两相是突变的。在完整光滑面生长，首先需要在生长界面上形成二维临界晶核，使其出现生长台阶。然后晶体沿台阶横向生长为层状，再在新生长层上形成二维临界晶核，如此重复进行。层与层间的生长不是一个连续过程。

假定在气体亚稳相中在衬底表面新生成的二维晶核是半径为 r 的圆形核，晶体—流体两相体系所引起的 Gibbs 自由能的变化为

$$\Delta G(r) = -\Delta\mu\frac{\pi r^2}{a^2} + \frac{\Phi}{2}\frac{2\pi r}{a} \tag{2-152}$$

式中：右边第一项是相变时流体相原子（或分子）转变为二维晶核中的原子（或分子）所引起的 Gibbs 自由能的降低；第二项是由于二维晶核的出现所引起的台阶能的增加；$\Delta\mu$ 为驱动晶核生长的化学势，相当于晶体—流体两相之间的化学势之差；a 为晶格常数；$\Phi/2$ 为每个原子或分子的台阶能。

当二维晶核的半径 r 很小时，式（2-152）中的第二项占优势，总自由能变化 $\Delta G(r)$ 为正值，并且随 r 的逐渐增加而增加。由于第二项是 r 的线性函数，第一项是 r 的平方的函数，因此随 r 增加第一项的贡献迅速增加，以致当 r 达到某一临界值 r_c 时，$\Delta G(r)$ 虽然仍为正值，但是 r 的进一步增加却使 $\Delta G(r)$ 开始减小。当 r 很大时，$\Delta G(r)$ 第一项的贡献占主要地位，$\Delta G(r)$ 为负值。于是当涨落形成的晶核半径大于 r_c 时，半径再增大使体系的总自由能降低，新生成的二维晶核则会不断吸收新加入的原子而稳定长大成岛。反之，当生成的晶核半径小于 r_c 时，半径再增大使体系的总自由能提高，新生成的二维晶核不稳定会离解消失。对 $\Delta G(r)$ 求导可求得 r_c

$$r_c = \frac{a\Phi}{2\Delta\mu} \tag{2-153}$$

此时 $\Delta G(r)$ 为

$$\Delta(r_c) = \frac{\pi\Phi^2}{4\Delta\mu} \tag{2-154}$$

从式（2-153）和式（2-154）可看出，临界半径和相应体系自由能变化的极大值都与化学势 $\Delta\mu$ 成反比。

晶体如欲生长，就必须先形成大于临界晶核半径 r_c 的晶胚。临界晶核存在的概率 $\exp(-\Delta G(r_c)/k_B T)$ 随着 $\Delta G(r_c)$ 的增大而显著减小，因此当临界晶核存在的概率相当小时，而台阶横向扩展速度很快，出现一个二维晶核就会很快形成一新的结晶层。反之，如果成核概率较大，而台阶横向扩展速度却比较慢，生长界面会同时存在多个稳定的二维晶核生长，然后相邻的生长台阶合并，最后形成新的一个结晶层。前者称为单核生长，后者称为多核生长。

总之，完整光滑面的生长只能通过二维成核而不断产生台阶，以维持晶体的层状生长。

从原子或分子的尺度来看，在界面上除了有位错露头点外，再没有凹凸不平之处，称这种类型的界面为非完整光滑面。非完整光滑面的生长不需要二维临界晶核，晶体在

远低于形成二维临界晶核所需要的过饱和度情况下就可以生长。这时由于晶体中存在着位错缺陷，例如螺旋位错在界面上的露头所形成的台阶可作为生长源。晶体围绕螺旋位错露头点螺旋式的连续生长过程，称为螺蜷线生长。由于这类台阶的永存性，晶体在生长过程中就不再需要形成二维临界晶核了。近年来的实验观察结果表明，除了螺旋位错外，刃形位错、层错等都能称为生长台阶源。

在外延生长过程中，外延层与衬底既可能是同质的（同质外延），也可能是异质的（异质外延）。异质外延中衬底与外延层的晶格常数可能相同，也可能不同。因此会出现多种外延生长模式，而生长模式对外延层的晶体质量与表面和界面形貌都有影响。

外延生长主要有三种基本生长模式：层—层生长模式、岛状生长模式和层—岛生长模式。图 2-25 为外延生长的三种生长模式的截面示意图。

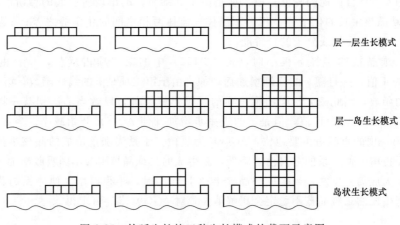

层—层生长模式

层—岛生长模式

岛状生长模式

图 2-25　外延生长的三种生长模式的截面示意图

1）层—层生长模式。又称 Frank-Van der Merwe 生长模式（简称 FM 或 FVM 模式）或成核—生长模式。这种生长模式经常发生于晶格匹配和失配比较小且衬底与外延层之间的键能高的材料之间。当衬底表面自由能 σ_s 大于界面能 σ_i 与外延层的表面自由能 σ_f 之和（$\sigma_s > \sigma_i + \sigma_f$）时，形成二维成核或层状生长均使体系的总表面自由能降低。换言之，外延层与衬底浸润，于是在衬底表面先进行二维成核再扩展成层，一层生长完毕后才会生长下一层，如此重复的一种逐层晶体生长模式。在正向低指数面衬底上容易出现这种层状生长方式。而在偏向衬底上，可能转变为台阶流生长模式。FM 模式能获得晶体结构完整，表面平坦的外延层。

2）岛状生长模式。又称 Volmer-Weber 生长模式（简称 VW 生长模式）。当外延层与衬底存在大晶格失配，衬底表面自由能 σ_s 小于界面能 σ_i 与外延层的表面自由能 σ_f 之和（$\sigma_s < \sigma_i + \sigma_f$）时，并且衬底与外延层之间的键能低，使得在衬底表面不形成浸润层，而形成许多三维小岛。随着生长的继续进行，这些众多的小岛长大成为柱状岛，然后它们彼此汇聚，最终构成表面粗糙的连续膜。在岛状结构中含有失配位错以释放应变，岛与岛之间存在小角度取向差别，当它们彼此汇聚时产生很高位错密度的边界层。因此，在外延生长中要尽量避免岛状生长。

3）层—岛生长模式。又称 Stranski-Krdstansow 生长模式（简称 SK 生长模式），在晶格失配体系中，衬底表面自由能 σ_s 大于界面能 σ_i 与外延层的表面自由能 σ_f 之和（$\sigma_s > \sigma_i + \sigma_f$）时，但是界面能较小，因此开始时材料浸润衬底，表面先形成厚度达几个原子的单层均匀的应变层，称为"浸润层"。继续沉积会导致弹性应变能随着厚度线性增加。当厚度达到一定程度，积累的应变能通过重新分配沉积材料形成三维岛来降低，尽管增加表面能，但是降低了外延层的总能量。因此该模式的特点是先生长薄的二维浸润层，当达到形成岛的临界厚度，后续沉积的材料转变为三维岛状生长并在岛上聚集。2D 生长转变为 3D 生长的临界厚度为 t_{SK}。根据能量最低原理，在岛形成的过程中产生的新晶面是能量低的低指数面。如果控制总的生长层数，可使形成的小岛尺寸处于纳米量级，形成量子点结构。由于应变能并不是以形成位错来释放的，小岛中不含有位错，如此形成的量子点材料结构完整有很好的光学特性。利用 SK 生长模式生长量子点的方法称为自组织或自组装方法，已经广泛应用到量子点材料和量子点器件的研究中。

MOCVD 环境下的表面再构。表面的出现破坏了理想晶体的三维对称性，伴随大量原子键的断开，比表面能很高，为了降低表面能，表面的几个原子层之间的距离会发生变化，这就是表面弛豫现象。因为弛豫主要发生在垂直表面方向，故又称纵向弛豫。弛豫可发生在表面以下几个原子层的范围。以 GaAs 为例，实验表明 GaAs 的解理面 [110] 表面原子发生弛豫，即 As 原子和 Ga 原子分别向体外和体内移动了一定距离。

然而对于许多半导体不仅原子层之间的垂直距离发生变化，而且表面原子还可重新成键，从而改变晶体表面的平移对称性，即发生表面再构。一般表面再构是通过减少表面悬挂键的数目来降低表面能。在减少表面悬挂键的同时，往往需要改变原子位置，即产生应变，这又会使表面能增加。因而，一种稳定的表面再构实际上是悬挂键数目和应变量的综合平衡的结果。表面再构虽然也发生在表面下几个原子层范围，但最明显的再构现象是表现在表面最外层上。最常见的表面再构分为缺列型再构和重组型再构两种。

表面吸附一些原子也有利于表面能的降低，吸附原子后的表面周期性也会发生变化，形成所谓的吸附表面。

与体晶格被一几何平面切开后所产生的理想表面相比，再构表面显示出较低的对称性。如果某个晶体 M 的晶面是（hkl），常用如下方式表示表面或吸附物 s 的结构

$$M(hkl) - \left(\frac{b_1}{|a_1|} \times \frac{b_2}{|a_2|} \right)\theta - s \qquad (2\text{-}155)$$

或

$$M(hkl) - (m \times n)\theta - s \qquad (2\text{-}156)$$

式中：a_1 和 a_2 是晶体衬底理想表面原胞的基矢；b_1 和 b_2 是具有再构的晶体表面的基矢；θ 是两个原胞之间的夹角，如果表面没有吸附，可以略去符号 s。对于没有再构的表面可表示为 M（1×1）。对于在表面原胞中心有一个原子的情况，则加字母 c。因此对于 $\theta = 0$ 的清洁表面，表面再构写成（$m \times n$），即指两个表面基矢分别比体内的大 m 和 n 倍，换言之，在表面上的原胞比它下面相当的体内层中的要大 $m \times n$ 倍。一种再构表面存在于一定的条件下，超出这个范围，该再构表面将转化为另一种再构表面。

表面活性剂（surfactant）是富集于表面和界面上具有极高的降低表面、界面张力的一类物质。在 MOCVD 中，表面活性剂是那些本身蒸气压力比较低的元素，经常由于它们与组成固体晶格的原子在尺寸上不同，在生长过程中被母体排出，又不可能靠挥发脱离表面，此种元素被富集在生长表面并且改变表面结构和表面能，进而影响生长过程和外延层的性质。在 MOCVD 中，使用的表面活性剂有：等电子元素，如 GaInP 常用与 P 等电子的元素 As、Sb、Bi，GaNk 和 AlN 用与 Ga 和 Al 等电子的元素 In 做表面活性剂。另外，掺杂元素也可用做表面活性剂，如 N 型杂质 Te 做 InGaP 的表面活性剂。

表面活性剂可改变固溶体外延层的有序度、表面粗糙度和异质结界面质量。使用等电子元素如 As、Sb、Bi、或 N 型杂质 Te 均有助于消除 InGaP 中的 CuPt 有序结构。值得指出的是：表面活性剂并不都促进无序化的形成，有时会促进有序的形成。例如，在生长 GaAsSb 时，表面活性剂 Bi 促进 CuAu 有序和黄铜矿有序的形成。

使用少量的表面活性剂能降低某些材料外延层的表面粗糙度，也可改善异质结界面质量。例如，用 MOCVD 生长 AlN 或高 Al 含量 AlGaN 时，由于 Al-N 键非常强，Al 在表面很难迁移，导致表面粗糙。但在生长 AlN 或 AlGaN 的同时加入一定量的 In（TMIn）作为表面活性剂，则实现了台阶流的生长模式，改善了表面和界面质量，仅有少量 In 并入 AlN 或 AlGaN 中，并且已生长出高迁移率的 AlN/GaN 多层结构。

另外，还观测到表面活性剂能改变 MOCVD 生长时元素并入 GaAs 的掺杂浓度。发现表面活性剂 Sb 能增加 Zn 和 In 向 GaAs 中的并入，而表面活性剂 Sb、Bi 和 Tl 都能降低 N 向 GaAs 中的并入。

（6）N 化物的 MOCVD 生长。Ⅲ族 N 化物包括 GaN、InN、AlN 以及三元和四元固溶体都是直接带隙宽禁带材料。其禁带宽度从 InN 的 0.7eV 到 AlN 的 6.28eV，In-GaAlN 成为带隙跨越最宽的材料系，在蓝光、绿光和紫外波段的光电子器件方面获得了广泛应用。同时 GaN 具有宽带隙、高电子饱和速度、高临界击穿电压、小介电常数、高热导率和抗辐照等优点，在高温、高频、大功率电子器件方面有着广阔的应用前景，其基本物理参数见表 2-8 所示，为了便于比较，在表中还列出了 Si、GaAs 和 SiC 的特性。

表 2-8　　　　　Ⅲ 族 N 化物及几种重要半导体的基本物理参数

材料	GaN	AlN	InN	6H-SiC	4H-SiC	GaAs	Si
带隙/eV	3.45	6.2	0.67	2.86	3.26	1.43	1.12
饱和电子速度/10^7s	2.5	1.4	4.3	2.2	2.0	2.0	1.0
电子迁移率/[cm²/(Vs)]	1000	135	1430	400	950	8500	1400
空穴迁移率/[cm²/(Vs)]	30	14	—	75	120	400	600
击穿电压/10^5Vcm^{-1}	26	20		24	20	6	3
介电常数	9	8.5	—	9.7	9.6/10	12.5	11.9
折射率	2.5	—	—	2.77	—	—	—
热导率/[W/(cmK)]	1.3	3.0/2		4.9	4.9	0.46	1.5
硬度/(kg/mm²)	—	1200	0	3980	2130	600	1000
抗辐照能力/rad	10^{10}	—	—	—	$10^9 \sim 10^{10}$	10^6	$10^4 \sim 10^5$

Ⅲ族 N 化物有三种晶体结构：纤锌矿结构（六方相）、闪锌矿结构（立方相）和岩盐结构（NaCl 结构）。在外延生长中仅涉及六方相和立方相。六方相是热力学稳态结构，其应用也最为广泛。立方相是亚稳态结构。纤锌矿结构的 GaN 晶格结构，是由两类原子各自组成的六方排列的 Ga/N 双原子层沿［0001］方向堆积而成，如图 2-26 所示。

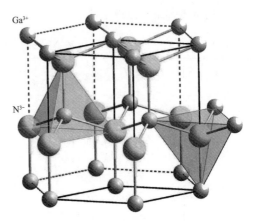

图 2-26　纤锌矿 GaN 结构

在Ⅲ-N 共价化合物中，由于这两种元素的电负性差别较大，形成具有极性的共价键，具有这种结构的半导体也称为极性半导体。规定［0001］为正方向，［000$\bar{1}$］方向为负方向。对应的（0001）面和（000$\bar{1}$）面分别以 Ga 原子终结的"Ga 面"和以 N 原子终结的"N 面"。由于 N 面存在悬挂键而 Ga 面为空轨道，这两面的物理性质和化学性质也有所不同。Ga 极性表面的典型表面形貌为镜面，N 极性表面以六角锥为特征。Ga 面比 N 面化学性质稳定，除了缺陷处出现腐蚀坑外，能抵抗大多数化学腐蚀剂的侵蚀。相反 N 极性表面在 KOH/H_2O溶液中和 KOH/NaOH 低共熔物中都会被腐蚀。Ga 极性外延层中的空位型缺陷或缺陷络合物浓度低于 N 极性外延层。因此希望得到 Ga 极性表面。幸运的是通常在 C 面蓝宝石衬底上或 Si 面终结的 6H-SiC 衬底上用两步 MOCVD 生长工艺生长的 GaN 外延层是 Ga 面。生长前蓝宝石的 N 化，可能导致生长出 N 极性表面的 GaN 外延层和使生长表面粗糙。重掺 Mg 也可导致 GaN 外延层从 Ga 极性表面转化成 N 极性表面。

纤锌矿结构缺少反演对称性，存在很强的压电性，其压电系数很大。沿［0001］轴方向存在应变时，将出现压电极化。即使不存在应变，由于Ⅲ族 N 化物沿［0001］方向为六角密堆积的 Ga 面—N 面构成的双原子层结构，也会产生"自发极化"。利用极化电场对能带的调制，可以有许多重要的应用。但是在 InGaN/GaN 量子阱的发光器件中，极化电场则造成不利影响，降低发光效率和发光波长随注入电流的蓝移。因此人们对在（1$\bar{1}$00）面（又称为 m 面）、（11$\bar{2}$0）面（又称为 a 面）等非极性面的生长感兴趣。

1）GaN 的 MOCVD 生长。GaN 同质衬底是生长 GaN 外延层的理想衬底，但是因为 GaN 熔点很高（2800℃）和平衡蒸气压（4.5GPa）很大，制备 GaN 单晶体极为困难。尽管可从高压力下饱和 N_2 的 Ga 溶液中生长出尺度约为 10～14mm，厚度为 0.1mm 的 GaN（0001）面单晶薄片，但它们仅具有研究价值。采用氢化物气相外延生长法可提供 2in（0001）面 GaN 衬底，但是目前昂贵的价格，限制了它的应用。因此，GaN 的外延生长多在异质衬底上进行。表 2-9 列出了部分可应用的衬底及其极性，为了便于比较也列出了Ⅲ族 N 化物的一些物理特性。目前最常用的衬底是蓝宝石（α-Al_2O_3）和 6H-SiC。价格便宜且尺寸更大的 Si 衬底也是被广泛研究和部分产品使用的衬底之一。斜方的 $LiGaO_2$ 与 GaN 晶格失配仅有 0.9％，ZnO 与 GaN 晶格失配也比较小（4％），但是两者的缺点都是高温稳定性很差。

表 2-9　　　　　　　　　　Ⅲ族 N 化物及衬底的物理特性

衬底材料	对称性	晶格常数/nm	与 GaN 的晶格失配（%）	热膨胀系数/(10^{-6}/K)	与 GaN 的热失配/%	热导率/[W/(cm·K)]
纤锌矿 GaN	六方	a=0.3189	0	5.59	0	1.3
		c=0.5185	—	3.17	—	—
纤锌矿 AlN	六方	a=0.3112	2.4	4.2	33	2.0
		c=0.4982		5.3		
纤锌矿 InN	六方	a=0.354	−9.9	4	39	
		c=0.580		3		
蓝宝石（c 面）	六方	a=0.4758	16.1	7.5	−25	0.5
		c=1.2991		8.5		
6H-SiC	六方	a=0.308	3.5	4.2		4.9
		c=1.512		4.68		
Si（111）面	立方	a=0.54301	20	3.59	56	1.5
LiGaO$_2$	斜方	a=0.5402	0.9	6		
		b=6.372	—	9		
		c=0.6372		7		
MgAl$_2$O$_4$	立方	a=0.8083	−10	7.45	−24	
ZnO	六方	a=0.3252	4	2.9	93	
		c=0.5213	−2.1	4.75		

　　蓝宝石晶体结构与 GaN 相同，为六方结构。蓝宝石的带隙宽、折射率低（1.7）、化学稳定性和热稳定性好，在 1000℃ 高温也不与氢气发生反应，可用于高温生长。价格相对便宜、可以大量生产也为其优点；缺点是与 GaN 晶格失配和热失配较大，不导电、热导率低、解理困难。常用的蓝宝石晶面是 c 面。在（0001）面蓝宝石上用 MOCVD 生长的 GaN 外延层仍为（0001）面，但是相对于（0001）面蓝宝石围绕 c 轴旋转 30°。

　　带隙宽的 4H-SiC 和 6H-SiC 都是六方结构。其优点是与 GaN 晶格失配较小、导电、热导率高。SiC 衬底的缺点是价格昂贵、折射率较大（2.77）、缺陷密度高、热失配也较大（与蓝宝石不同，为正热失配，产生张应变，容易产生裂纹）。由于 SiC 表面容易形成一种稳定的氧化物，阻止其分解和刻蚀，因此 SiC 衬底在外延生长前的表面处理非常重要。当前，SiC 衬底除了用于生长 LED 器件，更重要的应用是制作电力电子产品和高频高速器件，在智能电网、电动汽车、航天航空以及军事装备上有广泛的应用。目前美国科锐（Cree）公司主要使用 SiC 衬底生长 LED 器件，并用 SiC 制作功率电子器件。德国英飞凌（Infineon）用 SiC 制作射频器件，并于 2018 年被科锐收购，科锐未来将把基于 SiC 衬底的 GaN 微电子器件作为优先发展方向。值得一提的是，著名的末段高空区域防御系统"萨德"（THAAD，Terminal High Altitude Area Defense），其雷达使用的高电子迁移率晶体管（HEMT）就是科锐提供的 GaN on SiC 射频器件。

　　硅是当今微电子技术的基石。硅衬底的优点是直径大、易加工、价格便宜、导电、热导率较高。由于 Si 与 GaN 晶格失配和热失配更大，生长高质量 GaN 更加困难，此外对于制作 LED 来说 Si 本身吸收光也是不利因素。Si 是非极性衬底，生长具有极性的 GaN 外延层还存在反相畴的问题。不过先后有美国普瑞（Bridgelux）、日本东芝（Toshiba）、三星电子（Samsung）、晶能光电（LatticePower）、国星光电（Nation Star，通过投资美国公司 RaySent 公司）对硅衬底进行了深入研究和应用。由于外延均匀性和产品一致性原因，目前三星电子的硅衬底 LED 器件主要应用为手机闪光灯，而晶能光电的硅衬底 LED 器件目前主要应用为汽车照明。值得一提的是，南昌大学江风益院士及其领导的团队开发的硅衬底黄光产品，通过黄绿照明实现产业化应用，成功应用到无蓝光台灯以及低色温道路照明。并且晶能光电的硅衬底蓝光此前也是江风益院士及其领导的团队开发的，并因此获得 2016 年国家技术发明奖一等奖。

　　一般 GaN 的 MOCVD 生长以 TMGa 为Ⅲ族源，以 NH_3 为 N 源。在蓝宝石衬底上从 $500\sim1100℃$ 均可生长。然而由于蓝宝石和 GaN 两者之间晶格失配和化学性质的差异较大，要生长平坦而没有裂纹的高质量 GaN 外延层是非常困难的。直接在蓝宝石衬底上生长的未掺杂 GaN 电子浓度高达 $10^{19}\sim10^{20}\,cm^{-3}$，但霍尔（Hall）迁移率仅为 $10\sim50\,cm^2/$（V·s），光致荧光谱的近带边峰发射很弱，以深能级黄光发射为主。1986 年 Amano 等首先利用 MOCVD 技术在蓝宝石衬底上低温生长薄 AlN 成核层（Nucleation Layer）或称缓冲层（Buffer Layer），1991 年 Nukamura 等利用低温生长薄 GaN 成核层，然后用高温生长体 GaN 外延层的方法，都得到表面光滑如镜的高质量 GaN 外延层。此后 GaN 基材料和器件的研究和产业化得到了快速发展。这种两步外延 MOCVD 生长 GaN 工艺已被广泛采用，如图 2-27 所示。蓝宝石衬底先进行高温预热处理，然后降低温度生长缓冲层，升到高温将缓冲层退火后，最后再进行高温体 GaN 生长。

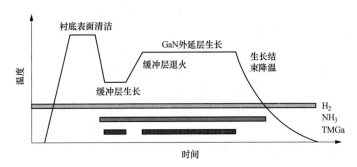

图 2-27　蓝宝石上生长 GaN 的两步生长时序示意图

　　体外延层的生长温度对 GaN 外延层的质量影响极大。GaN 的高键能（2.2eV/键）导致需要高的生长温度才能使原子在生长表面迁移。只有在高的生长温度才能得到高质量的 GaN 外延层，通常在 AlN 或 GaN 缓冲层上生长 GaN 体外延层的生长温度为 $1000\sim1100℃$。虽然两步外延生长法极大地改善了外延层质量，但是外延层中仍然存在高达 $10^9\sim10^{10}\,cm^{-2}$ 的位错密度，如此高的位错密度使得位错对载流子的散射已经不可忽略，因此即使在相同的净载流子浓度下，位错密度高的样品的迁移率低。由于 GaN 外延层高密度位错集中在衬底—外延层界面，导致迁移率随外延层厚度而上升。通常外延层厚于 $4\mu m$ 迁移率才得到改善。

GaN 的 N 型掺杂元素主要是 Si 和 Ge。它们的激活能比较低，为浅施主。例如，Si 在 GaN 中的激活能约 20meV。常用 SiH_4 和 GeH_4 作为掺杂剂。GaN 电子浓度与 SiH_4 和 GeH_4 的流量均呈线性关系，最高电子浓度可达到 $10^{19}\,cm^{-3}$。SiH_4 比 GeH_4 的掺杂效率高 10 倍。高掺杂 Si 浓度的 GaN 表面仍为光滑的镜面，而掺 Ge 的表面形貌变差。

GaN 的 P 型掺杂曾长期阻碍 N 化物的发展。GaN 中常用 P 型掺杂元素是 Mg。Mg 在 GaN 中为深受主，其能级约为 160meV。在 H_2 载气下生长的掺 Mg 的 GaN 呈高阻，这时因为 GaN 中的 Mg 受主被 H 钝化形成 Mg-H 络合物的缘故。为得到 P 型 GaN，必须破坏 Mg-H 络合物，使 H 从 GaN 中扩散出去，激活 Mg 受主生成相关的受主态。在采用两步生长方法降低了 GaN 外延层本底电子浓度以后，1989 年 Amano 等首先发现，掺 Mg 的 GaN 外延层经过低能电子辐照（LEEBI）后转变为低阻 P 型的 GaN，空穴浓度和最低电阻分别是 $10^{17}\,cm^{-3}$ 和 12Ω。1992 年 Nakamura 等采用掺 Mg 的 GaN 外延层在 700℃ 以上 N 气气氛中退火的方法，得到低阻 P 型 GaN。在 N 气气氛中退火的温度和时间都影响掺 Mg 的 GaN 电阻率。退火温度一般为 700～800℃，时间为 20～30min。GaN 的 P 型掺杂采用 Cp_2Mg 或 $MeCp_2Mg$ 掺杂剂，前者室温下为固态后者为液态。

2）AlN 的 MOCVD 生长。AlN 熔点为 3550℃，在化合物半导体中具有最高的直接带隙（6.2eV）。由于 Al-N 键能高（2.88eV），Al 原子在表面迁移所需的激活能高，导致 Al 原子在生长表面的迁移能力较差，这使得样品表面容易出现晶料岛状生长。因此，MOCVD 生长中需要更高的生长温度，并不需要高的 Ⅴ/Ⅲ 比。AlN 的 MOCVD 生长所用的源为 TMAl 和 NH_3。TMAl 与 NH_3 之间的预反应强烈，因此如何抑制预反应在 AlN 生长中非常重要。由于 Al 对 O 和 C 有很强的亲和力，生长高纯度 AlN 非常困难。

在 c 面蓝宝石上生长（0001）AlN 外延层，也存在 AlN 终结面为不同极性的 N 面和 Al 面问题。表面极性取决于成核层生长前蓝宝石表面的预处理方式。低温 N 化（620℃）导致 N 极性面，而无 N 化则生长出 Al 极性表面。Al 面的位错密度大约，$1\times 10^{10}\,cm^{-2}$，N 面的位错密度大约为 $3\times10^{10}\,cm^{-2}$。

SiC 是生长 AlN 最合适的衬底，两者晶格失配与热失配均较小。此外 SiC 的热稳定性优于蓝宝石，可采用更高的生长温度。实验表明，在合适的条件下，在 SiC 衬底上可生长出表面原子非常平坦的 AlN 外延，位错密度可低至 $7\times10^8\,cm^{-2}$ 且剩余杂质含量少。

3）AlGaN 的 MOCVD 生长。AlN 和 GaN 均为六方结构，AlN 和 GaN 晶格失配较小，沿 a 轴 2.5%，沿 c 轴 4%。两者共价键半径差也比较小，$Al_xGa_{1-x}N$ 在全部组分范围内均可生成固溶体。$Al_xGa_{1-x}N$ 在蓝光、绿光和紫外光电器件以及高功率、高温和高频电子器件中得到广泛应用。然而，生长高 Al 组分的 $Al_xGa_{1-x}N$ 组分控制、表面形貌、结构完整性和低阻 P 型和 N 型都更为困难。

生长 $Al_xGa_{1-x}N$ 使用的源主要为 TMAl、TMGa 和 NH_3。如果能抑制 TMAl 与 NH_3 的预反应，Al 的气—固分配系数大体接近 1，在高温下 Al 有优先并入倾向。然而若发生造成 TMAl 消耗的强烈预反应，则会导致 Ga 的优先并入。为了生长组分均匀、可控的 $Al_xGa_{1-x}N$，需要采取使 TMAl 与 NH_3 分别进入反应室、消除反应室内的涡流、降低反应室的压力或/和提高总流速等措施，抑制预反应，增加 Al 的并入。前三项措能降低 TMAl 与 NH_3 分子之间的碰撞概率，从而抑制预反应。提高总流速则降低反应剂在反应室中的停留时间，从而减少预反应的进程。

生长 $Al_xGa_{1-x}N$ 用的衬底为蓝宝石或 SiC。通常 $Al_xGa_{1-x}N$ 生长在已经外延了 GaN 的 c 面蓝宝石衬底或 SiC 上。$Al_xGa_{1-x}N$ 常用的 N 型掺杂元素是 Si。在 Al 组分较低时，Si 在 $Al_xGa_{1-x}N$ 中是浅施主，但是随着 Al 组分的增加，Si 的电离能会增加，最终转化为深能级 DX 中心。同时，作为 N 型补偿中心的Ⅲ族空位浓度也会随着 Al 组分的增加而增加。而且，Si 的掺入还会增加材料中的张应变，当 Si 浓度很高时甚至会产生裂纹。这些都增加了 N 型低阻 $Al_xGa_{1-x}N$（特别是高 Al 组分）材料生长的难度。$Al_xGa_{1-x}N$ 的 N 型掺杂剂使用 SiH_4，电子浓度大致与 SiH_4 的摩尔流量成正比。$Al_xGa_{1-x}N$ 用的 P 型掺杂元素是 Mg（Cp_2Mg）。低阻 p-$Al_xGa_{1-x}N$ 比低阻 p-GaN 更难获得，其原因在于 Mg 在 $Al_xGa_{1-x}N$ 中的激活能随 Al 含量的增高而迅速增加，而且 P 型 $Al_xGa_{1-x}N$ 中更容易形成 N 空位（V_N）这种 P 型补偿中心。

4）InN 的 MOCVD 生长。InN 的带隙在 2002 年被证实约为 0.7eV，称为Ⅲ-N 化合物中具有最低直接带隙的材料。预期 InN 也是Ⅲ-N 化合物中具有最高的饱和电子漂移速度和电子渡越速度，以及具有最高的电子迁移率材料。InN 外延至今仍缺乏合适的衬底，常用的蓝宝石衬底与 InN 之间的晶格失配高达 25%。其他晶格失配小于蓝宝石的衬底有 Si、GaAs、GaP、GaN 和 AlN 等。已经生长出的高迁移率 InN 基本上都是 GaN 衬底上完成的，尽管 GaN 与 InN 的晶格失配达到 10%，但是 InN 能在 GaN 上实现二维生长。MOCVD 生长 InN 一般用 TMIn 和 NH_3 为源，以 N 气作为载气。使用 N 载气的原因是 H_2 作为 InN 生成反应的副产物，H_2 分压增加会抑制 InN 的生成。由于 In-N 键能低，InN 的离解压随温度的升高而急剧升高，因此需要在低的温度下进行 MOCVD 生长，而且在生长过程中还需要保持很高的 N 平衡蒸气压以防止 InN 分解。在低温下 NH_3 的分解率下降，故需要高的 V/Ⅲ比。适合 InN 生长的温度区间很窄，一般认为优化生长温度区间在 550～650℃。

5）InGaN 的 MOCVD 生长。InN 和 GaN 的晶格常数差大，导致该体系中存在较大的混溶隙。$In_xGa_{1-x}N$ 的带隙宽度与 In 含量 x 值之间的关系可以表示为

$$E_g(x) = 3.42x + 0.77(1-x) - 1.43x(1-x) \tag{2-157}$$

$In_xGa_{1-x}N$ 材料用于制备 LED 和 LD 的有源层。由于 $In_xGa_{1-x}N$ 的带隙覆盖了整个太阳光谱，因此有人建议可用于制造高效太阳能电池。

$In_xGa_{1-x}N$ 需要在比 GaN 低的生长温度、比较高的V/Ⅲ比和以 N_2 为载气的条件下生长。生长温度是影响 $In_xGa_{1-x}N$ 中 In 含量和材料质量的关键因素。在 GaN 上生长 $In_xGa_{1-x}N$ 可改善晶体质量，因为 GaN 的晶格常数介于 $In_xGa_{1-x}N$ 和蓝宝石之间。不过 $In_xGa_{1-x}N$ 与 GaN 的晶格常数仍有不小差距，在 $x\sim0.1$ 时引起的晶格失配大于 1%。在高 In 含量外延层中失配应力会引入位错、层错、V 形缺陷和孔隙等结构缺陷。在 $In_xGa_{1-x}N$ 中，当 In

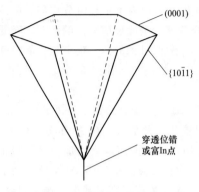

图 2-28　V 形缺陷的结构示意图

的组分较高（>10%）时，易出现一种"V 形缺陷"来弛豫由晶格失配所引起的应变。V 形缺陷是 N 化物中的一种特殊的缺陷，其形貌是开口的倒六角锥，六个斜面是 {10 $\bar{1}$ 1} 面族，从截面看呈现 V 字形，因而被称为 V 形缺陷。在 $In_xGa_{1-x}N$ 外延层表面和 InGaN/GaN 多量子阱结构中总会观测到 V 形缺陷。图 2-28 为 V 形缺陷的结构示意图。

大多数 V 形缺陷起源于穿透位错，也可源于堆垛层错的堆垛失配边界。但是也有些 V 形缺陷起源于外延层中并且未与穿透位错相连。对 V 形缺陷的起源主要有两种解释：①认为由 $In_xGa_{1-x}N$ 下层的 GaN 中的位错所致，利用 TEM 常观察到倒六角锥的顶部与 GaN 中的位错相连；②认为由于局部 In 引起较大的晶格失配，通过形成 V 形缺陷来释放应力。不少研究都观察到在 V 形缺陷附近 In 组分富集，还观察到 V 形缺陷的形成会导致部分的弹性弛豫。

$In_xGa_{1-x}N$ 的 N 型掺杂剂使用 SiH_4，通常生长温度为 800～830℃。$In_xGa_{1-x}N$ 的 P 型掺杂剂使用 Cp_2Mg，生长后须在 700℃下 N 气中退火。

6）AlInN 的 MOCVD 生长。$Al_{1-x}In_xN$ 的带隙覆盖了 0.8～6.2eV，其波长覆盖了从红光到紫外区。$Al_{0.83}In_{0.17}N$ 可与 GaN 晶格匹配，从而提高器件性能。$Al_{1-x}In_xN$ 与 GaN 的折射率差较大，因此 $Al_{1-x}In_xN$/GaN 组成的布拉格反射镜具有更好的特性。$Al_{1-x}In_xN$ 的 MOCVD 生长比 $In_xGa_{1-x}N$ 更为困难。一方面因为 AlN 和 InN 的晶格常数相差更大，Spinodal 相分离现象更为严重；另一方面生长高质量 AlN 的条件与 InN 的条件相差的也更远。在 700℃和 750℃生长的样品 XRD 谱上可看到明显的多峰，表明在外延层中发生了组分的相分离。而在 800℃生长的 $Al_{1-x}In_xN$ 层中未见相分离现象，但即使在 800℃生长，也很难得到与 GaN 晶格匹配的 x~0.17 的外延层。

7）InAlInN 的 MOCVD 生长。四元合金 $In_xAl_yIn_{1-x-y}N$ 因其禁带宽度和晶格常数可独立调节而引起人们的兴趣。当 $y = 4.8x$ 时，$In_xAl_yIn_{1-x-y}N$ 与 GaN 晶格匹配。晶格匹配的 $In_xAl_yIn_{1-x-y}N$/$In_xGa_{1-x}N$ 量子阱，可降低位错密度以及压电场，进一步提高光电器件的性能。

$In_xAl_yIn_{1-x-y}N$ 生长的难点在于：一方面体系中存在大的混溶隙，另一方面是 Al 的并入条件与 In 的并入条件有很大不同。AlGaN 需要较高的生长温度（1000℃以上），以抑制深能级杂质的并入和能使 Al 在表面移动。而 InGaN 需要较低的生长温度（700～800℃），以利于 In 的并入。由于 AlN 和 GaN 的晶格常数比较接近，晶格匹配主要用 In 的摩尔分数 x 来调节。采用调节 TMIn 流速的方法达到晶格匹配，调节 TMAl 流速来达到所希望的带隙值。但是因为 TMAl 的预反应随生长温度的升高而加剧，In 并入效率随生长温度和载气中 H_2 含量的升高而降低，以及 TMAl 的增加会增强 In 的并入，因此可用来调节 $In_xAl_yIn_{1-x-y}N$ 的晶格匹配和带隙宽度的参数更多，也更为困难。得到

$In_xAl_yIn_{1-x-y}N$ 材料中 In 含量一般还较低，主要应用于紫外波段。

生长 $In_xAl_yIn_{1-x-y}N$ 一般使用 TMGa、TMAl、TMIn（或 EDMIn）和 NH_3 分别作为 Ga、Al、In 和 N 源。类似 InGaN，生长在高温 GaN 层上的 $In_xAl_yIn_{1-x-y}N$ 中也存在 V 形缺陷。大部分（80%）V 形缺陷的顶端都与位错相连，而这类 V 形缺陷都始于 $In_xAl_yIn_{1-x-y}N$ 与 GaN 的界面；但也有少部分 V 形缺陷的顶部并不与位错相连，此外这类 V 形缺陷不是始于 GaN 与 $In_xAl_yIn_{1-x-y}N$ 的界面处，而是始于 $In_xAl_yIn_{1-x-y}N$ 薄膜的内部。通过提高生长温度和降低反应室的压力可减少 V 形缺陷的密度，提高 $In_xAl_yIn_{1-x-y}N$ 外延层的晶体质量。因为提高生长温度可加快原子的迁移速度，一方面可避免形成富贫区，另一方面有利于二维生长。

8）立方相Ⅲ族 N 化物的 MOCVD 生长。GaN 晶体立方相（c-GaN）和六方相结构的区别在于沿 $\langle 111 \rangle$ 方向的原子堆积顺序不同，立方相为 ABCABC... 堆积，而六方相为 ABABAB... 堆积。两者最近邻原子相同，次临近原子不同，晶体结构的差异决定了材料物理性质的不同。立方相 GaN 是直接带隙材料，其禁带宽度比六方相要低约 0.19eV。立方相 GaN 的优点主要有：①立方相比六方相生长温度低，有利于 InGaN 生长；②结晶对称性高，有望降低光子散射，期望有较高的迁移率，并有利于 P 型掺杂和得到较高的空穴浓度；③立方 GaN 的禁带宽度比六方相要低约 0.19eV，较少的 In 掺杂就可得到蓝、绿光发射的固溶体材料；④采用导电且容易解理的 GaAs 衬底，可制作垂直结构 LED 和解理腔面的边发射激光器，不仅简化器件工艺并且有利于实现光电集成。然而，六方相是热力学稳态结构，立方相是亚稳态结构。为了得到立方相，生长窗口比较窄，再加上没有晶格匹配的衬底，妨碍了高质量立方 GaN 的生长。

生长温度会影响 GaN 的晶体结构：当生长温度小于800℃时一般是立方相结构，而大于1000℃时更多的是六方相结构。此外，V/Ⅲ比低也有利于立方相的生长。外延层的晶体结构还受到衬底材料和衬底晶向的影响。在 Si(001)、GaAs(001)、MgO 及 3C-SiC 上可得到立方相结构的 GaN。而在 Al_2O_3、Si(111)、GaAs(111)、6H-SiC、$MgAl_2O_4(111)$ 等面上生长的 GaN 为六方相结构。GaAs 是生长立方相 GaN 使用比较多的衬底，然而它们的晶格失配高达20%，两者热膨胀系数也有很大差别。在 GaAs 上生长的立方相 GaN 位错形式主要是层错和孪晶。

MOCVD 生长立方相 GaN 使用 TMGa 或 TEGa 作为Ⅲ族源。N 源采用 NH_3 或二甲基联胺 $[(GH_3)_2HNH_2，UDMHy]$。在 GaAs(001) 衬底上采用两步生长方法，首先在 550～575℃的温度下生长 20nm 的 GaN 缓冲层，然后在 800～900℃生长体 c-GaN。即使在 800～900℃的低温，外延层仍然可能含有六方相。V/Ⅲ比也是影响立方相 GaN 相纯度的因素之一，偏大的 V/Ⅲ比使六方相含量增加；偏小的 V/Ⅲ比增加光荧光半高宽，并且使表面劣化。生长质量较高立方相的 V/Ⅲ比约为 900。使用 NH_3 为 N 源生长的未掺杂 c-GaN 本底电子浓度为 $10^{16} cm^{-3}$，迁移率为 $70 cm^2/(Vs)$。

在 GaAs(001) 衬底上，用 MOCVD 生长立方相 $c-In_xGa_{1-x}N$，生长采用 NH_3 为 N 源，生长温度在 650～780℃。$c-In_xGa_{1-x}N$ 中的 In 含量随生长参数的变化关系类似于六方相 $In_xGa_{1-x}N$，如 In 含量随生长温度的降低、随V/Ⅲ比的提高和生长速度的提高而上升。

立方相 c-$Al_xGa_{1-x}N$（$0 < x < 0.25$）的生长采用 DMHy 为 N 源，在 GaAs(001) 衬底上生长，生长温度为 900℃，可观测到立方相 GaN/AlGaN 光泵浦受激发射。

9）GaN 基窄带化合物的 MOCVD 生长。窄禁带Ⅲ族 N 化物，Ⅲ-V-N 化合物，也称"稀 N 化合物"，包括 GaN_xAs_{1-x}、GaN_xP_{1-x}、$Ga_{1-x}In_xN_yAs_{1-y}$ 等。这些化合物虽然 N 含量很低（稀 N），但导致强烈的带隙弯曲，对其电学性质却有很大的影响。例如，在 GaN_xAs_{1-x} 中，当 $x \sim 0.04$ 时导致带隙减少已经超过 0.5eV。目前最受关注的是与 GaAs 晶格匹配的直接带隙 $Ga_{1-x}In_xN_yAs_{1-y}$（$y \approx 3.5x$）材料，因为在高特征温度的 1.3～1.55μm 长波长激光器、高效太阳能电池，以及低功耗异质结双极晶体管等方面都展现出光明的应用前景。

生长 $Ga_{1-x}In_xN_yAs_{1-y}$ 的主要问题是 N 的并入很难，由于 N 在Ⅲ-V 合金中溶解度很低，即是生长含有很低 N 浓度的无序合金也很困难。而且随着 N 组分的增加晶体质量急剧变差。N 的并入损坏晶体质量的原因可能是由于 N 化物和 As 化物之间晶格常数差别大导致形成混溶系的影响、N 原子附近局部的高应力以及从 N 源引入的 C 和 H 等。在 MOCVD 生长 $Ga_{1-x}In_xN_yAs_{1-y}$ 时，N 的并入随生长温度的降低和生长速度的提高而上升。$Ga_{1-x}In_xN_yAs_{1-y}$ 的光发射很弱，而且随着 N 浓度的增加荧光光强度降低和半高宽增加。为增加光发射，生长后需要进行退火处理。$Ga_{1-x}In_xN_yAs_{1-y}$ 的少子扩散长度很小（主要是在 P 区中的电子），导致器件性能下降。

$Ga_{1-x}In_xN_yAs_{1-y}$ 的生长温度约为 500℃～600℃，因此须使用低分解温度的有机 N 前体，如 DMHy 替代 NH_3 为 N 源。As 源可用低分解温度的 TBAs，亦可使用 AsH_3。TEGa 或 TMGa 均可作为 Ga 源，In 源则使用 TMIn。通常载气使用 H_2。使用 N_2 载气替代 H_2 载气时，$Ga_{1-x}In_xN_yAs_{1-y}$ 中 N 的并入效率增加。

表 2-10 列出生长Ⅲ-V-N 化合物用的 N 源，应用最广泛的 N 源为二甲基联胺。$(CH_3)_2N-NH_2$ 具有合适的饱和蒸气压与合适的热解温度，采用其与 AsH3 相结合制备的 GaN_xAs_{1-x} 材料中 N 含量已经可达到 5.742% 左右。

表 2-10　　　　　　生长Ⅲ-V-N 化合物用的 N 源

源名	化学式	TLV-TWA/ppm	易爆性	25℃下蒸气压/Torr	热解温度 T_{50}/℃
氨气	NH_3	25	是	>760	1200
叔丁胺（TBAm）	$(CH_3)_3CHN_2$	5	否	345	680
联胺（Hydrazine）	H_2N-NH_2	0.1	是	14.4	400
单甲基联胺（MMHy）	CH_3HN-NH_2	0.2	否	49.7	500
二甲基联胺（1，1DMHy）	$(CH_3)_2N-NH_2$	0.5	否	165	420
丁基联胺（tbHy）	$(tBu)HN-NH_2$	—	—	—	—
苯基联胺（Phenylhydrazine）	$(C_6H_5)HN-NH_2$	—	否	0.06	
叠氮化氢（Hydrogen）	HN_3	剧毒	是	较高	300
三氟化氮（Nitrogen trifluoride）	NF_3	10	否	（气体）	

其他成功用于制备Ⅲ-Ⅴ-N化合物的有机氮源还有联胺、丁基联胺和三氟化氮。对生长 $Ga_{1-x}In_xN_yAs_{1-y}$ 来说，N 的并入效率依次为：$NF_3 \sim H_2N-NH_2 > (tBu)N-NH_2 > (CH_3)_2-NH_2$。尽管采用联胺时，N 的并入效率比采用 DMHy 时高，但是由于这种源十分易燃、易爆，限制了它的应用。由于苯基联胺饱和蒸气压过低、叠氮化氢毒性高、三氟化氮具有腐蚀性都未被广泛采用。此外，叔丁胺虽然蒸气压高、毒性低，但实验中没有观察到 N 的并入。

（7）选择外延生长和非平面衬底上的外延生长。选择外延是在衬底表面限定的区域内进行外延生长的技术，亦称选区外延生长。选择外延对于生长光电器件和光电集成电路是极其有用的工具，大大简化了器件制备的步骤。为了限定生长区域，需要在衬底上沉积薄层无定型 SiO_2 或 Si_3N_4 介质形成掩模，利用光刻技术开出窗口，窗口图案可以是条形、方形或圆形等。在（100）面衬底上，方形或条形窗口的一个边通常平行于 [011] 或 [01̄1] 晶向。选择适当的生长条件使外延只发生在窗口区的半导体表面上。MOCVD 之所以能进行选择外延生长是因为Ⅲ族源通常在气相中仅部分分解，导致这些品种在掩模介质上不被吸附，而只吸附在半导体表面。GaN 的侧向覆盖生长就是选择外延的一种，其特点是不仅在窗口区生长还向侧向生长并覆盖掩模区最终形成连续的外延层，以减少外延层的位错密度和提高发光二极管的性能。

非平面衬底是指经过选择腐蚀后再表面形成带有图形的衬底，也称图形衬底。如果选择辐射时采用 SiO_2 作掩模，在衬底形成图形后接着外延，则将选择外延与非平面衬底外延技术结合起来。Ⅲ-Ⅴ半导体衬底腐蚀可采用湿法化学腐蚀或干法腐蚀（如反应离子和反应等离子束刻蚀）技术。湿法腐蚀对结晶学取向的依赖性强，而干法腐蚀可克

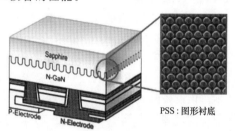

PSS：图形衬底

图 2-29　三星 LED 采用的图形衬底

服这些限制。为了用湿法腐蚀得到平坦而且光滑的腐蚀表面，需要选择合适的腐蚀液和腐蚀条件。图形衬底的窗口图案可是圆形坑、方形坑、截面为 V 形或矩形条形沟槽或双沟等，也可是凸出的台面。三星 LED 采用的图形衬底为凸出的半球台形，如图 2-29 所示。

这样做的好处主要有两点：①降低垂直生长方向的缺陷密度：开始外延生长时，缓冲层先在凸出的图形缝隙内垂直生长，生长到半球面时，会顺着球面横向生长，此时连续型位错也会顺着横向生长，从而降低了垂直生长方向的连续位错密度，即降低了缺陷密度，待横向生长完毕后，已生长好一层晶体质量较好的缓冲层；②蓝宝石和 GaN 存在较大的折射率差，如图 2-29 所示的芯片为倒装芯片，当光从 LED 有源区通过缓冲层入射蓝宝石时，会发生全发射，而图形衬底起到了渐变折射率的作用，并可增加光线的散射，从而减少了全发射，增加了光提取效率。值得一提的是，在倒装芯片完成蓝宝石衬底减薄后，也有人在蓝宝石的光滑上表面再次制作图形结构，形成所谓的表面织构或表面粗化，以同样原理也抑制光线从蓝宝石射向空气时的全反射，进一步提高光

提取效率。

在带有形成腐蚀图形使用的介质掩模的衬底上生长时，需要避免在介质掩模上沉积多晶。其中降低反应室压力方法最有效。在除去形成腐蚀图形时所使用的介质掩模后，图形衬底的生长表面，无论是腐蚀坑的还是台面的，都出现其他指数表面，因为存在各向异性的生长现象。对二元系化合物各向异性的生长导致生长速度的不同。对三元和多元材料则除了生长速度以外，还造成固溶体组分的不均匀。对于晶格匹配的 GaAs/AlGaAs 材料系，组分的不均匀不会产生失配位错。然而对于晶格常数随组分变化大的体系，就可能造成应变，甚至产生失配位错破坏材料和器件的质量。

选择外延和图形衬底外延生长提供了在横向控制外延层的手段，便于生长复杂结构或者提高外延层的晶体质量。但是必须注意利用或抑制在发生侧向生长的同时生长速度和组分的局部变化所引起的效应，才能得到预想的结果。选择外延和图形衬底外延还是制作量子点、量子线和光电集成系统的重要手段。

MOCVD 主要有 Veeco、Aixtron 和中微半导体（AMEC），其中前两者以往几乎占了全部市场份额，但近几年国产 MOCVD 迅速崛起，逐渐积压了前两者的市场份额。Veeco 的 2019 年营业收入为 4.19 亿美元（约 29.19 亿人民币），同比下跌 22.64%。Aixtron 的 2019 年营业收入为 2.596 亿欧元（约 20 亿元），与 2018 年基本持平。AMEC 的 2019 年营业收入 19.47 亿元，同比增长 18.77%。

由于生产不同的外延产品，生产条件可能会有很大不同，所以存在很多种用途的MOCVD。例如 AMEC 用于生产蓝绿光 LED 产品的 MOCVD 型号 Prismo A7，如图 2-30所示。该设备配置多达 4 个反应腔，可同时加工 136 片 4in 晶片或 56 片 6in 晶片，工艺能力还能延展到生长 8in 外延晶片。每个反应腔均可独立控制，可实现卓越的生产灵活性。该设备配置了 716mm 的托盘，专为 LED 高产能而设计，是目前业内 LED 产能最高、单位能耗最低的 MOCVD 设备。Prismo A7 每个反应腔的产量是该公司前一代MOCVD 设备 Prismo D-BLUE 的 2 倍多。

AMEC 用于生产紫外 LED 产品的 MOCVD 型号 Prismo HiT3，如图 2-31 所示。Prismo HiT3 是适用于高质量氮化铝和高铝组分材料生长的 MOCVD，反应腔最高温度可大达 1400℃，单炉可生长 18 片 2in 外延片，并可延展到 4in 晶片。Prismo HiT3 专为深紫外 LED 量产而设计，是目前业内紫外 LED 产能最高的高温 MOCVD设备之一。

图 2-30　中微半导体蓝绿光 MOCVD

图 2-31　中微半导体紫外 MOCVD

2.2.2　芯片

在衬底上完成外延生长后只是一片外延片，需要经过芯片制造工艺后才能制备出具有完整结构的 LED 芯片。完整的 LED 芯片结构包含衬底（或者说支撑基板）、N 电极、N 型区、有源区、P 型区、P 电极等。

GaN 基 LED 芯片结构和制备工艺已经呈多样化发展，市场上各家的芯片产品有多种结构，制备工艺也各式各样，下面介绍 LED 芯片制造的基础工艺和 GaN 基 LED 芯片结构及其制备工艺。

（1）LED 芯片制造基础工艺。LED 芯片制造也属于半导体芯片制造范畴，因此在制造工艺上与半导体芯片制造原理上是相通的，但同时又具有其独特的特点。不同的芯片结构，其芯片制造的工艺、工序可能各不相同，但是其基础工艺是一致的。概括来说，LED 芯片制造具有以下基础工艺：蒸镀、溅射、光刻、刻蚀、沉积、退火、研磨、切割、点测、检验等。

1）蒸镀。蒸镀是一种薄膜制备方法，薄膜制备过程是将薄膜材料通过某种方法转移到基底表面，形成与基底牢固结合的薄膜的过程。薄膜制备过程示意图如图 2-32 所示。

薄膜制备方法一般分为物理气相沉积（PVD，Physical Vapor Deposition）和化学气相沉积（CVD，Chemical Vapor Deposition）两种，蒸镀属于 PVD 的一种。PVD 是指利用某种物理过程，如物质的热蒸发或在受到粒子轰击时物质表面原子的溅射等现象，实现物质原子从源物质到薄膜的可控转移的过程。PVD 通常有三个阶段：①从源材料中发射出粒子；②粒子输运到基片；③粒子在基片上凝结、成核、长大、成膜。PVD 制备薄膜的特点为：需要使用固态或熔融态的物质作为沉积过程的源物质；源物质经过物理过程而进入环境；需要相对较低的气体压力环境；在低压环境中，其他气体分子对气相分子的散射作用较小，气体分子运动路径近似为一条直线，气相分子在衬底上的沉积几率接近 100%。

在真空室中使用各种形式的热能转化形式使薄膜材料加热到足够温度时，使其原子或分子成为具有一定能量的气态粒子从表面逸出，并以近乎直线的运动方式到达衬底凝结成膜，这种现象叫做热蒸镀（$10^{-4} \sim 10^{-5}$ Pa）。热蒸镀的原理示意图如图 2-33 所示。

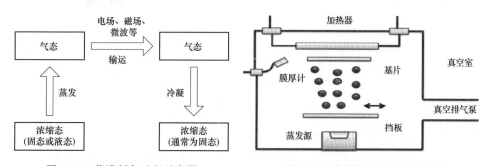

图 2-32　薄膜制备过程示意图　　　　图 2-33　热蒸镀的原理示意图

热蒸镀的三个条件：加热，使镀料蒸发；处于真空环境，以便于气相镀料向基片输运；

温度较低的基片，便于气体镀料凝结成膜。蒸发源和基片加热的主要方式有：电阻法、高频感应法、电子束加热法、激光蒸发法、放电加热法等。

在真空蒸发过程中，熔融的液相和蒸发的气相处于动态平衡状态，分子不断从液相表面蒸发，同时，数量相当的蒸发分子不断与液相表面碰撞，返回到液相中。按照克努森定律，来自任何角度单位时间碰撞于单位面积的总分子数为

$$J = \frac{1}{4}n\bar{v} = \frac{p}{\sqrt{2\pi mk_B T}} \qquad (2\text{-}158)$$

如果碰撞中仅有 α_c 发生凝结，其余返回气相，在饱和蒸气压 p_V 下凝结的分子流量为

$$J_c = \frac{\alpha_c p_V}{\sqrt{2\pi mk_B T}} \qquad (2\text{-}159)$$

如果蒸发不是在真空中进行，而在压力为 p 的蒸发分子的气氛中进行，则净蒸发流量为

$$J_c = \frac{\alpha_c (p_V - p)}{\sqrt{2\pi mk_B T}} \qquad (2\text{-}160)$$

虽然式（2-160）看上去蒸发速率随温度上升而降低，但由材料饱和蒸气压与温度的关系可知，随温度增加，蒸发速率迅速增加。质量蒸发速率随温度的变化关系可表示为

$$\frac{dG}{G} = (20 \sim 30)\frac{dT}{T} \qquad (2\text{-}161)$$

所以在蒸发温度（高于熔点）以上进行蒸发时，蒸发温度的微小变化可引起蒸发速率的很大变化。

在物质蒸发过程中，被蒸发原子具有明显的方向性，并且这种方向性对薄膜的均匀性和微观结构都有影响。改善薄膜厚度均匀性的方法：加大蒸发源到衬底表面的距离，但此法会降低沉积速率及增加蒸发材料损耗；转动衬底；如果同时需要沉积多个样品、且每个样品的尺寸相对较小时，可以考虑采取如图 2-34 所示的衬底放置方法来改善样品间薄膜厚度的差别，此时面蒸发源和衬底表面同处一个圆周。

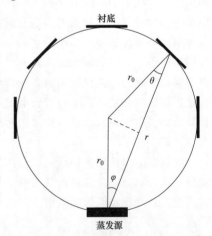

图 2-34　多个样品蒸发放置示意图

由图 2-34 可知

$$\cos\theta = \cos\varphi = \frac{r}{2r_0} \qquad (2\text{-}162)$$

式中：r_0 是相应圆周的半径，则衬底上沉积的物质的质量密度分别为

$$\frac{dM_s}{dA_s} = \frac{M_e}{4\pi r_0^2} \qquad (2\text{-}163)$$

此时，所沉积的薄膜的厚度与角度 θ、φ 无关。

由于沉积时，真空度较高，被蒸发物质的原子、分子一般是处于分子流的状态下。因此，当蒸发源与衬底之间存在某种障碍物时，沉积过程将会产生阴影效应，即蒸发出来的物质将被障碍物阻挡而不能沉积到衬底上，可能破坏薄膜沉积的均匀性。衬底不平

或表面有浮凸时，由于蒸发源方向性限制，造成有些部位没有物质沉积。选择性沉积，在蒸发沉积时，有目的的使用一些特定形状的掩膜，可实现薄膜的选择性沉积。

影响薄膜纯度的因素有：①蒸发源物质的纯度；②加热装置、坩埚等可能造成的污染；③真空系统中残留的气体，杂质气体分子与蒸发物质的原子分别射向衬底，则可能同时沉积在衬底上。改善方法为：①依靠使用高纯物质作为蒸发源以及改善蒸发装置的设计；②改善设备的真空条件；③提高物质蒸发及沉积速率。

蒸发源蒸发方法一般有电阻蒸发法、电子束蒸发法、激光蒸发法和空心阴极蒸发法。电阻蒸发法特别适用 1500℃ 以下材料的蒸发，蒸发体一般采用低电压大电流供电方式 [（150～500）A×10V]。采用钽、钼、钨等高熔点金属，做成适当形状的蒸发装置，其上装入待蒸发材料，通以电流后，对蒸发材料进行直接加热蒸发，或把待蒸发材料放入 Al_2O_3、BeO 等坩埚中进行间接加热蒸发。其优点是：由于电阻蒸发装置结构简单、价廉易做，所以是一种应用很普通的蒸发法。其缺点是：①来自坩埚、加热元件及各种支撑部件的可能污染；②加热功率和加热温度有一定的限制；③难以满足某些难熔金属和氧化物材料的需要等。电子束蒸发法是将蒸发材料放入水冷铜坩埚中，直接利用电子束蒸发，使蒸发材料汽化蒸发后凝结在基板表面成膜。电子束蒸发原理是由加热的灯丝发射出电子束受到数千伏偏置电压的加速，获得动能后在横向布置的磁场作用下，偏转 270° 后轰击到处于阳极的蒸发材料上，使蒸发材料加热汽化，而实现蒸发镀膜。其优点是：①适用于高纯或难熔物质的蒸发；②可适合沉积多种不同的物质。其缺点是：①热效率较低；②过高的热功率对整个沉积系统形成较强的热辐射。激光蒸发法是一种利用激光对物体进行轰击，然后将轰击出来的物质沉淀在不同的衬底上，得到沉淀或薄膜的一种手段。其优点是：①易获得期望化学计量比的多组分薄膜，即具有良好的保成分性；②沉积速率高，试验周期短，衬底温度要求低；③工艺参数任意调节，对靶材的种类没有限制；④具有极大的兼容性，发展潜力巨大；⑤便于清洁处理，可制备多种薄膜材料。其缺点是：①容易产生微小颗粒的飞溅（小颗粒：$0.1～10\mu m$），影响薄膜的质量；②薄膜不够均匀，大面积均匀性困难。空心阴极蒸发法是在由中空金属 Ta 管制成的阴极和由被蒸发物质制成的阳极之间加上一定幅度的电压，并在 Ta 管内通入少量的 Ar 气时，阴阳两极间便发生放电现象。此时，Ar 离子的轰击会使 Ta 管的温度升高并维持在 2000K 以上的高温，从而发射出大量的热电子。将热电子束从 Ta 管引出并轰击阳极，即可导致物质的热蒸发，并在衬底上沉积出薄膜。其优点是：①可提供数安培至数百安培的高强度电子流，因而可提高薄膜的沉积速度；②可改善薄膜的微观组织。其缺点是：容易产生阴极的损耗和蒸发物质的飞溅。

除激光法、电压偏置情况下的空心阴极法之外，多数蒸发方法的共同特点之一是其蒸发和参与沉积的物质粒子能量典型值以及其与物质键合能相比较低。一般蒸发法获得的粒子能量较低，在薄膜沉积过程中所起的作用较小。因此在许多情况下，需要采用某些方法以提高入射到衬底表面的粒子的能量，包括激光法，下一条要介绍的溅射法，以及其他结合了蒸发、溅射、电离或离子束方法的各种物理气相沉积法。

在 GaN 基 LED 芯片制造过程中的蒸镀工艺一般包含用于透明导电层的氧化铟锡

（ITO，Indium Tin Oxide）、电极焊盘的金属和提高出光效率的分布式布拉格反射镜（DBR，Distributed Bragg Reflectors）等薄膜的沉积，是 LED 芯片制造所不可或缺的工艺。

2）溅射。所谓溅射，就是充满腔室的工艺气体在高电压的作用下，形成气体等离子体（辉光放电），其中的阳离子在电场力作用下高速向靶材冲击，阳离子和靶材进行能量交换，使靶材原子获得足够的能量从靶材表面逸出（其中逸出的还可能包含靶材离子），最终在基片表面成膜的动力学过程。溅射的原理如图 2-35 所示。

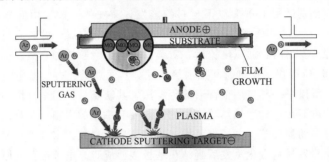

图 2-35　溅射的原理

溅射一般分为磁控溅射、反应溅射和中频溅射三种。

磁控溅射示意图如图 2-36 所示。磁控溅射属于辉光放电范畴，利用阴极溅射原理进行镀膜。膜层粒子来源于辉光放电中，氩离子对阴极靶材产生的阴极溅射作用。氩离子将靶材原子溅射下来后，沉积到元件表面形成所需膜层。磁控原理就是采用正交电磁场的特殊分布控制电场中的电子运动轨迹，使得电子在正交电磁场中变成了摆线运动，因而大大增加了与气体分子碰撞的几率。在电场的作用下，电子向基片运动，在运动过程中，电子与充入的气体原子相互碰撞，使得电离得到离子以及一个电子，新的电子同样在电场的作用下，向基片运动，而得到的离子在电场的加速作用下，高能量轰击靶材，溅射靶材料。溅射的粒子中，包括电子、离子以及中性粒子。其中溅射出的中性粒子，具有一定的能量，在基片上沉积，形成薄膜。其中溅射得到的电子也称为二次电子，二次电子受到电场和磁场的相互作用。而在阴极暗区，二次电子只受到电场的作用，在负辉区，二次电子只受到磁场作用。二次电子在靶材表面受到电场加速作用，然后以一定的速度进入负辉区，同时，二次电子的速度是垂直于磁场方向的，因此就受到洛仑兹力的作用，在向心力的作用下，做顺时针旋转运动。当旋转过半周后，二次电子由负辉区进入阴极暗区，在电场的作用下，做减速运动，直至降至零。然后，电子在电场的作用下，反响加速，再次进入负辉区，再次做圆周运动。二次电子在靶材表面螺旋前进，这样增加了电子的运动路径，使得二次电子被束缚在靶材表面，增加了与气体原子的碰撞几率，能电离出更多的离子来轰击靶材，提高溅射速率。同时由于碰撞次数的增多，二次电子的能量降低，逐渐远离靶材表面，最终在电场的作用下，沉积到基片上，由于电子的能量很小，对基片的温度影响很小。磁控溅射不仅可得到很高的溅射速率，而且在溅射金属时还可避免二次电子轰击而使基板保持接近冷态，这对单晶和塑料基板具有重要的意义。磁控溅射可用 DC 和 RF 放电工作，故能制备金属膜和介质膜。

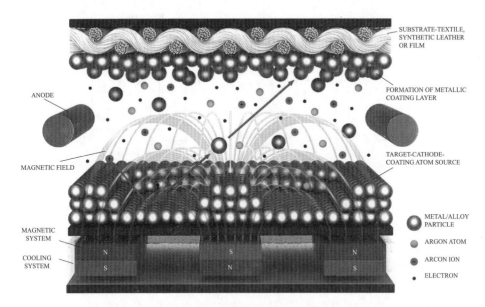

图 2-36　磁控溅射原理示意图

反应溅射的原理示意图如图 2-37 所示。通常的反应气体有氧、氮、甲烷、乙炔、一氧化碳等。在溅射过程中，根据反应气体压力的不同，反应过程可发生在基板上或发生在阴极上（反应后以化合物形式迁移到基片上）。当反应气体的压力较高时，则可能在阴极溅射靶上发生反应，然后以化合物的形式迁移到基片上成膜。一般情况下，反应溅射的气压比较低，因此气相反应不显著，主要表现为在基片表面的固相反应。通常由于等离子体中的流通电流很高，可有效地促进反应气体分子的分解、激发和电离过程。在反应溅射过程中产生一股较强的由载能游离原子组成的粒子流，伴随着溅射出来的靶原子从阴极靶流向基片，在基片上克服薄膜扩散生长的激活阈能后形成化合物，以上即为反应溅射的主要机理。

反应溅射的特性。反应磁控溅射即在溅射过程中供入反应气体与溅射粒子进行反应，生成化合物薄膜。它可在溅射化合物靶的同时供应反应气体与之反应，也可在溅射金属或合金靶的同时供反应气体与之反应来制备既定化学配比的化合物薄膜。反应磁控溅射制备化合物薄膜的特点是：①反应磁控溅射所用的靶材料（单元素靶或多元素靶）和反应气体等很容易获得高的纯度，因而有利于制备高纯度的化合物薄膜；②在反应磁控溅射中，通过调节沉积工艺参数，可制备化学配比或非化学配比的化合物薄膜，从而达到通过调节薄膜的组成来调控薄膜特性的目的；③在反应磁控溅射沉积过程中，基片的温度一般不太高，而且成膜过程通常也并不要求对基片进行很高温度的加热，因此对基片材料的限制较少；④反应磁控溅射适于制备大面积均匀薄膜，并能实现单机年产量上百万平方米镀膜的工业化生产。

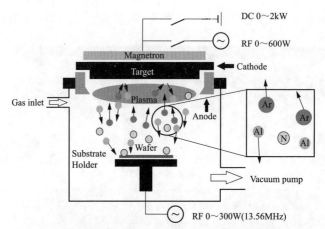

图 2-37   反应溅射的原理示意图

中频溅射的原理示意图如图 2-38 所示。中频溅射的原理跟一般的直流溅射是相同的，不同的是直流溅射把筒体当阳极，而中频溅射是成对的，筒体是否参加必须视整体设计而定，与整个系统溅射过程中，阳极、阴极的安排有关，参与的比率周期有很多方法，不同的方法得到不同的溅射产额，得到不相同的离子密度。中频溅射主要技术在于电源的设计与应用，目前较成熟的是正弦波与脉冲方波两种输出方式，各有优缺点，首先应考虑膜层种类，分析哪种电源输出方式适合哪种膜层，可用电源特性来得到想要的膜层效果。

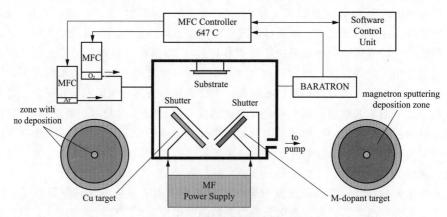

图 2-38   中频溅射的原理示意图

中频溅射也是磁控溅射的一种，一般磁控溅射靶的设计，磁场的设计是各技术的重点，国际几个有名的溅射靶制造商，对靶磁场的设计相当专业，改变磁场设计能得到不相同的等离子体蒸发量，电子的路径，等离子体的分布，所以溅射靶磁场是各家的技术机密。

在 GaN 基 LED 芯片制造过程中的溅射工艺一般用于透明导电层的 ITO 的制作，相比蒸镀，溅射能得到更加致密的薄膜。此外，溅射也用于封装工艺中的保护膜制作，例如 SiO_2 薄膜的制作，用于保护支架镀银层，键合线，甚至灯珠整体等。

3）光刻。光刻工艺是影响 LED 芯片制造良率最为关键的工艺，其工艺成本占 LED 芯片制造总成本很大一部分。

整个光刻工艺需要使用许多专用设备和材料。专用设备包括匀胶显影机、光刻机、套刻误差测量仪、扫描电子显微镜以及外延片返工时用到的去胶清洗机。专用材料包括各种抗反射涂层、光刻胶、抗水顶盖涂层、显影液以及各种有机溶剂等。在光刻工艺中，掩模、曝光系统和光刻胶这三者及其相互作用最终决定了光刻胶上图形的形状。掩模供应商不断提高掩模制备技术，并对掩模上的图形做各种修正，使得掩模上的图形在外延片上能更好的成像。光刻机供应商不断降低曝光系统的像差、优化光照条件，使得曝光分辨率不断提高。光刻胶供应商则对光化学反应机理进行不断探索，新型光刻胶甚至能把相对模糊的像转换成具有陡峭侧壁的光刻胶图形。

光刻胶又称光致抗蚀剂，它是一种对光敏感的有机化合物，它受紫外光曝光后，在显影液中的溶解度会发生变化。

光刻胶的主要作用有：①将掩膜板上的图形转移到外延片表面顶层的光刻胶中；②在后续工序中，保护下面的材料（刻蚀或离子注入）。

光刻胶的成分主要包括：①树脂：光刻胶树脂是一种惰性的聚合物基质，是用来将其他材料聚合在一起的黏合剂，光刻胶的粘附性、胶膜厚度等都是树脂给的；②感光剂：感光剂是光刻胶的核心部分，它对光形式的辐射能，特别在紫外区会发生反应，曝光时间、光源所发射光线的强度都根据感光剂的特性选择决定的；③溶剂：光刻胶中容量最大的成分，感光剂和添加剂都是固态物质，为了方便均匀的涂覆，要将它们加入溶剂进行溶解，形成液态物质且使之具有良好的流动性，可通过旋转方式涂布在外延片表面；④添加剂：用以改变光刻胶的某些特性，如改善光刻胶发生反射而添加染色剂；

光刻胶的主要技术参数：①分辨率：是指光刻胶可再现图形的最小尺寸，一般用关键尺寸来衡量分辨率；②对比度：指光刻胶从曝光区到非曝光区过渡的陡度；③敏感度：光刻胶上产生一个良好的图形所需一定波长光的最小能量值（或最小曝光量），单位：mJ/cm^2；④黏滞性/黏度：衡量光刻胶流动特性的参数，光刻胶中的溶剂挥发会使黏滞性增加；⑤黏附性：是指光刻胶与外延片之间的黏着强度；⑥抗蚀性：光刻胶黏膜必须保持它的黏附性，并在后续的湿刻和干刻中保护外延片表面，这种性质被称为抗蚀性；⑦表面张力：液体中将表面分子拉向液体主体内的分子间的吸引力。

根据光刻胶按照如何响应紫外光的特性可分为两类（见图 2-39）：①正胶：曝光前对显

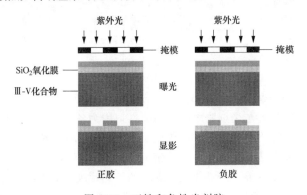

图 2-39 正性和负性光刻胶

光前对显影液可溶，而曝光后变成了可溶的，能得到与掩模板遮光区相同的图形；②负胶：曝光前对显影液可溶，而曝光后变成了不可溶的，能得到与掩模板遮光区相反的图形。

正胶和负胶的优缺点见表2-11。

表 2-11   正胶和负胶的优缺点

正胶	优点	分辨率高，对比度好
	缺点	黏附性差、抗刻蚀能力差、高成本
	灵敏度	曝光区域光刻胶完全溶解时所需的能量
负胶	优点	良好的黏附能力和抗刻蚀能力、感光速度快
	缺点	显影时发生变形和膨胀，导致其分辨率降低
	灵敏度	保留曝光区域光刻胶原始厚度的50%所需的能量

曝光是在光刻机内进行的。曝光时，光源照射在掩模上，再通过透镜把掩模上的图形投射在光刻胶上，激发光化学反应。随着技术的进步，光刻机从一开始的接触式曝光发展到了步进—扫描式曝光。接触式曝光是掩模和外延片表面直接接触，掩模上的图形被1：1的直接投射在晶圆表面的光刻胶上。和外延片直接接触很容易导致掩模的污染和损坏，因此在外延片和掩模板之间通常会保留一个几至几十微米的缝隙。这种形式的曝光又称临近式曝光。步进—扫描式光刻机使用投影曝光系统。它在掩模和外延片之间加装了一个透镜组，称为投影透镜。掩模上的图形通过这个透镜组聚焦在外延片表面。投影透镜的插入使得投射到晶圆上的图形和掩模板上的图形尺寸对比不再是1：1，目前基本采用的是1：4，即掩模板上的图形被缩小到1/4投射在外延片表面。现代光刻机基本上都是步进—扫描式的。

在LED芯片制造过程中一般需要经过多次光刻，其中有正性光刻，也有负性光刻。下面简要介绍光刻工艺。

光刻工艺的基本流程如图2-40所示，大致为以下10个步骤：

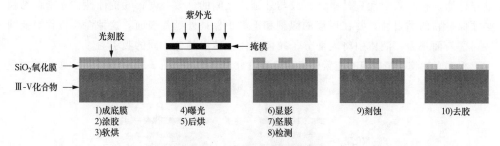

图 2-40　光刻工艺的基本流程

① 成底膜：首先是对外延片（或衬底）进行涂胶前准备，主要过程是清洗和脱水，彻底清洗才能加强外延片与光刻胶之间的黏附性，因为各种污染物都会减弱光刻胶与外延片的附着力且会损坏光刻的图形，造成成品率的下降，所以必须要清洁掉表面的杂质颗粒、表面沾污以及自然氧化层等。微粒清除方法为：高压氮气吹除、化学湿法清洗、旋转刷刷洗、高压水喷溅等。经过清洁处理后的外延片表面会含有一定的水分（亲水性表面），所以必须将其表面烘烤干燥（干燥的表面为憎水性表面），以便增加光刻胶与外

延片表面的粘附能力。除去第一次光刻外，其他光刻前不需要此步骤，因为一般前序步骤大多是清洗或者沉积。然后进行增粘处理。增粘的作用是增强光刻胶与外延片之间的黏着力。原因是绝大多数光刻胶所含的高分子聚合物是疏水的，而氧化物表面的羟基是亲水的，两者表面黏附性不好。通常用的增黏剂为 HMDS（六甲基二硅胺烷）。亲水的带羟基硅烷醇转变为疏水的硅氧烷结构，既易与外延片表面结合，又易与光刻胶黏合。方法有：沉浸式，旋涂法和蒸气法。

② 涂胶：光刻胶覆盖是通过旋转外延片上方的喷涂器实现的。不同的光刻胶要求不同工艺参数支持，工艺参数主要有三个，即旋转速度、胶厚度和温度。涂胶工艺的目的就是在外延片面建立薄的、均匀的，并且没有缺陷的光刻胶膜。一般来说，光刻胶膜厚从 $0.5 \sim 1.5 \mu m$ 不等，而且它的均匀性必须达到只 $\pm 0.01 \mu m$ 的误差。光刻胶的涂覆常用方法是旋转涂胶法：静态旋转和动态喷洒。静态涂胶：首先把光刻胶通过管道堆积在外延片的中心，然后低速旋转使光刻胶铺开，再高速旋转甩掉多余的光刻胶，高速旋转时光刻胶中的溶剂会挥发一部分。静态涂胶时的堆积量非常关键，量少了会导致胶不均匀，量大了会导致晶圆边缘光刻胶的堆积甚至流到背面。动态喷洒：一般用在大尺寸外延片上，例如 8in 的硅衬底外延片，此时静态涂胶已不能满足要求，动态喷洒是以低速旋转来帮助光刻胶最初的扩散，用这种方法可用较少量的光刻胶而达到更均匀的光刻胶膜，然后高速旋转完成最终要求薄而均匀的光刻胶膜。

③ 软烘：通过烘烤排除光刻胶中的水分，同时优化光刻胶与外延片的黏附性及光刻胶厚度的均匀性，有助于后续的刻蚀工艺精密控制几何尺寸。此外还能增加光吸收以及抗腐蚀能力，缓和涂胶过程中胶膜内产生的应力等。

④ 曝光：对准曝光是光刻工艺中最重要的环节，将掩模板图形与外延片已有图形（或称前层图形）对准，然后用特定的光照射，光能激活光刻胶中的光敏成分，从而将掩模板图形转移到光刻胶上。用尽可能短的时间使光刻胶充分感光，在显影后获得尽可能高的留膜率，近似垂直的光刻胶侧壁和可控的线宽。对准曝光所用的设备为光刻机，往往是整个芯片制造工艺中单价最高的工艺设备，不过由于普通的 LED 典型线宽只有 $1 \mu m$ 左右，所以 200 万～300 万人民币也是可以买到的，还不如要几百万甚至上千万的溅射设备贵。但是在 IC 领域，光刻机的水平代表了整条生产线的先进程度，45nm 的设备刚出来时候就要 1 亿美金以上，而目前最先进的工艺已达到 5nm，例如三星 2020 年 5月 22 日宣布将在韩国平泽市新建一个专注于 5nm EUV 制程工艺的芯片工厂，以满足未来日益增长的 5nm 芯片代工产能需求。据悉三星为该产线斥资 80 亿美元，工厂预计将在 2021 年下半年建成投产。

⑤ 后烘。曝光后进行的短时间烘焙处理，其作用在深紫外光刻胶和常规i线光刻胶中有所不同。对于深紫外光刻胶，曝光及后烘去除了光刻胶中的保护成分，使得光刻胶能溶解于显影液，因此曝光后烘是必须的；对于常规 i 线光刻胶，在曝光时由于驻波效应的存在，而驻波对光刻胶边缘形貌会有不良影响，光刻胶侧壁会有不平整的现象，曝光后进行烘烤，可使感光与未感光边界处的高分子化合物重新分布，最后达到平衡，基本可消除驻波效应，并提高光刻胶的黏附性。

⑥ 显影。用显影液溶解曝光后的光刻胶可溶解部分，将掩模版图形用光刻胶图形准确地显现出来。显影工艺关键参数包括显影温度和时间、显影液量和浓度、清洗方法等，通过显影中的相关参数可提高曝光于未曝光部分光刻胶的溶解速率差，从而获得所需的显影效果。

⑦ 坚膜。也称为硬烘烤，是对显影后的光刻胶加热烘干，将光刻胶中剩余的溶剂、显影液、水及其他不必要的残留成分蒸发去除，提高光刻胶与外延片黏附性及光刻胶的抗刻蚀能力。坚膜过程中的温度随光刻胶即坚膜方法不同而有所不同，以光刻胶图形不发生形变为前提，并使得光刻胶变得足够坚硬。

⑧ 检测。主要是检查显影后光刻胶图形的缺陷。图像识别是常用的技术手段，自动扫描显影后的芯片图形与预存的无缺陷标准图形作比对，不同的位置即缺陷，如缺陷超过一定数量则该外延片被判定为未通过显影检测，视情况可对该外延片进行报废处理或返工处理。芯片工艺制造过程中大多数工艺都是不可逆的，而光刻是极少数可进行返工的工序。

⑨ 刻蚀。芯片制程整个成套工艺流程中，光刻工艺是支持刻蚀的技术手段。最终目的是将光刻胶上的图形精密地转移至外延片上。光刻工艺以后，所设计的图形就显示在光刻胶上。以正胶为例，去除曝光区域的光刻胶后，接着就需要把图形转换到外延片上。刻蚀工艺就是去除那些未被光刻胶覆盖区域的半导体材料。产业主流的刻蚀有两种，湿法刻蚀和干法刻蚀，刻蚀有关内容在下一部分详细介绍。

⑩ 去胶。用化学办法把剩余的光刻胶去掉，但是去胶的化学反应不能对外延片有损伤。传统的去胶工艺是使用 H_2SO_4 和 H_2O_2 的混合液。硫酸会先把有机物中的 H 和 O 去除，使其迅速碳化，然后双氧水参与反应生成挥发性的 CO_2 或 CO，最后是去离子水冲洗。一般光刻胶供应商都会配套去胶液。光刻胶还可用等离子体反应的方法来去除，即所谓的干法去胶工艺。有光刻胶的外延片被放置在一个真空腔中，腔中产生等离子体并引入 O_2（或 O_3）。在等离子体的作用下，O 和胶中的 C 反应，生成 CO_2 或 CO 被真空抽走。去胶后的外延片再用湿法清洗，去除残留的颗粒。

采用正胶的光刻工艺称为正性光刻，采用负胶的光刻工艺称为负性光刻。在蓝绿光LED芯片制造过程中的 ITO 光刻、钝化层光刻、台面图形（MESA）光刻通常都是正性光刻完成的。通常蓝绿光在金属电极制作时用的是负性光刻。如图 2-41 所示，先在待做金属电极的外延片上用负胶进行负性光刻，在完成负性光刻的外延片上，待做金属电极的区域没有光刻胶而裸露出外延片，而不用做金属电极的区域被负胶保护住。然后镀上电极金属，再用金属剥离法将非金属电极区域的金属剥离，再去除负胶，达到电极制作的目的。

4）刻蚀。刻蚀是用化学或者物理方法将外延片表面不需要部分去除的工艺过程，其基本目的是在完成光刻工艺的外延片上正确地复制掩模图形。刻蚀工艺主要有干法刻蚀和湿法刻蚀两种。干法刻蚀具有良好的侧壁剖面，呈现好的各向异性，具有良好的选择比、均匀性、稳定性，可控精度高。湿法刻蚀通常具有成本低廉、工艺过程短、方便工业化生产等特点。

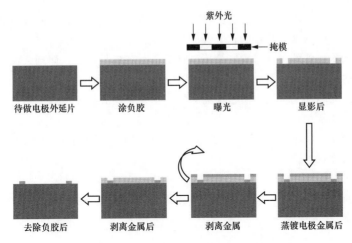

图 2-41 LED 金属电极制作流程示意图

干法刻蚀分为三种：等离子体刻蚀、离子束溅射刻蚀和反应离子体刻蚀。除上述分类方法外，刻蚀也可分为有图形刻蚀和无图形刻蚀。有图形刻蚀采用光刻胶或其他材料作为掩模，只刻蚀掉裸露的部分，而无图形刻蚀是在没有掩模的情况下进行的。

刻蚀参数：刻蚀技术是平面工艺中图形转换工艺的重要组成部分，在实际生产中可是技术必须满足一些特殊的要求，主要通过以下参数来体现。

① 刻蚀速率：刻蚀速率即在刻蚀过程中去除外延片表面材料的速度，通常用 $\mu m/min$（微米/分）钟来表示。实际生产中，为了提高产量，需要提高刻蚀速率。如图 2-42所示，刻蚀速率可以表示为

$$刻蚀速率 = \Delta d/t \tag{2-164}$$

式中：Δd 为被去除材料的厚度，μm；t 为刻蚀所用的时间，min。刻蚀速率通常正比于刻蚀剂的浓度，外延片表面的几何形状、温度等因素也会影响刻蚀的速度。此外，要刻蚀的外延片表面面积的大小对刻蚀速率也有直接的影响，面积较大，则会耗尽刻蚀剂导致刻蚀速率变慢；面积较小，则刻蚀就会变快，引起负载效应。

② 刻蚀剖面：刻蚀剖面指的是被刻蚀图形的侧壁形状，有两种基本的刻蚀剖面，分别是各向同性和各向异性。各向同性的刻蚀剖面是在所有方向上（横向和纵向）以相同的刻蚀速率进行刻蚀，导致被刻蚀材料在掩模下面产生钻蚀而形成的，如图 2-43 所

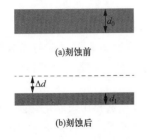

图 2-42 刻蚀速率

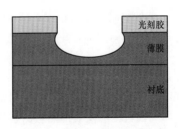

图 2-43 各向同性的化学刻蚀

示。其缺点是造成了不希望的线宽损失。湿法化学腐蚀本质上是各向同性的，因而湿法刻蚀不用于亚微米器件制作中的选择性图形刻蚀。

对于亚微米尺寸的图形来说，希望刻蚀剖面是各向异性的，即刻蚀仅在垂直于外延片表面的方向上进行，如图 2-44 所示。其在横向上的刻蚀很少，可忽略不计。这种垂直的侧壁使得在芯片上可制作高密度的刻蚀图形。各向异性刻蚀对于小线宽图形亚微米器件的制作是非常关键的。

③ 刻蚀偏差：刻蚀偏差是指刻蚀之后线宽和关键尺寸的变化，如图 2-45 所示。计算刻蚀偏差的公式为

$$刻蚀偏差 = W_b - W_a \tag{2-165}$$

式中：W_b 为刻蚀前光刻胶的线宽；W_a 为光刻胶去除后被刻蚀材料的线宽。

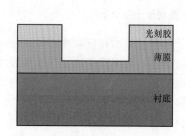

图 2-44　具有垂直刻蚀剖面的各项异性刻蚀

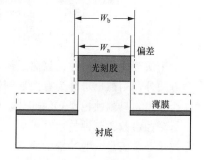

图 2-45　刻蚀偏差

刻蚀偏差通常是由横向钻蚀引起的。

④ 选择比：选择比是指在同一刻蚀条件下两种不同材料刻蚀速率快慢之比，如图 2-46所示。具有高选择比的刻蚀工艺不会刻蚀其下一层的材料，并且也不会刻蚀起保护作用的光刻胶。在最先进的工艺中，为了确保关键尺寸和剖面控制，高选择比是必要的，尺寸越小，对选择比的要求就越高。

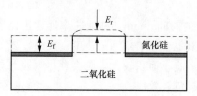

图 2-46　刻蚀选择比

对于被刻蚀材料和掩蔽层材料（例如光刻胶）的选择比 S_R 为

$$S_R = \frac{E_f}{E_r} \tag{2-166}$$

式中：E_f 为被刻蚀材料的刻蚀速率；E_r 为掩蔽层材料的刻蚀速率。

一个选择比差的刻蚀工艺其比值可能是 1∶1，表明被刻蚀材料与光刻胶掩蔽层被清除的速率一样快。而一个选择比好的刻蚀工艺其比值可能是 100∶1，即被刻蚀材料的刻蚀速率是不被刻蚀材料刻蚀速率的 100 倍。

干法刻蚀通常不能通过对下一层材料足够高的刻蚀选择比来停止刻蚀。在这种情况下，等离子体刻蚀机上应安装终点检测系统，当刻蚀的下一层材料正好露出来时，终点检测器就触发控制装置以停止刻蚀过程。

⑤ 均匀性：均匀性是衡量刻蚀工艺在整个外延片上，或整个一批，或批与批之间刻蚀能力的参数。均匀性与选择比有着密切的关系，因为非均匀性刻蚀会产生额外的过刻蚀。均匀性的一些问题是由于刻蚀速率和刻蚀剖面与图形尺寸和密度有关而产生的。刻蚀速率在小窗口图形中较慢，甚至在具有高深宽比的小尺寸图形上刻蚀能停止，这一现象被称为深度比相关刻蚀（ARDE），也被称为微负载效应。为了提高均匀性，必须把外延片表面的 ARDE 效应减至最小。

除上述参数外，残留物、聚合物、等离子体诱导损伤以及颗粒沾污也是实际生产中刻蚀技术的参数。

在刻蚀过程中，转移图形常有如图 2-47 所示的 3 种情况。LED 芯片对图形转移的要求主要有以下几个方面。

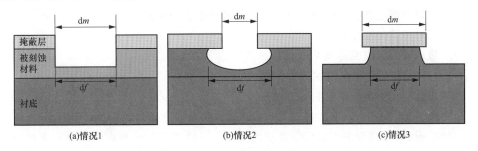

图 2-47　刻蚀转移图形的 3 种常见情况

① 图形转移保真度要高：在刻蚀时，通常在纵向刻蚀的同时也会有横向（侧向）的刻蚀产生，但是这种侧向的刻蚀是工艺上不希望出现的，因此，在工艺上要严格控制这种侧向刻蚀，使其越小越好。设纵向刻蚀的速率为 v_v，横向刻蚀的速率为 v_l，刻蚀的各向异性可用 A 来表示，则

$$A = \frac{v_l}{v_v} \tag{2-167}$$

$$A = \frac{|\,\mathrm{d}f - \mathrm{d}m\,|}{2h} \tag{2-168}$$

如果 $v_l = 0$，则 $A = 0$，表示刻蚀仅沿深度方向进行，即不同方向的刻蚀特性明显不同，称为各向异性。这时，图形在转移过程中的失真最小，如图 2-47（a）所示。

如果 $0 < v_l < v_v$，则 $0 < A < 1$，表示刻蚀沿纵向和横向都有，即不同方向的刻蚀特性相同，称为各向同性。这时，图形在转移过程中有一定的失真，如图 2-47（b）、（c）所示。

所谓图形转移的保真度高，就是严格控制横向刻蚀的速率 v_l，使掩模板上的图形不失真的转移到外延片表面上。

② 选择比要高：在实际刻蚀过程中，光刻胶和衬底也是要参与反应的，因此也会被刻蚀，这种现象是不希望出现的。因此，为了严格控制各层刻蚀图形的转移精确度，避免刻蚀影响其他各层，需要控制不同材料的刻蚀速率，选择比要高。

③ 刻蚀偏差小：刻蚀后，线宽与关键尺寸间距的变化要尽量小。

④ 均匀性要好：LED 芯片一般会刻蚀小于 1mm 的微型图形，但外延生长时衬底上生长的薄膜是不均匀的，再加上各个部位刻蚀速率的不一致，会导致刻蚀图形转移的不均匀性，也就是说，要将较厚的薄膜刻蚀干净需要较长的时间，这样就会使较薄处的薄膜刻蚀过度；反之，则无法将较厚的薄膜刻蚀干净。为了获得完美的刻蚀图形，就需要严格控制刻蚀的均匀性。

⑤ 刻蚀要清洁：LED 芯片的图形是十分精细的，在刻蚀过程中，任何的污染都会既影响图形转移的精确度，又增加刻蚀后清洗的复杂性。为了免除玷污，常需要采用一些清洁的方法来防止玷污问题。

干法刻蚀是指利用等离子体激活或高能电子束轰击的方式来去除物质。由于在刻蚀中不使用液体，所以称为干法刻蚀。与湿法刻蚀相比，干法刻蚀具有以下优点：

① 刻蚀剖面是各向异性的，具有非常好的侧壁剖面控制。

② 好的特征尺寸控制。

③ 最小的光刻胶脱落或黏附问题。

④ 好的片内、片间、批次间的刻蚀均匀性。

⑤ 较低的化学制品使用和处理费用。

当然，干法刻蚀也具有选择比低、成本高以及设备复杂等缺点。

干法刻蚀按机理划分主要有等离子体刻蚀、反应离子刻蚀和离子束溅射刻蚀三种，各种干法刻蚀的比较见表 2-12。

表 2-12 　　　　　　　　　　　　　　各种干法刻蚀的比较

特点	等离子体刻蚀		反应离子刻蚀		离子束溅射刻蚀	
	圆筒形反应室	平面型反应室	离子刻蚀	离子束刻蚀	溅射	离子铣
衬底放置方法	被等离子体包围	放在等离子体接地电极上	放在等离子体加功率电极上	在离子束中，有等离子体遥控	放在等离子体加功率电极上	在离子束中，有等离子体遥控
离子能量/eV	0	1～100	100～1000	100～1000	100～1000	100～1000
活性基种类	原子、原子团	原子、原子团、反应离子	原子团、反应离子	反应离子	A_r^+ 离子	A_r^+ 离子
生成物	挥发性	挥发性	挥发性	挥发性	非挥发性	非挥发性
机理	化学	化学/化学-物理	化学/物理	化学/物理	物理	物理
刻蚀倾向	各向同性	各向同性/各向异性	通常各项异性	各向异性	各向异性	各向异性
选择性	30：1～10：1	10：1～5：1	30：1～5：1	10：1～3：1	1：1	1：1
胶的相容性	极好	极好	好	中等	差	差
对器件的损害	小	小	有可能	有可能	很可能	很可能
刻蚀速率/（μm/min）	0.1～0.5	0.1～0.5	0.05～0.1	0.05～0.1	0.02～0.05	0.02～0.05
分辨率/μm	3	2	1～2	1～2	0.5～1	0.5～1

等离子体刻蚀是将刻蚀气体电离产生带电离子、分子、电子以及化学活性很强的原子（分子）团，此原子（分子）团扩散到被刻蚀膜层的表面，与待刻材料反应生成具有挥发性的反应物质，并被真空设备抽离排出。等离子体刻蚀属于化学反应刻蚀，具有类似于湿法刻蚀的优缺点，即对遮罩、底层的选择比高，但却是各向同性刻蚀，线宽控制较差。

反应离子刻蚀是通过活性离子对外延片的物理性轰击和化学反应双重作用的刻蚀，它具有溅射刻蚀和等离子刻蚀的优点，同时兼有各向异性和选择性好的优点。

离子束溅射刻蚀又称离子束刻蚀或离子铣。与化学等离子体刻蚀系统不同，离子束刻蚀是一个物理工艺。外延片在真空反应室内被置于固定器上，向反应室导入氩气流，氩气受到从一对阴阳极来的高能电子束流的影响，电子将氩原子离子化成为带正电荷的高能状态。由于外延片位于接负极的固定器上，所以氩离子便被吸向固定器，当氩原子向外延片固定器移动时，它们会加速轰击进入到暴露的外延层，并将外延片表面炸掉一小部分。该刻蚀方法属于纯物理过程，氩原子与外延片材料间不发生化学反应。

湿法刻蚀：最早的刻蚀技术是利用溶液与薄膜间所进行的化学反应，来去除薄膜未被光刻胶覆盖的部分，从而达到刻蚀的目的，这种刻蚀方式就是所谓的湿法刻蚀技术。湿法刻蚀又称为湿化学腐蚀，是一种纯化学刻蚀。湿法刻蚀的反应产物必须是气体或可溶于刻蚀剂的物质，否则会造成反应物的沉淀，影响刻蚀的正常进行。湿法刻蚀可控制刻蚀液的化学成分，使得刻蚀液对特定薄膜材料的刻蚀速率远大于对其他材料的刻蚀速率，从而提高刻蚀的选择性。湿法刻蚀的主要参数包括刻蚀液浓度、刻蚀时间、反应温度及溶液的搅拌方式等。

湿法刻蚀是通过化学反应实现的，所以刻蚀液的浓度越高或反应温度越高，薄膜的刻蚀速率也就越快。湿法刻蚀反应通常伴有放热并产生气体。反应放热会造成局部区域的温度升高，反应速度加快，使反应处于不受控制的恶性循环之中，致使刻蚀出的图形不能满足要求。反应生成的气体气泡会隔绝薄膜与刻蚀液间的接触，造成局部刻蚀反应停止，形成缺陷。因此，在湿法刻蚀中需要进行搅拌。

湿法刻蚀过程中进行的化学反应一般是没有特定方向的，其刻蚀效果是各向同性的。各向同性既是湿法刻蚀的优点，也是它的缺点。各向同性的刻蚀常会腐蚀光刻胶边缘下面的薄膜材料，使刻蚀后的线条宽度难以控制。

LED 芯片制造过程中涉及的刻蚀中，干法刻蚀主要用于台面（MESA）的刻蚀、钝化膜层的刻蚀等，湿法刻蚀主要有 ITO 的刻蚀、钝化膜的刻蚀、电流阻挡层（CBL）的刻蚀等。

5）沉积。沉积属于薄膜制备工艺，主要包括三类：物理气相沉积（PVD，Physical Vapor Deposition）、化学气相沉积（CVD，Chemical Vapor Deposition）和单原子层沉积（ALD，Atomic Layer Deposition），其中芯片制造工艺中的导体大多用物理气相沉积工艺，介质层较多采用化学气相沉积。前文讲过的主要外延方法 MOCVD 属于化学气相沉积，蒸镀和溅射属于物理气相沉积，此处主要介绍芯片工艺中常用的化学气相沉积。

化学气相沉积是指单独综合的利用热能、辉光放电等离子体、紫外光照射、激光照射或其他形式的能源，使气态物质在固体热表面上发生化学反应，形成稳定的固态物质，并沉积在外延片表面上的一种薄膜制备技术。

目前在 LED 芯片制造中，除了某些薄膜（尤其是金属膜）因特殊原因外，其他所有薄膜材料均可用 CVD 法来沉积。主要的介电材料有 SiO_2、Si_3N_4、硼磷硅玻璃（BPSG，Boro Phospho Silicate Class）、磷硅玻璃（PSG，Phospho Silicate Glass）等；导体有 WSi_x、W 及多晶硅等；半导体有硅、GaAs 和 GaP 等。

用 CVD 法沉积薄膜，实际上是从气相中生长晶体的物理—化学过程。对于气体不断流动的反应系统，其生长过程可分为以下几个步骤：

① 参加反应的混合气体被输送到衬底表面。

② 反应物分子由主气流扩散到衬底表面。

③ 反应物分子吸附在衬底表面上。

④ 吸附分子与气体分子之间发生化学反应，生成固态物质，并沉积在衬底表面。

⑤ 反应副产物分子从衬底表面解析。

⑥ 副产物分子由衬底表面扩散到主气流中，然后被排出沉积区。

以上这些步骤是连续发生的，每个步骤的生长速率是不同的，总的沉积速率由其中最慢的步骤决定，这一步骤称为速率控制步骤。

在常压下，各种不同薄膜源沉积薄膜的速率与温度有关。在高温区，沉积速率对温度不太敏感，这时沉积速率实际由反应剂的分子通过扩散到达衬底表面的扩散速率，即步骤②的速率决定。在低温区，沉积速率和温度之间成指数关系，这时的沉积速率实际是由步骤④决定的。

化学气相沉积反应必须满足以下三个挥发性标准：

① 在沉积温度下，反应剂必须具备足够高的蒸气压，使反应剂以合理的速度引入反应室。如果反应剂在室温下都是气体，则反应装置可简化；如果在室温下反应剂挥发性很低，则需要用携带气体将反应剂引入反应室，在这种情况下，接反应器的气体管路需要加热，以免反应剂凝聚。

② 除沉积物质外，反应副产物必须是挥发性的。

③ 沉积物本身必须具有足够低的蒸气压，使反应过程中的沉积物留在加热基片上。

CVD 是建立在化学反应基础上的，要制备特定性能的材料首先要选定一个合理的沉积反应。用于 CVD 技术的化学反应主要有 6 大类，分别是热分解反应、氢还原反应、复合还原反应、氧化反应和水解反应、金属还原反应以及生成氮化物和碳化物的反应。

① 热分解反应：热分解反应是最简单的沉积反应，利用热分解反应沉积材料一般在简单的单温区炉中进行。其过程通常是：首先，在真空或惰性气氛下将衬底加热到一定温度；然后，导入反应气态源物质使之发生热分解；最后，在衬底上沉积出所需的固态材料。热分解反应可应用于制备金属、半导体以及绝缘材料等。

最常见的热分解反应有 4 种，包括氢化物分解、金属有机化合物的热分解、氢化物和金属有机化合物体系的热分解以及其他气态络合物及复合物的热分解。例如，以下反应均属于热分解反应。

$$SiH_4(气) \longrightarrow Si(固) + 2H_2(气) \tag{2-169}$$

$$CH_3SiCl_3(气) \longrightarrow SiC(固) + 3HCl(气) \tag{2-170}$$

$$WF_6(气) \longrightarrow W(固) + 3F_2(气) \tag{2-171}$$

② 氢还原反应：氢还原反应的优点在于反应温度明显低于热分解反应，其典型应用是半导体技术中的硅气相外延生长，反应式为：

$$SiCL_4(气) + 2H_2(气) \longrightarrow Si(固) + 4HCl(气) \tag{2-172}$$

氢还原反应主要是从相应的卤化物中制备出硅、锗、钼、钨等半导体或金属薄膜，另外有些反应还可以作为辅助反应用于其他形式的反应中，抑制氧化物和碳化物的出现。

③ 复合还原反应：复合还原反应主要用于二元化合物薄膜的沉积，如氧化物、氮化物、硼化物和硅化物薄膜的沉积。典型的复合还原反应为 TiB_2 薄膜的制备，反应方程式为：

$$TiCL_4(气) + 2BCl_3(气) + 5H_2(气) \longrightarrow TiB(固) + 10HCl(气) \tag{2-173}$$

④ 氧化反应和水解反应：氧化反应和水解反应主要用来沉积氧化物薄膜，所用的氧化剂主要有 O_2 和 H_2O，近年来，还有研究用 O_3 作为氧化剂来制备薄膜的。典型的氧化反应和水解反应有

$$SiH_4(气) + O_2(气) \longrightarrow SiO_2(固) + 2H_2(气) \tag{2-174}$$

$$Al_2(CH_3)_6(气) + 12O_2(气) \longrightarrow Al_2O_3(固) + 9H_2O(气) + 6CO_2(气) \tag{2-175}$$

$$2AlCl_3(气) + 3H_2O(气) \longrightarrow AL_2O_3(固) + 6HCl(气) \tag{2-176}$$

⑤ 金属还原反应：许多金属如锌、镉、镁、钠、钾等有很强的还原性，这些金属可用来还原钛、锆的卤化物。在化学气相沉积中使用金属还原剂，其副产的卤化物必须在沉积温度下容易挥发，这样所沉积的薄膜才有较好的纯度。最常用的金属还原剂是锌，锌的卤化物易于挥发，其典型的化学反应式为

$$TiI_4(气) + 2Zn(固) \longrightarrow Ti(固) + 4ZnI_2(气) \tag{2-177}$$

另一种常用的金属还原剂是镁，在工业中常用于还原钛，其反应式为

$$TiCl_4(气) + 2Mg(固) \longrightarrow Ti(固) + 2MgCl_2(气) \tag{2-178}$$

⑥ 生成氮化物和碳化物的反应：碳化物的沉积通常通过卤化物和碳氢化物相互反应获得，其典型的化学反应式为

$$TiCl_4(气) + CH_4(气) \longrightarrow TiC(固) + 4HCl(气) \tag{2-179}$$

在氮化物的沉积过程中，氮的来源主要是通过氨气的分解来提供的，最典型的应用是氮化硅的沉积，其化学反应式为

$$3SiH_4(气) + 4NH_3(气) \longrightarrow Si_3N_4(固) + 12H_2(气) \tag{2-180}$$

化学气相沉积反应所需要的激活能通常来源于热能、等离子体和激光等。

① 热能激活方式：热能激活方式的化学气相沉积需要一定的热能，即反应环境需要达到一定的温度，通常所需的温度与反应气体的压力有关，压力越小，所需的温度越高。化学气相沉积根据反应气体的压力可分为常压化学气相沉积（简称 APCVD）和低压化学气相沉积（简称 LPCVD）。

常压化学气相沉积是半导体制造工业早期用来沉积氧化层和硅外延层的，现在仍然

使用。常压化学气相沉积是指在大气压下进行的一种化学气相沉积的方法，反应温度为300～500℃。这种工艺所需的系统简单，反应速度快，并且沉积速率可超过1000nm/min，但是它的缺点是均匀性差、气体消耗量大且台阶覆盖能力差，所以常压化学气相沉积一般用于厚的介质沉积。

随着半导体工艺特征尺寸的减小，对薄膜的均匀性要求及膜厚的误差要求不断提高，出现了低压化学气相沉积。低压化学气相沉积是将反应室内的压强降至0.2～2Torr，反应温度介于500～900℃。相对于常压化学气相沉积来讲，低压化学气相沉积获得的薄膜厚度均匀性好、台阶覆盖好、沉积速率快、生产效率高，沉积的薄膜性能更好，因此应用更为广泛。低压化学气相沉积经常用于多晶硅、氮化硅、氧化铝以及某些金属膜的沉积。

② 等离子体激活方式：采用等离子体作为激活方式的化学气相沉积称为等离子体增强化学气相沉积（简称PECVD）。等离子体增强化学气相沉积是指在低真空的条件下，利用直流电压（DC）、交流电压（AC）、射频（RF）、微波（MW）或电子回旋共振（ECR）等方法实现气体辉光放电，在沉积反应器中产生等离子体。由于等离子体中正离子、电子在电场的作用下能量提高，从而加速运动，这些带电粒子与中性反应气体分子不断碰撞，使反应气体电离或被激活成为活泼的活性基团，很容易成膜，可大大降低沉积的温度。例如，硅烷和氨气的反应在通常条件下，约在850℃左右反应并沉积氮化硅，但在等离子体增强反应的条件下，只需在350℃左右即可生成氮化硅。

等离子体的优点是工艺温度低，对深宽比高的沟槽填充性好，制备的薄膜与晶圆片之间黏附性好、沉积速率高、膜的致密性高等，所以比较适合沉积热稳定性差的材料。

③ 激光激活方式：采用激光作为激活方式的化学气相沉积称为激光增强化学气相沉积（简称LECVD）。随着高新技术的发展，采用激光增强化学气相沉积也是常用的一种方法。例如

$$W(CO)6 \xrightarrow{\text{激光束}} W + 6CO \tag{2-181}$$

通常情况下，这一反应发生在300℃左右的衬底表面。采用激光束平行于衬底表面，激光束与衬底表面距离约1mm，结果处于室温的衬底表面上就会沉积出一层光亮的钨膜。

表2-13所示是化学气相沉积方法的沉积条件、沉积能力、薄膜性能及其应用的比较。

表 2-13　　　　　　　　化学气相沉积方法制备薄膜的性能对比

性能	沉积方法		
	常压化学气相沉积	低压化学气相沉积	等离子体增强化学气相沉积
沉积温度/℃	300～500	500～900	100～350
压力/Torr	760	0.2～2	0.1～2
沉积膜	SiO_2，PSG	多晶硅，SiO_2，PSG，Si_3N_4	Si_3N_4，SiO_2
薄膜性能	好	很好	好
台阶覆盖性	差	好	差

续表

性能	沉积方法		
	常压化学气相沉积	低压化学气相沉积	等离子体增强化学气相沉积
低温性	低温	中温	低温
生产效率	高	高	高
主要应用	钝化，绝缘	栅材料，绝缘，钝化	钝化，绝缘

目前 LED 芯片制造中用到的沉积工艺主要是 PECVD，用于沉积氧化硅、氮化硅、氮氧化硅等用于钝化层（Passivation Layer）或电流阻挡层（CBL，Current Blocking Layer）。

6）退火。退火处理（Annealing）主要是指将材料暴露于高温一段很长时间后，然后再慢慢冷却的热处理制程。主要目的是释放应力、增加材料延展性和韧性、产生特殊显微结构等。LED 芯片中的退火工艺主要影响 LED 芯片的电压，GaN 基蓝绿光 LED 芯片制造涉及的合金工艺主要有两类：①ITO 的退火；②金属的退火。不管哪种方式沉积的 ITO，都需要进行进一步退火。ITO 退火的作用可概括为：①退火可以使 ITO 重结晶，从而改变方阻和穿透率；②使 ITO 与 p-GaN 之间形成低接触电阻的欧姆接触；③使 p-GaN 中的掺杂受主（一般是 Mg）进一步活化，主要是打断 Mg-H 键，使得 Mg 掺杂剂离化率更高，提高 p-GaN 层中的空穴浓度，降低 p-GaN 的方阻，可提高发光效率。

ITO 退火工艺的主要参数有温度、退火时间、气氛。ITO 炉管退火的温度一般在 460～560℃，温度太高会恶化 ITO 与 p-GaN 的接触，温度太低，不足以形成低接触电阻的欧姆接触，直接结果都是导致器件电压升高。退火时间一般与退火温度以及退火方式搭配。业界中 ITO 退火的工艺出现过 3 种方式：炉管、快速退火炉（RTA）、电磁波退火。3 种方式各有优劣，炉管加热一般为电热丝，通过气氛传热使得晶片退火，因此退火需要经过预热等过程，时间较长，温度控制也不够精确。一般得到的薄膜接触电阻较高，使得器件电压较快速退火稍高，但炉管的价格便宜、控温简单、维护方便，适合大批量生产。快速退火炉通过迅速升温（升温速率可超过 50℃/s）和快速降温，精确控温、持温，一般是采用一系列排成阵列的加热灯加热，晶片是平放在托盘（一般是碳化硅盘或者硅盘）上，因此晶片受热迅速。这种退火方式速度快，得到的器件电压较低，并且通过合适的合金条件（温度、时间、升降温速率、气体流量）还能提高 LED 的光功率，但是其造价较高、维护困难。电磁波退火是在低温下利用微波能量被 p-GaN 中 Mg-H 键吸收而打断 Mg-H 键，使受主 Mg 激活率提高，从而提高载流子浓度，达到 ITO 与 p-GaN 欧姆接触。

退火工艺还包含金属电极的退火。对金属电极退火的作用主要是以下几个方面：①形成金属与 n-GaN 之间的欧姆接触；②形成 ITO 与金属之间良好的接触；③增加金属之间，以及金属与 GaN 及 ITO 之间的黏附力。

对金属退火的主要参数有温度、气氛、时间等。对金属的退火中，如果用炉管退火，则一般是在惰性气体氛围中进行，温度较低（200～300℃）、时间较长（5～15min）；如果用快速退火炉，则一般温度较高（600～800℃）、时间较短（10～30s）。

7）研磨。常用于 LED 外延的衬底为蓝宝石材质其硬度较高（莫氏硬度为 9，仅次于金刚石），不利于后续加工且热导率（25.12W/mK@100℃）较低，因此蓝宝石衬底 GaN 的 LED 芯片需要采用研磨抛光的方法将衬底减薄，此工艺一方面能顺利将晶片进行分离成单一独立的芯片，另一方面减少衬底导入的热阻。

研磨抛光工艺步骤主要有上蜡、研磨、抛光、下蜡、清洗 5 个主要步骤。对蓝宝石的研磨（Grinding）工艺是机械过程，去削速率大，但其对晶片的损伤也大。研磨设备有卧式和立式两种，其工作原理类似，都是用蜡将晶片固定在陶瓷盘或金属盘上，然后利用砂轮对晶片进行减薄。因为采用研磨工艺减薄的速率快，生产中为了减少成本、缩短时间，所以在实际生产中研磨总是将厚度尽可能减薄，但是研磨中对蓝宝石的损伤深度一般在 $15\mu m$ 左右，所以最终要求的晶片厚度值影响着研磨的厚度设定。值得一提的是，衬底厚度并非越薄越好，稍厚一些的衬底有利于光效的提升，例如三安的芯片 1734BB，比此前普通的 1734AB 光功率要高 7%，前者芯片较厚大约 $200\mu m$，后者芯片厚度大约 $150\mu m$，当然此时划片裂片的难度随之上升。如图 2-48 所示。当然前者光功率较高也与芯片底部增加了 DBR 反射层有关。

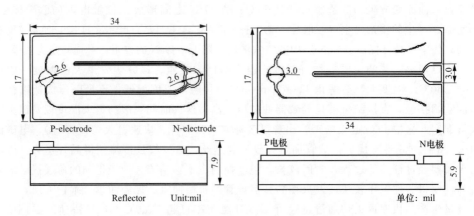

图 2-48 1734BB 和 1734AB

减薄后的蓝宝石衬底背面一方面存在表面损伤层，此层蓝宝石中有大量的裂纹、暗裂，外表看有明显划痕。另一方面其残余应力会导致减薄后的晶片翘曲，引起后续工序中碎裂，因此，必须在减薄后对蓝宝石进行抛光（Lapping）处理。衡量抛光效果的主要参数是表面粗糙度（RMS，Root Mean Square Roughness），生产中还要考虑抛光速率（Material Removal Rate）。影响表面粗糙度和抛光速率的主要因素有转速、压力、温度、抛光液流量、抛光液 pH 值、抛光介质颗粒的种类，以及粒径大小、颗粒的浓度、抛光垫性能等。

目前生产用的蓝宝石抛光液一般呈碱性，其 pH 值对抛光速率有很大影响。随着抛光液 pH 值的增加，抛光速率增加。抛光压力可增加晶片与抛光垫之间的摩擦力，通常在其他条件都不变的情况下，抛光速率随压力的提高而加快。其中的原因有以下几个方面：①抛光压力增大导致摩擦力增加，抛光颗粒对晶片表面的碰撞加强，增强了系统的机械作用；②摩擦力的增加也使系统的温度升高，化学反应速率加快，增强了系统的化学作用。压力过大会导致蓝宝石表面出现缺陷、碎裂、产生腐蚀坑等问题。抛光液流量也是抛光过程中关键的参数，抛光液流量增大，增加了系统内的研磨和化学试剂的流动速度，不但使单位时间内与蓝宝石晶片反应的化学试剂分子数增多，增强了化学作用，并且单位时间内进入系统的磨料数量增加，增加了系统的机械作用，同时也使反应产物能及时排除，加快了系统内的物质交换。但是过大的抛光液流量也是不可取的，一方面成本增大，另一方面过大的流量会减少参与机械磨削的有效粒子数，也会使系统的温度降低，减慢了化学作用。

抛光垫是抛光机上重要部件，概括起来抛光垫的作用有以下 4 点：①把抛光液有效均匀地输送到不同区域；②将抛光后的反应物、碎屑等顺利排出；③维持抛光垫表面的抛光液薄膜，以便化学反应充分进行；④保持抛光过程的平稳、表面不变形，以便获得较好的表面形貌。

衡量抛光垫的参数有硬度、压缩比、涵养量、粗糙度、密度、厚度等。抛光垫使用一段时间后往往需要用金刚石对抛光垫进行修整，可有效地去除表面的釉化层，使得抛光垫表面恢复均匀微孔，达到良好的抛光效果。

目前成熟运用的抛光磨料有 SiO_2 微米、纳米颗粒（硅溶胶），它具有比重轻，容易悬浮，用量小，价格较为便宜，可简单地做到纳米级，可达到很低的粗糙度（$Ra<2Å$）等优势。在碱性加压条件下，蓝宝石表面产生水化层，水化层可与 SiO_2 发生反应，其反应方程如式（2-182）和式（2-183）所示，反应后的生产物更容易被机械去除

$$Al_2O_3 + H_2O \xrightarrow[\text{温度,压力}]{OH^-} AlOOH + Al(OH)_3 + (Al_2O_3) - OH \qquad (2\text{-}182)$$

$$SiO_2 + Al_2O_3 + H_2O \xrightarrow[\text{温度,压力}]{OH^-} (Al_xSi_yO_3) - OH \qquad (2\text{-}183)$$

SiO_2 磨料具有诸多优势，使得其在市场上获得广泛应用，但是它抛光的速率太慢，往往达到较低的粗糙度时需要数小时的抛光作业。保证抛光效果的前提下要提高抛光速率，通过设备、抛光垫、抛光工艺等均已非常困难，最理想的方法是开发新的抛光液。Al_2O_3 磨料抛光液较为合适，它具有与蓝宝石相同的硬度，可循环使用，对温度没有硅溶胶敏感等优势。Al_2O_3 磨料抛光液的开发需要解决分散稳定性好、粒子小、纯度高的刚玉粉体，需要解决表面划伤的问题。

8）点测。由于温度场、气体流量场以及在 MOCVD 机台腔室中石墨盘上放片位设置等分布差异，再加上外延工艺技术仍不够成熟等原因，造成同一片外延片上不同区域的光电参数有差异，为了满足下游应用端光电参数同一性要求，需要将 LED 芯片按照光电参数进行分类（Bin），而分类的前提就是点测出每一颗芯片的各项光电参数。

一般测试机台工作时探针是固定不动的，靠控制系统在 x 轴方向、y 轴方向、z 轴方向，以及旋转轴方向来移动载片台来使芯片的 P、N 电极与探针接触。因此，为了测试 LED 芯片的光电参数，首先需要确定 LED 芯片的精确位置，并且不能对芯片表面造

成伤害（如划伤）。所以测试机采用图像采集系统，将采集的 LED 芯片图像经过匹配、识别、定位，测量出每颗芯片的准确位置，然后将 P、N 电极移动到测试探针下，与 LED 芯片测试仪构成回路，同时将逻辑位置发给 LED 芯片测试仪，实现自动测试，并将测试结果保存到用于管理测试资料的数据库系统中，实现对每颗 LED 芯片各项光电参数的测量。

在 LED 芯片生产中，点测分 COW（chip on wafer）点测和 COT（chip on tape）点测。COW 点测是芯片制造过程中，在做研磨减薄前对厚片进行的测试，此测试一般不会将外延片上的芯片进行全点测，而是按照需求设置机台对外延片上的芯片按照某位置上的规律性进行抽点（也称跳点）。COW 抽点的目的可归纳为：

① 对测试前的前道工艺进行检验，起到及时反馈结果的作用。如果在抽点中发现光电参数异常，则需要分析、找出异常原因，及时解决异常点，提出防范措施，从而及时制止异常的进一步发生。

② 可根据测试结果对后续工艺形成参考和分类。

③ 一般 GaN 基 LED 芯片制造企业都会采用验证片的做法：外延片生长完毕后为了快速知道该炉外延片的光电参数，需要用几片有代表性的外延片做成 COW 片后测试，根据测试结果判断该炉外延片的各项光电参数（如亮度、电压、波长、抗静电能力等），然后可按照客户要求根据此 COW 验证结果判断该炉外延片适合做某种满足要求的产品。

COT 点测是指对经过研磨、抛光、切割、裂片后在蓝膜上的芯片进行的测试。此测试的主要目的是测试出每颗芯片的各项光电参数值，方便后续根据要求分类，将不同光电参数的芯片分选到不同的蓝膜上。

由于要求测试的芯片数巨大，并且生产企业对单台测试设备的产能需求等均要求点测机具有超快的测试速度，这就要求测试机具有很短的运动时间和测试时间，一般在毫秒级别，通常点测机每小时能点测 20000～35000 颗芯片。点测机测试每颗芯片的时间虽然很短，但是其测试内容并不少，一般会根据需求测试几个电流下（如 3～4 个）电压（V_f）、波长（峰值波长 W_p 和主波长 W_d）、光功率（P_e）等，还能测试一定反向电流下对应的电压值（V_{rd}）、一定反向电压下的漏电流值（I_r），如果测试机台加有静电发生器，还能测试出一定电压下芯片的抗静电能力（ESD）。每一种参数的测试时间在几毫秒到十几毫秒之间。由于某些测试（如 V_{rd}、ESD）对芯片有一定的破坏性，因此对于各项光电参数测试的顺序有一定讲究，一般会先测试 I_r，然后是各电流下的 V_f、W_d、W_p、LOP 等，然后是 V_{rd}，最后才是测试 ESD，对芯片加静电信号后，然后再测试某反向电压下的漏电流，用此漏电流的大小衡量该芯片的抗静电能力。

测试机在测试的同时，一方面将测试数据保存在数据库中，另一方面通过分析软件统计出芯片各个参数的合格率和综合的合格率，还能分析得出各项参数的平均值、标准差（STD），还需通过软件得到每个参数在该外延片上的分布图（Mapping），分布图上以不同的颜色表示每个参数在不同范围，通过分布图可非常直观地看到各个芯片的参数在外延片上的分布。

9）检验。在 GaN 基 LED 芯片制造工艺过程中，需要实时对产线物料、工艺、机台、环境等进行检验。进行实时检验的目的主要有以下几点：①保证产品的品质，如各项光电参数、外观及其他物理特性。②对产线工艺进行实时监控，便于维护产线工艺稳定。③及时发现各类异常，避免发生异常后还往后续工序作业，造成不必要的成本浪费。

GaN 基 LED 芯片制造过程工序较为复杂，涉及的物料繁多，对各种类型的物料，其检验的方式也不一样。对于产线常用到并且使用量较大的物料，如各种酸碱溶液、显影液、去胶溶液、蓝白膜、离型纸、各种光刻胶、去蜡液、酒精、丙酮、异丙醇、ITO锭、各种金属蒸发源颗粒、电子束灯丝、晶振片等，除了查看其生产日期和保质期外，一般按照其生产批次进行产线试用的方式，只有试用合格的物料才能被产线批量使用；对于光罩等这样的关键物料，需要对光罩上的图形尺寸进行精细测量，判定合格后才能被产线采用；对于 CL_2、SiH_4（或者 $SiClH_3$ 等）、BCl_3、N_2、O_2、SF_6、CF_4、N_2O（或者 N_2O_2 等）等特种气体，则需要定时请专门的检验部门对其纯度进行检验。

对产线工艺稳定的检验包含光电参数方面和外观等方面。检验的方式是借助一些辅助生产的检测设备和工具，运用统计过程控制（SPC，Statistical Process Control）等方法，对生产过程中的各个关键参数进行监控、分析、评价。

对设备的检验通常也称点检，对生产设备的点检包含日点检、周点检、月点检等，就是为了保证设备能持续为生产服务而做的对设备的检查。有些设备需要定期做维护，如清洁、保养（包含 ICP、PECVD 设备的定期清腔，ITO 和金属蒸镀机定期清洁和更换衬板，合金炉管的定期清洁）等；有些设备需要定期做易耗件的更换，如电子枪灯丝、离子源灯丝、曝光机的曝光灯光源（一般是汞灯）、ITO 蒸镀机的加热灯管、防镀玻璃等；常规的检查可防止异常的发生，及早发现不正常工作的设备，可大大提高生产的顺畅性。

（2）正装结构芯片制备。LED 行业目前大规模生产的蓝绿光 LED 芯片，通常是使用 MOCVD 在蓝宝石衬底上生长 GaN 层形成 GaN 外延片，并通过复杂的芯片制程将外延片加工成单颗 LED 芯片。因蓝宝石衬底是非导电材料，一般都会采用干法刻蚀技术在 GaN 面同时制作 P、N 双电极，即双电极同侧结构。此结构因出光面不同又分为正装结构和倒装结构。正装结构从 GaN 面（正面）出光，而倒装芯片从蓝宝石面（背面）出光。

正装芯片有多种分类方式，可按照发光颜色、芯片功率、应用范围等进行分类。以下按照芯片功率将正装芯片分为小功率芯片、中功率芯片、大功率芯片三类。一般的，按功率分类见表 2-14（目前 LED 行业对 3 种功率芯片并没有严格定义，下表仅供参考）。

表 2-14　　　　小、中、大功率芯片面积、电流、电功率分类

芯片分类	芯片面积/mil^2	驱动电流/mA	芯片电功率/W
小功率	<200	10~30	$<0.1\times10^{-3}$
中功率	200~800	60~150	0.2~0.6×10^{-3}
大功率	>800	>350	>1

典型的小功率 LED 芯片尺寸有 0608、0708、0709、0810、0812、0815、0915 等，长度单位都是 mil，1mil 是千分之一英寸，等于 0.0254mm。目前 LED 芯片行业，考虑由于生产设备加工尺寸的限制，同时考虑到芯片焊盘电极的设计以及电流扩展层的优化，通常最小芯片加工尺寸为 6mil。当然，随着设备升级换代，尤其是近年高速发展的 MiniLED、MicroLED，使得 LED 芯片尺寸进一步缩小，比如 MiniLED 的尺寸大约为 2~8mil，而 MicroLED 更是只有 0.04~0.4mil。此时需要用波长更小的光刻机以及精度更高的相关工艺。通常小功率芯片会用 10~30mA 的恒定电流进行驱动。因为小功率芯片面积小，P 电极与 N 电极之间的电流横向传输距离短，通常只有 P、N 两个焊盘，而不用再增加枝条金属电极。为配合封装焊线作业，焊盘直径通常在 $60~80\mu m$。另外，为了较明显地区分 P 电极与 N 电极，一般的，P 电极焊盘会被设计成圆形，而 N 电极会被设计成方形或者马蹄形。虽然小功率芯片没有枝条电极，但其金属电极所占整个芯片面积的比例仍很高，导致发光面积占比小，所以小功率芯片的发光效率通常来说相对较低。

LED 行业目前处于高速发展期，其中游封装技术也在不断进步，封装焊线的金属线直径有缩小的趋势，同时焊线定位的精准性也在提高，这样 LED 芯片的金属焊盘可进一步缩小。小功率芯片驱动电流小，所需要的金属线直径也小，这样小功率芯片的金属焊盘直径可进一步缩小至 $40\mu m$ 左右。由于金属焊盘占小功率芯片整体面积大，随金属焊盘的缩小，芯片发光效率将有大幅提升。典型的小功率芯片结构如图 2-49 和图 2-50 所示。

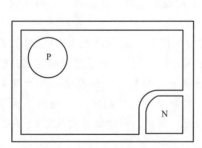

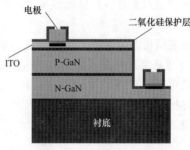

图 2-49　小功率芯片示意图　　　　图 2-50　小功率芯片截面图

小功率芯片的结构比较简单，制作工艺也相对简单，通常采用三次光刻制程。这三次光刻分别是 MESA 光刻、ITO 光刻、PAD 光刻。步骤如下：

① 彻底清洗外延片：该外延片是在蓝宝石衬底上生长的具有 GaN 基 LED 芯片结构的外延片。清洗一般分为有机清洗与混合酸液清洗。有机清洗通常采用丙酮浸泡清洗，主要去除外延片表面的有机杂物。而混合酸液清洗通常使用浓硫酸双氧水混合液进行清洗，主要去除外延片表面的金属杂质，同时也会使用去离子水进行物理冲洗。最终达到彻底清洗外延片的目的。外延片在芯片加工过程中也被称为晶圆（Wafer）。

② 制作 MESA 台阶：目的是使 n-GaN 露出。通过黄光光刻，将掩膜版上的 MESA 图形转移到晶圆上，然后使用电感耦合等离子体（ICP）进行刻蚀，最后去除光刻胶，

并冲洗干净。这样原本平整的外延片出现了 MESA 台阶，MESA 台阶上方为 p-GaN，MESA 台阶下方为 n-GaN。其中 MESA 光刻步骤选用的光刻胶必须有合适的选择比，确保 ICP 刻蚀过程中能完整地保护好 p-GaN，而 ICP 刻蚀深度要根据外延片各层 GaN 的厚度进行调整。同时 MESA 的制作过程也把切割道制作出来，便于后续芯片切割劈裂作业，根据切割机精准度的不同，切割段宽度也不同。切割道宽度通常在 $20\sim35\mu m$。

③ 制作透明导电层：采用电子束蒸发或其他方式制作透明导电层，目前比较成熟的透明导电材料为氧化铟锡（ITO），ITO 材料有良好的导电性能同时本身为透明材料，并且 ITO 材料可与 p-GaN 形成良好的欧姆接触。早期的透明导电层一般使用 Ni/Au 合金，但是由于穿透率偏低已经被 ITO 取代。完成透明导电层镀膜后，通过光刻、湿法刻蚀等步骤露出 n-GaN 与部分 p-GaN。ITO 层的分布通常是在 MESA 层的分布基础上往芯片内部缩进 $4\sim7\mu m$。

④ ITO 退火：去除光刻胶并清洗干净后使用高温炉管或是快速退火炉进行退火处理，形成透明导电层与 p-GaN 的欧姆接触，此欧姆接触的形成对 LED 芯片的正向电压影响非常大，通常会在氮气氛围，温度在 $500℃$ 左右的条件下进行退火处理。

⑤ 制作绝缘保护层：使用等离子体增强化学气相沉积法（PECVD）沉积绝缘保护层，并经过光刻、湿法腐蚀、去胶清洗等步骤使得 P 电极与 N 电极的焊盘位置露出。此绝缘层可采用 SiO_2、Si_3N_4 或 SiON 材料，这些材料是通过 SiH_4（或者 SiH_3-CH_3 等）与 N_2O 在 PECVD 机台中经过化学反应生成的。

⑥ 制作金属电极：通过黄光光刻将金属电极图形转移到晶圆上，然后通过氧气等离子体进行去残胶处理，保证蒸镀金属前的洁净度，再使用真空镀膜机在晶圆上蒸镀金属电极层，接着采用蓝膜撕金（Lift-Off）的方式实现金属电极的最终成型。金属电极层的材料一般是含金或含铝多层金属膜。常见的金属电极组合方式有 Cr/Pt/Au、Cr/Ni/Al 等。

⑦ 研磨切割。通常 2in 晶圆的厚度有 $400\mu m$ 以上，为了将晶圆切成一颗一颗的晶粒（Chip），先要将晶圆磨薄。磨薄分成两个阶段，第一阶段将晶圆快速减薄到接近目标厚度，第二阶段将减薄的晶圆进行抛光处理，抛光到需要的目标厚度。小功率芯片的目标厚度通常在 $85\sim125\mu m$。最后将磨薄的晶圆贴在白膜进行切割与劈裂，实现晶圆到晶粒的转变。早期 LED 芯片切割都是使用紫外激光进行表面烧蚀切割，但目前隐形切割已经逐步取代了紫外激光表面烧蚀切割，隐形切割可大幅提高芯片亮度。

⑧ 点测分选：将完成切割劈裂的晶粒翻转至蓝膜上，进行光电参数测试，通常会测试正向电压（V_f），亮度（LOP），主波长（W_D），峰值波长（W_P），开启电压（V_{f4}），反向电流（I_r），反向电压（V_R），半峰宽（HW）等参数。一般做成大圆片不需要扩张即可直接进行点测，点测完成后进行外观检查作业后即可入库处理。而更高规格要求分成方片的产品，就要先进性扩张再进行点测，点测完成后进行自动外观检查（AOI）作业，然后按照预先设定的分类登记（Bin 表）进行分选作业，将相同等级的晶粒挑选到同一张方片，这些方片送质量检测部门检测合格后就入库到成品仓库。至此芯片制程就完成了。

小功率芯片结构也有其他类型，如图 2-51 和图 2-52 所示。

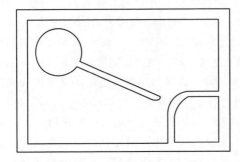 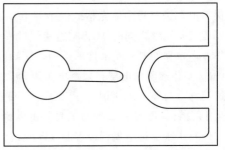

图 2-51　小功率芯片示意图　　　　图 2-52　小功率芯片示意图

以上两种结构设计都是在 P 电极上增加了一根枝条电极，主要作用是便于电流扩展，增加出光效率，同时减小 P 电极与 N 电极的距离，有利于芯片电压的降低。通常也是小功率芯片中尺寸偏大一些的芯片才会采用这两种结构，例如 0812、0815、0915 等尺寸。

照明用小功率芯片因为其面积较小，因此在制备工艺的设计与选择上与中大尺寸芯片有明显的差别。首先，因为面积很小，一般不用枝条电极，并且将 P、N 焊盘置于芯片的两对角线上，这样电流会集中在 P、N 焊盘之间的区域，两翼区域电流密度较小，因此老化、ESD 等测试中常见的不良区也是 P、N 焊盘之间的区域，同时也是因为这个原因，P、N 焊盘位于对角线的小功率芯片设计成长方形，便于降低电压和充分利用发光面积；其次，芯片面积很小，所以侧壁出光在总出光中占比很大，所以芯片的厚度对封装后的亮度影响较大，在一定范围内，芯片厚度越厚越有利于提高亮度，但是同时要考虑裂片的成品率。芯片面积小，太厚可能导致双胞；再次，小功率芯片一般对应低端应用，所以成本上的考虑也是重要的方面。一般小功率芯片不做电流阻挡层、背镀、表面纹理化等工艺。最后，电极焊盘遮光的面积占芯片总面积比例较大，因此反射电极工艺对小功率芯片的亮度提升极为有利。

典型的中功率 LED 芯片尺寸有 0926、1023、1030、1228、1430、1734、2030、2040、2235、2240、2640 等尺寸。通常中功率芯片会用 60～150mA 的恒定电流进行驱动。由于中功率芯片相对小功率芯片面积已经扩大数倍，仅制造两个 PAD 焊盘作为电极，电流分布不均匀，局部区域电流过于集中，影响芯片发光效率与使用寿命，通常会从两个 PAD 焊盘引出 Finger 枝条电极。同时为了充分发挥枝条电极的作用效果，通常

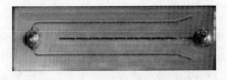

会将芯片设计成长条状的矩形结构，矩形结构的长通常是宽的 1.5～4 倍不等。常见的中功率芯片结构如图 2-48 所示。实际中功率芯片的电极结构如图 2-53 所示。

图 2-53　实际中功率芯片的电极结构

根据应用端对电压、亮度等参数的要求，结合所采用工艺参数，如 ITO 厚度、外延片的具体情况等，中功率芯片常见的 Finger

组合为 "一根 P Finger 搭配一个 N Finger" "两根 P Finger 搭配一根 N Finger" "三根 P Finger 搭配两根 N Finger"。Finger 电极宽度一般在 $4\sim7\mu m$。为了实现电流均匀分布在芯片表面，使得芯片发光效率高，稳定性好，一般芯片电极设计时应尽量依照对称性原则与 P 至 N 等间距原则。

中功率器件通常会采用 5 次光刻制程，在小功率的 3 次光刻工艺的基础上增加了电流阻挡层（CBL）光刻，钝化（PV）光刻，具体工艺流程图如图 2-54 所示。

图 2-54　5 次光刻工艺流程图

也可采用先 ITO 后 MESA 的工艺流程，这有利于芯片良率的提升。详细流程如图 2-55 所示。

图 2-55　先 ITO 后 MESA 工艺流程

中功率芯片一般会采用 CBL 结构。P 电极正下方的有源区进行复合发光，这部分光基本都被 P 电极挡住，光出不来从而导致发光效率下降。在 P 电极下方增加一层绝缘介质材料，形成 P 电极下方电流阻挡层，迫使电流扩散到透明导电层区域，这些区域的发光比较容易取出，从而增加发光效率。

中功率芯片在研磨后通常会背镀上高反射率的 DBR。DBR 可显著提高芯片点测亮度，对封装亮度也会有一定百分比的提升，但远小于点测亮度的提升百分比。

为了使单颗 LED 芯片发出更多的光，需要增加驱动电流，当电流增加时，LED 芯片产生的热也增加，这影响 LED 芯片的光效与寿命，所以要使用大电流驱动就必须增加芯片面积，降低电流密度。典型的大功率 LED 芯片尺寸有 2828、3030、3040、3535、3838、4545、5050、5656、7878 等尺寸。通常大功率芯片会用 $350\sim700mA$ 甚至更大的恒定电流进行驱动，例如三星 LED 的 LH351D 产品，可用 3A 电流驱动，单颗功率可达 10W，其芯片为 7878 尺寸的倒装芯片。大功率 LED 芯片的功率一般都大于 1W。大功率 LED 芯片的 PAD 焊盘通常会增加到 4 个，主要是大功率芯片驱动电流大，需要尽量分散电流，避免芯片金属电极电流密度过大，影响 LED 芯片使用寿命。如图 2-56 所示是常见的大功率芯片电极排布图。

大功率 LED 芯片通常也是采用中功率的 5 次光刻制程，但是背镀层会由 DBR 改为 ODR（全方位反射层）。ODR 的结构主要是在 DBR 反射层的基础上再增加高反射率的金属，如 Al、Ag 等金属，有时在最后覆盖上一层 Au。与单纯 DBR 结构相比，这种结构的 ODR 反射角度与反射率均有提升。进一步提升了芯片亮度，同时对芯片散热也有一定帮助。

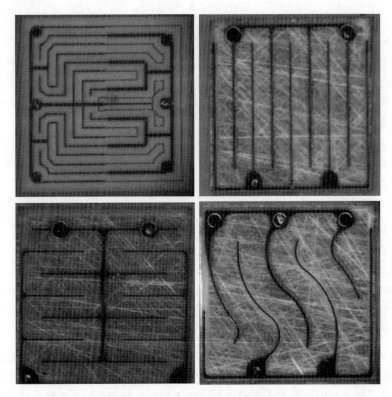

图 2-56 大功率 LED 芯片电极结构

某些 LED 芯片制造企业的大功率芯片也有采用侧腐蚀（SWE）工艺，这同样有利于芯片亮度提升。

芯片功率越大即芯片面积越大，随驱动电流增加电压上升越少，发光效率下降越少。其原因是小功率芯片面积小、电阻大、电流密度大、单位面积产生的热量大，热量无法散出导致芯片失效，而随着芯片面积增加，此问题可得到改善。所以小功率芯片只能在小电流驱动下工作，中功率芯片适合在中等电流驱动下工作，大功率芯片可在大电流驱动下工作。不过一般从单纯考虑性价比的话，总面积相同的小功率芯片成本要低一些，此时如果使用相同的总驱动电流，则小功率芯片的光效会略高一些，这是因为小功率芯片往往在电流扩展比较容易。当然，当芯片面积小到一定程度时，电极面积占芯片面积比例过大，这种小电流驱动的收益会迅速减小。实际应用中，不单要考虑芯片成本，更要考虑产品应用环境条件，需要的可靠性等级，及 LES 是否允许多颗小芯片，很多场合高密度点光源应用，需要大功率芯片，而大面积发光源或可靠性要求甚低的场合，需要小功率芯片。

三种功率芯片的工艺流程可相互代替，并没有完全分离。小功率芯片同样可采用大功率芯片的制备工艺，但是小功率芯片价格低廉，使用复杂的高端制备工艺后，成本太高，没有经济效益，而大功率芯片采用小功率的简单制备工艺后，芯片亮度偏低，散热不佳，综合性能低，没有市场竞争力，同样也产生不了经济效益。

（3）倒装结构芯片制备。倒装芯片封装技术是 IBM 公司于 1960 年所开发，为了降低成本，提高速度，提高组件可靠性，倒装芯片使用在第一层芯片与载板接合封装，封装方式为芯片正面朝下向基板，无需引线键合，形成最短电路，降低电阻。采用金属球连接，缩小了封装尺寸，改善电性表现，解决了球栅阵列封装（BGA, Ball Grid Array）为增加引脚数而需扩大体积的困扰。后来飞利浦照明公司将倒装技术引入到 LED 芯片中，开创出 LED 芯片 3 种主流技术中的倒装芯片。

倒装芯片之所以被称为"倒装"是相对于传统的金属线键合连接方式（Wire Bonding）而言的。传统的通过金属线键合与基板连接的芯片电极面朝上，而倒装芯片的电极面朝下，相当于将前者翻转过来，故称其为倒装芯片，也称为覆晶芯片。

倒装芯片的实质是在传统正装工艺的基础上，将芯片的出光区与电极区不设计在同一个平面，此时电极区面朝向封装支架底部进行贴装，出光区为蓝宝石衬底面，如果对于薄膜倒装芯片，则出光面为 n-GaN 面。这可省掉焊线这一工序，但对固晶这段工艺的精度要求相对较高。

倒装芯片结构与正装芯片结构的对比如图 2-57 所示。

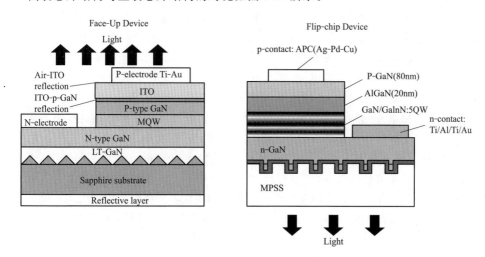

图 2-57　倒装芯片结构与正装芯片结构的对比

为适应 LED 芯片的应用，倒装芯片制造过程中的倒装技术也在不断进化改善，芯片的电极结构也有大幅度的变化，其关键技术特点如下：

① P、N Pad 在爆点采用了大面积多层加厚金属电极，简单来讲芯片正面只可看到两大块分割开的 P、N 爆线用电极。

② 采用了微电子制造领域中的双层布线技术。

③ 双层布线电极之间采用介质隔离技术。

④ 采用了 Ag 基或 Al 基复合金属层做反射层和欧姆接触层，同时使用了保护层。

三星 LED 较早就开发了 LED 倒装芯片技术，其技术方案详见 2004 年发明专利

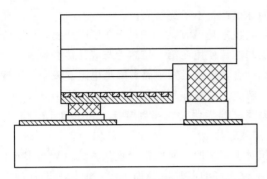

图 2-58　三星 LED 的倒装芯片结构示意图

《倒装芯片氮化物半导体发光二极管》，其倒装芯片示意图如图 2-58 所示。

与传统的正装芯片相比，倒装芯片具备发光效率高、散热好、可大电流密度使用、稳定性好、抗 ESD 能力强、免焊线等优势。

①倒装 LED 芯片的发光效率提升：LED 芯片发光效率的提高决定着未来 LED 光源的节能能力，随着外延生长技术、多量子阱结构以及图形化蓝宝石衬底的发展，外延片的内量子效率已有很大提高。要如何进一步提升发光效率，很大程度上取决于如何从芯片中用最少的功率提取最多的光，即提升外量子效率。简单而言，就是降低正向电压，提高芯片亮度。传统正装结构的 LED 芯片，一般需要在 p-GaN 上镀一层透明导电层使电流分布更均匀，而这一透明导电层会对 LED 发出的光产生部分吸收且 P 电极会遮挡住部分光，这就限制了 LED 芯片的出光效率。采用倒装结构的 LED 芯片，不但可同时避开 P 电极上透明导电层吸光和电极焊盘遮光的问题，还可通过在 p-GaN 表面设置低欧姆接触的反光层来将往下的光线引导向上，这样可同时降低正向电压及提高芯片亮度。截至 2020 年 7 月，以三星 LED 的基于倒装芯片的中功率白光产品 LM301B 为例，其 5000K 色温、80 显指、25℃、65mA 驱动时，正向电压大约可低至 2.65V，功率 0.2W、光通量 41lm、光效可高达 238lm/W。

正装结构和垂直结构的芯片是 GaN 与荧光粉和硅胶接触，而倒装结构中是蓝宝石与荧光粉和硅胶接触。GaN 的折射率约为 2.4，蓝宝石折射率为 1.8，荧光粉折射率为 1.7，硅胶折射率通常为 1.4~1.5。蓝宝石/（硅胶＋荧光粉）和 GaN/（硅胶＋荧光粉）的全反射临界角分别为 51.1°~70.8°和 36.7°~45.1°，在封装结构中由蓝宝石表面射出的光经由硅胶和荧光粉界面层的全反射临界角更大，光线全反射损失大大降低。同时，芯片结构的设计不同，导致电流密度和电压的不同，对 LED 光效有明显的影响。如传统的正装大功率芯片通常电压在 3.2V 以上，而倒装结构芯片，由于电极结构的设计，电流分布更均匀，使 LED 芯片的电压大幅降低至 2.8~3.0V，甚至更低。因此，在同样光通量的情况下，倒装芯片的光效比正装芯片光效约高 16%~25%。

② 倒装 LED 芯片的寿命和可靠性：散热问题是功率型白光 LED 需重点解决的技术难题，散热效果的优劣直接关系到 LED 芯片的寿命和节能效果。GaN 基 LED 是靠电子在能带间跃迁产生光的，其光谱中不含有红外部分，所以 LED 的热量不能靠辐射散发。如果 LED 芯片中的热量不能及时散发出去，会加速器件的老化。一旦 LED 的结温超过最高临界温度（根据不同外延及工艺，芯片温度大概为 150℃），往往会造成 LED 永久性失效。另外不同体系荧光粉，耐高温能力也有较大的差别，通常荧光粉在 120℃以上开始有衰减，导致 LED 器件出现光衰。因此，如何降低 LED 芯片表面的温度成为提高 LED 可靠性的关键。不论是 LED 芯片的结温，还是 LED 芯片的表面温度都是受

LED 器件整体散热系统的影响。有效地解决 LED 芯片的散热问题,对提高 LED 器件的可靠性和寿命具有重要作用。要做到这一点,最直接的方法莫过于提供一条良好的导热通道,让热量从 PN 结往外散出。在芯片的级别上,与传统正装结构以蓝宝石衬底与金线作为散热通道相比,倒装芯片结构有着较佳的散热能力。倒装技术通过共晶焊将 LED 芯片倒装到具有金属热沉的支架上,倒装芯片的大面积金属焊盘,与支架上的金属块构成导热系统,导热性良好,明显提高了 LED 芯片的散热能力,保障 LED 的热量能快速从芯片中导出。

另外,抗静电释放(ESD)能力是影响 LED 芯片可靠性的另一因素。蓝宝石衬底的蓝绿芯片其正负电极均位于芯片上面,间距很小;对于 InGaN/AlGaN/GaN 双异质结,InGaN 活性区厚度仅几十纳米,对静电的承受能力有限,很容易被静电击穿,使器件失效。为了防止静电对 LED 芯片的损害,倒装芯片封装过程中可加入齐纳保护电路。即在封装过程中通过并联一颗齐纳芯片来提高 ESD 防护能力。如果倒装芯片是倒装在硅衬底上,那么通过在硅衬底内部集成齐纳保护电路的方法,也可大大提高 LED 芯片的抗静电释放能力,同时节约封装成本,简化封装工艺,并提高产品可靠性。

③ 倒装 LED 芯片的其他优势:利用倒装技术,可在"芯片级"上实现不同尺寸、颜色、形状、功率的多芯片集成,实现超大功率模组产品,这是任何其他的芯片技术不能达到的优势。另外,自 2013 年以来,三星 LED 等企业以及晶能光电等部分中国 LED 企业相继提出利用倒装芯片技术可制作出芯片级封装器件(CSP,Chip Scale Package),并已实现量产,开始给下游企业供货。

④免打线的芯片,通过共晶焊或锡膏焊接,直接将芯片固晶在支架上,减少打线作业,节约成本,这种芯片并非真正意义上的芯片级封装,只能称为免打线芯片。

⑤芯片级封装产品是在蓝宝石出光面上直接涂荧光粉与硅胶,使用时直接用贴片机贴到 PCB 上,也不用打线,免掉了主要的封装工艺,同时节约了支架和键合线等物料,实现芯片级的白光封装。如图 2-59 为三星 LED 的高压 CSP 产品。

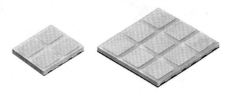

图 2-59　三星 LED 高压 CSP 产品

三星 LED 的 CSP 产品从 2013 年发展至今,已经经历了三代技术迭代,其技术发展路线如图 2-60 所示。

由于一般 CSP 底部只有电极而无其他反射结构,不像有支架封装产品,一般支架底部都有镀银层作为反射器,可将射向底面的光反射上来,所以长期以来,CSP 产品的性能(仅指光效)比同样尺寸的倒装芯片封装到支架里的产品略低一些。但三星 LED 通过如图 2-39 所示的 FEC 技术,通过底部的二氧化钛反射结构,可将 CSP 的光效水平提升至与有支架产品相接近。三星 LED 的 CSP 产品光效性能路线图如图 2-61 所示。

CSP 产品缩短了 LED 产业链,并形成更集中的作业方式,可有效降低成本,加快了 LED 光源替代传统光源的步伐。

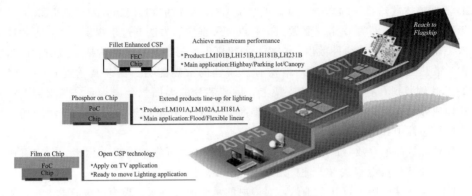

图 2-60　三星 CSP 产品技术路线

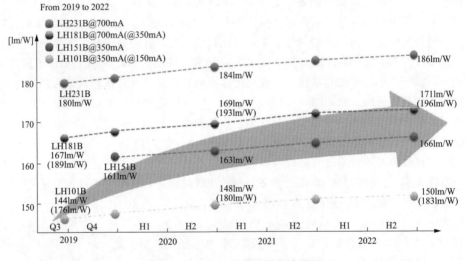

图 2-61　三星 CSP 产品性能路线图

倒装芯片与正装芯片的制备工艺主要差异如下：

① 倒装芯片需要制备高反射层，通常采用 Ag、Al、DBR 等材料做反射层。

② 倒装芯片采用了双层布线结构，第二层金属为 P、N 大面积多层加厚金属 Bonding 电极，简单来讲芯片正面只可以看到两大块分割开的 P、N Bonding 电极。

③ 两层金属之间的绝缘介质层包裹性要好，同时第一层金属到第二层金属，以及 p-GaN 到 n-GaN 均采用了通孔（Via）制程。

下面以 Ag 反射为例，介绍倒装芯片的制备工艺，工艺流程如图 2-62 所示。

以上工艺流程中重点需注意，Ag 的反射率很高，同时也使很活泼的金属，需要制备保护层将其包裹住。制备工艺中通过真空镀膜机台、溅射镀膜机台、PECVD 机台等设备制备多种膜层，通过光刻工艺制程、湿法刻蚀、干法刻蚀以及 Lift-Off 工艺实现图形转移，这与正装 LED 芯片制作过程很接近。

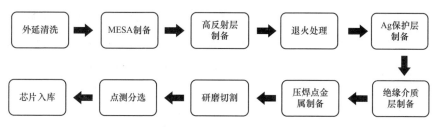

图 2-62 倒装芯片制备流程

（4）垂直结构芯片制备。垂直结构 LED 通过激光剥离工艺将 GaN 外延层转移至 Si、Cu 等高热导率的导电衬底，从而克服传统的蓝宝石衬底 GaN 基 LED 在效率、散热、可靠性等方面存在技术瓶颈。典型的垂直结构芯片及其制作过程如图 2-63 所示。

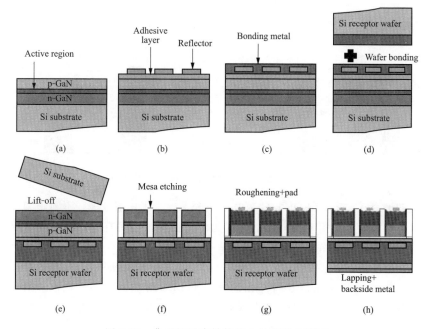

图 2-63 典型的垂直结构芯片及其制作过程

与传统的平面结构 LED 相比，垂直结构 LED 具有许多优点：

① 平面结构 LED 的 P、N 电极在同一侧，电流在 N 型和 P 型 GaN 限制层中横向流动，电流分布不均匀，导致电流拥挤，发热量高；而垂直结构 LED 两个电极分别在 LED 芯片外延层的上下两侧，电流几乎全部垂直流过外延层，没有横向流动的电流，电流分布均匀，产生的热量减少，如图 2-64 所示。

② 传统的正装结构采用蓝宝石衬底，由于蓝宝石衬底不导电，所需刻蚀台面，牺牲了有源区的面积。另外，由于蓝宝石衬底的导热性差，限制了 LED 芯片的散热；垂直结构 LED 采用键合与剥离的方法将蓝宝石衬底去除，换成导电性好且具有高热导率的衬底，不仅不需刻蚀台面，可充分的利用有源区，降低电压，提升亮度，而且可有效

的散热。相同面积的芯片在相同的驱动电流下，垂直结构芯片正向电压明显低于传统的
正装平面结构 LED 芯片。

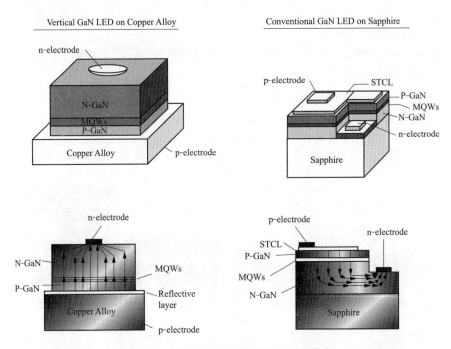

图 2-64　平面结构和垂直结构的电流分布

③ 正装结构 GaN 基 LED，p-GaN 层为出光面，由于该层较薄，不利于制作表面微
结构。但是对于垂直结构 LED，n-GaN 层为出光面，该层具有一定的厚度，便于制作
表面微结构，以提高光提取效率。

总之，与传统平面结构相比，垂直结构在出光、有源区利用率、散热等方面具有明
显的优势。三星 LED 早在 2010 年推出的大功率 LED 灯珠 LH351A 就是采用垂直结构
芯片。如图 2-65 所示，是 LH351A 外观，它是垂直结构芯片封装在陶瓷基板上，主要

图 2-65　三星 LED 垂直结构芯片

用于户外照明。如图 2-65 中虚线框所示，相比倒装芯片，垂直结构芯片在封装时，仍然至少需要 1 根金线，所以还是存在断线开路的风险，例如生产过程中受到外力挤压，或使用过程中由于较多次数的冷热冲击等。所以三星 LED 从 2014 年开始，就取消了垂直结构产品线。

制作 GaN 基垂直结构 LED 的工艺主要分成以下几个步骤：表面处理、台面刻蚀、钝化层淀积、P 电极制作、转移衬底的制备、芯片键合、激光剥离、表面粗化、N 电极制作、划片裂片以及封装等。垂直结构 LED 芯片的具体制备流程如图 2-66 所示。

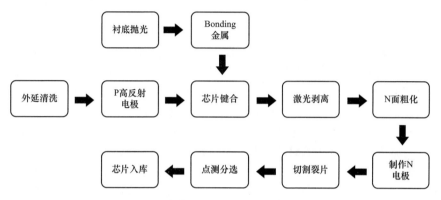

图 2-66　垂直结构 LED 芯片的具体制备流程

以上工艺，使用的是整片键合技术，外延片与硅片键合过程中需要在较高温度、压力下完成，同时键合过程会产生较大应力，会对芯片造成一些不良影响。关于垂直结构 LED 芯片的工艺，有公司提出了单芯片键合激光剥离方案。单芯片键合工艺主要特点是先进性激光切割，将 GaN 切割成单颗芯片再进行键合工艺，这样有利于后续的激光剥离，同时切割区域间的空隙可释放剥离过程中产生的应力。另也有公司提出，可通过电镀方法转移衬底，并且已经实现了商业化量产。

垂直芯片制备步骤中，芯片键合（Wafer Bonding）、激光剥离（Laser Lift-Off）是制备垂直结构 GaN 基 LED 的关键工艺，也是垂直结构与目前 LED 芯片主流制程（正装、倒装）的重要差异。键合技术与激光剥离技术相结合，能通过将 GaN 基 LED 芯片从蓝宝石衬底转移到其他高电导率、高热导率衬底，用于解决蓝宝石衬底给 GaN 基 LED 带来的不利影响。图 2-67 给出了芯片键合和激光剥离的流程图。

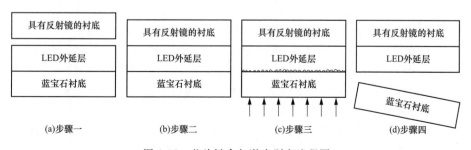

图 2-67　芯片键合与激光剥离流程图

如图 2-67 中（a）～（d）所示，首先利用芯片键合的方法将 GaN 外延片与转移衬底键合在一起，Au 作为键合金属层，通过热压实现 GaN 材料与衬底结合，键合温度 300～500℃。再利用 GaN 材料高温分解特性及 GaN 与蓝宝石间的带隙差，采用光子能量大于 GaN 带隙而小于蓝宝石带隙的紫外脉冲激光，透过蓝宝石衬底辐照 GaN 材料，在其界面处产生强烈吸收，使局部温度升高，GaN 气化分解，实现蓝宝石衬底剥离。选择合适的能量密度，使高温区集中于界面附近是实现高效、低损伤激光剥离的重要因素。另外，激光束的准直以及激光光斑的均匀性是实现成功剥离的保证。

（5）高压 LED 芯片设计及制备工艺。普通大功率 GaN LED 的工作电压低（单颗 3V 左右），电流较大（350mA 以上），因此在照明电路中通常要经过很复杂的电压转换电路实现 220V 高压向低电压的转换，由于 LED 的寿命很长（10 万 h），而使用中转换电路的电子元器件在大电流下工作时的寿命低于 LED 的寿命，结果导致整个 LED 照明产品不能正常工作。此外，为了降低驱动电源的复杂性，提高驱动的可靠性，降低 LED 球泡灯的 BOM 成本，一般线性恒流驱动方案会用于球泡灯中。线性恒流方案一般要求灯珠的整体电压大约在 144V（对应 AC 输入 110V 情况），此时如果用 3V 的灯珠串联，则需要 48 颗，数量太多，浪费支架和空间。如果采用每个支架内封装多颗芯片，串联打线，则可制作高压单颗灯珠，例如 6、9、12、18、36、54V 等。因为出口北美的典型 A60 球泡灯光通量要求为 800lm，所以要根据 LED 的光通量和电压来凑够整灯光通量和驱动电压要求。例如采用 12V 的 2835，则要用 12 颗灯珠。如果用 18V 的 2835，则只要 8 颗灯珠。但对于 18V 的 2835 来说，如果封装 6 颗小芯片到一个 2835 支架内，有可能放不下，即使勉强放下，也会造成由于芯片处于支架外围靠近支架边缘，芯片综合反射效率较低的问题。并且由于串联多芯片会用较多的键合线，会降低灯珠的冷热冲击可靠性。此时如果芯片自身就可做到 18V 或 9V，则可只封装 1 颗或 2 颗到 2835 支架内，实现外部的高正向电压特性。这就要求芯片制造工艺中，实现单颗高压 LED 芯片。一般实现芯片级高压 LED，是通过将多颗芯片用电介质互联实现的，有些厂商称之为多 PN 结技术（MJT，Multi Junction Technology）。

相对于传统 LED 芯片，高压 LED 芯片在许多情况下可直接用高压驱动，简化了电源匹配，减少了电压转换的能量损失。其主要优点有：①具有更高的发光效率；②耗能器件功率降低，降低驱动器成本；③增加 LED 灯具的可靠性。

如果将倒装芯片和高压芯片技术结合起来，应该是未来比较完美的芯片方案。作者 2018 年曾设计和申请过该类 LED 芯片的专利，其芯片结构示意图如图 2-68 所示。其芯片结构可继续延伸，形成电压为 3n 的高压 LED 芯片。此类高压 LED 芯片热分布特性较正装 LED 更好，所以一般在高压 LED 灯珠中，可表现出较好的冷热比。

正装 GaN 基高压 LED 器件的外延片结构与普通的正装 LED 一样，只是芯片工艺有所不同，具体如下：

① 清洗 LED 外延片：先用王水（HNO_3：HCL＝1：3）高温煮沸去除铟球、表面氧化物及杂质颗粒等，取出后用去离子水冲洗若干次；丙酮加热煮沸清洗，去除有机物

污染；无水乙醇加热清洗，主要用于去除残余的丙酮等有机溶剂；最后用去离子水清洗若干遍。

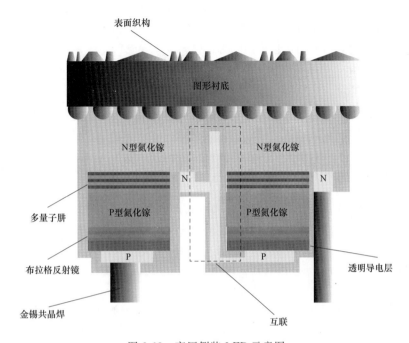

图 2-68　高压倒装 LED 示意图

② 刻蚀 n-GaN 台阶：采用厚光刻胶作为 ICP 刻蚀掩模，刻蚀深度约 $1.1\mu m$，刻蚀图形后用丙酮溶液去胶，常规清洗。

③ 生长用于深槽刻蚀的 SiO_2 掩模。经光刻、BOE 腐蚀获得掩模图形，丙酮去胶，常规清洗。刻蚀深槽。调节 ICP 各刻蚀参数，图形衬底的外延片刻蚀深度约 $4.5\mu m$，非图形衬底外延片刻蚀深度约为 $6.5\mu m$，深槽达到绝缘隔离要求后，用 BOE 溶液去除掩模，常规清洗。

④ 生长 SiO_2 绝缘层，然后经光刻、BOE 腐蚀，开出 p-GaN 窗口。

⑤ 生长 ITO 电流扩展层。光刻后，ITO 腐蚀液（HCL 和 $FeCl_3$ 按一定比例混合）腐蚀 ITO 层，丙酮去胶，常规清洗。ITO 退火。将清洗干净的外延片在快速退火设备中退火。

⑥ 电极制作。光刻后留胶，蒸发 Cr/Au 电极，丙酮超声剥离电极，合金，加厚电极制作。蒸发 Ti/Al/Ti/Au 电极，使 P、N 电极加厚，有利于后续压焊。

最后进行减薄、划片、裂片、压焊、测试等工艺。

尽管目前 GaN 基 LED 技术发展迅速，光效得到了很大提高，但各企业和研发机构为了进一步提高光效或避开专利技术壁垒，其研发团队仍在不断探索新的技术路线和新的器件制备方法，如 GaN 同质外延、三维结构发光、量子点技术等，随着新技术的涌现，也会随之出现与之匹配的器件制备工艺。

2.2.3 封装

无论何种 LED 产品，都需要针对不同用途和结构类型设计出合理的封装形式。LED 一般只有经过封装才能成为终端产品，才能投入实际应用，因此，对 LED 而言，封装前的设计和封装过程的质量控制尤为重要。

LED 的高效化、超高亮度化、全色化不断发展创新，LED 芯片和封装不再沿袭传统的设计理念与制造生产模式，在增加芯片的光输出方面，研发不仅限于改变芯片材料内杂质数量、晶格缺陷和位错来提高内部效率；同时，如何改善芯片及封装内部结构，增强 LED 内部产生光子出射的概率，提高光效，解决散热，改进光学性能等更是产业界研发的方向。

LED 封装技术大都是在分立器件封装技术基础上发展和演变而来的，但还具有自身的特殊性。一般情况下，分立器件的芯片被密封在封装体内，封装的作用主要是保护芯片和完成电气互联。而 LED 封装则有完成输出电信号，保护芯片正常工作，输出可见光的功能；既有电参数，又有光参数的设计及技术要求，无法简单地将分立器件的封装用于 LED。LED 封装的功能主要包括：①机械保护，以提高可靠性；②加强散热，以降低芯片温度，提高 LED 性能；③光学控制，提高出光效率，优化光束分布；④供电管理，包括交流/直流转变，以及电源控制。

用作构成封装支架的材料须具有耐湿性、绝缘性、机械强度。用于封装点胶的硅胶，对芯片发出光的折射率和透射率要高。选择不同折射率的封装材料，封装几何形状对光子逸出效率的影响是不同的，发光强度的角分布也与芯片结构、光输出方式、封装透镜所用材质和形状有关。

一般情况下，LED 的发光峰值波长随温度变化为 $0.2 \sim 0.3 \mathrm{nm}/℃$，光谱宽度随温度升高而展宽，影响芯片与荧光粉的匹配，进而影响最终的色坐标。另外，当正向电流流经 PN 结时，发热性损耗使结区产生温升，LED 的发光强度会相应减少，封装散热时保持色点和发光强度非常重要，以往多采用减少驱动电流的办法，降低结温，以前的 LED 驱动电流往往限制在 20mA 左右。但是，LED 的光输出会随着电流的增大而增大，很多功率型 LED 的驱动电流可达到 1A 以上，甚至 3A。此时需要改进封装结构，全新的 LED 封装设计理念和低热阻封装结构及技术，改善热特性。例如，采用大面积芯片倒装结构，选用导热性能好的银胶增大金属支架的表面积，焊料凸点的硅载体直接装在热沉上，选用高热导率的 AlN 基板代替低热导率的 Al_2O_3 基板等。此外，在应用设计中，PCB 等的热设计、导热性能也十分重要。

LED 核心芯片的尺寸通常只有几十微米，因此，LED 的封装对工艺环境有着严格的要求，在整个工艺流程中对灰尘含量、温湿度、静电等方面都有着严格的指标。在整个封装流程中，前道和中道工序的镜检、扩晶、固晶、焊线、点胶等工艺，除了对净化、温湿度、静电等都有相应的技术要求外，对技术要求相对不是特别高的后续检测工艺、装箱等环节对工艺环境也有较高要求。

（1）净化要求。制作 LED 的生产环境中，灰尘一旦进入到器件中，可能会遮挡芯片发光面，降低工艺可靠性，造成潜在电路危害，这将直接或间接影响到封装产品的质量。除了测试、包装外，其他工艺法生产操作一般在十万级到万级的净化车间中进行，在净化车间中不仅要对灰尘数量进行控制，同时还要规划静电防护，并且事先需要设计好厂房的气流、人流、物流方案，避免在运行时出现废气排放困难、物流人流影响生产环境、不容易进行目视化管理等问题。在对净化有特别要求的生产工艺环节，也可进行局部净化设计，以提高或降低个别区域灰尘防护等级。

在使用净化车间时，要避免操作人员在车间内随意走动而产生灰尘，增大动态灰尘浓度。净化车间在使用过程中要注意保洁，使用一定时间后要及时进行换风口的清洁，以保持正常的净化等级。

净化车间的使用除了在灰尘的数量控制方面有着不可替代的作用外，净化车间的防静电地板和墙壁，对静电的防护也起着重要的作用。同时，操作人员在工艺操作过程中也要严格遵守 5S 企业管理规范，整洁的工作环境也将减少人员的走动和材料的取用，减少灰尘和静电的产生。

（2）温湿度要求。空气中所含水分的多少也会影响封装器件的质量，过少的水分不仅会引起灰尘含量的增加，也会增加静电产生和累积的可能性；过多的水分则会对封装器件中的点连接造成潜在的危害。同时，过高或过低的温度也会造成器件可靠性的降低。因此，封装环境中的温度和湿度都要控制在一定的范围内，温度为 17～27℃，即室温范围；而相对湿度一般为 30％～75％。

湿度太低的干燥环境不利于静电的消散，过高的湿度有可能影响封装的可靠性，所以环境湿度需要稳定在一个合适的区间。温度最好在 23℃左右，相对湿度最好不要低于 40％。个别区域可在小范围内提高要求。

（3）防静电要求。LED 是在弱电环境下工作的器件，静电对于利用 PN 结原理工作的 LED 来说是致命的。在材料取用、生产过程、封装运输过程中，无论哪个环节产生的过高静电压，要么直接击穿 PN 结，对 LED 直接造成破坏性损伤；要么间接对器件造成潜在的电路危害，以致 LED 在后期使用过程中出现各种可靠性问题。所以 LED 的生产环境中要有严格的防静电措施，包括尽量在净化车间内进行工艺操作；在普通车间工艺操作时，也要保证车间内的地板、墙壁、桌、椅等都有防静电功能；并要配备防静电手套、防静电鞋、防静电手环等。

为了尽量降低静电效应给 LED 带来的破坏和影响，生产 LED 的净化车间对地面、墙壁、工作台、风口、人和服装等也都有严格的防静电或导电要求。

LED 封装过程中，难免会产生静电。产生了静电后，只要及时导出，对 LED 的损害还是可以降到最小的，所以封装的静电防护工作可从两个方面进行分析。

1）设法不使静电产生，对已产生的静电，应尽量限制，使其达不到危险的程度。

2）使产生的电荷尽快泄漏或中和，从而消除电荷的大量积聚。

LED 的封装对静电的防护要求很高。为防止静电的产生，在生产过程中对生产、使用场所，包括人体、工作台、空间、生产设备及产品运输等方面要实施全方位的防静电措施，如安装连接独立的防静电地线，铺设防静电地板，人员穿戴防静电服装、手套、手环、鞋帽，用防静电容器和工具存放和运输产品，产品用防静电材料包装等。同时生产过程中要合理使用相关的静电检测仪器及时进行静电检测和监控，发现静电超标的情况要及时使用静电消除设备进行静电消除，对于容易产生静电的工艺流程也应随时使用离子风机等设备进行静电消除，以免静电累积。

静电击穿器件使其失效是在不知不觉中发生的，被静电损坏的器件一般不能用筛选方法排除，所以只有做好预防措施，建立一套防静电生产工艺和测试流程规范。这对提高产品质量和成品率是十分关键的。所以要制订严格的防静电管理制度，并要有专人定期检测、维护防静电设施的有效性，在进行工艺操作前要进行静电检测。使用静电手腕带测试仪测试身体所带静电是否超标。使用表面静电测试仪测试衣物表面所带静电是否超标。表 2-15 列出了几个常用物品的防静电指标。

表 2-15　　　　　　　　LED 封装中常用物品的防静电技术指标

防静电项目	表面电阻/Ω	摩擦电压/V	对地系统电阻/Ω
防静电工作服、帽、手套	$10^5 \sim 10^9$	<300	—
防静电鞋	$10^5 \sim 10^9$	<100	—
防静电地面或地垫	$10^5 \sim 10^9$	<100	—
防静电工作台垫	$10^5 \sim 10^9$	<100	$10^5 \sim 10^9$
佩带防静电腕带时	—	—	$10^5 \sim 10^8$
料盒、周转箱、PCB架等	$10^3 \sim 10^9$	<100	—
包装袋、盒		<100	—
人体	—	—	$10^5 \sim 10^9$

（1）固晶（Die Bonding）。固晶就是固定 LED 芯片，是 LED 封装的第一步，即将 LED 发光芯片通过银胶或绝缘胶固定在 LED 支架中。对于带齐纳二极管保护的 LED 器件，固晶环节还包括齐纳二极管的固定（如需要）。固晶环节主要包括扩晶、排支架、点胶、固晶及固化五道工序，如图 2-69 所示。

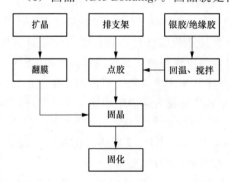

图 2-69　固晶环节

厂商提供的芯片一般都为一整片，覆在一张蓝膜上薄片上，芯片数量从几千个到几万个不等，芯片和芯片之间间距非常小，不能直接将芯片取出来进行固晶。因此，在 LED 封装工艺流程中，为方便后道工序固晶，整张的芯片必须先进行扩晶，即将芯片和芯片之间的距离扩大到一定的程度。扩晶也称绷片，是利用白膜或蓝膜在扩晶时产生的张力带动间隙较小的芯片运动，将原本紧密排列在一起的芯片分开，使得芯片和芯片之间的距离变大，适合固晶操作。扩晶需要用到的材料为芯片、翻晶膜。需要用到的工具设备为显微镜、扩晶机、扩晶环、防静电手环、离子吹风机、挑晶笔、镊子、剪刀、手指套等。

LED 芯片成品包装一般包括白膜包装和蓝膜包装。白膜包装一般是有电极的面粘在膜上，芯片间距较大适合手动。蓝膜包装一般是背面粘在膜上，芯片间距较小适合自动机。蓝膜（Blue Tape）是一种非 UV 膜，制造时无须 UV 灯照射，价格便宜，但只适合 8in 以下的一张芯片；白膜一般是 UV 膜，固化前黏度比较大，便于芯片固定，UV 固化后，黏度很小，便于拾取，但是成本比较高。在自动化机器生产中，蓝膜不需要翻膜，白膜则需要翻膜。

排支架是点胶的前一道工序，目的是为了提高整体效率。排支架需要用到的材料为支架。支架是 LED 主要的原材料之一，其作用包括支撑、导电、导热及聚光反射。支架按成品器件分可分为 Lamp、SMD、Power 和 COB 支架。支架按支架素材可分为铁材、铝材、铜材、PCB、陶瓷支架等。按功能区结构可分为带杯、不带杯支架。按表面电镀工艺可分为全镀、半镀支架。SMD 型支架一般选用优质的紫铜作为导电导热材料，其具有良好的导电、导热、延展性。优质紫铜色泽光亮、导电性能好、抗氧化性强，焊接时附着能力强，可防止虚焊。当前流行的封装尺寸 2835，一般用 PPA 或 PCT 作为支架材料。这两种材料都是热塑型材料，加热注塑成型。PPA 的耐温性较低，大约可承受 110℃的温度，适合封装 0.2W 以内的 LED 器件。PCT 的耐温性略高，大约可承受 115℃的温度，适合封装 0.5～1W 的 LED 器件。PPA 的初始反射率较高，但是易黄化、易脆化，不耐 UV。PCT 初始反射率较 PPA 略低，但是耐候性更强一些，能耐一定剂量和时间的 UV。但是 PCT 材料较 PPA 材料贵 2 倍。一般 2835 器件适合做光源类产品，例如球泡灯、灯管等；也可做室内可靠性要求不高的灯具产品，例如平板灯、高棚灯等。户外、半户外或使用在温差较大、恶劣环境场合的灯具产品，一般需要用 3030 尺寸的 LED 器件。3030 器件一般用 EMC 或 SMC 作为支架材料。这两种材料都是热固型材料，加热冲压成型。EMC 和 SMC 的耐温性较高，EMC 可承受 125℃温度，SMC 可承受 130℃温度，当然都比能承受 150℃温度的陶瓷基板要低很多。EMC 适合封装 1～1.5W 的 LED 器件，初始反射率较 PCT 低，但是耐黄化，耐 UV 特性较好，可做路灯、投光灯等户外应用。SMC 可封装更大功率的 LED 器件，例如 3W 左右，甚至有厂家用 SMC 制作 3W 的 4014 尺寸产品，用于电视背光应用。EMC 的材料成本大约是 PCT 的 5 倍，SMC 成本更高。以上四种材料的耐候性都是假定回料率为零的情况下，如果生产支架的厂商采用的回料较多，甚至会发生 EMC 材质的支架比 PCT 材质的支架更易脆化、黄化的情况。

2835 支架包括全镀银支架和半镀银支架。全镀银指的是连接 LED 的铜箔上也存在镀银，半镀银指的是连接 LED 的铜箔上不存在镀银。

固晶胶用于固定芯片，附有导热作用或导电作用。一般采用银胶作为固晶胶，银胶的主要成分是银粉，采用环氧树脂或其他树脂类加以混合，起到固定作用。银胶常用于需要芯片基底导电的封装中，而绝缘胶则用于无须导电的封装中。银胶一定要冷冻保存，使用时分步解冻且不得多次循环解冻。银胶的使用时间要严格控制，沉淀和吸湿都是重大隐患。固晶时使用的胶量对产品有很大影响，如爬胶漏电、死灯、V_F 不良、LED 光斑不均、胶量差异大引起吸光率不同导致亮度差异大等。

图 2-70　LED固晶机

点胶机是用来给 LED 支架上点银胶的设备。点完胶后，即可用固晶机进行固晶了，LED 用的固晶机一般具有如图 2-70 所示的外观。

固晶过后，需要对银胶或绝缘胶进行固化，使其性能稳定。固化一般使用烘烤箱。在 LED 的封装流程中，有多道工序需要用到烘烤箱，包括固晶后的固化、AB 胶预热、模条预热、短烤、长烤等。LED 封装所用烘烤箱一般为精密烘烤箱，采用固态继电器加热方式，温度控制稳定、噪声低、操作方便。适用于烘烤温度在 200℃ 以下的产品，具有烘干快、不裂胶、支架不变色等优点。

目前由于自动化程度越来越高，实际进行 LED 封装时，一般选用自动固晶机，可一个工序完成扩晶、点胶、固晶三个步骤。

（2）焊线（Wire Bonding）。焊线是 LED 封装中非常重要的一个环节，它是通过焊线机用金线将 LED 的支架引脚和 LED 芯片的电极进行焊接，这样才能完成 LED 芯片的电气连接，使之发光。焊线操作完毕后，应在显微镜下进行检查及拉力测试，检测合格后，方可进入下一道灌胶工序。

固晶结束经过固化后进入下一个环节，就是焊线，也称引线焊接、压焊、键合等。通常是采用热超声键合工艺，利用热及超声波，在压力、热量和超声波能量的共同作用下，使焊丝焊接到芯片的电极上以及支架上，在芯片电极和外引线键合区形成良好的欧姆接触，完成芯片的内外电路连接工作。

焊线需要用到的材料为焊丝（一般为金线，也可为银线以及合金线，最差的是铜线、铝线等）、待焊线的支架。

热超声焊线法以热压焊法和超声波压焊法为基础，所用设备分别为热压焊机、超声波压焊机和球焊机。热超声焊线法是广泛采用的内引线焊接方法之一，其特点是：①工作温度（200～250℃）低于热压焊法的工作温度；②所用的压焊劈刀不用加热而由超声振动产生热能；③采用金丝为引线，并以球焊形式进行焊接。三种内引线焊接法的焊接质量都需要用一个精密的引线抗拉强度测定器（拉力计）进行检查和控制。

在半导体封装领域内的超声波压焊工艺，往往分为热超声焊和冷超声焊两大类，所谓热超声焊，往往是需要采用加热的方式，通过加热块对工件进行加热，所以焊接温度往往成为需要控制的工艺参数。此外，该工艺需要对焊接金属丝（主要是金线）末端通过火花放电和表面张力作用预先烧制成球，故又称为金丝球压焊，所以该工艺对放电电流、时间和距离的控制要求也是比较高的。该工艺往往大量运用于大规模、超大规模集成电路的内互联，是一种比较成熟的工艺。

超声波能是机械的振动能，工作频率超过声波（正常的人类听力，其频率上限为 18kHz）。半导体封装所用的超声波压焊的频率一般是 40～120kHz。超声波压焊是一种固相焊接方法，这种特殊的固相焊接方法可简单描述如下：在焊接开始时，金属材料在摩擦力作用下发生了强烈的塑性流动，为纯净金属表面之间的接触创造了条件。而接头区的温升及高频振动，则又进一步造成了金属晶格上原子的受激活状态。因此，当有共价键性质的金属原子互相接近到以纳米计的距离时，就有可能通过公共电子形成原子间的电子桥，即实现金属"键合"过程。超声波压焊工艺过程可简单表述如下：烧球→一焊→拉丝→二焊→断丝→烧球。

LED 键合金线是由纯度为 99.99% 以上的金（Au）材质键合拉丝而成。目前市面上 LED 键合金线，根据使用范围不同，有 0.6～2mil 不同的直径，一般每卷的长度为 500m 或 1000m。金线在 LED 封装中起到导线连接的作用，将芯片表面电极和支架连接起来。当导通时，电流流过金线进入芯片，使芯片发光。

银线也可作为 LED 芯片与支架间的连接线。但是金线具有电导率大、耐腐蚀、韧性好等优点，广泛用于高可靠性的 LED 器件。银线易被硫化、氧化，从而发黑变色，导致光衰。但是银线初始反射率较高，往往比同样大小金线封装的 SMD 型产品的亮度高 1%～2%。另外银线也比金线便宜很多，有时采用金线，成本可占到整个器件成本的 10% 左右。此外金线的柔韧性也较银线要好，同样的焊线工艺和线型的情况下，对于 SMD 型器件，一般金线可过 500 次冷热冲击，但是银线只能过 300 次，故一般用银线封装的 LED 器件的开关寿命较低。介于金线和银线性能和价格之间的键合线是所谓的钯合金线，一般含有 80% 的银（Ag），10% 的金和 10% 的钯（Pd）。对于当前比较流行的灯丝灯来说，灯丝的封装需要用到大量的键合线，此时为了降低成本，往往就采用合金线。

瓷嘴也称陶瓷劈刀，是焊线机的一个重要组成部件。金线通过焊线机的送线系统最后到达瓷嘴。在瓷嘴上下移动的过程中完成烧球、焊线等操作。简言之，金线通过瓷嘴和 LED 芯片、支架进行压焊。

第一焊点球径 A 约是丝径的 3.5 倍左右，球形变均匀良好，丝与球同心，如图 2-71 所示，其中劈刀 CD 为劈刀内径。第二焊点形状如楔形，其宽度 D 约是丝径的 4 倍左右，球形厚度 H 为丝径的 0.6～0.8 倍。金球根部不能有明显的损伤或变细的现象，第二焊点楔形处不能有明显裂纹。

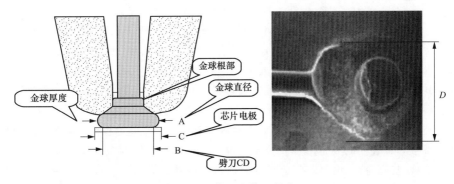

图 2-71　第一和第二焊点

键合后其他表观要求为：无多余焊丝、无掉片、无损坏芯片、无压伤电极、芯片表面不能有因键合而造成的金属熔渣、断丝和其他不能排除的污染物。拱丝无短路、无塌丝、无勾丝。

拉力测试被广泛用在热超声焊线中，它是一种破坏性的测试，能测试出最薄弱的断点，测试点和拱丝的特点直接影响测试数值的大小。LED行业键合金线拉力及断点位置要求：拉丝时第一点金球不能与电极之间脱开，第二点楔形不能与支架键合区脱开，若脱开则不论拉力F为何值都判定不合格。若从其他点断开，金丝直径1mil拉力值$F>5g$为合格。

键合工艺条件如下：

1）键合温度能帮助清除表面污染物，如潮气、油、水蒸气等。增加分子的活跃程度，有利于合金的形成。但是过高的温度不仅会产生过多的氧化物，影响键合质量，并且由于热应力应变的影响，图像监测精度和器件的可靠性也随之下降。在实际工艺中，温控系统都会添加预热区、冷却区，提高控制的稳定性。目前LED芯片键合机台键合温度一般设置在180～250℃。

图 2-72　自动焊线机

2）超声功率使焊线和焊接面松软，产生热能，形成分子相互嵌合合金，改变球形尺寸。超声功率对键合质量和外观影响最大，因为它对键合球的变形起主导作用。过小的功率会导致过窄、未成形的键合或尾丝翘起；过大的功率导致根部断裂、键合塌陷或焊盘破裂。超声功率和键合压力是相互关联的参数。增大超声功率通常需要增大键合力，使超声能量通过键合工具更多地传递到键合点处。因此在生产过程中设置键合机台压力和功率参数时，需要将两者密切综合考量，根据机台型号及生产工艺中遇到的实际情况进行灵活设置，尽可能寻找到最佳的搭配组合。

实际生产中一般采用自动焊线机，可通过程序设置键合线的形状，以优化键合强度，提升耐冷热冲击特性。自动焊线机如图2-72所示。

（3）灌胶。灌胶是一种工艺，灌胶也称点胶、施胶、涂胶、滴胶等，是把电子胶水、油或其他液体涂抹、灌封、点滴到产品上，让产品起到粘贴、灌封、绝缘、固定、表面光滑等作用。灌胶的应用范围非常广泛，大到飞机轮船，小到LED等电子产品，都可能需要灌胶。可以说，只要胶水能到达的地方，那么就需要灌胶工艺。

灌胶之前先要将荧光粉、扩散剂和灌封胶配制到一起，此过程称为配胶。灌封胶一般为A/B胶，即使用时要将两种胶等比例混合在一起，然后加入主要荧光粉（目前一般使用YAG荧光粉），再加入少量调整显色指数或其他光谱的次要荧光粉。配好的荧光粉需在2h内使用完，硅胶和荧光粉长期不用的需放入干燥柜避光保存。

配胶完毕后就是点胶工艺，一般使用自动点胶机，如图 2-73 所示。

点胶结束后，对于防硫化要求高的 LED 器件，当前一般会经过离心机进行荧光粉沉降工艺，使硅胶中悬浮的荧光粉颗粒下沉到 LED 芯片表面附近，形成对 LED 芯片的保护层。然后经过烘烤工艺使胶硬化，即可进入分选工艺了。

下面简单介绍一下 LED 封装，尤其是白光 LED 的重要原材料——荧光粉的基本知识。一般以发光长短划分发光过程，把物质在受激发射时的发光称为荧光，把激发停止后的发光称为磷光。一般以持续时间 8～10s 为分界，持续时间短于 8～10s 的发光为荧光，而持续时间长于 8～10s 的发光为磷光。LED 所用的荧光粉一般属于前者。

图 2-73 自动点胶机

1）第一代荧光粉（1938～1948 年）。最早用于荧光灯的荧光粉是钨酸钙（$GaWO_4$）蓝粉、锰离子激活的硅酸锌（$Zn_2SiO_4:Mn$）绿粉和锰离子激活的硼酸镉（$CdB_2O_5:Mn$）红粉。当时采用这类荧光粉的 40W 荧光灯发光效率为 40lm/W。不久，硅酸锌铍 $[(Zn，Be)_2SiO_4:Mn]$ 荧光粉的研制成功并取代了硅酸锌和硼酸镉荧光粉。这种荧光粉也是由二价锰离子激活的，发光颜色可根据锌和铍的不同比例在绿色和橙色之间变化。另外，钨酸钙荧光粉被钨酸镁荧光粉所取代。

2）第二代荧光粉（1949～1965 年）。1942 年英国 A. H. Mckeag 等发明了单一组分卤粉，1948 年开始普及即应用。由于这一材料基质单一、发光效率高、光色可调、原料丰富、价格低廉，因此从实用化至今，一直是荧光灯管的主要荧光粉。甚至到了 LED 时代，在涂粉的玻璃管 LED 灯管应用中，所涂荧光粉一般也是卤粉。人们对卤粉的发光机理、制备工艺技术、发光性能、应用特性等问题都做了详尽、全面、深入的研究，已使这一材料的发光效率接近理论值，应用特性也满足了制灯工艺的要求。

3）第三代荧光粉（1966 年至今）。如果说卤磷酸钙荧光粉是第二代灯用荧光粉的核心，那么在第三代中这一位置就由稀土荧光粉所取代了。凡是含有稀土元素的发光材料都称为稀土发光材料，其种类繁多，可按照不同的方式进行分类。若按发光材料中稀土的作用分类，稀土发光材料可分为稀土离子（作为激活剂）和稀土化合物（作为基质材料）；若应用范围进行分类，稀土发光材料可分为照明材料、显示材料、检测材料等；若按激发方式的不同来分类，稀土发光材料可分为光致发光材料、阴极射线发光材料、电致发光材料、高能量光子激发发光材料、光激励发光材料和热释发光材料等。

① 荧光粉的一次特性（测试性能）。

吸收光谱：吸收光谱表示荧光粉吸收能量与辐照光波长的关系。荧光粉的吸收光谱主要取决于基质材料，激活剂也起一定作用。大多数荧光粉的吸收峰位于紫外光区。吸收光谱只能表示材料的吸收特性，但吸收并不意味着一定发光。

激发光谱：激发光谱表示材料在特定波长的发光强度随激发光波长的变化，反映了不同波长的光对发光材料的激发效果。通过发光材料的激发光谱，可确定对发光有贡献的激发光的波长范围。

发射光谱：荧光粉的发射光谱表示发光材料的发光能量与波长的关系。

量子效率：荧光粉所发射的光子数与所吸收的激发光子数之比。

余辉：荧光粉在激发停止后的发光。

粒度：荧光粉的粒度必须兼顾工艺和获得优良发光性能的要求。粒径过大则涂层不均匀，影响颜色一致性；粒径过小则会对激发光的发射增大，降低对激发光的吸收，造成 LED 器件的发光效率下降。

② 荧光粉的二次特性（使用性能）。

分散性：荧光粉必须具有良好的分散性，才能得到均匀的分布。

稳定性：荧光粉的稳定性包括热稳定性、化学稳定性和耐激发光辐照的稳定性。

光衰特性：指荧光粉的光输出随点燃时间而衰减的特性。

在蓝光 LED 芯片上涂覆能被蓝光激发的 YAG（钇铝石榴石）黄色荧光粉，芯片发出的蓝光与荧光粉发出的黄光互补形成白光。该技术由日本 Nichia 公司发明并申请专利，俗称白光专利，根据专利号有时也称为 019 专利，该专利已于 2017 年 7 月到期，但是其同族衍生专利 YAG 加红粉的专利仍有几年有效期，要到 2024 年才彻底到期，例如以 $CaAlSiN_3:Eu$ 为基本组成的 LED 用红光荧光粉，一般称为 CASN 或 S-CASN 荧光粉。届时国内的 LED 封装厂商均可无专利风险的使用价格相对低廉且性能稳定的 YAG 荧光粉做 LED 出口市场。不过蓝光芯片加 YAG 荧光粉的方案的一个原理性缺点就是该荧光体中 Ce^{3+} 离子的发射光谱不具有连续光谱特性，显色性较差，难以满足低色温照明的要求，同时发光效率还不够高。一般还要在 YAG 中加入激活剂铈，以及提高显指的稀土元素镥，一般称作 LuYAG 荧光粉。目前主流的 YAG 体系荧光粉一般加入元素镓以提高显指，一般称作 GaYAG 荧光粉。

在蓝色 LED 芯片上涂覆绿色和红色荧光粉，通过芯片发出的蓝光与荧光粉发出的绿光和红光复合得到白光，显色性较好。但是，这种方法所用荧光粉有效转换效率较低，尤其是红色荧光粉的效率需要较大幅度的提高。一种办法是采用背光常用的 KSF 荧光粉，该荧光粉有较窄的红色发射带宽，可有效限制长波成分，长波成分对显色指数的贡献很少，但是斯托克斯效应很强，例如将 450nm 的蓝光转换为 650nm 的红光，即使量子效率为 1，其能量损失仍为 30％左右。

在紫光或紫外 LED 芯片上涂覆三基色或多基色荧光粉，利用该芯片发射的长波紫外光（370～380nm）或紫光（380～410nm）来激发荧光粉而实现白光发射，该方法显色性更好，但同样存在转换效率较低的问题，且目前转换效率较高的红色和绿色荧光粉多为硫化物体系，这类荧光粉发光稳定性差、光衰较大。

LED 荧光粉目前仍是白光 LED 封装中最重要的材料之一（虽然成本占比一般只有 1％～2％，但对光谱质量起着至关重要的作用），因此开发高效、低光衰的白光 LED 用荧光粉是迫切的。

（1）白光 LED 荧光粉的特殊要求。

1）在蓝光、长波紫外光激发下，荧光粉产生高效的可见光发射，其发射光谱满足白光要求，光能转换率高，流明效率高。

2）荧光粉的激发光谱应与 LED 芯片的蓝光或紫外光发射光谱相匹配。

3）荧光粉的发光应具备优良的温度猝灭特性。

4）荧光粉的物理、化学性能稳定，防潮，不与封装材料、半导体芯片等发生作用。

5）荧光粉耐紫外光子长期轰击，性能稳定。

6）荧光粉的颗粒细，$8\mu m$ 以下。

（2）LED 常用荧光粉分类。

1）YAG 铝酸盐荧光粉。

优点：亮度高，发射峰宽，成本低，工艺成熟，应用广泛，黄粉效果较好。

缺点：防湿性较差，激发波段窄，光谱中缺乏红光成分，显色指数不高，一般仅为 $70\sim75$。

2）硅酸盐荧光粉。

优点：激发波段宽，绿粉和橙粉较好，化学稳定性和热稳定性良好。

缺点：发射峰窄，对湿度较敏感，缺乏好的红粉，不太耐高温，不太适合做大功率 LED 产品，适合小功率 LED。

3）氮化物荧光粉。

优点：激发波段宽，温度稳定性好，红粉和绿粉较好。

缺点：制造成本较高，发射峰较窄。

4）硫化物荧光粉。

优点：激发波段宽，红粉和绿粉较好。

缺点：对湿度敏感，制造过程中会产生污染，对人体有害，属于淘汰产品。

YAG 黄色荧光粉一般为铈激活的钇铝石榴石，化学分子式是（Y6-x-yGdy）（Al5-zGaz）O12:Ce3＋x，也可简写为 YAG:Ce，YAG 为基质，Ce 为激活剂。铈激活的钇铝石榴石 YAG:Ce 能在蓝光 LED 芯片的激发下发出宽带的黄光，与芯片发出的蓝光混合而形成白光。同时可根据不同芯片和应用的需要，通过调整 Y3＋、Gd3＋或 Al3＋、Ga3＋的摩尔配比，得到所需波长的黄色荧光粉。

下面列举一些常用的荧光粉。

（1）黄色荧光粉。常用黄色荧光粉的参数见表 2-16。

表 2-16　　　　　　　　目前常用的铝酸盐和硅酸盐荧光粉的主要参数

名称	组成分子式	发光颜色	波长/nm	粉体外观	半径/μm
YAG	$Y_3Al_{12}O_{12}$:Ce，Ga，Cd	黄-绿	$520\sim585$	黄-绿	$5.0\sim15.0$
TAG	$Tb_3Al_5O_{12}$:Ce，Ga，Cd	黄	$536\sim560$	黄	$5.0\sim15.0$
BOSE	$(Sr，Ba，Ca)_2SiO_4$:Eu	黄-绿	$520\sim585$	黄-绿	$5.0\sim15.0$

在白光 LED 的产生方式中，以"蓝光 LED＋黄色荧光粉"技术最为成熟，这也是

目前商品化白光 LED 产品的主要实现形式，其中所用的黄色荧光粉多为业界所熟悉的铝酸盐 YAG：Ce 和 TAG：Ce。这两者比较起来，前者的发光效率好，是公认的发光效率最高的半导体照明用荧光粉，利用其与蓝光 LED 可制得色温在 $4000 \sim 8000K$ 的高亮度白光 LED；后者的应用面较窄，高比例的 Tb^{3+} 较适合在低于 $5000K$ 的低色温白光 LED。近年来开发研究成功的 LED 黄色荧光粉还有硅酸盐，如（Sr，Ba，Ca）$_2$SiO$_4$：Eu，此外还有硅基氮化物（α-Sialon：Eu），它们除了可被蓝光激发外，还可被紫外或紫外 LED 有效激发；其中硅酸盐荧光粉开发相对成熟，硅基氮化物荧光粉的制成仍有困难。

（2）红色荧光粉。红色荧光粉除了与蓝光 LED 及绿色荧光粉配合产生白光，或与绿色、蓝色荧光粉及紫光或紫外 LED 配合产生白光外，还常用于补偿 YAG：Ce＋蓝光 LED 中的红色缺乏，以调高显色指数或降低色温。一直以来红色荧光粉多局限于碱土金属硫化物系列，这类荧光粉的物理化学性质极不稳定，热稳定性差、光衰大。其中硅酸盐、钨钼酸盐、铝酸盐的稳定性满足了要求，氮（氧）化物的有效激发不是太窄，对芯片要求苛刻，发光效率偏低。硅基氮氧化物荧光粉，如 $M_xSi_yN_z$：Eu（M＝Ca，Sr，Ba，z＝2/3x＋4/3y），无论是稳定性还是发光效率方面，均能很好地满足 LED 的要求。由于氮化物的相对惰性，硅基氮氧化物荧光粉的合成通常需要高温高压等苛刻条件，这极大地制约了该体系荧光粉的应用，造成此种荧光粉的价格昂贵。两款红色荧光粉的参数见表 2-17。

表 2-17　　　　　　　　　　　　　LED 红色荧光粉参数

荧光灯类型	TMR-500630-254530	TMR-500650-254530
材料	氮氧化物	氮氧化物
密度/（g/m³）	4.6	4.6
粒度	D50(V)-10μm	D50(V)-10μm
色坐标（x，y）	(0.630，0.369)	(0.660，0.338)
辐射颜色	红色	红色
发射峰值波长/nm	630	630
激发范围/nm	254～530	254～530

（3）绿色荧光粉。绿色荧光粉既是组成白光 LED 三原色的一个重要成分，同时也可直接与 LED 封装制得绿光 LED，目前制作高亮 PC 绿色 LED 的重要方式就是这种方式。目前 LED 用绿色荧光粉主要有 MN_2S_2：Eu（M＝Ba，Sr，Ca，N＝Al，Ca，In）、Ca$_8$Mg（SiO$_4$）$_4$Cl：Eu、BaMgAl$_{10}$O$_{17}$：Eu，Mn 等。其中 MN_2S_2：Eu 的发光效率最高，发光的波长也可通过调整其中碱土金属离子比例在 $507 \sim 558nm$ 内变化，但是含硫元素的缺点较大地限制了其发展。近来有文献报道硅基氮氧化物的绿色荧光粉，如 β-SiAlON：Eu、SrSi$_2$O$_2$N$_2$：Eu 等，它们同样可被紫外、紫光或蓝光 LED 有效激发且无硫的污染，显示出极大的发展潜力。两款 LED 绿色荧光粉参数见表 2-18。

表 2-18   LED 绿色荧光粉参数

荧光灯类型	TMG-300520	TMG-300525
材料	硅酸盐	硅酸盐
密度/(g/m³)	3.85	3.85
粒度	D50(V)-9μm	D50(V)-9μm
色坐标（x，y）	(0.281，0.645)	(0.315，0.625)
辐射颜色	绿色	绿色
发射峰值波长/nm	520	525
激发范围/nm	450~470	450~470

（4）蓝色荧光粉。蓝色荧光粉主要用在紫外 LED 中，但紫外 LED 的技术相对不成熟，故仍有很多问题需要解决。目前的产品主要还是一些传统的荧光粉，如 $BaMgAl_{10}O_{17}$：Eu 和 $Sr_5(PO_4)Cl$：Eu 等，这两类荧光粉在 365nm 以下的紫外波段激发效率尚可，但当激发波长再延长时，其效率将大打折扣。硅基氮氧化物也开发出一些蓝色荧光粉，代表性的如 LaAlNO：Ce（简写为 JEM：Ce），其在 368nm 下的量子效率可达 55％且随着其中氧含量或铈含量的提高，荧光粉的激发和发射光谱均出现红移。

下面简述选用荧光粉的考量因素：

（1）荧光粉的颗粒度。粉体的颗粒大小直接影响到胶体的涂覆效果，颗粒偏大，亮度较高，但涂覆的效果差，3-step 落 Bin 率低；颗粒偏小，涂覆性能好，但是亮度偏低。因此合适的中心粒径、颗粒分不好的粉，可达到易配胶、易涂覆、亮度高、光衰小的效果。一般厂家的荧光粉颗粒的中值粒径（D50）为 2~15μm。

（2）温度和相对湿度对荧光粉的影响。荧光粉是在大于 1000℃ 的高温条件下合成的，所以温度对荧光粉的性质影响不大。温度作为一项重要的考量因素，主要是针对铝酸盐类的荧光粉。铝酸盐稀土荧光粉的最大缺点是抗湿性差，在水溶液中极易水解，生成 $Al(OH)_3$。即使空气中的水分也能使其发光亮度和余辉时间大大降低。这种对水的敏感性严重限制了此类荧光粉在各种水性体系和高要求的酸碱体系中的应用。大部分的硅酸盐是不溶于水的，所以，硅酸盐的相对抗湿性比较好。总体来说，铝酸盐体系发光材料抗湿性较差，需要在颗粒表面进行物理化学修饰，以提高其稳定性，硅酸盐为基质的发光材料具有良好的化学稳定性和热稳定性。值得指出的是：当前比较流行的 KSF 荧光粉，其抗湿性更差，所以在灯丝灯的干燥充气保护条件下可以使用，但如果用到 SMD 型 LED 器件，则存在较大的可靠性风险。

（3）荧光粉的特性分析工具。荧光粉的主要特性包括晶体结构、结晶性、发光特性、色度、表面形态、粉体粒径、活化中心价数等。其相应的分析工具与分析内容见表 2-19。

表 2-19   荧光粉内的分析工具与分析内容

分析工具	分析内容
X 光粉末绕射仪（XRD）	荧光粉的纯度和晶体结构

续表

分析工具	分析内容
光激发光谱仪（PL）	荧光粉的激发光谱和发射光谱特性
反射式紫外光/可见光吸收光谱仪	荧光粉的吸收特性并借以研究其能量转换机制
扫描式电子显微镜（SEM）	荧光粉表面形态分析及粒径大小差异
能量分散式 X 光分析仪（EDX）	荧光粉的化学元素组成
X 光吸收光谱近边缘结构（XANES）	荧光粉活化中心的价数

（4）芯片与荧光粉的搭配选用。

1）最佳配比。荧光粉在 LED 制造过程起着至关重要的作用。使用绿色荧光粉配合黄色荧光粉和蓝色 LED 芯片，可获得高亮度白光 LED。若使用绿色荧光粉配合蓝光 LED 芯片，可直接获得 PC 绿光。若使用红色荧光粉配合蓝光 LED 芯片，可直接获得 PC 红光。PC 绿光和 PC 红光的光谱详见 1.1 节有关内容。若使用绿色荧光粉配合黄色荧光粉与蓝色 LED 芯片，可获得冷色温白光。绿色荧光粉也可配合红色荧光粉与蓝色 LED 芯片而获得色温较低的白光。以 YAG 荧光粉为例，白光 LED 的显色指数与蓝光芯片、YAG 荧光粉、相关色温等有关，其中最重要的是 YAG 荧光粉，不同色温区的 LED，用的粉及蓝光芯片不一样。色温越低的 LED 用的粉发射峰值越长，芯片的峰值也越长，低于 4000K 色温，还要另外加入发红光的粉，以弥补红色成分的不足，达到提高显色指数的目的，在保持芯片及粉不变的条件下，色温越低显色指数越低且需粉量越大。蓝光 LED 芯片与 YAG 荧光粉的最佳匹配关系见表 2-20 所示。

表 2-20　　　　　　　　**蓝光 LED 芯片与 YAG 荧光粉的最佳匹配关系**

YAG 发射峰值/nm	蓝光峰值波长/nm
530±5	450~455
540±5	455~460
550±5	460~465
555±5	465~470

根据蓝光 LED 与 YAG 荧光粉的最佳匹配关系做出来的白光白度较高，一般芯片厂家提供的芯片波长为主波长，峰值波长需要用仪器测试，其值一般比主波长短 5nm 左右。荧光粉与芯片波长决定了色坐标中一条直线，确定了荧光粉与芯片波长，只要增加或减少配比即可调节色坐标在此直线上的位置。当设计的芯片波长与实际波长相差较大时，会造成 LED 器件光度和色度的漂移，一般会使光通量下降，色坐标漂出标准色点附近范围（例如 5-step）。有些厂家为了降低成本，省掉了芯片分选（Sorting）工艺步骤，此时产出的芯片一般称为圆片，而经过分选工艺并将参数相近的贴到同一张蓝膜上的称作方片。采用圆片直接投产封装时，由于只知道整个圆片的波长分布和方差，故不

能精确地与按照均值波长设计的荧光粉相匹配，从而封装完毕的 LED 器件存在很大的光通量范围和较大的色度范围，但也是服从一定分布的，甚至可从圆片的亮度和波长分布推导出封装完毕后 LED 器件的光度和色度分布。举个例子，封装 9V 100mA 的 2835器件，如果用方片，基本上可做到 10lm 以内的分布范围；但如果用圆片，光通量的范围可能增至 30lm。

2）白光 LED 封装常用荧光粉。制备白光 LED 要求荧光粉材料的激发光谱必须与GaN 基蓝光 LED 的发射光谱相匹配，材料与激发光谱的关系见表 2-21。

表 2-21 　　　　　　　　　　　　材料与激发光谱的关系

对比项目	铝酸钙	硅酸钙	氮化物
量子效率	高	较高	一般
激发范围/nm	430～470	380～470	420～470
发射范围/nm	515～565	500～600	可见光范围
高温稳定性	好	一般	优良
工艺操作	容易	有难度	较易
应用范围	最广	一般	主要用于光色调控

YAG：Ce 荧光粉的激发光谱和发射光谱如图 2-74 所示。

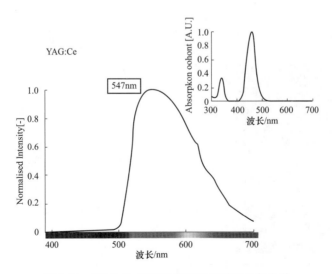

图 2-74　YAG:Ce 荧光粉的激发光谱和发射光谱

从 YAG:Ce 的激发光谱可看出，YAG:Ce 荧光材料具有两个激发峰，激发峰值波长分别在 342nm 和 465nm，峰值位于 465nm 的激发强度明显高于峰值位于 342nm 的激发强度，峰值在 465nm 的激发强度大约是峰值在 342nm 激发强度的一倍。所以一般感兴趣的主要是峰值位于 465nm 的激发峰，因为这个激发峰值正好对应于 GaN 基蓝光 LED 发射光谱的峰值位置。

根据图 1-4 所示的 LED 蓝光芯片和图 2-74 发射光谱和 YAG：Ce 的激发光谱，可看出二者重合得很好，这样就使 YAG：Ce 处于最有效的激发条件下，从而使 YAG：Ce 的发光效率最高。当 YAG：Ce 的激发主峰向左或向右偏移蓝光芯片的发射峰值时，都会大幅降低两者的重叠程度，从而导致封装后 LED 的发光效率显著降低。

由于荧光粉目前有无机类和有机类两种。若不添加有机类荧光粉，YAG 荧光粉和 AB 胶之比（质量比）一般为 1：（3～10），至于 AB 胶应为多少，必须视蓝光芯片的功率大小做调整。芯片功率大者，在荧光粉数量固定不变下，AB 胶数量应较少（如 1：6）；反之，功率小者 AB 胶数量应较多（如 1：10）。

3）荧光粉的选用。①荧光粉的选择：根据芯片的光谱特性、白光 LED 的色坐标范围和显色指数的要求，选定荧光粉的种类和数量，荧光粉的选择主要影响白光 LED 的 Y 方向光色（紫→白→绿）、发光效率和显色指数；②荧光粉的用量配比：根据白光 LED 的色坐标范围要求调整用量，荧光粉的用量配比主要影响白光 LED 的值大小（色温：蓝→白→黄）。增白剂添加可使 LED 出光均匀性提高，辉度降低；③根据所封装产品的目标应用来选择合适的荧光粉颗粒度，以某企业的荧光粉 PF-Y46 为例，其粒径效应的影响见表 2-22。

表 2-22　　　　　　　　　　荧光粉粒径效应的影响

型号	图片	粒径大小	亮度	一致性	应用
PF-Y46W		大（15μm）	高（100％）	较差	大功率 LED，户外照明应用，色容差要求低
PF-Y46N		较大（11μm）	较高（97％）	一般	室内产品，对 5-step 落 Bin 率有一定要求
PF-Y46E		较小（8μm）	较小（94％）	良好	3-step 落 Bin 率要求高的产品，如平板灯

续表

型号	图片	粒径大小	亮度	一致性	应用
PF-Y465		小（5μm）	低（90%）	较佳	高端商照产品，要求 1-ste p 供货

4）分选（Sorting）。LED 封装的分选工艺是指将灌胶和烘烤完毕的 LED 器件投入分光分色机，对 LED 按照所发出光的主波长、发光强度、正向电压、色坐标等进行分类筛选的工艺。其中分光分色机由高速光学光谱仪、电参量测量仪及机械传送系统 3 个主要部分组成。其中最核心和关键的部分为高速光学光谱仪。由于分光分色机要达到最好的 PPH 值，所以对光学光谱仪的检测和数据处理速度有很高的要求。将 LED 器件从材料输入机构或振动盘传到分度盘，经过导轨机构或定位站精确定位处理，把材料送到测试站，点亮后由光学头将光源进行光学电性检测，然后经过测试仪内部运算处理，与机械同步运行，将不同电压、漏电、亮度和波长的材料，分别输送到对应的 Bin 位。

常用的 LED 分光分色方法为：①光通量分档：光通量是 LED 用户很关心的一个指标，LED 应用客户必须要知道自己所使用的 LED 光通量在哪个范围，这样才能保证最终产品亮度的均匀性和一致性；②反向漏电流测试：反向漏电流在载入一定的电压下要低于要求的值，生产过程中由于静电、芯片品质等因素引起 LED 反向漏电流过高，会给 LED 应用产品埋下极大的隐患，在使用一段时间后很容易造成 LED 死灯；③正向电压测试：正向电压的范围需在电路设计的许可范围内，一般应用产品使用的恒流源都有一定的电压范围，如果正向电压偏差太大，则可能发生灯珠闪烁甚至不能启动的情况，此外，对于较大的灯具，灯珠有较复杂的串并关系，如果正向电压一致性不好，可能会造成每路灯珠分流不均的问题，从而造成明暗不均，极端情况下也造成某路灯珠电气过载，再者，一般灯具产品的实际功率不能与标称功率相差太远，例如欧盟适用的 ERP 认证，在其最新版本中，只允许整灯稳态功率与标称值的波动水平在 5% 以内，这对 LED 正向电压的一致性，已经恒流电源的恒流精度都提出了很高的要求；④相关色温分挡：对于白光 LED，色温是表征其颜色的一个常用参数，此参数可直接呈现出 LED 色调的偏暖、偏冷还是正白；⑤色品坐标 x、y 分挡：如 1.2 节所述，不同的光谱一般对应不同的色品坐标，可按照一定范围来设定色品坐标 Bin 的范围，不同的标准对应的中心点和范围有所不同，常用的色 Bin 标准是 ANSI 和 IEC 两个标准，以往由于 LED 器件色度离散性较大，采用 7-step 矩形分 Bin 的方案较多，目前越来越多的厂家采用基于色容差的椭圆分 Bin，对 SMD 型器件来说，一般分为 5-step 或 3-step 两种。例如三星 LED 的 LM301B 产品，其色度椭圆分 Bin 方式如图 2-75 所示。⑥主波长分挡：对于 LED 来说，特别是单色光 LED，主波长时衡量其色度参数的重要指标，主波长直接反映人眼对 LED 的光的视觉感受；⑦显色指数分挡：显色指数直接关系到光照射到物体上物体的色保真程度，对于 LED 照明产品这个参数非常重要。

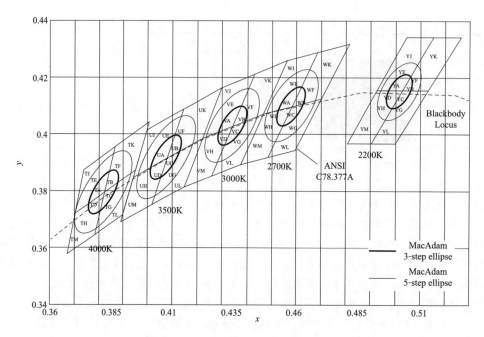

图 2-75　三星 LM301B 椭圆分 Bin

　　针对以上要点，可根据实际情况采用多种方案进行有效的分光分色，可通过专业的分光分色机进行自动分挡，效率高、速度快，可做到对每一颗 LED 分光分色，自动分光分色机如图 2-76 所示。

图 2-76　LED 自动分光分色机

2.3　LED 器件主要参数

　　在 LED 器件选型和使用时，常会用到一些术语和参数，读者对于 LED 器件的常见术语和参数已经非常熟悉，为了本书的完整性，对于常见参数本节只做简单罗列或介绍，对于一般读者不太注意的术语和参数，做更深入的解释和介绍。为简单起见，以下进行参数举例时，如未特别指出，一般均以三星 LED 的产品为例。

2.3.1 LED 器件的电学参数

（1）正向电流。从 P 型 LED 的电极流向 N 型 LED 电极的电流方向称为正向，在正向电流驱动下，LED 才会导通发光。LED 的正向电流一般分为分 Bin（Sorting）电流，最大电流和脉冲最大电流三种。

1）分 Bin 电流是指 LED 器件在封装时，根据光电参数进行分选的电流条件。常见的分 Bin 电流，3V 0.2W 的产品一般是 65mA，例如 0.2W 的 2835 产品 LM281BA＋（PPA 支架），0.2W 的 3030 产品 LM301B（PCT 支架），0.2W 的 3030 产品 LM301Z＋（EMC 支架）和 LM301D（EMC 支架）。3V 0.5W 的产品一般是 150mA，例如 0.5W 的 2835 产品 LM281B＋（PCT 支架），0.5W 的 5630 产品 LM561C（PCT 支架）。3V 1W 及以上的大功率产品，一般是 350、700、1050mA 等分 Bin 电流，例如 1～3W 的 3535 产品 LH351B（氧化铝陶瓷基板），分 Bin 电流是 350mA；3～5W 的 LH351C（氮化铝陶瓷基板），分 Bin 电流是 700mA；5～10W 的 LH351D（氮化铝陶瓷基板），分 Bin 电流是 1050mA。此外对于高压产品，6V、1W 的产品分 Bin 电流一般为 150mA，例如 1W 的 3030 产品 LM302Z＋（EMC 支架）和 LM302D（EMC 支架），1W 的 2835 产品 LM282B＋（PCT 支架）。但对大功率产品来说，分 Bin 电流可能会更大一些，例如 6V、3～5W 的 5050 产品 LH502C（EMC 支架），分 Bin 电流是 640mA。9V 1W 的产品分 Bin 电流一般为 100mA，例如 1W 的 2835 产品 LM283B＋（PCT 支架）。9V 0.5W 的产品分 Bin 电流一般为 60mA，例如 0.5W 的 2835 产品 LM283BS＋（PCT 支架）。18V 1W 的产品分 Bin 电流一般为 50mA，例如 1W 的 2835 产品 LM286B＋（PCT 支架）。更高的电压，例如 36、54V 等，一般根据灯珠典型应用功率及正向电压水平，换算成业界比较通用的分 Bin 电流，以便灯具厂家在相同条件下对不同厂家的 LED 器件进行光电参数的比较。

2）最大电流是指在不致 LED 器件发生电气过载而损坏或产生严重可靠性风险前，LED 器件可承受的最大正向电流。这个数值往往因 LED 器件所采用的芯片结构、大小，器件支架或基板的散热条件及耐温性的不同而不同。例如 0.5W 的 2835 产品 LM281B＋ RK 挡（PCT）支架，最大电流是 200mA，大约为分 Bin 电流的 1.3 倍。而 1～3W 的 3535 产品 LH351B（氧化铝陶瓷基板），最大电流是 1500mA，大约为分 Bin 电流的 4.3 倍。采用同样芯片尺寸和结构的 3～5W 的 3535 产品 LH351C（氮化铝陶瓷基板），由于氮化铝陶瓷基板的热导率比氧化铝陶瓷基板要好，所以其最大电流是 2000mA。最大电流最大的影响因素是芯片大小；其次如果是倒装芯片，则可耐受更大的电流；再次是封装结构的散热条件，散热好就可承受更大的最大电流。

3）最大脉冲电流是指 LED 器件工作在脉冲状态下，例如占空比控制的调光电路里，可承受的短时电流。最大脉冲电流往往是最大电流的 1.5～2 倍，因为连续驱动情况芯片会持续发热，累积的热量会使 PN 结的温度持续上升直至与外界散热条件下达到平衡时稳定在一个数值，从而进一步提高最大电流数值时，发热功率大于散热功率，会继续累积热量，进而导致结温进一步上升，这时可能会超出 LED 芯片或封装材料的耐温安全温度或极限温度，而引起可靠性降低的风险。但如果工作在脉冲状态，则热量不是持续累积的，累积的总热量在一定脉宽范围内与驱动电流的占空比成正比，理论上来说，脉宽越窄，占空比越低，LED 器件可承受的最大脉冲电流越大。但最大脉冲电流并非可以一直增大下去，往往受限于 LED 芯片以及封装时键合线可承受的最大瞬时电流，瞬时电流过大，LED 芯片可能瞬间产生大量的热量而无法及时散出，从而导致器件被烧毁或产生不可逆的光衰。同样，一定线径的键合线，根据键合线金属材料的不同，以及键合线粗细均匀性的不同，都有一个可承受的瞬时最大电流限制，超过这个最大瞬时电流，可能产生键合线开路的风险。一般倒装芯片的最大脉冲电流会略大一些，因为封装时不需要用到键合线，不受键合线可承受的最大瞬时电流的限制。为了便于比较，一般最大脉冲电流都是在占空比为 0.1、脉宽 10ms 的条件下给出。例如 2835 产品 LM281B＋ RK 档（PCT 支架）的最大电流是 200mA，最大脉冲电流是 300mA。用了同样芯片 1734BB×2 的 3030 产品 LM301Z＋，由于用的是 EMC 支架，耐温性更好（一般 PCT 支架安全温度为 115℃，EMC 支架安全温度为 125℃），其最大电流是 400mA，最大脉冲电流是 600mA，由于良好的散热条件，比 LM281B＋RK 挡的极限参数整整大了一倍。实际应用中，除了工作于调光调色状态下的 LED 会处于脉冲驱动状态，典型的脉冲应用还是闪光灯，包括手机闪光灯和道路抓拍闪光灯等种类，以道路闪光灯为例，往往其占空比很小，此时最大脉冲电流可适当放宽。例如 3535 产品 LH351D（氮化铝陶瓷基板），最大电流是 3000mA，在占空比为 0.1、脉宽 10ms 的条件下最大脉冲电流是 5000mA。典型的可人脸识别闪光灯（爆闪灯），脉宽为 0.167s，占空比 0.003，在灯具散热条件能保证 $T_s \leqslant 85℃$ 条件下，最大脉冲电流可以高达 8820mA。

（2）正向电压。正向电压指 LED 在正向电流的驱动下，自然形成的电压降。在 2.1 节已经介绍过 LED 正向电压的物理基础，PN 结电压基本是由禁带宽度决定的，不会随驱动电流变化，但 LED 外延层的体材料区以及 LED 芯片的电极（欧姆接触），其电压降都会随着电流的增大而增大。一般 LED 产品的规格书中都会列出正向电压随正向电流的变化曲线，如图 2-77 所示，为 LM301B 的伏安特性曲线。

LED 的正向电压不仅与正向电流有关，还与结温有关，一般具有负温度系数，如图 2-78 所示，为 LM301B 在 65mA 时的电压温度曲线。

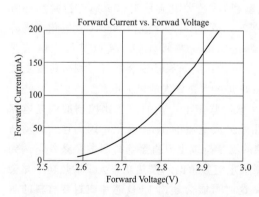
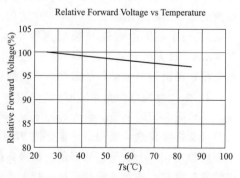

图 2-77　LM301B 的伏安特性曲线（25℃）　　图 2-78　LM301B 电压温度曲线（65mA）

由图 2-79 可知，LM301B 的电压温度系数大约为 $-0.05\%/℃$，或 $-1.35\mathrm{mV}/℃$。实际的灯具都是由若干 LED 器件按照一定的串并关系构成的，每一串都会有一定的正向电压，由于 LED 灯具一般都是恒流驱动，所以如果某一串的正向电压低了，就会分到较多的电流来升高该串的正向电压来使每一串的正向电压都相同。此时该串电流增大后，可能会引起温度上升，由于电压温度系数为负值，会进一步降低 LED 器件的正向电压，导致该串分到更多的电流，从而形成正反馈，有可能使得该串的电流超出最大工作电流。当然实际当中由于灯板的热传导，某一串的 LED 一般不会比其他串的温度高很多，这时在电压温度系数比较小的情况下，电流增大带来的正向电压升高会显著大于温度升高造成的正向电压减小，从而可形成稳定状态。但是仍然会由于分流不均造成 LED 器件亮度不均以及光衰不一致的问题。第 4 章会举一个分流由于正向电压不同而造成分流不均问题的理论计算。所以 LED 器件封装厂一般都会对正向电压进行分 Bin，以便于用户保持电压的一致性。3V 或 6V 的白光 LED 一般按照 0.1V 分 Bin，供货时往往会集中于 2 个 Bin，如图 2-79 所示为 LM302Z+ Ra80 3000K 的电压分布图。

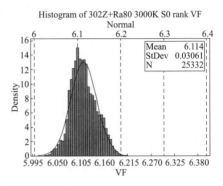

图 2-79　LM302Z+ Ra80 3000K 的电压分布图

有时也会有 3 个电压 Bin，此时在生产贴片时，处于中间电压 Bin 的 LED 应单独贴，而低一挡和高一挡电压 Bin 的应该 1∶1 贴片，这样才能保证每一串的正向电压大致均衡。LED 器件厂商在供货时，也应尽可能保持 LED 器件正向电压的稳定，这一点从 2021 年开始尤为重要，因为新的 EPR 认证要求整灯功率波动为 $\pm5\%$，如果供货电压 Bin 与设计值相差了 2 个电压 Bin，则整灯功率可能漂移 $0.2/3\approx6.7\%$，超出了 ERP 法规要求。当然灯具所用的恒流精密电阻也有一定的精度，也会造成整灯功率的漂移。对于功率较大的贵重灯具，此时可能需要每盏灯出厂前对功率进行逐灯微调，以满足法规要求。ERP 认证仅限于出口欧洲地区使用，目前出口北美、日本等地区暂时没有如此高的要求。对应高压 LED 器件来说，一般正向电压分 Bin 会相对粗一些，例如 9V 的 2835，一般按照 0.3V 为一挡进行分 Bin。由于 LED 器件的正向电压既受正向电流变化的影响，又受温度变化的影响，工程师在模拟方案时，应综合考虑这两方面的影响。针对模拟计算，一般厂家都会给出相应的仿真工具，用户只要设定正向电流和结温，即可得到 LED 器件的光电参数，其中就包括正向电压。例如三星 LED 的模拟工具 Circle-B，见前言 QQ 群文件。

（3）抗静电能力（ESD）。LED 器件在被用于生产制造过程中以及终端用户使用过程中，常会受到一些静电干扰甚至损伤。电压及电流的瞬态干扰是造成电子电路及设备损坏的主要原因，常给人们带来无法估量的损失。这些干扰通常来自电力设备的起停操作、交流电网的不稳定、雷击干扰及静电放电等，瞬态干扰几乎无处不在、无时不有，使人感到防不胜防。所以 LED 器件在封装过程中，常会采用一定的工艺来提升自身的抗静电能力，并有时辅助增加外部抗静电元器件来提升 LED 器件整体的抗静电能力。LED 芯片自身的抗静电能力一般为 1～2kV，例如 3V、0.5W 的 2835 产品 LM281B＋的抗静电能力是 2kV。为了进一步提升 LED 器件的抗静电能力，可在 LED 的封装过程中并联一个齐纳二极管（Zener Diode），此时一般可将 LED 器件整体的抗静电能力提升至 5kV，例如 1W 的 3030 产品 LM302D。如果要求更高的抗静电能力，则要并联瞬态抑制二极管（TVS，Transient Voltage Suppressor），此时一般可将 LED 器件整体的抗静电能力提升至 8kV，例如 1～3W 的 3535 产品 LH351B，其采用了双向 TVS，可抗静电 ±8kV。在实际灯具和光源的生产过程中，如果生产现场静电防护措施较好，贴片设备等有效接地，则可使用抗静电能力较小的 LED 器件。此外，根据 LED 产品的实际使用场合，一般光源类产品（灯管、球泡灯等）往往采用无 Zener 保护的 LED 器件，室内灯具产品一般采用有 Zener 保护的 LED 器件，而户外灯具产品，考虑到雷击浪涌以及户外电网的波动等风险，一般采用有双向 TVS 保护的 LED 器件。

（4）反向电压。反向电压在实际应用中一般用不到，对于有 Zener 和 TVS 保护的 LED 器件，一般是通过 5mA 的反向电流来测试反向电压，TVS 的反向电压高于 Zener 的反向电压。对于没有这两类元器件保护的 LED 器件，一般不标注反向电压的参数。不过在一定反向电压下的反向漏电流，是与 LED 器件的可靠性有一定关系的。工艺不良和玷污，都会导致漏电。很多封装厂的洁净度不够，容易因玷污导致漏电。很多人将此误认为是静电原因。如果是学过半导体器件制造或做过半导体芯片制造的人，就知道玷污影响的重要性。洁净度是半导体芯片制造的一个关键因素。没有洁净度保证，制造半导体芯片无从谈起。芯片封装也是需要一定的洁净度保证的。

2.3.2　LED 器件的光学参数

LED 器件的光学参数有很多已经在第一章介绍过，例如光通量、光强、显色指数、色温、色品坐标、色容差、峰值波长、主波长等，此处不再赘述。以下仅介绍一些前面章节没有提到的光学参数，以及实际应用较多的光学参数。

（1）发光角度。发光角度一般指光强衰减到中心光强一半的两个方向的夹角，也称为半角。在灯具领域，描述发光角度时还有全角的概念，指光强衰减到中心光强 1/10 的两个方向的夹角，一般全角大于半角。LED 器件无论是否带一次硅胶透镜，一般都是 120°余弦型光分布，当然为了一些特殊的应用，也有通过一次硅胶透镜，将光束角缩小至 80°左右或扩大至 130°以上的，但较少见。

（2）亮度 Bin。LED 器件在封装分选时，一般会按光通量分 Bin，俗称为亮度 Bin，不同的亮度 Bin 代表着一定的光通量范围。值得注意的是：由于测试机差，LED 器件厂商一般会在规格书上标准光通量有 ±5％的测试误差。灯具厂商在产品开发时，一般应按照亮度 Bin 的下限进行设计，以免厂商批量供货时达不到设计要求。更精确一些的方法是要求厂商提供亮度的分布，取亮度均值减去 1～2 个标准差作为设计水平。如图 2-80 所示是 LM302Z＋ Ra80 5000K 的亮度分布图，正态分布的半峰宽越窄，说明 LED 亮度分布越集中，越有利于实际灯具和光源产品的总光通量集中。图中的 148 和 138 分别是该产品规格书上规定的光通量上下限，可见该产品当前亮度水平是中偏上一些。

（3）色度 Bin。LED 器件在封装分选时，由于芯片峰值波长的波动性，荧光粉胶量的离散性等因素，封装出来的白光 LED 器件光谱会有一些差异，体现在色品坐标上就呈现一定的分布。如图 2-81 所示是 LM302Z＋ Ra80 5000K 的色度分布图。

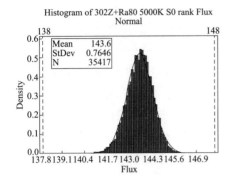

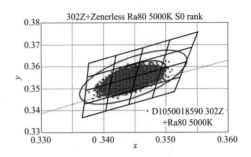

图 2-80　LM302Z＋Ra80 5000K 的亮度分布图　图 2-81　LM302Z＋ Ra80 5000K 的色度分布图

图 2-82 中包含 16 个小四边形的四边形方框，是按照 ANSI C78.377 进行的色度分 Bin，以往较多采用。此时若想减小色容差，则需要进行混 Bin，三星 LED 的模拟工具 Circle-C 是一款混 Bin 工具，在不同色 Bin，不同驱动电流和使用温度下可模拟混 Bin 色点位置和计算对应的色容差。随着芯片一致性的提升，荧光粉落 Bin 率的改善，以及认证法规对于色容差越来越严格的要求，很多 LED 厂商都改用按照色容差大小分 Bin，一般分为 3-step 和 5-step 两种，如图 2-81 中的外圈椭圆是 5-step，内圈椭圆是 3-step，对于 SMD 型 LED 器件，目前业界的普遍封装水平可做到 3-step 的落 Bin 率在 80% 以上。并且对于 3-step 一般还可分成更细致的小 Bin，通过混 Bin 甚至可将色容差缩小至 2-step 以内。如图 2-82 所示，是 LM301B 的色度分 Bin 方式。

对于色容差要求不高的客户，可通过 J＋G、K＋H、M＋F、L＋E 的混 Bin 方式，实现 5-step 的色容差，称为 K Kitting 方案，这样比单独购买 E、F、H、G 的成本略低。对于色容差要求较高的客户，可通过 E＋C、F＋D、H＋B、G＋A 的混 Bin 方式，实现 3-step 的色容差，称为 S Kitting 方案，这样比单独购买 A、B、C、D 的成本略低。对于色容差要求极高的客户，可通过 A＋C、B＋D 的混 Bin 方式，实现 2-step 左右的色容差，但此时如果要求 1∶1 供货，则成本很高。此外，根据市场上的主流应用，三星 LED 的很多产品会完全舍弃外围四边形，只提供 3-Step 和 5-Step 的单独或混 Bin 供货，例如 LM302Z＋的 Y Kitting 混 Bin 方案，如图 2-83 所示。其中 U 单独供货，S＋P、T＋Q、R＋N 则 1∶1 供货，方便用户混 Bin。

规格书上对于每个色温对应的色点以及椭圆参数都做了说明，但是往往会存在本书 1.2 节所述的色容差规定不一致的问题，此时三星 LED 会按照 DOE 的建议来尽量兼容各种差异，减少出现争议的情况。

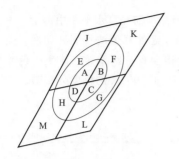 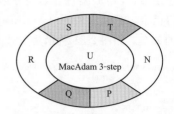

图 2-82　LM301B 的色度分 Bin 方式　　图 2-83　LM302Z＋的 Y Kitting 方案

（4）其他光学参数。除以上最重要的几项光学参数外，值得注意的还有光通量以及色品坐标随正向电流和温度的变化曲线，由于目前厂商一般都会提供 LED 器件的模拟软件，所以越来越多的客户并不仔细阅读 LED 器件规格书中的各种变化曲线，而是直接用模拟软件仿真。三星 LED 的模拟工具 Circle-B 见前言 QQ 群文件。

2.3.3　LED 器件的其他参数

除以上接收的 LED 电学和光学参数外，还有一些常用的光电参数和热学参数，通用照明领域的其他常见参数简要介绍如下，植物照明和人因照明用到的常见参数将在第 5 章介绍。

（1）能效（Efficiency）。即电光转化能力，注入 LED 器件的电能做分母，产生的光能做分子，通常为 WPE，计算公式为

$$WPE = \frac{P_\Phi}{P_E} \tag{2-184}$$

式中：P_Φ 为输出的光功率；P_E 为输入的电功率。对于 450nm 的蓝光及其激发荧光粉形成的白光 LED，当前对于显色指数 80 的 LED 器件来说，WPE 一般在 50%～70%，做得高的也能达到 80% 左右。对于 660nm 的红光 LED 器件，其 WPE 目前最高也在 80% 左右。可见 LED 器件已经较为成熟，能效可提升的空间较为有限。目前 LED 芯片的内量子效率都已很高，进一步提升外量子效率是突破当前光效瓶颈的主要途径。

（2）光效（Efficacy）。光效 η 往往是 LED 照明产品最重要的参数之一，其定义为

$$\eta = \frac{\Phi}{P_E} \tag{2-185}$$

式中：Φ 为输出的总光通量；P_E 为输入的电功率，lm/W。目前业界显色指数 80 的 LED 器件光效高的一般是 0.2W 的 3030 产品，例如三星 LED 的 LM301B 产品，其色温为 5000K 时的光效大约为 230lm/W。常见光源的光效见表 2-23。光效这个参数直接表征光源是否省电的特性，在 DLC、ERP 等法规中对不同产品，不同等级都有明确的光效要求。

表 2-23　　　　　常见光源的光效

光源种类	光效/(lm/W)	显色指数	色温/K	平均寿命/h	性价比/(lm/$)
白炽灯	15	100	2800	1000	15000

续表

光源种类	光效/(lm/W)	显色指数	色温/K	平均寿命/h	性价比/(lm/$)
卤素灯	25	100	3000	2000	1640
普通荧光灯	70	70	全系列	10000	2000
三基色荧光灯	93	80～98	全系列	12000	2040
节能灯	60	85	全系列	8000	1940
金属卤化物灯	75～95	65～92	3000～5600	6000～20000	980
高压钠灯	80～120	23/60/85	1950/2200/2500	24000	5620
低压钠灯	200	—44	1750	28000	500
高频无极灯	50～70	85	3000～4000	40000～80000	610
LED灯泡（2020）	80～200	80	1800～6500	6000～50000	2800
LED灯珠（2020）	120～230	70～99	1800～10000	36000～100000	16800

（3）性价比（lm/$）。性价比是产品经理在定义和开发一个LED产品之前，必须考虑的一项指标，即1美元可买到多少流明，一般根据最终产品的价格定位，根据灯具的光学效率、电学效率、温度效率以及灯珠光损（由于灯珠贴片距离较近而造成相互遮光、吸光、反射等能量损失）等因素倒推出对灯珠性价比的要求。常见光源的性价比见表2-23。其中，比价的均为光源，故性价比仅供参考，因为有些光源可直接通电点亮，例如白炽灯；有些则需要附件、驱动器等，例如高压钠灯。故仅比较光源的性价比也不足以完全描述该光源实际使用时的性价比。例如LED器件目前可实现16800lm/$，但是做成市电可直接驱动8W球泡灯，则性价比下降到2800lm/$。所以在实际应用中，应综合考虑驱动成本，以及因光源寿命不同而产生的不同更换及维护成本，通常可用M·lm·h/$这个指标来评价，具体可参考文献［23］第40～41页。

（4）可靠性（Reliability）。可靠性涉及的主要参数光衰寿命、开关寿命以及耐候性等均在第3章介绍。

2.4 常用封装形式及应用

在照明产品的实际应用中，根据不同的应用场合，往往对照明产品有着不同的要求。例如一般户外照明比室内照明有着更高的可靠性要求；难以更换维护的场所对照明产品的寿命有较高的要求；潮湿闷热或含有有害气体的场所对照明产品的耐候性有较高的要求。根据对照明产品的不同要求，一般要选用与之匹配的LED来设计，否则难以满足终端用户的规格要求。因此，不同的照明产品，往往会选用不同封装形式的LED器件，包括器件的材质、性能、尺寸等。本节列举当前主要封装形式的LED器件及其对应的主要应用产品。为简单起见，以下封装形式举例时，如未特别指出，一般均以三星LED的产品为例。此外，为了便于在同样的条件下描述和比较光电性能，以下若无特别指出，均为色温5000K、显色指数80、R9>0条件下的性能。为方便读者理解，此处顺便简介一下三星LED灯珠的命名规则。第一个字母L表示Lighting，即照明用的产品，此外还有汽车用产品和背光用产品。第二个字母如果是M则表示中功率（Middle Power）产品，一般指 1W 以下的产品，如果是 H 则表示大功率（High Power）产品，如果是 C 则表示 COB 产品，如果是 F 则表示灯丝（Filament）产品。紧接着两位数字一般表示尺寸，例如 28 指 2835，30 指 3030，35 指 3535，50 指 5050 等，当产品为 COB 时，则接下来的三位数字表示典型功率，例如 006 表示 6W 的 COB，080 则表示 80W 的 COB。第五位数字表示电压，用数字乘 3 即是大致的正向电压。例如 1 表示 3V 的产品，3 表示 9V 的产品。COB 产品一般均为 36V 产品，故无此位。在后面一位的字母，或字母与＋号的组合，表示产品的代别，一般是从 A 开始往后排，也有从 Z 开始往前排的产品。

2.4.1　2835

2835 是当前主流的封装形式，封装材质一般为 PPA 或 PCT，功率范围为 0.2～1W，正向电压以 3V 和 9V 的为主，也有 6、12、18、36、54V 等规格。2835 器件如图 2-84 所示。

图 2-84　2835 器件

国际厂商从 2015 年开始提供 2835 形式的 LED 器件，例如 LM281A 产品，刚推出时价格大约为 ￥0.18，其性能为 3V，150mA 下 60lm 左右（S2 亮度挡上限，S3 亮度挡下限）。现在 5 年过去了，2835 封装形式仍兴盛不衰，但是价格却严重下滑。例如 LM281B＋ SA 挡，其性能为 3V，150mA 下 61lm 左右，其价格大约 ￥0.03，价格年均下降率为 30％。类似亮度的国内品牌 2835 价格已下滑至 ￥0.01 以下。LED 器件价格的下降，带来了 LED 照明成品价格的下降。LED 灯管常用 3V、0.5W 或 3V、0.2W 的 LED 器件来制作，2010 年时一根 18W、1600lm 的 LED 灯管成本高至 ￥300，现在 10 年过去了，基于 2835 灯珠的 18W、1800lm 的 LED 灯管成本只要 ￥6，成本年均下降率为 34.4％，与 LED 器件价格下降率基本同步。

从应用角度讲，2835 器件适合做可靠性要求不高的产品，尤其适合做光源类产品。例如 LED 灯管、LED 球泡灯。具体来说，3V、0.5W 或 3V、0.2W 的 LED 器件适合做 LED 灯管，例如 LM281B＋系列和 LM281BA＋系列，前者是 PCT 支架的 0.5W 产品，后者是 PPA 支架的 0.2W 产品。9V、1W 或 9V、0.5W 的 LED 器件适合做 LED 球泡，例如 LM283B＋系列和 LM283BS＋系列。根据电源的方案不同，LED 球泡也有采用 6、12、18、36V 和 54V 的，虽然这类电压等级在近几年都有流行过，但主流的还是 3V 和 9V 的产品。

此外，大部分室内灯具产品，例如平板灯、吸顶灯、筒灯等，目前均可选用一定正向电压和光效的 2835 产品来设计。值得一提的是，一个 80W 的 600×600 平板灯在 2010 年价格大约 ￥2000，现在 10 年过去了，同样是 80W 的 600×600 平板灯，光效提升了很多，价格大概只要 ￥50。此间平板灯经历了方案的螺旋式演进，从最早的带导光板侧发光方案开始，随着 LED 成本的降低，导光板成本凸出，方案逐渐改为直下式发光。后来导光板减薄可降低整灯成本，又再次改为侧发光。近两年 LED 成本降到更低，导光板的成本又显得凸出，但因为 LED 单个灯珠的亮度比以前高了太多，如果灯珠间距较大，则距高比太大，发光不均匀，所以一般在减少 LED 灯珠颗数的同时要加装扩散透镜，让 LED 混光更均匀。此时用 6V 或 9V 的 2835 较多，例如 LM282B＋和 LM283B＋，但由于要用透镜配光，一般要求用圆杯的支架，即出光面为圆形。

对于户外和半户外照明，从 2017 年开始，也有选用 2835 制作的。例如用 LM283B＋或 LM286B＋制作投光灯和高棚灯，选用 9V 和 18V 的 2835 是为了线性恒流电源方案能匹配 110V 和 220V 的电网电压，实现较高的电源效率。实践证明，特别是将基于 PCT 支架的 2835 用于投光灯，只要灯具的防护等级做得较好，2835 并不是很脆弱，PCT 的耐 UV 抗黄化能力也没有想象的那么差，做质保 3 年以内的灯具还是可行的。

2.4.2　4014

4014 以及 4010 产品，原本是做侧发光背光较多采用的产品。由于制作侧发光 LED 平板灯，导光板的厚度直接影响导光板的成本，为了将导光板从 3mm 减薄至 2mm，LED 灯珠的宽度从 28 缩小至 14 或 10。实际应用中，4014 产品特别是 4010 产品很容易发生质量问题，因为灯珠较长，又很窄，精确的与导光板对准较为困难，并且铝基板也很窄，很长，会有翘曲和弯曲的问题，进一步导致灯珠与导光板精确对准的困难。4014 产品一般为 PPA 支架 0.2W 和 PCT 支架 0.5W，例如 LM401B＋和 LM401BA＋，也有厂家用 EMC 材质封装 4014，功率甚至推到 3W 左右。4014 器件如图 2-85 所示。

图 2-85　4014 器件

2.4.3　5630

在 2835 器件出现之前，很长一段时间，中功率 PCT 支架产品的主流是 5630。最早 5630 是用于背光产品的，例如直下式的电视背光，其发光面比较大，出光较均匀。此外，5630 支架散热条件较好，热阻较低。当年比较适合做 LED 灯管、吸顶灯、平板灯，甚至球泡灯。在 2835 出现并逐渐成熟之后，5630 的应用市场不断萎缩，直至 2018 年开始，北美植物照明市场火爆，白光除了用 3030（例如 LM301B）产品外，还有较多的方案使用 5630（例如 LM561C）。5630 器件一般 3V、0.5W 的居多，即 150mA 驱动，支架一般为 PCT 材质，例如 LM561B＋、LM561C 等。5630 器件如图 2-86 所示。

2.4.4　3030

在后 5630 时代（大约 2013 年左右），一方面基于 PCT 材质的 LED 器件朝更小的支架，更低的成本方向发展，当时还有一个发展方向是朝耐温性更好，更适合做 LED 球泡、PAR 灯等紧凑型光源类产品，以及耐候性要求更高的应用，如替代当时户外产品的主流陶瓷基板 3535 产品的方向发展，最终基于 EMC 支架材质的 3030 独占鳌头。

3030 器件刚被推出时，主要是 6V、1W 的产品，除了耐温性（125℃）好外，对于需要透镜配光的产品，其正方形形状较 5630 等长方形更易于配光。所以除了 3030 很快被用于 LED 球泡灯、PAR 灯外，需要透镜的 LED 射灯、LED 路灯等灯具产品，也都采用了 3030 设计。具有划时代意义的是当时的飞利浦照明（现在的昕诺飞）开创了用 3030 产品制作路灯的先河。直至今日，3030 仍是制作 LED 路灯的主流选择，并且没有被 2835 取代的趋势。除了 6V、1W 的 3030，例如 LM302Z＋、LM302D 等，也有 3V、1W 的 3030，例如 LM301Z＋、LM301D，后者适合做灯条以及植物照明。此外也有基于 PCT 支架的 3V、0.5W 的 3030，例如 LM301B。3030 器件如图 2-87 所示。

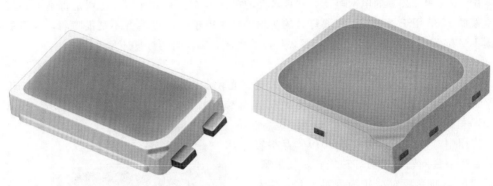

图 2-86　5630 器件　　　　　　　　　　图 2-87　3030 器件

2.4.5　3535

在 SMD 型 LED 器件出现以前，LED 的封装形式主要有基于环氧树脂的子弹头式封装和陶瓷基板封装两种。前者面向小功率应用，通常驱动电流不超过 50mA，后者面向大功率应用，驱动电流一般大于 350mA。陶瓷基板封装在演化了许多年后，正方形尺寸逐渐成为主流，特别是 3535 这个尺寸，几乎国际大厂都有这个尺寸的陶瓷基板产品。3535 陶瓷基板的主要特点是散热能力较好，器件的热阻比较低，器件具有较长的光衰寿命。例如 LH351B，在 T_s＝105℃，1000mA 驱动时，其 L_{90} 已达 12 万 h（小时）以上。一般陶瓷基板有 Al_2O_3 和 AlN 两种，前者热导率较差，约为 20～30W/（m・K），而 AlN 的热导率则高达 300W/（m・K）左右。LH351C 和 LH351D 就是基于 AlN 基板的产品，特别是 LH351D 产品的热阻低至 2.2℃/W，可承受更大的驱动电流。3535 产品一般适合做户外照明，特别是道路照明、隧道照明、体育场照明以及景观照明。3535 产品具有良好的耐候性，可很好地抗硫化、抗二氧化氮侵蚀。LH351D 作为最大可用到 10W 的陶瓷基板产品，具有较高的功率密度，非常适合做需要发光密度较大的体育场馆照明。3535 产品一般都配有一次硅胶透镜，发光角度一般为 120°余弦型，用户可根据照明场合的要求进行二次透镜配光。3535 器件如图 2-88 所示。

2.4.6　5050

2016 年左右，3030 和 3535 器件的光效已不能满足道路照明对光效日益增长的要求。特别是 3535 产品，虽然陶瓷基板带来较好的寿命表现，但单颗芯片大电流方案由于明显的电流溢出造成的 Droop，光效已很难有质的提升。此时多颗小芯片（一般是 8 颗 2235 或 2640 芯片）、小电流的 5050 尺寸 EMC 材质支架的封装产品应运而生。一般采用 8 颗芯片串联，表现为 24V 的正向电压，分 Bin 电流为 160mA。起初 70 显色指数的器件光通量约为 660lm，光效为 171lm/W，近期已提升至 700lm，光效 182lm/W。160mA 应用时功率约为 3.84W，如果降至 2W 使用，光效可高达 207lm/W，远高于 3535 同样功率下 180lm/W 左右的光效。此外，5050 做成路灯模组时，还可在 5050 器件出光面和二次透镜之间灌胶，充满二者之间的空气隙，减少光从光密介质射向光疏介质的全反射，理想情况下光效可以无灌胶工艺提升 8% 左右。5050 除了 24V 版本如 LH508C 用于户外照明外，也有 6V 版本用于 GU10 或 MR16 等室内光源，例如 LH502C。5050 器件如图 2-89 所示。

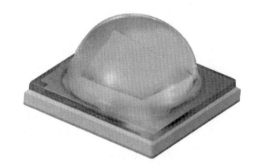 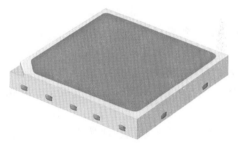

图 2-88　3535 器件　　　　　　　　图 2-89　5050 器件

2.4.7　COB

COB（Chip On Board）是一种集成光源，其特点是不需要 SMT 工艺，尤其是通过 Holder 进行电气连接，几乎可做到免焊接工艺，从而简化灯具的装配工艺。COB 产品多用于室内商业照明产品，例如筒灯、射灯，也用于工矿灯、投光灯等户外半户外产品。早些时候还有用 COB 做路灯的，优势是光较集中、装配简单，劣势是较大的面光源配光复杂，往往需要自重较重的玻璃透镜，不易精确配光。此外，用 COB 做成路灯，整体上看光效不如 5050 器件有优势，性价比又不如 3030 器件。COB 从做小射灯用的 3W 级别，例如 LC003D，到做大功率投光灯的 80W 级别，例如 LC080D，分成很多功率等级，对应不同的 COB 基板尺寸和发光面尺寸。大多数厂商提供的 COB 产品的正向电压都是 36V 左右，满足安全低电压要求。COB 产品由于采用多颗芯片 Bonding 到铝基板或陶瓷基板上，并大量涂覆荧光粉，芯片和荧光粉进行了充分的混光，所以其色容差很容易做到 3-step 以内，一般可 2-step 供货，甚至是 1-step 出货支持。除了常规的用正装芯片制作的铝基板 COB 外，还有用倒装芯片＋陶瓷基板制作的高密度 COB，例如 LC030C，在 19mm×19mm 的基板尺寸上做出了 30W 的功率，如此小的发光面配上小角度反光杯或窄角度透镜后，可实现很高的中心光强，例如 10^4 cd。近几年还出现了支持调光调色的双色 COB，例如 LC035T。COB 器件如图 2-90 所示。

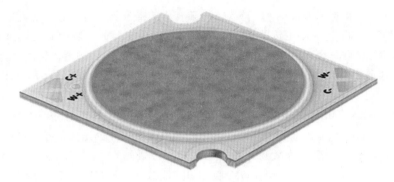

图 2-90　COB 器件

2.4.8　CSP

CSP（Chip Scale Package）翻译为中文是芯片级封装，即在芯片层次就完成了封装，而无需经过传统的封装厂，缩短了产业链，有利于降低器件成本。CSP 的结构一般是采用倒装芯片加荧光粉薄膜或荧光粉包裹，不需要支架。从 2015 年 CSP 诞生以来，经过了 3 代发展，分别是 FoC、PoC 和 FEC，如图 2-60 所示。CSP 产品一般尺寸较小，发光密度较大，耐温性好，抗硫化能力强，适合做空间紧凑、可靠性要求高的应用产品。例如用 CSP 做温室补光灯，可有效减小发光面，使得灯具整体尺寸减小，从而减少灯具对日光的遮挡。此外，CSP 产品还适合做模组，可有效缩减 LED 所占面积，将更多的 PCB 空间让给电源及控制器件。带 IoT 功能的 CSP 模组如图 2-91 所示。

由于 CSP 较好的耐高温特性，还有很多厂家将 CSP 用于汽车大灯后装市场以及摩托车和电瓶车大灯，例如用 LH181B。典型的 CSP 器件如图 2-92 所示。

<table>
<tr>
<td>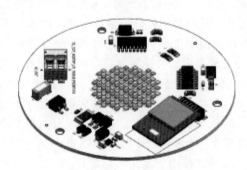</td>
<td></td>
</tr>
<tr>
<td align="center">图 2-91　带 IoT 功能的 CSP 模组</td>
<td align="center">图 2-92　CSP 器件</td>
</tr>
</table>

2.5　LED 器件常见失效及机理

对 LED 的失效机理研究可对设计、工艺以及使用等方面提出改进方案，还可对 LED 产品的可靠性提供前面的评估，为 LED 早期失效筛选及产品质量管理提供依据，无论对于 LED 科研还是 LED 产业都具有非常重要的学术价值和实用价值。

LED 的失效模式分为 3 类：与半导体芯片相关的失效、与互连相关的失效及与封装相关的失效。与半导体芯片相关的失效机理包括位错和缺陷的生长与移动、芯片破裂、掺杂物扩散及电迁移；与互连相关的失效机理包括电应力导致的键合引线断裂和焊球疲劳、焊层金属互扩散及静电损伤；与封装相关的失效机理包括封装材料碳化、分层、封装材料黄化、透镜破裂、荧光粉热淬灭及焊点疲劳等。LED 常见的失效模式和机理见表 2-24。

表 2-24　　　　　　　　　　　LED 常见的失效模式和机理

失效位置	失效原因	对器件的影响	失效模式	失效机理
半导体芯片	大电流导致的焦耳热	热机械应力	光通量衰减，反向漏电增加，寄生串联电阻增加	缺陷、位错生长和移动
	大电流导致的焦耳热高的环境温度 不良的研磨和切割工艺	热机械应力	光通量衰减	芯片破裂
	不良的 PN 结生长工艺 大电流导致的焦耳热高的环境温度	热应力	光通量衰减，串联电阻或正向电流增加	杂质扩散
	大的驱动电流或电流密度	过电应力	不发光，短路	电迁移
互连（键合引线、金球、黏接层）	大的驱动电流或高峰值瞬间电流	过电应力	不发光，开路	过电应力导致键合引线断裂
	热循环导致的变形 材料特性不匹配（热膨胀系数、杨氏模量）	热机械应力	不发光，开路	键合焊点疲劳
	湿气进入	湿机械应力		
	大的驱动电流或高峰值瞬间电流	过电应力	光通量衰减，寄生串联电阻增加，短路	电接触金属化互扩散
	高温	热应力		
	不良材料特性（衬底热导率不良等）	热阻增加	不发光，开路	静电损伤
	高压（反向偏置脉冲）	过电应力		
封装（密封体、透镜、引线框架以及壳）	大电流导致的焦耳热高的环境温度	过电应力	光通量衰减	密封体碳化
	材料特性不匹配（热膨胀系数、潮湿膨胀系数）接触面污染	热机械应力	光通量衰减	分层
	湿气进入	湿机械应力		
	长期暴露在紫外光下	光降解	光通量衰减，色漂，密封体变色	密封体黄化

续表

失效位置	失效原因	对器件的影响	失效模式	失效机理
封装（密封体、透镜、引线框架以及壳）	大电流导致的焦耳热 高的环境温度 荧光粉的存在	热应力	光通量衰减，色漂	荧光粉热猝灭
	高的环境温度 不良热设计	热机械应力	光通量衰减	透镜破裂
	湿气进入	湿机械应力		
	材料特性不匹配或热循环导致高的温度梯度	机械应力	光通量衰减，正向电压增加	焊点疲劳
		周期性蠕变和应力释放		
		脆性金属化合物的破裂		

2.5.1　位错、缺陷生长和运动

　　LED芯片外延层、接触层和有源区中形成的晶体缺陷影响了LED器件的性能和寿命，导致大驱动电流下非平衡电子空穴对寿命的降低和多声子发射的增加。在多声子发射作用下，有缺陷的原子发生强烈的振荡，导致迁移、聚积等缺陷运动的势垒降低。

　　失效模式表现为缺陷处非辐射复合导致的光输出退化或反向漏电的增加导致参数漂移。该种失效机理下与电有关的失效模式包括随光输出功率退化的反向漏电增加、低的正向偏置条件下复合电流的增加、LED理想因子的增加及寄生串联电阻的增加。对于理想LED，其理想因子为1.0。但实际上，理想因子通常介于$1.1\sim1.5$。但对于GaN/InGaN基LED，其理想因子通常高达7.0左右。寄生串联电阻与半导体芯片P型表面的欧姆接触退化有关。对于GaAlAs/GaAs基LED器件，即使较小的位错密度（$10^4\,cm^{-2}$）也会影响器件的工作寿命，与位错运动相关退化率变高。另一方面，InGaAsP/InP和GaN/InGaN基LED器件同GaAlAs/GaAs基LED器件相比，因其带隙中没有作为非辐射复合中心的深能级陷阱存在，其退化率相对较低。

　　晶体生长过程中引入的缺陷包括界面缺陷和体缺陷。界面缺陷包括堆垛缺陷、V形位错、位错群、微孪晶、夹杂物及失配位错。体缺陷包括那些由衬底传播而来的缺陷，这些缺陷由掺杂原子的局部隔离或本体点缺陷产生。因热不稳定性导致结构的不完整性也会促进晶体生长过程中缺陷的生长。因LED芯片缺陷导致的退化模式分为快速退化（随机的或不期望的突然退化）和缓慢退化（磨损失效）。再复合导致位错的攀移或滑移，致使器件快速退化。GaAlAs/GaAs基光学器件在复合增强的点缺陷反应会导致缓慢退化的发生。此外，晶格失配引入的内应力也会引起器件的缓慢退化。

　　缓慢退化产生的过程如下：缺陷产生非辐射复合，引起点缺陷反映而产生新的点缺陷，新产生的缺陷也是非辐射复合的中心，新产生的缺陷移动并聚集成核，形成缺陷群或缺陷环。当缺陷处电子被空穴俘获后，持续重复的发生4个反应过程，即电子空穴对在缺陷位置的非辐射复合、以多声子发射释放带隙能量、缺陷位置的强烈振荡及缺陷传

播和产生。

缓慢退化特性主要与新的非辐射复合中心的形成有关，引起器件辐射量子效率的降低。如果非辐射复合中心在界面形成，界面态密度的增加将会引起无规律的转换缺陷，最终引起位错移动而增加位错密度。当位错密度显著增加时，将会引起机械应力场的产生。

半导体位错运动速率 V_d 与外加剪切应力 τ 有关

$$V_d = \tau\mu \tag{2-186}$$

$$\mu = \frac{V_0}{\tau_0}\exp\left(\frac{-E_d}{k_B T}\right) \tag{2-187}$$

式中：μ 为位错迁移率，cm^2/Vs；E_d 为位错运动的激活能，eV；T 为温度，K；V_0 和 τ_0 是指前系数。高位错浓度下，GaN 基 LED 比 GaAs 基 LED 器件具有更高的可靠性。外加剪切应力与内部失配应力、热应力及外部机械应力有关。如图 2-93 所示，通过剖面透射电子显微镜（XTEM，Cross-Sectional Transmission Electron Microscope）在 GaN 基 LED 器件中共发现了 3 种类型的位错。第一种类型为（0001）面的 60°翼形位错或螺旋位错。第二种类型为（1100）面的直螺旋刃形位错。第三种类型为保留在缓冲层中的位错。可通过 I-V 特性测试，C-V 特性测试及深能级瞬态光谱分析等手段对缺陷、位错产生和运动进行分析，还可利用电致发光（EL，Electro Luminescence）或阴极发光（CL，Cathode Luminescence）等光学器件光发射测试技术检测不同的发射机理、动力机制及应力作用下的效率衰减。

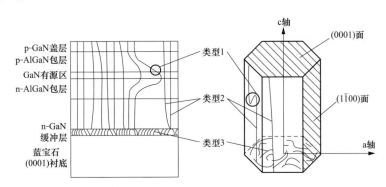

图 2-93　GaN 基 LED 器件中的位错类型示意图

衬底和外延层界面的螺旋形位错向外延层表面传播，通常因其开口特性而被称为微管缺陷，蓝宝石衬底的 GaN 基 LED 中螺旋位错的浓度很高。

在直流或脉冲注入条件下，电流导致的热效应对紫外 LED 器件的发光效率有重要影响。热效应影响直流驱动下器件发光波长，一般会发生红移。进一步研究发现，紫外 LED 器件因载流子溢出和螺旋缺陷的非辐射复合而失效。电热应力会导致器件结构性能（缺陷、不确定的杂质团、掺杂）失效，局部缺陷电活性与温度和电流具有相关性，这些对 InGaN 基蓝光 LED 器件电致发光效率都有影响。

高注入电流和反偏压情况下，GaN/InGaN 单量子阱 LED 器件的电学和光学特性会发生退化，其机理是：点缺陷慢慢形成，增强了非辐射复合和低偏置载流子隧道的形成，导致光输出功率的缓慢退化。在大的正向电流应力作用下，InGaN层的热辅助及复合增强过程导致缺陷的产生。大的反向偏压作用下产生的缺陷使材料发生变化，导致空间电荷区与存在的微结构缺陷边界发生雪崩击穿。

为降低大电流诱使的热效应及高的环境温度导致晶体缺陷的形成和位错的运动，降低有关位错、缺陷产生和运动的研究将主要关注于如何提高LED芯片的材料和结构设计，以及提高内部的热管理，降低芯片PN结到封装体的热阻等研究上。

2.5.2　芯片破裂

极端的热冲击可导致GaN基及GaAs基LED器件芯片的破裂。由于封装材料性能

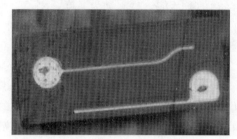

图2-94　芯片破裂图

（如热膨胀系数）的差异，当LED器件遭受大的驱动电流（快速产生焦耳热）或高的环境温度应力时，将产生较大的机械应力。在大的电应力及极端的热应力作用下，芯片破裂，如图2-94所示。

所以，如图2-95所示，为了控制芯片不发生破裂，对衬底及外延层间的热膨胀系数进行精密调整是非常有必要的。在衬底和外延层之间生长一层缓冲层是防止芯片破裂的关键技术。

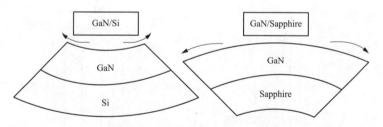

图2-95　GaN/Si及GaN/蓝宝石的热膨胀系数

在一些情况下，芯片破裂呈现的失效模式为电学的退化而非直观感觉的过应力失效。光输出退化也可由芯片破裂所致，而不是由接触电阻的变化或塑封体光学传输特性的变化所引起。电子束感生电压（EBIV，Eclectronics Beam Induced Voltage）分析表明，某些情况下，LED光输出退化是由一条由P接触层扩散至有源区的芯片裂纹引起的。此外，芯片的切割和研磨质量对芯片裂纹的产生有重要影响，初始的由芯片切割或研磨工艺引入的微小划痕、微裂纹将可能是芯片破裂的起始点。

2.5.3　杂质扩散

为获得高亮度的GaN基LED器件，通常要求LED的P-GaN层具有较高的电流注入效率。为了降低P型欧姆接触的阻抗，需要改进P-GaN层的空穴浓度和传导率。对于P型GaN，为了提高注入LED的电流注入效率，Mg常被用作受主杂质进行掺杂，

而 Si 常被用作外延生长过程中 N 型 GaN 层的掺杂物。当在 P-GaN 层生长过程中，Mg 作为非辐射复合中心扩散进入量子阱中时，将会引起多量子阱内量子效率的降低。量子阱中 Mg 杂质的分布效应称为杂质扩散。靠近有源区的 Mg 掺杂剖面受外延生长过程中的扩散和偏析工艺影响。

通过研究发现，Mg 掺杂对 MOCVD 法生长 AlGaInN 量子阱 LED 器件电致发光效率的影响，主要是在低的生长温度条件下，由于靠近有源区的 Mg 掺杂浓度较高，提高了空穴注入效率，导致电致发光效率增加；相反的，靠近 GaInN 量子阱的高浓度 Mg 掺杂则增加了非辐射复合率。由于 Mg 的梯度掺杂能减少 Mg 扩散进入有源区的多量子阱中，因此在 InGaN/GaN 多量子阱紫外 LED 器件的 P-GaN 层中采用梯度掺杂技术能够提升器件的性能。器件性能的提升也与多量子阱导带与 P-GaN 层中 Mg 受主能级间的载流子跃迁减少有关。AlGaInP 红—橙 KED 器件的退化也受 Mg 掺杂量（P 型掺杂层）、Te 掺杂量（N 型掺杂层）及其氧化物含量影响。当老化试验温度超过 85℃时，可加速 Te 掺杂 AlGaInP 基 LED 器件的退化发生。

在寿命试验过程中，因掺杂元素作为非辐射复合中心而导致的失效模式包括串联电阻的增加或正向电压的增加、LED 正向电流和反向电流隧道效应的增强，以及光强度的退化等。最常见的失效模式为光输出的衰减。P 型 GaN 层的不稳定及非辐射复合中心的生长引起光输出的衰减。电流密度、温度及电流分布导致串联电阻的增加，是引起光输出退化的主要原因。

2.5.4 电迁移

电迁移是由电场中电子动量交换导致的 LED 芯片表面与电学接触层之间金属原子的运动。LED 器件设计不当，衬底有缺陷、电迁移、不完全焊接等原因将导致热阻的不均匀，进而引起电流发生拥挤，发生热损耗，最终引起封装体温度的严重上升，LED 器件寿命降低。

大的驱动电流或电流密度将会导致电接触层和 LED 芯片之间电迁移的发生，器件短路失效。而在电极区，LED 主要是因为金属扩散进入内部区而发生退化。在 LED 的工作过程中，金属从 P 接触层向 PN 结扩散，沿电流传输方向产生了金属穿钉。

电迁移也会发生在封装用的键合引线上。图 2-96 所示为一般正装芯片所用的键合引线。键合引线所用金属材料不同，电迁移的程度也不同。例如纯金线情况，线粗为

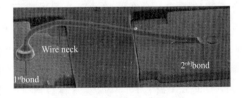

图 2-96 正装芯片键合引线

0.6mil，在 250℃，电流密度 5.04mA/μm^2 条件下，如图 2-97 所示，其中图 2-97（a）是电迁移试验前键合线的表面形貌，图 2-97（b）是电迁移试验进行 24h 后键合线的表面形貌，可见金线表面电迁移不显著。

为了降低成本，当前 LED 封装时，一般会采用银合金线代替金线，但是一般来说银合金线的可靠性较金线要差一些，会发生较显著的电迁移，并且抗冷热冲击的能力也不如金线。在与金线同样的条件下进行电迁移试验，但是试验缩短至 4h，如图 2-97 所示，

其中图 2-98（a）是电迁移试验前键合线的表面形貌，图 2-98（b）是电迁移试验进行 4h 后键合线的表面形貌，可见银合金线表面形貌发生非常显著的变化。

(a)试验前　　　　　　　　　(b)试验后

图 2-97　金线电迁移试验前后的表面形貌

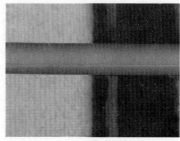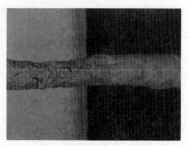

(a)试验前　　　　　　　　　(b)试验4h后

图 2-98　银合金线电迁移试验前后的表面形貌

　　试验前银合金线的表面看起来非常光滑，然而试验后银合金线表面出现了许多孔隙和凸起。并且电迁移主要发生的区域在线"颈"的位置，主要的原因在于：由于引线键合工艺的影响，会在线"颈"位置形成弯曲，相当于在该位置出现了突变。这样在高电流密度的条件下，该区域的金属离子会不断被冲击离开原来的平衡位置到下一个平衡位置，这样原来的位置就会形成空洞，随着时间的推移，空洞会不断形成从而导致表面形貌出现如图 2-98 所示的变化。其中变细的部分会有较大的电阻和热阻，并且耐冷热冲击能力也会下降。图 2-99 所示为每隔 1h 银合金线表面形貌的变化，其中图 2-99（a）为近正极端，图 2-99（b）为近负极端。可见正极端（线"颈"的位置，见图 2-93）电迁移更严重。

　　为了降低电迁移失效，应考虑所选择材料的化学兼容性。GaN 基蓝光 LED 器件接触层金属电迁移沿着晶体缺陷或缺陷隧道产生。对于高电应力状态下的 InGaN 绿光 LED 器件，当其脉冲驱动电流上升到频率 1000Hz、脉宽 100ns、幅值 6A 时，器件退化速度加快，在 P 型电极和 N 型电极之间可看到明显的放电现象。这将导致 LED 表面短路的产生，造成金属接触层的损伤。

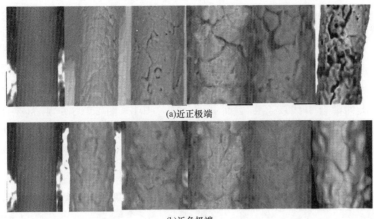

(a)近正极端

(b)近负极端

图 2-99　银合金线电迁移变化过程

　　为了解决电迁移问题，需要进行合适的热管理和新型封装设计。因为界面材料的导热系数是影响器件整个热阻的关键，所以为了防止电迁移的发生，重要的是要提高界面材料的导热特性。此外，在设计过程中，也必须要考虑高环境温度条件下低导热系数的控制。

2.5.5　键合引线断裂或焊球疲劳

　　键合引线是 LED 芯片上焊点与封装体之间电连接最常用的方法，当 LED 器件暴露在大的正向电流或高峰值瞬变电流条件下，键合引线就会像熔丝一样熔断。过电应力通常引起焊球以上的键合引线发生即刻断裂，这将导致器件灾变性失效。过电应力导致的引线破裂程度与电应力的大小及持续时间，以及引线的直径有关。非常长的电应力持续时间或高的正向电流也会导致热机械应力相关的失效。

　　由热机械应力导致的焊点疲劳是一类磨损失效。重复的热循环将会导致快速失效的发生。封装体的热膨胀会将焊点从芯片的表面拉脱。如图 2-100 所示，当材料在热机械应力的作用下重复的进行热膨胀和收缩时，焊点发生疲劳反应。

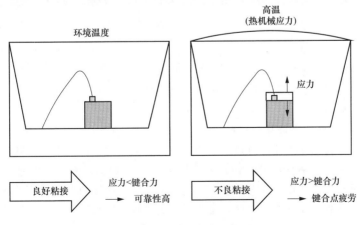

图 2-100　焊点疲劳示意图

当热机械应力超过焊点键合力时，焊点出现开路失效。当温度上升时，焊点疲劳受封装材料的热膨胀系数和杨氏模量，以及芯片的硬度影响。热膨胀系数的不匹配导致焊接引线和芯片在焊接区域产生明显的热机械应力，这导致热循环过程中疲劳裂纹的延伸。这类焊点的可靠性随焊接引线的长度和高度变化。长期处于潮湿的环境下也能导致焊点疲劳。当硅胶内部吸收足够含量的水汽时，LED芯片上的电接触层就会发生化学侵蚀，芯片上的键合引线就会断裂而开路。图2-101～图2-103分别为键合线在A点（1st Bond）、B点（2nd Bond）以及"颈部"开路的情况，其中生产过程中易发生A点开路（金球开路），可靠性测试中（冷热冲击）易发生B点开路，外力挤压、拉伸或大电流冲击时，易发生"颈部"开路。

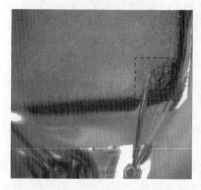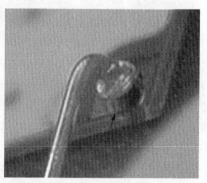

图 2-101　键合线 A 点开路

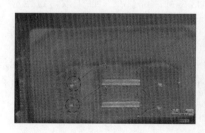

图 2-102　键合线在 B 点开路

通过控制引线类型、形状、焊点金属化以及器件结构可对键合工艺进行优化。此外，在不同的键合工艺条件下，如不同的夹紧力、功率、键合时间等参数条件下，通过对键合强度进行测试也可确定最佳的键合工艺条件，同时也能确保芯片在键合应力作用下获得较少的损伤。

2.5.6　电接触层金属化互扩散

电接触层金属化互扩散是由热激励的金属与金属间或金属与半导体间的互扩散。如图2-104所示为AlGaN/InGaN/AlGaN基LED器件结构的示意图。电接触层金属互扩散与电迁移的不同之处在于，电接触层退化是由于电接触层向内或向外扩散引起的。而电迁移则是晶体缺陷或缺陷隧道处金属原子聚集所致。持续的金属化互扩散导致接触金属发生合金化或混杂，致使电接触层退化。

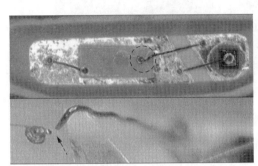

图 2-103　键合线在"颈部"开路

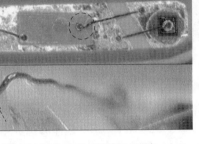

图 2-104　Gan 基 LED 器件的结构

对于 AuGe/Ni 接触层，当 Ga 向外扩散进入 AuGe 层中的 Au 层时，形成了单线基态区；当 Au 向内部扩散时，形成高阻合金区，导致了接触层电阻的增加。LED 封装体中电接触层金属化互扩散引起光输出的衰减、寄生串联电阻的增加及短路等失效模式。该种失效模式的敏感应力为电流和温度。

在长期直流老化试验过程中，GaN/InGaN 器件的失效主要表现为 P 面半透明接触层的退化，导致器件寄生串联电阻的增加和光输出的退化，当试验过程中电流增加时，寄生串联电阻将会导致电流拥挤效应的增加。寄生串联电阻的数值可在电流—电压曲线中提取。在高电压直流老化试验过程中发现了寄生串联电阻的增加现象。Pavesi 等人在有关 InGaN 基 LED 器件的热电退化研究中发现，没有热沉的 LED 器件在经历 500h 的应力为 100mA 的老化试验后，其光输出衰减到初始值的 70%，器件的串联电阻和正向电压均上升，同时通过光发射显微镜发现了电流拥挤效应。Meneghini 等人分析了 250℃高温存储试验后器件 P-GaN 接触层的退化原因，高温存储导致器件电压的增加，同时也使器件 I-V 曲线零点附近的电特性呈非线性特征。

2.5.7　静电损伤

静电损伤（ESD，Electrostatic Discharge）是一类可导致蓝宝石衬底 LED 器件（如 GaN 基 LED）快速开路失效的失效机理。蓝宝石衬底常用于蓝光、绿光和白光 LED 当中。正向偏置脉冲（1ns～1μs）通过 LED 器件不会给器件带来损伤，但反向脉冲却可引起器件发生静电损伤。击穿电压和反向饱和电流与接触的材料、厚度，衬底中的缺陷及污染等因素有关。图 2-105 为一静电损伤 LED 器件的分析照片，图中圆圈标注点为静电击穿点。

解决静电损伤的一个途径是在 LED 器件两端并联一个齐纳二极管。齐纳二极管可将正反两个方向的尖峰电压过滤掉，因此可使 LED 器件免受损伤。另一个途径是在 LED 芯片上集成一个 GaN 肖特基二极管，用以提高氮化物基 LED 器件的抗静电特性。此外，具有高热导率的 SiC 衬底、GaN 衬底及 Si 衬底也可提高器件的抗静电能力。

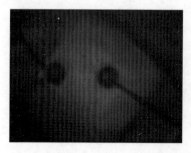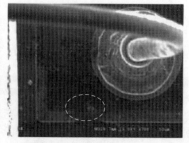

图 2-105　LED器件静电损伤分析照片

　　蓝宝石衬底为绝缘体，蓝宝石衬底的绝缘性使其具有较低的热导率，导致 GaN/In-GaN 器件极易被静电或热耗散损伤。Su 等人的研究表明，P 面帽层在 1040℃生长的 LED 器件能耐受的静电损伤脉冲达到 3.5kV。试验表面 LED 器件的抗静电损伤能力与 V 形缺陷及键合点的设计有关。P 面 GaN 帽层形成的 V 形缺陷深坑也与螺旋缺陷的表面终止有关。这些 V 形缺陷深坑形成了漏电通路，导致器件具有较差的抗静电能力。Tsai 等人的研究结果表明，P 面 GaN 层在高温条件下生长的 GaN 基 LED 器件其反向抗静电电压能达到 7kV。另有研究发现，并联了齐纳二极管的倒装型 LED 器件的抗静电能力达到了 10kV。在反向偏置下，SiC 衬底因能降低晶格失配而使器件的抗静电能力提升。采用调制掺杂的 $Al_{0.12}Ga_{0.88}N/GaN$ 超晶格 LED 器件，当其遭受静电时，因其能将电流扩展，从而提高了 GaN 基 LED 器件的抗静电能力。

2.5.8　封装体碳化

　　在电应力下，LED 表面以上的塑封体材料发生碳化，导致焦耳热或环境温度的上升，并形成了一个通过 LED 本体的热传导路径导致 LED 本身失效。封装体的碳化使其绝缘阻抗降低，使临近的焊接引线与导线之间容易产生漏电。塑封体绝缘阻抗的降低，加上器件始终在一个密闭的温度超过阈值温度的环境将会加速热耗散过程，导致封装体的碳化。在这个过程中，焊接引线在大电流条件下的熔融将使电流穿过塑封体而产生焦耳热。焦耳热进一步降低了封装体的绝缘阻抗，最终导致其发生碳化。封装体碳化所呈现的失效模式为光输出的降低，失效位置如图 2-106 所示。

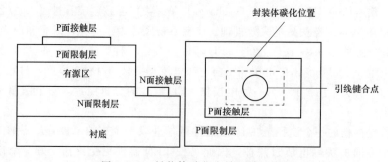

图 2-106　封装体碳化失效区域示意图

　　失效分析结果表明，单量子阱 InGaN 基 LED 器件在高电流应力条件下的退化过程均是从二极管表面以上封装体材料的碳化开始。塑封体沿着焊接引线碳化，塑封体的退化是与功率和温度相关的，最终导致光功率的退化。在退化过程中，塑封体材料烧焦后在芯片表面留下了一层导电碳膜。LED 芯片 P 面接触层上检测到的几个黑斑是其下面结区在高脉冲电流应力下发生非接触击穿而导致塑封体熔融所致的。持续应力作用下，将会产生导电层，在 LED 芯片上形成短路通路。进一步施加电应力将导致灾难性封装失效。

使用过程中通过对最大额定电流和环境温度的调整，以及热管理设计能够避免过高的热载荷，从而避免封装体碳化失效的发生。保险起见，LED 器件应降额使用。

2.5.9 分层

重复的周期性应力将会导致 LED 器件封装材料的分离，使其机械健壮性明显降低，这种失效现象叫做分层。分层可发生在芯片与硅胶树脂封装材料之间、封装材料和引线框架之间以及 LED 芯片和芯片黏接层之间。

与分层相关的失效通常导致光输出降低。当分层发生在热传导路径上时，分层区域的热阻增加导致结温的升高，进而引起其他失效的发生，最终导致 LED 器件寿命的降低。分层也会引起光输出持续的降低。失效的原因是热机械应力、潮气及界面污染。LED 封装过程中引入的界面污染将会导致界面粘接力的降低，导致分层的发生。

LED 封装通常由聚合物塑料材料注塑而成，湿度膨胀系数的不匹配引起 LED 封装体内湿—机械应力的产生，导致封装体吸收潮气而膨胀。在聚合物和非聚合物材料间有不同的膨胀等级。不同的膨胀等级将导致封装体内产生吸湿的应力，因而在高的回流温度下将增加热应力，因此导致分层的发生。封装体中存在潮气，将使界面的粘接强度降低 $40\%\sim60\%$ 而发生分层。LED 封装材料热膨胀系数的不匹配也会在回流焊工艺过程中引入热应力。高的温度梯度将会导致 LED 芯片与封装体之间发生分层，在封装体形成芯片—空气—硅胶树脂界面。

Kim 等人报道称 Au/Sn 共晶焊具有较低的热阻，而银胶和焊料胶因具有较高的热阻，因此其芯片粘接层质量要比 Au/Sn 共晶焊差。芯片粘接的不连续将会导致封装体中局部的温升。Rencz 等人利用结构方程评估方法分析和检测了芯片粘接的不连续，这是一个测量局部热阻的有效方法。当封装体中心有空洞存在时，检测发现 R_{th} 值显著升高。结构方程提供了一个与结合外部环境间的热阻有关的热流路径的累积热电容谱。芯片和芯片粘接层间的最大应力出现在拐角处。在这个应力作用下，芯片和芯片粘接层间发生分层。在大多数情况下，分层从拐角处（最大应力处）开始，然后逐渐扩展至其他区域。粘接层分层的剪切应力组合效应可以由下面的经验公式描述

$$\left(\frac{\tau}{\sigma_f}\right)^2 + \left(\frac{\sigma}{\sigma_f}\right)^2 = 1 \tag{2-188}$$

式中：τ 为界面处的剪应力，N；σ 为界面处的切应力，N；σ_f 为界面处的复合破坏应力，N。

通常通过进行热学瞬态测量来分析 LED 封装体中分层的热学特性。对结构方程进行求导，微分结构可描述为累积热阻的方程。在两个方程中，局部的波峰和波谷意味着

到达了新的一层材料或热流路径表面区域的改变。波峰通常代表新区域的中间。热阻随着分层的程度而增加。同表面具有较好的键合结构的芯片相比，若LED芯片和封装体其他部位之间发生不良键合时，其热阻要增加14倍多。在装配工艺过程中，焊料与焊接区域材料热膨胀系数的不匹配将会导致焊接层在温度循环过程中产生分层。环氧树脂的加工过程包括重复的收缩干燥，也会产生内部应力，最终导致分层的发生。

声学扫描显微分析技术是检测电子封装内部分层常用的一种技术。Driel等人利用声学扫描显微镜检测到了腔面朝下的载带型焊球阵列封装中的分层。该种技术通过声波在器件中进行传播，当传播信号出现反射或时间延迟时，就表明两种材料间存在缝隙。

为了降低热膨胀系数的不匹配和传输损耗，提升热导率，$25\sim50nm$的纳米尺寸硅填充物常用来合成封装体材料。Hu等人对陶瓷封装高功率LED的热学特性和机械特性进行了分析。陶瓷封装代替塑料封装的优势包括高的热导率、优秀的耐热性、抗恶劣环境的能力、小尺寸结构、先进表面加工带来的高反射率、与芯片较低的热膨胀系数失配以及较高的抗潮湿能力等。陶瓷封装降低了PN结到外部环境间的热阻，有效降低了界面分层现象的发生。

为了降低热机械应力和湿—机械应力，需要选择热膨胀系数和潮湿膨胀系数匹配的材料作为LED的封装材料。封装材料具有较低的热膨胀系数和模量，具有优秀的黏附性，键合界面材料之间热膨胀系数匹配是解决分层问题的可能途径。同样，需要对LED芯片及其下面的LED封装引线进行热管理，可通过在LED封装体底部中心内嵌大面积金属散热芯片或采用金属印制电路板等措施形成有效的热传导路径。

2.5.10 封装体黄化

LED通过封装来防止机械和热应力冲击及潮湿导致的腐蚀。透明的环氧树脂是早年LED器件常用的封装体材料。但是，环氧树脂作为封装体存在两个弱点：①凝固的环氧树脂中横向连接网络的存在使其坚硬易碎；②当环氧树脂暴露在光辐射和高温条件下时容易发生退化，导致材料断链（导致激射的形成）及变色（热氧化线路的形成）等现象的发生，这种现象称为封装体黄化。利用硅胶树脂对环氧树脂进行改性是提高环氧树脂韧性和热稳定性的有效措施，但同时也会在LED封装体中产生低玻璃体转化温度（T_g）、大的热膨胀系数、粘接性不良等缺陷。利用硅氧烷对LED器件的透明封装体进行改性是提高其热机械性能的一个可行方法，因为在硅氧烷化合物的多重作用下可提高材料中的交联密度，进而使聚合物链键合能提高，降低断链的发生。

封装体黄化会导致封装体的透明性降低和变色，因而常表现为光输出降低的失效模式。封装体黄化的基本原因包括：①长期暴露在短波辐射环境（蓝光/紫外光）；②过高的结温；③磷元素的存在。

在下述条件下，通常会发生聚合体材料的光降解现象：当温度超过玻璃体转化温度T_g时，聚合物分子中的分子迁移率增加；当载色体作为填充物或不规则结合物引入到分子中时，两种情况下均在没有吸收带的聚合体中出现了吸收区。光降解与辐射量和暴露时间有关。因而即使器件长期暴露在可见光条件下，也会导致聚合体和环氧材料的退化。光致黄化可分为4组不同的黄化曲线：线性、自身催化的（黄化量和速率随时间增加)、自动延缓的（黄化以逐渐降低的速率开始）、初始漂白后黄化的线性增加。由于 GaN 材料带隙之间的复合会产生紫外辐射（波长＜380nm），许多环氧材料在长期紫外光或蓝光的照射下会发生黄化现象。变色引起封装体透明性降低，导致 LED 器件光输出的降低，并导致一定的色漂。进一步研究发现，器件退化及其相关的黄化速率与暴露能量（封装体上光照射的总量）呈指数递增关系。

与结温过高有关的热效应也对封装体的黄化起一定的作用。Narendran 等人报道称环氧封装的 YAG∶Ce 低功率白光 LED 的退化率主要受结温和短波辐射的总量影响。而热效应对黄化的影响要大于短波辐射。此外，他们还证明，在荧光粉层和反射镜之间传播的一部分光也会导致温度的上升，潜在的引起了环氧的黄化。Yanagisawa 等人发现高湿度测试环境对黄化没有明显的影响。Baillot 等人表明在高温加速寿命试验条件下（30mA/85℃/1500h），他们发现封装体内部硅胶树脂涂层的退化。Barton 和 Osinski 提出黄化与环境温度和 LED 自热的联合影响有关。他们的研究结果表明，当温度升高到 150℃ 以上时，环氧树脂的透明度很容易改变，从而引起 LED 光输出的衰减。

为了讨论热黄化的阻力，Down 等人针对多种商业化的在室温条件下硬化的环氧树脂开展了自然老化试验。如式（2-189）所示，通过测试 380～600nm 波段的吸收来监测黄化的区域

$$A_t = \left[A(380\text{nm})_t - A(600\text{nm})_t \right] \times \frac{0.1\text{mm}}{F} \qquad (2\text{-}189)$$

式中：A_t 为某一个观测时间 t 的黄化率；F 是每一个样品的平均膜层厚度，nm。

黄化曲线为平均黄化度 A_t 与时间 t 的关系曲线。根据比尔定律，吸光率与测试样品的厚度成比例。利用黄化可接受性评估试验中形成的相关判据对测试结果进行分析。环氧样品的吸光率小于 0.1mm 时，认为没有发生变色；吸光率大于 0.25mm 时，认为发生了变色；而当吸光率处于 0.1～0.25mm 之间时，不能确定是否变色。实际情况是当黄化曲线在 0.1mm 交叉点处开始到 0.25mm 处结束出现了明显的变色。但通常认为从 0.1～0.25mm 范围内的黄化是可接受的。

尽管荧光粉是产生白光的一个关键组分，但其也会导致器件可靠性的降低。荧光粉封装在环氧树脂内部 LED 芯片的周围。荧光粉对蓝光 LED 发射的短波长光谱进行转换，并与蓝光组合形成白光。当荧光粉与 LED 芯片直接接触时，也就是荧光粉转换型 LED 器件，大约 60% 的荧光粉发射被芯片反射吸收。当荧光粉没有与 LED 芯片接触，而是远离 LED 芯片时，损耗主要来自表面反射吸收及光被散布的荧光粉所捕获两个方面。因为光的提取效率随着荧光粉浓度的降低而升高，所以当封装体中荧光粉层较厚、浓度较低时具有较高的发光效率。已经开展了很多有关荧光粉空间分布与可靠性相关性的研究。Arik 等人利用有限元分析技术展示了荧光粉颗粒在波长转换过程中由低量子效率引起的局部加热现象。其结果表明 $20\mu\text{m}$ 直径球形荧光粉颗粒产生的 3mW 热量也会引起温度的上升而导致器件光输出衰减。

因而，从光子学和热学两个方面入手去研究荧光粉颗粒对封装体黄化的影响是必要的。在颗粒尺寸、浓度、几何形状、载体以及折射率均与封装体材料匹配的前提下，必

须考虑用于 LED 器件封装的荧光粉中夹杂物的影响。荧光粉转换型 LED 器件的几何结构通常分为 3 类：散布型、遥远型和局部型。遥远型荧光粉转换 LED，其光子的抽取是离散的，因其荧光粉层与芯片分离，由封装体漫反射镜中光学结构一侧提取的光向后发射，导致其发光效率要比传统的荧光粉转换型 LED 的效率高 61%。全内反射捕获及量子转换损耗引起荧光粉层光损耗。Kim 等人通过在漫反射杯中采用遥远型荧光粉分布技术提高了 LED 器件电光转换效率。Luo 等人通过利用漫反射杯、遥远型荧光粉分布层及半球形封装体等方法降低了光学损耗。而 Allen 和 Steckl 通过进一步的研究发现，采用内部漫反射杯结构的荧光粉转换 LED 器件在提升光提取效率的同时，其荧光粉的变换损耗仅降低 1%。因内部反射导致荧光粉在远离芯片表面处发射，因此采用内部漫反射杯结构的 LED 被认为是获得蓝—白转化的理想器件。这个过程采用高反射率的反射体材料，并且以一定的量子效率确定荧光粉的分布位置，均匀的折射率可削弱散射，折射率与封装体材料匹配可去除全内反射。Li 等人报道称，在透明的环氧树脂中添加少量的极小颗粒 ZnO 能提高可见光的透明度和紫外光的屏蔽效率。由以上介绍的工作可看到，通过考虑 LED 器件封装体中存在的荧光粉光子学及热学特性能提升光的提取效率。

在后续的研究中，为了防止黄化现象的发生，需要更加关注封装材料的解决方案。紫外透明封装材料或硅胶树脂基封装材料能防止因紫外辐射而引起的封装材料的光降解。改良的环氧树脂或硅胶树脂基封装材料，以及低热阻衬底对降低因引线框架间高温导致的封装材料的热退化很有效。高折射率封装材料、有效的封装设计以及高的荧光粉量子效率可解决 LED 芯片和封装体材料间折射率不匹配问题，进而提高光的提取效率。

对于塑料支架封装的贴片型 LED 来说，其支架的主要材质有 PPA、PCT、EMC、SMC 四种，其中 PPA 和 PCT 是热塑型材料，其成型工艺为熔化注塑；EMC 和 SMC 是热固型材料，其成型工艺为加热冲压。所以后两者的热稳定性好于前两者。PPA 容易发生黄化、脆化，一般只适合封装 0.2W 以下的 LED 器件。PCT 材料在高温承受能力、高温长时间黄化、反射率、UV 照射上都要优于现有的 PPA。它可达到其他同类材料不可比拟的颜色稳定性和低吸水性（千分之一左右），有良好的环境适应能力。此外 PCT 材料加的是陶瓷纤维，含纤维 20% 左右，耐候性较好，抗 UV，具有较低的吸水率和成型收缩率以及良好的尺寸稳定性。不过 PCT 的初始反射率略低于 PPA。PCT 一般适合封装 0.5W 以下的 LED 器件。EMC 支架具高耐热、抗 UV、通高电流、体积小、抗黄化的特性，为追求成本不断下降的 LED 封厂带来新选择。无论是台湾地区 LED 封装厂或是中国大陆 LED 封装厂，从 2013 年开始皆积极扩增 EMC 产能，其中，大陆 LED 封装厂产能扩增快速，其中天电光电是 EMC 封装增长最快速的厂家。EMC 材料适合封装 1.2W 以下的 LED 器件，但是其初始反射率要低于 PCT，并且成本高于 PCT，其原材料颗粒价格大约是 PCT 的 5 倍。SMC 较 EMC 更为昂贵，但其热稳定性和抗 UV 能力更强且适合封装 2W 以下的 LED 器件，使小功率塑料封装器件在一定程度上向大功率陶瓷封装演进，并逐步取代一部分原有陶瓷封装的应用。综上所述，PPA 和 PCT 材料主要适合于室内照明产品，当前的封装形式主要有 2835、4014 和 3030。EMC 和 SMC

材料主要适合于户外照明产品及高可靠性要求的灯具产品，当前的封装形式主要是
3030 和 5050。

2.5.11　透镜破裂

通常要求 LED 封装，以及透镜材料具有高的透明度、高折射率、化学稳定性、高
温稳定性、促使光进入自由空间的密封性和
可靠性等特性。如图 2-107 所示，大功率
LED 一般采用陶瓷基板封装，塑料透镜作为
一次透镜，从而保护芯片并增加光提取效率。

因为标准的硅胶树脂在其硬化状态保留
了机械柔软性，因此在其外面包覆塑料透镜
为其提供了机械保护。塑料透镜也用来提高
LED 器件发射光进入自由空间的量。透镜常

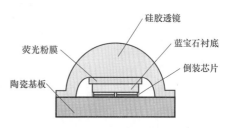

图 2-107　大功率 LED 陶瓷封装示意图

见的失效模式为增加的 LED 内部反射引起一定数量的毛细裂纹导致器件光输出降低。
失效的发生与热机械应力、湿—机械应力及不良的上板装配过程等因素有关。

透镜破裂与塑料的材料特性相关，LED 中所有的密封材料和透镜材料都是基于聚
合体的材料，如环氧树脂、硅胶树脂聚合物及有机玻璃等。Hsu 等人发现，具有 3 种不
同透镜形状的大功率 LED 样品在进行恒压 3.2V，温度分别为 80、100、120℃高温老化
试验时，因透镜表面中心同封装体间发生热膨胀而导致透镜出现了一些裂纹。试验采用
的 LED 器件其透镜形状分别是半球形、圆柱状及椭圆状。由于采用半球状透镜的 LED
器件其芯片到透镜之间的热耗散比较均匀，因此相对于圆柱形和椭圆形透镜形状 LED
器件，其具有更高的可靠性。也有报道称，当 LED 器件长期置于高湿环境时，湿—机
械应力将会导致 LED 塑料封装体内部的透镜朦胧。有公司报道称因 LED 内部温度的变
化会导致机械应力的产生，因此极端的热冲击也会导致环氧透镜的破裂。不良的计算机
控制印制板装配过程导致透镜圆顶破裂，在进行电测试试图将焊接后的灯弯向固定位置
时发生了这种现象。引线框架上的弯曲应力被传递给硅胶透镜，导致透镜破裂。

未来的研究方向是选择合适的透镜材料进行有效的透镜或封装设计，降低透镜上的
热机械应力和湿—机械应力。通过开展可靠性评估试验和加速寿命试验等质量控制措
施，进而对透镜进行改良，能够有效避免透镜破裂。

2.5.12　荧光粉热猝灭

由于热驱使磷光衰减，荧光粉热猝灭使光输出降低，使非辐射跃迁概率升高。荧光
粉热猝灭意味着当温度升高时，荧光粉的效率衰退。白光 LED 通常是荧光粉转换发光
器件，利用 LED 芯片的短波发射去激励遍布在封装体内部的荧光粉（冷光材料）发光，
荧光粉发射长波长的光，与剩余的短波光混合而产生的白光。相比于荧光，磷光具有更
长的发射路程（激发态的时间），如图 2-108 所示，磷光衰减与温度有关，而荧光衰减
与温度无关。

为了避免改变白光 LED 的色度和亮度，通常要求用于白光 LED 的荧光粉具有较低
的由斯托克斯位移导致的热猝灭。用于白光 LED 的荧光粉通常包括硫化物、铝酸盐、

氮化物及硅酸盐。用于 LED 的荧光粉通常要求其具有以下特性：①较高的紫外和蓝光吸收效率；②高的转换效率；③对化学制品、氧气、二氧化碳及潮湿的高阻抗性；④低的热猝灭；⑤较小并且均匀的颗粒尺寸（$5\sim20\mu m$）；⑥合适的发射波长。大多数氧化物基荧光粉在可见光波段具有较低的吸收效率，意味着其不能与蓝光 LED 组合。硫化物基荧光粉热稳定性差，并且对潮湿敏感，在没有保护层的外部环境下其很容易发生明显退化。Xie 等人进一步研究后宣称，硅基氮氧化物荧光粉和氮化物基荧光粉不但具有从紫外到可见光较宽的激射带，而且其对蓝光和绿光具有较强的吸收能力。

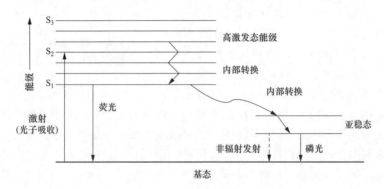

图 2-108　磷光与荧光对比

荧光粉热猝灭导致的失效模式包括光输出降低、色漂、半峰宽展宽。较大的驱动电流和结温过高导致的封装体内部温度的上升。

随着温度的增加，在热蒸发及激发态和基态交界点发光中心的释放的作用下，非辐射跃迁概率增加，导致发光的猝灭。Jia 等人证明温度上升导致的蓝移和光谱展宽暗示了与温度相关的电子—声子的相互作用。对于大功率 LED，当导线温度超过 80℃ 时，光输出开始发生退化。在温升过程中，因荧光粉热猝灭，导致半峰宽展宽。温度升高时，也发现了荧光粉发射谱带的轻微蓝移。在与带隙收缩有关的结温的影响下，芯片峰值波长向低能方向漂移。热猝灭过程与两个因素有关：①多声子驰像过程；②作为产生长期有余辉的荧光体掺杂材料的热电离。低的晶格声子能量对于减轻热猝灭过程是有益的。对于有余辉的荧光体，假定催化剂在一个光子产生捕获电子的过程中被电离。当电子激发态在导带以下时，电子需要热能才能离子化，这个过程就叫做热离化，要求电子的能级接近于施主导带能级。当热离化过程存在时，因为大量的电子被捕获，热猝灭变得严重，导致光输出退化、色漂等失效的发生。

提高 LED 封装的设计和可靠性，需要降低由热猝灭引起的量子变换损耗。当前的研究主要集中在发展与 LED 芯片激射光混合产生白光的新型荧光粉材料，以解决荧光粉热猝灭问题，提升器件的量子转换效率和长期可靠性。

Mueller-Math 等人提出了基于蓝光 InGaN/GaN 的 LED 激发 Sr_2SiN_8：Eu^{2+}（氮化物，红色）和 $SrSi_2O_2N_2$：Eu^{2+}（硅氧氮，绿色）荧光粉，进行混光后产生白光 LED 的技术。该技术表现了较宽的关联色温范围、较好的显色性和低的热猝灭。Uheda 等人发现，GaAlSiN₃：Eu^{2+} 红光荧光粉在 $405 \sim 460nm$ 波段的激射要比 La_2O_2S：Eu^{3+} 和 $Ga_2Si_5N_8$：Eu^{2+} 更有效率，同时在化学稳定性上也较好，其在蓝光和紫外光 LED 的激励下将产生高效的红光发射。Xie 等人报道称对于荧光粉转换发光 LED 器件，Eu^{2+} 激活的 Li-α-SiAlON 荧光粉是一种良好的黄绿色荧光粉。Jia 等人表示，当 $SrMgSi_2O_6$ 和 $Sr_2MgSi_2O_7$ 荧光粉中 Eu^{2+} 和三阶稀土离子进行共掺杂时，$Sr_2Si_5N_8$：Eu^{2+} 荧光粉红光发射量子效率达 75%～80%，150℃时的热淬灭几率较低。Xie 等人发现，M-Si-Al-O-N 体系中含有氮化物荧光粉时，对蓝光具有较高的转换效率、合适的色品及较低热淬灭。Xie 等人进一步报道称，合成的 $Sr_2Si_5N_8$：Eu^{2+} 基红色氮化物荧光粉具有较高量子效率的橙红色发射，同时热淬灭较低。Zeng 等人表示，$Ba_5SiO_4C_{16}$：Eu^{2+} 荧光粉在 405nm 激励条件下展示了较强的峰值波长为 440nm 的蓝光发射，同传统的 $BaMgAl_{10}O_{17}$：Eu^{2+} 荧光粉相比，强度高 220%。

后续有关荧光粉热淬灭的研究应通过优化荧光粉材料、颗粒尺寸、浓度、几何形状等几个方面来降低 LED 封装体内部的温升，进而提高和维持光的提取效率；同时也需要关注 LED 封装的热设计及 LED 的 PCB 板焊接设计，使 LED 器件内部的热量能通过电路板有效散到外部环境。

2.5.13 焊点疲劳

LED 封装器件通常通过焊料焊接到 AlO 陶瓷基板、金属板（MCPCB）以及有机（FR4）印制电路板上。焊料可能发生疲劳，有可能被拔起或退化。失效模式为缓和性的焊点疲劳与电接触（焊点）的退化，这些退化有时与 LED 随时间的退化紧密相关。电接触的退化增加了正向电压。对于板上封装 LED 器件，因其芯片通过焊接引线直接与印制电路板相连，所以热机械疲劳并不是一个主要问题，影响 LED 器件长期可靠性的关键因素是 LED 本身的退化而非板级互连退化。另一方面，对于贴片型封装，互连焊料因 LED 封装和电路板之间热膨胀系数的失配而经历了逆向应力，导致焊点的热机械疲劳。因此，对于贴片型 LED，影响其可靠性的关键因素包括焊点的热机械疲劳和 LED 本身的退化。

失效机理为施加的机械应力、循环的蠕变应力、易碎金属化合物的破裂或其中几种因素组合后引起的变形响应所导致的疲劳。当温度变化时，剪切应力为焊点的主要应力，结果，在热循环过程中，焊接焊点表面的相对滑动，产生了瞬间短路现象的发生。封装体和电路板之间的热失配、封装体的几何尺寸（应力传输的长度范围）、焊点材料和厚度、温度冲力和停留时间、电介质的系数和厚度，以及电介质的阻抗是导致 LED 器件焊点疲劳的常见原因。Chang 等人表明，大功率 LED 封装和铝布线印刷电路板之间的互连可靠性与温度冲力的数量、停留时间、LED 封装的电功率及电路板的设计（有没有主动制冷器件）相关。仿真结果表明，高的温度冲力及长的停留时间可缩短焊点疲劳的发生周期。LED 器件高的输出电功率加速了焊点的互连失效。采用主动散热器件同采用被动散热器件的方式相比，前者提高了焊点疲劳发生的周期。对于大多数大功率 LED 器件，置于 LED 封装体中心的金属散热体提供了与印制电路板之间的机械连接和热通道。总的有效焊接点面积增加了，由此可降低周期温度冲程。

　　焊料的可靠性受环境载荷、焊料材料的特性、焊料与焊接区表面金属形成的金属间化合物影响。Osterman 等人证明，Coffin-Manson 疲劳寿命模型是一个在设计初期预估互连焊点疲劳寿命的理想模型。Engelmaier 互连疲劳寿命模型是无弹性应力排列，是Coffin-Manson 模型的修正模型。Engelmaier 模型给出了周期功率和热循环作用下，导致焊点疲劳发生的循环数的一阶预估。然而，Engelmaier 模型没有考虑局部的热膨胀系数和可能的变化，如焊点可能经历的热循环温度范围和不同的应力等级。此外，Engelmaier 模型没有考虑任何弹性形变，该模型仅对于陶瓷基板是适用的。当金属成分终端与电路板上键合点及电路板金属发生反应时，金属间化合物形成了。金属化合物的形成导致焊点变脆而容易产生疲劳。

第3章 ● LED器件可靠性

3.1　可靠性基础知识

寿命长是 LED 照明产品的特点，如何准确评价 LED 照明产品的寿命，多年来一直是 LED 照明产品研发人员和 LED 器件厂商非常关注的内容。虽然 LED 照明产品的寿命不完全取决于 LED 器件的寿命，但是这两者之间存在很强的正相关。LED 器件厂商在销售某型号的 LED 时，一般会提供诸如 LM-80 报告等与 LED 器件寿命有关的资料。如何利用 LED 器件的寿命数据，正确估计基于 LED 器件的 LED 照明产品寿命就成为一项重要工作。

由于 LED 器件工艺日趋成熟，外延设备、封装设备以及相应产线趋于标准化，所以当前 LED 器件发生早期 LED 器件用于照明时常出现的突然失效（死灯）的情况越来越少，而 LED 器件随燃点时间缓慢光衰则成为最常见的失效类型，据此在考虑 LED 器件寿命时，一般采用光通量衰减到某个特定水平作为失效判据。例如 LED 器件光通量衰减到初始光通量的 70% 作为失效判据，此时该 LED 器件的累计燃点时间记为 L_{70}，并称此 L_{70} 为 LED 器件的寿命。一般的，以光通量衰减到初始值的 $p\%$ 作为失效判据，与之对应的寿命记为 L_p。不同的 LED 器件，以及同样的 LED 器件在不同的使用条件下（不同焊点温度 T_s，不同驱动电流 I_f 等），L_p 都可能不同。另一方面，由于 LED 器件因为生产工艺而固有的离散性，每个具体 LED 器件的光衰特性存在差异，从而即使相同型号的 LED 器件在同样的使用条件下，L_p 也会有所不同。因此同样型号的 LED 器件，燃点至初始光通量降至 $p\%$ 的时间有长有短，是一个随机变量，当有 50% 的 LED 器件初始光通量降至 $p\%$，此时的时间记为 L_pB_{50}，称为 LED 器件在失效判据 $p\%$ 下的平均寿命。同理，$q\%$ 的 LED 器件初始光通量降至 $p\%$ 的时间记为 L_pB_q，也称为 LED 器件在失效判据 $p\%$ 的平均寿命。本章将对如何计算 LED 灯珠的 L_pB_q 做介绍，也会介绍如何由灯珠的 L_pB_q 对应计算 LED 整灯的 L_pB_q。LED 的光衰失效一般是一种缓慢的退化失效，一般用加速退化模型来研究。

此外，LED 器件的寿命有很多种类，例如光衰寿命、开关寿命、失效寿命等。关于 LED 器件的光衰寿命已有相关标准和较多研究文献，有较为成熟的评价模型和方法，而关于 LED 器件开关寿命的研究较少。开关寿命一般指产品在失去规定功能前，平均可以开关的次数，一开一关算作 1 次。它与时间的关系是不确定的，受每天产品开关次数的影响。例如某 LED 照明产品，在工厂使用条件下，可能每天只有 2 次开关，那么 5000 次的开关寿命对应的时间就是 6 年以上。但如果在居家使用条件下，有可能每天有 10 次开关，那么 5000 次的开关寿命对应的时间就只有 1 年多，这对于照明产品一般 3～5 年的使用寿命要求来说，5000 次的开关寿命就略显不足了。有研究表明，不同的照明场所照明产品每天的开关次数是显著不同的，对于每天开关次数较多的场合，应该考虑选用开关寿命较长的元器件来保证产品整机的开关寿命。特别是 LED 器件，一般对灯具产品来说，每个灯具要用到几十颗甚至数百颗 LED 器件，相比光衰寿命对整机的缓慢影响，开关寿命对整机的影响是非常显著的。因此，本章也会对 LED 的开关寿命做介绍。LED 的开关失效是一种突发失效，一般用加速寿命模型来研究。

最后，本章还会介绍 LED 的环境耐受性，即抗硫化、抗氧化、抗氨气等的能力。

作为可靠性计算的基础，首先介绍可靠性理论。

3.1.1　可靠性与寿命试验

可靠性试验是为了了解、评价、分析和提高产品的可靠性而进行的各种试验的总称。可靠性试验的目的是发现产品的设计、材料和工艺方面的缺陷，确认是否符合可靠性定量要求。

产品的可靠性是设计和制造出来的，也是试验出来的。通过可靠性试验，可暴露产品设计中存在的问题，经分析和改进设计，使产品可靠性逐步得到增长，最终达到预定的可靠性水平。通过可靠性试验还可验证产品可靠性指标是否达到规定的要求。

寿命试验是指为了测定产品在规定条件下的寿命所进行的试验。广义而言，寿命试验也属于可靠性试验，但寿命试验主要针对具有耗损特性的产品。寿命试验的目的是验证产品在规定条件下的使用寿命和储存寿命。通过寿命试验，还可发现设计中可能过早发生耗损故障的零部件，并确定故障的根本原因和可能采取的纠正措施。

产品可靠性通常用平均故障间隔时间（$MTBF$，Mean Time Between Failures，也称平均寿命）、故障率 $\lambda(t)$ 等参数来度量。估算产品寿命必须以所确定的产品耗损特性为依据，可通过使用中的耗损故障数据来评估寿命，也可用寿命试验来评估。

现代产品复杂程度越来越高，功能越来越强大的同时，人们对产品寿命与可靠性要求也在不断提高，高可靠性、长寿命产品越来越多。由于试验时间和经费的限制，模拟产品全寿命周期预期经历各种使用条件的可靠性与寿命试验技术已经远不能满足产品发展的需要，加速试验方法应运而生。加速试验是为了缩短试验时间，在不改变产品失效机理的情况下，采用较产品正常使用条件（正常应力）更加严酷的试验条件（加速应力）而进行试验的一种内场试验方法。通过加速试验可快速暴露产品的设计和工艺缺陷，进行分析改进，使产品可靠性更高。通过加速试验，还可在有限的试验时间内获得产品寿命与可靠性信息，从而预测或评估产品正常使用状态下的寿命与可靠性。

按试验场地分类，可靠性与寿命试验可分为实验室试验和外场试验两大类。实验室试验是在实验室中模拟产品实际使用条件的一种试验。外场试验是产品在使用现场进行的可靠性与寿命试验。两者各有特点，实验室试验和外场试验的对比见表 3-1。

表 3-1 实验室试验和外场试验的对比

序号	项目	实验室试验	外场试验
1	试验方式	模拟产品现场使用条件在实验室进行试验	在使用现场真实条件下进行试验
2	试验条件	可以控制，但不能完全模拟现场真实使用条件	结合用户使用进行，按用户的使用条件
3	受试对象	由于试验设备的限制，不适用于大系统或整机	适用于复杂大系统或整机
4	试验数据	数据收集和分析较方便	数据收集和分析较困难，信息丢失多，准确性和完整性差
5	试验结果	可获得产品固有可靠性	可获得产品使用可靠性
6	子样数	能专门用于试验的子样数少	结合外场试验与用户使用，可用的子样数较多
7	费用	试验设备较昂贵，人、财、物开支较大	结合用户使用，专用试验费用较低

一般 LED 器件都采用实验室试验，LED 灯具有实验室试验和外场试验两种情况，其中大部分情况也是采用实验室试验。

可靠性试验的正确实施是保证试验结果真实可信的根本条件。因此，必须对可靠性试验的实施过程提出系统、统一、严格的要求。

产品的可靠性试验应综合考虑能为评价和改进产品可靠性提供信息的所有试验，尽可能利用这些试验的可用信息或与这些试验结合进行，如性能试验、环境试验和耐久试验等，以充分利用资源，减少重复费用，提高试验效率，并保证不会漏掉在单独试验中经常忽视的缺陷。

进行可靠性试验时，首先要考虑尽快激发出产品中存在的设计、材料和工艺等方面的缺陷。因此，一般尽可能采用加速应力，但施加的加速应力不能引出实际使用中不会发生的故障，即产品的失效机理不变，因此，需要了解产品整个寿命剖面中所能遇到的应力与其失效机理的关系。

可靠性试验得出的可靠性特征量的置信水平很大程度上取决于检测的准确性，检测手段的完善程度以及受试产品被检测的次数。由于检测是确定产品是否正常的必要手段，因此在产品的可靠性试验大纲中要规定检测方法、检测的时间间隔和要求等。对 LED 器件的光衰寿命试验大纲在文件 IES LM-80-15 中有详细规定，后文会详细介绍。

（1）检测方法和要求。检测方法分自动检测和人工检测两种。若有可能的话，应尽量采用自动检测；如限于条件，也可采用人工检测或人工和自动检测相结合的方式。测试时需要注意以下几点：

1）功能、性能检测的内容应全面，对于受试验条件限制难以对产品进行全面检测时，应能覆盖产品主要的功能、性能要求。

2）检测时要保持受试产品处在要求的应力条件下。检测时，受试产品最好保持在试验箱内。在特殊情况下，如果在技术上有困难，也可将受试产品从试验箱中取出测量，但应规定最大允许检测时间，以保证测试的准确性。

3）规定各个功能、性能参数检测顺序。应优先测量受试产品从箱内取出可能变化最快的主要参数。由于箱外检测方法复杂，容易产生差错，受外界影响大，因此，迫不得已时才采用。

4）受试产品的取出或重新投入试验，都应尽量减少对其他受试产品的附加影响。

5）对于受试试验条件限制难以在承试方进行测量的内容，试验后应在承制方进行测量。需要时，试验过程中应安排适当的次数返回承制方进行检测，性能检测合格后返回承试方继续进行试验。试验中和试验后在承制方的性能检测应在试验工作组的监督下进行。

（2）检测时间点。试验过程中如果采用计算机自动检测方法，则可随时了解产品的功能是否正常以及性能参数变化趋势。但如果采用人工检测，则要设置若干个检测点。检测点设置得是否合理，直接影响产品性能和功能检测的结果。应在程序中规定检测时间点。检测时间点设置的原则是在试验剖面中，对受试产品工作影响最大的应力条件下必须设置检测点。检测点不要过多，否则检测工作量太大；但检测点也不能太少，这样有可能不能确定故障发生的准确时间及应力情况，给故障分析带来麻烦。

（3）检测参数的确定。可靠性试验中，检测的功能和性能参数应在试验大纲中明确规定。检测的参数一般指表征产品在现场使用中能顺利完成规定功能和性能的主要指标。

3.1.2 试验条件

产品的可靠性是指产品在规定的条件下和规定的时间内，完成规定功能的能力。这个定义的要素是"三规定"，即规定条件、规定时间和规定功能。可靠性是针对一定的条件而言的，谈可靠性时，必须要以一定的条件为前提。以环境条件为例，任何产品在寿命期内的储存、运输和使用状态均会受到各种气候、力学和电磁等环境的作用。这些环境的作用必将会使产品的材料和结构受到腐蚀或破坏，性能劣化或功能失常。

可靠性试验是将环境条件、工作条件和使用维护条件按照一定的关系和一定的循环次序反复施加到受试产品上，通过对试验中发生的故障进行分析和采取措施，使受试产品的可靠性得到提高或做出是否合格的判断。正确的选择试验条件是产品可靠性试验结果能否真实反映产品可靠性水平最重要的因素之一，因此，要使可靠性试验达到预期的目的，必须特别重视试验条件选择与试验剖面的设计。

3.1.2.1 环境条件

环境是指在任一时刻和任一地点产生和遇到的自然环境因素和诱发环境因素综合体。环境条件通常由各种环境因素及描述各因素的定量参数来表示。

自然环境因素是指各种地域、空域和海域等场所出现的非人为造成的环境因素，包括：温度、湿度、气压、太阳辐射、风雨、冰雹等气候环境，自由落体、地震等机械（力学）环境，地球磁场等电磁环境。其中对产品影响最大的是温度、湿度、气压等气候环境。诱发环境因素是指由人类活动引起的环境因素，包括：污染物（如大气中的污染物、沙尘等）等气候环境，振动、冲击、加速度等机械环境，电磁辐射、声辐射和核辐射等辐射环境。其中对产品影响最大的是振动等机械环境因素。对特定产品来说，在寿命期内活动范围是有限的，因此不必考虑所有环境因素的综合影响。

产品所处的环境条件取决于产品执行任务的自然环境、诱发环境、安装平台、安装位置，是多个环境因素的综合作用且这种环境条件是变化的，因此可靠性试验完全模拟其现场环境条件是不现实的，应尽可能真实地模拟产品较敏感的环境。

3.1.2.2 工作条件

产品在现场使用时有各种工况，工况不同给产品造成的损伤也不同。因此，为确定可靠性试验的工作条件，需要得到各种工况所占的时间、使用比例及一种工况转换到另一工况的转换条件、各工况转换次序等。

可靠性试验应尽可能模拟产品实际使用的工作条件。

试验应力是指可靠性试验时对产品施加的环境应力和工作应力。试验应力的内容包括：试验中施加的环境应力和工作应力的类型、大小（应力水平）、作用时间长短、施加频率及次数、应力的次序等。试验应力应根据现场使用产品完成典型任务时的应力情况来确定。

（1）环境应力。产品在实际使用中，受到各种环境应力的作用。各主要环境应力的效应以及对产品的影响如下：

1）高温。物体内部分子运动的速度随温度升高而升高，分子动能增加导致物体膨胀，状态和物理化学特性发生变化。高温对产品造成的主要影响有：①材料和机械性能改变；②不同材料膨胀不一致使得零部件相互咬死或松动；③润滑剂黏度变低和润滑剂流失造成连接处润滑能力降低；④机械零部件发生变形；⑤电子元器件的特性改变；⑥产品的工作寿命缩短等。

2）低温。低温的影响与高温相反，由于电子、原子、分子运动速度减小，导致物质收缩、流动性降低、凝结变硬。低温对产品造成的主要影响有：①材料的硬化和脆化；②改变机械零部件配合间隙，引起相互咬死或松动；③润滑油的润滑作用和流动性降低；④电子元器件的特性改变；⑤破裂、开裂、脆裂、冲击强度改变和强度降低等。

3）温度冲击。环境温度突然变化时使产品与环境之间产生温差，必然要进行热交换。由于一个产品由多个零部件构成，这些零部件又采用多种材料。这些零部件和材料的吸收、导热、散热能力不同，各零部件之间、同一零件的各部分间形成温差，其热胀冷缩的程度不同，形成强大的内应力，从而产生温度冲击效应，引起电气性能和机械性能劣化。温度冲击对产品造成的主要影响有：①结构件变形破裂；②活动部件卡死；③黏合件剥离；④电工填充物龟裂；⑤焊缝、焊点脱落；⑥紧固件松动；⑦密封件泄漏等。

4）湿度。湿度是涉及空气水蒸气含量（不包括液态水）常用的术语。自然空气中一般都含有一定量的水蒸气。气象上把空气看作是干燥空气和水蒸气的可变混合物，称为潮湿空气。用量化参数表示称为湿度。与湿度相关的物理现象有凝露、吸附、吸收、扩散、呼吸等。湿度会影响产品的物理和化学性能。湿度对产品造成的主要影响有：①金属的氧化或电蚀；②涂层的化学和电化学破坏；③吸附作用引起材料膨胀；④电气绝缘和隔热特性变化；⑤复合材料的分层；⑥弹性和塑性改变；⑦电气短路；⑧吸湿材料性能降低等。

5）低气压。大气压力随高度增加而降低。压力对产品影响的大小往往不是取决于压力量值的大小，而是取决于压力梯度或压差。低气压对产品造成的主要影响有：①燃烧效率和润滑剂润滑能力下降；②密封容器变形、破损或破裂；③热传导能力降低引起产品过热；④电弧或电晕放电；⑤发动机起动和工作不稳定等。

6）振动。振动是机械系统相对于其平衡位置的一种准连续的振荡和振荡力，可分为周期性振动（正弦振动）和随机振动。振动导致产品及其内部的动态位移，这些动态位移和相应的速度、加速度可能引起或促进产品结构疲劳、机械磨损。振动对产品造成的主要影响有：①导线磨损；②紧固件和器件的松动；③结构变形、裂纹或断裂；④密封失效；⑤电刷、继电器等产品各种触点接触不良等。

7）机械冲击。机械冲击是动能作用到一个系统上，时间短于系统的固有周期。其特点是过程比较突然，持续时间比较短，能量比较集中。冲击对产品的影响和振动基本相同，所不同的是其作用是一种瞬态过程，引起的失效机理以峰值破坏为主，造成结构的瞬时超越损坏。机械冲击对产品造成的主要影响有：①永久机械变形；②机械零件破坏；③材料加速疲劳；④电气的短路；⑤密封性的破坏；⑥陶瓷或玻璃封装破碎等。

（2）工作应力。产品种类繁多，工作模式千变万化，因此工作应力也多种多样。电子产品的主要工作应力是电应力。电应力对产品的影响如下：

1）电压。过量或不足的电压使某些元器件寿命缩短或导致某些不稳定的缺陷暴露。不同电位之间的电压应力会受到材料介质强度的抵抗，如不同电容板间的电介质材料及不同导体间的绝缘部分（空气或其他绝缘体）。

电位差可使导体和元件内产生电流，如果载流量不足，导体或元件就会失效。这种情况下，引起失效的机理就是电压过高。如无齐纳二极管保护的 LED 由于瞬间施加了高静电电压就会造成电流过应力而失效。

电压应力的另一个影响是产生电弧，它随时可能在开关及继电器的连接处发生。电弧也可能产生在电刷及电动机和发电机的转接器之间。它可产生电磁噪声，同时也破坏接触表面，最后导致其失效。

电晕放电出现在中电位到高电位电极之间，这使得尘埃或其他小粒径的颗粒由于电离而聚集在此区域，造成产品故障或工作不稳定。在低气压的环境下尤其严重。

2）电流。可引起导体温度升高。若温度达到了熔点，导体就会熔化。通过传导和对流，导体可将热量传递给其他元件及绝缘材料，因此会给它们造成热损伤。电流过高会引起电阻等元件参数值随时间漂移。电流也可产生磁场，如果磁场产生振荡，会产生噪声。

3）功率。电阻、电容、LED 等器件，如果功率应力引起过热，也会造成它们失效。长时间功率应力会引起这些器件的参数值发生漂移。功率应力循环诱发的热循环可导致元器件疲劳失效。

4）重复启动或开关。瞬变的开关电浪涌可能引起电击穿。

（3）选择试验条件考虑的因素。

1）试验目的。如果试验目的是确定产品在正常使用条件下的可靠性水平，则试验条件应选择最典型的使用条件。如果是以快速暴露故障为目的的可靠性强化试验则应选取超出规定允许范围但不改变产品失效机理的试验条件。

2）对产品可靠性的影响。产品在可靠性试验中的环境条件、工作条件和使用维护条件应尽可能与现场实际使用过程中所遇到的对产品可靠性具有主要影响的环境条件、工作条件和使用维护条件相一致。在此特别强调的是具有主要影响的条件，即找出对其可靠性影响较大的环境因素，选择现场使用中最典型、最有代表性的使用条件。只有为了考核产品在特殊环境和极限情况下的短期内对某些特殊应力条件的耐受力，或为了解产品在最恶劣条件下的可靠性水平，试验时可适当将特殊应力条件列入试验或将其合成。

3）典型条件。可靠性试验是考核产品在规定条件下、规定时间内能否完成规定功能的试验，主要模拟现场使用中的典型条件。而环境试验是考核产品的设计水平和制造过程中的生产工艺水平是否满足对环境的适应性，所以试验条件一般为极值条件。

确定试验条件应考虑实际使用条件下不同应力因素引起故障的可能性，即对各种类型及等级的应力引起产品故障的模式及其概率有个初步的估计。

4）试验费用和试验设备。应考虑不同试验条件的试验费用，以及现有的试验设备能否提供所要求的试验条件。

3.1.3 环境应力筛选

在 LED 产品设计过程中以及批量出货前，一般都要抽选部分产品进行环境应力筛选。环境应力筛选（ESS，Environment Stress Screening）是一种通过向电子产品施加合理的环境应力和电应力，将其内部的潜在缺陷加速成为故障，并通过检验发现和排除的过程。其目的是为了发现和排除产品中不良元器件、制造工艺和其他原因引入的缺陷所造成的早期故障。

环境应力筛选是一种工艺手段，主要适用于电子产品，包括电路板、组件和设备层次，也可用于电气、机电、光电和电化学产品，不适用于机械产品。环境应力筛选通常用于产品的研制和生产阶段及大修过程。在研制阶段，环境应力筛选可作为可靠性增长试验和可靠性鉴定试验的预处理手段，用以剔除产品的早期故障并提高这些试验的效率和结果的准确性。生产阶段和大修过程可作为出厂前的常规检验手段，用以剔除产品的早期故障，如图 3-1 所示。

环境应力筛选目前有 3 种方法：

（1）常规筛选。常规筛选是指不要求筛

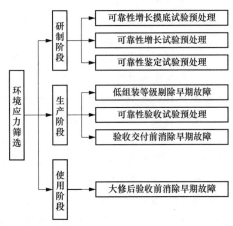

图 3-1　环境应力筛选在产品
寿命周期各阶段的用途

选结果与产品可靠性目标和成本阈值建立定量关系的筛选，以能剔除早期故障为目标。常规筛选目前应用较为广泛。典型的常规筛选标准有美军标 MIL-STD-2164《电子产品环境应力筛选方法》和国军标 GJB 1032《电子产品环境应力筛选方法》等。

（2）定量筛选。定量筛选是指要求筛选的结果与产品的可靠性目标和成本阈值建立定量关系的筛选。常用的定量筛选标准有美军标 MIL-HDBK-344A《电子产品环境应力筛选手册》和国军标 GJB/Z 34《电子产品定量环境应力筛选指南》。定量筛选的设计十分复杂，需要大量的原始数据，筛选过程的监督、评价和控制过程也较难掌握。

（3）高加速应力筛选。高加速应力筛选（HASS, Highly Accelerated Stress Screen）是 20 世纪 80 年代美国学者对环境应力筛选进行大量的深入研究后提出的。该筛选技术强调：在筛选中为了缩短时间，这些筛选使用最高的可能应力。因此它的应力远大于常规筛选的应力，时间也短得多。尽管在国外已经得到应用，但目前尚未见到相关的标准。

从上述 3 种筛选的原理可看出，HASS 的筛选效率最高，近年来这方面的研究逐渐增多且已开始应用，但由于没有相应的标准，因此在国内并未得到广泛应用。定量筛选虽然制定了 GJB/Z 34，但由于该方法涉及引入缺陷密度和筛选检出度等定量计算，这些计算需要有各种元器件和工艺的缺陷率数据及各种应力的筛选强度数据，而我国这方面数据往往不完整而且准确度差且筛选的设计和过程控制又十分复杂，因而在我国尚未贯彻实施。因此，目前应用最广泛的还是常规筛选。

设计环境应力筛选时应考虑以下基本准则，并进行综合权衡。

（1）安全性准则。选择的筛选应力强度，应能激发出最多的早期故障，但又不能损坏产品中原来完好的部分，基本不影响产品的使用寿命。

（2）可行性准则。选择的筛选应力，应是本单位相应的试验设备或装置能提供的，或是通过技术协作利用外单位试验设备或装置能提供的。筛选应在计划进度内完成，不延缓研制或生产进度。

（3）经济型准则。在保证能有效剔除现场使用中经常出现的早期故障的前提下，应尽量选用低费用的筛选设备与方法。

（4）任务关键性准则。如果产品在未来应用中十分关键，产品一旦出现故障对完成任务具有决定性的影响，甚至会贻误战机或带来重大经济、政治损失，则应使用最严格的筛选。

对环境应力筛选的基本特性，可分为以下几个方面：

（1）工艺性。环境应力筛选是一种工艺过程。筛选中，在效费比和时间允许的条件下，应将尽可能多的缺陷变为故障，以故障形式表现和暴露出来的缺陷越多，筛选越有效。如果筛选不能剔除大部分的制造缺陷，那么筛选就不算成功。

环境应力筛选不管在什么样的组装等级上进行，均需百分之百的对产品进行，而不只是应用于产品的样本。因为，制造过程引入的缺陷具有随机性，一个产品剔除了早期故障，并不代表另一个产品也剔除了早期故障。如果不进行百分之百的筛选，就要承担交付产品中会存在一些不可接受的隐患风险。

环境应力筛选是一个过程，除了作为验证筛选效果有效性的无故障检验以及作为批量生产产品验收过程外，没有直接相关的接收、拒收准则。筛选时间或循环次数可根据析出故障能力和筛选成本权衡分析确定。

（2）加速性。所用的环境应力及其量值对环境应力筛选的有效性是极其重要的。环境应力类型及其量值选择的目的是：加速把缺陷激发出可检测到的故障，但又不会使产品受到过应力，损坏好的部分或引入新的缺陷。产品在未来的使用环境中，可能遇到的应力会使其内部的一些缺陷以故障形式析出，但往往要经过相当长的时间。环境应力筛选使用加速应力，其量值大于使用环境应力，利用这种加速应力把原来在产品使用寿命期内离散出现的故障在相对短的时间内集中析出。

环境应力筛选通过施加加速环境应力，在最短时间内析出最多的可筛缺陷，找出产品中的薄弱部分。其加速作用是通过施加高于正常使用时遇到的环境应力来实现的，但此应力不能超出设计极限。人们往往担心应力筛选会使受筛产品受到过应力而被损坏，如果将任意选定的应力作为筛选要求施加于产品，是可能出现产品受损的，但上述不超过设计极限准则将消除这一顾虑。

环境应力筛选的应力主要取决于受筛产品对应力的响应，而不仅是该应力的输入。应当在了解与产品设计极限有关的振动响应特性和温度响应特性后确定筛选应力，这是因为筛选的有效性是由产品对振动和温度的响应特性确定的，而不是单纯由振动输入和温度输入确定的。

（3）可剪裁性。每一种结构类型的产品，应当有其特有的筛选条件。严格来说，不存在一个通用的，对所有产品都具有最佳效果的筛选方法，这是因为不同结构的产品对环境应力（如振动、温度）的响应是不同的，某一给定的筛选应力可能会对多种受筛产品都产生效果，这在组件或电路板这一组装等级上可能性更大。然而，某一给定筛选应力析出缺陷而又不产生过应力的要求取决于产品本身及其内部元器件对施加应力的响应。因此，筛选条件应根据产品的特点确定。

（4）动态性。由于产品从研制阶段转向批量生产阶段的过程中，制造工艺、组装技术和操作熟练程度在不断改进和完善，制造过程引入的缺陷会随这种变化而变化，这种改变包括引入缺陷类型和缺陷数量的变化。因此，承制方应根据这些变化对环境应力筛选方法（包括应力的类型、水平及施加的顺序等）做出改变。

研制阶段制订的环境应力筛选方案可能由于对产品结构和应力响应特性了解不充分，以及掌握的元器件和制造工艺方面有关信息不确切，致使最初设计的环境应力筛选方案不理想。因此承制方应根据筛选效果对环境应力筛选方法不断调整。

对研制阶段的环境应力筛选结果应进一步深入分析，作为制订生产阶段的环境应力筛选方案的基础。对于生产阶段环境应力筛选的结果及实验室试验和使用信息也应定期进行对比分析，以及时调整环境应力筛选方案，始终保持进行最有效的筛选。

3.1.4 可靠性数据

通过寿命试验或环境应力筛选可获得相关的试验数据，通过对这些数据的分析，可得到产品的可靠性参数，此时就要用到可靠性数据分析。

可靠性是产品在规定的时间内和规定的条件下，完成规定功能的能力，而这种能力的表示通常归结于一个概率值。对产品的可靠性仅进行一般意义上的定性分析远不能满足工程需求，必须进行可靠性的定量分析。事实上，只有给出可靠性的各种定量表示之后，才有可能对产品的可靠性提出明确而统一的要求，即产品的各种可靠性指标要求。这包括两方面的含义：①根据这种统一的要求及产品的需要和可能，在设计和生产时就考虑可靠性因素，利用各种方法分析得出结论，如利用 FMECA、FTA、可靠性预计、可靠性分配等，这是一种演绎的方法；②当产品生产出来以后，为获知产品的可靠性水平，可按一定的试验方法进行试验，根据观测数据评价它们的可靠性，这是归纳的方法，可靠性数据分析就是从这个角度进行研究的。

可靠性的定量表示有其自身的特点。首先很难只用一个量来表示，实际上可靠性是产品全部的可靠性数量指标的总称。在不同的场合，应使用不同的数量指标来表示产品的可靠性。如产品从开始使用到某一时刻 t 这段时间，维持规定功能的能力就可以用一个称为可靠度的量来表示，这一量越大，表示产品完成规定功能的能力越强，即产品越可靠。因此，可靠度可作为表示产品可靠性的一个数量指标。但是并非任何场合使用这个指标都方便，对元器件来说，一般使用失效率；对损耗型产品，一般使用寿命；而对可修复的产品，使用平均故障时间间隔。当然还有许多其他可靠性指标，所有这些都有必要一一给予定量表示。

可靠性定量表示的另一特点是它的随机性。对一个特定的产品来说，在某个特定时刻只能处于故障或正常这两种状态，不存在任何其他的中间状态，因此，产品的规定功能或判断产品是否故障的技术指标必须十分明确。由概率论可知，在一定条件下可能发生也可能不发生的事件称为随机事件。"一个产品在规定的事件内不发生故障"就是一个随机事件。因此，在讨论可靠性的数量特征时，就必须使用概率论和数理统计的方法。由此确定产品的可靠性数量指标最后都归结为统计推断问题。

综上，可靠性数据分析是通过收集系统或单元产品在研制、试验、生产和使用中所产生的可靠性数据，并依据系统的功能或可靠性结构，利用概率统计方法，给出系统的各种可靠性数量指标的定量估计。它是一种既包含数学和可靠性理论，又包含工程分析处理的方法。

可靠性数据分析贯穿于产品研制、试验、生产、使用和维修的全过程，进行可靠性数据分析的目的和任务也是根据在产品研制、试验、生产、使用和维修等过程中所开展的可靠性工程活动的需求而决定的。在研制阶段，可靠性数据分析用于对所进行的各项可靠性试验的试验结果进行评估，以验证试验的有效性。如进行可靠性增长试验时，应根据试验结果对参数进行评估。通过分析产品的故障原因，找出薄弱环节；提出改进措施，以使产品可靠性得到逐步增长。研制阶段结束进入生产前，应根据可靠性鉴定试验的结果，评价其可靠性水平是否达到设计的要求，为生产决策提供管理信息。在投入批量生产后，应根据验收试验的数据评估可靠性，检验其生产工艺水平能否保证产品所要求的可靠性水平。在投入使用的早期，应特别注意使用现场可靠性数据的收集，及时进行分析与评估，找出产品的早期故障及其主要原因，进行改进或加强质量管理，加强可靠性筛选，可大大降低产品的早期故障率，提高产品的可靠性。使用中应定期对产品进行可靠性分析和评估，对可靠性低下的产品及时进行改进，使之达到设计所要求的指标。

随着可靠性、维修性工作的深入开展，可靠性数据分析工作越来越显示出其重要的价值和作用。在电子产品的质量中，可靠性占有突出的重要地位。可靠性只能通过设计与生产过程的可靠性活动获得，它是可靠性设计、可靠性试验和可靠性管理的结果。可靠性数据分析给可靠性设计和可靠性试验提供了基础，为可靠性管理提供了决策依据。可靠性数据分析的任务是定量评估产品可靠性，由此提供的信息，将作为"预防、发现和纠正可靠性设计以及元器件、材料和工艺等方面缺陷"的参考，这是可靠性工程的重点。因而，借助有计划、有目的的收集产品寿命周期各阶段的数据，经过分析，发现产品可靠性的薄弱环节，进行分析、改进设计，可使产品的质量与可靠性水平不断改进和提高。因此，可靠性数据的收集和分析在可靠性工程中具有重要的地位。

在产品的寿命周期中，可靠性数据的收集与分析伴随着各阶段可靠性工程活动而进行。在工程研制阶段需要收集和分析同类产品的可靠性数据，以便对新产品的设计进行可靠性预测，这种预测有利于进行方案的对比和选择。设计阶段的可靠性研究和试验生产的数据可以用于分析产品的初始可靠性、故障模式和可靠性增长规律，并为产品的有效改进和定型提供科学的依据。在生产阶段，为了对产品的质量进行控制，必须定期进行抽样试验，确定产品合格与否，从而指导生产、保证质量。由于生产阶段产品数量和试验数量大大增加，此时所进行的可靠性数据的分析和评估，反映了产品的设计和制造水平；而使用阶段收集和分析的可靠性数据，对产品的设计和制造的评价最权威，因为它反映的使用及环境条件最真实，参与评估的产品数量较多，其评估结果反映了产品趋向成熟期或到达成熟期时的可靠性水平，是该产品可靠性工作的最终检验，也是今后开展新产品的可靠性设计和改进原产品设计最有价值的参考。由此看来，可靠性数据分析在可靠性工程各项活动中是一项基础性工作，始终发挥着重要作用。

3.1.5　可靠性数学基础

现代技术的不断进步，推动了可靠性理论迅速发展，也促成可靠性数学理论日趋完备。

可靠性数学理论大约起源于 20 世纪 30 年代。最早被研究的领域之一是机器维修问题。另一个重要的研究工作是将更新论应用于更换问题。此外，在 20 世纪 30 年代威布尔（Weibull）、龚贝尔（Gumbel）、爱泼斯坦（Epstein）等研究了材料的疲劳寿命问题和有关的极值理论。

可靠性问题只是在第二次世界大战前后，才真正开始受到重视。其基本原因之一是军事技术装备越来越复杂。复杂化的目的在于使技术装备具有更高的性能，但是装备越复杂，往往就越容易发生故障。到了复杂化的程度严重影响设备可靠性时，设备复杂化也就失去了意义。因此，复杂化和可靠性之间存在着尖锐的矛盾。另一个基本原因，新的军事技术装备的研制过程是一场争时间、争速度的竞赛。但是往往研制周期很长，经不起研制过程的重大反复。这就需要有一整套科学的方法，将可靠性的考虑贯穿于研制、生产和使用维修的全过程。因此复杂设备的可靠性成了相当严重而又迫切需要解决的问题。从 20 世纪 50 年代至今，可靠性理论这门新兴学科以惊人的速度发展着，各方面都已积累了丰富的经验。可靠性理论的应用已从军事技术扩展到国民经济的许多领域。随着可靠性理论的日趋完善，用到的数学工具也越来越深刻。可靠性数学已成为可靠性理论最重要的基础理论之一。

要提高产品的可靠性，需要在材料、设计、工艺、使用维修等多方面去努力。因此可以说可靠性的改善主要是一个工程问题和管理问题。可靠性数学在其中所占的分量并不是很大的。然而，作为一个必不可少的工具，可靠性数学在可靠性理论中有着特殊的地位。可靠性理论是以产品的寿命特征作为其主要研究对象，这就离不开对产品寿命的定量分析和比较，从这种意义上来看，可以说，可靠性理论是一门定量的科学。可靠性的许多基本概念的定义是用数学术语给出的，不理解这些基本概念的严格数学定义，往往会在实际工作中产生概念混乱。同时，一个可靠性工作者只有熟悉可靠性理论中最基本的数学模型和数学方法，才有可能在工作中根据具体问题，提出既不脱离实际，又在数学上可能解决的合理的数学模型。因此，可靠性数学与可靠性工程、可靠性管理等其他手段紧密配合，就能发挥其应有的作用。

一般来说，产品的寿命是一个非负随机变量。研究产品寿命特征的主要数学工具是概率论。也许有人会说，可靠性数学只是概率论的一个简单应用，不值得去特别发展它。美国的可靠性数学专家巴罗（Barlow）和普劳斯钦（Proschan）指出：这种目光是短浅的，就像有人说，概率论本身只是标准数学理论的一个简单应用，而不值得去特别发展它的情形一样。可靠性问题有它本身的结构且反过来刺激了概率论中一些新领域的发展。因此，可靠性数学成了应用概率论和应用数理统计的一个重要分支。同时，在可靠性的研究中，又与决策问题和各种最优化问题有紧密的关系，这就决定了可靠性数学又是运筹学的一个重要分支。

在解决可靠性问题中所用到的数学模型大体可分为两类：概率模型和统计模型。概率模型是指，从系统的结构及部件的寿命分布、修理时间分布等有关的信息出发，来推断出与系统寿命有关的可靠性数量指标，进一步可讨论系统的最优设计、使用维修策略等。统计模型是指从观察数据出发，对部件或系统的寿命等进行估计、检验等。

粗糙地讲，由一些基本部件组成的完成某种指定功能的整体，称之为系统。系统的概念是相对的。例如一个核电站可看成一个系统，其中的安全保护装置可看成是它的一个部件。但是，如果单独研究安全保护装置，则可把它看成是一个系统，它也是由某些部件组成的完成某种指定功能的整体。在可修系统中，组成系统的部件不仅包括物，也可包括人——修理工。

产品（部件或系统）丧失规定功能称为失效或故障。通常，对不可修产品称失效，对可修产品则称故障。在讨论具体问题时，往往难以明确加以区分。因此，本书把"失效"和"故障"看成是同义词。

产品的寿命是与许多因素有关的。例如，该产品所用的材料，设计和制造工艺过程中的各种情形，以及产品在储存和使用时的环境条件等。寿命也与产品需要完成的功能有关。当产品丧失了规定的功能，即当产品失效，它的寿命也就终止。显然对同一产品，在同样的环境条件下使用，由于规定的功能不同，产品的寿命将会不同。

通常用一个非负随机变量 X 来描述产品的寿命，X 相应的分布函数为

$$F(t) = P\{X \leqslant t\}, t \geqslant 0 \tag{3-1}$$

有了寿命分布 $F(t)$，就可算出产品在时刻 t 以前都正常（不失效）的概率，即产品在时刻 t 的生存概率为

$$R(t) = P\{X > t\} = 1 - F(t) = \overline{F}(t) \tag{3-2}$$

其中 $\overline{F}(t) = 1 - F(t)$ 是本书中多次要用到的简写记号，式（3-2）中的 $R(t)$ 称为该产品的可靠度函数或可靠度。由式（3-2）可知，$R(t)$ 是产品在时间 $[0, t]$ 内不失效的概率。因此，可靠度也可定义为：产品在规定的条件下，在规定的时间内，完成规定功能的概率。对于一个给定的产品，规定的条件和规定的功能确定了产品寿命 X 这个随机变量，规定的时间就是式（3-2）中的 $[0, t]$。式（3-2）是这里可靠度定义的数学表达形式。产品的平均寿命是

$$E(X) = \int_0^\infty t \mathrm{d}F(t) \tag{3-3}$$

不可修产品的主要可靠性数量指标是可靠度及平均寿命（记为 $MTTF$）。假定时刻 $t=0$ 产品开始正常工作，若 X 是它的寿命，则产品的运行随时间的如图 3-2 所示。

由于没有修理的因素，产品一旦失效便永远停留在失效状态。此时，可靠度公式（3-2）及平均寿命公式（3-3）描述了不可修产品的可靠性特征。LED 器件属于不可修产品，后面主要介绍不可修产品有关的可靠性理论。

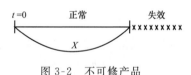

图 3-2 不可修产品

式（3-3）可进一步写为

$$E(X) = \int_0^\infty \overline{F}(t) \mathrm{d}t = \int_0^\infty R(t) \mathrm{d}t \tag{3-4}$$

这是因为可利用如下二重积分顺序得到

$$E(X) = \int_0^\infty t \mathrm{d}F(t) = \int_0^\infty \int_0^t \mathrm{d}u \mathrm{d}F(t) = \int_0^\infty \int_u^\infty \mathrm{d}F(t) \mathrm{d}u = \int_0^\infty (1 - F(u)) \mathrm{d}u \tag{3-5}$$

假定产品工作到时刻 t 仍然正常的条件下，用 $F_t(x)$ 表示产品的剩余寿命分布，于是有

$$F_t(x) = P\{X - t \leqslant x \mid X > t\} = \begin{cases} \dfrac{F(x+t) - F(t)}{1 - F(t)}, & \text{当 } x \geqslant 0 \\ 0, & \text{当 } x < 0 \end{cases} \tag{3-6}$$

或

$$\overline{F}_t(x) = \frac{\overline{F}(x+t)}{\overline{F}(t)}, \text{当 } x \geqslant 0 \tag{3-7}$$

易验证，对固定的 $t \geqslant 0$，$F_t(x)$ 是关于 x 的一个通常的分布函数。用式（3-4），产品的

平均剩余寿命为

$$m(t) = E\{X - t \mid X > t\}$$

$$= \int_0^\infty \overline{F}_t(x)\,\mathrm{d}x$$

$$= \int_0^\infty \frac{\overline{F}(t+x)}{\overline{F}(t)}\,\mathrm{d}x$$

$$= \int_t^\infty \frac{\overline{F}(x)}{\overline{F}(t)}\,\mathrm{d}x$$

$$= \frac{1}{\overline{F}(t)}\left\{\mu - \int_0^t \overline{F}(x)\,\mathrm{d}x\right\} \tag{3-8}$$

其中 $\mu = E(x)$ 为产品的平均寿命。

随机变量分为连续型和离散型两种，LED 的光衰寿命就是连续型随机变量，其取值可以是任意正实数；LED 的开关寿命，即开关次数，它属于离散型随机变量，其取值为正整数。以下对连续型的随机变量和离散型的随机变量，分别来定义失效率函数。

设产品的寿命为非负连续型随机变量 X，其分布函数为 $F(t)$。密度函数为 $f(t)$，定义

$$r(t) = \frac{f(t)}{\overline{F}(t)}, \quad 对\ t \in \{t : F(t) < 1\} \tag{3-9}$$

为随机变量 X 的失效率函数，简称失效率（或故障率）。

$r(t)$ 有如下的概率解释。若产品工作到时刻 t 仍然正常，则它在（t，$t + \Delta t$）中失效的概率为

$$P\{X \leqslant t + \Delta t \mid X > t\} = \frac{F(t + \Delta t) - F(t)}{1 - F(t)} \sim \frac{f(t)\Delta t}{\overline{F}(t)} = r(t)\Delta t \tag{3-10}$$

因此，当 Δt 很小时，$r(t)\Delta t$ 表示该产品在 t 以前正常工作的条件下，在（t，$t + \Delta t$）中失效的概率。

$r(t)$ 还有另一个概率解释。让一批 N 个同型产品同时独立的工作，记 $n(t)$ 为产品在（0，t）时间内的失效个数，显然它是一个非负整数随机变量。先令 $N \to \infty$，再令 $\Delta t \to 0$，以概率 1 有

$$\frac{n(t + \Delta t) - n(t)}{N - n(t)} \cdot \frac{1}{\Delta t} \to r(t) \tag{3-11}$$

这是由于

$$\frac{n(t)}{N} \to F(t), \quad 当\ N \to \infty \tag{3-12}$$

因此，当 $N \to \infty$ 时，有

$$\frac{n(t + \Delta t) - n(t)}{N - n(t)} \cdot \frac{1}{\Delta t} = \frac{\dfrac{n(t + \Delta t)}{N} - \dfrac{n(t)}{N}}{1 - \dfrac{n(t)}{N}} \cdot \frac{1}{\Delta t} \to \frac{F(t + \Delta t) - F(t)}{1 - F(t)} \cdot \frac{1}{\Delta t} \tag{3-13}$$

当$\Delta t \rightarrow 0$时，式（3-13）右端趋于$r(t)$。

在工程应用中，将失效率定义为：产品工作到某一时刻，单位时间内发生失效的比例。式（3-10）和式（3-11）的表示，有助于对此失效率定义的正确理解。

典型的失效率函数如图3-3所示，它呈现出浴盆形状，所以常称为浴盆曲线。

由图3-3可见，在I之前，$r(t)$呈下降的趋势，这是早期失效期，主要是由于设计错误、工艺缺陷、装配上的问题，或由于质量检验不严等原因引起的。由于在这段时间中产品的失效率很高，所以工厂中实际采用筛选的办法剔除一批不合格品，以减少出厂产品的早期失效。在I和II之间一段，$r(t)$基本上保持常数，这是偶然失效期。这段时间是产品最佳的工作阶段。

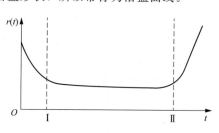

图3-3 典型的失效率函数

在II以后，$r(t)$又呈上升趋势，这是磨损失效期。由于老化、疲劳和磨损等，产品性能逐渐变劣。此时应采取维修或更换等手段来维持产品正常运行。

根据式（3-9），有

$$r(t) = -\frac{\mathrm{d}}{\mathrm{d}t}\ln\overline{F}(t) \tag{3-14}$$

解之得

$$\overline{F}(t) = C\exp\left\{-\int_0^t r(u)\,\mathrm{d}u\right\} \tag{3-15}$$

如果$F(0) = 0$，则$C = 1$，得到

$$\overline{F}(t) = \exp\left\{-\int_0^t r(u)\,\mathrm{d}u\right\} \tag{3-16}$$

因此，当密度函数存在，且$F(0) = 0$，则$r(t)$与$F(t)$由式（3-9）和式（3-16）互相唯一确定。

在许多失效现象的研究中，产品的寿命是离散型的。如周期的检查产品性能才能发现失效的情形。此时产品的寿命可认为是周期长度的非负整数倍，因此寿命是离散型随机变量。对此同样可研究失效率函数。

设产品的寿命X遵从概率分布

$$p_k = P\{X = k\}, \quad k = 0, 1, 2, \cdots \tag{3-17}$$

此时失效率函数定义为

$$r(k) = P\{X = k \mid X \geqslant k\} = \frac{p_k}{q_k} \tag{3-18}$$

其中

$$q_k = \sum_{i=k}^{\infty} p_i \tag{3-19}$$

有定义，显然$r(k) \leqslant 1$。

通常单调失效率函数的情形特别重要。若非负随机变量的失效率函数 $r(t)$ 是 t 的增函数（即非减函数），则称分布函数 $F(t)$ 属于递增失效率类，记作 $F \in \{IFR\}$。若 $r(t)$ 是 t 的减函数（即非增函数），则称分布函数 $F(t)$ 属于递减失效率类，记作 $F \in \{DFR\}$。对于离散型寿命分布的随机变量，根据 $r(k)$ 的单调性，类似可定义 IFR 类和 DFR 类。

以下介绍 LED 寿命中常用到的寿命分布，主要是威布尔分布、对数正态分布和离散威布尔分布。

（1）威布尔分布。当非负随机变量 X 有密度函数（见图3-4）

$$f(t) = \lambda \alpha \, (\lambda t)^{\alpha-1} \, e^{-(\lambda t)^\alpha}, \quad t \geqslant 0; \alpha, \lambda > 0 \tag{3-20}$$

和分布函数

$$F(t) = 1 - e^{-(\lambda t)^\alpha}, \quad t \geqslant 0 \tag{3-21}$$

则称 X 遵从参数 (α, λ) 的威布尔分布，记为 $W(\alpha, \lambda; t)$。其中 α 称为形状参数，λ 称为尺度参数。当 $\alpha = 1$ 时，$W(1, \lambda; t)$ 就是参数为 λ 的指数分布。

威布尔分布是可靠性中广泛使用的连续型分布，它可用来描述疲劳失效，真空管失效和轴承失效等寿命分布。它是 1939 年由威布尔首次引进的，易算得

$$\begin{cases} E(X) = \dfrac{1}{\lambda} \Gamma\left(\dfrac{1}{\alpha} + 1\right) \\ Var(X) = \dfrac{1}{\lambda^2}\left[\Gamma\left(\dfrac{2}{\alpha} + 1\right) - \Gamma^2\left(\dfrac{1}{\alpha} + 1\right) \right] \end{cases} \tag{3-22}$$

其中 $\Gamma(x)$ 的含义如式（1-111）所示。

威布尔分布的失效率函数为

$$r(t) = \lambda \alpha \, (\lambda t)^{\alpha-1}, \quad t \geqslant 0 \tag{3-23}$$

易见，当 $\alpha > 1$ 时，$r(t)$ ↑；当 $\alpha < 1$ 时，$r(t)$ ↓；当 $\alpha = 1$ 时，$r(t) = \lambda$。威布尔失效率函数图如图 3-5 所示。

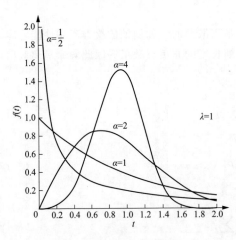

图 3-4　威布尔分布密度函数图

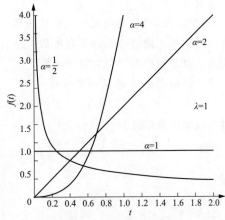

图 3-5　威布尔分布失效率函数图

（2）对数正态分布。若随机变量 Y 遵从正态分布 $N(\mu, \sigma^2)$，则 $X = e^Y$ 遵从对数正态分布。易算出 X 的密度函数为（见图 3-6）

$$f(t) = \frac{1}{\sqrt{2\pi}\sigma t}\exp\left(-\frac{1}{2\sigma^2}(\ln t - u)^2\right), \quad t > 0, \sigma > 0, -\infty < \mu < \infty \quad (3\text{-}24)$$

按定义可求得

$$\begin{cases} E(X) = e^{\mu + \frac{1}{2}\sigma^2} \\ Var(X) = e^{2\mu + \sigma^2}(e^{\sigma^2} - 1) \end{cases} \quad (3\text{-}25)$$

由失效率函数的定义有（见图 3-7）

$$r(t) = \frac{f(t)}{\overline{F}(t)} = \frac{\dfrac{1}{\sigma t}\exp\left[-\dfrac{1}{2}\left(\dfrac{\ln t - \mu}{\sigma}\right)^2\right]}{\displaystyle\int_{\frac{\ln t - \mu}{\sigma}}^{\infty}\exp\left(-\dfrac{1}{2}\mu^2\right)\mathrm{d}u}, \quad t > 0 \quad (3\text{-}26)$$

易验证，对 $t > 0$，有 $r(t)$ 连续且 $\lim\limits_{t\to 0}r(t) = 0$，$\lim\limits_{t\to\infty}r(t) = 0$。进而可证明存在 $t_0 \in (0, \infty)$，对数正态分布的失效率函数 $r(t)$ 在 $(0, t_0)$ 单调递增，在 (t_0, ∞) 单调递减。

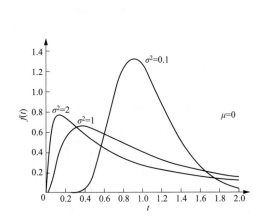

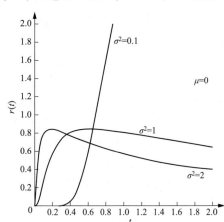

图 3-6　对数正态分布密度函数图　　　　图 3-7　对数正态分布失效率函数图

（3）离散威布尔分布。取非负整值的随机变量 X 有分布

$$p_k = P\{X = k\} = q^{k^\beta} - q^{(k+1)^\beta}, k = 0,1,2,\cdots, 0 < q < 1, \beta > 0 \quad (3\text{-}27)$$

则称 X 遵从尺度参数为 q，形状参数为 β 的离散威布尔分布（见图 3-8）。
其失效率为（见图 3-9）

$$r(k) = 1 - q^{(k+1)^\beta - k^\beta}, k = 0,1,2,\cdots \quad (3\text{-}28)$$

当 $\beta > 1$ 时，$r(k)$ 单调递增；当 $\beta < 1$ 时，$r(k)$ 单调递减。当 $\beta = 1$ 时，此时离散威布尔分布退化为几何分布

$$p_k = (1 - q)q^k \quad (3\text{-}29)$$

（4）寿命数据分析。寿命数据的统计分析是对系统或部件的寿命特性进行定量了解的一种重要手段。粗略地讲，通过寿命分析，希望确定寿命分布的类型以及获得其参数

的估计，或得到寿命分布本身的估计。因为只有在对部件的寿命特性有了定量的认识之后，据此建立的系统概率模型才能比较符合实际。

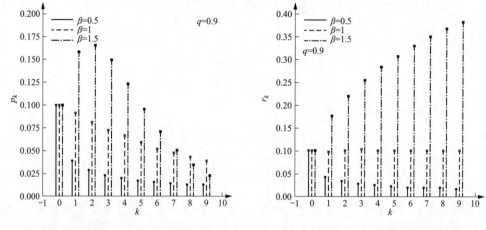

图 3-8　离散威布尔分布律函数图　　　　图 3-9　离散威布尔分布失效率函数图

寿命数据分析的目的是定量地把握系统或部件寿命的性状，并把所获的信息反馈到设计、制造和使用维修中去，以期改善可靠性、降低成本或合理安排维修和更换，使之获得更好的使用价值和经济效果。

寿命数据的分析过程大体分成数据收集、统计分析、信息反馈和帮助决策，以下主要介绍统计分析方法。

数据收集是基础性工作。因为只有掌握了系统中元器件的寿命数据，才有可能对整个系统的可靠性做出较确切的评定。另外，获得可靠的寿命数据不是一件容易的事，它往往要花费大量的人力、物力和时间。因此，有必要把这些寿命数据中的有用信息都抽取出来，避免信息浪费。通常，寿命数据来自寿命试验的结果或现场数据的收集。前者可在实验室条件下获得，结果比较牢靠，但是需要很大投资；后者使用的环境往往差异很大，数据也可能很不完整，有时甚至有疏漏差错。但是现场数据仍是一个很宝贵的资料，因为它们反映了实际使用中的情况。

统计分析大体上有两个方面的问题：①建立寿命分布模型并检验其正确性；②参数估计。前者回答寿命数据来自什么总体，如通常认为某些电子元件有指数寿命分布，轴承等机械产品有威布尔寿命分布等；后者给出了分布中一些未知参数的估计。自然，这两个问题是互相联系的，很难截然分开。此外，也可采用与分布类型无关的所谓非参数方法来进行统计分析。

最后一步是信息反馈和帮助做决策。统计分析不是目的，因此要把获得的信息反馈到各个有关的环节上去，帮助做出合适的决策，目的在于改进系统的性能。

通常，从总体中抽取容量为 n 的一个简单随机样本 X_1、X_2、$\cdots$、X_n 是指可以获得者 n 个样本的观察值 x_1、x_2、$\cdots$、x_n。这种样本称为完全样本。然而，在工程与生物医学的许多研究中，由于种种条件的限制不可能获得完全样本。例如，受试验时间、费用等的限制，不可能将寿命试验做到所有元件都失效。在医学药物试验中，受试者可能中途失去观察，或由于对受试药物不适应而中途停止试验，也可能是受预定的试验时间限制，不能观察到所有受试者的寿命。在诸如此类的情况下只能得到一组不完全的样本。

不完全样本有以下几种基本类型：

1）定数截尾。n 个独立同型部件从 $t=0$ 开始进行寿命试验，试验在第 r 个失效时刻终止（r 为事先规定的正整数）。此时获得的只是前 r 个寿命数据

$$x_{(1)} \leqslant x_{(2)} \leqslant \cdots \leqslant x_{(r)} \tag{3-30}$$

2）定时截尾。与上相仿，试验在固定时刻 t_0 终止。此时观察到的失效数是一个随机变量。若在试验终止时观察到 r 个失效，则得数据

$$x_{(1)} \leqslant \cdots \leqslant x_{(r)} \leqslant t_0 \tag{3-31}$$

3）试验中途失去观察。设随机变量 X_1、X_2、$\cdots$、X_n 独立同分布 $F(t)$，假定只能观察到

$$Y_i = X_i \wedge L_i, i = 1, 2, \cdots, n \tag{3-32}$$

其中 L_i 为常数，$\wedge = \min$。式（3-32）表明若 $X_i > L_i$，则第 i 个部件在 L_i 后失去观察。令

$$0 \equiv z_{n0} \leqslant z_{n1} \leqslant \cdots \leqslant z_{nk} \tag{3-33}$$

为观察到的失效时刻。

除了上述基本类型外，还可有种种推广。例如定数与定时相结合的截尾方式，即试验做到 $x_{(r)} \wedge t_0$ 终止，其中 r 与 t_0 是事先规定的失效数与定时截尾时间。对试验中途失去观察的情形，可推广到 L_1、L_2、$\cdots$、L_n 独立且 $\{L_i\}$ 与 $\{X_i\}$ 独立的情形。

下面介绍有关分布的一些结果。

1）χ^2 分布。设随机变量 X_1、X_2、$\cdots$、X_n 独立同分布 $N(0, 1)$，则 $Y_n = \sum_{i=1}^{n} X_i^2$ 有密度函数

$$g_n(y) = \frac{1}{\Gamma\left(\frac{n}{2}\right) 2^{\frac{n}{2}}} y^{\frac{n}{2}-1} e^{-\frac{1}{2}y}, y \geqslant 0 \tag{3-34}$$

称 Y_n 为自由度 n 的 χ^2 分布，记作 $Y_n \sim \chi_n^2$。

特别，若 X 服从参数为 λ 的指数分布，记作 $X \sim E(\lambda)$，

$$F(t) = 1 - e^{-\lambda t}, t \geqslant 0, \lambda > 0 \tag{3-35}$$

则

$$2\lambda X \sim \chi_2^2 \tag{3-36}$$

若 X 服从参数为 n、λ 的 Γ 分布，记作 $X \sim \Gamma(n, \lambda; t)$，即有密度函数

$$f(t) = \frac{\lambda^n}{\Gamma(n)} t^{n-1} e^{-\lambda t}, t \geqslant 0 \tag{3-37}$$

则

$$2\lambda X \sim \chi_{2n}^2 \tag{3-38}$$

2）F分布。设 $X \sim \chi_m^2$，$Y \sim \chi_n^2$ 且 X、Y 独立，则 $Z = \dfrac{X/m}{Y/n}$ 有密度函数

$$g(z) = \frac{1}{B\left(\dfrac{m}{2}, \dfrac{n}{2}\right)} \left(\frac{m}{n}\right)^{\frac{m}{2}} z^{\frac{m}{2}-1} \left(1 + \frac{m}{n}z\right)^{-\frac{m+n}{2}}, z \geqslant 0 \tag{3-39}$$

其中 $B(a, b) = \displaystyle\int_0^1 x^{a-1}(1-x)^{b-1}\mathrm{d}x$，$a$，$b > 0$ 是 B（贝塔）函数。称 Z 为自由度 m、n 的 F 分布，记作 $Z \sim F(m, n)$。

特别，若 $X \sim \Gamma(m, \lambda; t)$，$Y \sim \Gamma(n, \lambda; t)$ 且 X、Y 独立，则

$$\frac{X/m}{Y/n} \sim F(2m, 2n) \tag{3-40}$$

3）β分布。设随机变量 X 有密度函数

$$f(t) = \frac{1}{B(a,b)} t^{a-1}(1-t)^{b-1}, 0 < t < 1, a, b > 0 \tag{3-41}$$

则称 X 有参数为 a、b 的 β 分布，记作 $X \sim \Gamma(a, b; t)$。

β 分布和 Γ 分布之间有如下关系，若 $X \sim \Gamma(a, l; x)$，$Y \sim \Gamma(b, l; y)$，且 X、Y 独立，则

$$Z = \frac{X}{X+Y} \sim \beta(a, b; z) \tag{3-42}$$

设随机变量 X_1、X_2、$\cdots$、X_n 独立同分布 $F(t)$，假定有密度函数 $f(t)$，考虑其从小到大排列的顺序统计量

$$X_{(1)} \leqslant X_{(2)} \leqslant \cdots \leqslant X_{(n)} \tag{3-43}$$

的分布及有关性质。

a）$(X_{(1)}, X_{(2)}, \cdots, X_{(n)})$ 有联合密度

$$g(x_1, x_2, \cdots x_n) = n! \prod_{i=1}^n f(x_i), x_1 \leqslant x_2 \leqslant \cdots \leqslant x_n \tag{3-44}$$

b）对固定的 r，$(X_{(1)}, X_{(2)}, \cdots, X_{(r)})$ 有联合密度

$$g(x_1, x_2, \cdots x_r) = \frac{n!}{(n-r)!} \left(\prod_{i=1}^r f(x_i)\right) \overline{F}^{n-r}(x_r), x_1 \leqslant x_2 \leqslant \cdots \leqslant x_r \tag{3-45}$$

c）t_0 固定，且有

$$X_{(1)} \leqslant \cdots \leqslant X_{(r)} \leqslant t_0 < X_{(r+1)} \leqslant \cdots \leqslant X_{(n)} \tag{3-46}$$

则 $(X_{(1)}, X_{(2)}, \cdots, X_{(r)})$ 的联合密度为

$$g(x_1, x_2, \cdots x_r) = \frac{n!}{(n-r)!} \left(\prod_{i=1}^r f(x_i)\right) \overline{F}^{n-r}(t_0), x_1 \leqslant x_2 \leqslant \cdots \leqslant x_r \leqslant t_0 \tag{3-47}$$

下面介绍参数估计问题。设总体 X 有密度函数 $f(x; \theta_1, \theta_2, \cdots, \theta_k)$，这里 θ_1、θ_2、$\cdots$、θ_k 是未知参数。X_1、X_2、$\cdots$、X_n 是一组简单随机样本。估计的问题是：如何由这组样本（或样本的函数）来估计出 θ_1、θ_2、$\cdots$、θ_k 的值。这里假定总体 X 的分布类型已知，此时估计问题称为参数估计。

用来估计未知参数样本的函数通常称作估计量或统计量。获得估计量的方法有许多

种，其中最常用的是极大似然估计，记为

$$L_n = L_n(x_1, \cdots, x_n; \theta_1, \cdots, \theta_k) = \prod_{i=1}^n f(x_i; \theta_1, \cdots, \theta_k) \tag{3-48}$$

为样本 X_1、X_2、$\cdots$、X_n 的似然函数。若 L_n 在 $\hat{\theta}_1$、$\hat{\theta}_2$、$\cdots$、$\hat{\theta}_k$ 达到极大值，则称 $\hat{\theta}_1$、$\hat{\theta}_2$、$\cdots$、$\hat{\theta}_k$ 分别为 θ_1、θ_2、$\cdots$、θ_k 的极大似然估计（简计为 MLE）。注意，这里 $\hat{\theta}_i = \hat{\theta}_i(x_1、\cdots、x_n)$，$i = 1、\cdots、k$ 是样本的一个函数。直观上来看，极大似然的意思就是找一组 θ_1、θ_2、$\cdots$、θ_k 的值，使得样本观察值 x_1、x_2、$\cdots$、x_n 出现的可能性最大。

由于 L_n 与 $\ln L_n$ 同时达到极大，因此在偏导数存在时由极值必要条件，$\hat{\theta}_1$、$\hat{\theta}_2$、$\cdots$、$\hat{\theta}_k$ 满足如下似然方程

$$\frac{\partial}{\partial \theta_i} \ln L_n = 0, i = 1、2、\cdots、k \tag{3-49}$$

在许多场合下，上述似然方程的唯一解给出 θ_1、θ_2、$\cdots$、θ_k 的 MLE。

在参数估计问题中，有许多评定估计量优劣的标准，例如无偏性，最小方差性等。下面给出有关的一些定义。

设 $\vec{X} = (X_1、X_2、\cdots、X_n)$ 是一组简单随机样本，$q(\theta)$ 是待估未知参数。若统计量 $T(\vec{X}) = T(X_1、X_2、\cdots、X_n)$ 满足 $E(T(\vec{X})) = q(\theta)$，则称 $T(\vec{X})$ 是 $q(\theta)$ 的一个无偏估计。若存在 $q(\theta)$ 的无偏估计 $T^*(\vec{X})$ 满足 $Var(T^*(\vec{X})) \leqslant Var(S(\vec{X}))$，这里 $S(\vec{X})$ 是任意 $q(\theta)$ 的无偏估计，则称 $T^*(\vec{X})$ 为 $q(\theta)$ 的一致最小方差无偏估计，简计为 UMVUE。

为了给出 UMVUE 的求法，需要引入充分统计量及完全性概念。统计量 $T(\vec{X})$ 称为对参数 θ 是充分的，若给定 $T(\vec{X}) = t$ 的条件下，$\vec{X}$ 的条件分布不依赖于 θ。统计量 $T = T(\vec{X})$ 称作是完全的，若定义在 T 的值域上的实值函数 g 满足

$$E_\theta(g(T)) = 0, \text{对任意 } \theta \tag{3-50}$$

则必有 $g(T) = 0$。这里 E_θ 是在 θ 下的期望。

下面给出 UMVUE 的求法。若 $T(\vec{X})$ 是 θ 的完全充分统计量，$S(\vec{X})$ 是 $q(\theta)$ 的一个无偏估计，则

$$T^*(\vec{X}) = E(S(\vec{X}) \mid T(\vec{X})) \tag{3-51}$$

是 $q(\theta)$ 的一个 UMVUE。又若 $Var_\theta(T^*(\vec{X})) < \infty$，对任意 θ，则 $T^*(\vec{X})$ 是 $q(\theta)$ 的唯一 UMVUE。

通常获得试验数据的试验方式为取 n 个同类型的元件从 $t = 0$ 同时开始受试，但终止试验的方式有两种：①定数截尾试验；试验进行到第 r 个失效出现时终止，r 是事先确定的一个整数，$1 \leqslant r \leqslant n$，此时试验终止时间是一个随机变量，在定数截尾时，还可分为失效元件无替换和有替换两种情况，无替换是指受试过程中不再用同型的新元件接替受试，因此，在无替换定数截尾试验中，随着失效元件的出现，受试元件的数目逐渐减少，试验终止时刻只有 $n-r$ 个元件是好的，而有替换试验时，在试验过程中受试元件

数目总是 n；②定时截尾试验：即试验进行到事前规定的时间 t_0 终止。此时在试验中观察到的失效个数是一个随机变量。与定数截尾一样，这里也可分为有替换或无替换两种情形。

对上述四种试验方式，分别用如下记号表示：$(n，r，无)$，$(n，r，有)$，$(n，t_0，无)$，$(n，t_0，有)$，如图 3-10 所示。

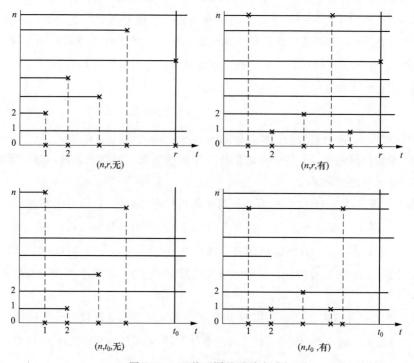

图 3-10　四种不同的试验方式

（5）威布尔分布的参数估计。先求截尾数据下威布尔模型参数的 MLE。假定总体有分布（3-21），其中 α、λ 是未知参数。讨论由无替换试验时所获的数据来估计 α、λ。

在 $(n，r，无)$ 方案中有 r 个数据，如式（3-30）所示；在 $(n，t_0，无)$ 方案中，试验在 t_0 终止时假定观察到 r 个数据，如式（3-30）所示。若记

$$x_s = \begin{cases} x_{(r)}，在 (n,r,无) \text{ 方案中} \\ t_0，在 (n,t_0,无) \text{ 方案中} \end{cases} \tag{3-52}$$

则无论在哪种方式下，由前文介绍的顺序统计量的性质 $b)$，来自总体（3-21）的 $(X_{(1)}，X_{(2)}，\cdots，X_{(r)})$ 的联合密度可统一写成

$$f(x_1, x_2, \cdots x_r; \alpha, \lambda) = \frac{n!}{(n-r)!} \left(\prod_{i=1}^{r} f(x_i) \right) \overline{F}^{n-r}(x_s)$$

$$= \frac{n!}{(n-r)!} (\alpha \lambda^\alpha)^r (x_1 x_2 \cdots x_r)^{\alpha-1} \exp\left(-\lambda^\alpha \left(\sum_{i=1}^{r} x_i^\alpha + (n-r) x_s^\alpha \right) \right) \tag{3-53}$$

因此，α 及 λ 的 MLE 由 $\frac{\partial}{\partial \alpha} \ln f = 0$，$\frac{\partial}{\partial \lambda} \ln f = 0$ 确定，经计算可得

$$\frac{1}{\alpha} = \frac{\sum_{i=1}^{r} x_i^{\alpha} \ln x_i + (n-r) x_s^{\alpha} \ln x_s}{\sum_{i=1}^{r} x_i^{\alpha} + (n-r) x_s^{\alpha}} - \frac{1}{r} \sum_{i=1}^{r} \ln x_i \tag{3-54}$$

$$\lambda = \left(\frac{r}{\sum_{i=1}^{r} x_i^{\alpha} + (n-r) x_s^{\alpha}} \right)^{\frac{1}{\alpha}} \tag{3-55}$$

可以证明式（3-54）有唯一解，为从方程（3-54）求出 $\hat{\alpha}$，可选初值 $\hat{\alpha}=1$ 进行迭代求解。求出 $\hat{\alpha}$ 后，代入式（3-55）即可求出 $\hat{\lambda}$。

（6）对数正态分布及正态分布的参数估计。设随机变量 $X \sim N(\mu, \sigma^2)$，即有密度函数

$$f(x) = \frac{1}{\sqrt{2\pi}\sigma} \exp\left(-\frac{1}{2\sigma^2}(x-\mu)^2 \right), -\infty < x < \infty \tag{3-56}$$

则非负随机变量 $Y=e^X$ 遵从对数正态分布，记为 $Y \sim L(\mu, \sigma^2)$。Y 有密度函数

$$g(y) = \frac{1}{\sqrt{2\pi}\sigma y} \exp\left(-\frac{1}{2\sigma^2}(\ln y - \mu)^2 \right), y > 0 \tag{3-57}$$

假定一组样本来自对数正态总体（3-57），以下介绍其未知参数 μ 和 σ^2 的估计问题。由于对数正态分布与正态分布之间的关系，因此可先把来自总体的一组样本 Y_1、Y_2、…、Y_n 取对数，得

$$X_i = \ln Y_i, i = 1, 2, \cdots, n \tag{3-58}$$

则 X_1、X_2、…、X_n 是来自总体（3-56）的一组样本，所以以下仅对来自正态总体（3-56）的一组样本进行参数估计，对应的对数正态分布参数是一样的。下面先是完全样本情形，然后是不完全样本的情形。

设 X_1、X_2、…、X_n 是来自式（3-56）的一组样本。μ 和 σ^2 的 MLE 为

$$\hat{\mu} = \overline{X} = \frac{1}{n} \sum_{i=1}^{n} X_i \tag{3-59}$$

$$\hat{\sigma}^2 = \frac{1}{n} \sum_{i=1}^{n} (X_i - \overline{X})^2 \tag{3-60}$$

σ^2 的另一个常用估计量为样本方差

$$S^2 = \frac{1}{n-1} \sum_{i=1}^{n} (X_i - \overline{X})^2 \tag{3-61}$$

注意到 $Z_1 = \sqrt{n}(\overline{X}-\mu)/S$ 遵从自由度为 $n-1$ 的 t 分布 t_{n-1}，$Z_2 = (n-1)S^2/\sigma^2 \sim \chi_{n-1}^2$，因此可分别得到 μ 和 σ^2 的置信度 $1-\alpha$ 的置信区间为

$$\mu : \left[\bar{x} - \frac{s}{\sqrt{n}} t_{n-1}\left(1-\frac{\alpha}{2}\right), \bar{x} + \frac{s}{\sqrt{n}} t_{n-1}\left(1-\frac{\alpha}{2}\right) \right] \tag{3-62}$$

$$\sigma^2 : \left[\frac{(n-1)s^2}{\chi_{n-1}^2\left(1-\frac{\alpha}{2}\right)}, \frac{(n-1)s^2}{\chi_{n-1}^2\left(\frac{\alpha}{2}\right)} \right] \tag{3-63}$$

式中：$\bar{x}$、s 分别为样本观察值，按式（3-59）和式（3-61）算得；$t_{n-1}(\beta)$、$\chi^2_{n-1}(\beta)$ 分别为 t_{n-1}、χ^2_{n-1} 的 β 分位点。

下面介绍在 $(n, r, 无)$ 及 $(n, t_0, 无)$ 方案下未知参数 μ 和 σ^2 的估计。假定在 $(n, t_0, 无)$ 方案下，试验终止时也获得了 r 个失效数据，与威布尔模型中的处理相仿，及设为式（3-52），则似然函数为

$$L = \frac{n!}{(n-r)!}\left(\prod_{i=1}^{r}\frac{1}{\sqrt{2\pi}\sigma}\exp\left(-\frac{1}{2\sigma^2}(x_i-\mu)^2\right)\right)\left(\frac{1}{\sqrt{2\pi}\sigma}\int_{x_s}^{\infty}\exp\left(-\frac{1}{2\sigma^2}(x-\mu)^2\right)\mathrm{d}x\right)^{n-r} \tag{3-64}$$

记 $N(0, 1)$ 的密度函数为

$$\phi(x) = \frac{1}{\sqrt{2\pi}}\exp\left(-\frac{1}{2}x^2\right) \tag{3-65}$$

对应的分布函数为

$$\Phi(x) = \int_{-\infty}^{x}\phi(t)\mathrm{d}t \tag{3-66}$$

对应的失效率函数为

$$V(x) = \frac{\phi(x)}{\Phi(x)} \tag{3-67}$$

则由式（3-64）可得

$$\ln L = c - r\ln\sigma - \frac{1}{2\sigma^2}\sum_{i=1}^{r}(x_i-\mu)^2 + (n-r)\ln\overline{\Phi}\left(\frac{x_s-\mu}{\sigma}\right) \tag{3-68}$$

其中 c 是与 μ、σ^2 无关的常数，于是 μ、σ 的 MLE 由 $\frac{\partial}{\partial\mu}\ln L=0$、$\frac{\partial}{\partial\sigma}\ln L=0$ 确定，从而

$$\begin{cases}\frac{\partial}{\partial\mu}\ln L = \frac{1}{\sigma^2}\sum_{i=1}^{r}(x_i-\mu) + \frac{1}{\sigma}(n-r)V\left(\frac{x_s-\mu}{\sigma}\right) \\ \frac{\partial}{\partial\sigma}\ln L = -\frac{r}{\sigma} + \frac{1}{\sigma^3}\sum_{i=1}^{r}(x_i-\mu)^2 + (n-r)\frac{x_s-\mu}{\sigma^2}V\left(\frac{x_s-\mu}{\sigma}\right)\end{cases} \tag{3-69}$$

若引进

$$z_i = \frac{x_i-\mu}{\sigma}, i=1,2,\cdots,r,s \tag{3-70}$$

带入方程组式（3-69）可得似然方程为

$$\begin{cases}\sum_{i=1}^{r}z_i + (n-r)V(z_s) = 0 \\ -r + \sum_{i=1}^{r}z_i^2 + (n-r)z_sV(z_s) = 0\end{cases} \tag{3-71}$$

对方程组式（3-71），通常可用牛顿－拉夫森（Newton-Raphson）方法迭代解出 $\hat{\mu}$ 和 $\hat{\sigma}$。

（7）离散威布尔分布的参数估计。对于离散型随机变量，在完全样本情形，由随机

变量的分布律，很容易写出似然函数，即 n 个样品寿命随机变量分布律的乘积。根据式 （3-27)所示的离散威布尔分布的分布律，可得完全样本情形的似然函数为

$$L(q,\beta) = \prod_{i=1}^{n} (q^{x_i^\beta} - q^{(x_i+1)^\beta}) \qquad (3-72)$$

取对数得

$$\ln L(q,\beta) = \sum_{i=1}^{n} (q^{x_i^\beta} - q^{(x_i+1)^\beta}) \qquad (3-73)$$

令 lnL 对参数 q 和 β 的偏导为 0

$$\begin{cases} \dfrac{\partial}{\partial q}\ln L(q,\beta) = \sum_{i=1}^{n} (x_i^\beta q^{x_i^\beta-1} - (x_i+1)^\beta q^{(x_i+1)^\beta-1}) = 0 \\ \dfrac{\partial}{\partial \beta}\ln L(q,\beta) = \ln q \sum_{i=1}^{n} (x_i^\beta q^{x_i^\beta-1}\ln x_i - (x_i+1)^\beta q^{(x_i+1)^\beta-1}\ln(x_i+1)) = 0 \end{cases} \qquad (3-74)$$

对方程组式 （3-74)，通常可用牛顿—拉夫森 （Newton-Raphson） 方法迭代解出 $\hat{q}$ 和 $\hat{\beta}$。

3.1.6 退化数据统计分析

产品的失效通常是由产品内在的失效机理与产品的外部环境和工作条件综合作用而产生，这是一个十分复杂的过程。然而，根据产品在以往的工作或储存过程之中，一直保持或基本保持所需要的功能，但在某一时刻的一个瞬间，这种功能突然完全丧失，则称这种现象为突发型失效，如器件击穿、电路短路、材料断裂等。若产品在以往的工作或储存过程之中，产品的功能随时间的延长而逐渐缓慢的退化，直至达到无法正常工作的状态 （通常规定一个评判的临界值，即退化失效水平，例如 LED 的 L_{70} 即为光衰至初始值的 70%），则称此种现象为退化型失效，如元器件电性能的衰退、机械元件磨损、药品效力的降低、绝缘材料的老化等。

在前文介绍的可靠性理论中，统计分析的对象均为寿命数据，即失效时间，而且无论是突发型失效还是退化型失效，统计模型和分析方法都无本质差异，只有在取得寿命数据的试验中，才会注意到突发型失效与退化型失效之间的重要差异。一旦取得寿命数据以后，在前文介绍的可靠性理论中，接下去要做的工作，无论是建立模型，还是统计分析等，通常不会涉及失效的类型，因此，紧靠前文所述的可靠性理论，无法区分两种失效类型的差异。

随着科学技术的进步与发展，工业产品的可靠性得到极大的提高，很多高可靠性产品在很长的工作时间内也极少出现失效现象，因此，在定时截尾寿命试验中常碰到无失效的情况。产品可靠性的提高当然是件好事，但它给产品可靠性的评定工作带来了很大的困难。在无失效的情况下如何对产品做可靠性评定，对于建立在失效数据分析基础上的可靠性理论来说，是一个带有根本性的难题。

对于退化型失效的产品，如果在寿命试验中只能得到极少的失效数据，甚至没有失效，但可对表征产品功能的某些量 （参数） 进行连续测量，取得退化数据，这些退化数据可提供重要的寿命信息，利用退化数据对产品功能的退化过程进行分析，即可对产品的可靠性做出评定，这就为在只有极少失效数据，甚至没有失效数据的情况下，对产品

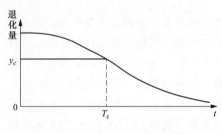

进行可靠性评定提供了一种途径，这种可靠性评定途径与前文所述理论的根本区别在于，它充分利用了退化数据提供的寿命信息。

与突发型失效产品不同，退化型失效产品的功能无法用只有两种状态的属性变量来描述，而是用产品的某个计量特性指标来表示。这个特性指标值的大小反映产品功能的高低，并且该特性指标值随产品工作或储存时间的延长而缓慢地发生变化。在大多数实际问题中，表示产品功能的特性指标值，其稳定的变化趋势总是单调上升或单调下降且这种退化过程具有不可逆转性。由于产品的上述特性指标值无论是下降变化还是上升变化，它所表示的总是产品功能的下降，因此将反应产品功能下降的特性指标值称为退化量，常记为 y。在实际情况中，根据工程技术的有关要求，事先确定一个数值来评判产品是否失效，当产品的退化量变化达到所确定的数值时，则判定该产品失效，即认为此时产品已不能正常工作。这里所确定的评判产品失效与否的数值，通常称为退化失效临界值，或称退化失效水平。退化量 y 常为时间 t 的单调函数，即 $y = y(t)$。退化失效水平常记为 y_c，当退化量随时间变化达到失效水平 y_c 的时刻 T_c 就是产品寿命，如图 3-11 所示。

根据以上讨论可知，突发型失效产品在失效以前其功能保持不变，或基本保持不变，而失效以后功能完全丧失。退化型失效产品在失效以前功能就在不断下降，而失效以后功能并不完全丧失，并且失效与否是相对失效水平而言的。这里将产品的失效分成突发型失效与退化型失效，主要是针对元器件产品，对于整机系统的产品，其元器件可以是突发型失效产品，

图 3-11　退化型失效示意图

也可以是退化型失效产品，因此整机系统的失效形式可以是突发型失效与退化型失效的混合竞争型失效。例如 LED 灯的光衰是退化型失效，LED 灯里的灯珠金线断开而开路是突发型失效。

随着时间的延长，产品退化量 $y(t)$ 的变化轨迹称为退化轨道，或称为退化曲线。这是产品性能退化的真实写照，十分宝贵。人们从退化机理出发，利用物理、化学，甚至工程科学知识去获得退化轨道。当这条路难以获得时就转而用统计方法去获得近似的退化轨道。图 3-12 所示曲线是三种常见的退化曲线。

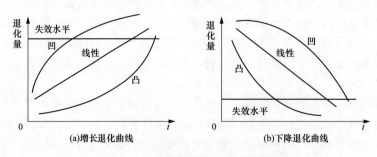

图 3-12　退化曲线的三种可能形状

按曲线形状又可分为线性退化和曲线退化。

（1）线性退化。其退化量的变化率（简称退化率）是常数，即

$$y(t) = a + bt \tag{3-75}$$

其中 $a = y(0)$。有时退化量 $y(t)$ 并非是 t 的线性函数，但对 $y(t)$ 作某种变换，或对时间 t 作另一种变换后可得线性关系，也都归入此类。最常见的是对数变换，如

$$\begin{cases} \ln y(t) = a + bt \\ y(t) = a + b\ln t \\ \ln y(t) = a + b\ln t \end{cases} \tag{3-76}$$

其中 $b>0$ 得增函数，$b<0$ 得减函数。线性退化在统计中有成熟的处理方法，精度也较高，所以线性退化轨道是人们首选的模型。

（2）曲线退化。曲线退化有多种，按退化率的正负来分，退化曲线可分为如下两类：

1）增长退化曲线。当退化率 $y'(t) > 0$ 时，$y(t)$ 称为增长退化曲线。增长退化也有两种方式：①增长退化呈先慢后快：如金属裂缝开始一段时间内裂缝增长很慢，到一定时间后，裂缝增长越来越快，这种退化曲线呈下凸状，称为凸退化；②增长退化呈先快后慢，称为凹退化，如图 3-12（a）所示。

2）下降退化曲线。当退化率 $y'(t) < 0$ 时，$y(t)$ 称为下降退化曲线。下降退化也有两种方式：①下降退化呈先快后慢，称为凸退化；②下降退化呈先慢后快，称为凹退化，如图 3-12（b）所示。如某种绝缘材料的寿命是很长的，新的绝缘材料在工作温度下要几十千伏才能击穿它，可随着时间延长，绝缘材料会老化（即退化），其击穿电压也随之下降，当下降到能被 2kV 电压击穿时就认为材料失效。这种绝缘材料的退化开始很缓慢且要维持很长一段时间后退化才会加快，其退化曲线呈凹曲线状。其中 2kV 就是退化水平。

为了研究退化轨道常需对一组样品在退化过程中不同时刻分别测量其退化量，退化量的测量值称为退化数据。如对第 i 个样品在时刻 t_j 处的退化量为 $y_{ij} = y_i(t_j)$，由于测量总带来误差，故测量值 z_{ij} 并不总是 y_{ij}，其间含有误差 ε_{ij}，即

$$z_{ij} = y_{ij} + \varepsilon_{ij} = y_i(t_j) + \varepsilon_{ij} \tag{3-77}$$

当有一定的测量仪器时，退化数据还是较容易获得。当测量不是破坏性时，退化数据可随着时间延长大量获得，这对退化过程的研究十分有益；当测量是破坏性时，一个产品只能测量一次就退出试验，这要准备更多样品参加退化试验。

假如所有产品都在相同条件和相同环境下制造和使用，失效水平也相同，那么根据物理、化学或工程的模型，其退化轨道与失效时间应是相同的。可实际不是这样，这是因为建模时仅考虑主要因子，那些次要因子、随机因子很难考虑进去，即使进入模型的因子也会有随机波动，而模型外的因子有更多的随机波动。这些随机波动时隐时现、时大时小、时正时负，很难控制，最后综合表现在退化曲线和失效时间上。所以退化与波动总是相伴而行，没有波动的退化过程是不存在的。或者说，退化总是受到各种各样波动的干扰，实际中要尽力减弱或控制各种干扰，寻找最接近实际的退化曲线。为此，先要认识波动及其源头。常见的波动有以下几类：

（1）产品间的波动。

1）初始条件的差异。图 3-13 表示的是 LED 光通量退化曲线（指数型），样品的初始光通量不同，其他条件不变而产生不同的退化曲线。

2）材料性能波动。图 3-14 表示的是 LED 光通量的退化曲线，其中指数衰减因子不同，它由激活能等因素决定，由于外延、芯片和封装制程中材料的波动性，导致 LED 样品的激活能不同，从而指数衰减因子不同。由图 3-14 可看出，由于指数衰减因子不同，退化曲线可能发生相交的情况，这种情况在图 3-13 只存在初始值不同时是没有的。图 3-13 中的指数曲线取对数后绘制出来是平行直线，斜率相同；图 3-14 中的指数曲线取对数后绘制出来的是相交的直线，斜率不同。斜率可假定完全由 LED 的材料和结构决定，一旦确定不再变化，即不随时间变化，这实际上是一种近似。

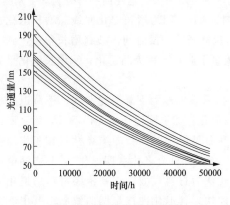

图 3-13　初始光通量不同
而产生的不同退化曲线

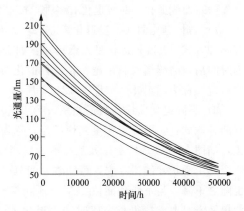

图 3-14　指数衰减因子不同
而产生的不同退化曲线

3）元件的形状和大小的差异。对 LED 来说，不同的外延结构，不同的芯片结构，不同的封装形式对退化曲线都有影响。相同的芯片结构，不同的芯片尺寸对退化曲线也有影响。这里所指的是同类产品间的波动，这一般是由外延片的不均匀性、芯片制程的离散型、封装制程的离散引入的。例如一般外延片中间厚、边缘薄。

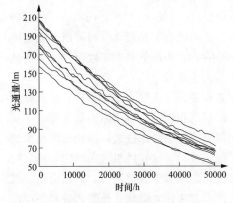

图 3-15　测量、操作和应力不同而
产生的退化曲线随机波动

（2）产品内的波动。主要是指材料不均匀、制造工艺不一致、元器件筛选不够而引起的波动。

（3）由于操作和环境条件而引起的波动，包括测量仪器和操作人员引起的波动。

除了上述所描述的材料特性波动外，退化率还依赖于操作和环境条件，并且这种影响是随机的。图 3-15 表明了这种影响，其中除外加应力波动外，初始条件差异和材料波动也含在其中。

图 3-13～图 3-15 均非实际的 LED 退化曲线，实际 LED 的光通量往往退化得很慢，短时间内看上去更像是直线，而不是指数曲线，为了突出指数曲线模型，此处对指数因子进行了适当放大。此外实际的 LED 光衰曲线，往往不采用光通量绝对值作为纵坐标，一般采用以初始值各自归一化的相对值，即退化百分比，这样所有参加测试的样品初始值都是一样的，即相对光通量均为 1，这为后续分析带来便利性，至少在以上三个常见随机波动种类中可少考虑一种。

从上述叙述可见，当产品间的波动和外界环境的波动过大，特别是最后的测量误差过大，可使最后的累积波动过大，以至于在退化数据与失效时间之间找不到什么关系。所以尽可能控制上述波动和测量误差在退化试验中是很重要的。

退化过程中所发生的各种波动均可用随机变量及其分布描述。所谓控制，就是控制分布的均值与方差，特别要控制方差，使其越小越好，当方差为零时，波动就消失了。

顺便指出，退化数据的测量有两种：①一个产品可随时间延长不断测量其退化量，如 LED 器件光衰百分比；②破坏性测量，如测量 LED 可承受的冷热冲击次数，一颗 LED 器件只能测试一次，这时为了获得退化信息就需要大量的产品投入试验，这时退化数据个数与样品个数相同，试验成本增加了，但退化数据间的独立性得到保证。本书只考虑第一种情况，对于第二种情况，采用非退化模型分析。

综合前面的讨论可看出，一个产品的退化量 y 不仅是时间 t 的单调函数，而且还依赖于一些参数 α 与 β，这样的函数称为退化轨道函数，记为

$$y = y(t, \alpha, \beta) \tag{3-78}$$

其中参数可分为两类：①固定参数（向量）α，它对总体中所有产品都是不变的；②随机参数（向量）β，它随着产品不同而随机变化。在某些场合，固定参数可能不存在，但随机参数至少有一个。可见，退化轨道函数的随机性就体现在随机参数 β 上。因此要给定一个退化轨道函数，还需给定 β 的分布，若随机参数 β 是 k 维场合，即 $\beta = (\beta_1, \cdots, \beta_k)$，那就需要给出一个 k 维分布。由于随机参数 β 很难直接观察，故通常认为 β 服从 k 维正态分布 $N_k(\mu_\beta, \Sigma_\beta)$，其中均值向量 μ_β 与协方差矩阵 Σ_β 都需要通过退化量 y 的观察值做出估计，这项假设也放宽为 β 服从均值 μ_β 与协方差矩阵 Σ_β 的 k 维正态分布，这个分布简记为 $\beta \sim (\mu_\beta, \Sigma_\beta)$。这样一来，退化轨道函数 y 可一般假设为

$$\begin{cases} y = y(t, \alpha, \beta) \\ \beta \sim (\mu_\beta, \Sigma_\beta) \end{cases} \tag{3-79}$$

最简单的退化轨道函数是线性退化轨道函数。图 3-16 显示随机斜率线性退化轨道函数。图 3-17 显示随机截距线性退化轨道函数。它们虽然简单，但却受到人们重视。

在退化轨道函数式（3-79）的基础上，若有 m 个产品参加退化试验，并约定在某些事先指定时间 $t_1 < t_2 < \cdots < t_n$ 上测量其退化量，记 z_{ij} 为第 i 个样品在第 j 个点 t_j 上的测量值（退化数据，$i = 1, \cdots, m$；$j = 1, \cdots, n$）。为了便于后面统计分析，需要对诸退化数据给出若干假设，建立退化数据统计分析模型。

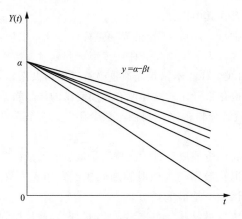

图 3-16 随机斜率线性退化轨道函数

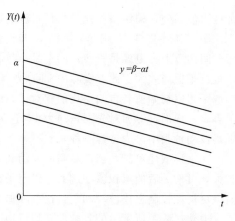

图 3-17 随机截距线性退化轨道函数

在非破坏测量场合下，一个产品可在不同时刻进行多次测量。m 个产品可在相同时刻（$t_1 < t_2 < \cdots < t_n$）测量，也可在不同时刻（$t_{i1} < t_{i2} < \cdots < t_{in}$，$i = 1$，…，$m$）测量。在条件许可下，尽量采用前者，这便于观察在时刻 t_j 处 m 个退化数据 z_{1j}、z_{2j}、…、z_{mj} 的分布形态。这些在进行退化试验前就要进行精心设计。在这种情况下，退化数据统计模型可综合如下

$$\begin{cases} z_{ij} = y(t_j, \alpha, \beta_i) + \varepsilon_{ij} & (i = 1, \cdots, m; j = 1, \cdots, n) \\ \{\beta_i\} \stackrel{iid}{\sim} (\mu_\beta, \Sigma_\beta) \\ \{\varepsilon_{ij}\} \stackrel{iid}{\sim} (0, \sigma_e^2), \text{且} \{\beta_i\} \text{与} \{\varepsilon_{ij}\} \text{相互独立} \end{cases} \tag{3-80}$$

式中 $y(t_j, \alpha, \beta) \stackrel{\frown}{=} y_{ij}$ 是退化量；z_{ij} 是其测量值；α 是固定参数（向量）；β_1、…、β_m 是随机参数（向量），它可看作是来自某概率分布（μ_B, Σ_β）的一个样本。参数个数常取 1～4 个为宜，过多参数会使以后统计分析增加麻烦。符号（$0, \sigma_e^2$）表示均值为 0，方差为 σ_e^2 的分布。可以是正态分布 $N(0, \sigma^2)$，也可以不是正态分布，而是其他分布。

测量时间 t 通常是日历时间，但也可以是诸如汽车行驶里程，疲劳试验旋转的圈数，LED 冷热冲击的次数等。y 和 t 尺度的选择，应使退化轨道 $y(t)$ 得以简化，并尽量利用物理、化学或工程的知识获得退化轨道的显式表达。常可使用退化量的对数（$\ln y$）和时间的对数（$\ln t$）使模型简化。

一般退化轨道中的参数估计。在一般退化数据统计模型（3-80）中有两类参数需要估计：①模型参数 $\theta_\beta = (\mu_B, \Sigma_\beta)$ 和测量误差的标准差 σ_ε；②参试样品的 β_1、…、β_m 的实现值，这是为了预测该样品今后的退化情况。

在退化轨道函数已知下和在模型（3-80）中加入正态性假设，即可对模型中的参数做出最大似然估计，否则只能做出最小二乘估计或其他估计。

在前面已指出，当产品的性能退化到一定程度会导致其丧失应有的功能，即失效。在这里产品的失效是指退化轨道 $y(t)$ 首次达到预先确定的失效水平 y_c，由此可确定一个失效分布，它是退化模型参数的一个函数。若产品寿命为 T，则在 $y(t)$ 是增函数场

合，事件"产品在 t 时刻之前失效"等价于"其退化轨道在 t 时刻之前就达到失效水平 y_c"，即"$T \leqslant t$"等价于"$y(t) \geqslant y_c$"。类似的，可以对 $y(t)$ 是减函数做出说明。故产品寿命 T 的分布函数为

$$F_T(t) = P\{T \leqslant t\} = \begin{cases} P\{y(t, \alpha, \beta) \geqslant y_c\}, \text{当 } y(t) \text{ 是 } t \text{ 的增函数} \\ P\{y(t, \alpha, \beta) \leqslant y_c\}, \text{当 } y(t) \text{ 是 } t \text{ 的减函数} \end{cases} \quad (3\text{-}81)$$

式中：α 是固定参数（向量）；β 是随机参数（向量）。当给定失效水平 y_c 后，T 的分布依赖于 β 的分布，从而依赖于轨道参数 α 和 β。在某些简单场合，由 β 的分布可导出 $F_T(t)$ 的显式表达式。在一般场合，这种显式表达式很难导出，如 $y(t)$ 是非线性函数且含有多于一个随机参数场合，估计分布函数 $F_T(t)$ 不得不用数值方法。

对一些简单的轨道模型，特别是仅有一个随机参数的轨道模型，$F(t)$ 能表达成简单轨道参数的函数形式。设某产品的实际退化轨道是时间 t 的线性函数，即

$$y(t) = \alpha + \beta t (\beta > 0) \quad (3\text{-}82)$$

式中：α 是固定参数，表示所有的试验产品在时刻 0 时的初始退化量；β 是随机参数，它是由产品间的差异引起的，表示退化率。考虑 β 的两种分布如下：

（1）若 β 服从对数正态分布 $\ln(\mu, \sigma^2)$，即

$$P(\beta \leqslant b) = \Phi\left(\frac{\ln b - \mu}{\sigma}\right) \quad (3\text{-}83)$$

那么产品的失效分布为

$$\begin{aligned} F_T(t; y_c, \mu, \sigma) &= P(y(t) \geqslant y_c) \\ &= P(\alpha + \beta t \geqslant y_c) \\ &= P\left(\beta \geqslant \frac{y_c - \alpha}{t}\right) \\ &= 1 - \Phi\left[\frac{\ln(y_c - \alpha) - \ln t - \mu}{\sigma}\right] \\ &= \Phi\left[\frac{\ln t - (\ln(y_c - \alpha) - \mu)}{\sigma}\right] \quad (t > 0) \end{aligned} \quad (3\text{-}84)$$

这表明产品寿命 T 服从对数正态分布 $\ln(\ln(y_c - \alpha) - \mu, \sigma^2)$，其对数正态均值为 $\exp\left[\ln(y_c - \alpha) - \mu + \frac{\alpha^2}{2}\right]$，而 σ 是对应正态分布的标准差。

当退化轨道 $y(t)$ 是线性减函数时，即 $y(t) = \alpha - \beta t (\beta > 0)$，而 β 仍服从对数正态分布 $\ln(\mu, \sigma^2)$，仍可导出寿命 $T \sim \ln(\ln(\alpha - y_c) - \mu, \sigma^2)$。

（2）若 β 服从威布尔分布 $W(m, \lambda)$，即

$$P(\beta \leqslant b) = 1 - e^{-(\lambda b)^m} \quad (3\text{-}85)$$

那么在 $y(t)$ 是增函数场合 $y(t) = \alpha + \beta t (\beta > 0)$，产品寿命分布函数为

$$\begin{aligned} F_T(t; y_c, m, \lambda) &= P[y(t) \geqslant y_c] \\ &= P(\alpha + \beta t \geqslant y_c) \\ &= P\left(\beta \geqslant \frac{y_c - \alpha}{t}\right) \end{aligned}$$

$$= \exp\left[-\left(\lambda\frac{y_c-\alpha}{t}\right)^m\right] \quad (t>0) \tag{3-86}$$

这是一个倒威布尔分布［若 $T \sim W(m,\lambda)$，则 T^{-1} 的分布称为倒威布尔分布，记为 $IW(m,\lambda)$］，这里 $T \sim W\left[m,\lambda(y_c-\alpha)\right]$。

当退化轨道 $y(t)=\alpha+\beta t(\beta>0)$ 是 t 的减函数，而 β 仍服从威布尔分布 $W(m,\lambda)$，仍可导出产品寿命分布函数为

$$F_T(t;y_c,m,\lambda) = \exp\left[-\left(\lambda\frac{\alpha-y_c}{t}\right)^m\right] \quad (t>0) \tag{3-87}$$

这里 $T \sim IW\left[m,\lambda(y_c-\alpha)\right]$。

一般的，获得退化失效分布［分布函数 $F_T(t)$ 或密度函数 $f_T(t)$］可分成如下三步进行。

1）确定退化轨道函数中随机参数 β 的分布。

2）利用退化轨道函数 $y=y(t,\alpha,\beta)$ 导出退化量 $y(t)$ 的分布。

3）对给定的失效水平 y_c，利用式（3-80）导出产品寿命（失效时间）T 的分布。

例如在随机斜率退化轨道函数为

$$y(t) = y(t,\alpha,\beta) = \alpha - \beta t(\beta>0) \tag{3-88}$$

式中：α 是固定参数；β 是随机参数；y_c 为失效水平，且 $0<y_c<\alpha$，$\beta>0$。若设 β 的分布函数为 $G(\beta)$，密度函数为 $g(\beta)$，则可先导出 $y(t)$ 的分布

$$F_y(y|t) = 1 - G\left(\frac{\alpha-y}{t}\right) \tag{3-89}$$

$$f_y(y|t) = \frac{1}{t}g\left(\frac{\alpha-y}{t}\right) \tag{3-90}$$

然后由式（3-80）可导出退化失效分布为

$$F_T(t|y_c) = 1 - G\left(\frac{\alpha-y_c}{t}\right) \tag{3-91}$$

$$f_T(t|y_c) = \frac{\alpha-y_c}{t^2}g\left(\frac{\alpha-y_c}{t}\right) \tag{3-92}$$

图 3-18 示意了退化量 $y(t)$ 在时刻 t 的密度函数 $f_Y(y|t)$ 与产品寿命 T 的密度函数 $f_T(t|y_c)$ 间的联系。图中阴影部分面积 $S_1 \sim S_3$ 分别是在 $t_1 \sim t_3$ 时刻退化量 $y(t)$ 不超过失效水平 y_c 的概率，其变化率如底部 t 轴上的密度函数 $f_T(t|y_c)$。

随机截距线性退化轨道。为确定起见，这里假设退化轨道函数 $y(t)$ 是 t 的线性减函数，即设

$$y(t) = \beta - \alpha t(\alpha>0) \tag{3-93}$$

式中：α 为固定参数；β 为随机参数且设 β 的分布函数为 $G(\beta)$，密度函数为 $g(\beta)$。为

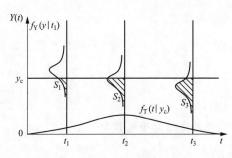

图 3-18　退化量 $y(t)$ 的密度函数 $f_Y(y|t)$ 与寿命 T 的密度函数 $f_T(t|y_c)$ 的关系示意图

了获得有意义的退化失效分布，需要有 $P(\beta > y_c) = 1$，这时常在 β 的分布中引入门限参数且使该门限参数超过失效水平。这时不难求得退化量 y 在时刻 t 的分布为

$$\begin{cases} F_Y(y \mid t) = G(\alpha t + y) \\ f_Y(y \mid t) = g(\alpha t + y) \end{cases} \tag{3-94}$$

再利用式 (3-81)，求得寿命 T 的分布为

$$\begin{cases} F_T(t \mid y_c) = G(\alpha t + y_c) \\ f_T(t \mid y_c) = \alpha g(\alpha t + y_c) \end{cases} \tag{3-95}$$

对 $y(t)$ 是线性增函数的情形亦可类似推得，这里不再赘述。

下面举一个带门限参数的例子。设 β 服从三参数对数正态分布 $LN(\mu, \sigma^2, \gamma)$，其中门限参数 $\gamma \geqslant y_c$，即有

$$G(\beta) = \Phi\left(\frac{\ln(\beta - \gamma) - \mu}{\sigma}\right)(\beta > \gamma) \tag{3-96}$$

由式 (3-94) 和式 (3-95) 可得

$$F_T(t \mid y_c) = \Phi\left\{\frac{\ln[t - (\gamma - y_c)/\alpha] - (\mu - \ln\alpha)}{\sigma}\right\}\left(t > \frac{\gamma - y_c}{\alpha}\right) \tag{3-97}$$

$$F_Y(y \mid t) = \Phi\left\{\frac{\ln[y - (\gamma - \alpha t)] - \mu}{\sigma}\right\}(y > \gamma - \alpha t) \tag{3-98}$$

由此可知，$T(y_c) \sim LN(\mu - \ln\alpha, \sigma2, (\gamma - y_c)/\alpha)$，$Y(t) \sim LN(\mu, \sigma^2, \gamma - \alpha t)$。若取 $\gamma = y_c$，则寿命 $T(y_c)$ 服从二参数对数正态分布。

下面介绍截距与斜率都是随机参数的线性退化轨道函数，为确定起见设退化轨道减函数，即

$$y(t) = \beta_1 - \beta_2 t \tag{3-99}$$

其中 β_1 与 β_2 都是随机参数且设 $\beta = (\beta_1, \beta_2)'$ 为二维正态变量，即 $\beta \sim N_2(b, \Sigma)$，其中

$$\begin{cases} b = \begin{pmatrix} b_1 \\ b_2 \end{pmatrix} \\ \Sigma = \begin{bmatrix} \tau_1^2 & \rho\tau_1\tau_2 \\ \rho\tau_1\tau_2 & \tau_2^2 \end{bmatrix} \end{cases} \tag{3-100}$$

这里要求 $b_1 > y_c$（失效水平），$b_2 > 0$，即使如此还不能保证退化轨道是减函数，通常还要附加如下要求，

$$\begin{cases} P(\beta_1 > y_c) \approx 1 \\ P(\beta_2 > 0) \approx 1 \end{cases} \tag{3-101}$$

在这些条件下，可推得退化量 $y(t)$ 在时刻 t 的分布是如下正态分布

$$y(t) \sim N(b_1 - b_2 t, \tau_1^2 - 2\rho\tau_1\tau_2 t + \tau_2^2 t^2) \tag{3-102}$$

假如退化轨道确实是减函数场合，由式 (3-81) 可知，其产品寿命失效分布函数为

$$\begin{aligned} F_T(t \mid y_c) &= P(T \leqslant t) \\ &= P(y(t) \leqslant y_c) \\ &= \Phi\left(\frac{y_c - (b_1 - b_2 t)}{(\tau_1^2 - 2\rho\tau_1\tau_2 t + \tau_2^2 t^2)^{1/2}}\right) \end{aligned}$$

$$= \Phi\left(\frac{t - (b_1 - y_c)/b_2}{[(\tau_1^2 - 2\rho\tau_1\tau_2 t + \tau_2^2 t^2)/b_2^2]^{1/2}}\right) \quad (t > 0) \tag{3-103}$$

上述最后结果很像分布函数，实际不是，这是因为

$$F_T(+\infty \mid y_c) = \lim_{t \to +\infty} F_T(t \mid y_c) = \Phi(b_2/\tau_2) < 1 \tag{3-104}$$

$$F_T(0 \mid y_c) = \lim_{t \to 0} F_T(t \mid y_c) = \Phi\left(\frac{y_c - b_1}{\tau_1}\right) > 0 \tag{3-105}$$

但只要参数选取适当，就可使 $F_T(+\infty \mid y_c) \approx 1$ 和 $F_T(0 \mid y_c) \approx 0$。从实际应用观点上看，只要适当选取参数，可使 $F_T(t \mid y_c)$ 作为近似分布函数使用并非不可以。然而，进一步分析可发现，$F_T(t \mid y_c)$ 的单调性是有条件的。这可将 $F_T(t \mid y_c)$ 关于 t 求一阶导数，并令其大于零，则可得 $F_T(t \mid y_c)$ 为 t 的严格增函数的充要条件是

$$\left(\tau_1^2 - \rho\tau_1\tau_2\frac{b_1 - y_c}{b_2}\right) + \left(\tau_2^2\frac{b_1 - y_c}{b_2} - \rho\tau_1\tau_2\right)t > 0 \tag{3-106}$$

当 β_1 与 β_2 独立时，有 $\rho = 0$，从而上式可改写为

$$t > -\left(\frac{\tau_1}{\tau_2}\right)^2\frac{b_2}{b_1 - y_c} \tag{3-107}$$

由于 $b_1 > y_c$ 和 $b_2 > 0$，故上式总成立，即在 $t > 0$ 时 $F_T(t \mid y_c)$ 是严格增函数，$F_T(t \mid y_c)$ 可近似作为分布函数。而当 β_1 与 β_2 有某种相关性，$F_T(t \mid y_c)$ 就复杂多变了，单调性也难以保证。

从上面的例子可看出，某些形式上十分简单而似乎也比较合理的线性退化轨道，其失效分布获得并不简单，在缺乏失效数据场合，使用它们并不方便。而在退化轨道函数是 t 的非线性函数场合，导出寿命分布更为困难，有时是不可行的。所以纯粹从概率途径寻求寿命分布的解析解是困难的，一般要根据实际情况，改用统计方法，从实际的退化数据去寻求新的途径。

若在一般的退化模型（3-80）中，把其含有的 k 个参数 β_1、$\cdots$、β_k 全看作固定参数，不去区分其中哪些是随机参数，更不设置其分布，这时在退化轨道较为简单，测量误差较小场合，可用线性或非线性最小二乘法去拟合每条退化轨道来处理数据，这种方法一般称为"近似退化分析"，具体的近似退化分析可分以下几步进行：

1）对第 i 个产品，利用轨道模型 $z_{ij} = y_{ij} + \varepsilon_{ij}$ 和样本轨道数据 $(t_{i1}, z_{i1}), \cdots, (t_{in}, z_{in})$ 去寻找第 i 条退化轨道参数 $\beta_i = (\beta_{1i}, \cdots, \beta_{ki})$ 的估计 $\hat{\beta}_i$，这可利用线性或非线性最小二乘估计。

2）解方程 $y(t, \hat{\beta}_i) = y_c$，记解为 $\hat{t}_i$，即第 i 个产品首次达到失效水平的时刻，对在截尾时间 t_c 尚无失效的产品来说，也一样处理，此种 $\hat{t}_i$ 都称为"伪失效时间"。

3）对样本中每个产品重复上述方法，可得伪失效时间 $\hat{t}_1$、$\cdots$、$\hat{t}_m$。

4）利用估计值 $\hat{t}_1$、$\cdots$、$\hat{t}_m$ 做出 $F_T(t)$ 的估计。

例如，若设 $y(t) = \beta_1 + \beta_2 t$，或对退化数据 z 或时间 t 经过对数变换后做如此假定，在这种场合，模型中参数 β_{1i} 和 β_{2i} 的最小二乘估计为

$$\begin{cases} \hat{\beta}_{1i} = \bar{z}_i - \hat{\beta}_{2i}\bar{t}_i \\ \hat{\beta}_{2i} = \dfrac{\displaystyle\sum_{j=1}^{n}(t_{ij} - \bar{t}_i)z_{ij}}{\displaystyle\sum_{j=1}^{n}(t_{ij} - \bar{t}_i)^2} \end{cases} \tag{3-108}$$

其中 $\bar{t}_i$ 是 t_{i1}、$\cdots$、t_{im} 的均值，$\bar{z}_i$ 是 z_{i1}、$\cdots$、z_{im} 的均值，这时伪失效时间可用下式得到

$$\hat{t}_i = (y_c - \hat{\beta}_{1i})/\hat{\beta}_{2i} \quad (i = 1、2、\cdots、m) \tag{3-109}$$

上述近似退化分析对简单问题是有吸引力的，因为计算相当简单；但对非线性退化轨道来说，此种近似方法很少是有效的，使用上述近似退化分析的前提有如下几条：

1）退化轨道相对简单。

2）所拟合的轨道是较为正确的。

3）有足够的数据可用于做出 β_i 值的精确估计。

4）测量误差较小。

5）对预测的伪失效时间 $\hat{t}_i$ 没有其他的解释。

这种近似退化分析方法是存在一些潜在问题的，如：

1）这个方法忽略了预测误差（在 $\hat{t}_i$ 中），没有把测量误差引入到所考察的样本轨道中去。

2）用"伪失效时间"所拟合的分布一般不能与退化数据和退化模型给出的分布相一致。

3）在某些应用中，有些样本轨道较短，以致所含信息不足，致使难以得到轨道参数的准确估计，有时还会遇到不同轨道要用不同模型去拟合，从而伪失效时间就很难解释。

3.2 LED 的光衰寿命

LED 的光衰寿命是当前 LED 照明领域最长用到的寿命参数，一般是以 LED 器件光通量衰减到初始光通量的 70％作为失效判据，此时该 LED 器件的累计燃点时间记为 L_{70}，并称此 L_{70} 为 LED 器件的光衰寿命（本节以下简称"寿命"）。业界当前公认的计算方法是用 IES TM-21 里规定的计算方法，基于 IES LM-80 得到的 LED 随时间而变化的光衰数据，进行计算，从而得到特定驱动电流和焊点温度 T_s 情况下的寿命数据。

本节先介绍 LM-80 有关内容，再介绍 TM-21 计算方法，然后介绍寿命的分布，最后讨论 LED 整灯寿命与 LED 器件寿命的关系。

3.2.1 IES LM-80-15

IES LM-80 这个标准最早于 2008 年 10 月由北美照明学会正式公布（当时的名称为：IESNA Approved Method for Lumen Maintenance Testing of LED Light Sources，当前版本的名称为：Approved Method：Measuring Luminous Flux andColorMaintenanceof LED Packages，Arrays and Modules）。是继 LM-79-80（固态照明产品的电气和光度测量）之后公布的第二个对 SSL 产品的测试标准。目的是为测量 LED 光源光通维持率建立一套

规定的方法，从而规范业内的认识和做法，是统一 LED 产品质量检测方法的一个重要标准。该方法适用于测量 LED 封装、阵列和模组光通量的维持率，不损坏器件。被测器件工作在有外部辅助设备供电的可控条件下，从而得到能用于比较的最好数据。LED 不像传统的光源那样在工作到最后会损坏不亮，它在工作很长时间后一般只会暗下去，仍有光发出来，因此寿命就只以光通量下降到初始值的一个特定百分比来表征。该标准规定和建立一套测量光通量衰减的方法和过程。在全寿命期内，LED 的光谱也会发生变化，可能会产生不能接受的色品和显色性，同时色漂也会影响光通维持率。LED 光源的性能会受诸多因素的影响，如工作周期、辅助设备、器具的条件、环境温度、空气流通和工作的方向性等。所以试验的条件要设计得能给出可比较的结果和适合各个实验室的模式。对于应由实际测量来决定的光通维持率，该标准不提供预测评估或推测有关光通维持率的指导意见或做任何推荐。该标准的最新版本是 2015 年 6 月 26 日发布的，下面对该标准做简要介绍。

LED 通常具有非常长的使用寿命，根据驱动电流和使用条件，可使用 50000h 或更长时间。随着时间的推移，LED 的光输出会慢慢减少。这种光通量下降而不发生灾难性故障的特性，造成了一种风险，即基于 LED 的照明产品在接近使用寿命结束时，可能仍在运行，但已在产品的规格之外，或在所要求的参数、标准或法规之外。随着时间的推移，LED 的发射光谱也可能发生逐渐的变化，这可能会导致不可接受的外观、显指或光衰。

LM-80-15 描述了在受控环境和运行条件下，LED 进行光（或辐射，或光子）通量维持率和色度维持率或波长随时间变化的测试程序。测量结果可用于 LED 的比较，也可用于预测 LED 寿命期间光输出长期变化的模型。

相比此前的版本，LM-80-15 的应用范围已经扩大到包括三种光通维护的测试以及色度随时间变化的测试。LED 驱动特性也有更新，包括脉冲宽度调制电流，直流恒压和交流稳压驱动。维持率测试持续时间和测量间隔不再指定，而是根据数据的预期用途进行确定。报告部分对于所需的数据更加具体，同时澄清了热测量的要求，以反映行业前沿。

LM-80-15 提供了测量光通量和 LED 器件、阵列和模块颜色维持率的方法。该文件包括光、辐射或光子通量维持率和颜色维持率，包括色度坐标的变化，峰值波长，或质心波长随时间的变化。维持率特性是在受控条件下测量的，可直接比较不同实验室的结果。LM-80-15 对于超出实际测量持续时间的维持率特性的预测估计或外推，不提供指导或提出任何建议。

LM-80-15 给出了 15 个术语的定义，分述如下：

（1）空气温度（T_A）。在维护测试期间，待测器件（DUT，Device Under Test）周围空气的温度。

（2）管壳温度（T_s）。待测器件的温度测量点由待测器件制造商定义。在某些情况下，温度测量点被定义为印制电路板上的焊点。在其他情况下，它被定义为待测器件外壳的特定位置。因此，在制造商的规格书中，T_s 有时被指定为 T_{sp} 或 T_c。

（3）质心波长(λ_c)。单色待测器件光谱的重心由每个波长强度的加权平均得到

$$\lambda_c = \frac{\int_{\lambda_1}^{\lambda_2} \lambda \cdot S(\lambda)\,\mathrm{d}\lambda}{\int_{\lambda_1}^{\lambda_2} S(\lambda)\,\mathrm{d}\lambda} \tag{3-110}$$

式中：λ 是波长；$S(\lambda)$ 是单色待测器件的光谱功率分布。

（4）待测器件。指正在进行维持率测试的 LED 器件、阵列或模块。

（5）主波长(λ_d)。详见 1.2.7 节。

（6）驱动电平。在维持率测试、光度测量或电气测量期间加到待测器件上的标称外部电压或电流。驱动电平以直流恒流驱动的安培数、直流恒压驱动的伏特或交流稳压的有效值伏特来指定。

（7）待测器件失效。待测器件因处理不当或其光通量、光子通量或辐射通量减少90％或以上时，即视为失效。

（8）光通维持率。光通维持率（通常称为"流明维持率"）是在选定的运行时间内剩余的光通量输出（通常表示为初始光通量输出的百分比）。光通维持率（或"流明维持率"）是光通量衰减率（或"流明衰减率"）的反义词。

（9）维持率测试。维持率测试是指在特定的电气和环境条件下，待测器件通电后的持续稳定运行测试。

（10）测量间隔。测量间隔是两次光度测量和电测量之间经过的时间。

（11）峰值波长(λ_p)。峰值波长是光谱分布最大值对应的波长。

（12）光子通量。待测器件在波长 λ_1 和 λ_2 发射的光子通量由式（3-111）计算

$$\Phi_p = \int_{\lambda_1}^{\lambda_2} \frac{\lambda}{Nhc}\Phi_\lambda(\lambda)\,\mathrm{d}\lambda \tag{3-111}$$

式中：N 是阿伏加德罗常数；h 是普朗克常数；c 是真空中的光速；$\Phi_\lambda(\lambda)$ 是光谱辐射通量，W/nm；Φ_p 的单位通常表示为 μmol/s。

（13）光子通量维持率。光子通量维持率是在任何选定的运行时间内剩余的光子通量输出（表示为初始光子通量输出的百分比）。

（14）辐射通量(Φ_e)。辐射通量 Φ_e 是无限波长范围或由测量仪器限定的有限波长范围内的辐射能量随时间的变化率，它由单色波的辐射通量密度对波长积分得到

$$\Phi_e = \int_{\lambda_1}^{\lambda_2} \Phi_\lambda(\lambda)\,\mathrm{d}\lambda \tag{3-112}$$

（15）辐射通量维持率。辐射通量维持率是在选定的运行时间内剩余的辐射通量输出（通常表示为初始辐射通量输出的百分比）。

下面介绍 LM-80-15 样品测试的物理和环境条件。建议实验室在相对清洁的环境中储存和测试待测器件。在操作前，应清洁待测器件以消除操作标记，并应遵守制造商的操作说明，例如静电防护（ESD）说明。待测器件测试室或测试环境不应释放挥发性有

机化合物、卤素和硫化物或其他污染物，这些污染物可能会与待测器件中的硅树脂、引线框架或其他部分相互作用。

在维持率测试期间，湿度应保持在小于65％的相对湿度，或在整个维持率测试期间，其他预先定义的相对湿度水平应保持在±5％的范围内。应报告所选择的湿度测试条件（小于65％或预定义）。

在维持率测试期间，空气温度T_A应保持在高于标称测试温度－5℃的温度（例如，如果标称温度为55℃，则$T_A \geqslant 50$℃）。在维持率测试期间，T_A应在测试室内或环境中进行监视。在不引入误差（如光吸收）的情况下，T_A应在最能代表周围空气的位置进行测量。

注：在测试室内进行的维持率试验可能具有被动式（即没有外部空气交换）或主动式（即强制外部空气）保持空气温度的方法。

在维持率测试期间，应控制空气流动，使外部空气在低于周围空气温度T_A的温度范围内没有大量的外部空气注入测试室内或环境中。

用于温度测量的温度测量设备或系统的扩展不确定度($k=2$)应小于2.5℃。如果使用热电偶，应符合ASTM E230表1"特殊限制"（±1.1℃或0.4％，以较大的为准）。温度传感器元件应屏蔽待测器件的直接光辐射。

下面介绍LM-80-15样品测试的电气条件。待测器件应使用外部驱动器操作。所提供的电力必须是下列之一：直流恒流、脉宽调制（PWM）电流、直流恒压、交流稳压。输入功率类型应选择与待测器件的主要工作模式相匹配的制造商指定的类型（例如恒流、恒压或交流电压）。

用于维持率测试的驱动电平值（直流电流、直流电压或交流均方根电压和频率）应代表制造商对用户应用的期望，并应在待测器件的推荐工作范围内。理想情况下，该值应与制造商的规格书额定值相匹配。

对直流恒流驱动，电路配置应为待测器件由专用驱动器单独驱动，或由恒流串联电路驱动。在光度和电气测量间隔点上，待测器件的正向电压也应测量和报告。电流规范，在维持率测试期间，正向电流应控制在标称值的±3％以内；在光度和电气测量期间，正向电流调节应在标称值的±0.5％以内。峰间电流纹波在任何时间都不应超过标称值的3％。

对脉宽调制电流驱动，电路配置应为待测器件由单独驱动专用驱动器驱动，或与PWM电流串联。在光度和电气测量间隔点上，待测器件的正向电压也应测量和报告。在维持率测试期间，正向电流应控制在标称值的±3％以内。在光度和电气测量期间的正向电流调节应在标称值的±1％以内。PWM电流转换（上升沿和下降沿）应标称开/关转换时间的1％内。驱动电源和待测器件之间的电缆应使电缆损耗造成的电流误差最小化。

此处略去恒压和交流电压的电气条件要求，有兴趣的读者可参考LM-80-15原文。

下面介绍LM-80-15样品的光度学测量和电气测量程序。在每个测量间隔点，待测器件的光度学和电气测量应按照以下步骤进行。测量设备的校准应符合制造商的规格。

光度学和电气测量应使用可以优化测量的重复性测量方法。IES LM-85-14《Approved Method：Electrical and Photometric Measurements of High Power LEDs》可作为开发合适方法的参考。

通量和色度测量应采用积分球、半球或其他等效几何形状的测量系统进行。辐射、光子或光通量的初始测量值应报告。随后的通量测量应在 0 小时归一化为 1(100%) 的基础上进行计算和报告。对于这种归一化的测量，假设在待测器件的流明维持率测试期间使用相同的测量设置，则许多系统误差将被消除。为了尽量减少由于校准基准的不同而造成的误差，在整个维持率测试期间应使用相同的标准灯（或任何其他校准基准源）。有时采用所谓"监测 LED"也是有用的，它不进行维持率试验，但是与待测器件一起测量，以监测积分球相应的稳定性。根据这些数据可进行修正，并应记录在测试报告中。

对于色度维持率，色度应在 CIE 1976(u'，v') 坐标系中表示。用下式计算 0 时刻色品(u'_0，v'_0) 和 t 时刻色品(u'_t，v'_t) 的色度差异

$$\begin{cases} \Delta u' = u'_t - u'_0 \\ \Delta v' = v'_t - v'_0 \\ \Delta u'v' = \sqrt{\Delta u'^2 + \Delta v'^2} \end{cases} \qquad (3\text{-}113)$$

对于所有待测器件的测量，应使用相同的温度条件。工业上常用的是 25℃ 的条件。为了便于测量数据的比较，应报告温度条件和温度测量点位置。测量点的位置可以是实验室的中心监测点，如室内环境空气温度监测器、球形环境空气温度探头、主动控制散热器的温度或与所选温度条件相关的任何其他点。在开始测量前，温度测量点应测量温度条件的 ±2℃ 以内。

光度学和电气测量应在测量维持率的驱动电流下进行。

下面介绍 LM-80-15 维持率测试程序。除产品出厂前制造商对产品进行的干燥或老化处理外，不得对产品进行任何其他的干燥或老化处理。每个经过维持率测试的待测器件样品均应在整个测试过程中进行跟踪。样本来源应根据测试数据的预期用途来选择。在某些情况下，待测器件被选择为整个 LED 光源群体的代表。在其他情况下，抽样是有特别倾向的，尤其是那些已知更容易发生衰减的。例如，更低的色温样品。待测器件可能被选择来代表暖色和冷色的白光 LED 光源。有关采样的更多信息，可参见 IES TM-21-11。如果某些样品是失效的，则可能需要额外的待测器件样品。所有测试的样品都应包括在报告中。

对于维持率测试，准确记录运行时间至关重要。测量间隔应使用基于计算机的计时器，经过时间计、视频监测、电流监控或其他监控设备进行计时。计时器应与特定的测试位置相关联，并且只有当所安装的待测器件通电时，计时器才应累计时间。在停电的情况下，监控设备不应累计时间。计时不确定性，包括待测器件通电但未在待测器件外壳温度限制内的时间，不应超过测量间隔的 0.5%。

在维持率测试期间，待测器件应至少在两个管壳温度 T_s 下运行。管壳温度和驱动水平的选择应考虑到 LED 光源的预期应用、制造商的推荐操作参数以及测试数据的最

终使用。至少一种管壳的温度应为 55℃ 或 85℃。这些管壳温度通常用于工业测试，以支持对测试结果的直接比较。驱动水平可能因不同的管壳温度而不同。然而，使用 IES TM-21-11 中描述的方法插值，预测 LED 光源的长期流明维持率，可预测在两个测试用温度之间的光通维持率，此时要求两个管壳温度的驱动水平相同。三种或三种以上温度下的测试提供了更精确的插值和中间温度下的测量值，可根据更高和更低的温度情况对插值结果进行交叉检验。在维持率测试期间，待测器件外壳温度 T_s 应保持在高于或等于标称测试管壳温度－2℃的温度（例如，如果标称管壳温度为 55℃，则 $T_s \geqslant 53$℃）。在维持率测试期间，对管外壳温度进行监测的方法详见前言 QQ 群文件。

在开始维持率测试之前，应进行初始光度（光通量、辐射通量或光子通量）和色度（色度值或波长）测量，并记录为零时数据。待测器件的光度和色度测量应在维持率测试期间的每个测量间隔进行。维持率测试时间和测量时间间隔应基于并与设计使用寿命测试的目的一致，包括符合规定要求的证据，和计划分析的数据（如数据预测光通维持率建模或数据实际光通维持率验证）。目前一般的 LM-80 报告每个 1000h 进行测试，也有加入第 500h 测试数据的，测试总时长最小为 6000h，一般测试总时长为 9000h，测试 12000h 以上则数据可靠性更加。

在每个光度和电气测量间隔期间，应通过目测或自动监测来检查待测器件是否发生故障。失效的待测器件应在报告中指出。不合格的待测器件光度和电气测量数据应排除在报告之外。

LM-80 报告应列出有关测试条件、设备类型和待测器件类型的所有相关数据。以下第(1)~(8)条所列项目应报告：

(1) 管理信息。包括：检测机构资质、报告签发日期、测试开始日期、测试完成日期。

(2) 待测器件标识。包括：①待测器件制造商的名字；②待测器件标识，例如型号；③待测器件描述，包括待测器件是否是 LED 器件、阵列或模块；④测试的待测器件数量（样本数）。

(3) 维持率测试条件。包括：①标称管壳温度；②环境空气温度；③空气流动描述；④相对湿度水平；⑤待测器件的驱动水平。

(4) 测试设备。包括：①测试设备说明；②如果使用了外部驱动调节部件，也要说明。

(5) 维持率测试持续时间和测量间隔（以小时为单位）。

(6) 失效的待测器件。包括：①待测器件失效的数量；②观测到的每个失效器件的大致时间。

(7) 待测器件的运行结果。包括：①初始和后续光通量，或辐射通量，或光子通量；②初始和后续色度坐标，或主波长，或峰值波长，或质心波长；③所有待测器件的参数在每个测量间隔点上的平均值、中位值、标准差、最小值和最大值；④用于光度和电学测量的驱动水平；⑤用于光度和电气测量的测量点温度和温度测量点的位置；⑥光度测量方法的描述。

(8) 可选项目。包括：①不确定度的陈述（如有需要）；②色度的变化；③待测器件的抽样方法。

3.2.2　IES TM-21-11

IES TM-21 这个技术备忘录是 2011 年 7 月由北美照明学会正式公布（Projecting Long Term Lumen Maintenance of LED Light Sources）。目的是基于较短的 LED 维持率测试数据，推算使用寿命。

LED 光源的一个优点是使用寿命很长。与其他照明技术不同，LED 通常不会在使用过程中发生灾难性的失效。然而，随着时间的推移，光输出将逐渐衰减。在某个时间点，从 LED 发出的光会衰减到一个水平，被认为不再适合于特定的应用。在照明设计中，了解 LED 光源的"使用寿命"是很重要的。

IES LM-80 是公认的测量 LED 光源维持率的方法。它定义了执行 LED 器件、阵列和模块维持率测试的设置、条件和程序。LM-80 是北美照明学会的推荐，被广泛用于描述 LED 光衰减行为。LED 设备制造商通常为它们的产品提供 LM-80 报告，并在 6000h 或更长时间的测试中收集数据。然而，从 LM-80 测试中收集的数据如何用来最好地确定被测试产品的使用寿命是值得深入探讨的。

LED 的额定流明维持寿命是 LED 光源维持其初始光输出给定百分比的运行时间。它被定义为 L_p，其中 p 是百分比值。例如，L_{70} 是 LED 光输出降到初始光输出的 70% 的时间（以小时为单位）。LED 光源的额定流明维持寿命达到的时间取决于许多变量，包括工作温度、驱动电流以及用于构建产品的技术和材料。因此，LED 的流明维持率不仅因制造商而异，而且因单个制造商生产的不同 LED 器件类型而异。

TM-21 推荐了一种从 LM-80 测试获得的数据中预测 LED 光源流明维持率的方法。该文件由一个由 LED 行业专业人士组成的 TM-21 工作组制订。主要 LED 制造商提供的 LM-80 测试数据的分析被用来合理化和支持该文件。LM-80 的大部分数据来自长至 1 万 h 甚至更长时间的测试。

用于寿命预测的数据应是按照 IES LM-80 里描述的方法收集而来。对于特定的产品型号，在给定的外管壳温度和 LM-80 测试报告中的驱动电流下，样品的所有数据都应用于流明维持寿命预测。对于流明维持寿命预测，样本集的推荐数量至少为 20 个单元单位，以便能使用 6 倍于测试持续时间的乘法因子（6 倍法则）。当应用此估算方法的请求者指定时，可使用小于 20 个单位的样本大小。规定和使用样本量在 20 个单位以下的，应当在使用本办法的报告中注明样本量。样本量的任何变化都会导致不确定度的变化和流明维持寿命预测的时间间隔的变化。对于样本量为 10 个单位到 19 个单位的情况，应使用测试持续时间乘以 5.5 倍为流明维护维持寿命的预测。对于样本量小于 10 个单位的流明维持寿命预测不应采用此方法。在最初的 1000h 之后，鼓励间隔小于 1000h(包括每 1000h 点) 的额外测量。超过 6000h 的额外测量是被鼓励的，并将为更准确的流明维持预测提供基础。

下面介绍预测流明维持寿命的具体方法。预测流明维持寿命的推荐方法是对采集的数据进行曲线拟合，将流明维持值外推到光通量输出下降到最小可接受水平的时间点（如初始光通量的 70%）。那个时间点就是流明维持寿命。所收集数据的同样曲线拟合也可用来确定在未来某一时刻的光通量输出水平（例如 25000h，35000h 等）。该方法分别适用于 LM-80 中规定的每个运行（如驱动电流）和环境（如箱温）条件下收集的每组待测器件的测试数据。

首先将每个待测器件 0 小时的初始值归一化到 1（100％），之后每个测试点的值都除以初始值求得光通量的相对值，然后计算每个数据集每个测试点的平均值。对于测试期间得到的数据集 D，从 6000～10000h，曲线拟合使用的数据应为最后 5000h 的数据。1000h 前的数据不能用于曲线拟合。对于测试持续时间大于 10000h 的数据集，曲线拟合时，应使用最后 50％ 的测试持续时间的数据。也就是说，应使用在 D/2 和 D 之间的所有数据点。例如，如果测试持续时间为 13000h，则使用 6500～13000h 的所有数据点。如果在 D/2 处没有数据点，则应将左边最近的时间点纳入数据拟合。例如，对于每 1000h 获取的 13000h 的数据，使用 6000～13000h 的数据点。

一般考虑光通量按照指数曲线衰减，即退化轨道为指数曲线，通过求对数可化简为线性退化轨道，故可考虑应用上节介绍的最小二乘法做"近似退化分析"。下面以光通量为例进行计算，对光子通量、辐射通量可做类似计算。设光通量满足式（3-114）

$$\Phi(t) = B\exp(-\alpha t) \qquad (3\text{-}114)$$

式中：t 为器件工作时间，h；$\Phi(t)$ 是在每个时刻 t 的平均输的归一化光通量；B 是由最小二乘曲线拟合得到的预测初始常数；α 是由最小二乘曲线拟合得到的衰减速率常数，其绝对值越大，光衰越快；常数 B 和 α 可由是（3-108）计算，具体如下。设样品数为 n，对式（3-114）的每个样本点取自然对数，得

$$\ln\Phi_k(t_k) = \ln B - \alpha t_k \qquad (3\text{-}115)$$

其中 $k=1、2、\cdots、n$，仿照式（3-108）并沿用 TM-21 中的记号，记为

$$\begin{cases} x_k = t_k \\ y_k = \ln\Phi_k \\ b = \ln B \\ m = -\alpha \end{cases} \qquad (3\text{-}116)$$

则根据线性退化轨道有

$$y = mx + b \qquad (3\text{-}117)$$

可得相关参数的最小二乘估计为

$$\begin{cases} m = \dfrac{n\sum xy - \sum x \sum y}{n\sum x^2 - (\sum x)^2} \\ b = \dfrac{\sum y - m\sum x}{n} \end{cases} \qquad (3\text{-}118)$$

其中符号 $\sum$ 表示对一组内所有样本点求和。

有了 B 和 α 的值后，用式（3-119）和式（3-120）可预测流明维持寿命 L_{70} 和 L_{50}

$$L_{70} = \frac{\ln\left(\dfrac{B}{0.7}\right)}{\alpha} \qquad (3\text{-}119)$$

$$L_{50} = \frac{\ln\left(\dfrac{B}{0.5}\right)}{\alpha} \qquad (3\text{-}120)$$

目前 L_{70} 比较常用，L_{50} 几乎不会使用，在北美 DCL 认证中，往往还要使用 L_{90}，计算方法类似。对任意流明维持水平，用式（3-121）来计算流明维持寿命

$$L_{p} = \frac{\ln\left(100 \times \dfrac{B}{p}\right)}{\alpha} \tag{3-121}$$

式中：L_p 是以小时为单位的流明维持寿命；p 是初始光通维持率的百分比。当 $\alpha > 0$，曲线拟合会以指数形式衰减至 0，此时 L_p 的值是正数；当 $\alpha < 0$，曲线拟合随时间增长，此时 L_p 的值是正负数。实际的 LED 器件无论从物理机理上，还是从实验表现上，当测试足够长的时间，都会表现出随时间衰减的特性，尤其是 20 个样品数值平均后的结果。在 LM-80 测试过程中，无论何时通过实验达到一个 L_p 值，所报告的值应通过两个最近的测试点之间的线性插值得到，并优先级高于上述公式预测的计算值。

当计算的流明维持寿命（例如 L_{70}）为正值且不大于 6 倍（对于样本容量从 10 个单位到 19 个单位为 5.5 倍）总测试持续时间时，计算的流明维持寿命即为报告的流明维持寿命；当计算的流明维持寿命（例如，L_{70}）是正值且大于 6 倍（对于样本容量从 10 个单位到 19 个单位为 5.5 倍）总测试持续时间时，报告的流明维持寿命仅限于 6 倍（对于样本容量从 10 个单位到 19 个单位为 5.5 倍）总测试持续时间。当计算的流明维持寿命（例如 L_{70}）是负值，报告的流明维持寿命将是 6 倍（对于样本容量从 10 个单位到 19 个单位为 5.5 倍）总测试持续时间，在特定工作时间下预测的归一化流明输出，如果工作时间超过测试总时长的，则应为测试的最后工作时间点对应的归一化流明输出值。

在 TM-21 中预测的维持寿命应使用以下符号表示

$$L_{p}(Dk) \tag{3-122}$$

式中：D 是以小时为单位的总测试持续时间除以 1000，并取整到最近的整数。例如

$$\begin{cases} L_{70}(6k), & 6000\text{h} 测试数据。 \\ L_{70}(10k), & 10000\text{h} 测试数据。 \end{cases} \tag{3-123}$$

如果计算的 L_p 值被前文所述的 6 倍（对于样本容量从 10 个单位到 19 个单位为 5.5 倍）法则缩短，则流明维持寿命用大于号 ">" 表达，例如

$$L_{70}(6k) > 36000\text{h}(T_{s} = 55℃, I_{f} = 350\text{mA}) \tag{3-124}$$

如果 L_p 值达到 LM-80 测试试验时间内的数值，则 D 值除以 1000 后取整到最近的整数。例如

$$L_{70}(4k) = 4400\text{h}(T_{s} = 55℃, I_{f} = 350\text{mA}) \tag{3-125}$$

当实际使用的 LED 器件管壳温度 $T_{s,i}$ 不同于 LM-80 测试数据的对应待测器件测试温度（例如 55、85℃，和第三个待测器件制造商提供的温度，一般为 105℃），可采用下面介绍的方法进行内插计算。用于预测实际待测器件流明维持寿命的实测温度应包括最接近实际管壳温度的较低温度 $T_{s,1}$ 和较高温度 $T_{s,2}$。

首先用式（3-126）把所有温度从摄氏度转换为开尔文

$$T_{s}[K] = T_{s}[℃] + 273.15 \tag{3-126}$$

在接下来的计算中，只能使用单位开尔文。用 Arrhenius 方程计算内插的流明维持寿

命。Arrhenius 方程可用于计算衰减常数 α_i 为

$$\alpha_i = A\exp\left(\frac{-E_a}{k_B T_{s,i}}\right) \tag{3-127}$$

式中：A 是指前因子；E_a 是激活能（单位为 eV）；$T_{s,i}$ 是管壳的绝对温度，K；k_B 是玻尔兹曼常数，此处为匹配激活能的单位，取值为 $8.6173 \times 10^{-5}\,\text{eV/K}$。

为了找出介于 $T_{s,1}$ 和 $T_{s,2}$ 之间的管壳温度 $T_{s,i}$ 对应的衰减常数 α_i，需要进行以下中间计算步骤。

1）用式（3-115）～（3-118）进行曲线最小二乘拟合，计算温度 $T_{s,1}$ 和 $T_{s,2}$ 对应的衰减常数 α_1 和 α_2。进而计算 E_a/k_B 为

$$\frac{E_a}{k_B} = \frac{\ln\alpha_1 - \ln\alpha_2}{\dfrac{1}{T_{s,2}} - \dfrac{1}{T_{s,1}}} \tag{3-128}$$

2）用式（3-128）的计算结果和 $T_{s,1}$ 来计算指前因子 A

$$A = \alpha_1 \exp\left(\frac{E_a}{k_B T_{s,1}}\right) \tag{3-129}$$

步骤二中也可把 $T_{s,1}$ 和 α_1 相应换成 $T_{s,2}$ 和 α_2 进行类似计算。

3）计算 B_0 为

$$B_0 = \sqrt{B_1 B_2} \tag{3-130}$$

式中：B_1 是在低管壳温度下推测的初始常数；B_2 是在高管壳温度下推测的初始常数。

4）用由式（3-130）计算出来的 B_0，代入式（3-121）来计算管壳温度为 $T_{s,i}$ 时的光通维持寿命 L_p 为

$$L_p = \frac{\ln\left(100 \times \dfrac{B_0}{p}\right)}{\alpha_i} \tag{3-131}$$

图 3-20 报告了上述计算步骤的结果以及计算中使用的参数。

5）计算管壳温度为 $T_{s,i}$ 时光通量随时间的衰减为

$$\Phi_i(t) = B_0 \exp(-\alpha_i t) \tag{3-132}$$

前言 QQ 群文件中的附录 C4 是"能源之星"提供的根据 LM-80 数据进行 TM-21 计算的计算工具，以下举一个实例来演示如何使用该工具。LED 器件的 LM-80 报告一般包括三个管壳温度对应的光通维持率，色坐标漂移和色温变化，一共 9 组数据。其中可外推的数据目前有成熟模型的只有光通维持率。通常由于色温越高，所用荧光粉越少，相应的发热量就越少，同样管壳温度情况下，结温就更低，理论上寿命更长，所以一般可用低色温（例如 2700K）的 LM-80 报告来覆盖高色温（例如 3000～6500K）。对于光通维持率来说，这样覆盖是有坚实的理论基础的，但是对色坐标漂移以及色温变化来说，就没那么简单了。甚至由于不同色温可能采用不一样的荧光粉，从而造成不同的色坐标漂移量和色温变化量。不同显色指数一般应单独做 LM-80 报告，尽管理论上来说，显色指数越高，所用荧光粉越多，进而结温越高，但是低显色指数的 LM-80 报告并不能覆盖高显色指数的 LED 器件。另外还有正向电流，一般可向下覆盖，即实际使

用条件的正向电流不应大于 LM-80 报告的测试电流, 否则需要用更高的电流条件下做的 LM-80 报告。如果不以认证为目的, 仅用于产品寿命预估, 对于不同的正向电流情形, 也可用后文介绍的电流变换方法来进行估计。

下面以三星 LED 的大功率 3535 器件 LH351C 的 LM-80 数据为例, 具体演示附录 C4 的使用方法。LH351C 的 LM-80 数据光通维持率原始数据详见附录 A4 的附表 A4.1～附表 A4.3, 而 LM-80 报告原件详见附录 D1。该 LM-80 报告正向电流为 1000mA, 测试管壳温度分别为 55、85℃和 105℃。显色指数为 70, 测试时长为 17kh (上面的附录均需在前言 QQ 群文件下载)。

1) 打开 TM-21 工具后, 先根据 LM-80 报告把如图 3-19 所示的黄色空格部分填妥。

LM-80 Testing Details	
Total number of units tested per case temperature:	20
Number of failures:	0
Number of units measured:	20
Test duration (hours):	170000
Tested drive current (mA):	1000
Tested case temperature 1 (Tc, ℃):	55
Tested case temperature 2 (Tc, ℃):	85
Tested case temperature 3 (Tc, ℃):	105

图 3-19　TM-21 工具第一步需要填写部位

2) 然后填入实际驱动电流, 注意电流大小不要超过测试电流, 此处填 800mA。填入管壳温度, 温度应介于最低温度到最高温度之间, 对本报告来说, 即应处于 55～105℃。此例中设为 100℃, 计算 L_{70}, 如图 3-20 所示。

In-Situ Inputs	
Drive current for each LED package/array/module (mA):	800
In-situ case temperature (Tc, ℃):	100
Percentage of initial lumens to project to (e.g. for L70, enter 70):	70

图 3-20　TM-21 工具第二步需要填写部位

3) 将 LM-80 报告中的光通维持数据填入 TM-21 工具中, 注意时间以小时为单位, 光衰数据填百分比 (即相对值), 如图 3-21 所示。

4) 在结果输出部位设置需要了解光通维持率的时长, 例如此处填写 100kh, 如图 3-22所示。

图 3-22 中第二行显示的数值即为对应的光通维持率, 对此例来说, LH351C 器件在 800mA 驱动电流, 管壳温度为 100℃条件下工作 100kh, 其平均光通维持率为 93.72％。图 3-22 第三行为报告的 L_{70} (也可以是其他维持率, 例如 L_{90}), 对于 20 个测试样品的样本容量, 如前文所述, 适用 6 倍法则, 对 17kh 的测试时长来说, 选择 17kh 的 6 倍和相应光通维持率计算值的较小数值, 此处选择前者, 即 102kh。在早先的版本中, 能源之星是有列出计算值的, 后来由于计算值的意义存在争议, 在后来的版本中就取消计算值了, 以下用早先的版本计算出在上述条件下 L_{70} 的计算值, 如图 3-23 所示。

Test Data for 55℃ CaseTemperature		Test Data for 85℃ CaseTemperature		Test Data for 105℃ CaseTemperature	
Time (hours)	Lumen Maintenance (%)	Time (hours)	Lumen Maintenance (%)	Time (hours)	Lumen Maintenance (%)
0	100.00%	0	100.00%	0	100.00%
500	99.50%	500	99.40%	500	99.20%
1000	99.00%	1000	99.00%	1000	98.70%
2000	98.70%	2000	98.70%	2000	98.40%
3000	98.60%	3000	98.50%	3000	98.10%
4000	98.50%	4000	98.20%	4000	97.70%
5000	98.50%	5000	98.30%	5000	97.50%
6000	98.40%	6000	98.20%	6000	97.30%
7000	98.20%	7000	98.20%	7000	97.10%
8000	98.30%	8000	98.10%	8000	97.00%
9000	98.20%	9000	98.00%	9000	97.10%
10000	98.20%	10000	98.00%	10000	97.00%
11000	98.10%	11000	97.90%	11000	96.90%
12000	98.20%	12000	97.80%	12000	96.80%
13000	98.00%	13000	97.90%	13000	96.80%
14000	98.10%	14000	97.90%	14000	96.70%
15000	98.20%	15000	98.00%	15000	96.80%
16000	98.10%	16000	97.90%	16000	96.60%
17000	98.10%	17000	97.90%	17000	96.50%

图 3-21　TM-21 工具第三步需要填写部位

Results	
Time (t) at which to estimate lumen maintenance (hours):	100,000
Lumen maintenance at time (t)(%):	93.72%
Reported L70 (hours):	>102000

图 3-22　TM-21 工具第四步需要填写部位和结果显示部位

Results	
Time (t) at which to estimate lumen maintenance (hours):	100,000
Lumen maintenance at time (t) (%):	93.72%
Calculated L70 (hours):	779,000
Reported L70 (hours):	>102000

图 3-23　L_{70} 的计算值

由图 3-23 可看出 L_{70} 的计算值很大，有几十万小时之多，在这种低光衰器件的情形下，往往考核的是 L_{90}。将计算要求改为 L_{90}，结果如图 3-24 所示。

Results	
Time (t) at which to estimate lumen maintenance (hours):	100,000
Lumen maintenance at time (t) (%):	93.72%
Calculated L90 (hours):	194,000
Reported L90 (hours):	>102000

图 3-24　L_{90} 的计算值

由图 3-24 可知，即便是 L_{90}，仍是很大的一个数值，有 19 万 h 之多，考虑 24h 用灯的场合，例如隧道灯，一年有 8760h，那么如果以 L_{90} 为失效判据，则隧道灯如果只考虑光衰的话，可以使用约 22 年。实际上选用这类长寿命灯珠的最大好处是：在使用设计年限内，产品几乎无光衰，甚至可以 L_{95} 作为失效判据，这样在初始设计时，维护系数就不需要设到 0.8 那么低，甚至可只考虑灯具污染造成的维护系数，这样可减少初始光通量，更利于节能。

流明维持寿命的预测值报告应包括图 3-25 所示的信息。计算和报告的 L_{70} 值应四舍五入为 3 位有效数字。α 和 B 值应四舍五入为 4 位有效数字。

Table 1: Report at each LM-80 Test Condition		
Description of LED Light Source Tested (manufacturer, model,catalog number)	LH351C	
Test Condition 1-55℃ Case Temp	**Test Condition 2-85℃ Case Temp**	**Test Condition 3 - 105℃ Case Temp**
Sample size　20	Sample size　20	Sample size　20
Number of failures　0	Number of failures　0	Number of failures　0
DUT drive current used in the test (mA)　1000	DUT drive current used in the test (mA)　1000	DUT drive current used in the test (mA)　1000
Test duration (hours)　17,000	Test duration (hours)　17,000	Test duration (hours)　17,000
Test duration used for projection (hour to hour)　8,000-17,000	Test duration used for projection (hour to hour)　8,000-17,000	Test duration used for projection (hour to hour)　8,000-17,000
Tested case temperature (℃)　55	Tested case temperature (℃)　85	Tested case temperature (℃)　105
α　1.667E-07	α　1.484E-07	α　6.010E-07
B　0.984	B　0.981	B　0.975
Reported L70(17k) (hours)　>102000	Reported L70(17k) (hours)　>102000	Reported L70(17k) (hours)　>102000

图 3-25　LM-80 每一测试条件下的报告表

当使用插值时，还需要提供以下附加信息，如图 3-26 所示。

Arrhenius 方程只能在两个衰减速率常数 α_1 和 α_2 都是正值的情况下使用。当某一或两者为负值（即平均光通量随时间增加而增加）时，此时应使用如下所述的保守预测。

如果只有一个 α 值为正数，则其对应的流明维持预测和 L_p 值应被用于与 $T_{s,i}$ 对应。如果没有一个 α 值为正数，与 $T_{s,i}$ 对应的报告寿命应为测试数据总时长的 6 倍（对于样品数介于 10~19 之间则为 5.5 倍），并且对于超出测试持续时间的特定使用时间的光通维持率预测，应该选择 $T_{s,1}$ 和 $T_{s,2}$ 最后测试值的较低的数值。

此外，对于超出 LM-80 报告中测试管壳温度的 L_p 值的外推都是不可以的，例如如果 LM-80 报告中最高测试温度为 85℃，则 100℃对应的 L_p 值就不可以外推。这对球泡灯产品的设计来说是很重要的，因为有时球泡放置在箱体里时，LED 器件的管壳温度是有可能超过 105℃这个厂商常选用的第三测试条件。如果实际的管壳温度低于 LM-80 的测试温度最低值，那么报告的 L_p 值就应使用温度最低值对应的数值。例如，如果 LM-80 报告中的最低温度值为 55℃，那么对于工作在管壳温度 45℃的 LED 器件，其 L_p 值就应取 55℃的 L_p 值。

TM-21 工作组对来自四家主要 LED 厂商的 40 多份 LM-80-08 测试数据进行了统计分析，其中 20 多份数据测试持续时间不小于 10000h。根据这些实际的 LED 流明维持数据，提出了几种预测流明维持寿命的数学模型，显示出不同的趋势。工作小组在多个领域进行了彻底调查。首先，工作组识别并提出了几种可能的模型来表达潜在的 LED

物理流明衰减行为，并对可能的指标进行了搜索，这些指标可用于评估和选择一个给定 LM-80-08 数据（假设持续时间为 6000h）的最精确模型；其次，工作组评估了在 40 多个数据集中显示的 LED 流明维持行为，并注意到许多 LED 在前 1000 个 h 或更长时间内表现出一些快速变化。工作组研究了各种选择，包括仅在 1000h 后使用数据，或仅在流明维持曲线的第一个"峰"后使用数据。这是为了验证所选择的数学模型是否可更可靠的使用；然后，工作组使用各种提出的模型检验预测的准确性，通过检查延长到更长时间的 LM-80-08 数据，如 10000~15000h。这些研究表明，仅使用 6000hLM-80-08 数据进行模型拟合的统计数据不足以在现实中帮助确定最适合的模型来表示流明输出退化。探索还表明，LED 流明衰减趋势在 6000h 后经常以这样或那样的方式变化，并且没有可靠、一致的方法来从 6000h 的数据点预测这种趋势；最后，真实数据中的自然噪声可错误地指示 6000h 测试中的衰减趋势，并且超过 6000h 的测试数据表明这是不真实的。由于光通量测量在很长一段时间内的测量不确定性，不可避免地会出现一些噪声数据点，即使对给定的 6000h 数据点进行最佳拟合，也不能保证对更长时间点的预测是准确的。

Table 2: Interpolation Report (projection based on in-situ temperature entered)	
$T_{s,1}$ (℃)	85.00
$T_{s,1}$ (K)	358.15
α_1	1.484E-07
B_1	0.981
$T_{s,2}$ (℃)	105.00
$T_{s,2}$ (K)	378.15
α_2	6.010E-07
B_2	0.975
E_a/k_b	9.47E+03
A	4.519E+04
B_0	0.978
$T_{s,i}$ (℃)	100.00
$T_{s,i}$ (K)	373.15
α_i	4.297E-07
Projected L70(17k) at 100℃ (hours)	779,000
Reported L70(17k) at 100℃ (hours)	>102000

图 3-26 基于给定管壳温度的插值计算表

　　工作组进一步讨论了是否可对超过 6000h 的测试数据使用更好的模型（指数模型除外）；再次，一些真实的 LED 数据显示，10000h 后流明衰减趋势又发生了变化，同样的问题也被观察到。LED 制造商也了解到，LED 流明维持曲线往往会随着 LED 封装中使用的技术和材料而变化。有些发生在早期（1000h 之前），有些发生在 6000h 之后，甚至 10000h 之后。在较长的数据集上完成的分析证实，即使对于 10000h 的数据，选择"更好"的数学模型也是不合适的。

　　在许多情况下，多个模型的统计拟合数据几乎没有差异，这表明在确定 LED 的期望流明衰减时，多个模型可能与另一个模型（考虑到长期外推法的不确定性）一样合理。在 LED 行业内部也有一个集体的理解，即除了半导体芯片本身之外，与其他影响相关的退化倾向于更早而不是更晚的出现。因此，在较晚的时间段内，更稳定的流明衰减大多与芯片退化有关，这被认为与经典的指数衰减有关。因此，工作组得出结论，在去除初始变量数据（与数据中的一个峰相关）时，外推 LED 器件退化最合理的方法是使用简单指数退化轨道。对收集的测试数据进一步分析，工作组发现，测试时间长，例如，10000h 或更长时间，使用的最后 5000h(5000～10000) 数据比使用整个测试持续时间的数据（1000～10000）显示出更加一致和可靠的预测结果。然而，有一个问题是，最近 5000h 只提供了 6 个数据点（假设测试间隔是 1000h），并且结果容易受到噪声数据点的影响。在进一步的讨论和分析之后，工作组确定，最后 50％ 的测试数据（至少持续 5000h）是可用于外推的适当数据。工作组进行了验证外推，发现该方法对所收集的所有 LED 测试数据都运行良好，没有任何严重问题。需要注意的是：这些用于验证的测试数据仍被限制在大约 15000h 内。

　　一些实际的 LED 测试数据和流明维持拟合的例子如图 3-27 所示。在图 3-27(a) 所示例子中，指数拟合 1000～6000h 看起来非常好，但趋势在 6000h 后改变。在本例中，L_{70}(6k) 是 60000h，但 L_{70}(10k) 是 30000h，后者被认为是更准确的。图 3-27(b) 是另一个例子，1000～6000h 的数据非常符合这一部分变化趋势，但趋势在 6000h 后改变了方向。在本例中，L_{70}(6k) 是 30000h，但是 L_{70}(10k) 是 60000h(受总测试持续时间 6

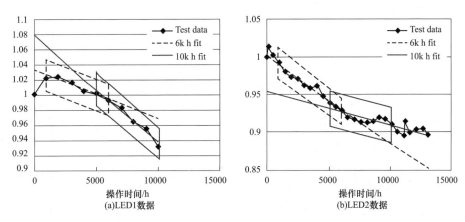

图 3-27　LED 数据

倍的值限制），这被认为是更准确的。在这两种情况下，仅从6000h的数据点是不可能预测趋势变化的。

如图3-27所示的例子，L_{70}预测6000h的测试数据经常被发现是不可靠和不令人满意的。测试持续时间越长，预测就越准确。因此，工作组建议在6000h后继续进行LM-80-08测试，并在获得更长时间的测试数据时更新L_{70}预测。为了鼓励这种做法，并允许用户知道确定L_{70}测试数据的长度，引入了标记$L_{p}(Dk)$，以便测试的持续时间总是与寿命值一起报告。测试时间的持续时间有助于表明报告的流明维持寿命的可靠性程度（建议制造商注明报告日期）。

如前文所述，使用指数模型的平均值建立LED器件光衰模型，然后用这个指数模型来拟合推断期望的流明输出。当在每个时间段使用简化的基于平均值的拟合方法时，重要的是确定有多少个测试单元。增加每一时间段的单位数量将为拟合的指数模型提供更强的基础。下面的图3-28显示了用于计算平均值（样本大小）的单位数量每增加一步，不确定性的百分比减少量（y轴）。可以看出，不确定性的减少百分比随着单位数量的增加而减少。

模型拟合的另一个问题是对与拟合模型有关的不确定误差正态性的假设。在这个应用中，在每个时间段测量足够数量的单元的类似评价可为方法的正态性提供实质性的基础。工作组收集的大多数LED测试数据在数据的平均值上有一个近似对称的分布。这种对称性为限制偏态提供了基本原理，在每个时间段只有20个测试单位的情况下，正态性假设可以合理的接受。因此，工作组提出了样本量要求如前文所述。

工作组对从几个LED制造商收集的40多组LM-80-08测试数据进行了分析。为了确定数据集的指数曲线拟合的不确定性，计算了一个置信带，该置信带显示了模型以一定概率下降的区域。利用学生分布t函数、模型的系数以及系数中估计的不确定性计算置信带。因此，需要预测模型的协方差矩阵。从而，为了计算置信带，需要对每个数据点进行不确定性估计。图3-29给出了一个计算置信带的例子。

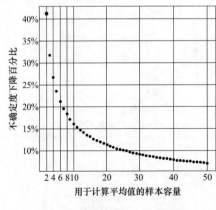

图3-28　样本数据与不确定度

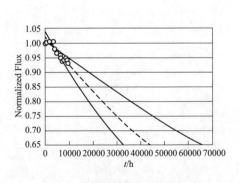

图3-29　计算置信带的例子

图3-29中的圆圈是标准化的数据。虚线是对1000～6000h数据的优化曲线拟合。

实线是关于优化拟合的置信带。

两个分量被组合成平方和的平方根。第一个分量是给定时间内单个数据集的标准差除以点数的平方根，即平均值的标准差。第二分量是相对测量系统在测量时间段内（测试持续时间）的不确定度。这是测量系统再现性的表征，分析了这两个分量的矩阵。用于确定平均标准偏差的点数在 5、10、20、30、50 和 100 个点数之间变化。测量系统的相对组合不确定度在 0.10％、0.25％、0.40％、0.50％、0.75％ 和 1.00％ 之间。测量系统的相对组合不确定度是同一装置在测试期间的测量不确定度，不包括测量系统的绝对校准。它是一种系统稳定性随时间变化的度量。覆盖率系数为 $k=2$ 时，表示 95％ 的覆盖率区间的扩大不确定性为 0.2％、0.5％、0.8％、1.0％、1.5％ 和 2.0％。使用较低置信区间的单边分布将此分析的概率水平设置为 90％。

为了确定以 90％ 的置信度报告 L_{70} 上限的乘法因子，需要创建一个假设为：如果统计量大于 1，则认为该假设是正确的。为了计算统计量，选择了一个待检验的乘数，例如 6。对于给定的一组数据，计算 L_{70} 和较低的置信区间。6 的乘数的关键时间是时间间隔（6000h）乘以乘数加 1，即 42000h。如果较低的置信区间大于置信下限 36000h，那么这个假设是正确的。为了绘制这个统计数据，用较低的置信区间除以 L_{70} 值，乘以乘数加 1，再除以乘数。

如图 3-30 所示，在拟合的不确定性范围内，在 36000h 的测试时间内，统计量的值为 1。测试统计量随时间减少，因为在计算 6000h 和 20 万 h 的 L_{70} 时，数据点提供了非常小的曲率来进行指数拟合。分析的结论是：0.40％ 的相对不确定性相结合的测量系统（数据分析来自 TM21 工作组收集的当时典型的工业水平下 LED 器件的数据）6 乘以乘数，统计上接受数据集至少要有 20 个数据点（样本容量）。对于具有 10～19 个数据点（样本容量）的数据集，5.5 倍的乘数在统计学上是可以接受的。

在开发和生产 LED 器件的过程中，制造商在衬底、结构、封装和透镜材料以及荧光粉方面使用了不同的技术。不同厂家生产的 LED 在流明衰减行为上表现出巨大差异。随着工作和环境条件的恶化，衰减速度加快。一般加速因子为：①温度导致的加速；②电流密度导致的加速；③光辐射导致的加速；④湿度导致的加速；⑤光辐射与温度导致的加速结合；⑥其他因素导致的加速。基于分析方法和测试数据收集，LED 制造商已经开

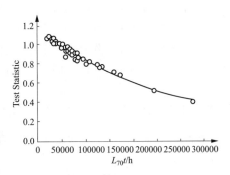

图 3-30　检验统计量随时间变化图

发了一些数学模型，以预测其产品的流明维持寿命。模型可以是一个数学方程，也可以是一个多项式，数学表达式中使用的参数可根据试验或工程判断来选择。

工作组考虑采用 LED 制造商提供的预测模型。提出的方法是要求制造商提供数学模型、测试数据和流明维持寿命预测。然后，文档的用户应能通过与简单指数模型进行比较，验证制造商提供的基于相同数据模型的有效性，并确认制造商的模型具有更高的

建模和预测精度。因此，工作组必须制订一致和可靠的方法来对上述内容验证，并批准LED制造商预测的有效性。这对于确保文档的完整性非常重要和必要。

工作组在编写 TM-21 的近 3 年时间里，统计分析了来自四家主要 LED 厂商的 40 多套 LM-80-08 测试数据，其中采集到测试时间超过 10000h 的数据超过 20 套。为了确定一个制造商模型在统计上是否比前文描述的模型（简单指数模型）更合适，在分析中使用了 RMSE（均方根误差）和其他估计。然而，当使用 6000h 或多至 10000h 的数据时，工作组没有找到可靠的方法来区分制造商模型或简单的指数模型哪个模型更好，哪个提供更准确的预测。因此，工作组决定需要进一步研究，以找到一种方法来验证由 LED 制造商提供的模型。

最初解决流明维持寿命预测问题的方法是考虑多个数学模型。众所周知，一个典型的 LED 产品的不同部分会随着时间的推移而影响流明输出，如果这些影响能被数学的描述出来，这可能提供一个有用的预测方法。提出了一套与不同部分和/或工作条件流明衰减的物理有关的初始模型。在分析过程中添加了其他模型和模型的组合。

所有的早期研究工作建模解释 LED 退化都是基于半导体物理（反应和运动的各种缺陷）。一位研究人员将这种退化归因于晶体准中性区域带电点缺陷的漂移，在一定条件下导致了随时间的线性变化。其他分析介绍了 LED 光输出随时间衰减的简单指数模型。另一种模型是基于缺陷的准化学反应，导致指数衰减、快于指数衰减或慢于指数衰减的理论曲线。有人定义了 LED 的衰减速率为

$$S = \frac{\left(\dfrac{\mathrm{d}\Phi}{\mathrm{d}t}\right)}{\Phi} \tag{3-133}$$

式中：Φ 是 LED 的光通量。最近出现的适用于一般照明的高亮度白光 LED，提出了随时间推移 LED 流明维持的问题，并发表了相关研究。一些研究强调了除 LED 封装芯片外的子组件退化的重要性。封装尤其重要。在高温存储实验中，观察到封装材料的热降解导致流明损失。在工作时间（不包括前 1000h）流明衰减曲线的经验指数拟合已被提出。结果显示，不同封装的流明衰减率有很大的差异，这是由于使用不同的散热技术和材料。表 3-2 列出了分析中考虑的最后一组模型，总结了衰变模型的衰减参数、数值解和降解机理基础。数学解和衰变模型的降解机制基础。

表 3-2　用于 LED 流明衰减寿命预测模型拟合分析的基于工程的数学模型

模型	衰减速率	解析解	备注
1	$\dfrac{\mathrm{d}\Phi}{\mathrm{d}t}=k_1$	$\Phi=\Phi_0+k_1(t-t_0)$	
2	$\dfrac{\mathrm{d}\Phi}{\mathrm{d}t}=k_2\Phi$	$\Phi=\Phi_0\exp[k_2(t-t_0)]$	
3	$\dfrac{\mathrm{d}\Phi}{\mathrm{d}t}=k_1+k_2\Phi$	$\Phi=\left(\Phi_0+\dfrac{k_1}{k_2}\right)\exp[k_2(t-t_0)]-\dfrac{k_1}{k_2}$	模型 1+模型 2
4	$\dfrac{\mathrm{d}\Phi}{\mathrm{d}t}=\dfrac{k_3}{t}$	$\Phi=\Phi_0+k_3\ln\left(\dfrac{t}{t_0}\right)$	

模型	衰减速率	解析解	备注
5	$\dfrac{\mathrm{d}\Phi}{\mathrm{d}t}=k_1+\dfrac{k_3}{t}$	$\Phi=\Phi_0+k_1(t-t_0)+k_3\ln\left(\dfrac{t}{t_0}\right)$	模型1＋模型4
6	$\dfrac{\mathrm{d}\Phi}{\mathrm{d}t}=k_4\Phi^2$	$\Phi=\dfrac{\Phi_0}{1-\Phi_0 k_4(t-t_0)}$	
7	$\dfrac{\mathrm{d}\Phi}{\mathrm{d}t}=k_5\dfrac{\Phi}{t}$	$\Phi=\Phi_0\left(\dfrac{t}{t_0}\right)^{k_5}$	
8	$\dfrac{\mathrm{d}\Phi}{\mathrm{d}t}=k_2\Phi+k_5\dfrac{\Phi}{t}$	$\Phi=\Phi_0\exp\left[k_2(t-t_0)\right]\left(\dfrac{t}{t_0}\right)^{k_5}$	模型2＋模型7
9		$\Phi=\Phi_0\exp\left(-\dfrac{t-t_0}{k_6}\right)^{k_7}$	

在衰减率模型中，k_1项是基于某些情况下光通量随时间的线性依赖的期望。将$S=k_2$代入式（3-133）可得k_2项。引入k_3项是为了解释用于制作LED封装芯片周围或下方反射器的金属可能的氧化或腐蚀效应。这些效应被认为在某些情况下遵循对数定律。速率方程中还结合了相关项，以探索混合衰减场景（模型3和5）。附加项（k_4和k_5）被探索用于模拟二阶过程和光化学反射层降解。

考虑这些模型的方法包括观察各种模型对各种不同类型已知的和期望的LED流明衰减数据的潜在匹配度。通过对拟合优度的分类和比较，可认为在给定数据的情况下，一个模型或一组模型可最有效的表示期望流明输出衰减，从而用来反映流明维持寿命。

一般采用决定系数（R^2）、残差平方和（SSE）和均方根误差（$RMSE$）等统计标准来衡量模型的拟合优度。这些标准度量模型预测的值与实际观察到的值之间的差异。被称为残差的个体差异被聚集在一起，形成一个表征预测能力的单一指标。$RMSE$优于SSE的好处是：$RMSE$解释了模型中参数（p）与数据观测数（n）之间的关系，如式（3-134）所示。$RMSE$更准确地解释了模型的复杂性。

$$RMSE(\theta)=\sqrt{MSE(\theta)}=\sqrt{\dfrac{SSE(\theta)}{n-p}} \tag{3-134}$$

初步研究结果表明：对于大多数LED衰减数据，许多模型的R^2、SSE和$RMSE$的差异并不显著，不足以提出一个绝对最佳的拟合模型。此外，不确定度（噪声）是测量数据固有的，它由仪器精度、时间依赖因素、测量重复性等因素决定。对数据噪声影响的初步统计分析表明：即使是少量的数据噪声也会导致模型变异和寿命预测变异性大。因此，为了深入了解LED退化、寿命预测的各种数学模型的行为，以及各种试验相关条件的影响，开发了一种统计分析方法。

为了干净但也现实的确定各种模型的拟合，统计分析了理论数据和从制造商得到的LED实际退化数据。

仿真典型LED衰减行为形成的七个数据集的理论数据被构造来代表LED衰减数据的潜在变化，如图3-31所示。"拐杖糖"情形在初始数据中显示出一个驼峰，这表明在"预热"期间LED流明输出的瞬时效应。线性和曲线线性情形代表了可用的LED测试数据中常见的另外两种LED衰减曲线。在一些LED产品中，可观察到流明输出迅速下降的加速衰减。在 LM-80-08 限定的最小测试周期内，部分 LED 产品的流明输出可能没有任何衰减的迹象，部分 LED 产品的流明输出在下降一段时间后可能会趋于平稳，部分 LED 产品的流明输出在下降一段时间后可能会再次高于之前的流明输出。这些分别在平面、渐近和 U 形情况中出现。为了使这些模拟结果适用于 LM-80-08 试验方法的实际数据，设计了间隔 1000h、总持续时间 6000h 的理论数据。在大多数这些分析中，通过添加 1‰ 的噪声来表示实验室设备和测量不确定度，生成了 500 个模拟数据集。考虑到测量系统和环境的不确定度，这个 1‰ 的噪声水平是合适的，并且在美国国家标准和技术协会（NIST）的标准测试实验室对测量不确定度所做的工作也证实了这一点。数据的构成将在下面进行描述。

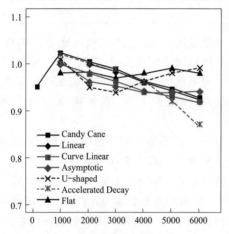

图 3-31　反映典型或可能的 LED
光源衰减曲线的理论衰减情形

模型选择行为的适当探索还包括使用从 LED 制造商获得的真实 LED 产品的衰减数据，这些数据去掉了产品和制造商名称以及详细的操作条件，以便进行无偏性分析。这些衰减数据是使用 LM-80-08 测试方法测量的，有些数据集包含在更短的间隔（小于 1000h）和或超过 6000h 进行的额外测量。除了在第一个数据点被归一化之外，所有数据在分析之前都没有被处理。该研究获得了来自不同厂家的 29 种不同 LED 产品的衰减数据。其中每个产品的样本量在 6～30 个。

表 3-2 中的模型在统计软件 R 中进行了编程，并适用于上述每个模拟数据集。在分析各模型拟合优度统计量的基础上，对模拟集进行评价。L_{70} 预测分布或预测带由结合所有模拟的模型标准误差为每个模型生成。TM21 中关于每种数据类型的分析和结果在此略去，有兴趣的读者可参考 TM21 原文，以下给出结论。

从 TM21 分析得出的总结结果可知，统计度量，如 RMSE（或 SSE，R^2），总是不能合理地确定一个模型，该模型可提供 LED 流明退化的"最佳拟合"，及与之对应的最好预测（外推）。具体的结论包括：

（1）仅用 6000h 的真实数据，通过比较模型的拟合度，例如 *RMSE*（或 *SSE*、R^2 等），不足以选出一个最佳模型。

（2）*RMSE* 可以在更长的数据周期（如 15000h）帮助识别一组模型，此时衰减结构变得更加明显。

（3）一些模型可能在 6000～15000h 显示良好的拟合，但可能不是真实的衰减特性。

（4）数据测量的不确定性会导致模型拟合不良和寿命估计过高。利用模型拟合参数上的标准误差，在平均预测值周围构造置信带，以达到适当的估计效果。这提供了一种基于特定样本将落在平均值周围一定范围内的可信性预测。

（5）重复测量、数据长度、测量频率可支持更好的模型拟合，其中数据长度是简单的改进模型选择的最佳方式（通过查看更多的退化曲线）。

（6）如果使用的模型只拟合 6000h 的数据，此时具有最好的 RMSE 拟合模型与数据集尾部数据（15000h）估计的 L_{70} 不一致，这是因为在 6000h 时经常有产品还没有暴露其衰减结构（衰减结构倾向于在大约 5000～6000h 时改变，所以如果没有足够的观察时间，预测不会匹配预期）。

（7）使用 RMSE 来选择一组可能的模型可能是合理的，这可能有助于排除不合适的模型。

（8）其他的模型可能适合研究，但是所有的模型（尤其是那些更复杂的模型）都将受到与那些已经研究过的模型相同的限制。

（9）为了最准确和统计上可靠的预测，模型应适合产品的所有单元（而不仅仅是方法），以减少作为标准的模型实际拟合时的变异性。

（10）RMSE 对于选择数据集远超过 6000h 的单一最佳模型是合理的，但很可能仅对小于 10000h 的数据较好。然而，对于快速发展的 LED 产业来说，长时间的测试是不实际的，尽管这显然很重要。

3.2.3 TM-21 以外的寿命评估方法

尽管产业界基于 LM-80 数据进行 TM-21 计算已成为公认的较合理的解决光衰寿命的标准方法，但 TM-21 仍有其局限性。以下介绍一些在 TM-21 中没有提到，但是在 LED 产品设计中有实际用途和意义的寿命评估方法，包括不同驱动电流 LM-80 数据的利用、光衰寿命的分布、整灯光衰寿命的计算、整灯光衰寿命的分布等。

（1）不同驱动电流 LM-80 数据的利用。由于 LED 器件在设计和使用时，正向电流可在 LED 器件可承受的范围内连续变化，而厂商在做 LM-80 测试时不可能连续做，只能离散的选取一些典型电流条件，例如分 Bin 电流，最大电流以及高光效情形时的典型小电流几种电流条件。不同正向电流间换算的基本原理是把 LED 器件的光衰原因仅归结为结温 T_J 的影响，而忽略电流密度的影响，同样的管壳温度 T_S 条件下，正向电流越大，对应的结温 T_J 越大。假设 LED 器件的热阻为 R_{JS}，则不同电流下结温计算为

$$\begin{cases} T_{J1} = T_S + I_1 U_1 R_{JS} \\ T_{J2} = T_S + I_2 U_2 R_{JS} \end{cases} \tag{3-135}$$

式中：U_1 和 U_2 分别为该 LED 器件在正向电流 I_1 和 I_2 驱动时的正向电压，二者相乘即为功率。严格来说，两点间温差应用热功率乘上两点间的热阻来计算，但 LED 器件厂商在规格书中标出的热阻，为了便于应用计算，一般是用两点间温差除以总功率得到的，如图 3-32 所示。

这样计算的热阻其实只在分 Bin 电流下来计算温差是相对准确的，而当正向电流较大幅度变动时，由于光效是跟着驱动电流一起变化的，进而热功率占总功率的比例会随之变化，此时一概用分 Bin 电流条件下除以总功率得到的热阻来计算温差，就会有较大的误差。此时可在该条件下实测结温或热阻，或在分 Bin 条件下测试热功率后，将总功率对应的热阻换算成在任何条件下均可使用的热功率对应的热阻。例如，如果分 Bin 电

流为 I_0，对应的能效为 η_0，则热功率对应的热阻（一般认为是常数）R_T 为

$$R_T = \frac{R_{JS}}{1 - \eta_0} \tag{3-136}$$

则式（3-135）可改写为

$$\begin{cases} T_{J1} = T_S + I_1 U_1 (1 - \eta_1) R_T \\ T_{J2} = T_S + I_2 U_2 (1 - \eta_2) R_T \end{cases} \tag{3-137}$$

b) Electro-optical Characteristics

Item	Unit	Condition			Value		
		I_f (mA)	T_j (℃)	Min	Typ	Max	
Forward voltage	V	700	85	2.6		3.1	
Reverse Voltage (@ 5 mA)	V		25	11		15	
Thermal Resistance (junction to solder point)	℃/W		25			3	
Beam Angle	°	700	25		128		

图 3-32　LED 器件厂商规格书中的热阻

还有一种简单评估方法，即利用厂商提供的仿真模拟工具，直接计算特定 T_s 和 I_f 条件下的结温 T_J。比如采用三星 LED 的计算工具 Circle-B，举一个 LM301B 的具体例子如图 3-33 所示。

Product	LM301B		Vf [V]		AY (2.6-2.7)		Vf Correlation	100.0%	Electrical efficiency	100.0%	Sorting I_f driving	0.065 A	Tj_max.	125 ℃
Rank (Sellect)	CCT	CRI	Flux [lm]		SM (40-42)		Flux Correlation	100.0%	Optical efficiency	100.0%	Sorting Temp.	= 25 ℃	IF_max.	0.200 A
	5000	80	SPWWHF32AMD6		LED performances @mean/flux rank				Estimations of system				Thermal Information	
Input Condition	Current [A]	# of LED	Ts [℃]	Ta [℃]	Vf [V]	Flux [lm]	$ /100lm	Tj [℃]	ΣFlux [lm]	ΣPower [W]	Efficacy [Lm/W]	ΣLES [m²]	Σcost [$]	Rθ(J-a) [℃/W]	I_f max. [A]	I_f margin [A]	Thermal Guide

		Current [A]	# of LED	Ts [℃]	Ta [℃]	Vf [V]	Flux [lm]	$ /100lm	Tj [℃]	ΣFlux [lm]	ΣPower [W]	Efficacy [Lm/W] LED cost	ΣLES [m²] $ 0.040	Σcost [$]	Rθ(J-a) [℃/W]	I_f max. [A]	I_f margin [A]	Thermal Guide
CASE - A	1	0.030	1	25	25	2.58	19.3	0.208	25.6	19	0.1	249.0	9.0	0.04	7.5	0.200	0.170	Safe zone
	2	0.045	1	40	25	2.59	28.2	0.14	40.9	28	0.1	242.4	9.0	0.04	136.3	0.200	0.155	Safe zone
	3	0.060	1	55	25	2.59	36.8	0.11	56.2	37	0.2	236.2	9.0	0.04	200.2	0.193	0.133	Safe zone
	4	0.100	1	70	25	2.63	59.0	0.07	72.0	59	0.3	224.3	9.0	0.04	178.6	0.200	0.100	Safe zone
	5	0.120	1	85	25	2.63	68.9	0.06	87.4	69	0.3	218.5	9.0	0.04	197.6	0.192	0.072	Safe zone
	6	0.150	1	105	25	2.63	83.1	0.05	108.0	83	0.4	210.5	9.0	0.04	210.3	0.181	0.031	Safe zone

图 3-33　管壳温度与结温的关系示例

由图 3-33 可看出，随着电流和管壳温度的加大和升高，LED 器件的结温不断上升。假设 LM-80 报告的测试条件是正向电流为 I_1 的情形，此时根据式（3-137），原本要计算管壳温度为 T_s 的情形，现在要变换为管壳温度为 T_s' 的情形，其中 T_s' 满足以下关系式

$$T_s' + I_1 U_1 (1 - \eta_1) R_T = T_s + I_2 U_2 (1 - \eta_2) R_T \tag{3-138}$$

式（3-138）变形可得

$$T_s' - T_s = R_T \left[I_2 U_2 (1 - \eta_2) - I_1 U_1 (1 - \eta_1) \right] \tag{3-139}$$

当 $I_1 > I_2$ 时，有 $I_1 U_1 > I_2 U_2$，$\eta_1 < \eta_2$，从而 $T_s' < T_s$，即原理上，当实际正向电流小于 LM-80 测试报告采用的驱动电流时，实际的寿命应比用基于 LM-80 报告计算出来管壳温度为 T_s 的情形的寿命长，其数值应等于管壳温度为 T_s' 的情形。仍以前文示例的 LH351C 为例，如果把 TM-21 计算工具的电流数值修改为 600mA，10 万 h 的光通维持率是不发生变化的，如图 3-34 所示，与图 3-22 显示的计算结果一样。

In-Situ Inputs

Drive current for each LED package/array/module (mA):	600
In-situ case temperature (T_c, ℃):	100
Percentage of initial lumens to project to (e.g. forL70, enter 70):	70

Results

Time (t) at which to estimate lumen maintenance (hours):	100,000
Lumen maintenance at time (t) (%):	93.72%
Calculated L70 (hours):	779,000
Reported L70 (hours):	>102000

图 3-34 修改 TM-21 工具内的正向驱动电流

下面用 Circle-工具来调整 T_s 至 T_s'，使 600mA 驱动下与 1000mA 驱动下的结温 T_J 一致，如图 3-35 所示，

图 3-35 调整不同电流下的管壳温度来保证结温相同

由图 3-35 可看出，在 1000mA 正向电流下，管壳温度 97℃（实际上是 96.6℃）相当于在 600mA 正向电流下管壳温度 100℃。将 96.6℃填入 TM-21 计算工具再进行一次计算，计算结果如图 3-36 所示，相比于 1000mA 使用，600mA 使用时对应的寿命计算值要长约 26%。

In-Situ Inputs

Drive current for each LED package/array/module (mA):	1000
In-situ case temperature (T_c, ℃):	96.6
Percentage of initial lumens to project to (e.g. forL70, enter 70):	70

Results

Time (t) at which to estimate lumen maintenance (hours):	100,000
Lumen maintenance at time (t) (%):	94.56%
Calculated L70 (hours):	984,000
Reported L70 (hours):	>102000

图 3-36 等效结温计算寿命

尽管针对此模型应用时，假设正向电流（电流密度）对光衰寿命无影响，但是一般最好还是应用于计算降低电流的情形，例如前文所示的 LM-80 测试电流是 1000mA，

实际使用正向电流是 600mA，这样计算出来的寿命不会被高估，是偏保守的估计，当然在这种情况下直接用 LM-80 的测试电流对应的 T_s 来估计是更保守的。在某些情形下，如果确实没有更合适的测试电流下的 LM-80 数据，而实际使用电流又高于 LM-80 的测试电流，在研发评估阶段也可按照以上算法计算，但是由于计算出来的光衰寿命不一定是保守的，所以应谨慎使用，下面举一个实例。

假设上述的 LH351C 器件，应用在 1400mA，此时如果直接修改 TM-21 工具，则寿命仍按 1000mA 计算，但是会提示实际驱动电流应小于 LM-80 的测试电流，如图 3-37 所示。

In-Situ Inputs		
Drive current for each LED package/array/module (mA):	1400	The drive current of the chip in the luminaire must be less than or equal to the chip as tested under LM-80.
In-situ case temperature (T_c,℃):	100	
Percentage of initial lumens to project to (e.g. for L70,enter 70):	70	
Results		
Time (t) at which to estimate lumen maintenance (hours):	100,000	
Lumen maintenance at time (t) (%):	93.72%	
Calculated L70 (hours):	779,000	
Reported L70 (hours):	>102000	

图 3-37　修改 TM-21 工具内的正向驱动电流

用 Circle-工具来调整 T_s 至 T_s'，使 1200mA 驱动下与 1000mA 驱动下的结温 T_J 一致，如图 3-38 所示。

Product	LH351C		Vf [V]		C2 (2.5-2.7)	V_f Correlation	100.0%	Electrical efficiency	100.0%	Sorting I_F driving	0:700 A	Tj_max.	= 150 ℃			
Rank	CCT	CRI	Flux [lm]		RB (330-350)	Flux Correlation	100.0%	Optical efficiency	100.0%	Sorting Temp.	= 85 ℃	IF_max.	= 2.000 A			
(Sellect)	5000	70	SPHWHTL3D50C		LED performances @min/flux_rank			Estimations of system				Thermal Information				
Input Condition	Current [A]	# of LED	Ts [℃]	Ta [℃]	V_F [V]	Flux [lm]	$ /100lm	T_j [℃]	∑Flux [lm]	∑Power [W]	Efficacy [Lm/W]	∑LES [m²]	∑cost [$]	R_th(J-a) [℃/W]	I_F_max. [A]	I_F_margin [A]	Thermal Guide
												LED cost	$ 0.200			
CASE-A 1	1.000	1	104	25	2.65	439.0	0.046	111.5	439	2.6	166.0	12.3	0.20	32.7	1.444	0.444	Safe zone
2	1.400	1	100	25	2.74	564.6	0.04	111.5	565	3.8	147.0	12.3	0.20	22.5	2.000	0.600	Safe zone

图 3-38　调整不同电流下的管壳温度来保证结温相同

由图 3-38 可看出，在 1000mA 正向电流下，管壳温度 104℃（实际上是 103.6℃）相当于在 1400mA 正向电流下管壳温度 100℃。将 103.6℃填入 TM-21 计算工具再进行一次计算，计算结果如图 3-39 所示，相比于 1000mA 使用，1400mA 使用时对应的寿命计算值要短约 22%。

（2）光衰寿命的分布。由于 LED 器件因为生产工艺而固有的离散性，每个具体 LED 器件的光衰特性存在差异，从而即使相同型号的 LED 器件在同样的使用条件下，L_p 也会有所不同。因此同样型号的 LED 器件，燃点至初始光通量降至 $p\%$ 的时间有长有短，是一个随机变量，即光衰寿命存在一定的概率分布。如图 3-40 所示的模拟数据，不同 LED 器件光通量衰减至初始值的 70% 所用的时间是不一样的。

In-Situ Inputs	
Drive current for each LED package/array/module (mA):	1000
In-situ case temperature (T$_c$, ℃):	103.6
Percentage of initial lumens to project to (e.g. forL70, enter 70):	70

Results	
Time (t) at which to estimate lumen maintenance (hours):	100,000
Lumen maintenance at time (t) (%):	92.62%
Calculated L70 (hours):	611,000
Reported L70 (hours):	>102000

图 3-39　等效结温计算寿命

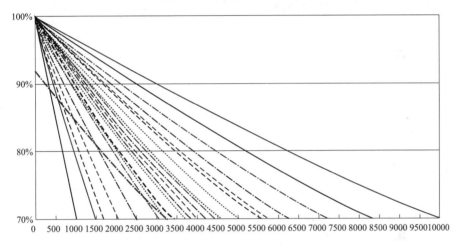

图 3-40　不同 LED 器件的模拟退化轨道

　　当有 50％的 LED 器件初始光通量降至 $p\%$，此时的时间记为 $L_p B_{50}$，称为 LED 器件在失效判据 $p\%$ 下的平均寿命。同理，$q\%$ 的 LED 器件初始光通量降至 $p\%$ 的时间记为 $L_p B_q$，也称为 LED 器件在失效判据 $p\%$ 的平均寿命。实际中常用的平均寿命有 $L_{70} B_{50}$、$L_{90} B_{50}$、$L_{90} B_{10}$ 等。

　　根据 Arrhenius 方程（3-16），两边取自然对数可得

$$\ln\alpha = \ln A - \frac{1}{k_B T}E_a \tag{3-140}$$

式中：指前因子 A 一般认为是一个只由反应本性决定而与反应温度及系统中物质浓度无关的常数。而激活能 E_a 则与材料组分、浓度、工艺、杂质等因素有关且各种影响因素是叠加的关系，所以可认为激活能 E_a 近似服从正态分布，即 $E_a \sim N(\mu, \sigma^2)$。由正态分布的线性函数仍为正态分布，可知

$$\ln\alpha \sim N\left[-\frac{\mu}{k_B T} + \ln A, \left(\frac{\sigma}{k_B T}\right)^2\right] \tag{3-141}$$

从而由对数正态分布的定义可知，衰减因子 α 服从对数正态分布。实际应用中，通过对

不同的 LM-80 数据计算可发现，指前因子 A 也存在一定的离散性，而非高度一致的常数。一方面指前因子 A 与温度 T 存在一定的关联，尤其是当 $T > 500\text{K}$ 以上时，其随温度的变化率较大；另一方面，在温度较低时，指前因子 A 也与活化中心（催化剂数量）等因素有一定关联，对同一种工艺条件下生产同样的半导体材料，存在一定的概率分布。指前因子 A 直接反映化学反应的基础反应速率，所以各个影响因素是相乘的关系，所以可认为指前因子 A 近似服从对数正态分布，即 $\ln A \sim N(\mu', \sigma'^2)$。由于服从对数正态分布的随机变量取对数后服从正态分布，再由正态分布的可加性，即有限个正态分布的线性组合仍为正态分布，由式（3-140）可得

$$\ln\alpha \sim N\left[\mu' - \frac{\mu}{k_\mathrm{B}T}, \sigma'^2 + \left(\frac{\sigma}{k_\mathrm{B}T}\right)^2\right] \tag{3-142}$$

即无论哪种情况，衰减因子 α 都服从对数正态分布，为方便后续计算和表达，将衰减因子的概率分布记为

$$\ln\alpha \sim N(\mu, \sigma^2) \tag{3-143}$$

随机变量 α 概率密度表达式为

$$f(\alpha, \mu, \sigma) = \begin{cases} \dfrac{1}{\alpha\sigma\sqrt{2\pi}} e^{-\frac{(\ln\alpha - \mu)^2}{2\sigma^2}}, & \alpha > 0 \\ 0, & \alpha \leqslant 0 \end{cases} \tag{3-144}$$

根据式（3-114）的 LED 器件退化轨道模型，即指数衰减模型，计算以 L_p 为失效判据的光衰寿命，可得

$$\frac{p}{100} = B\exp(-\alpha L_\mathrm{p}) \tag{3-145}$$

两边求对数，可得

$$L_\mathrm{p} = -\frac{1}{\alpha}\ln\frac{p}{100B} \tag{3-146}$$

对同一批 LED 器件来说，退化轨道的截距 B 通常可视为常数，为表达式简洁起见，将式（3-146）中的常数归结为一个常数 k，从而有

$$L_\mathrm{p} = \frac{k}{\alpha} \tag{3-147}$$

其中 $\ln\alpha \sim N(\mu, \sigma^2)$，下面来求 L_p 的分布[其分布函数用 $G(\cdot)$ 表示，对应的概率密度函数用 $g(\cdot)$ 表示]。用概率论概念进行推导如下

$$G(L_\mathrm{p}) = P\{L_\mathrm{p} \leqslant \beta\} = P\left\{\frac{k}{\alpha} \leqslant \beta\right\} = P\left\{\alpha \geqslant \frac{k}{\beta}\right\}$$

$$= 1 - P\left\{\alpha < \frac{k}{\beta}\right\} = 1 - F\left(\frac{k}{\beta}\right) \tag{3-148}$$

其中 $F(\cdot)$ 是概率密度（3-144）对应的概率分布函数。对式（3-148）两边求导，有

$$g(\beta) = -f\left(\frac{k}{\beta}\right)\frac{-k}{\beta^2}$$

$$= \frac{1}{\beta\sigma\sqrt{2\pi}} e^{-\frac{(\ln\beta - (\ln k - \mu))^2}{2\sigma^2}} \tag{3-149}$$

即 L_p 也服从对数正态分布，参数为 $\ln L_p \sim N(\ln k - \mu, \sigma^2)$。

由图 3-40 可看出，在 20 个 LED 器件模拟退化轨道情形下（为了突出效果，此模拟放大了 LED 器件光衰寿命的离散性以及光衰速度，实际的 LED 器件，尤其是同一批次的 LED 器件，一般其光衰一致性较好且往往具有很长的光衰寿命），以 L_{70} 为失效判据，其光衰寿命最短 1000h，最长 10000h，呈现明显的分布特性。如果从图 3-40 中读取数据，则 $L_{70}B_{10}$ 为 1500h，即 10% 的 LED 器件光衰至初始值的 70% 所需要的时间，对此 20 个示例 LED 器件，10% 的数量即 2 个 LED 器件。相应的可读出 $L_{70}B_{50}$ 为 4000h。图 3-40 的局部放大图如图 3-41 所示。

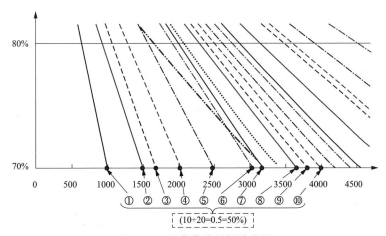

图 3-41　光衰曲线局部放大图

图 3-41 中虚线是 20 个模拟 LED 器件的平均光衰曲线，即每个测试时间点的平均值曲线；图 3-41 中点划线是按照 TM-21 算法，取后 5000h 的数据计算出来的光衰曲线，其倒推出来初始值不为 1，大约为 92%，即 $B=0.92$。在此例中，根据 TM-21 计算的 L_{70} 要小于平均光衰曲线对应的 L_{70}，并且均小于 $L_{70}B_{50}$。

根据 LED 器件的 LM-80 数据实际计算 LED 器件的寿命分布特性时，要利用全部数据而不是像 TM-21 那样只用部分光通维持率的平均值。具体步骤有以下几点：

1）LH351C 的 170000h 的 LM-80 数据（见前言 QQ 群文件中的附录 A4）。先计算实测温度条件（55℃、85℃和 105℃）下的光衰寿命的分布，然后在考虑位于最低测试温度和最高测试温度之间其他温度点的光衰寿命的分布。根据每个测试温度每个样品的光通维持数据，按照 TM-21 方法分别计算各自退化轨道的截距 b 和斜率 m，进而得到衰减速率 α 和指前系数 B，见表 3-3。具体计算时可以将每个样品的光通维持数据分别代入到 TM-21 计算表格内，从第三个工作表读取相应的参数。

表 3-3　　　　55、85℃ 和 105℃ 每个样品对应的退化轨道参数

55℃	α	B	85℃	α	B	105℃	α	B
1	−2.4617E−07	0.9814	1	3.6561E−07	0.9820	1	4.9857E−07	0.9785
2	9.3008E−08	0.9780	2	−2.6556E−07	0.9776	2	−1.0630E−07	0.9684

55℃	α	B	85℃	α	B	105℃	α	B
3	2.6587E−07	0.9830	3	1.6031E−07	0.9848	3	2.4332E−07	0.9745
4	−1.7235E−07	0.9821	4	3.2727E−07	0.9851	4	5.1199E−07	0.9766
5	2.1661E−07	0.9816	5	2.2805E−07	0.9851	5	7.7116E−07	0.9761
6	−1.7835E−07	0.9839	6	1.2955E−07	0.9837	6	5.6942E−07	0.9752
7	5.5292E−08	0.9866	7	−1.5430E−07	0.9796	7	6.6563E−07	0.9733
8	−3.0899E−08	0.9815	8	−3.2102E−07	0.9777	8	7.9343E−07	0.9720
9	4.2110E−07	0.9834	9	6.1811E−09	0.9776	9	2.3738E−07	0.9729
10	3.1015E−07	0.9810	10	5.5392E−08	0.9834	10	1.0370E−06	0.9833
11	3.8859E−07	0.9873	11	2.2256E−07	0.9819	11	1.3755E−07	0.9717
12	−1.8498E−07	0.9803	12	6.1686E−08	0.9824	12	2.8173E−07	0.9717
13	2.6450E−07	0.9882	13	−2.8458E−07	0.9759	13	6.3254E−07	0.9750
14	1.8525E−07	0.9835	14	6.6985E−07	0.9852	14	1.3088E−06	0.9783
15	4.5739E−07	0.9860	15	9.2837E−07	0.9792	15	1.6688E−06	0.9866
16	2.3431E−07	0.9849	16	2.6069E−07	0.9792	16	9.5823E−07	0.9794
17	1.2243E−08	0.9844	17	1.7408E−07	0.9767	17	3.4387E−07	0.9737
18	3.3982E−07	0.9847	18	7.4067E−07	0.9809	18	2.8769E−07	0.9727
19	6.7394E−07	0.9880	19	6.3417E−07	0.9820	19	3.5604E−07	0.9748
20	8.0522E−07	0.9881	20	6.4663E−07	0.9821	20	7.8563E−07	0.9736

2）从表3-3的计算结果可看出，由于样品的离散性以及测试误差（测试误差有时可达5%），根据某些样品计算出来的衰减速率 α 为负值，进而根据式（3-119）计算光衰寿命 L_{70} 时可能得到负值。根据表3-3的计算结果，计算出各个样品的光衰寿命 L_{70} 见表3-4。

表 3-4　　　　　　　　　55、85℃和105℃每个样品光衰寿命 L_{70}

T_s	55℃	85℃	105℃
1	−1372547	925814	671754
2	3596103	−1257971	−3053481
3	1276892	2129134	1359515
4	−1964572	1044054	650459
5	1560658	1498176	431097
6	−1908875	2626211	582306
7	6206435	−2178018	495131
8	−10939476	−1040726	413729
9	807161	54035218	1386727
10	1088158	6136597	327679
11	884925	1520662	2384157
12	−1820772	5493577	1164158

续表

T_s	55℃	85℃	105℃
13	1303477	−1167672	523812
14	1835402	510226	255729
15	749021	3615921	205617
16	1457242	1287505	350456
17	27843891	1913616	959672
18	1004135	4555333	1143553
19	511303	533704	930180
20	428078	523668	419957

3）表 3-4 计算的光衰寿命当中，阴影背景的是负值，在接下来的计算步骤中要略去。在表 3-4 的基础上，对正值寿命求自然对数，并计算每个测试条件下的均值和标准差，见表 3-5。

表 3-5　　　　　　55、85℃ 和 105℃ 每个样品光衰寿命的自然对数

T_s	55℃	85℃	105℃
1		13.738	13.418
2	15.095		
3	14.060	14.571	14.123
4		13.859	13.385
5	14.261	14.220	12.974
6		14.781	13.275
7	15.641		13.113
8			12.933
9	13.601	17.805	14.142
10	13.900	15.630	12.700
11	13.693	14.235	14.684
12		15.519	13.968
13	14.081		13.169
14	14.423	13.143	12.452
15	13.527	15.101	12.234
16	14.192	14.068	12.767
17	17.142	14.465	13.774
18	13.820	15.332	13.950
19	13.145	13.188	13.743
20	12.967	13.169	12.948
Ave	14.236	14.551	13.355
Std	1.054	1.183	0.644

值得注意的是，虽然表 3-4 和表 3-5 内的样品序号只有一列，但并不意味着同一个样品在 3 种条件下各做了光衰试验，每个条件下的样品测试都是破坏性的，所以每个条件都需要单独的样品，为了能得到尽可能一致的数据，测试样品最好选用同一批次甚至是同一个小 Bin 内的样品。

4）用表 3-5 得到的数据平均值和标准差，即可计算光衰分布寿命。需要用到对数正态分布的累积分布函数的反函数，在 Excel 内是 LOGINV，格式为 LOGINV(probability，mean，standard_dev)，其中第一项如果是求 B_{50}，则输入 0.5，即求 B_p 则填入 $p/100$；第二项填入表 3-5 中计算出每个测试条件下光衰寿命对数值的平均值；第三项填入表 3-5 中计算出每个测试条件下光衰寿命对数值的标准差。计算结果见表 3-6。

表 3-6 **分布寿命计算结果**

LH351C	55℃	85℃	105℃
Ave	14.236	14.551	13.355
Std	1.054	1.183	0.644
$L_{70}B_{50}$(h)	1523416	2087282	631153
$L_{70}B_{50}$(kh)	1523	2087	631

三星 LED 对于三星的 LED 器件，有一个 $L_{xx}B_{xx}$ 的计算工具（见前言 QQ 群文件附录 C5），按照显色指数不同分成了 3 个 Excel。该工具中集成了对于不同驱动电流的变换计算，变换原理与 3.2.3 节第（1）部分介绍的原理相同，此处不再赘述。利用该工具计算 LH351C 器件（$R_a 70$）的例子如图 3-42 所示。

在计算工具 C5 中，也可计算不同于测试温度 T_s 情形下的 L_pB_q。例如在图 3-42 所示的算例当中，计算的就不是测试温度，此时 $T_s = 100℃$。这时计算方法不同于前文所述 TM-21 中的计算方法。因为如前文所述，LM-80 的测试样品都是一次性的样品，在每一条件下样品只能测试一次，所以无法对单独样品进行不同温度间光衰值或寿命的内插。而 TM-21 算法中，由于采用的是每一条件下样品光衰的平均值，在一定程度上反应的是样品总体的特性，故在 TM-21 计算情形是可以内插的。而在考核样品离散型造成样品参数的分布特性时，要尽量考虑每个样品的特性，对于假定为常数的参数，不得已时可用总体的平均值代替。在工具 C5 中，计算不同 T_s 情形的算法是比较简单的，但精确度会差一些，现简述如下：

1）假定光衰寿命与温度呈指数关系，有

$$L_p(T) = L_p(0)\exp(-kT) \tag{3-150}$$

式中：T 是温度，℃；k 是正常数。

2）对式（3-150）两边求自然对数，可得

$$\ln L_p(T) = \ln L_p(0) - kT \tag{3-151}$$

如果待求寿命对应的温度为 $T_{s,1} < T_{s,0} < T_{s,2}$，其中 $T_{s,1}$ 和 $T_{s,2}$ 分别为两个测试条件下的温度，可用前文所述步骤求出相应的 L_pB_q。代入式（3-151）即可得截距 $\ln L_p(0)$ 和斜率 $-k$

$$\begin{cases} k = \dfrac{\ln L_{\mathrm p}(T_{\mathrm{s},1}) - \ln L_{\mathrm p}(T_{\mathrm{s},2})}{T_{\mathrm{s},2} - T_{\mathrm{s},1}} \\[2ex] \ln L_{\mathrm p}(0) = \dfrac{T_{\mathrm{s},2}\ln L_{\mathrm p}(T_{\mathrm{s},1}) - T_{\mathrm{s},1}\ln L_{\mathrm p}(T_{\mathrm{s},2})}{T_{\mathrm{s},2} - T_{\mathrm{s},1}} \end{cases} \tag{3-152}$$

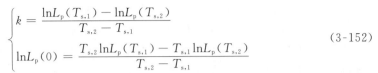

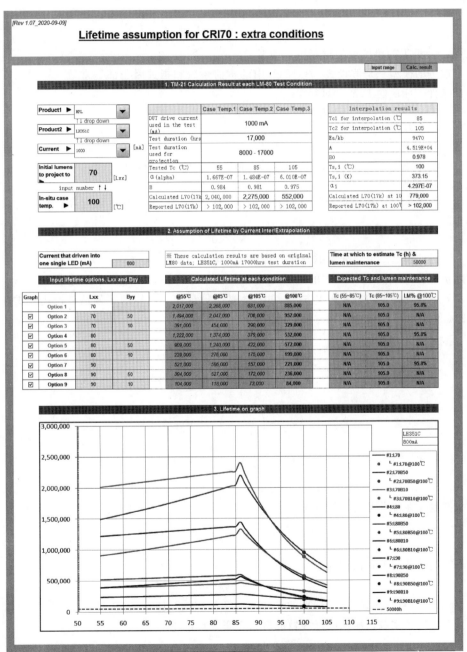

图 3-42　LH351C 的分布寿命计算示例

3）将待求寿命对应的温度 $T_{s,0}$ 代入式（3-150）可得相应寿命为

$$L_p(T_{S,0}) = L_p(0)\exp(-kT_{S,0}) \tag{3-153}$$

以上计算非测试条件温度分布寿命的模型较为粗略，以下考虑两种更精确的模型。根据式（3-146）和式（3-127）可得

$$L_p(T) = \left(-\frac{1}{A}\ln\frac{p}{100}\right)\exp\left(\frac{E_a}{k_B T}\right) \tag{3-154}$$

式中：温度 T 的单位取绝对温标，即 K。

改进的模型一是假设式（3-154）中的指前系数和指数因子都是常数，则代入两个测试条件下相应的 $L_p B_q$，可得

$$\begin{cases} \dfrac{E_a}{k_B} = \dfrac{\ln L_p(T_{s,1}) - \ln L_p(T_{s,2})}{\dfrac{1}{T_{s,1}} - \dfrac{1}{T_{s,2}}} \\ -\dfrac{1}{A}\ln\dfrac{p}{100} = \exp\left(\dfrac{T_{s,1}\ln L_p(T_{s,1}) - T_{s,2}\ln L_p(T_{s,2})}{T_{s,1} - T_{s,2}}\right) \end{cases} \tag{3-155}$$

求出上述参数后，将待求寿命对应的温度 $T_{s,0}$ 代入式（3-154）可得相应寿命为

$$L_p(T_{s,0}) = \left(-\frac{1}{A}\ln\frac{p}{100}\right)\exp\left(\frac{E_a}{k_B T_{s,0}}\right) \tag{3-156}$$

改进的模型二是充分考虑分布寿命的分布特性，考虑式（3-142），将衰减指数 α 看作随机变量，利用表 3-3 内的数据（略去负值）即可提取 α 的样本数字特征 $E(\alpha)$ 和 $V(\alpha)$，分别为样本均值和样本方差。用样本数字特征作为总体的无偏估计，代入式（3-142），可得如下两个独立的方程组

$$\begin{cases} \mu' - \dfrac{\mu}{k_B T_{s,1}} = E(\alpha_1) \\ \mu' - \dfrac{\mu}{k_B T_{s,2}} = E(\alpha_2) \end{cases} \tag{3-157}$$

$$\begin{cases} \sigma'^2 + \left(\dfrac{\sigma}{k_B T_{s,1}}\right)^2 = V(\alpha_1) \\ \sigma'^2 + \left(\dfrac{\sigma}{k_B T_{s,2}}\right)^2 = V(\alpha_2) \end{cases} \tag{3-158}$$

由式（3-157）和式（3-158）可求得式（3-142）中的模型参数 μ'、μ、σ'、σ。此时，随机变量 α 在待求温度下的分布为

$$\ln\alpha_0 \sim N\left(\mu' - \frac{\mu}{k_B T_{s,0}}, \sigma'^2 + \left(\frac{\sigma}{k_B T_{s,0}}\right)^2\right) \tag{3-159}$$

为书写简单，将上式简记为

$$\ln\alpha_0 \sim N(\mu_a, \sigma_a^2) \tag{3-160}$$

根据式（3-147）～式（3-149）的推导，可知当式（3-160）成立时，即 α 服从对数正态分布，则其倒数也服从同样参数的对数正态分布，即

$$\ln\frac{1}{\alpha_0} \sim N(\mu_a, \sigma_a^2) \tag{3-161}$$

式（3-37）可变换为

$$L_p(T_{s,0}) = \frac{1}{\alpha_0} \cdot \ln\left(\frac{100B}{p}\right) \tag{3-162}$$

式（3-162）有以下两种处理方法。

1）将光衰指前系数 B 视为常数，则可根据式（3-130）计算，这时根据式（3-149）有

$$L_p(T_{s,0}) \sim N\left[\ln\ln\left(\frac{100B}{p}\right) + \mu_\alpha, \sigma_\alpha^2\right] \tag{3-163}$$

用对数正态分布的累积分布函数的反函数即可求得 L_pB_q 为

$$L_pB_q(T_{s,0}) = LOGINV\left[\frac{q}{100}, \ln\ln\left(\frac{100B}{p}\right) + \mu_\alpha, \sigma_\alpha\right] \tag{3-164}$$

2）将 B 也看作随机变量，更加充分地利用每个样品具有不同的 B 参数。由于 B 位于光衰系数前，由多个因素相乘决定，故可认为其服从对数正态分布，例如设为

$$\ln B \sim N(\mu_B, \sigma_B^2) \tag{3-165}$$

此时式（3-162）的第二个因子就服从正态分布

$$\ln\left(\frac{100B}{p}\right) \sim N\left[\mu_B + \ln\left(\frac{100}{p}\right), \sigma_B^2\right] \tag{3-166}$$

但式（3-162）的第一个因子服从对数正态分布，考虑 α 和 B 为独立的随机变量，则二者的乘积不再服从对数正态分布，即分布寿命 L_pB_q 不再服从对数正态分布，前文所述的理论需要重新建模、新推导和求解。由于此时可能会出现负值的寿命（即光通量随时间增长而升高），所以是否要将全部数据（例如 α 取负值的那些数据）用于新模型的建立也是需要详细讨论的。限于作者水平和篇幅，本书不予深入研究，仅提出此问题供读者思考。

（3）平均寿命与分布寿命的关系。在 3.2.2 节介绍的 TM-21 算法，其基于 LM-80 数据计算出来的光衰寿命可称作平均寿命，因为用到了同一测试条件下所有样品同一测试时刻的平均值。在 3.2.3 节介绍的分布寿命，虽然也是一种平均的结果，即用到了同一测试条件下所有样品预测寿命对数的平均值，但是为了与 TM-21 算法计算出来的寿命相区分，本书称之为分布寿命。值得一提的是：实际应用当中，经常需要比较 L_p 和 L_pB_{50} 的关系，以下先通过具体数值示例来定性比较二者关系，再从理论角度加以计算分析。两种分析当中均不考虑测试误差，假定所有光通差异都是由待测 LED 器件本身引起的。

数值示例，考虑以下三种情形：

1）待测样品在每个测试时间段内衰减指数都是相同的，如图 3-43 所示。

2）通常的光通量衰减情形如图 3-44 所示。

3）复杂的光通量衰减情形如图 3-45 所示。

为简单起见，此处每种情形各模拟 10 个样品，其 6000h 光衰数据如图 3-46 所示。

由图 3-46 可看出，三种情形下的样品每一测试时刻的相对光衰平均值是一样的，

所以按照 TM-21 算法算出来的 L_p 是一样的。以 L_{70} 为例，计算结果如图 3-48 所示。

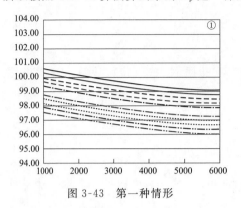

图 3-43　第一种情形

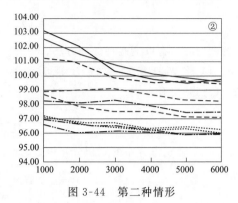

图 3-44　第二种情形

由图 3-47 可看出，虽然按照光通维持率的平均值计算出来的 L_{70} 是一样的，但是依据每个样品的光衰数据计算出来的 L_{70} 确有很大不同，各自呈现一定的分布。三种情况中，第一种情况 L_{70} 的分布比较集中，第二种情况 L_{70} 分布在一个较小的范围内，但是第三种情况，L_{70} 就有比较大的分布范围，如图 3-48 所示。

由于 L_{70} 与 $L_{70}B_{50}$ 的计算方法不同，所以其结果会有不同。从寿命汇总图 3-49 可看出，当样本标准差 std 很小时，L_{70} 与 $L_{70}B_{50}$ 差异不大；然而 std 的差异越大，L_{70} 与 $L_{70}B_{50}$ 的差异越大。

图 3-45　第三种情形

#	Case1						Case2						Case3					
	1000	2000	3000	4000	5000	6000	1000	2000	3000	4000	5000	6000	1000	2000	3000	4000	5000	6000
1	97.6	97.1	96.7	96.4	96.2	96.1	96.6	96.1	96.2	96.1	95.9	96.0	96.6	96.7	98.3	96.1	97.2	96.3
2	97.9	97.4	97.0	96.7	96.5	96.4	97.2	96.7	96.3	96.3	96.3	96.0	102.6	96.7	96.5	99.6	96.3	99.5
3	98.2	97.7	97.3	97.0	96.8	96.7	97.1	96.7	96.6	96.3	96.0	95.9	97.2	100.9	96.5	98.0	95.9	95.9
4	98.5	98.0	97.6	97.3	97.1	97.0	98.3	98.2	98.3	98.0	97.5	97.4	98.7	96.7	97.6	96.3	96.5	96.0
5	98.8	98.3	97.9	97.6	97.4	97.3	97.1	96.8	96.7	96.4	96.5	96.3	97.1	98.2	96.6	96.4	96.0	98.3
6	99.4	98.9	98.5	98.2	98.0	97.9	98.7	97.9	97.6	97.5	97.2	97.1	96.9	100.1	99.1	97.5	98.4	97.1
7	99.7	99.2	98.8	98.5	98.3	98.2	98.9	99.1	99.1	98.8	98.4	98.3	98.3	97.9	99.9	99.9	97.5	96.0
8	100.0	99.5	99.1	98.8	98.6	98.5	102.6	101.6	100.8	100.2	99.9	99.7	98.9	101.6	100.8	96.2	99.7	99.7
9	100.3	99.8	99.4	99.1	98.9	98.8	101.3	100.9	99.9	99.6	99.7	99.5	101.3	96.8	96.7	100.2	99.9	97.4
10	100.6	100.1	99.7	99.4	99.2	99.1	103.2	102.1	100.3	100.2	99.6	99.8	103.2	102.1	100.8	100.2	99.9	99.8
Avg	99.1	98.6	98.2	97.9	97.7	97.6	99.1	98.6	98.2	97.9	97.7	97.6	99.1	98.6	98.2	97.9	97.7	97.6
med	99.1	98.6	98.2	97.9	97.7	97.6	98.5	98.1	98.0	97.8	97.4	97.3	98.5	98.1	98.0	97.8	97.4	97.3
std	1.05	1.05	1.05	1.05	1.05	1.05	2.42	2.21	1.73	1.64	1.59	1.61	2.42	2.21	1.73	1.64	1.59	1.61
Max	100.6	100.1	99.7	99.4	99.2	99.1	103.2	102.1	100.8	100.2	99.9	99.8	103.2	102.1	100.8	100.2	99.9	99.8
Min	97.6	97.1	96.7	96.4	96.2	96.1	96.6	96.1	96.2	96.1	95.9	95.9	96.6	96.1	96.2	96.1	95.9	95.9

图 3-46　三种情形的光衰模拟数据

由本计算实例可看出，对于下密集的寿命分布（即相对集中的区域为寿命较短的区域），随着样本方程 std 的增大，L_{70} 与 $L_{70}B_{50}$ 差异越来越大，并且是后者较大。

以下从理论上加以分析。根据式（3-146）和式（3-148）可做变换如下

#	①							②							③						
	1000	2000	3000	4000	5000	6000	L70	1000	2000	3000	4000	5000	6000	L70	1000	2000	3000	4000	5000	6000	L70
1	97.6	97.1	96.7	96.4	96.2	96.1	107,687	96.6	96.1	96.2	96.1	95.9	96.0	292,485	96.6	96.7	98.3	96.1	97.2	96.3	503,983
2	97.9	97.4	97.0	96.7	96.5	96.4	109,012	97.2	96.7	96.5	96.3	96.3	96.0	150,146	102.6	96.1	96.5	99.6	96.3	99.5	106,671
3	98.2	97.7	97.3	97.0	96.8	96.7	110,341	97.1	96.7	96.6	96.2	96.0	95.9	130,666	97.2	100.9	96.2	98.0	95.9	95.9	60,829
4	98.5	98.0	97.6	97.3	97.1	97.0	111,673	98.3	98.2	98.3	98.0	97.5	97.4	170,269	98.7	96.7	97.6	96.3	96.5	96.0	75,538
5	98.8	98.3	97.9	97.6	97.4	97.3	113,007	97.1	96.8	96.7	96.4	96.5	96.3	213,316	97.1	98.2	96.6	96.4	96.0	98.3	1,330,006
6	99.4	98.9	98.5	98.2	98.0	97.9	115,686	98.7	97.9	97.6	97.5	97.2	97.1	115,293	98.3	99.0	99.1	97.5	98.4	97.1	345,016
7	99.7	99.2	98.8	98.5	98.3	98.2	117,030	98.9	99.0	99.1	98.4	98.4	98.3	236,466	98.7	97.9	99.9	99.9	97.5	96.0	94,286
8	100.0	99.5	99.1	98.8	98.6	98.5	118,377	102.6	101.6	100.8	100.2	99.9	99.9	67,319	98.9	101.6	100.8	96.2	99.7	99.7	198,506
9	100.3	99.8	99.4	99.1	98.9	98.8	119,727	101.3	100.9	99.9	99.6	99.7	99.5	101,017	101.3	96.8	96.7	100.2	99.9	99.4	185,216
10	100.6	100.1	99.7	99.4	99.2	99.1	121,080	103.2	102.1	100.3	99.9	99.6	99.8	55,418	103.2	102.1	100.3	98.8	99.6	99.8	52,930
Avg	99.1	98.6	98.2	97.9	97.7	97.6	114,345	99.1	98.6	98.2	97.9	97.7	97.6	114,345	99.1	98.6	98.2	97.9	97.7	97.6	114,345

图 3-47 三种情形的 L_{70} 计算结果

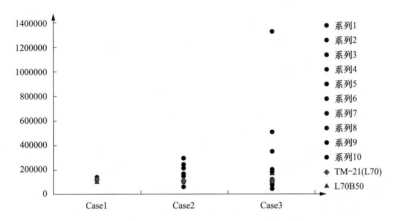

图 3-48 三种情形的 L_{70} 分布情况

$$\frac{\ln\dfrac{L_p}{k}-\mu}{\sigma}\sim N(0,1) \qquad (3-167)$$

式中：$k=\ln\dfrac{100B}{p}$；B 假定为常数；$N(0,1)$ 是标准正态分布。由标准正态分布图形的对称性，易知

$$\frac{\ln\dfrac{L_pB_{50}}{k}+\mu}{\sigma}=0 \qquad (3-168)$$

从而可得

$$L_pB_{50}=ke^{-\mu} \qquad (3-169)$$

事实上，分布寿命是一种分位数寿命，例如 B_{50} 就是中位数。如果把 L_p 看作是平均值 $\overline{L}_p$，那么由式（3-40）可计算 L_p 的平均值为

$$\overline{L}_p=\int_0^\infty \beta\frac{1}{\beta\sigma\sqrt{2\pi}}e^{-\frac{(\ln\beta-(\ln k-\mu))^2}{2\sigma^2}}d\beta \qquad (3-170)$$

做变量代换为

6000 hr			
Ts	Case1	Case2	Case3
L70B10	108,430	68,466	45,438
L70B20	110,402	86,623	71,547
L70B30	111,846	102,635	99,259
L70B40	113,096	118,642	131,297
L70B50	114,276	135,853	170,531
TM-21	114,345	114,345	114,345

6000 hr			
Ts	Case1	Case2	Case3
1	11.59	12.59	13.13
2	11.60	11.92	11.58
3	11.61	11.78	11.02
4	11.62	12.05	11.23
5	11.64	12.27	14.10
6	11.66	11.66	12.75
7	11.67	12.37	11.45
8	11.68	11.12	12.20
9	11.69	11.52	12.13
10	11.70	10.92	10.88
AVG	11.65	11.82	12.05
stdev	0.041	0.535	1.032

图 3-49 寿命汇总图

$$y = \frac{\ln\beta - (\ln k - \mu)}{\sigma} \tag{3-171}$$

对式（3-171）两边求导可得

$$\mathrm{d}\beta = \sigma\beta\,\mathrm{d}y \tag{3-172}$$

将式（3-171）和式（3-172）代入式（3-170）可得

$$\overline{L}_{\mathrm{p}} = \int_{-\infty}^{+\infty} \frac{\mathrm{e}^{\sigma y + (\ln k - \mu)}}{\sqrt{2\pi}} \mathrm{e}^{-\frac{y^2}{2}} dy = k\mathrm{e}^{-\mu} \mathrm{e}^{\frac{\sigma^2}{2}} \int_{-\infty}^{+\infty} \frac{1}{\sqrt{2\pi}} \mathrm{e}^{-\frac{(y-\sigma)^2}{2}} dy = k\mathrm{e}^{-\mu + \frac{\sigma^2}{2}} \tag{3-173}$$

由式（3-169）和式（3-173）可得

$$\frac{L_{\mathrm{p}} B_{50}}{\overline{L}_{\mathrm{p}}} = \mathrm{e}^{-\frac{\sigma^2}{2}} < 1 \tag{3-174}$$

与前文示例计算结果不符。事实上，此处需要比较的并不是中位值与平均值，要比较的例如 L_{70} 与 $L_{70} B_{50}$，其前者是按 TM-21 算法算出来的，如果不考虑模型误差和测试误差，则可按如下思路考虑。先求光通量的平均值随时间的变化方式，即

$$\overline{\Phi}(t) = B \lim_{n\to\infty} \frac{1}{n} \sum_{i=1}^{n} \mathrm{e}^{-\alpha_i t} \tag{3-175}$$

式中：α_i 服从对数正态分布，即 $\ln\alpha_i \sim N(\mu, \sigma^2)$。求出来的平均值如果仍为指数形式，则可直接求出 $\overline{L}_q$，如果不是指数形式，则要按照 TM-21 算法计算后一半时间点的平均值序列，并用前文所述的最小二乘法进行指数拟合，从而求出平均的衰减指数，然后再求 $\overline{L}_{\mathrm{p}}$。由于 α_i 的分布已知，所以可用式（3-176）直接计算函数 $\Phi(t)$ 的数学期望，即平均值 $\overline{\Phi}(t)$ 为

$$\overline{\Phi}(t) = \int_0^{\infty} B\mathrm{e}^{-\alpha t} \frac{1}{\alpha\sigma} \frac{1}{\sqrt{2\pi}} \mathrm{e}^{-\frac{(\ln\alpha - \mu)^2}{2\sigma^2}} \mathrm{d}\alpha \tag{3-176}$$

式（3-176）无法直接积分，考虑将其中的指数项 $\mathrm{e}^{-\alpha t}$ 展开成泰勒级数，交换求和与积分的顺序，先积分后求和为

$$\overline{\Phi}(t) = \int_0^{\infty} B \sum_{i=0}^{n} \frac{(-t\alpha)^i}{i!} \frac{1}{\alpha\sigma} \frac{1}{\sqrt{2\pi}} \mathrm{e}^{-\frac{(\ln\alpha - \mu)^2}{2\sigma^2}} \mathrm{d}\alpha$$

$$= B\left[1 + \sum_{i=1}^{n} \frac{(-t)^i}{i!} \int_0^{\infty} \frac{\alpha^{i-1}}{\sigma\sqrt{2\pi}} \mathrm{e}^{-\frac{(\ln\alpha - \mu)^2}{2\sigma^2}} \mathrm{d}\alpha \right] \tag{3-177}$$

对式（3-177）做类似式（3-171）所示的变量代换可得

$$\frac{\overline{\Phi}(t)}{B} = 1 + \sum_{i=1}^{n} \frac{(-t)^i}{i!} \int_{-\infty}^{+\infty} \frac{\mathrm{e}^{i\sigma y} \mathrm{e}^{i\mu}}{\sqrt{2\pi}} \mathrm{e}^{-\frac{y^2}{2}} \mathrm{d}y$$

$$= 1 + \sum_{i=1}^{n} \frac{(-t)^i}{i!} \mathrm{e}^{i\mu + \frac{i^2\sigma^2}{2}} \int_{-\infty}^{+\infty} \frac{1}{\sqrt{2\pi}} \mathrm{e}^{-\frac{(y-i\sigma)^2}{2}} \mathrm{d}y$$

$$= 1 + \sum_{i=1}^{n} \frac{(-t)^i}{i!} \mathrm{e}^{i\mu + \frac{i^2\sigma^2}{2}} \tag{3-178}$$

注意到如果式（3-178）中求和指数项的第二项系数不是 i^2，而是 i，则级数（3-178）可简单化为

$$\overline{\Phi}(t) = B\,\mathrm{e}^{-\left(\mu+\frac{\sigma^2}{2}\right)t} = B\mathrm{e}^{-\bar{a}t} \tag{3-179}$$

即光通量平均值随时间的变换满足指数形式且衰减指数为 α 的平均值，这样即可得到与式（3-174）一致的结论。但是恰恰因为式（3-178）中求和指数项的第二项系数是 i^2，而不是 i，所以级数式（3-178）不可能收敛为式（3-178）的形式。甚至该交错级数是否收敛都是一个问题，利用斯特林公式 $n! \sim \sqrt{2\pi n}\left(\dfrac{n}{\mathrm{e}}\right)^n$ 对其通项的极限研究如下，当 $n \to \infty$时有

$$u(n) = \frac{t^n}{n!}\mathrm{e}^{n\mu+\frac{n^2\sigma^2}{2}} \sim \frac{t^n\mathrm{e}^{n\mu+\frac{n^2\sigma^2}{2}}\mathrm{e}^n}{\sqrt{2\pi n}n^n} \sim \frac{n\ln t + n\mu + \dfrac{n^2\sigma^2}{2}+n}{\dfrac{1}{2}\ln(2\pi n)+n\ln n} \sim \frac{\dfrac{\sigma^2}{2}n}{\ln n} \to \infty \tag{3-180}$$

由以上讨论可知级数式（3-178）发散，因而式（3-177）交换求和与积分的顺序也不一定成立。这样只能用数值方法来研究式（3-176）随时间 t 的变化方式，为简单起见，取 $\ln\alpha \sim N(0, 1)$，$B=1$，则变量代换 $x=\ln\alpha$ 后可得

$$\overline{\Phi}(t) = \int_{-\infty}^{+\infty} \frac{\mathrm{e}^{-t\mathrm{e}^x}}{\sqrt{2\pi}}\mathrm{e}^{-\frac{x^2}{2}}\mathrm{d}x \tag{3-181}$$

数值积分后，可得到光通维持率平均值与时间的关系如图 3-50 所示，

由图 3-50 可看出，如何强行拟合为指数函数，则趋势线（虚线）与实际曲线有一定偏差，其残差略大。此时如果按照 TM-21 算法应用后 50% 的数据计算衰减指数 α 较为复杂，此时不如唯象的来处理，将各个时刻的光通维持率取对数后按照多项式来拟合，如图 3-51 所示。

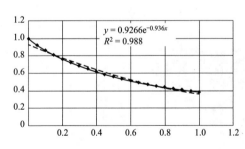

图 3-50 光通维持率平均值与时间的关系

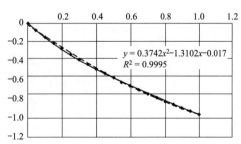

图 3-51 光通维持率的平均值的对数与时间的关系

由图 3-52 可看出，光衰曲线如果按二次多项式进行拟合，已经有很好的精确度，残差很小。根据图 3-52 的模型可算出 $L_{70}=0.28$，而此时

$$L_{70}B_{50} = k\mathrm{e}^{-\mu} = \ln\frac{100}{70} = 0.3567 \tag{3-182}$$

从而

$$\frac{L_{70}B_{50}}{L_{70}} = \frac{0.3567}{0.28} = 1.27 \qquad (3\text{-}183)$$

与前文所示算例结论一致，即通常来说 $L_{70}B_{50}$ 略大一些。根据 LED 器件的实际 LM-80 数据，计算出来的结果，也有 L_{70} 略大一些的情况。如果假定光通维持率严格服从指数退化轨道，而把差异部分全部归并为测试误差，并假定衰减指数 α 服从对数正态分布，即 $\ln\alpha \sim N(\mu_a, \sigma_a^2)$，则可通过数值实验的方法，来更准确的评估，进一步的理论分析和数值验证详见前言 QQ 群文件附录 B5。

（4）TM-21 模型常会遇到的问题及修正方案思考。TM-21 算法自身也存在一些问题，其根本原因是 LED 器件光通维持率随时间变化非常复杂，并且不同技术方案的 LED 器件可能还有不同的衰减模式。此外，在 LED 光衰减的不同阶段，其衰减方式也是不同的，在只发生长期的芯片退化时，才比较严格的符合指数退化轨道，但达到这个阶段往往需要非常漫长的时间，在实际应用场合是无法接受的。LED 器件通常的光衰模式如图 3-52 所示。此外，实际进行 LM-80 测试时，只能选取少量的离散测试温度和正向电流条件，这样得到的数据量依然偏少。并且在测试过程中，由于 LED 器件往往是用积分球测试的光通量，存在较大的测试误差，根据实践经验，其上下限甚至能高达 5％，而 LED 在有限的测试时间内，总的光衰至很可能都还没达到 5％，这会造成模型关键参数对测试稳定性非常敏感的问题。实际测试时，为了节约测试费用，一般每个条件只测 20 个样品，虽然标准规定 20 个样品可推 6 倍，但 20 这个数量在一般的统计理论中仍然是小样本，大样本的标准一般至少是 30 个样品，对于电气元器件来说，由于单个器件的工艺离散性和测试误差可能较大，甚至应测试 50 个乃至 100 个以上，才能最大程度地削减测试不确定性的影响。在测试样品数量较少的情况下，有时会出现由于某个样品的测试数据出现大的偏差，或某个样品本身有问题，但是 LM-80 测试标准和 TM-21 计算标准当中有没有明确剔除明显坏数据的方法，所以只能勉强使用，从而致

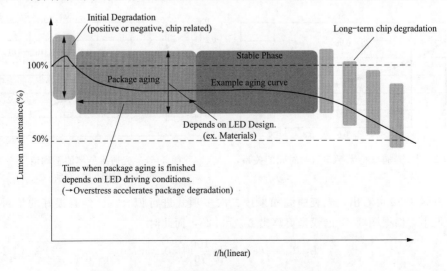

图 3-52　LED 器件通常的光衰模式

使计算结果存在较大偏差。有时计算过程中的舍入误差，也会造成一定的计算偏差。例如每个样品数据一般是化为百分比后保留一位小数，平均值也是如此。如果按照每个样品的数据，求平均值后（保留较多的有效数字）和直接利用 LM-80 报告上列出的平均值计算结果，计算出来的 L_{70} 就可能有很大不同。以下分成三个方面来阐述 TM-21 模型的一些常见问题。

1) 寿命计算值突变。按照 TM-21 算法，在 55～85℃ 范围内，用 55℃ 和 85℃ 的数据来插值其他温度的寿命，例如 70℃，具体插值方法前文已有叙述。同样，在 85～105℃ 范围内，用 85℃ 和 105℃ 的数据来插值其他温度的寿命，例如 90℃。由于根据 55、85℃ 和 105℃ 计算出来的 E_a/k_B 一般是不相同的，同样之前系数 A 也不相同，B_0 也不相同。以 LH351C 为例，如图 3-53 所示。

Table 2: Interpolation Report (projection based on *in-situ* temperature entered)		Table 2: Interpolation Report (projection based on *in-situ* temperature entered)	
$T_{s,1}$ (^{o}C)	55.00	$T_{s,1}$ (^{o}C)	85.00
$T_{s,1}$ (K)	328.15	$T_{s,1}$ (K)	358.15
α_1	1.667E-07	α_1	1.484E-07
B_1	0.984	B_1	0.981
$T_{s,2}$ (^{o}C)	85.00	$T_{s,2}$ (^{o}C)	105.00
$T_{s,2}$ (K)	358.15	$T_{s,2}$ (K)	378.15
α_2	1.484E-07	α_2	6.010E-07
B_2	0.981	B_2	0.975
E_a/k_b	-4.54E+02	E_a/k_b	9.47E+03
A	4.179E-08	A	4.519E+04
B_0	0.982	B_0	0.978
$T_{s,i}$ (^{o}C)	84.00	$T_{s,i}$ (^{o}C)	86.00
$T_{s,i}$ (K)	357.15	$T_{s,i}$ (K)	359.15
α_i	1.490E-07	α_i	1.598E-07
Reported L70(17k) at 84^{0}C (hours)	>102000	Reported L70(17k) at 86^{0}C (hours)	>102000

图 3-53　TM-21 关键参数差别

由于这些关键参数存在差异，所以在 85℃ 附近有可能存在寿命突变的问题。不同温度的寿命曲线如图 3-54 所示。

图 3-54 中左下曲线为用 55～85℃ 的数据计算出来的寿命，右下曲线为用 85～105℃ 的数据计算出来的寿命。如果将二者连成一条整体的寿命－温度曲线，则可看到在 85℃ 附近有明显突变，如图 3-55 所示。

2) 经常出现 55℃ 和 85℃ 寿命倒置。所谓 55℃ 和 85℃ 寿命倒置，是指在同一正向电流条件下，计算出来的 55℃ $L_p(55)$ 比 85℃ 的 $L_p(85)$ 要小。从物理原理上来说，如果对于同一个 LED 器件，同一正向电流条件下，一般 $L_p(55)$ 比 $L_p(85)$ 要大。当然也有可能存在某种激活机制（例如荧光粉激活），在温度较高时得到了更好的激活，激活后光通量的小幅提升抵消了一部分光通衰减。这在一定程度上也能解释为什么

55℃和85℃寿命倒置出现的几率要远大于85℃和105℃寿命倒置，因为后者温度通常都足以引起相关的激活机制，而105℃要使灯珠产生较大的光衰。当在某个时刻，55℃的光通维持率平均值小于同一时刻的85℃光通维持率的平均值，可理解为上述机制。然而现实情况是：按照TM-21算法，存在计算所用数据的末端时刻，55℃的光通维持率平均值大于同一时刻的85℃光通维持率平均值，但是计算出来$L_p(55)$比$L_p(85)$仍然要小。例如前文所举的例子，LH351C从图3-55可看出，根据LM-80数据计算得到的55℃衰减因子α比85℃衰减因子α大12%，所以具有更快的光衰速度，这就意味着当q比较大时，$L_p(55)$比$L_p(85)$要小。但是从图3-21可以看出，55℃的样品在17000h的平均光通维持率为98.10%，而85℃的样品在17000h时的平均光通维持率为97.90%，显然55℃条件下样品的平均光通维持率更大，这就不能用激活机制加以解释，只能将这样的计算结果归因于TM-21算法。下面以LH351C的数据为例，做出如图3-56所示的实测数据和计算结果的曲线图，进一步讨论此问题。

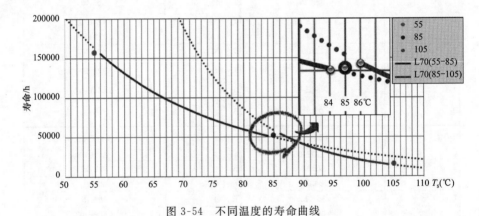

图3-54　不同温度的寿命曲线

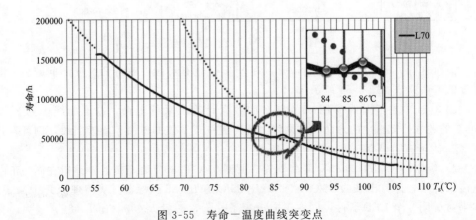

图3-55　寿命－温度曲线突变点

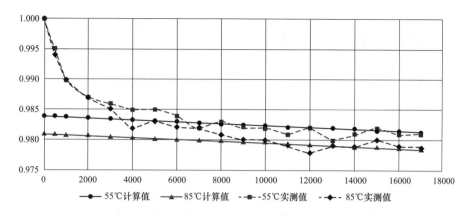

图 3-56　LH351C 的寿命数据比较

事实上，如图 3-56 所示，即使是 20 个样品的平均值，还是存在很大的测试波动性，或者说是测试误差。理论上来说，LED 不存在多个或至少不存在很多个激活机制，从而造成如图 3-56 所示的光通维持率波动性，即每 1000h 间隔的数据忽高忽低，而不是随时间一致的下降。带来这种一致的偏差，应不是单个样品的测试误差造成的（单个样品的测试误差足以在 20 个样品测试平均值中抵消），而是批次测试误差造成的，即测试同一温度条件下相邻时间点的数据时，测试设备不处于全通状态，例如如图中 85℃位于 4000h 的数据，其值明显小于 5000h 数据，而 12000h 数据又明显小于 13000h 数据。这种测试波动性在光通量缓慢衰减的平台期（见图 3-56 中 4000h 以后的数据）对 TM-21 计算结果影响较大，任何一个数据点的微小波动，都可能对光衰系数有较大影响。虽然此时从图 3-56 中可看出，55℃实测值曲线基本上始终位于 85℃实测值曲线之上，而 55℃计算值曲线也始终位于 85℃实测值曲线之上，但由于实测数据的测试波动，此时计算出来的 55℃衰减指数 α 是大于 85℃的衰减指数的，所以只要时间足够长，总存在某个时刻，55℃的光通维持率小于 85℃的光通维持率。将图 3-56 的时间轴拉长，如图 3-57 所示。

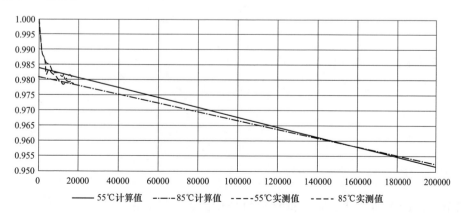

图 3-57　LH351C 的寿命数据拉长时间轴

由图 3-57 可看出，55℃光通维持率计算曲线和 85℃光通维持率计算曲线大约在 170000h 处相交。因此，要出现上述非激活机制造成的倒置现象，不仅要求 55℃的光衰系数 α 较大，还需要其指前系数 B 也较大。准确的交点时刻可计算如下：设 $B_{55} > B_{85}$，$\alpha_{55} > \alpha_{85}$，则有

$$B_{55}\,\mathrm{e}^{-\alpha_{55}t} = B_{85}\,\mathrm{e}^{-\alpha_{85}t} \tag{3-184}$$

可解得

$$t = \frac{\ln\dfrac{B_{55}}{B_{85}}}{\alpha_{55} - \alpha_{85}} \tag{3-185}$$

将图 3-25 所示的计算结果代入式（3-185）可得，光衰曲线的交点在 166855h。

为了消除这种由于 TM-21 算法造成的寿命倒置问题，可以考虑的一种方法是对 TM-21 模型进行微调，例如把光通量退化轨道由随机截距和随机斜率型修改为固定截距和随机斜率型，其中截距固定为 0，对应于指数形式，初始值就是 1。这种假设是合理的，因为光通维持率是光通量衰减的相对值，作为初始值来说，1 表示无衰减。由图 3-54 可知，LED 在封装老化区内的光通维持率衰减较快，而稳定期光通维持率衰减较慢，如果选用固定截距模型，一般是利用 LM-80 的全部数据（模型结果准确度可能受到初始 1000h 数据的不稳定性影响，更精细的做法可考虑用某种方法来评估光通维持数据的稳定性，从而建立一种判别标准，用于判定合适的数据起始时间），这样计算出来的斜率一般是大于 TM-21 算法计算出来的斜率，从而用固定截距模型计算出来的寿命一般是短于 TM-21 算法计算出来的寿命，更趋于保守，这样有利于实际应用。TM-21 算法表格在 2018 年以后的版本不再列出计算值，也是考虑到 LED 器件的寿命非常长，用短时间的测试数据外推出来的寿命并不十分可靠，所以才有 6 倍法则，即寿命报告值最多外推测试时长的 6 倍。

下面推导固定截距模型的最小二乘法计算公式，根据式（3-25）和式（3-26），考虑截距 $b=0$，从而可设

$$\begin{cases} I = \displaystyle\sum_{k=1}^{n} (y - y_k) \\ y_k = mx_k \end{cases} \tag{3-186}$$

对平方和 I 求偏导并置零得极值点必要条件

$$\frac{\partial I}{\partial m} = 2\sum_{k=1}^{n} x_k (mx_k - y_k) = 0 \tag{3-187}$$

可解得

$$m = \frac{\displaystyle\sum_{k=1}^{n} x_k y_k}{\displaystyle\sum_{k=1}^{n} x_k^2} \tag{3-188}$$

利用式（3-189）可算得，55℃和 85℃的光衰系数分别为 $\alpha_{55} = 1.5622 \times 10^{-6}$，$\alpha_{85} = 1.7327 \times 10^{-6}$，显然达到了预想的效果，消除了寿命倒置问题，而且两个新计算的光衰

系数比 TM-21 算法计算的光衰系数都要大，从而寿命计算值是保守的。计算出的寿命曲线如图 3-58 所示。

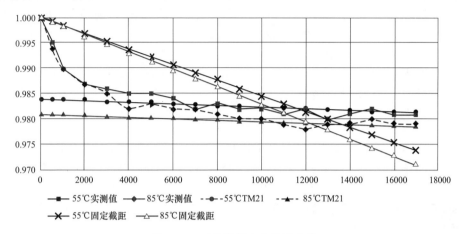

图 3-58　两种计算寿命曲线比较

由图 3-58 可看出，按照基于全部时间点数据的固定截距模型，计算出来的寿命曲线斜率很陡，短时间内几乎是直线下降。55℃ 和 85℃ 的曲线在截距处汇聚成一点，以后再无交点，所以无论多长时间，都不会出现寿命倒置的情况。拉长时间轴如图 3-59 所示。

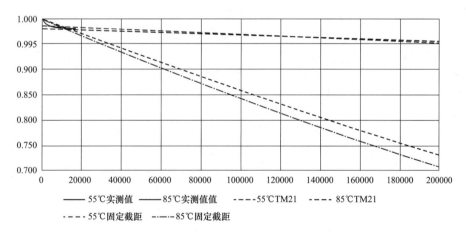

图 3-59　LH351C 的两种计算寿命曲线拉长时间轴

由图 3-59 可知，按照固定截距模型计算出来的寿命曲线，对此 LH351C 的 LM-80 数据来说，大约在 200kh 处就达到了 L_{70}，如果按照 TM-21 模型，计算出来的 L_{70} 都要在 2000kh 以上才能达到，是固定截距模型的 10 倍，但是数值达到了几乎没有实际意义的程度，一年只有 8760h，2000kh 意味着 200 年以上的寿命，即使是固定截距模型，以 L_{70} 为寿命判据，有 20 年以上，而寿命要求最长的路灯，一般也只要求 15 年。

　　3）TM-21 模型未给出 T_s 随时间变化时的寿命计算。对于 T_s 随时间变化时的寿命计算，TM-21 算法没有给出计算模型或计算思路。实际应用场合，一般室内照明的环境温度较恒定或变化很缓慢，可视为固定 T_s。但是户外照明，特别是寿命参数非常重要的应用，例如 LED 道路照明，此时如何更精确地计算 LED 的寿命，就需要深入研究。对于道路照明，由于白天不开灯，计算较为复杂，此处举一个隧道照明的例子，因为隧道照明是 24h 全亮，计算模型相对简单，对于更复杂的情形，可在简单情形的基础上加以修正，并编制程序数值计算。

计算时忽略环境温度的日间变化，仅考虑一年四季温度的变化，假定环境温度的变化为周期性的，并满足余弦函数

$$T_a(t) = 20 + 10\cos\left(\frac{2\pi}{365}t\right) \tag{3-189}$$

即最高温度 30℃，最低温度 10℃，年平均温度 20℃，其中时间 t 的单位是天。当然实际年温度变化曲线不一定是余弦函数，而要根据当地历年日均气温的年变化曲线拟合一个函数。设 LED 点亮造成的 T_s 温升为 75℃，则 T_s 随时间变化为

Table 2: Interpolation Report (projection based on in-situ temperature entered)	
$T_{s,1}$ (℃)	85.00
$T_{s,1}$ (K)	358.15
α_1	1.484E-07
B_1	0.981
$T_{s,2}$ (℃)	105.00
$T_{s,2}$ (K)	378.15
α_2	6.010E-07
B_2	0.975
E_a/k_b	9.47E+03
A	4.519E+04
B_0	0.978
$T_{s,i}$ (℃)	95.00
$T_{s,i}$ (K)	368.15
α_i	3.044E-07
Reported L70(17k) at 95℃(hours)	>102000

图 3-60　LH351C 在 95℃ 时的寿命

$$T_S(t) = 95 + 10\cos\left(\frac{2\pi}{365}t\right) \tag{3-190}$$

这样 T_s 就在 85～105℃ 周期性变化且平均温度为 95℃。下面通过建模研究温度在余弦变化情形下的寿命和在平均温度下寿命的关系。

利用前言 QQ 群文件中附录 C4 的 TM-21 工具，计算 LED 器件示例 LH351C 在 95℃ 时的寿命，其相关参数如图 3-60 所示。

由式（3-132），可计算出 LH351C 在 75℃时，光通量随时间的变化曲线公式为

$$\Phi_{95℃}(t) = 0.978\exp(-3.044E-07 \cdot t) \tag{3-191}$$

在温度为余弦变化情况下，根据式（3-127）～式（3-130），并考虑到式（3-190）中的时间 t 以天为单位，可得

$$\alpha_T = 4.519E+04 \cdot 24\exp\left(-\frac{9.47E+03}{T+273.15}\right) \tag{3-192}$$

$$\Phi_{\cos}(t) = B_0 \lim_{n\to\infty}\prod_{i=0}^{n}\exp\left[-\alpha_T\left(\frac{i}{n}t\right)\frac{t}{n}\right] = B_0\exp\left[\lim_{n\to\infty}\sum_{i=0}^{n}-\alpha_T\left(\frac{i}{n}t\right)\frac{t}{n}\right]$$

$$= B_0\exp\left[-\int_0^t\alpha_T(\tau)d\tau\right]$$

$$= B_0\exp\left(-\int_0^t\left[1.08E+06\exp\left(-\frac{9.47E+03}{368.15+10\cos\left(\frac{2\pi}{365}\tau\right)}\right)\right]d\tau\right) \tag{3-193}$$

式（3-193）较为复杂，一般只能求其数值解。将式（3-191）及式（3-193）所示的寿命随时间的变化曲线绘制到一起，如图 3-61 所示。

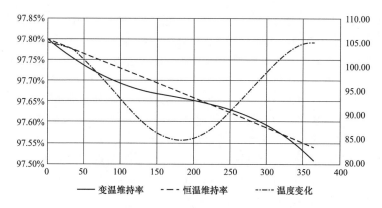

图 3-61 LH351C 恒温寿命和变温寿命对比

图 3-61 中点画线为温度随时间在一年内的变化，图 3-61 所示的曲线是从夏天开始的，所以初期温度较高。虚线是按照平均温度 95℃ 计算的光通维持率，而实线是按余弦近似计算出的光通维持曲线。由图 3-61 可看出，在变温的情形下，开始光衰较大，中间经历低温时光衰较小，末段高温时光衰曲线的斜率又再次增大。对于一年以上的条件，曲线就会按此模式振荡下行，大部分情况是变温维持率小于恒温维持率。

对于变温跨测试温度区域的，例如 T_s 在 70～90℃ 变化，则跨越了 55～85℃ 和 85～105℃ 两个温度拟合区域，此时在不同温度拟合区域，通常来说 E_a/k_B、A、B_0 等参数是不同的，并且越过 85℃ 温度点时可能还存在第 1）条所述的寿命突变问题，还可能面临第 2）条所述的寿命倒置问题，增加了实际计算的复杂性。一般可考虑先用第 2）条的方法去除寿命倒置问题，对于第 1）条所述的寿命突变问题，可考虑某种渐变方法来进行平滑处理，主要是实现全域 E_a/k_B、A、B_0 这三个参数的一致性。

3.2.4 整灯寿命与灯珠寿命的关系

TM-21 算法除以上 3 个问题以外，还有一个比较重要的问题是 TM-21 算法给出的是 LED 器件平均光通维持寿命的计算方法，但实际应用中，照明厂商往往将其视为 LED 灯具的光通维持寿命，这是有问题的。且不说 LED 灯具的光通维持寿命不仅取决于 LED 器件的平均光通维持率，还取决于很多因素，例如灯具自身的玷污光衰，灯具有机部件带来的 VOC（气态有机化合物）损害光衰。这很容易理解，毕竟 LED 器件的 LM-80 数据获取条件是非常良好的，只存在温度和电流应力。抛开这些因素不说，单论 LED 器件，由于不同的灯具 LED 器件的使用数量不同，并且每颗 LED 的初始光通量也不尽相同，故存在更为复杂的随机因素。LM-80 测试的数据全部转换为样品各自的维持率，即百分比，而不再保留光通量数据。TM-21 算法计算时，其实暗含了一个假定条件，即每颗 LED 器件的初始光通量是一样的，否则直接将每个测试时刻的光通维持率直接相加就没有意义。即使构成灯具的每个 LED 器件的初始光通量都一样，也很难保证每个器件的正向电压都一样，在正向电压存在一定概率分布的情况下，灯具的不同串并关系就会造成一定程度的分流不均，即每个 LED 器件可能驱动在有差异的正向电流条件下，进而每颗 LED 器件尽管有着相同的分 Bin 电流条件下的初始光通量，

355

但由于驱动电流不同，实际在灯具中发出的光通量也可能是不同的。这种不同还会导致每颗 LED 器件工作在不同的光效点上，从而可能造成每颗 LED 器件的结温不同，又会使得寿命存在微小差异，这种微小差异随着时间延长会被放大，从而造成每颗 LED 器件的光衰不一致，进而造成更大的差异。理论上来说，如果完全已知 LED 器件光通量的分布（分布参数可能随正向电流的变化而变化），LED 器件正向电压的分布（分布参数可能随正向电流的变化而变化），LED 器件热阻的分布，在特定的串并关系条件下，运用蒙特卡罗模拟方法可模拟出整灯光通量的变化，甚至模拟出整灯光通维持率的分布。本书不讨论上述复杂情况，仅讨论 LED 器件初始光通量全部一样，正向电压也一样，仅存在寿命的差异，有着确定的寿命分布，并且可用 LM-80 数据来计算 LED 器件的寿命分布，在这种情形下，来计算整灯的寿命分布，以及整灯的平均光通维持率。

假定一个灯具由 n 颗灯珠组成，每颗灯珠的初始光通量都相同且光衰寿命独立同分布，理论上可通过光衰寿命的分布求出灯珠每一时刻的光通维持率分布（实际上是随机过程），再求 n 颗灯珠光通维持率的分布，由总光通维持率的分布再算出整灯寿命的分布。先由灯珠寿命的分布推导灯珠光通维持率的分布。由式（3-146）～式（3-147）可知光衰寿命 L_p 服从对数正态分布等价于光衰指数因子 α 服从对数正态分布，故可假定 $\ln\alpha \sim N(\mu, \sigma^2)$，从而用类似式（3-39）的方法，由光通维持率的表达式（3-114），可求得光通维持率的分布

$$G(\varphi) = P\{\Phi \leqslant \varphi\} = P\{Be^{-\alpha t} \leqslant \varphi\} = P\left\{-\alpha t \leqslant \ln\frac{\varphi}{B}\right\} = P\left\{\alpha \geqslant -\frac{1}{t}\ln\frac{\varphi}{B}\right\}$$

$$= 1 - P\left\{\alpha < -\frac{1}{t}\ln\frac{\varphi}{B}\right\} = 1 - F\left(-\frac{1}{t}\ln\frac{\varphi}{B}\right) \tag{3-194}$$

对式（3-194）两边求导可得

$$g(\varphi) = f\left(-\frac{1}{t}\ln\frac{\varphi}{B}\right)\frac{B}{\varphi t}$$

$$= \frac{1}{-\frac{\varphi}{B}\ln\left(\frac{\varphi}{B}\right)\sigma\sqrt{2\pi}}\exp\left\{-\frac{\left[\ln\left(-\frac{1}{t}\ln\frac{\varphi}{B}\right) - \mu\right]^2}{2\sigma^2}\right\} \tag{3-195}$$

由于已假定每颗灯珠的初始光通量一样，故整灯的光通维持率就等于每个灯珠的光通维持率相加再除以总的初始光通量的维持率，即

$$\Phi_n(t) = \frac{\sum\limits_{i=1}^{n}\Phi_i(t)}{\sum\limits_{i=1}^{n}\Phi_i(0)} = \frac{\sum\limits_{i=1}^{n}Be^{-\alpha_i t}}{nB} = \frac{1}{n}\sum_{i=1}^{n}e^{-\alpha_i t} \tag{3-196}$$

其总的效果相当于在式（3-195）中取指前系数 $B=1$。由式（3-195）直接求 n 个独立同分布的随机变量和的分布难以解析计算，以下分为大样本（$n \geqslant 30$）和小样本（$n < 30$）两种情况来讨论。

（1）当整灯的灯珠数量较多，符合大样本条件 $n \geqslant 30$ 时，可考虑对式（3-196）使

用中心极限定理，即当随机变量 X_i 独立同分布且存在均值 μ 和方差 σ^2 时，则

$$\frac{1}{n}\sum_{i=1}^{n}X_i \overset{n\to\infty}{\sim} N\left(\mu,\frac{\sigma^2}{n}\right) \tag{3-197}$$

所以此时只要求得式（3-195）所示分布中，当 $B=1$ 时的均值 μ_φ 和方差 σ_φ^2 即可。根据随机变量函数的均值和方差计算方法，二者可由以下公式算出

$$\mu_\varphi = \int_0^\infty e^{-\alpha t}\frac{1}{\alpha\sigma\sqrt{2\pi}}e^{-\frac{(\ln\alpha-\mu)^2}{2\sigma^2}}d\alpha \tag{3-198}$$

$$\sigma_\varphi^2 = \int_0^\infty (e^{-\alpha t}-\mu_B)^2\frac{1}{\alpha\sigma\sqrt{2\pi}}e^{-\frac{(\ln\alpha-\mu)^2}{2\sigma^2}}d\alpha = -\mu_\varphi^2 + \int_0^\infty e^{-2\alpha t}\frac{1}{\alpha\sigma\sqrt{2\pi}}e^{-\frac{(\ln\alpha-\mu)^2}{2\sigma^2}}d\alpha \tag{3-199}$$

所以二者的计算都涉及前文式（3-118）讨论过的复杂积分，详细分析见前言 QQ 群文件中的附录 B3。注意式（3-200）计算出来的均值和方差都是随时间 t 变化的，属于随机过程。一般来说，可通过 LM-80 数据求出每个样品的衰减指数 α，舍弃小于 0 的数值，对大于 0 的数值取自然对数，则据此可求得 μ 和 σ^2 的估计值为

$$\begin{cases}\hat{\mu}=\dfrac{1}{n}\sum_{i=1}^{n}\ln\alpha_i \tag{3-200}\\[2mm]\hat{\sigma}^2=\dfrac{1}{n-1}\sum_{i=1}^{n}(\ln\alpha_i-\hat{\mu})^2 \tag{3-201}\end{cases}$$

有了 μ 和 σ^2 的估计值，即可利用式（3-198）和式（3-199）对不同的时刻 t 进行数值积分，从而得出 μ_φ 和 σ_φ^2 的时间序列。在大样本假设下，整灯光通维持率就服从

$$\Phi_n(t) \sim N\left[\mu_\varphi(t),\frac{\sigma_\varphi^2(t)}{n}\right] \tag{3-202}$$

从式（3-202）可看出，灯具的灯珠数量越多，整灯光通维持率的离散性越小。根据 μ_φ 的值，可绘制出整灯光通维持率的退化轨道，如图 3-62 所示。

在图 3-62 中退化轨道上的每一点，光通维持率都服从一个参数为 $\mu_\varphi(t)$ 和 $\sigma_\varphi^2(t)$ 的正态分布，从而可用式（3-203）求出某一时刻 t_0，光通维持率小于 $p/100$ 的概率为

$$P\left\{\Phi(t_0)<\frac{p}{100}\right\} = \int_{-\infty}^{p/100}\frac{1}{\sqrt{2\pi}\sigma_\varphi(t_0)}e^{-\frac{[x-\mu_\varphi(t_0)]^2}{2\sigma_\varphi^2}}dx \tag{3-203}$$

式（3-203）求出来的概率是时间的函数，简记为 $P(t)$，此函数即是整灯光衰寿命的分布函数。由此函数便可求得整灯的光衰寿命 L_pB_q 为使式（3-204）成立的值

$$P(L_pB_q)=\frac{q}{100} \tag{3-204}$$

当然也可根据式（3-203）先将函数 $P(t)$ 的反函数求出，记为 $P^{-1}(\eta)$，从而可直接表达整灯的光衰寿命为

$$L_pB_q = P^{-1}\left(\frac{q}{100}\right) \tag{3-205}$$

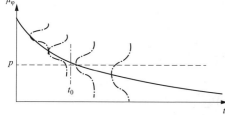

图 3-62　大样本情形退化轨道示意图

（2）当整灯的灯珠数量较少，不符合大样本条件 $n \geqslant 30$ 时，即 $n < 30$，此时如果做正态近似则误差较大，由于式（3-195）的复杂性，不能解析计算，故此时只能采用蒙特卡洛方法进行随机模拟。此时要根据衰减系数的分布 $\ln\alpha_i \sim N(\mu_a, \sigma_a^2)$ 先随机生成一大批具备此衰减特性的假想 LED 器件，然后用这些假想 LED 器件组成 m 个假想整灯，每个整灯有 n 颗假想的 LED 器件，当整灯数量 m 比较大时，直接研究这个假想的灯具样本，即可得到整体统计参数的估计。这 m 个假想灯具的光通维持率都是随时间变化的，并在任意时刻都呈现出一定的分布，是一个随机过程，不同的灯具达到特定光通维持率 $p/100$ 的时刻不同，这些不同的时刻也呈现一定的分布，这一分布就是此处关心的用于得出 $L_p B_q$ 的基础数据集。

基于 LM-80 数据的各种寿命计算除了此前给出的前言 QQ 群文件中的附录 C4 和 C5，还可用 Python 程序 3.2.1 来计算，程序 3.2.1 的流程图如图 3-63 所示。

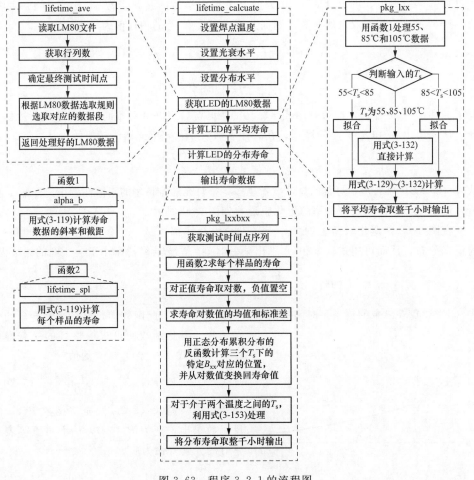

图 3-63　程序 3.2.1 的流程图

3.3　LED 的开关寿命

　　LED 的开关寿命是当前 LED 照明领域仅次于光衰寿命的寿命参数，不同于缓慢变化的光衰寿命，开关寿命属于突变失效类型，不存在参数退化轨道，一般以无光通量输出作为判定依据。特别是在一些认证中，例如欧洲的 ErP 认证，有明确的开关寿命要求，比如开关寿命至少是以小时单位的光衰寿命的一半以上。当然，这些认证都是针对整灯的，整灯的开关寿命不等于 LED 器件的开关寿命，还受判别标准的影响。例如如果一个灯具内有一颗 LED 器件发生了开关失效，那么此时整灯是否认为失效呢？如果以光通量输出突然变为零来判定，那么一颗 LED 器件开路（包括因此可能造成的一串 LED 器件不亮），并不会造成光通量突变为零，一般不能算作开关失效。所以灯具的开关失效问题大多数情况下是由驱动器造成的，研究驱动器的开关失效问题不在本书的讨论范围。不过单颗或多颗 LED 器件发生开关失效，对整灯来说还是有较大影响的，通常会造成一串不良，外观上很容易发现这类问题，所以要求比较严格的终端用户，有时会要求把整灯开关失效包含有一颗 LED 器件开关失效的情况，此时 LED 器件的开关寿命评估和计算就显得尤为重要。

　　对于相同的封装材料和结构，LED 的开关寿命受工作温度（温差）、开关速度等因素影响。一般工作温度差异越大，开关速度越快，越容易发生机械疲劳，导致最终失效。绝大部分情况下，开关寿命可根据一定的加速实验模型来推算实际使用条件下的开关寿命。一般考虑采用冷热冲击（Therm Al Shock）或温度循环（Temperature Cycling）模式进行开关测试，前者温度变化速度更快，即开关速度快，对 LED 器件的冲击强度更大；后者更贴近于实际使用情况，用其结果进行预测，实际情况与模型更为符合。因此在以前的 LED 器件可靠性测试中，由于对模型的预测精度不很清楚，多采用更严厉的条件，即冷热冲击，以保证预测是保守的，其典型条件如图 3-64 所示。

5. Reliability Test Items & Conditions

a) Test Items

Test Item	Test Condition	Test Hour / Cycle	Sample Size
Room Temperature Life Test	25 ℃, DC 1000 mA	1000 h	22
High Temperature Life Test	85 ℃, DC 1000 mA	1000 h	22
High Temperature Humidity Life Test	85 ℃, 85 % RH, DC 1000 mA	1000 h	22
Low Temperature Life Test	-40 ℃, DC 1000 mA	1000 h	22
Temperature Humidity Cycle Test	-10 ℃ → 25 ℃ 95 % RH → 65 ℃ 95 % RH DC 1000 mA, 24 h / 1 cycle	10 cycles	11
Powered Temperature Cycle Test	-40 ℃ / 85 ℃ each 20 min, 100 min transfer power on/off each 5 min, DC 1000 mA	100 cycles	11
Thermal Shock	-45 ℃ / 15 min ↔ 125 ℃ / 15 min temperature change within 5 min	500 cycles	100
High Temperature Storage	120 ℃	1000 h	11

图 3-64　典型的冷热冲击条件

其特点是温度切换速度较快，温度冲击强度较大。随着研究的深入，后来 LED 器件厂家多采用温度循环来更好地符合预测模型，并更接近实际使用条件的应力变化范围。典型的温度循环条件如图 3-65 所示。

5. Reliability Test Items & Conditions

a) Test Items

Test Item	Test Condition	Test Hour / Cycle	Sample No.
Room Temperature Life Test	25 ℃, DC Max Current	1000 h	22
High Temperature Life Test	85 ℃, DC Max Current	1000 h	22
High Temperature Humidity Life Test	60 ℃, 90 % RH, DC 65mA	1000 h	22
Low Temperature Life Test	-40 ℃, DC Max Current	1000 h	22
Powered Temperature Cycle Test	-45 ℃ ~ 85 ℃, each 20 min, on/off 5 min Temp. Change time 100min, DC Max Current	100 cycles	22
Temperature Cycle	-45℃ / 15 min ↔ 125 ℃ / 15 min	500 cycles	100
High Temperature Storage	85 ℃	1000 h	11

图 3-65　典型的温度循环条件

虽然开关寿命的失效属于突变型失效，但并不等于无记忆性。经验表明，已经经过了一定次数的开关老化以后的 LED 产品，其平均开关寿命短于全新的产品平均开关寿命。从微观上看，LED 器件的开关失效主要体现在 LED 键合线开路或倒装芯片的共晶焊开路，前者较后者更容易发生开路，并且多发于键合线的颈部。而键合线颈部开路，这一般是由于键合线金属疲劳造成的，而金属疲劳是一个蠕变过程，理论上来说也是可以提取某种缓变参数，其具备退化轨道。

为了简化模型，一般不考虑多部位、多因素开路竞争问题，那样会导致较复杂的极值分布问题。对于金属疲劳，一般采用 Coffon-Manson 模型进行加速计算，分布则多用 Weibull 分布。

3.3.1　LED 器件开关寿命的理论模型

最简单的 Coffon-Manson 模型是只考虑温差对部件造成的疲劳影响，而忽略绝对温度的影响。一般用 ΔT_{T} 表示冷热冲击测试时测试条件的温度差，例如图 3-64 和图 3-65 的测试温差都是 170℃。LED 器件在实际使用时，通电后温度上升，断电后温度回到环境温度，并且由于结温与环境温度是线性关系，故考虑环境到 PN 结的热阻为常数时，对于特定驱动电流的 LED 器件，其工作状态和非工作状态的温度差是一样的。称这个温差为现场使用温差，一般用 ΔT_{F} 表示，以下计算示例中假定此温差为 60℃。Coffon-Manson 模型指出，实际工作和温度循环测试存在一定的加速系数，不考虑开关寿命分布时，加速系数（Accelerate Factor）的计算为

$$AF = \frac{N_{\mathrm{F}}}{N_{\mathrm{T}}} = \left(\frac{\Delta T_{\mathrm{T}}}{\Delta T_{\mathrm{F}}}\right)^n \tag{3-206}$$

式中：N_{F} 为现场使用的开关寿命，次；N_{T} 为温度循环测试的开关寿命，次；

n 为尺度参数，取决于部件疲劳部分的材料，不同的金属材料，不同的几何形状，以及不同的生产工艺等都会影响尺度参数，其典型值一般为 2～3，如三星 LED 的正装双芯片 3030 产品，其尺度参数一般取 2.7。对于某个特定材料和结构的 LED 器件，可通过不同加速温度的测试试验来估计尺度参数，通常照明厂商在计算灯具开关寿命时，可向 LED 器件厂商要求提供所用型号 LED 器件的尺度参数。

对于一批 LED 器件，其开关失效是有先有后的，并不是在同一时刻一起失效，存在一定的分布。根据半导体元器件失效机理，一般用威布尔分布来刻画 LED 器件开关寿命的分布。根据式（3-21）可知，LED 器件在特定温度循环条件下的可靠度函数为

$$R(t) = e^{-(-\lambda t)^\alpha} \tag{3-207}$$

假设不同的温度循环条件下开关失效的微观机理不变，则可认为形状参数 α 不随温度循环条件而变，改变温度循环条件只改变尺度参数 λ，从而可推出总的加速系数为

$$AF = \frac{N_F}{N_T} = \frac{\lambda_F}{\lambda_T}\left(\frac{\Delta T_T}{\Delta T_F}\right)^n \tag{3-208}$$

实际对威布尔分布做参数估计时，需要做大量的试验，而且每次试验的测试时间较长，测试成本较高，因此实际考虑开关寿命时，一般加速系数采用式（3-206）计算得较多。

以下举一个实际的例子。例如图 3-65 的三星 LED 产品 LM302Z＋，以及市场上常见的一款 6V 1W 的 3030 产品，其可靠性页面如图 3-66 所示。

RELIABILITY

(1) Tests and Results

Test	Reference Standard	Test Conditions	Test Duration	Failure Criteria #	Units Failed/Tested
Resistance to Soldering Heat (Reflow Soldering)	JEITA ED-4701 300 301	T$_{sld}$=260°C, 10sec, 2reflows, Precondition: 30°C, 70%RH, 168hr		#1	0/22
Solderability (Reflow Soldering)	JEITA ED-4701 303 303A	T$_{sld}$=245±5°C, 5sec, Lead-free Solder(Sn-3.0Ag-0.5Cu)		#2	0/22
Temperature Cycle	JEITA ED-4701 100 105	-40°C(30min)~25°C(5min)~ 100°C(30min)~25°C(5min)	100cycles	#1	0/50
Moisture Resistance (Cyclic)	JEITA ED-4701 200 203	25°C~65°C~-10°C, 90%RH, 24hr per cycle	10cycles	#1	0/22

图 3-66　市场上的一款 3030 产品的可靠性

采用式（3-206）计算结果如图 3-67 所示。

序号	加速系数AF	工作环境温差/℃	实验条件温差/℃	形状参数n	实验冲击次数	使用冲击次数
1	16.6	60	170	2.7	500	8321
2	9.9	60	140	2.7	100	985

图 3-67　开关寿命的计算示例

可见温度循环的温差以及循环次数对于实际使用的开关寿命都至关重要。对 LED 器件来说，一般在材料和线径不变的情况下，可通过优化键合线的几何形状来提升温度循环实验的开关次数，如图 3-68 所示，为三星 LED 的 LM281B＋ Pro 系列，其通过优

化键合线的几何形状，较大幅度地提升了实验开关寿命的平均值。

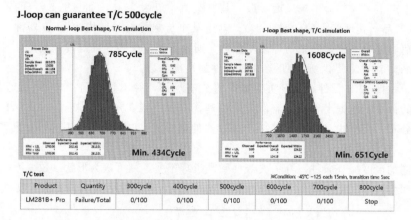

图 3-68　通过优化键合线的几何形状来提升开关寿命

3.3.2　LED 整灯的开关寿命

如前文所述，在比较严格的客户要求条件下，有时认为只要有一颗 LED 器件发生开关失效，就判定为整灯开关失效，在这种情况下整灯的开关寿命要短于 LED 器件的开关寿命，一般需要进行数值计算。

LED 器件及整灯开关寿命的计算，参见 Python 程序 3.3.1，其程序流程图如图 3-69 所示。

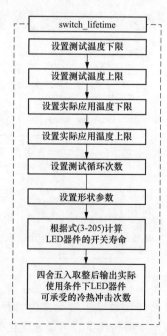

图 3-69　程序 3.3.1 的流程图

3.4   常用环境测试

LED 器件在使用过程中，其环境条件有时并没有 LM-80 测试所要求的那么良好，经常会有有害气体以及高温、高湿等耐候性问题，其中最常见的且后果也比较严重的问题是硫化问题，LED 器件不耐候多表现为剧烈光衰甚至死灯。目前针对常见的环境因素，都有一些提前测试方法来验证 LED 器件自身的耐候性，不过目前针对这类测试的测试数据，还没有公认的理论来进行加速计算，从而得出实际使用条件的某种耐候寿命。

3.4.1   硫化试验

LED 器件遭受硫化氢的侵袭，主要发生在键合线和支架反光层等含银元素的部位，化学反应如图 3-70 所示。

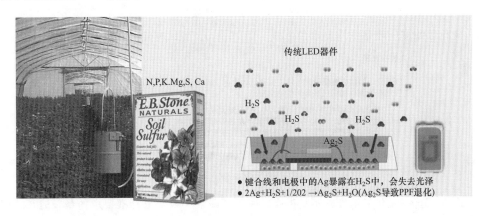

图 3-70   硫化氢与银的反应

LED 器件发生硫化的现象一般为短期内较大的光衰以及键合线或支架发黑变色。可能的硫化氢污染一般来自灯具的实际使用环境，例如用在石油化工企业生产现场的高棚灯，以及用于温室大棚或植物工厂的植物生长灯等。有时也会发生在灯具的生产制造过程中，例如使用了含有硫化氢的胶水，甚至还有发生在瓦楞纸箱由于回收纸漂白后为除硫，而含有超标硫化氢，进而污染侵蚀尚处于生产制程中的 LED 器件。因此，很多场合很难避免与硫化氢接触。如果灯具的密封等级不高，就需要 LED 器件自身提升抗硫化能力。有时也不能把灯具气密性做得太高，有可能会造成灯具点亮后温度升高，密封的一些化学活跃物质在温度催化下产生有害气体，此时不一定是硫化氢，一般称为挥发性有机化合物（VOCs，Volatile Organic Compounds），美国联邦环保署把除了 CO、CO_2、H_2CO_3、金属碳化物、金属碳酸盐和碳酸铵外，所有能参加大气光化学反应的碳化合物定义为 VOCs。其中有些与 LED 器件是不兼容的，如果不能及时透过灯具的呼吸系统排放到环境当中，也会造成灯具较严重的光衰。区别 LED 器件是受硫化氢污染还是受其他 VOCs 污染，可以将光衰的 LED 器件放在 85℃烘箱内烘烤 8h 以上，如果光通量能有所恢复，则说明是非硫化氢污染，因为硫化的结果是生成硫化银，是不可逆的反应。而大部分 VOCs 与 LED 器件的反应是生成不稳定的络合物，在 VOCs 背景环境浓度较低的时候,会发生逆反应。

进行 LED 器件的硫化测试,目前国际上一般是依据 IEC 60068-2-43:2003,国内依据等效国标 GB/T 2423.20—2014,其核心内容是硫化氢气体要求和测试时长。硫化氢气体要求如图 3-71 所示。

4 试验气体

试验箱内气体应满足以下条件:
——硫化氢:$10 \times 10^{-5} \sim 15 \times 10^{-5}$(体积分数):
——温度:(25 ± 2)℃:
——相对湿度:75%:
相对湿度应尽可能维持在75%,在任何情况下都不应超过80%或低于70%。
用能保证获得均匀混合物的方法,在一定量的空气中混合入硫化氢(任何方便的来源)、水蒸气得到试验用气体(要得到少量硫化氢均匀分布的混合气体,可能需要分步进行混合)。

图 3-71   硫化氢气体要求

硫化氢浓度一般是选用要求的上限,即 15ppm。测试时长要求如图 3-72 所示。

6.2 试验程序

试验开始前应测量稳定条件下硫化氢的浓度、温度以及相对湿度。在试验过程中进行定期检测以确保这些条件能达到要求。

注意试验样品在摆放时不应相互接触、覆盖或遮蔽,以免阻挡试验气体。
应做好充分的预防措施以确保接触点在暴露过程中不被干扰。
试验样品暴露时接触点应按照相关规范的规定断开和(或)闭合。
试验样品暴露时应无电气负载或由相关规范规定。
根据相关规范规定,试验样品应在试验气体中连续暴露4 d、10 d或21 d。

图 3-72   测试时长要求

由于 15ppm 硫化氢浓度并不是很高,所以实践中一般选取标准要求的最长时长,即 21 天,共计 504h。有条件的情况下,应每隔固定时长,例如 24h,记录光通量变化情况。

通过倒装芯片,底部气密性结构,外部涂覆防硫化层,键合线溅射保护层等技术,可提升 LED 器件的抗硫化能力,如图 3-73 所示。

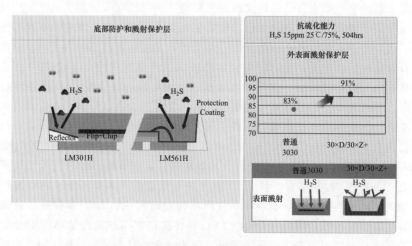

图 3-73   防硫化常见方法

　　根据实践经验，对于大部分应用场合，一般在 IEC 60068-2-43：2003 测试标准下，LED 器件的光通维持率要在 90％以上，才能满足实际环境的抗硫化要求。采用如图 3-73 所示的抗硫化方案，例如表面溅射，可把 LED 器件，甚至是可靠性较低的 2835 器件光通维持率，提升到 90％以上，如图 3-74 所示。

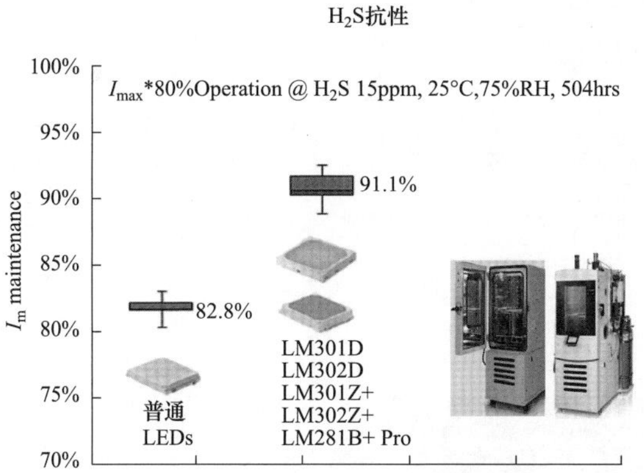

图 3-74　表面溅射对抗硫化能力的提升

3.4.2　高温高湿试验

　　高温高湿试验（WHTOL，Wet High Temperature Operating Life），是常见的环境应力加速试验，通常是 85℃，85％相对湿度，一般依据标准 IEC 60068-2-67-2019 进行，其测试条件如图 3-75 所示。

Temperature ℃[1]	Relative humidity %[2]	Duration [3][4] h			
		I	II	III	IV
85	85	168	504	1000	2000
1) Tolerance for temperature:	$\pm 2℃$ in the chamber working space				
2) Tolerance for relative humidity:	$\pm 5\%$				
3) Tolerance for duration:	$^{+5}_{0}\%$				
4) Definition of duration:	see 7.4.2				
NOTE - It is not recommended that a test should be restarted; however, if it is required to subject the specimen to a longer duration than 2 000 h then the test shall be recommenced in accordance with the requirements of clause 7.The test shall be recommenced within 96 h of the end of the ramp-down period of the previous test.					
During the interval between the tests the specimen shall be held under standard atmospheric conditions for measurement and tests,unless otherwise specified in the relevant specification.					

图 3-75　高温、高湿测试条件

　　对 LED 器件来说，一般是在最大正向电流下，老化 1000h，测试老化前后的光通维持率，对高可靠性产品来说，国际大厂一般要求平均光通维持率＞90％。

　　采用荧光粉沉降技术可有效改善高温高湿性能，如图 3-76 所示。

　　此外，高气密性结构也有利于提升高温高湿性能，图 3-75 用于植物照明的 LED 器件 LM301H，其高温、高湿性能如图 3-77 所示。

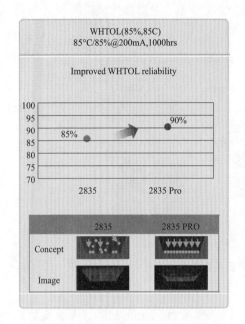

图 3-76　用荧光粉沉降技术改善高温高湿性能　　　　图 3-77　LM301H 的高温、高湿性能

3.4.3　氨气试验

　　目前 LED 器件耐受氨气试验并没有国际标准可依，此前在通用照明领域也很少需要考虑耐氨气的能力，一般只有灯具整体的耐腐蚀（耐氨气）测试，相关要求在 GB7000.1 系列里有相应条文。但往往用在富含氨气的使用环境中，灯具的密封等级都非常高，不需要考虑 LED 器件自身的耐受氨气能力。但是当前发展火热的植物照明改变了这一情况。在温室补光场合，由于植物是土培的，当有叶片腐烂或施用尿素、硝酸铵等常用氮肥后，灯具局部可能含有较高浓度的氨气。而植物照明产品往往为了提高光效，常会把灯珠裸露或仅喷很薄的三防漆直接使用。此时 LED 器件的氨气耐受能力就显得比较重要。氨气与 LED 芯片会发生络合反应，生成一定的络合物，此类络合物有较高的电阻率，从而会导致 LED 芯片的正向电压上升，进而导致发光效率下降。如图 3-78 所示为某植物照明灯具厂家要求的 LED 器件氨气测试条件。

　　图 3-79 为三星 LED 主要用于植物照明的一些 LED 器件的氨气耐受测试结果，无论是 PPF 还是 V_F 变化都比较小。

3.4.4　盐雾试验

　　盐雾试验也是常见的环境耐候性测试，一般是对整灯进行，用以考察灯具的耐腐蚀能力。例如灯具使用在海边等场合，受到海风吹拂和雨水冲刷，很容易受到海盐腐蚀，加速灯具的老化和 IP 等级的退化。

　　盐雾试验一般是依据标准 IEC60068-2-11，其测试条件如图 3-80 所示。

NH₃40ppm, 50℃, 1000hrs

*Customer condition

① Quartz reaction tube with gas pipe　　② LED samples on Pyrex cassette

①+② test set-up inside the chamber　　Temperature record for 1000hrs

 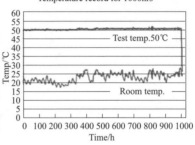

图 3-78　某植物照明灯具厂氨气测试标准

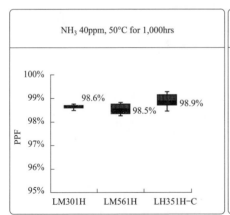

图 3-79　三星 LED 用于植物照明的 LED 器件氨气耐受能力

Item	Condition	Sample Size	Failure Criteria	Standards	Results
Salt Fog Test	35℃,NaCl 5%,,pH 6.5~7.2,168hr	11ea	ΔIm% < 70% ΔVF% > 110%	IEC60068-2-11	Pass

图 3-80　盐雾测试试验条件

三星 LED 的植物照明旗舰器件 LM301H 盐雾试验结果如图 3-81 所示。

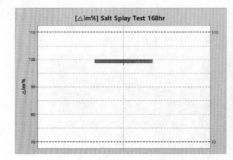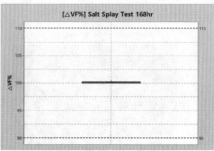

图 3-81　LM301H 盐雾试验结果

第4章 ● LED器件的选型

4.1 需考虑因素综述

在设计 LED 照明产品时，要在不同的 LED 器件种类，同一类 LED 器件不同的性能和品牌之间做出最合适的选型，是一件较为困难的事，因为往往需要考虑很多方面的因素，例如专利、品牌、性能、价格、可靠性、特殊要求等，下面简述如下：

4.1.1 专利

专利内容既简单又不简单。简单是指，如果照明厂商的产品要出口到专利要求比较严格的区域，例如日本、北美、欧洲部分国家（德国、英国、法国等），一般选用国际大品牌的 LED 器件基本上没有问题，例如 Nichia、Cree、Lumileds、Osram、Samsung、SSC、LG(已退出 LED 照明市场) 等。一般国际大品牌 LED 都可以提供专利保证函，内容通常包括专利保证的范围，发生专利纠纷后的处理方法，以及如果败诉，LED 器件厂商的赔偿范围等。国际大品牌 LED 厂商一般都有一些基础的 LED 外延、芯片、封装、荧光粉的国际专利（PCT 专利），还拥有大量的同族专利和衍生专利，互相之间的关系可能是你中有我、我中有你，很难说技术路线迥然不同，产品在专利上互不侵犯，所以很多厂商都会有专利的交叉授权（许可），以保护共同的专利利益，主要 LED 器件国际厂商专利交叉授权情况如图 4-1 所示。

2017 年之前，LED 界的专利纠纷较少，主要集中在 Nichia 和 Everlight 之间的诉讼与反诉讼，互有胜负。随着国际厂商的部分专利到期或有效期越来越短（发明专利的有效期一般为 20 年），LED 器件的利润越来越薄，越来越多的 LED 厂商加入了专利诉讼的队伍，企图扭转单一的价格竞争局面。当然，这当中也不乏一些所谓的专利"流氓"，自身申请一些不以产业化为目的的专利，有时也从高校或濒临破产的公司大量低价收购这些机构不愿交

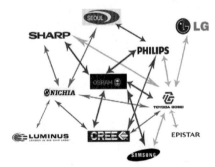

图 4-1　主要 LED 器件国际厂商专利交叉授权情况

钱维持专利有效的垃圾专利，目的是等待时机进行专利讹诈。由于不同国家对于知识产权的保护力度不同，这就给了专利流氓一些空子可钻。例如，在专利保护最严格的日本，如果遭到专利诉讼，一般来说相关产品要先下架，待诉讼结果出来以后，再决定是否继续售卖相关产品。在美国，如果遭到专利诉讼，或国家层面的 337 调查，一般会根

据证据情况决定是否暂停相关产品的销售，但一般仍在海关的产品会暂扣在海关，美国的特点是知识产权诉讼律师的律师费非常高。在欧洲，大部分发生专利诉讼，一般是产品继续售卖，如果原告胜诉，则被告的产品才开始停止进口和销售。专利流氓一般会讹诈知识产权资产较少的企业且一般该类企业知识产权研究能力不足，高昂的知识产权律师费也是这类企业的沉重负担，相比专利流氓的讹诈费用，这些企业往往不敢应诉，更倾向于缴纳讹诈费，从而息事宁人。

在这种情况下，选择一家专利实力雄厚，有专门的知识产权部门，随时可应诉的国际品牌厂商就显得尤为重要。例如三星LED，可利用深厚的专利池为广大照明厂商在专利方面保驾护航，可利用三星电子集团强大的法务部门来震慑专利流氓。国际大品牌在应对专利纠纷时，一方面会对产品进行深入分析比对，列出与原告所主张的专利之间的差异，对于较难避免或难以解释清楚的地方，强大的知识产权团队可想办法否定原告所主张专利的有效性。因为任何国家对专利的要求都有基本的三个特性，即创造性、新颖性和实用性，其中新颖性是常常不易满足的条件。只要在专利申请日之前，有公开的文献、其他专利以及展会等出现过专利主张的保护点，则该专利部分甚至全部失效。虽然专利申请时有审查员审查专利的新颖性，但审查员往往负责很多个产业领域，专利和文献查找的数量也比较有限，很难百分之百确保专利的新颖性。而三星LED的法务部门和技术部门可组建临时工作组，分工明确地去查找用于否定专利新颖性的证据，当然这类工作的工作量是很大的，付出的人力成本是很大的，并且对原告的专利进行有效性否定，也需要付知识产权律师费。可以说，专利战往往是国际大品牌之间最不愿意发生的，因为无论输赢，成本都很高，除非标的物价值巨大，或有必胜的把握，否则都会有一定程度的投鼠忌器。由于全球范围内日本对专利的要求最严格，三星LED在日本的一些基础专利的专利号读者可进前言中提到的QQ群文件中下载，有兴趣的读者可按照专利号搜索相应的专利内容进行研习。三星近些年非常注重知识产权资产的积累，已经连续数年美国专利获取量位居世界第二位，如图4-2所示。

4.1.2　品牌

在做照明工程项目或知名终端客户时，往往会有品牌要求。例如在道路照明项目的标书里面，常要求LED器件为国际品牌，有时甚至分为欧美品牌、韩系品牌、台系品牌和大陆品牌，使用不同品牌档次的产品可能会有不同的技术分。起初甲方往往担心LED器件的质量问题，故在标书中限定早期品质稳定的国际品牌，随着时间的推移，绝大部分厂商生产的LED器件都比较稳定，此时不同品牌档次最多只作为加分项，而非硬性要求。除了照明工程领域往往有品牌要求外，在B2C业务中，如果产品中采用了知名品牌的部件，往往也更能得到消费者的青睐。三星在品牌排行榜中排第5名（2020年），如图4-3所示。

三星LED为了帮助客户提升产品附加值，推出了"In-Brand"项目，即满足一定条件的情况下，使用三星LED的照明厂商可在自身产品的外包装上印刷三星特别设计的LOGO，如图4-4所示，目的是使工程终端或消费者可一目了然地知道该产品含有三星品牌的元器件，以三星品牌的影响力来提升用户的品牌接受度。其中第一列是通用照明的 LOGO，对年采购 LED 器件的金额有一定的要求，第二行和第三行的植物照明和节律照明产品，目前没有门槛，理论上只要使用三星 LED 有关 LED 器件，经过备案后即可使用这两个 LOGO。很多国际化 LED 器件厂商都有类似的品牌合作项目。

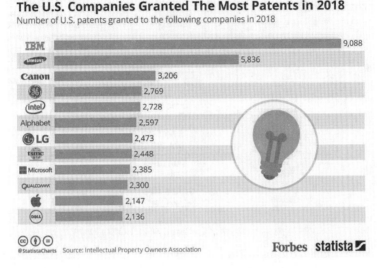

图 4-2 企业美国专利获取数量排名（2018 年）

4.1.3 性能和价格

此处的性能一般指光效，即 lm/W。单纯的考虑价格是没有意义的，通常考虑的性价比，即 lm/\$。对于同一个 LED 器件来说，在可承受的正向电流范围内，一般驱动电流越大，光效越低，但光通量越大，即性价比会提升。在考虑一个具体照明产品的 LED 器件选型时，要先定义好整灯的光通量和成本，并估计电源效率和光学效率，以及散热条件，即估计 LED 器件使用时的焊点温度 T_s。T_s 越高，同样驱动电流下的光通量越低，LED 器件的性价比越差。不过照明产品的热设计是存在矛盾的，如果增大散热面积，选用热导率大的传导材料，虽然会使 T_s 降低，但会增加灯具的结构成本，实际中往往需要折中到一个最

图 4-3 国际品牌排行榜（2020）

合适的配置，既能有效的控制 T_s，不使 LED 器件的性价比下降太多，又不显著地增加结构成本，有时这项工作是需要经验的。

下面以 18W 日光灯管为例，介绍 LED 器件的实际选择过程。设灯管的参数为总功率 18W，色温 5000K，显色指数 80，$T_s = 85℃$，整灯光效 130lm/W，电源效率 0.91，

光学效率 0.92，在已知的灯珠范围内选择一款性价比最高的。由灯管的参数要求，可计算出整灯热态光通量为 $18 \times 130 = 2340 \text{lm}$，考虑光学效率，LED 器件发出的总光通量应为 $2340/0.92 = 2543 \text{lm}$，LED 器件在 $T_s = 85 \text{℃}$ 的光效应为 $130/0.91/0.92 = 155 \text{lm/W}$。

	应用	Logo	产品范围
照明	通用照明	SAMSUNG LED Illuminated	通用照明LEDs 3030,5630,2835,3535,5050,COB,CSP, Filament, etc
	特殊照明	SAMSUNG HORTICULTURE LED Illuminated	植物照明LEDs LM301H, LM301H ONE,LM1561H,LH351H-B/C/D
		SAMSUNG HUMAN CENTRIC LED Illuminated	节律照明LEDs LM302N DAY,LM302N NITE
	智能照明	SAMSUNG IoT Module丨ITM	ITM
背光&汽车	头灯	SAMSUNG PixCell LED	PixCell LED
	显示屏	SAMSUNG Mini LED丨Grid	Mini LED
	显示屏	SAMSUNG Micro LED丨Dot	Micro LED

图 4-4 三星 "In-Brand 项目 LOGO"

为简单起见，假设在三星 LED 的如下三款灯珠做选择，三款灯珠在 5000K、80 显指条件下的性能和价格见表 4-1。

表 4-1 备选的三款灯珠的性能和价格

序号	型号	亮度档	电压挡	分 Bin 电流	光通量/lm	单价/$
A	LM281B+	SE	A2(2.9-3.0)	150mA	69.0-73.0	0.005
B	LM281B+	SG	A2(2.9-3.0)	150mA	73.0-77.0	0.008
C	LM301B	SL	AZ(2.7-2.8)	65mA	38.0-40.0	0.045

利用三星 LED 的方案模拟工具 Circle-B(见前言 QQ 群文件附录 C3)，在第一个工作表内分别选择产品型号→色温→显指→正向电压→亮度档，并填入 T_s 和单价，如图 4-5 所示。

此时会自动生成不同驱动电流条件下的 lm/W、lm/$ 等数据，工作表右侧有三个绘图框架区域，可选择不同的横纵坐标变量。此处第一幅图横坐标选择 lm/$，纵坐标选择 lm/W，绘制出的三款 LED 器件的 lm/$ VS lm/W 变化曲线如图 4-6 所示。

一般 LED 选型时先卡光效，由图 4-6 知，对于 LED 器件 155lm/W 的要求来说，完全用不到 LM301B 产品，只要考虑 LM281B+ 的 SE 档或 SG 档就可以了。而由图 4-6 可知，在 LED 器件光效为 155lm/W 时，LM281B+ 的 SE 档具有更高的性价比，即 lm/S 比较大，大约在 10000lm/$ 左右。接下来在第二幅图横坐标选择驱动电流，纵坐标仍然选择光效，绘制出的三款 LED 器件的 If VS lm/W 变化曲线如图 4-7 所示。

由图 4-7 可知，要达到 155lm/W 的光效，选用 LM281B+ 的 SG 档可驱动到 137mA，而用 SE 挡，则需要降额至 107mA，要达到同样的光通量，选用 SE 挡，要多用一些灯珠，考虑到贴片成本，以及是否有足够的空间排布而可能导致的结构件成本上升，要根据实际情况具体分析。接下来在第三幅图横坐标选择功率，纵坐标仍然选择光效，绘制出的三款 LED 器件的 Power VS lm/W 变化曲线如图 4-8 所示。

Maker		Type		LED		ΣLES = 9.8 m㎡	
Samsung LED		Middle-Power		LM281B plus (SC SE)		2.8x3.5	
IF_sort. = 0.150 A		IF_max. = 0.160 A		Tj_sort. = 25 ℃		Tj_max. = 115 ℃	
CCT	CRI	Vf [V]		Flux [lm]		Price	# of LED
5000	80	A2 (2.9-3.0)		SE (69.0-73.0)		$ 0.005	1
Current [A]	Ts (℃)	TJ (℃)	V_F/LED (V)	ΣFlux [lm]	ΣPower [W]	Flux/Area [lm/LES]	Efficacy [Lm/W]	Lm/$
0.038	85	87.5	2.65	17.7	0.10	1.81	178.7	3548.8620
0.075	85	90.1	2.73	33.7	0.20	3.44	164.6	6749.0258
0.150	85	95.7	2.86	61.6	0.43	6.29	143.6	12319.8730
0.153	85	96.0	2.87	62.7	0.44	6.40	142.8	12546.8348
0.157	85	96.2	2.87	63.9	0.45	6.52	141.9	12772.3256
0.160	85	96.5	2.88	65.0	0.46	6.63	141.1	12996.3785

Maker		Type		LED		ΣLES = 9.8 m㎡	
Samsung LED		Middle-Power		LM281B plus (SG)		2.8x3.5	
IF_sort. = 0.150 A		IF_max. = 0.200 A		Tj_sort. = 25 ℃		Tj_max. = 115 ℃	
CCT	CRI	Vf [V]		Flux [lm]		Price	# of LED
5000	80	A2 (2.9-3.0)		SG (73.0-77.0)		$ 0.008	1
Current [A]	Ts (℃)	TJ (℃)	V_F/LED (V)	ΣFlux [lm]	ΣPower (W)	Flux/Area [lm/LES]	Efficacy (Lm/W)	Lm/$
0.038	85	87.4	2.58	17.8	0.10	1.82	184.0	2226.5956
0.075	85	90.0	2.69	34.6	0.20	3.53	171.5	4322.3253
0.150	85	95.7	2.86	65.1	0.43	6.64	151.8	8139.8235
0.167	85	97.1	2.90	71.4	0.48	7.29	147.8	8929.8781
0.183	85	98.5	2.94	77.6	0.54	7.92	143.8	9701.2471
0.200	85	100.0	3.00	83.6	0.60	8.53	139.6	10454.8640

Maker		Type		LED		ΣLES = 9 m㎡	
Samsung LED		Middle-Power		LM301B		3.0x3.0	
F_sort. = 0.065 A		IF_max. = 0.200 A		Tj_sort. = 25 ℃		Tj_max. = 125 ℃	
CCT	CRI	Vf [V]		Flux [lm]		Price	# of LED
5000	80	AZ (2.7-2.8)		SL (38-40)		$ 0.045	1
Current [A]	Ts (℃)	TJ (℃)	V_F/LED (V)	ΣFlux [lm]	ΣPower (W)	Flux/Area [lm/LES]	Efficacy (Lm/W)	Lm/$
0.016	85	85.3	2.55	9.4	0.04	1.04	226.2	208.2015
0.033	85	85.6	2.59	18.6	0.08	2.07	221.2	414.0079
0.065	85	86.3	2.66	36.6	0.17	4.07	211.9	813.5869
0.110	85	87.2	2.72	60.4	0.30	6.72	201.9	1343.0227
0.155	85	88.2	2.77	83.2	0.43	9.24	193.8	1848.8312
0.200	85	89.2	2.82	105.1	0.56	11.68	186.3	2335.4178

图 4-5　三星 LED 的方案模拟工具

由于正向电压也是随正向电流变化的，所以紧靠第二幅图并不能推算出需要多用多少颗 SE 挡的灯珠，由图 4-8 中的功率可知，达到同样的功率，大约需要多用 30％ 的灯珠。选择好灯珠后，即可用第二个工作表来具体模拟需要多少颗灯珠。同样依次填选产品型号→色温→显指→正向电压→亮度档以及 T_s 和单价，调整正向电流的大小以使光效部分为目标值155lm/W，根据1颗灯珠的光通量46.2lm，计算大致需要的颗数2543/46.2≈55颗，输入55颗检查结果，光源总成本为＄0.28，如图4-9所示。

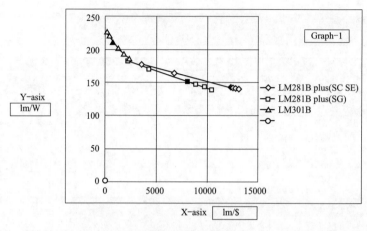

图 4-6　第一幅图

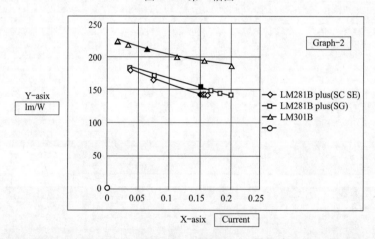

图 4-7　第二幅图

再考虑灯珠在 PCB 上的串并关系，可以 11 串 5 并，或多加一颗灯珠，变成 56 颗，考虑 8 串 7 并，如何设计串并，是有一定讲究的，后文会举一个由于串并方案不同而可能造成分流不均的例子。同样操作过程，也可模拟一下用 SG 挡的方案，结果需要 42 额或 43 颗，光源总成本 ＄0.34，SG 挡的方案如图 4-10 所示，确实比 SE 挡的方案性价比差。实际选型时，一般通过第一个工作表可选出最具性价比的灯珠，就不用在第二个工作表再模拟其他灯珠的方案了。当然如果还需要考虑其他因素，例如光源面积 LES，那可能还是需要在几种 LED 器件范围内都进行方案细致模拟。

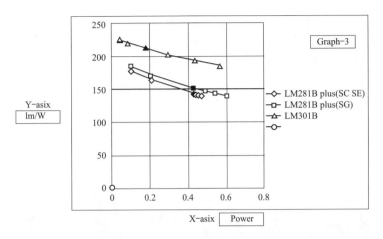

图 4-8　第三幅图

Product	LM281B plus (SC SE)		Vf [V]		A2 (2.9-3.0)		Vf Correlation		100.0%	Electrical efficiency		100.0%	Sorting I
Rank (Sellect)	CCT	CRI	Flux [lm]		SE (69.0-73.0)		Flux Correlation		100.0%	Optical efficiency		100.0%	Sorting T
	5000	80	SPMWH1228FD5		LED performances @mean/flux_rank					Estimations of system			
Input Condition	Current [A]	# of LED	Ts [℃]	Ta [℃]	VF [V]	Flux [lm]	$ /100lm	Tj [℃]	ΣFlux [lm]	ΣPower [W]	Efficacy [Lm/W]	ΣLES [mm]	Σcost [$]
											LED cost		$ 0.005
CASE - A 1	0.107	55	85		2.79	46.2	0.011	92.5	2542	16.4	155.0	539.0	0.28
2													
3													
4													
5													
6													

图 4-9　LM281B＋SE 档方案

Product	LM281B plus (SG)		Vf [V]		A2 (2.9-3.0)		Vf Correlation		100.0%	Electrical efficiency		100.0%	Sorting I
Rank (Sellect)	CCT	CRI	Flux [lm]		SG (73.0-77.0)		Flux Correlation		100.0%	Optical efficiency		100.0%	Sorting Tem
	5000	80	SPMWH1228FD5		LED performances @mean/flux_rank					Estimations of system			
Input Condition	Current [A]	# of LED	Ts [℃]	Ta (℃)	VF [V]	Flux [lm]	$ /100lm	Tj [℃]	ΣFlux [lm]	ΣPower [W]	Efficacy [Lm/W]	ΣLES [mm]	Σcost ($)
											LED cost		$ 0.008
CASE - B 1	0.137	43	85		2.83	60.1	0.013	94.7	2583	16.7	155.0	421.4	0.34
2													
3													
4													
5													
6													

图 4-10　LM281B＋SG 挡方案

　　模拟时也可将电学效率和光学效率直接填写在第二个工作表，即可得基于整灯参数的方案，同时还可根据正向电压分布和光通量分布在工作表内进行修正，如图 4-11 所示。由图 4-11 可见模拟结果与目标基本一致，整灯热态光效 130lm/W，总功率约 18W。

　　照明厂商可参照 Circle-B 自行开发类似的数据库，将包括三星 LED 在内的尽量多品牌的 LED 器件进行基础数据测试，并将数据和价格信息纳入产品开发资料数据库，在产品开发人员有新的项目开发时，可根据此数据库迅速做出基于 LED 性能和性价比的选型。按照以上步骤模拟出来的方案，有可能不能满足最终的产品要求，而要将此作为初步方案，向相应的 LED 器件厂商申请样品进行方案实测，以验证此前估计的电源效率、光学效率、T_s 等参数是否准确，以及 LED 器件的亮度数据是否足够准确。LED 器件的亮度挡往往对应的是一个光通量范围，有一定高的波动性。新产品开发时，工程师应向 LED 器件厂商要求最近几个月的实际亮度分布和正向电压分布，根据串并模型计算整灯最终的光通量和功率的波动性，看是否满足终端客户以及有关认证法规对照明产品整灯的波动性要求。例如能源之星对 LED 球泡灯光通量的要求是不能低于标称值的 95%，即负波动不能超出 5%，例如 800lm 的球泡灯，光通量下限为 $800 \times 0.95 = 760$lm。

Product	LM231B plus (SC SE)		Vf [V]		A2 (2.9-3.0)		V_f Correlation	100.0%	Electrical efficiency	91.0%	Sorting I
Rank (Sellect)	CCT	CRI	Flux [lm]		SE (69.0-73.0)		Flux Correlation	100.0%	Optical efficiency	92.0%	Sorting T
	5000	80	SPMWH1228FD5		LED performances @mean/flux_rank				Estimations of system		
Input Condition	Current [A]	# of LED	Ts [℃]	Ta [℃]	V_f [V]	Flux [lm]	\$ /100lm	T_j [℃]	ΣFlux [lm]	ΣPower [W]	Efficacy [Lm/W]	ΣLES [㎟]	Σcost [\$]
												LED cost	\$ 0.005
CASE - A 1	0.106	56	85		2.79	45.8	0.011	92.4	2362	18.2	130.0	548.8	0.28
2													
3													
4													
5													
6													

图 4-11 基于整灯参数要求的方案

4.1.4 可靠性

实际的照明产品，尤其是 B2B 的产品，即所谓的工程项目用灯，往往都有一定的可靠性要求。例如 DCL 认证对于灯具产品的光衰寿命，就有明确的要求。对于标准版，要求 $L_{70} > 54000$h；对于高阶版，除此要求外，还额外要求 $L_{90} > 36000$h。关于 LED 器件的光衰寿命，已在 3.2 节做了详细介绍，按照产品的要求根据该节的计算方法计算即可。对于不同的驱动电流，LED 器件的光衰寿命往往是不同的，而不同的驱动电流，又对应了不同的光效，所以可把光效-寿命绘制到同一副图里，类似选择合适的 lm/\$ 一样，在给定高的光效下，选择合适的光衰寿命对应的 LED 器件。例如设计 120W 路灯、色温 5000K、显色指数 70，先考虑 25℃ 的情形，电源效率 0.9，光学效率 0.9，则可绘制出如图 4-12 所示的 lm/W-lm/\$ 图。

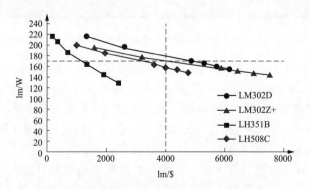

图 4-12 120W 路灯选型光效性价比图

　　由图 4-12 可知，当整灯光效要求 170lm/W 时，LED 器件 LM302D 的性价比是最好的，此时如果需要考察寿命要求，则可根据 LED 器件的 LM80 数据计算与之对应的 lm/W VS 寿命图。

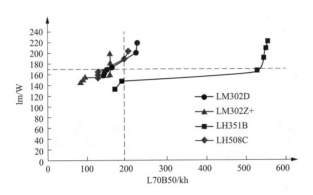

图 4-13　120W 路灯选型光效寿命图

　　由图 4-13 可知，如果整灯的光衰寿命 $L_{70}B_{50}$ 要求在 250kh 以内，则选用 LED 器件 LM302D 是可以的，但如果要求更长的寿命，例如 300kh 以上，甚至 500kh 以上，则只能选用 LH351B 器件。

　　对于开关寿命要求，相对于光衰寿命要求要少一些，不过由于开关失效属于突变型失效，相比于渐变型失效的光衰，其后果更为严重。轻则一串灯珠不亮，重则整灯不亮。北美市场常要求光衰寿命和忽略开关寿命，但欧洲市场有时则更注重开关寿命，例如在 ERP 认证中，要求失效前开关次数不小于 15000 次（额定寿命 30000h）或不小于额定寿命以小时计算的二分之一，早期失效率不大于 5.0％（正常点亮 1000h）。所以在产品设计时，还是应重视开关寿命，确定一个合理的开关寿命，可使经济效益最大化。开关寿命的计算方法已在 3.2 节详细介绍，此处不再赘述。设计一款新的产品时，当根据性能和性价比，以及光衰寿命选定了一款或几款 LED 器件时，可根据 LED 器件规格书的 Reliability 这一页所记录的 Thermal Cycle 次数和温度上下限来计算开关寿命，通常这个 LED 器件的这个参数为 100、200、300 次或 500 次几个挡位，测试温度上下限一般为 -45～+125℃ 或 -40～+100℃ 两种条件，前者更严苛，通常对应更大的加速系数。例如三星 LED 的 3030 产品 LM302Z＋，其测试温度和循环次数如图 4-14 所示。

　　如果灯具的工作环境条件为关灯时 25℃，开灯时 55℃，即温差 30℃，取形状系数 2.7，则根据 3.3 节方法可计算出用 LM302Z＋制作的灯具其开关寿命约为 54000 次，通常可满足 ERP 的开关寿命要求。

　　其他可靠性要求，主要是耐候性。在 3.4 节已介绍过 LED 器件的抗硫化、抗氨气以及高温高湿等测试，这些耐候性加速试验往往没有行业认可的加速计算方法，例如已知某个高浓度 H_2S 条件下光衰 10％的时间，无法准确推知某个特定低浓度 H_2S 条件光衰 10％的时间，只能在不同 LED 器件种类之间进行统一条件下的测试比较，从而选出耐候性最好或较好的 LED 器件。对于应用于石油化工企业、炼钢厂环境，以及植物照明、禽畜照明等特种照明，需要特别考虑 LED 器件的耐候性，必要时，应在同一条件下比较的基础上，制作样灯，进行实地挂灯实验，条件不允许时，对于第一代产品，优先选择耐候性最高的产品，同时逐渐降低耐候性来摸索最合适的耐候性水平，以便在第二代产品时降低整灯成本。通常倒装产品的耐候性好于正装产品，陶瓷基板产品好于镀银的塑料支架产品，增加外表耐候涂层的产品好于未加任何防护的产品，以抗硫化能力为例，如图 4-15 所示。

<table>
<tr><td colspan="4">5. Reliability Test Items & Conditions</td></tr>
<tr><td colspan="4">a) Test Items</td></tr>
<tr><td>Test Item</td><td>Test Condition</td><td>Test Hour/Cycle</td><td>Sample No.</td></tr>
<tr><td>High Temperature Life Test</td><td>85 °C, DC 200 mA</td><td>1000 h</td><td>22</td></tr>
<tr><td>High Temperature Humidity Life Test</td><td>60 °C, 90 % RH, DC 200 mA</td><td>1000 h</td><td>22</td></tr>
<tr><td>Low Temperature Life Test</td><td>−40 °C, DC 200 mA</td><td>1000 h</td><td>22</td></tr>
<tr><td>Thermal Cycle</td><td>−45 °C / 15 min ↔ 125 °C / 15 min → Hot plate 180 °C</td><td>500 cycles</td><td>100</td></tr>
<tr><td>High Temperature Storage</td><td>120 °C</td><td>1000 h</td><td>11</td></tr>
<tr><td>Low Temperature Storage</td><td>−40 °C</td><td>1000 h</td><td>11</td></tr>
</table>

图 4-14　LM302Z＋的温度循环条件和次数

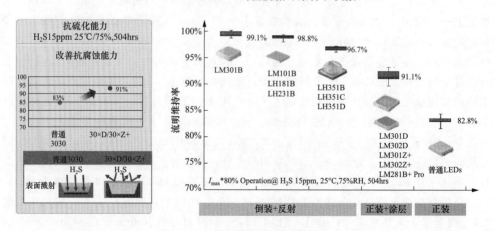

图 4-15　LED 器件的抗硫化能力

4.1.5　特殊要求

对于一些特殊照明的产品，或应用在特殊场合的照明产品，有时会有一些特殊的要求。例如有要求 95＋显色指数的，比如用在美术馆、博物馆等场合；有要求高 TLCI 的，比如用在可能会高清直播体育赛事的体育馆或体育场；有要求 S/P Ratio 高的，也有要求 M/P Ratio 高的；有要求专用于超市照蔬菜、照水果，以及照生肉和腊肉的；还有要求色品坐标低于黑体曲线的，等。这些特殊要求大部分本质上是对光谱的不同需求。随着芯片技术和荧光粉技术的进步，很多原来不能实现的光谱，现在技术上都可以实现了，并且光效牺牲较小，成本上升幅度也不大，这就是近年流行的所谓的光谱工程（Spectrum Engineering）。例如应用窄带红光荧光粉，减少对显指几乎没有贡献的长波红光，进而减少斯托克斯效应，可以减少将显色指数从 80 提升至 90 的光效损失，如图 4-16 所示。

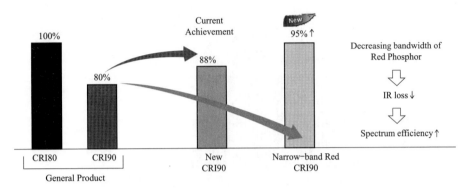

图 4-16　减少将显色指数从 80 提升至 90 的光效损失

本章接下来的内容会结合实际应用，陆续介绍一些特殊要求以及相应的 LED 选型。

4.2　光源产品 LED 选型

常见的 LED 光源产品有球泡灯、灯管、MR16、GU10、PAR 灯、玉米灯以及灯丝灯等。普通的 LED 光源按照 4.1 节介绍的原则和方法进行 LED 选型即可，如果是有特殊功能或特殊要求的 LED 光源产品，则要利用前几章介绍的内容，进行综合模拟和评估，以选择合适的 LED 器件。本节介绍 LED 灯管对总光通量有范围要求的选型计算，智能球泡灯有色域要求的选型计算，以及光生物安全（蓝光危害）的要求。

4.2.1　LED 灯管

LED 灯管的特点是一般采用的 LED 器件数量较多，例如 4ft 长度的高光效 LED 灯管一般用 200 颗以上，光效要求不高的也要用到 60 颗以上，如果颗数再少，则出光不均匀，光源表面会有明显的颗粒感。由于 LED 器件的光通量存在一定的分布，如图 4-17 所示。

由图 4-17 可看出，LED 器件的光通量近似服从正态分布。但由于 LED 器件的光通量一般是有上下限的，所以往往是截尾正态分布。

正向电压也存在一定的分布，往往也近似服从正态分布，如图 4-18 所示。由于 LED 器件的正向电压一般也是有上下限的，所以往往也是截尾正态分布。

由于 LED 灯管存在一定的串并拓扑结构，从而有可能由于 LED 器件正向电压不同而造成分流不均，进而造成额外的光通量不均匀。这种不均匀不仅会造成光源表面亮暗不均，更严重的时候可能会造成 LED 灯管整灯光通量存在较大的离散性，甚至有较大概率发生整灯光通量低于产品额定光通量下限的情况。下面先考虑一种 LED 器件的简单模型，然后针对上述两个潜在问题，分别进行模拟计算，以下讨论忽略温度分布差异的影响，仅限于考虑瞬态情况。

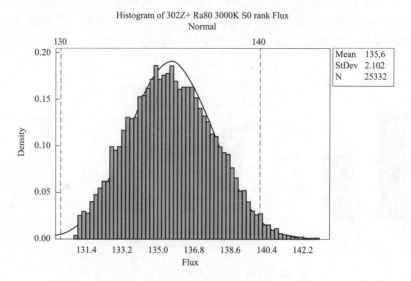

图 4-17　LED 器件的光通量分布

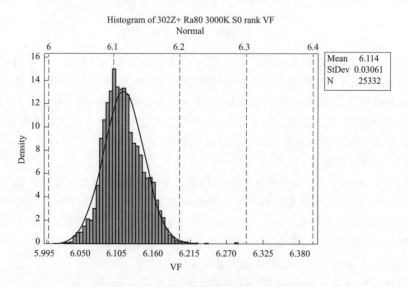

图 4-18　LED 器件的正向电压分布

　　在 2.1 节，推导了二极管方程，即理想二极管的 $U\text{-}I$ 特性，正偏情况见式（2-65）。实际的 LED，由于正向压降不仅来自二极管芯片，还与体电阻以及电极部分的欧姆接触有关，故实际 LED 的 $U\text{-}I$ 特性并不是严格的指数关系。例如三星 LED 的 3030 产品 LM301D，其在 25℃时的 $U\text{-}I$ 特性曲线如图 4-19 所示。

用前言 QQ 群文件附录 C3 所示的三星
LED 模拟工具进行计算，针对 LM301D 的三个
电压挡 AY、AZ 和 A1，可得出如图 4-20 所示
的三条 *U-I* 特性曲线，可见它们是平行曲线族。

容易验证，这族曲线并不符合简单的指数
（对数）曲线，原因主要就是在小电流情况下，
PN 结的结电压占主导地位，而当电流上升时，
体电阻及欧姆接触的压降贡献占比越来越大，
所以要精确地从理论上描述实际 LED 的 *U-I*

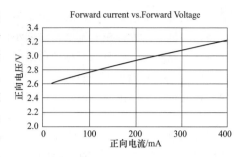

图 4-19　LM301D 的典型 *U-I* 特性曲线

特性是比较困难的，一般可采用唯象的方法来近似建模和计算。对上述 LM301D 的 *U-I*
特性曲线利用 Excel 的趋势线拟合工具给出近似拟合公式。由图 4-20 可看出，在很大
的正向电流范围内，电流与电压的关系虽然是非线性的，但几乎可用线性关系替代，斜
率约为 0.0020。利用在 65mA 分 Bin 条件下 AZ 电压挡的平均正向电压为 2.72V 的条件
来确定唯象模型的模型参数，经计算可得到如下模型

$$U = 0.0020I + 2.590 \tag{4-1}$$

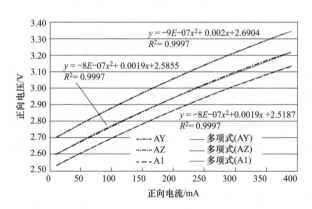

图 4-20　LM301D 不同 V_f 挡的 *U-I* 特性曲线

不同的初始正向电压，意味着式（4-1）的第二项不同，但模型认为第一项斜率对
LM301D 来说是一样的。在实际 LED 灯管的设计和应用中，如果灯管为单一色温，只
具有调光功能，而无调色功能，则由于雾化的灯管外罩的存在，即使灯珠存在一定的亮
度分布不均匀，也会通过混光而达到较为均匀的效果。但是在用两种色温的灯珠进行调
光、调色的产品设计时，由于色温对比度较亮度对比度更大，所以很容易出现混光不均
的情况，使灯管或其他调色产品呈现色度和亮度的明显视差，降低产品品质。有时，为
了最大化光效，不同的色温会采取不同峰值波长的芯片来匹配不同的荧光粉，此时在小
电流条件下，不同色温的 LED 可能体现出不同的 U_f 变化形式，因为此时 LED 器件的
U_f 主要是由本征区的压降主导，而本征区的压降与禁带宽度密切相关，不同的峰值波
长意味着禁带宽度不同。此时，某些只具有调光功能，但也存在两种或以上色温的产

品，可能会出现色温不稳定的情况。为了保证在整个调光过程中保持色温稳定，需要进行特别的设计，使得在电流增大或减小时，不同色温的 LED 器件所得到的驱动电流等比例增大或减小，从而保证每种色温的含量比例是固定的。为了简化计算，假设 3000K 色温的 LM301D 器件 U_f 按照式 (4-1) 变化，而 5000K 色温 LM301D 器件的 U_f 按照式 (4-2) 变化，这样在分 Bin 电流 65mA 时，二者的 U_f 都是 2.72V。

$$U = 0.0018I + 2.603 \qquad (4\text{-}2)$$

以下以 16 颗 LED 的 PCB 为例，3000K 和 5000K 各 8 颗，计算如图 4-21 所示的四种串并情况下，不同色温的 LED 器件的亮度均匀性，计算结果也适用于其他类似的光源或灯具产品。由于 LED 器件是在特定电流下对亮度进行分 Bin 的，例如 LM301D 是在 65mA 条件下分 Bin 的，所以在一定程度上，驱动电流的大小就代表了亮度的大小，所以在不同色温 LED 器件颗数相同的情况下，可用各自分流到的总电流来表征亮度大小，假定不同色温 LED 器件在不同电流驱动下光谱是固定的（实际上并不是固定的，光谱会随驱动电流变化而变化），此时不同色温分到总电流的比例就代表了色温的成分比例。假设 LED 器件各自在 65mA 时 U_f 的分布都为均值 2.72V，方差 0.05V 的双侧截尾正态分布，即由于分选工艺的存在，使得 LED 器件的 U_f 都限制在 AZ 电压挡（2.67～2.77V）

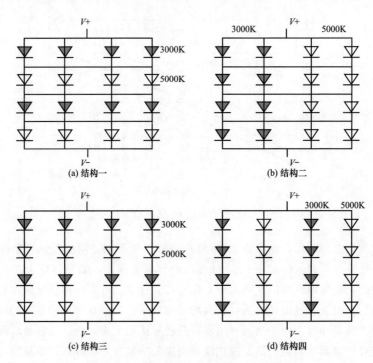

图 4-21　四种不同的 LED 器件串并结构

　　据此假定，考虑平均驱动电流从 65mA 上升至 100mA 时，计算 3000K 含量和 5000K 含量的比例变化。对于图 4-21(a) 的情形，LED 器件可视为先 4 并，然后再 4 串，其满足的电流电压关系方程为

$$
\begin{cases}
I_1 + I_2 + I_3 + I_4 = I \\
I_5 + I_6 + I_7 + I_8 = I \\
I_9 + I_{10} + I_{11} + I_{12} = I \\
I_{13} + I_{14} + I_{15} + I_{16} = I \\
U_1 = 0.0020I_1 + U_1(0) \\
\quad\quad\quad \vdots \\
U_1 = 0.0020I_4 + U_4(0) \\
U_2 = 0.0020I_5 + U_5(0) \\
\quad\quad\quad \vdots \\
U_2 = 0.0020I_8 + U_8(0) \\
U_3 = 0.0018I_9 + U_9(0) \\
\quad\quad\quad \vdots \\
U_3 = 0.0018I_{12} + U_{12}(0) \\
U_4 = 0.0018I_{13} + U_{13}(0) \\
\quad\quad\quad \vdots \\
U_4 = 0.0018I_{16} + U_{16}(0)
\end{cases}
\tag{4-3}
$$

式中：I_i 为每个 LED 器件的电流；I 为总输入电流，在此处为 260mA 或 400mA；U_i 为每一并的电压；$U_i(0)$ 为根据 LED 器件的分 Bin 条件下的 U_f 值以及式（4-1）或式（4-2）确定的电流为零时的常数项电压。易知，式（4-3）中共 20 个未知参数，同时有 20 个方程，一般来说有唯一解。需要注意的是：为了后续程序计算方便，式（4-3）中的未知参数并未按照图 4-21(a) 所示的串并顺序进行排列，而是把 3000K 色温对应的参数置为前 8 个，而 5000K 色温对应的参数置为后 8 个，这样处理对于结果是没有影响的。进行同样的假设和分析，可得出串并方式图 4-21(b)、(c)、(d) 满足的方程分别为

$$
\begin{cases}
I_1 + I_5 + I_9 + I_{13} = I \\
\quad\quad\quad \vdots \\
I_4 + I_8 + I_{12} + I_{16} = I \\
U_1 = 0.0020I_1 + U_1(0) \\
\quad\quad\quad \vdots \\
U_1 = 0.0018I_{10} + U_{10}(0) \\
\quad\quad\quad \vdots \\
U_4 = 0.0018I_{16} + U_{16}(0)
\end{cases}
\tag{4-4}
$$

$$
\begin{cases}
U_1 + U_5 + U_9 + U_{13} = U \\
\quad\quad\quad \vdots \\
U_4 + U_8 + U_{12} + U_{16} = U \\
U_1 = 0.0020I_{t1} + U_1(0) \\
\quad\quad\quad \vdots \\
U_{16} = 0.0018I_{t4} + U_{16}(0) \\
I_{t1} + I_{t2} + I_{t3} + I_{t4} = I
\end{cases}
\tag{4-5}
$$

注意式（4-5）中主要采用的是每个 LED 器件的电压变量，式中共 21 个未知数，共 21 个方程

$$
\begin{cases}
U_1 + U_2 + U_3 + U_4 = U \\
\quad\quad\quad \vdots \\
U_{13} + U_{14} + U_{15} + U_{16} = U \\
U_1 = 0.0020 I_{t1} + U_1(0) \\
\quad\quad\quad \vdots \\
U_{16} = 0.0018 I_{t4} + U_{16}(0) \\
I_{t1} + I_{t2} + I_{t3} + I_{t4} = I
\end{cases}
\tag{4-6}
$$

对于情形图 4-21(a)、(c)，由灯珠串并关系易知无论驱动电流是 65mA 还是升至 100mA，3000K 和 5000K 灯珠各自流过的总电流占比均为 50%，故在亮度与正向电流成正比的假设下，二者没有显著差异，但是电流均匀性会有些差异。下面用 Python 程序 4.2.1 求图 4-21(b)、(d) 两种串并情形下的电流占比问题，程序流程图如图 4-22 所示。由计算结果可看出，大部分情况下，3000K 比例会有所下降，故对于只调光不调色的情形，应尽量选用图 4-21(a)、(c) 两种串并拓扑结构。

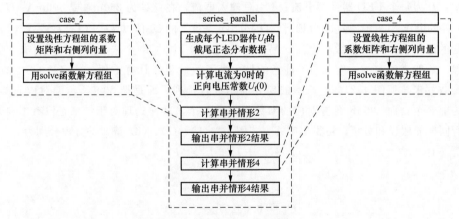

图 4-22　程序 4.2.1 的流程图

4.2.2　LED 球泡灯

普通 LED 球泡灯的选型比较成熟，根据出口目的地的不同，考虑响应的法规要求即可。此处举一个今年比较流行的智能球泡灯例子。所谓智能球泡灯，以 Signify 的 Hue 为代表的，一般是用 RGB 的 LED 以及白光 LED 组合在一起，实现不同场景下的多色彩调节，例如根据音乐频率和节奏自动变色的产品。

最简单的智能球泡灯是基于 RGB 三色的，由三个色点构成的一个三角形色域，智能球泡可调整得到的全部色点就包括在这个三角形当中。例如某智能球泡灯产品，为了降低成本，考虑将原有基于芯片单色 RGB 改为 PC＿RGB(荧光粉控制的 RGB)，由于 PC＿RGB 的光谱半峰宽比芯片单色 RGB 的要宽，所以其色饱和度要差一些，这意味着

PC＿RGB 的色点更靠近白点，如图 4-23 示例。

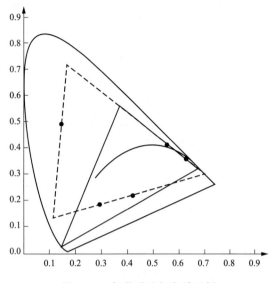

图 4-23　智能球泡灯色域示例

　　图 4-23 中较大的三角形是原有单色 RGB 方案的色域，较小的三角形是变更为 PC＿RGB 的色域。原有方案的 RGB 色点及预先设定的 5 个可调色点位置见表 4-2。

表 4-2 　　　　　　　　RGB 色点及预先设定的 5 个可调色点位置

颜色	X	Y	颜色	X	Y
Red 032C	0.6966	0.3018	804C	0.6243	0.3580
Green 7481C	0.1703	0.7094	115C	0.5536	0.4128
Blue 3005C	0.1155	0.1350	232C	0.4197	0.2207
			3265C	0.1470	0.4886
			528C	0.2949	0.1847

　　5 个可调色点在图 4-23 中也有标出，可看出换成 PC＿RGB 的方案后，图 4-23 左上方的一个色点（3265C）就不能够实现了。所以为了最大程度地与原有产品保持一致，可考虑如下两种方案：①保持原有 5 个混合色点所在直线的比例位置，重新计算在新色域边界上对应的比例位置，并给出 RGB 的占空比来调谐；②在第一代产品 5 个混合色点在第二代产品色域对应边界上的最短距离对应的点。实现方案一的占空比见表 4-3。

表 4-3 　　　　　　　　　　实现方案一的占空比

颜色	R	G	B	x	y
Red 032C	1	0	0	0.6768	0.3199
Green 7481C	0	1	0	0.3644	0.5580

续表

颜色	R	G	B	x	y
Blue 3005C	0	0	1	0.1531	0.0265
804C	1	0.0677	0	0.6339	0.3526
115C	1	0.1585	0	0.5919	0.3846
232C	1	0	0.2	0.4270	0.1799
3265C	0	1	0.323	0.2831	0.3535
528C	1	0	0.493	0.3143	0.1168

此时 5 个色点对应位置如图 4-24 所示，

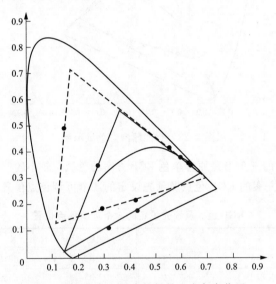

图 4-24　方案一对应的新的 5 个色点位置

实现方案二的占空比见表 4-4。

表 4-4　　　　　　　　　　　实现方案二的占空比

颜色	R	G	B	x	y
Red 032C	1	0	0	0.6768	0.3199
Green 7481C	0	1	0	0.3644	0.5580
Blue 3005C	0	0	1	0.1531	0.0265
804C	1	0.084	0	0.6252	0.3592
115C	1	0.2746	0	0.5541	0.4134
232C	1	0	0.1826	0.4388	0.1865
3265C	0	1	0.1751	0.3109	0.4234
528C	1	0	0.4353	0.3285	0.1247

此时 5 个色点对应位置如图 4-25 所示，

上述示例原本方案用的是三星 LED 的 LM353L，是芯片单色 RGB 三合一的产品，但是成本较高。新方案用的是三星 LED 的 LM282L，是 6V 的 2835 产品，其中蓝光是芯片直接发光构成单色，所以从上述几张图也可看出，蓝色色点几乎是靠着马蹄形区域的边界。绿光和红光都是用蓝光芯片＋荧光粉的形式形成，饱和度略差。不过用此方案也有一些优点，除了成本较低外，驱动更方便，因为都是基于蓝光芯片的，对 LM282L 来说，都是 6V 的正向电压。而原有产品的红光部分的正向电压是 2V，与蓝绿光的正向电压不匹配。另外原有方案的红光的材料体系是 AlGaInP，而蓝绿光的材料体系是 InGaN，其冷热比是不

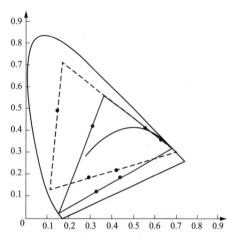

图 4-25　方案二对应的新的 5 个色点位置

同的，因此如果没有动态补偿，会造成混合色点不稳定，即冷态和热态的色点差异较大。而基于荧光粉的方案，由于芯片都是蓝光芯片，都是 InGaN 材料体系，冷热比是一致的，有利于混合色点的稳定。

上述方案的计算利用了 Python 程序 4.2.2，其流程图如图 4-26 所示。读者可根据自己实际的产品应用，修改这个程序进行需要的模拟计算。

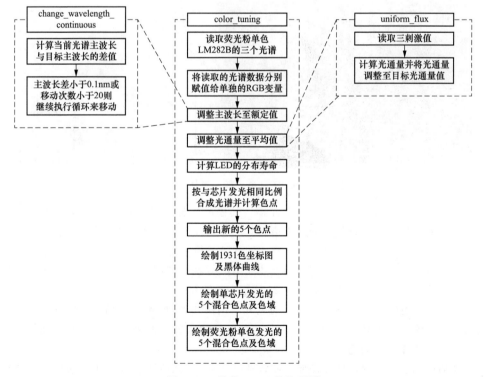

图 4-26　程序 4.2.2 的流程图

4.3　室内灯具 LED 选型

常见的 LED 室内灯具产品有平板灯、吸顶灯、支架灯、筒灯、射灯、台灯、壁灯、镜前灯、高棚灯、三防灯等。普通的 LED 室内灯具按照 4.1 节介绍的原则和方法进行 LED 选型即可。如果是有特殊功能或特殊要求的 LED 光源产品，则要利用前几章介绍的内容，进行综合模拟和评估，以选择合适的 LED 器件。LED 室内灯具对 LED 器件的可靠性要求往往没有户外产品高，但有些场合对 LED 器件的开关寿命和抗有害气体能力有一定的要求，灯具的防护等级要求一般在 IP42 左右。本节介绍商业照明对 LED 器件的常见要求和选型以及室内照明有关标准对 LED 器件的要求。

4.3.1　商业照明

商业照明往往对 LED 灯具的光品质要求较高，而其中的光谱品质部分，通常需要在 LED 器件层次解决。例如一个大型超市的照明，在衣物照明部分，一般应采用色点位于黑体曲线之下的光谱，这样可实现更大的色域，使得衣物看起来更鲜艳，例如三星 LED 的 Vivid Color 系列，如图 4-27 所示。

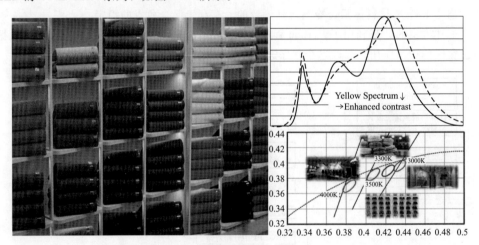

图 4-27　三星 *LED* 色点低于黑体曲线的 LED

图 4-27 中的虚线是普通 LED 的光谱，其色品坐标非常接近黑体曲线，而图 4-27 中实线为通过光谱工程技术调制的光谱，其色品坐标位于黑体曲线之下，去除了较多的黄绿光成分，使得颜色对比度更强，衣物的颜色显得更鲜艳。

但是对于纯白色的衣物，如果用上述光谱照射就不是很合适，照射出来的效果是白色并不十分白。此时应选用类似图 4-28 增强白色光谱。

对于纯白色的感觉，不需要夸张的色彩，用图 4-28 所示的光谱，可实现时尚生动的白色，能给它所照亮的白色织物带来干净亮丽的印象。如果想让裙子和套装闪耀光芒，那就应选择流行的亮白色。

在超市的生鲜部分，往往需要一些特殊的光谱。例如照肉食的灯具，就需要突出肉品新鲜红润，典型的照肉光谱如图 4-29 所示。

Fashion Vivid White
Sub BBL coordinates realized to accentuate white

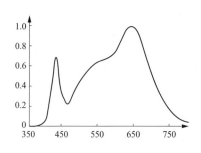

图 4-28　三星 LED 的增强白光谱

Meat
Red and White are highlighted

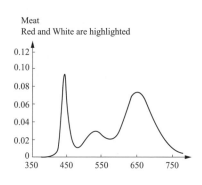

图 4-29　三星 LED 的照肉光谱

对于更精细的要求，甚至可将生肉和腊肉采用不同的光谱照射，来实现更精准的效果。对于照蔬菜水果等产品，又需要另外的光谱来实现，典型的照蔬果光谱如图 4-30 所示。

Vegetable
RGB primaries accentuated to demonstrate
various colors

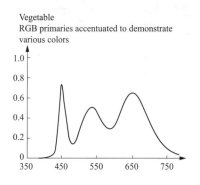

图 4-30　三星 LED 的照蔬果光谱

此外，对于照鱼、照熟食等均可选用专门的光谱来对应，其主要目的是突出该类商品的色泽，增加消费者的购买欲望。对于照射特殊商品所需要的光谱，一般无法从理论上来计算和导出，只能通过实际的人因试验，用统计的方法得出何种光谱是最能被消费

图 4-31 三星 LED 的人因试验现场

者所接受的。三星 LED 的以上示例光谱都是通过此类人因试验得出的，典型的光谱人因试验现场如图 4-31 所示。

其他一些商照场合，例如博物馆、美术馆等，往往对灯具的显色指数或色域色保真度有较高的要求，例如要求显色指数 90 以上。此时为了达到更好的照明效果，有条件的情况下可选用显色指数 95 以上的光谱，甚至显色指数 97 以上的全光谱产品。其中特殊显色指数 R_9 是一个重要指标，一般来说该数值会随着显色指数的提升而提升，如图 4-32 所示。

鲜艳色（Vivid Color）光谱，从 TM-30 角度看，往往对应较大的色域，而高显色指数对应的是较大的色保真度，一般高显色指数做不到很大的色域指数，如图 4-33 所示。

对于商业照明常使用的 COB 产品来说，近年来比较流行调光调色的 COB 产品，如图 4-34 所示。

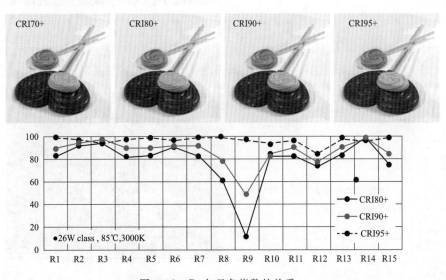

图 4-32 R_9 与显色指数的关系

此类产品选型时，一般需考虑如下内容：

（1）远场混光是否均匀。一个采用调光调色的 COB 灯具，例如射灯，由于光学部件有时会放大混光的不均匀性，所以要求 COB 自身的远场色度均匀性要高，否则照射到被照物上，容易出现颜色不一致，周边有黄圈等问题。此时选用倒装芯片＋荧光粉薄膜，整体再加带散射微粒（例如 TiO_2）的软硅胶，从而有充足的距离将不同色温的光充分混合。

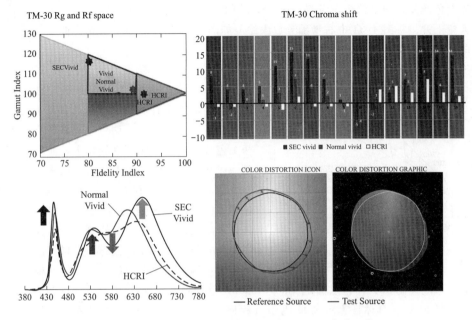

图 4-33　鲜艳色与高显色指数光谱及 TM30 参数比较

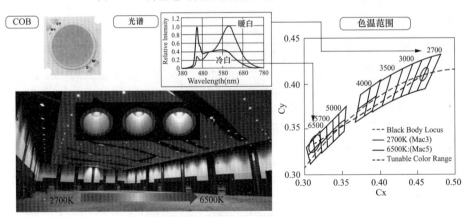

图 4-34　调光调色的 COB 产品

（2）为了混光均匀，往往 COB 芯片间距较小，通常考虑做成高密度产品，此时热比较集中。一般需要两种特殊设计来应对：①采用 AlN 陶瓷基板。氮化铝陶瓷基板的热导率在 $300W/(m \cdot K)$ 左右，比普通 Al_2O_3 陶瓷基板的热导率大 10 倍，而铝基板由于是导体，常有耐压不够的问题，且热导率也只有 $200W/(m \cdot K)$ 左右，并不适合做高密度 COB；②芯片用采用非均匀排布。为了保证 COB 内的所有芯片有较均匀的结温，从而获得较一致的光衰和色漂，一般芯片排布采用内圈稀疏，外圈稠密的方式，具体排布方案厂商会通过热模拟软件进行计算和试验实测。

（3）色容差的考虑。对于单色 COB，一般可选用 1～3SDCM 的产品了，但是对于调光调色产品，如果两个色温都控制 3SDCM 以内，则会使良率下降较多，造成产品成本大幅上升。将图 4-34 中右半部分放大绘制如图 4-35 所示，展示了调光曲线与黑体曲线的关系。

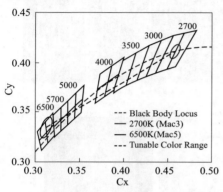

图 4-35　调光曲线与黑体曲线的关系

由图 4-35 可看出，如果选取 2700K 和 6500K 作为调光范围（这是最常见的调光范围，有些场合也有从 1800K 开始调光的要求）。由第 2 章的论述可知，调色色点将始终处于这两个色温色点的连线（直线）上，而黑体曲线是一条曲线，所以二者不能很好地重合。这可能会造成在 2700K 和 6500K 这两个色点满足色容差的要求，但是在调色过程中却不满足。具体需要根据产品色容差的要求，计算倒推调光调色 COB 产品应满足怎样的初始色点要求，才能满足调整过程中的色容差要求。根据实际经验，一般控制 2700K 色点满足 Mac3，6500K 色点满足 Mac5，则可以保证调谐过程中始终满足 Mac5。具体计算示例如 Python 程序 4.3.1 所示，图 4-36 是程序流程图，计算结果如图 4-37 所示。

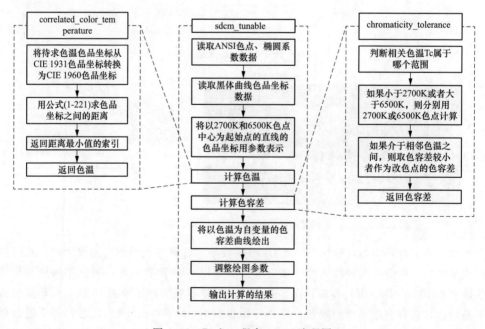

图 4-36　Python 程序 4.3.1 流程图

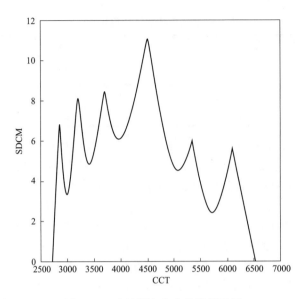

图 4-37　连续调色色容差计算示例

商业照明 LED，特别是常用的 COB 产品，除了上述选型考量外，有时还需要考虑 COB 的发光面大小，这个参数会影响灯具的发光角度，如果要实现很窄的光束角，就需要尽量小的发光面积，此时需要高密度 COB 产品，如图 4-38 所示。

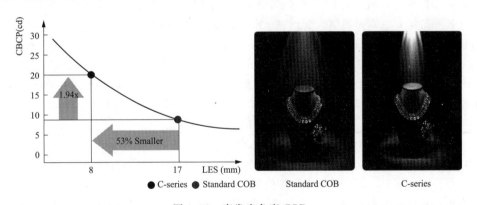

图 4-38　窄发光角度 COB

灯具的中心光强（CBCP，Center Beam Candle Power）是一个非常重要的参数，其与发光面大小的关系如图 4-38 的左边图示。

4.3.2　GB 50034

建筑照明设计标准 GB 50034 目前的版本是 2013 版，2021 版已经报批，预计 2021 下半年开始执行。以下就该标准 2013 版内有关 LED 器件的潜在要求做简单介绍。

GB 50034 标准 4.4 节对光源颜色做了要求，具体为室内照明对不同场所宜选用不同的色温，具体见表 4-5。

表 4-5   光源色表特征及适用场所

相关色温/K	色表特征	适用场所
<3300	暖	客房、卧室、病房、酒吧
3300～5300	中间	办公室、教室、阅览室、商场、诊室、检验室、实验室、控制室、机加工车间、仪表装配
>5300	冷	热加工车间、高照度场所

对于大部分室内照明场所来说，要求光源的显色指数大于 80 且特殊显色指数 R_9 应大于零，同类光源的色容差不应大于 5 SDCM。LED 照明产品在寿命期内的 CIE 1976 色品坐标不应超过 0.007。此处色品漂移值指的是 $\Delta u'v'$，即在 CIE 1976 色品坐标系内漂移点与初始点的距离，其具体含义参见 1.2 节的介绍。在 GB 50034 的条文说明中，上述所谓的寿命周期并非根据 TM-21 计算出来的光衰报告值或计算值，而特指 6000h（原文表述为"目前寿命周期暂按照点燃 6000h 考核，随着半导体照明产品性能的不断发展或有所不同"），这样就直接可在 LED 器件对应驱动电流 LM80 报告内查看，但温度要向上靠，因为色漂目前没有成熟的温度插值模型，如图 4-39 所示。图 4-39 所示的三星 LED 的 LH351C 产品，由于该产品采用倒装芯片＋荧光粉薄膜结构，色度稳定性较好，6000h 色漂移量只有 0.0013，远小于标准的要求。

此外还要求 LED 灯具在不同方向上的色品坐标与其加权平均值偏差在 CIE 1976 色品坐标系内不超过 0.004。一般来说，COB 产品采用多颗芯片混光且荧光粉涂覆量较大，混光较均匀，同一个 COB 产品的空间色差很小。但是有些灯具的光学配件，例如反光杯和透镜，特别是透镜，会产生一定的色散作用，如果透镜材质不佳，结构设计不合理，则灯具可能出现照射边缘有黄圈的问题。但是对于 CSP 产品来说，空间色差，一般用颜色角度（COA，Color Over Angle）来描述，往往较大，尤其是五面发光的CSP，侧面和正面的荧光粉层内等效光程差较大，造成荧光粉对蓝光的转化率不同，从而常会发生侧面色温偏低的情况。此时，采用单面发光的 FEC（Fillet Enhanced CSP）结构，可有效改善空间色差，如图 4-40 所示。

对于美术室、博物馆等需要较强颜色辨识能力的场合，在 GB 50034—2013 中一般要求显色指数大于 90，没有采用 R_f、R_g 等较新的色彩还原能力表征参数。另外对于学校、办公室、超市、工厂等需要警醒的场合，也未要求报告节律照明参数。节律照明参数在美国建筑标准 Well 中，是有要求，特别是在 2020 年初发布的 V2 版本中，对黑视素照度有明确报告要求，如图 4-41 所示。

对于体院场馆照明，GB 50034—2013 没有对 TLCI 指数做要求，这个指数在最新的LED 体育照明应用技术要求 GB 38539—2020 中有具体要求，具体内容将在 4.4 节介绍。

4.3.3　IEC 62471 和 IEC 62778

对室内照明产品来说，往往对人眼的影响时间较长且有时照射距离较近（例如台灯的场合），此时光生物安全问题就较为重要，特别是近几年甚嚣尘上的蓝光危害问题，甚至有专家认为蓝光危害是造成青少年近视的重要原因之一。国际电工委员会的两份标准 IEC 62471 和 IEC 62778 是主要的评估光生物安全的标准，其都有对应的国内 GB 标准，本书以 IEC 标准为例来做简要介绍。

9.3 Test condition 3′   105 ℃
     Drive Curren   1 000 mA
     Measurement Current   1 000 mA

No.	u′	v′	Chromaticity Shift($\triangle$u′v′)						
	0 h		500 h	1 000 h	2 000 h	3 000 h	4 000 h	5 000 h	6 000 h
1	0.260 9	0.526 2	0.000 9	0.001 3	0.001 4	0.001 6	0.001 6	0.001 6	0.001 6
2	0.264 2	0.528 9	0.000 6	0.000 7	0.001 0	0.000 8	0.001 0	0.001 1	0.001 1
3	0.261 9	0.527 2	0.000 9	0.001 3	0.001 7	0.001 5	0.001 6	0.001 5	0.001 5
4	0.261 4	0.527 2	0.001 0	0.001 3	0.001 4	0.001 5	0.001 6	0.001 5	0.001 4
5	0.263 3	0.528 5	0.000 6	0.000 9	0.001 1	0.001 2	0.001 2	0.001 5	0.001 4
6	0.263 0	0.527 7	0.000 6	0.000 5	0.000 8	0.000 9	0.000 8	0.000 9	0.001 0
7	0.263 7	0.528 6	0.000 9	0.000 8	0.001 3	0.001 1	0.001 3	0.001 1	0.001 2
8	0.262 3	0.529 6	0.000 9	0.001 2	0.001 4	0.001 5	0.001 6	0.001 5	0.001 4
9	0.263 0	0.528 7	0.000 8	0.001 2	0.001 4	0.001 5	0.001 4	0.001 5	0.001 4
10	0.261 2	0.528 7	0.000 4	0.001 0	0.001 4	0.001 3	0.001 3	0.001 4	0.001 5
11	0.263 1	0.527 1	0.001 1	0.001 2	0.001 4	0.001 2	0.001 5	0.001 3	0.001 3
12	0.261 9	0.528 0	0.001 0	0.001 3	0.001 3	0.001 4	0.001 6	0.001 5	0.001 4
13	0.262 0	0.526 3	0.000 9	0.001 2	0.001 4	0.001 4	0.001 4	0.001 5	0.001 4
14	0.262 1	0.527 3	0.001 0	0.001 1	0.001 3	0.001 5	0.001 4	0.001 5	0.001 4
15	0.262 2	0.527 9	0.000 7	0.001 1	0.001 3	0.001 1	0.001 3	0.001 2	0.001 2
16	0.261 8	0.525 8	0.001 0	0.001 3	0.001 6	0.001 5	0.001 7	0.001 5	0.001 4
17	0.261 1	0.527 0	0.000 5	0.000 7	0.001 0	0.001 1	0.001 3	0.001 1	0.001 1
18	0.261 3	0.527 0	0.000 7	0.001 6	0.001 0	0.001 3	0.001 2	0.001 3	0.001 3
19	0.263 5	0.528 3	0.001 0	0.001 0	0.001 3	0.001 1	0.001 3	0.001 5	0.001 1
20	0.261 8	0.527 0	0.001 1	0.001 3	0.001 6	0.001 5	0.001 7	0.001 6	0.001 5
Mean	0.262 3	0.527 6	0.000 8	0.001 1	0.001 3	0.001 3	0.001 4	0.001 4	0.001 3
Median	0.262 0	0.527 5	0.000 9	0.001 1	0.001 3	0.001 4	0.001 4	0.001 5	0.001 4
std.dev	0.001 0	0.001 0	0.000 2	0.000 3	0.000 2	0.000 2	0.000 2	0.000 2	0.000 2
Max	0.264 2	0.529 6	0.001 1	0.001 3	0.001 7	0.001 6	0.001 7	0.001 6	0.001 6
Min	0.260 9	0.525 8	0.000 4	0.001 5	0.000 8	0.000 8	0.000 8	0.000 9	0.001 0

图 4-39   LM80 报告内的色度漂移量

IEC 62471 和 IEC 62778 均可对 LED 器件和 LED 照明成品做光生物安全认证，其大致的区别是：如果 LED 器件通过了某个等级的 IEC 62471，基于此 LED 器件的整灯仍需要再次做 IEC 62471 认证；而如果 LED 器件通过了 IEC 62778，则基于此 LED 器件的整灯在使用条件不超过 LED 器件测试条件的情况下，则免于再次测量，直接适用 LED 器件的光生物安全等级。

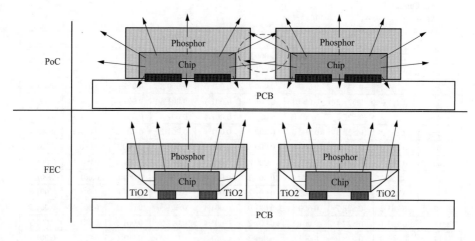

图 4-40　CSP 的 Poc 结构和 FEC 结构

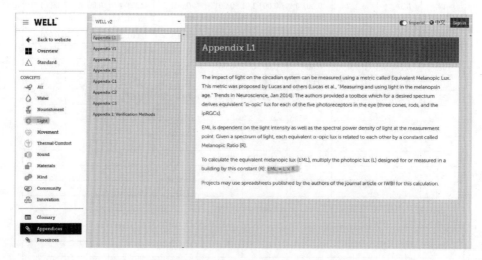

图 4-41　美国建筑标准 Well 对节律照明参数的要求

4.3.3.1　IEC 62471

该标准全称为灯具及灯具系统的光生物安全性，其涉及的内容为包括蓝光在内的紫外、可见光以及红外对人眼及皮肤的影响。该标准为评价灯具和灯具系统的光生物安全性提供了指南。它具体规定了用于评估和控制波长从 200nm 到 3000nm 的所有电驱动非相干宽频带光辐射源（包括 LED 但不包括激光）的光生物危害的曝光限值、参考测量技术和分类方案。该标准中的光生物危害包括紫外、蓝光以及红外辐射，考虑到 LED 照明产品一般不含紫外和红外光谱成分，本节主要介绍蓝光危害。

蓝光危害(BLH, Blue Light Hazard), 指主要波长在 $400\sim500nm$ 的辐射照射造成光化学损伤的可能性。这种损伤机制在超过 10s 的时间后将超过热损伤机制而占据主导地位。

在灯具及灯具系统附近的个人, 所接触的辐射水平不得超过下面列出的限值。暴露极限(EL, Exposure Limit) 值取自各种 ICNIRP 准则, 而这些准则又是根据从实验研究中获得的最佳信息而制订的。接触限值是指在这种条件下, 一般人群中几乎所有人都可反复接触, 而不会对健康造成不利影响。但是, 它们不适用于不正常的光敏个人或同时暴露于光敏剂的个人, 光敏剂使个人更容易受到光辐射而对健康产生不利影响。一般而言, 这些人比不异常光敏或同时暴露于光敏剂的人更容易受到光辐射对健康的不利影响。光敏个体的敏感性差异很大, 因此不可能为这部分人群设定暴露极限。该标准中的暴露限值适用于暴露时间不少于 0.01ms 和不超过任何 8h 的连续源, 应作为暴露控制的参考。这些值不应被视为安全水平和不安全水平之间的精确界限。眼睛所受的宽频带可见光和 IR-A 辐射的限值, 需要知道在受照者眼睛位置测量的光源的光谱亮度 L_λ 和总辐照度 E。

进入眼睛并被视网膜吸收的辐射通量 ($380\sim1400nm$ 范围) 与瞳孔面积成比例。瞳孔的直径会从在很低的亮度下大约 7mm 的直径 ($<0.01cd/m^2$) 变小到约 2mm ($10000cd/m^2$ 数量级)。弱视觉刺激定义为最大亮度 (相对于 0.011 弧度的圆形视场上的平均亮度) 小于 $10cd/m^2$。对于给定的亮度, 单个瞳孔的直径变化很大。因此, 在确定这些暴露极限时, 只假定有两种不同的瞳孔直径, 如下:

1) 当光源的亮度足够高时($>10cd/m^2$) 且暴露时间大于 0.25s, 例如, 适用于蓝光危害或视网膜热危害时, 使用瞳孔直径 3mm($7mm^2$ 面积) 来推导暴露极限。

2) 当光源的亮度较低时, 即只有少量或没有可见刺激的红外辐射, EL 是基于 7mm($385mm^2$ 面积) 的瞳孔直径。当评估脉冲源的光生物危害和/或暴露时间小于 0.25s 时, 也假定 7mm 直径。

3) 对于使用高环境光级的近红外光源的情况, 可假设瞳孔直径为 3mm, EL 限制可通过瞳孔直径比的平方调整到更高的值。在这种条件下, EL 可增加 $(7/3)^2=5.5$。

光源的张角和测试视场。对于波长在 $380\sim1400nm$ 的辐射, 视网膜被照射的区域是确定蓝光和视网膜热危害的暴露极限的重要因素。由于眼睛的角膜和晶状体将视光源聚焦在视网膜上, 描述受照区域的最佳方法是将该区域与表观光源的张角 α 联系起来。由于眼睛的物理限制, 静止眼的视网膜上能形成的最小图像被限制在一个最小值 α_{min}, 甚至对于点光源来说也是如此。在该标准中, 最小值为 0.0017 弧度。表观点光源, 脉冲或高辐射连续光源, 发出的辐射的测量, 与视网膜在 0.25s(眨眼反射时间) 的热暴露极限有关, 应使用 0.0017 弧度张角作为测量视场。

超过 0.25s 的时候, 快速的眼球运动开始在一个更大的角度上接受光源的图像, 这个角度在这个标准中被称为 α_{eff}。曝光时间为 10s 时, 点光源的图像覆盖的视网膜面积相当于大约 0.011 弧度的角度。因此, 用于测量辐射强度并与 10s 暴露时间下视网膜热或蓝光危害的 EL 进行比较的有效张角 α_{eff} 应近似为 0.011 弧度。对于时间在 $0.25\sim10s$

的 α_{eff} 与曝光时间的连续依赖性，可假设为从 $\alpha_{\min}$ 到 0.011 按照时间的平方根关系增加，例如，α_{eff} 与 $\alpha_{\min}\sqrt{\dfrac{t}{0.25}}$ 成正比。不过很少有数据可支持这种时间依赖关系，因此应谨慎使用。时间依赖关系通常不需要，因为光源辐射度通常在 $0.25\sim 10\text{s}$ 进行评估。

此外，蓝光危害对于曝光时间大于 100s 情形，由小光源照射的视网膜辐照区域将由于功能性眼球运动而扩展到更大的区域，除非是用医学手段控制眼球固定不动的情形，例如，在眼科手术。为了测量光源的辐射强度，并将其与蓝光危害暴露极限进行比较，对于小于 100s 的辐射，有效张角 α_{eff} 可设置为 0.011 弧度。对于大于 10000s 的次数，有效张角 α_{eff} 设置为 0.1 弧度。为了方便起见，假定 α_{eff} 随时间增长约为时间的平方根，在 $100\sim 10000\text{s}$，例如 $\alpha_{\text{eff}}=0.011\sqrt{\dfrac{t}{100}}$（注意，这个公式并不准确）。在该标准中，对于所有视网膜危害，张角的最大值（$\alpha_{\max}$）为 0.1 弧度。因此请注意，超过 10000s 时，α_{eff} 等于 $\alpha_{\max}$。

对于表观光源的张角大于 $\alpha_{\max}$ 的情形，视网膜危险的 EL 与光源的大小无关。长方形光源的张角应由光源的最大和最小张角尺寸的算术平均数决定。例如，一个长 20mm、直径 3mm 的管状光源，在垂直于灯轴的方向上的观察距离 $r=200\text{mm}$ 时，应由平均尺寸 Z 确定

$$Z = \frac{20+3}{2} = 11.5 \tag{4-7}$$

因此，张角为

$$\alpha = 2\arctan\frac{Z/2}{r} \approx \frac{Z}{r} = \frac{11.5}{200} = 0.058\text{rad} \tag{4-8}$$

式（4-8）近似成立的原因是，当角度很小时，其正切值的大小与弧度接近。

在确定算术平均值之前，任何张角尺度大于张角最大值 $\alpha_{\max}$ 的张角应限制为 $\alpha_{\max}$，任何张角尺度小于张角最小值 $\alpha_{\min}$ 的张角应限制为 $\alpha_{\min}$。因此，在上例中，当线性距离大于 20mm 时，计算有效光源大小时只使用 20mm。

视网膜蓝光危害暴露极限。为防止长期蓝光照射引起的视网膜光化学损伤，以蓝光危害函数 $B(\lambda)$ 为权重的光源综合光谱辐射强度，即蓝光加权辐射强度 L_B，不得超过以下定义的水平

$$L_B \cdot t = \sum_{300}^{700}\sum_{t} L_\lambda(\lambda,\ t)\ \cdot B(\lambda)\ \cdot \Delta t \cdot \Delta\lambda \leqslant 10^6 \quad J\cdot m^{-2}\cdot sr^{-1} \quad (t\leqslant 10^4 s) \tag{4-9}$$

$$L_B = \sum_{300}^{700} L_\lambda B(\lambda)\Delta\lambda \leqslant 100 \quad W\cdot m^{-2}\cdot sr^{-1} \quad (t > 10^4 s) \tag{4-10}$$

式中：$L_\lambda(\lambda,\ t)$ 是光谱辐亮度，$W\cdot m^{-2}\cdot sr^{-1}\cdot nm^{-1}$；$B(\lambda)$ 是蓝光危害加权函数；$\Delta\lambda$ 是以纳米为单位的波长间隔，例如 5nm；t 是以秒为单位的暴露持续时间。

蓝光光谱权重函数 $B(\lambda)$ 如图 4-42 所示，图中一并绘出了视网膜热效应权重函数 $R(\lambda)$，由于函数的范围在许多数量级上，纵坐标采用对数坐标。

蓝光光谱加权函数和视网膜热效应加权函数的 5nm 间隔数值见表 4-6。

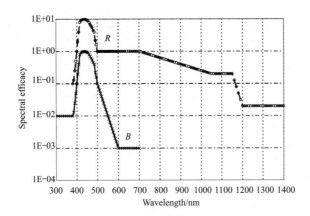

图 4-42 蓝光光谱权重函数

表 4-6 蓝光光谱加权函数和视网膜热效应加权函数值

波长/nm	蓝光危害函数 B/λ	热危害函数 R/λ
300	0.01	
305	0.01	
310	0.01	
315	0.01	
320	0.01	
325	0.01	
330	0.01	
335	0.01	
340	0.01	
345	0.01	
350	0.01	
355	0.01	
360	0.01	
365	0.01	
370	0.01	
375	0.01	
380	0.01	0.10
385	0.013	0.13
390	0.025	0.25
395	0.05	0.5
400	0.10	1.0
405	0.20	2.0
410	0.40	4.0
415	0.80	8.0
420	0.90	9.0
425	0.95	9.5
430	0.98	9.8
435	1.00	10.0
440	1.00	10.0

波长/nm	蓝光危害函数 B/λ	热危害函数 R/λ
445	0.97	9.7
450	0.94	9.4
455	0.90	9.0
460	0.80	8.0
465	0.70	7.0
470	0.62	6.2
475	0.55	5.5
480	0.45	4.5
485	0.40	4.0
490	0.22	2.2
495	0.16	1.6
500~600	$10^{[(450-\lambda)/50]}$	1.0
600~700	0.001	1.0
700~1050		$10^{[(700-\lambda)/500]}$
1050~1150		0.2
1150~1200		$0.2 \cdot 10^{0.02(1150-\lambda)}$
1200~1400		0.02

对加权后的光源辐亮度 L_B，如果其大小超过 $100\mathrm{W \cdot m^{-2} \cdot sr^{-1}}$，则最大允许曝光持续时间 t_{max} 为

$$t_{max} = \frac{10^6}{L_B}s \quad (t \leqslant 10^4\,\mathrm{s}) \qquad (4\text{-}11)$$

式中：t_{max} 是以秒为单位的最大允许暴露时间；L_B 为蓝光危害加权辐亮度。需要注意的是：如前文所述，光谱辐射亮度 L_λ 应该在合适的张角 α_{eff} 对应的圆锥视场内取平均值。此外，对于不相邻的多个光源，该标准适用于单个光源；同时，当使用整个光源上的平均亮度时，它也适用于整个光源。

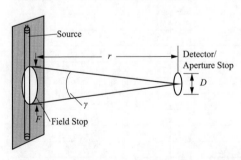

图 4-43 光谱辐照度与光谱辐亮度的关系

视网膜蓝光危害暴露极限——小光源情形。对于张角小于 0.011 弧度的光源，由前文所述的限制条件可推导出基于光谱辐照度而不是光谱辐亮度的简单方程。根据图 4-43，可以得出辐照度和辐亮度的关系如下，

$$E = L\frac{\pi\gamma^2}{4} = L\frac{\pi F^2}{4r^2} \qquad (4\text{-}12)$$

由式（4-12）可看出，对于一个 0.011 弧度的夹角，L 和 E 之间的关系大约是 10^4 倍。因此，根据蓝光危害函数 B（见表 4-4）加权后的眼睛点光源光谱辐照度 E_λ 不得超过以下定义的水平

$$E_B t = \sum_{300}^{700}\sum_{t} E_\lambda(\lambda,t)B(\lambda)\Delta t\Delta\lambda \leqslant 100 \quad Jm^{-2} \quad (t \leqslant 100\mathrm{s}) \qquad (4\text{-}13)$$

$$E_B = \sum_{300}^{700} E_\lambda B(\lambda) \Delta\lambda \leqslant 1 \quad Wm^{-2} \quad (t > 100s) \tag{4-14}$$

式中：$E_\lambda(\lambda, t)$ 是光谱辐照度，$W \cdot m^{-2} \cdot nm^{-1}$；$B(\lambda)$ 是蓝光危害权重函数；$\Delta\lambda$ 是以纳米为单位的波长间隔；t 是以秒为单位的暴露持续时间。

当光源的蓝光加权辐照度 E_B 超过 $0.01W/m^2$，最大允许暴露持续时间为

$$t_{max} = \frac{100}{E_B} s \quad (t \leqslant 100s) \tag{4-15}$$

式中：t_{max} 是以秒为单位的最大允许暴露时间；E_B 为蓝光危害加权辐照度。

注意，E_B 与时间无关的曝光时间是 100s，而不是式（4-11）中 L_B 给出的 10000s。这一变化的原因是：当暴露时间超过 100 倍时，假定视网膜受辐射区域的直径随着时间的平方根而增加。因此，视网膜的有效辐照度降低，视网膜辐射照射扩散的时间与 100～10000s 的照射时间无关，这是由于假设的功能性眼球运动引起的。

对于连续输出光的照明产品，一般分为如下 4 个蓝光危害等级：

（1）豁免组（Exempt Group）。豁免组分类的理论基础是：该灯在该标准中对照射点不构成任何光生物危害。不造成以下危害的灯就可归到豁免组，

1）照射 8 小时(30000s) 内的光化学紫外线危害（E_s）。

2）照射 1000s(约 16min) 的近紫外危害（E_{UVA}）。

3）照射 10000s(约 2.8h) 的视网膜蓝光危害（L_B）。

4）照射 10s 的视网膜热危害（L_R）。

5）照射 1000s 的对人眼的红外辐射危害（E_{IR}）。

此外，只辐射红外线而无强烈视觉刺激 （例如小于 $10cd/m^2$），并且照射 1000s 不产生近红外视网膜危害（L_{IR}） 同样归类到豁免组。

（2）风险等级组 1(Risk Group 1)，此时对应低风险。这种分类的理论基础是：由于正常的暴露行为限制，这种灯不会造成危险。这一要求被任何超过豁免组的限制的灯满足，但那不造成以下危害的归类到风险等级组 1，

1）照射 10000s 内的光化学紫外线危害（E_s）。

2）照射 300s 的近紫外危害（E_{UVA}）。

3）照射 100s 的视网膜蓝光危害（L_B）。

4）照射 10s 的视网膜热危害（L_R）。

5）照射 100s 的对人眼的红外辐射危害（E_{IR}）。

此外，只辐射红外线而无强烈视觉刺激 （例如小于 $10cd/m^2$），并且照射 100s 不产生近红外视网膜危害（L_{IR}） 同样归类到风险等级组 1。

（3）风险等级组 2(Risk Group 2)，此时对应中度风险。这种分类的理论基础是：这类灯不会由于对非常亮的光源的保护性反应或热不适而构成危险。任何超过风险等级组 1 限制的灯都符合这一要求，但不造成以下危害的归类到风险等级组 2。

1）照射 1000s 内的光化学紫外线危害（E_s）。

2）照射 100s 的近紫外危害（E_{UVA}）。

3）照射 0.25s(保护性反应) 的视网膜蓝光危害(L_B)。

4）照射 0.25s(保护性反应) 的视网膜热危害(L_R)。

5）照射 10s 的对人眼的红外辐射危害(E_{IR})。

此外，只辐射红外线而无强烈视觉刺激(例如小于 $10cd/m^2$)，并且照射 10s 不产生近红外视网膜危害(L_{IR}) 同样归类到风险等级组 2。

（4）风险等级组 3(Risk Group 3)，此时对应高风险。这种分类的理论基础是：即使是瞬间或短暂的照射，灯也可能造成危害。超过风险等级组 2（中度风险）限值的灯具属于风险等级组 3（高风险）。

光生物危害等级限值如图 4-44 所示。

Risk	Action spectrum	Symbol	Emission limits			Units
			Exempt	Low risk	Mod risk	
Actinic UV	$S_{UV}(\lambda)$	E_s	0,001	0,003	0,03	$W \cdot m^{-2}$
Near UV		E_{UVA}	10	33	100	$W \cdot m^{-2}$
Blue light	$B(\lambda)$	L_B	100	1000	4000000	$W \cdot m^{-2} \cdot sr^{-1}$
Blue light, small source	$B(\lambda)$	E_B	1,0*	1,0	400	$W \cdot m^{-2}$
Retinal thermal	$R(\lambda)$	L_R	28000/α	28000/α	71000/α	$W \cdot m^{-2} \cdot sr^{-1}$
Retinal thermal, weak visual stimulus**	$R(\lambda)$	L_{IR}	6000/α	6000/α	6000/α	$W \cdot m^{-2} \cdot sr^{-1}$
IR radiation, eye		E_{IR}	100	570	3200	$W \cdot m^{-2}$

*   Small source defined as one with α <0,011 radian. Averaging field of view at 10000s is0,1 radian.

**   Involves evaluation of non-GLS source

图 4-44　连续光源的危险组别的辐射限值

一般来说，光源距离人眼较近的照明产品，应考虑选用豁免组的 LED 器件，这样才容易制造出整灯达到豁免组的水平。对于距离较远的光源，例如路灯，往往只要达到风险等级组 1 的水平就可以了。一般 LED 厂商都会提供 IEC62471 报告，供照明厂商选用和评估。如图 4-45 所示为三星 LED 的节律照明产品 LM302N 的 IEC62471 报告，可看出该 LED 器件即使在 200mA 驱动，仍可达到豁免组的水平。

4.3.3.2　IEC62778

IEC62778 是基于 IEC62471 的技术报告（TR，Technical Report），标准全名为 IEC62471 在评估蓝光对光源和灯具危害中的应用。与 IEC62471 不同，IEC62778 只专注于蓝光危害的评价与应用。

IEC62778 对主要辐射在可见光谱（380～780nm）范围内的所有照明产品的蓝光危害评估进行了澄清和指导。通过光学和光谱计算，它显示了光生物学的 IEC62471 中描述的安全测量体现了什么，如果这产品的目的是成为在一个更高层次的照明产品一个组件，如何从这些组件产品（如 LED 器件、LED 模块、或灯）的蓝光危害信息推出更高层次照明产品（如灯具）的蓝光危害信息。

Summary of testing:

– All clauses.
– Performed by supplying DC 6,29 V,200 mA to the representative model SPMWH3326FN5FATOS0.

Test item particulars ....:

Tested lamp ....: ☒ continuous wave lamps ☐ pulsed lamps

Tested lamp system ....: –

Lamp classification group ....: ☒ exempt ☐ risk 1 ☐ risk 2 ☐ risk 3

Lamp cap ....: –

Bulb ....: –

Rated of the lamp ....: –

Furthermore marking on the lamp............................: –

Seasoning of lamps according IEC standard ....: –

Used measurement instrument ....: –

Temperature by measurement...............................: 24,0℃~25,0℃

Information for safety use..: Not required

图 4-45　LM320N 的 IEC62471 报告

在该标准中风险分类缩写为 RG(Risk Group)，与 IEC62471 的对应关系如图 4-46 所示。

Risk group number	Risk group name	Corresponding t_{max} range s
RG0	Exempt	> 10 000
RG1	Low risk	100 to10 000
RG2	Moderate risk	0,25 to100
RG3	High risk	<0,25

图 4-46　IEC62778 与 IEC62471 的风险分类对应关系

对于蓝光危害来说，IEC62778 根据亮度守恒定律，简单认为只要低级的照明产品组件能通过某个风险组别，则更高级的照明产品不需要重新测试，通过计算即可确认风险组别，一般结论是不超过低级组件的风险级别。例如，如果 LED 器件有 IEC62778 报告，一般基于这类 LED 器件制作的 LED 灯具就无须再进行蓝光危害测试了，有利于节约测试费用，缩短研发周期。三星 LED 的大部分 LED 器件都有 IEC62778 报告。

4.3.4　其他室内标准

除上述室内照明标准对 LED 器件有光电参数要求外，相对重要的室内照明标注还有 GB24819《普通照明用 LED 模块 安全要求》、GB24823《普通照明用 LED 模块 性能要求》、GB24906《普通照明用电压50V以上自镇流 LED 灯 安全要求》、GB24908《普通照明用自镇流 LED 灯 性能要求》、GB4057《普通照明用发光二极管 性能要求》、GB24824《普通照明用 LED 模块测试方法》、GB31831《LED 室内照明应用技术要求》。内容较多，本书不一一赘述。以 GB31831 为例，要求室内照明一般不应超过 5 步色容差且在该标准的附录 C 中列出了色容差的计算方法，并规定了额定色温对应的色标中心点及相应的椭圆系数，基本上是与 IEC 标准保持一致的。

4.4　户外灯具 LED 选型

本节介绍户外照明灯具的 LED 选型。户外照明产品种类很多，主要有路灯、隧道灯、高杆灯、体育场灯、投光灯、洗墙灯、点光源等，本节主要考虑道路照明和体育场照明用灯。

一般来说，由于户外照明产品的应用环境较室内更为恶劣，所以户外照明产品首先需要考虑 LED 器件的可靠性，并且所选的 LED 器件应有较长的寿命。户外场合往往有较强的紫外线，应考虑 LED 器件的耐 UV 能力，故 LED 器件的封装材料首选陶瓷材料；其次是 EMC 材料，PCT 和 PPA 材料一般不应选用。户外照明产品为了防水，一般会采用灌胶工艺，此时灯具内部在较高温度下工作时，有时会释放有害的有机化学气体（VOCs），甚至释放更加有害的含硫物质，导致 LED 器件发黑变色，此时应考虑耐候性强的 LED 器件，例如有二氧化硅保护层的 LED 器件。在隧道照明情形，隧道内可能会积累汽车尾气，主要有害物质为二氧化氮等氧氮化合物，故隧道灯的 LED 选型还要考虑 LED 抗氮氧化物的能力。此外，有些户外灯具是不带呼吸器的，做成 IP68 的全密封结构，这时照明产品在开灯时和关灯时有一定的温度差，可能会在灯具内表面形成冷凝水，从而造成灯具内部形成高湿度环境，下次开灯时就形成了高温、高湿环境。这时 LED 器件的选型要考虑 LED 器件的耐高温高湿的能力，往往用双 85 试验来评估。本书前面章节已有关于 LED 器件可靠性方面的详细论述，故此处不再赘述，下面仅考虑道路照明和体育场照明在光谱质量方面的要求。

4.4.1　道路照明

对于道路照明对光谱质量的要求，通常使用者只关注色温、显色指数等常规参数。在国家标准 GB/T 31832—2015《LED 城市道路照明应用技术要求》中，在 6.3 条，要求 LED 灯具的色容差不应大于 7SDCM，显色指数不应小于 60，相关色温不宜大于 5000K。LED 灯具在不同方向上的色品坐标与其加权平均值偏差在 CIE1976 色品坐标系内不应大于 0.007。LED 灯具寿命周期内色品坐标与初始值的偏差在 CIE1976 色品坐标系内不应大于 0.012。以上要求是比较初级的要求，下面介绍一些进阶的光谱参数。

道路照明的照度一般在 10~50lx，对于司机的警醒刺激可能不足，但对于周边小区的光污染却可能较大。针对这个矛盾，除灯具配方要尽量做到将光打到有用的区域内外，从光谱的角度也可做一些调整。例如对于主干道照明，宜采用 M/P Ratio 较高的产品，进而使司机更加警醒，不犯困；而对于非机动车道和人行道的照明，宜采用 M/P Ratio 较低的产品，这样不至于过分抑制小区内居民晚间的褪黑素分泌，从而减少对小区居民睡眠的影响。关于 M/P Ratio 的概念和计算，将在本书 5.2 节详细介绍。

道路照明的亮度在 $1.0\sim5.0\mathrm{cd/m^2}$，属于中间视觉区域，而计算照度和亮度往往采用的是明视觉曲线，故存在一定的偏差。国际照明委员会关于中间视觉的标准是 CIE 191：2010，其中详细描述了如何计算中间视觉，以及定义了 S/P Ratio 这个核心表征参数。S/P Ratio 的定义是暗视觉光通量与明视觉光通量的比，即

$$S/PRatio = \frac{K'_m \int S(\lambda)V'(\lambda)\mathrm{d}\lambda}{K_m \int S(\lambda)V(\lambda)\mathrm{d}\lambda} \tag{4-16}$$

式中：$S(\lambda)$ 为相对光谱；$V'(\lambda)$ 为暗视觉视见函数；$V(\lambda)$ 为明视觉视见函数；$K'_m = 1700\mathrm{lm/W}$，$K_m \approx 683\mathrm{lm/W}$。S/P Ratio 的具体计算参见 Python 程序 4.4.1，其流程图如图 4-47 所示。

S/P Ratio 在道路照明的实际应用主要是理论上认为，在同样视亮度的情况下，S/P Ratio 越大，司机视觉的景深越深，即看得越远。基本原理是因为道路照明处于中间视觉，S/P Ratio 越大意味着同样的明视觉亮度或照度情况下，司机实际感知的暗视觉亮度或照度越大，而且暗视觉为主导时，司机的通孔会变大，从而成像距离更远。

4.4.2 体育场照明

体育场照明在 2020 年推出并实施了新的标准，GB/T 38539—2020《LED 体育照明应用技术要求》，如图 4-48 所示。

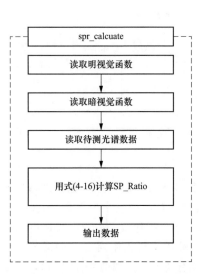

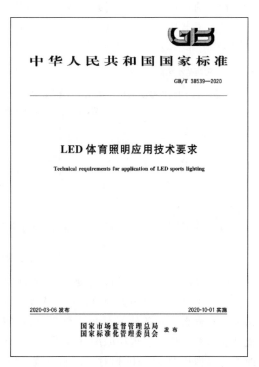

图 4-47 Python 程序 4.4.1 的流程图　　图 4-48 LED 体育照明应用技术要求

其中较以往版本有重要变化的内容是对于 HDTV 转播重大国家比赛、重大国际比赛的要求，其中显色指数要求 90 以上，特殊显色指数 R_9 要求 40 以上，色温要求 5500K，如图 4-49 所示。

6.3 色度要求

6.3.1　LED灯具用于体育场馆时,色度参数应符合下列规定:
　　a)　体育场地用LED灯具色度参数不应低于表8规定的限值。

表8　　LED色度参数限值

等级	使用功能	显色指数R_a	特殊显色指数R_9	相关色温T_{cp}/K	
				室外	室内
I	健身、业余训练	80	0	4000	4000
II	业余比赛、专业训练				
III	专业比赛				
IV	TV转播国家比赛、国际比赛	80	20	4000	4000
V	TV转播重大国家比赛、重大国际比赛			5500	
VI	HDTV转播重大国家比赛、重大国际比赛	90	40	5500	5500

7

图 4-49　HDTV 转播要求

特别的，在该标准的附录中提出了对超高清电视转播照明的要求，其中除上述要求外，引入了电视转播颜色复现指数 *TLCI* 的要求，用符号 Q_a 表示，标准中要求 $Q_a \geqslant 85$，如图 4-50 所示。

B.1　照明基本要求

应用于超高清电视转播时,LED照明应符合表B.1的规定。

表B.1　　超高清电视转播(UHDTV)对照明的要求

类别	垂直照度E_v		水平照度E_h		相关色温T_{cp}/K	电视转播颜色复现指数TLCI	显色指数		频闪比/%	眩光指数GR	
	最小垂直照度E_{vmin}/ lx	照度均匀度U_1	照度均匀度U_2	照度均匀度U_1	照度均匀度U_2		Q_a	R_a	R		室内	室外
固定摄像机	1600	≥0.7	≥0.8						9			
移动摄像机	1200	≥0.5	≥0.7	≥0.7	≥0.8	≥5500	≥85	≥90	≥40	≤1	≤30	≤50
超慢镜头回放	2000	≥0.7	≥0.8									
注:照度均匀度U_1为照度最小值与照度最大值之比,照度均匀度U_2为照度最小值与照度平均值之比。												

图 4-50　超高清电视转播对照明的要求

引入 *TLCI* 指数 Q_a 的背景如下，LED 灯有着很多优势，但在色彩饱和度，还原度方面有所不足，需要为摄像机提供一个类似于人类视觉 *CRI* 颜色呈现量指数。*CRI*：评估人类观察者灯光条件下对物体色彩呈现还原度（1960 年代），*TLCI*：描述电视摄像机和显示器，色彩呈现还原度（20 世纪 70 年代）。简单来说人眼对于三刺激值的敏感曲线与摄像机的 CCD 阵列对于三刺激值的敏感曲线有所不同，如图 4-51 所示，所以应开发基于摄像机视觉敏感曲线的照明产品，或者说是光谱评价指标。

计算特定光谱 Q_a 的方法与计算 R_a 类似，都是在参照光源和待测光源之间比较特定色板（确定的光谱反射率曲线）色差，并计算色差的加权平均值。具体计算原理读者可参考网站 https：//tech. ebu. ch/tlci-2012 上的标准全文，从这个网址还可下载 Q_a 的计算工具，读者也可下载前言 QQ 群文件附录 C6 来计算。

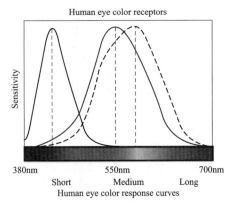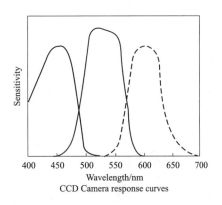

图 4-51　人眼三刺激值敏感曲线和 CCD 三刺激值敏感曲线

不同于计算 R_a 用到 15 个色板，计算 Q_a 要用到 24 个色板，如图 4-52 所示。

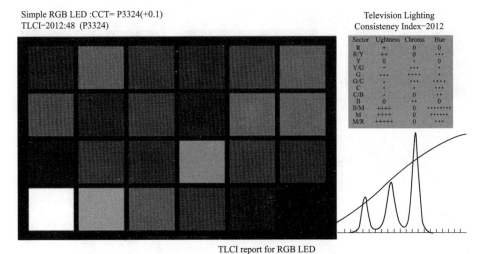

图 4-52　计算 Q_a 需要用到的色板

Q_a 与 R_a 大体上呈正相关关系，但绝非线性关系，所以采用常规的高显色指数光谱并不一定能实现较高的 Q_a 值，如图 4-53 所示。

想要同时实现高的 Q_a 与 R_a，需要在 LED 芯片的波长和荧光粉两方面做优化，而且体育场照明用灯往往需要较高功率密度的 LED 器件，一般需要 5W 以上的陶瓷基板3535 或 5050 器件。三星 LED 在 3535 陶瓷基板平台推出了 LH351C（5W）和 LH351D

（10W），可实现 Q_a 与 R_a 都大于 90，如图 4-54 所示。

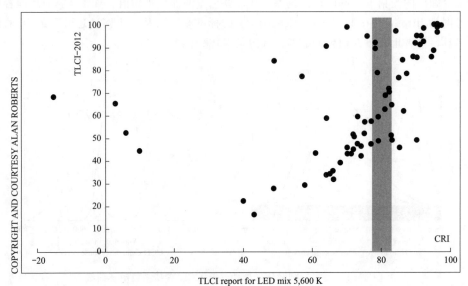

图 4-53　Q_a 与 R_a 的关系

LH351C/D CRI90+,5700K,TLCI > typ.90

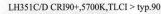

产品规格　　　　　　　　　　　　　　　※TLCI :Television Lighting Consistency Index

Request	Product	Performance (@85℃)	
		lm	TLCI
TLCI >Min.90	351C(@700mA)	255	93
	351D(@1050mA)	380	93

TLCI计算

[Spectrum data]　　　　　　　　　[TLCI program]　　　　　　※Blue Peak wavelength vs TLCI

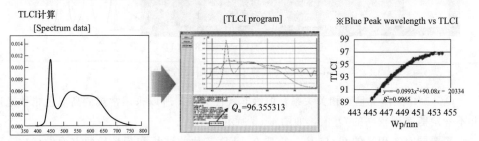

图 4-54　三星 LED 的 LH351C 和 LH351D

4.5　国际标准法规对 LED 选型的要求

对出口的 LED 照明产品，各国（地区）都或多或少会有一些准入门槛，对应着一定的标准。考虑到做出口北美和欧洲的照明产品占出口比重较大，如图 4-55 所示。以下主要列举一些对 LED 器件有一定要求的北美和欧洲标准法规，在实际 LED 器件的选型中，都应给予足够的重视和考量。

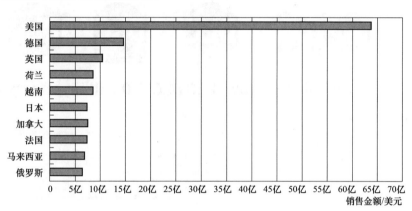

图 4-55　2019 年照明出口市场分布

4.5.1　Title 20/24

Title 20/24 是美国加州地区单独实施的照明标准，其主要特点是对于高显色指数的要求，其中 Title 20 于 2019 年 7 月 1 日生效 Tier-2 版本标准，其中列出了评分对于显色指数的加权方法，如图 4-56 所示。

LED LAMP (BULB) REGULATIONS UNDER TITLE 20

State-regulated LED lamps (SLEDs) manufactured on/after January 1, 2018 with output ≥150lm (E12 base) or ≥ 200lm (other bases)

- CRI ≥ 82
  - R1 through R8 values ≥ 72
- PF ≥ 0.7
- Rated Life ≥ 10,000 hrs
- Minimum efficacy and compliance score per below:

SLEDs are defined as:
- LED lamps with E12, E17, E26, GU24 base
- Includes downlight retrofits with bases above
- Output ≤ 2600lm
- CCT = 2200K to 7000K

	Effective date	Min. Compl Score	Min. Efficacy
TIER 1	January 1, 2018	282	68 lm/w
TIER 2	July 1, 2019	297	80 lm/w

Example:
68 lm/w + (2.3 x 90 CRI) => 275 compl score　FAIL
75 lm/w + (2.3 x 90 CRI) => 282 compl score　PASS

Requirements for State-Regulated LED lamps increase to TIER 2 for lamps manufactured on/after July 1, 2019

图 4-56　综合评分中显色指数的加权方法

由图 4-56 中可看出，显色指数在综合评分中的权重为 2.3，比光效更为重要，并且 Tier-2 版本比 Tier-1 版本无论综合评分还是光效要求都有所提高。

4.5.2 DLC

DLC 于 2020 年发布了 5.0 版本（最新版本为 5.1 版），如图 4-57 所示。其中对于大部分灯具的光效要求都大为提高，并且首次正式引入可选择的 TM-30 方面的要求。

DLC Trademarks – Words and Logos Defined

The DesignLights Consortium ("DLC") has four main registered logos ("DLC Logos"), which are:

DLC 4.4 → May. 2020 DLC 5.0 will be effective

Single Product Applications ⓘ

The application fee for single product applications is $500.

Family Grouping Applications ⓘ

Application fees for family groups are dependent upon the size and complexity of the group of products. In general, the fee schedule is as follows:

- **$500** per independent test report (ITR) evaluation required under the product group application procedure. Per the family grouping policy, LM-79, LED ISTMT, and Driver ISTMT report types are considered ITRs.
- **$25** per additional product family member in the group. This is calculated as: Total Products in the Group - Number of ITRs = Additional Family Members
- **$400** for a family group submitted for qualification in the Specialty Use designation

图 4-57　DLC5.0 版本发布

相比于 DLC4.4 版本，5.0 版本的光效要求有较大提高，标准版提高 10%，高阶版提高 5%，且对于 70 显指的户外照明产品也明确了 R_9 具体要求，如图 4-58 所示。

Higher Efficacy + Higher Color Quality (Luminaire)

- R_9 regulation is mandatory for indoor luminaire

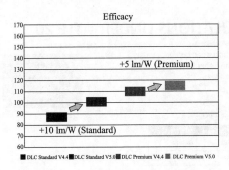

efficacy :average 10.8%, max 23% increase

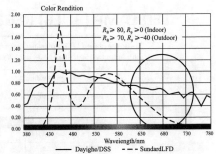

R_9 regulation is mandatory
→ Hard to increase efficacy by adjusting R9 values in Indoor Iuminaire

图 4-58　DLC5.0 对于光效和光谱质量的要求

对于户内、户外显色指数的要求，DLC4.4 版本和 DLC5.0 版本的区别主要是：在新版本中增加了按照 TM-30 参数报告的选项，如图 4-59 所示，这或许意味着随着 DLC 版本的演进，显色指数的概念可能会逐渐淡出标准，而 TM-30 内的色保真度和色域指数将取代原有的显色指数评价体系。

Metric and/or Application	Current V4.4 Requirements	V5.0 Draft Requirements	QPL Listing	Method of Measurement/ Evaluation
Color Rendition	CRI(CIE 13.3-1995): $R_a \geqslant 80$ (indoor)	*Indoor,except high-bay*: Option 1 –ANSI/IES TM-30-18: • IES $R_f \geqslant 70$ • IES $R_g \geqslant 289$ • $-12\% \leqslant$ IES $R_{cs,h1} \leqslant +23\%$ Option 2 – CIE 13.3-1995: • $R_a \geqslant 80$ • $R_9 \geqslant 0$	All color rendition metrics for parent products that are from LM–79 test reports will be listed as Tested Data.	ANSI/IES LM–79 *ANSI/IES TM-30-18* CIE 13.3-1995 (See Draft *Additional Reporting Guidelines* for required information)
	CRI(CIE 13.3-1995): $R_a \geqslant 65$ (outdoor) $R_a \geqslant 70$ (high bay)	*Outdoor and high-bay*: Option 1 –ANSI/IES TM-30-18: • IES $R_f \geqslant 70$ • IES $R_9 \geqslant 89$ • $-18\% \leqslant$ IES $R_{cs,h1} \leqslant +23\%$ Option 2 – CIE 13.3-1995: • $R_a \geqslant 70$ • $R_9 \geqslant -40$	All color rendition metrics for child products will be listed as Reported Data.	

图 4-59　DLC 新版本中的显色性评价指标的可选项

对于室内室外产品的色漂，也做了规定，而这在 4.4. 版本中是没有相关要求的，如图 4-60 所示。

Metric and/or Application	Current V4.4 Requirements	V5.0 Draft Requirements	QPL Listing	Method of Measurement/ Evaluation
color Maintenance	None	*Indoor, except high-bay*: Chromaticity shift from 1,000– hour measurement to 6,000– hour measurement shall be within a linear distance of 0.004 ($\Delta u'v' \leqslant 0.004$)on the CIE 1976 ($u',v'$)chromaticity diagram.	Color maintenance information will not be listed on the QPL at this time.	ANSI/IES LM–80, and/or IES LM–84-14
		Outdoor and high-bay: Chromaticity shift from 1,000– hour measurement to 6,000 hours shall be within a linear distance of 0.007 ($\Delta u'v' \leqslant 0.007$) on the CIE 1976 ($u',v'$) chromaticity diagram.		

图 4-60　DLC5.0 中对于色漂的要求

新版 DLC 标准对于色度维持率也做了一些规定，如图 4-61 所示。

对于测量误差，也有相应的规定，如图 4-62 所示。

4.5.3　ERP

欧洲 ERP 标准要求的最新版本从 2021 年 3 月 1 日开始实施。其最主要的变化是能效标识从 A＋＋＋系列变更为 A 到 G 等级，如图 4-63 所示。

其中等级 A 的要求非常高，要求整灯光效大于 210lm/W，要使用例如三星 LED 的 LM301B 业界最高光效的 LED 器件才有可能做到这个要求。ERP 标准除了在欧洲地区需要满足外，在其他地区也有或多或少遵照或参照 ERP 标准的。

Metric and/or Application	Current V4.4 Premium Requirements	V5.0 Draft Premium Requirements	QPL Listing	Method of Measurement/ Evaluation
Chromaticity (CCT & D_{UV})	Products shall exhibit chromaticity consistent with at least one of the basic,nominal ,7-step quadrangle CCTs ≤5000 K (indoor) and CCT ≤ 5700 K (outdoor & high bay)	*Indoor, except high-bay*: Products shall exhibit chromaticity consistent with at least one of the basic or extended nominal, 4-step quadrangle CCTs from 2200 K–6500 K. *All other products*: Same as V5.0 Standard	CCT and D_{uv} for parent products will be listed as Tested Data. Nominal CCT for child products will be listed as Reported Data.	ANSI/IES LM-79 *ANSI C78.377-2017* (See Draft Additional Reporting Guidelines for required information)
Color Maintenance	None	*Indoor,except high-bay*: Chromaticity shift from 1,000-hour measurement to 6,000-hour measurement shall be within a linear distance of 0.002($\Delta u'v' \le 0.002$) on the CIE 1976(u', v') chromaticity diagram. *Outdoor and high-bay*: Chromaticity shift from 1,000-hour measurement to 6,000 hours shall be within a linear distance of 0.004($\Delta u'v' \le 0.004$) on the CIE 1976(u', v') chromaticity diagram.	Color maintenance information will not be listed on the QPL at this time.	ANSI/IES LM-80, and/or IES LM-84-14

图 4-61　DLC 标准对于色度维持率的要求

Performance Metric	V4.4 Tolerance	V5.0 Tolerance
Light Output	±10%	±10%
Luminaire Efficacy	-3%	-3%
Allowable CCT	Defined by ANSI C78.377-2015t	Defined by ANSI C78.377-2017t
Minimum Color Rendering	-2 points Ra	All reported color rendition metrics, except IES $R_{cs,h1}$: -1 point IES$R_{cs,h1}$: -1%
Color Maintenance	n/a	$\Delta u'v'$:+0.0004 points Data must be collected within a±48-hour window of both the"1000 hour measurement point" and the "6000 hour measurement point", with a $\Delta t \ge$ 5000 hours.
UGR	n/a	+1.0
Power Factor	-3%	n/a
Total Harmonic Distortion	+5%	n/a
Beam Angle (TLEDs only)	n/a	-5°

图 4-62　DLC 对于测量误差的规定

2. Why the move towards a single 'A to G' energy label?

Since 1995, the EU energy label has proven to be a success:85% of European consumers recognise and use it when purchasing. It has also driven innovative industry developments and competition, with new products placed on the market progressively moving up in energy classes.Although initially most of the models were in the lowest classes (i.e.E,F,G), new models deserved higher until the situation where today most are now in the top classes (A+++, A++, A+) and no product is now in the lowest classes (in some cases, even A).However, such a positive result now makes it difficult for consumers to distinguish the best performing products: they might think that in buying an A+ class product they are buying one of the most efficient on the market, while in fact they are sometimes buying an average product or even one of the least efficient ones.

These new labels will be visible for European consumers in physical stores and on-line as of March 1st 2021.A specific EU-wide information campaign aimed at EU citizens will be launched in 2021.

$\eta_{TM} = (\Phi_{use}/P_{on}) \times F_{TM} \ (lm/W)$.

Table 1: Energy efficiency classes of light sources

Energy efficiency class	Total mains efficacy η_{TM}(lm/W)
A	$210 \leqslant \eta_{TM}$
B	$185 \leqslant \eta_{TM} < 210$
C	$160 \leqslant \eta_{TM} < 185$
D	$135 \leqslant \eta_{TM} < 160$
E	$110 \leqslant \eta_{TM} < 135$
F	$85 \leqslant \eta_{TM} < 110$
G	$\eta_{TM} < 85$

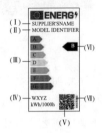

图 4-63　ERP 标准的能效要求

第5章 ● 应 用 实 例

5.1 植物照明及其在植物工厂中的应用

植物照明一般是指利用人工光源，代替阳光，或阳光不足时进行补光。常用在植物工厂、温室大棚、以及家庭园艺等场合。应用场合一般是设施园艺，设施园艺是指在露地不适于园艺作物生长的季节或地区，利用温室等特定设施，通过人工、机械或智能化技术，有效地调控设施内光照、温度、湿度、土壤水分与营养、室内 CO_2 浓度等环境要素，人为创造适于作物生长的环境，根据人们的需求，有计划地生产安全、优质、高产、高效的蔬菜、花卉、水果等园艺产品的一种环境调控农业。设施园艺生产可有效地部分或完全克服外界不良条件的影响，科学、合理地利用国土资源、光热资源、人力资源，有效地提高劳动生产率和优质农产品的产出率，大幅度增加经济效益、社会效益和生态效益。设施园艺是集建筑工程、环境工程、生物工程为一体，跨部门、多学科的综合科学，它包括设施栽培技术、种苗技术、植保技术、采后加工技术、无土栽培技术及新型覆盖材料的开发应用，设施内环境的调控技术以及农业机械化、自动化、智能化等系统工程技术的总称。

万物生长靠太阳，光照是地球上生物赖以生存与繁衍的基础，动植物的生长发育与生理代谢过程都与光照有着密切的关系，光照条件的好坏直接影响农业生物的产量和品质。因此，适宜的光环境对设施园艺优质高产的实现及可持续发展至关重要。在自然界中，光是植物生长和发育最重要的环境因子之一，对植物的生长发育、形态建成、光合作用、物质代谢以及基因表达均有调控作用，而且还作为环境信号调节植物的整个生命周期。采用适用、高效、绿色环保的植物照明灯具，配备优化的光照策略与智能的光控方法，能解决不适光环境对植物生产活动的制约，同时还可促进植物生长发育，达到增产、高效、优质、抗病、无公害生产的目的，这对于增强农业产出能力、改善民生、保障农产品安全、加快现代农业发展具有非常重要的现实意义。

发展半导体照明是现代化农业发展的必然选择。提高农业工厂化、智能化水平是现代农业发展的本质要求；同时，气候变化对农业生产的影响逐年加剧，高技术、低耗、高效的现代农业称为农业发展的重要方向。目前，以植物工厂、物联网技术为特征的现代农业生产方式正悄然兴起，对节能环保型 LED 光源的需求日益迫切，以提高农业资源利用率，节能减排，大幅提高农业生产水平和生产效益。LED 是农业照明的理想光源，替代传统光源是科学技术发展的必然趋势。与传统电光源相比，LED 具有无可比拟的光电优势，十分适合农业照明应用。除了节能、环保、寿命长、光效高、冷光源等优势外，LED可按农业生物生长发育和繁殖需求调制光谱，可实现光质、光强和光周期的精准、智能化管控。LED极大地拓展了农业照明的内涵，适宜现代农业工厂化生产的需求，按需用光，生物光效高。LED替代传统光源是农业照明的发展必然趋势，电光源的革新与更新换代将可大幅提高农业照明的经济效益。

设施农业是促生生产方式，就是要通过环境控制促进或延迟农业生物的生长发育与繁殖过程，按照人类的时空要求获得所需要的动植物和食用菌产品。为了获得较高的产量和品质，包括光照在内所有与农业生物生产相关的环境因子都有必要得到调控，而光照是首当其冲的环境要素。

光环境调控是现代农业发展的实际客观需求。光环境调控为物理性调控，生态安全，环境负效应少。设施园艺光环境调控已成为现代农业发展的内在要求与客观需求，以保障现代农业高产、优质、高效、稳产。在温室大棚等设施内，设施园艺生产是以生物光合作用等生物反应为基础的生产过程，光作为环境信号和光合作用的能量来源，其多寡和质量高低直接关系到植物生长发育和产量品质形成，创造适宜的光环境对设施园艺优质、高产、高效、生态、安全生产至关重要。自然界中，太阳光照随地理纬度、季节、天气状况的不同而产生光照强度的日变化和光周期变化，并受设施条件（覆盖材料及其洁净度等）的影响。为此，必须实现光照条件的按需调节。

此外，在国际市场上，尤其是北美地区，大麻种植合法化对植物照明有着极大地带动作用。欧洲地区对番茄、草莓、花卉、叶菜等作物的温室补光需求也逐年上升。与通用照明市场相比，植物照明近些年的复合增长率为30%左右，如图5-1所示。

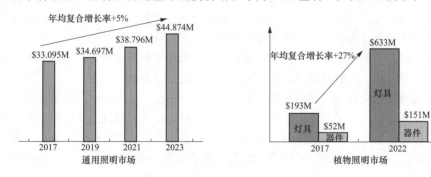

图 5-1　植物照明市场复合增长率

本节从植物照明的光合作用、非光合作用、基本概念和参数以及典型应用和案例等方面来介绍植物照明。

5.1.1　光合作用

光合作用是指光合生物利用太阳能将二氧化碳（CO_2）和一些无机小分子化合物，例如水（H_2O）和硫化氢（H_2S）等，合成为富能有机化合物的过程。根据光合生物对氧气的需求，大致可将光合作用划分为厌氧光合作用和有氧光合作用两大类。前者主要在光合细菌中进行，而后者则主要在藻类和高等植物内进行，属光合生物进化后期出现的高级光合作用方式，也是目前自然界广泛存在并占主导地位的光合作用方式。

绿色植物（包括藻类）中进行的有氧光合作用是指它们在光照下利用 CO_2 和 H_2O 合成有机物质，并释放出氧气（O_2）的过程，其总的反应式可以表示为

$$CO_2 + H_2O \xrightarrow{\text{光}} (CH_2O)_n + O_2 \tag{5-1}$$

式中：$(CH_2O)_n$ 代表碳水化合物。反应中光能被转化为化学能并储存于光合产物之中。所以，光合作用不仅是一个物质转化的过程，同时也是一个能量转化的过程。以光合作用产生葡萄糖分子（$C_6H_{12}O_6$）为例，上述反应式可以改写成

$$6CO_2 + 6H_2O \xrightarrow{\text{光}} C_6H_{12}O_6 + 6O_2 \tag{5-2}$$

按此方程，植物光合作用每合成一个葡萄糖分子，将有 6 个碳原子被固定。由于 1mol 葡萄糖燃烧反应时释放出 2872kJ 自由能，因而每固定 1mol 碳（即 12g 碳），就意味着转化和储存约 479kJ 能量。据估计，地球上每年通过植物光合作用约固定 1.55×10^{11} t 碳，相当于储存 6.2×10^{18} kJ 能量，约折合 1.7×10^{15} kW·h 电。若按目前世界每年所消耗的燃料（煤、石油和天然气等）相当于 3×10^9 t 碳，合 12.0×10^{16} kJ 能量计算，它足够供应人类使用 50 年。但是，如果与每年太阳辐射到地球表面可见光部分能量（20.9×10^{20} kJ）相比较，它还不到 1%。由此可见，提高植物对光能的利用效率还是大有潜力可挖的。

植物的光合作用不仅是一个规模巨大的能量转换过程，它所合成的有机物质不仅是人类生命活动的物质基础，还是农业、林业和其他一切种植业、畜牧业及水产养殖业的物质基础。而它所释放的 O_2 则是最初大气中 O_2 和如今维持大气中 O_2 浓度平衡的主要来源。所以说，光合作用与人类的生命活动和生产活动是休戚相关的。为此，光合作用现象一被发现，就成为一个世界瞩目的研究课题，吸引着广大的自然科学工作者。人们研究光合作用的目的，不仅在于揭示自然界这一特异的生命活动规律，而且企图模拟这一过程，提高它的光能转换效率，使人类获取更大的经济效益。

虽然人类对光合作用的实验研究，从 1772 年英国化学家 Priestley 的著名蜡烛燃烧实验开始至今，已经历了 200 多年的历程，也曾取得过许多划时代的突破性进展，但由于这一过程的复杂性，迄今仍停留在认识阶段，而且还有许多关键性的问题尚未得到解决。就目前已有的知识，至少可将绿色植物的光合作用划分为四个相对独立的中间过程，即光能的吸收与传递、原初光化学反应、电子传递及偶联的磷酸化作用以及碳素同化作用。这四个过程对高等植物来说，都是在叶绿体内完成的，如图 5-2 所示，以下简要介绍光合机构：

(1) 叶片。叶片是高等植物的主要光合作用器官。它由 4~10 层细胞组成，厚几百微米。在上表皮、下表皮（通常为一层细胞）之间有栅栏组织（Palisade Mesiphyll Cell）和海绵组织（Spongy Mesiphyll Cell）构成的叶肉组织及贯穿其间的维管束，如图 5-2 所示。由于维管束的存在，在叶片表面可看到粗细不等的叶脉（Vein）。细长柱形的栅栏细胞与表皮垂直排列于上表皮之下，长约 80 μm。球形的海绵细胞位于栅栏细胞和下表皮之间，半径约 20 μm。每个叶肉细胞都含有几十个甚至上百个叶绿体。这两类细胞的大部表面暴露在空气之中，其间的空隙便于气体分子的扩散。表皮细胞通常无

色，不含叶绿体，但是保卫细胞例外。表皮细胞接触空气的一侧覆盖不透水的角质层。角质基本上由含16-碳和18-碳的单羧酸酯的多聚物组成。角质层不仅可有效防止叶片过量的水分损失，而且可以抵抗微生物的酶降解作用。在表皮上，有许多由成对保卫细胞围成的气孔，是叶片与周围环境进行 CO_2、氧气和水蒸气等气体交换的通道。叶片内的维管束则是叶片与植物体其他器官——茎、根系和果实等之间进行水分、矿质营养和光合产物等运输的通道。植物茎、花和果实等器官的绿色部分也能进行光合碳同化作用。借助于光学显微镜，在叶肉细胞中可看到许多透镜或铁饼状的叶绿体。借助于电子显微镜，可观察到叶绿体内的类囊体膜片层结构。

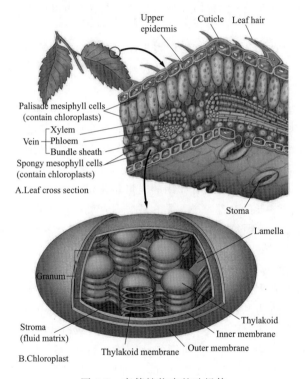

图 5-2　高等植物中的叶绿体

（2）气孔复合体。在叶片和茎表皮上，由形态不同于一般表皮细胞的一对保卫细胞形成气孔复合体。保卫细胞大多为肾形，但是单子叶植物的保卫细胞为哑铃形。一些种类植物的气孔复合体还包括副卫细胞，副卫细胞在气孔运动和离子储存上发挥作用。大部分植物叶片的上表面、下表面都有气孔，但是下表面的气孔比较多，这类叶片称为两面气孔叶。有的植物，特别是树木，只在下表面有气孔，称为下生气孔叶。而一些水生植物，仅在叶片的上表面有气孔，称为上生气孔叶。单子叶植物叶片上表面、下表面的气孔数目相类似。气孔密度受水分、光强和 CO_2 浓度等环境因素的影响。由于叶片表面的角质层几乎不能透过水和 CO_2，气孔的开关运动在叶片内外的气体交换，特别是光合作用和蒸腾作用中发挥关键的调节控制作用。并且，气孔在通过蒸腾使叶片冷却、阻止有害的臭氧与病原体进入以及长距离信号转导上也都起重要作用。

（3）叶绿体。早在19世纪末，人们用光学显微镜观察植物叶片的解剖学结构就已发现，植物叶片的绿色色素都集中在一些细胞中的小颗粒上，这些小颗粒被称为叶绿体。直到1934年英国学者R. Hill将叶绿体从体内分离出来，并在体外系统完成了光合作用的全过程以后，才正式确认叶绿体是进行光合作用的机构。叶绿体存在于植物的绿色细胞中，其形状、大小和数量随植物的种类与生长环境而异。通常叶绿体是均匀的分布在细胞中，但它们在细胞内也能进行一定的运动，以适应光照强度的变化。在弱光下，叶绿体以扁平的一面朝着光，从而加大受光面积以接受最大的光量；但在强光下，它们多以狭小的侧面向着光，并移向细胞的侧壁，以避免过度的强光照射引起叶绿体结构和功能的破坏。

用电子显微镜观察叶绿体的精细结构表明，一个典型的高等植物成熟叶绿体，其表面由一层双层膜（外膜和内膜）包裹着，称为叶绿体的外被膜。每层膜的厚度约为2nm，具有高电子密度。两层膜之间由一厚度约为1nm，被电子光束"透明"的区带分隔开。外被膜由类胡萝卜素类物质组成，无叶绿素，而且其脂类物质及蛋白质的多肽成分亦与内部的叶绿体层膜系统不同。外被膜对物质的透性十分敏感，它起着选择通透的屏障作用，控制叶绿素代谢产物的出入，使叶绿体内外发生频繁的物质、能量和信息交流。在叶绿体内部，可明显地划分为两个不同的区域——间质（Stoma）和类囊体（Thylakoid）。这种相态的分离与光合作用的能量转换密切相关。间质的电子密度较小，其内含有同化CO_2所需要的全部酶类，是合成光合产物——碳水化合物的场所。此外，间质内还分布着许多亲锇颗粒、脱氧核糖核酸（DNA）纤丝和核糖体等。核糖体是进行质体蛋白质合成的部位。

（4）类囊体。类囊体是叶绿体中执行光能吸收与转化的场所。类囊体亦是一种膜系统，因此又称其为类囊体膜或光合膜。类囊体在间质中呈不对称分布，并表现出两种不同的形态结构，一种称为基粒（Grana）或基粒膜或基粒片层（Grana Lamella）。另一种称为基质或间质膜或基质片层（Stroma Lamella）。基粒通常由10~100个类囊体垛叠而成，直径约为0.3~2 μm。在一个典型的叶绿体中约含有40~60个基粒。间质膜系指间质中未发生垛叠的类囊体，其上有小孔。它们贯穿在整个间质中，有的与一个，而有的则与几个基粒相联系，形成一个三维空间的网络结构，如图5-2所示。类囊体膜的结构如图5-3所示。

类囊体中的各种化学成分在膜内的分布并非是杂乱无章的，而是与蛋白质相结合、组成不同的超分子蛋白质复合体有序地排列并镶嵌在这种脂双层膜上。高等植物类囊体上的超分子蛋白质复合体主要包括（从左向右依次）：光系统Ⅱ（PSⅡ）、光系统Ⅰ（PSI）、细胞色素b_6f蛋白复合体（$Cytb_6f$）和ATP合酶四大类。

PSⅡ由外周捕光（天线）色素蛋白复合体（LHCⅡ）、内周捕光（天线）色素蛋白复合体（CP43和CP47等）、反应中心色素蛋白复合体（PSⅡ-RC）和Mn簇合物和外周蛋白33kDa、24kDa和17kDa等组成。在一个PSⅡ-RC中只有2个叶绿素a（Chl a）分子具有光敏化性质，它们组成特殊的"分子对"，在光催化的原初光化学反应中起着原初电子供体的作用，而它的原初电子受体则为 Pheo。由于这一特殊的 Chl a "分子对" 在其氧化还原吸收差光谱的 680nm 有一明显的高峰，故一般称为 P_{680}。

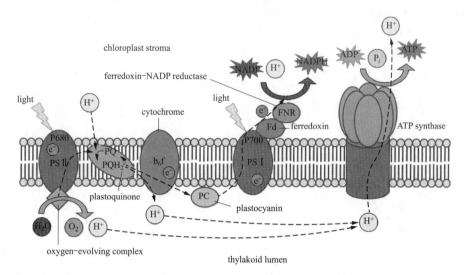

图 5-3　类囊体膜的结构

PS I 与 PS II 相似，PS I 也是由捕光（天线）色素蛋白复合体（LHC I）和反应中心色素蛋白复合体（PS I-RC）组成，但无与放氧气有关的 Mn 簇合物和外周蛋白。PS I-RC 中组成特殊 Chl a "分子对"，在原初光化学反应中起原初电子供体功能的是 P_{700}，因为它的氧化还原吸收差光谱中，在 700nm 有最大吸收，故而得名。

Cytb$_6$f 由 4 个主要的大亚基：Cytf（33/34kDa）、Cytb$_6$（23.5kDa）、Rieske 铁硫蛋白（Rieske Fe-S，20kDa）和亚基 IV（17kDa）；4 个小亚基（MW＜5kDa）：PetG、PetL、PetM 和 PetN；2～3 个 Chl a 分子和 1～2 个类胡萝卜素分子组成。

ATP 合酶由 CF$_1$ 和 CF$_0$ 两部分组成。其中 CF$_1$ 的分子量约为 400kDa，由 5 个亚基组成。而 CF$_0$ 的分子量约为 170kDa，由 4 个亚基组成。

（5）色素系统。在光合作用中，参与光合作用的主要是叶绿素，从事光能吸收和光化学反应，而类胡萝卜素和藻胆素则被称为辅助色素，可吸收那些叶绿素不吸收的光波，并且将这些光能传递给叶绿素，这样可更充分地使用从近紫外到近红外范围内的太阳光能。这些色素分子结合在特定的蛋白质上，形成色素—蛋白复合体，如反应中心复合体、捕光天线复合体等。

几乎所有的光合生物都含有叶绿素。陆生植物、藻类和蓝细菌都合成叶绿素，而厌氧的光合细菌则合成细菌叶绿素。叶绿素是结构与功能不同的一组含有大环的色素。叶绿素分子在化学上对酸、碱、氧化和光都是不稳定的，有相互聚合和与周围其他分子相互作用的趋势。叶绿素是光合生物的生命线，没有它们，植物便无法实现光能的吸收与转化。早在 20 世纪初叶绿素就成为一个重要的研究领域，并且确定叶绿素分子结构与基本特征（包括实验式和含有镁）、测定叶绿素分子的全结构和完成叶绿素分子的体外全合成三项重要研究成果相继三次（1915、1930 年和 1965 年）获得诺贝尔化学奖。

1）分子结构。叶绿素的基本结构是由 4 个吡咯环结合成的卟啉分子，其中间靠各吡咯环的一个氮原子协同结合一个镁原子（血红素结合一个铁原子，称亚铁原卟啉）。在第三、四吡咯环之间形成一个不含氮原子的第五环，而在第四环的下面（通过酯化）连接一个名为植醇的长烃（由 4 个异戊二烯分子缩合而成，含 20 个碳原子）非极性的尾巴，帮助叶绿素分子结合到类囊体膜上色素—蛋白复合体的蛋白质上。参与光吸收的主要是卟啉环中 9 个双键构成的共轭双键系统。国际纯粹与应用化学协会（IUPAC）将叶绿素分子中的 5 个环分别编号为按顺时针排列的 A、B、C、D、E，如图 5-4 所示。

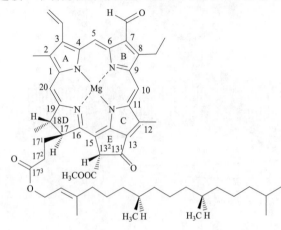

图 5-4　叶绿素 b 分子结构

各种叶绿素因其环结构周围的取代基不同而异。叶绿素 a（分子式 $C_{55}H_{72}N_4O_5Mg$，相对分子质量为 893.5）分子中 B 环的 C-7 原子上时甲基（CH_3），而叶绿素 b 的同一部位则是甲酰基（CHO）。一种加氧酶催化 CH3 转化为 CHO，结果叶绿素 a 转化为叶绿素 b。这个结构变化使其在红光区域的最大光吸收峰向较短波长偏移。

所有的光合放氧生物都含有叶绿素 a。在叶绿素乙醚溶液的吸收光谱中有一个蓝带和一个红带，吸收峰分别在 430nm 和 662nm，所以它的特征颜色是绿色的。虽然叶绿素有红、蓝两个强吸收带，但是它的荧光却基本上都在红光区，这是由于蓝光引起的高激发态叶绿素很不稳定，很快非辐射的转变为低激发态的缘故。有些光合真核生物还含有叶绿素 b、叶绿素 c 或叶绿素 d。叶绿素 c 不含植醇尾巴。叶绿素 d 与叶绿素 a 的区别只在 A 环的 C-3 原子上，前者是甲酰基，而后者是乙烯基。绿色植物和绿藻都含有叶绿素 a 和叶绿素 b，褐藻和硅藻含叶绿素 c，而红藻含叶绿素 d。这些结构上的小变化导致不同的叶绿素光吸收特性的很大变化。叶绿素 a 分子中的 Mg^{2+} 被 2 个 H^+ 取代后成为去镁叶绿素 a。酸性条件促进该取代反应。去镁叶绿素是光系统 II 的原初电子受体。

2）光吸收特性。叶绿素主要吸收蓝光（430nm）和红光（680nm）。不被吸收的绿光被反射，以至于观察者看到它是绿色或蓝绿色的。另外，类囊体膜上与叶绿素非共价结合的蛋白质也影响光吸收。虽然叶绿素很少吸收绿光，可是由于多次散射增加光径长度，以至于叶片可吸收照射到叶片上绿光的 80%。在以蓝绿光占优势的水生环境中，藻和光合细菌通过叶绿素 c 和类胡萝卜素及藻胆素蛋白可吸收绿色光。由于对光的强吸收和长寿命的激发态，叶绿素分子是强有力的光敏化剂。在绝大多数放氧光合生物中，反应中心的色素分子都是叶绿素 a，但是在一些蓝细菌反应中心的色素分子去不是叶绿素 a，而是叶绿素 d。叶绿素的荧光发射峰波长略长于其最大吸收峰的波长。

3）生物合成。通过标记研究、酶生物化学和突变体分析，已经阐明叶绿素的生物合成途径。叶绿素生物合成途径包括 17 个酶促反应步骤，开始于 5-氨基乙酰丙酸（5-aminolevulinate，ALA）的形成，然后 8 分子 ALA 缩合，最后形成对称的不含金属的原卟啉 Ⅸ。原卟啉 Ⅸ 是合成途径中的一个分支点，它与 Fe 结合成为血红素（亚铁原卟啉），与 Mg 结合而成为叶绿素。在合成叶绿素这一支路中还包括第五环的形成，而最后一步是结合一个植醇尾巴。叶绿素合成过程需要使用 ATP 和 NADPH。在植物和蓝细菌中，ALA 来自谷氨酸。被子植物原脱植基叶绿素的还原是严格依赖光的，而裸子植物、藻类和光合细菌含有不依赖光的原脱植基叶绿素还原酶，所以它们可以在黑暗中合成叶绿素。叶绿素 a 分子中 C-7 上的甲基氧化变成甲酰基便成为叶绿素 b，而叶绿素 b 也能被还原为叶绿素 a。叶绿素 a 是叶绿素 d 的前体。

4）多种功能。在光合生物中，叶绿素具有如下多种功能：①在捕光复合体或天线中，它们能够有效地吸收光能；②它们能有效地将吸收的光能传递给反应中心，在叶绿素分子之间，能量传递的 Forster 和激子机制占优势，另外，通过电子交换传递能量的 Dexter 机制也是有效的，特别是类胡萝卜素和叶绿素分子之间的单线态能量传递；③反应中心复合体中的叶绿素分子能完成电荷分离反应，从而开始光合电子传递；④保护光合机构免于光破坏，聚合的叶绿素是激发能出色的猝灭剂；⑤稳定捕光复合体的结构；⑥叶绿素前体参与叶绿素生物合成的反馈控制和色素—蛋白复合体的脱辅基蛋白翻译与输入的调节及质体与细胞核的相互作用。另外，在细胞色素 $b_6 f$ 复合体内含有 1 个叶绿素 a 分子，其功能还不十分清楚。

在所有光合生物中发现的第二组色素分子是类胡萝卜素，包括胡萝卜素和叶黄素。胡萝卜素分子是一个含有共轭双键的烃长链，以其末端基团的不同而不同，而叶黄素的末端环中含有氧原子，是胡萝卜素的含氧衍生物。现在知道的自然形成的类胡萝卜素有 600 多种，其中约有 150 种存在于高等植物、藻类和光合细菌。放氧的光合生物中的胡萝卜素分子两端通常有环结构，并且大多含有氧原子，作为羟基或环氧基的组分。高等植物叶片中的主要色素是叶绿素，大量吸收红色光、蓝色光，反射和透射绿色光，因此呈现绿色。秋天，落叶植物叶片中的叶绿素降解，剩余的类胡萝卜素主要吸收蓝色光、绿色光，因此叶片呈现黄色、橘色和红色。除了叶绿体色素—蛋白复合体以外，细胞器色质体（Chromoplast）也含有类胡萝卜素，番茄果实和胡萝卜根以及许多花瓣中的色质体使它们分别显示出特殊的红色、橘红色。动物不能合成类胡萝卜素，金丝鸟、火烈鸟等漂亮的黄色、红色都通过进食来自植物的类胡萝卜素。

类胡萝卜素是 4 萜（C_{40}）分子，它来自 8 个异戊二烯（有 5 个碳原子和 2 个双键，叶绿体内非甲羟戊酸途径的产物）单位。所有类胡萝卜素的前体八氢番茄红素都是由 2 分子牻牛儿酰牻牛儿基二磷酸合成。在 β-羟化酶催化下，β-胡萝卜素转化为玉米黄素（Zeaxanthin）。玉米黄素环氧化形成紫黄素（Violaxanthin），而后者又可去环氧化形成玉米黄素，从而构成叶黄素循环。α-胡萝卜素羟化产物为叶黄素（Lutein），这是植物叶绿体内最丰富的叶黄素，其结构如图 5-5 所示。类胡萝卜素生物合成的第一阶段是由具有 5 个碳原子的异戊二烯逐步缩合成含 10-碳、20-碳和 40-碳的化合物，结束于八氢番茄红素。第二阶段是逐次去饱和步骤，逐步增加共轭双键，终产物是番茄红素。在大部分生物体内，还有分子末端的环化、衍生化等阶段。

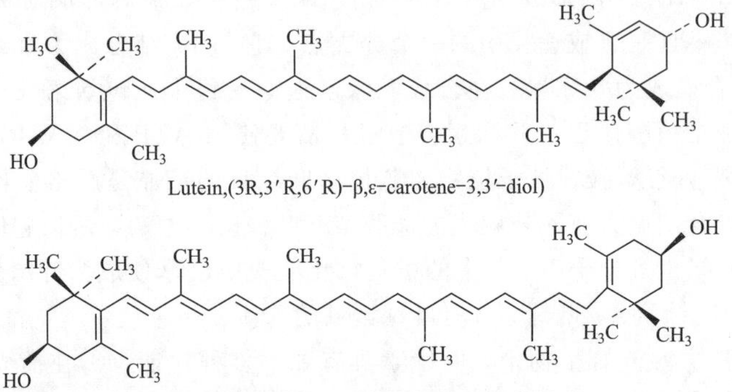

Lutein,(3R,3′R,6′R)-β,ε-carotene-3,3′-diol)

Zeaxanthin,(3R,3′R)-β,β-carotene-3,3′-diol)

图 5-5　叶黄素分子结构

类胡萝卜素呈现橘黄色，吸收那些叶绿素不吸收的光（420～560nm），并且，分子越长、共轭双键越多，吸收光的波长越长。它通常有三个吸收带，在体内的吸收带与在有机溶剂中相比向长波移动 20～30nm。它能将吸收的光能传递给叶绿素分子，传递效率高达 70%，甚至接近 100%。在光合作用上重要的是那些具有 9～12 个双键共轭系统的类胡萝卜素。大部分天线复合体中都含有类胡萝卜素。它们在光合生物中具有双重作用。除了作为辅助色素的作用外，类胡萝卜素在捕光复合体的装配和防御光合机构的光氧化破坏上都有重要作用。类胡萝卜素能迅速接受三线态叶绿素的激发能，从而防止它们与氧作用形成单线态氧。另外，它们也可直接起抗氧化剂的作用，可能还有稳定和保护类囊体膜脂的作用。类胡萝卜素还能通过叶黄素循环调节天线的能量传递，安全耗散过量的激发能。玉米黄素可作为光受体参与气孔开放和某些向光性响应。

在蓝细菌、红藻中发现的另外一类光合色素是藻胆素，相对分子质量为 586。它们是线形（开链）的四吡咯色素，分子结构与光敏素很相似，其中最普通的两种是藻蓝素和藻红素。这些色素在红藻和蓝细菌的光能吸收上发挥重要作用，吸收 520～670nm 的光。在这些有机体中，藻蓝素和藻红素分别与其脱辅基蛋白（分子质量为 30～35kDa）结合成藻蓝蛋白和藻红蛋白。藻蓝蛋白、藻红蛋白和别藻蓝蛋白又构成复杂的藻胆体。含 300～800 个藻胆素分子的藻胆体结合在蓝细菌和红藻类囊体膜的外表面。藻胆素与脱辅基蛋白的结合是共价结合，而叶绿素和类胡萝卜素与蛋白质的结合是通过比较弱的氢键和疏水的相互作用。藻胆色素来自与叶绿素、血红素一样的生物合成途径。然而，它们没有植醇尾巴，是水溶性的，也不含金属离子。这些色素通过其乙烯基侧链和蛋白质的半胱氨酸残基之间的硫酯键与专门的蛋白质共价结合。藻红蛋白结合藻红素，而藻蓝蛋白结合藻蓝素。

（6）光反应系统。各种光合生物的光反应系统都包括反应中心和天线。不放氧的光合细菌只有一个光系统，而放氧的蓝细菌、藻类和高等植物则有两个光系统，光系统Ⅰ

和光系统Ⅱ，反应中心都在 680nm 和 700nm 的光下运转。在演化过程中，它们之所以选择这些波长的光，可能是由于 680～720nm 的光用于电荷分离时具有最大的能量转化效率。两个光系统各自形成具有复杂结构的超分子复合体，镶嵌在类囊体膜上。

1）光系统Ⅰ。在放氧光合作用中，通过非循环电子传递及其偶联的光合磷酸化形成同化力 NADPH 和 ATP 的过程，是在串联的两个光系统（PSⅠ和 PSⅡ）的协调作用下完成的。放氧依赖 PSⅡ，而 NADPH 形成离不开 PSⅠ。植物 PSⅠ超分子复合体包括反应中心复合体和外周天线复合体（LHCⅠ），其蛋白质实体共结合约 200 个色素分子，如叶绿素等，总大小为 18nm×15nm×10nm。它的演化过程迄今约有 35 亿年，是纳米规模的几乎完美的光—电转换机构，其量子效率为 1。PSⅠ也被称为质体蓝素—铁氧还蛋白氧化还原酶。每个 PSⅠ单体结合 4 个 LHCⅠ。在分子质量大约为 600kDa 的 PSⅠ超分子复合体中，外周捕光复合体 LHCⅠ的分子质量大约为 160kDa。LHCⅠ由 4 个核基因编码的多肽组成，这些多肽属于叶绿素 a/b 结合蛋白（LHC）家族。每个 Lhca 蛋白有 3 个跨膜螺旋，结合 11～12 个叶绿素和 9 个作为 Lhca 复合体之间连接者的叶绿素分子。LHCⅠ单体相对松散、灵活的耦合为双体，行使两个重要功能：①最有效的捕捉光能并传递激发能；②应对强度经常变动的光。光强提高会导致 PSⅡ结合的天线 LHCⅡ急剧变小，然而在 LHCⅠ没有观察到这样的效应。随着光强变化的不是 LHCⅠ的大小，而是它的组成。PSⅠ的结构如图 5-6 所示。

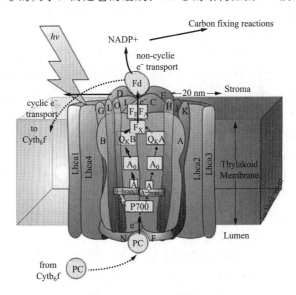

图 5-6 PSⅠ的结构

2）光系统Ⅱ。光系统Ⅱ是产生氧的部位。氧的产生导致地球上一切需氧生命的出现以及多种高级生物体的激增。光系统Ⅱ超复合体主要由一个核心复合体和几个捕光蛋白复合体组成，总分子质量超过 1000kDa。PSⅡ含有的 11 个类胡萝卜素分子，与叶绿素 a 分子有紧密联系，使它们能迅速将激发能传递给附近的叶绿素 a 分子，也能猝灭三线激发态叶绿素 a 分子，防止过量光引起的光破坏。在 PSⅡ所含的 20 多个（4 种）脂分子中，有 11 个构成一条围绕 PSⅡ反应中心的带，使其与天线和一些低分子质量膜蛋白亚单位分开。有 3 个位于单体之间的界面。这些脂分子都有专门的功能，缺失或替换会影响 PSⅡ结构的稳定和电子传递，特别是 Mn_4Ca 簇的稳定与放氧活性。

在每个 PSⅡ单体中还含有 1300 多个水分子，在间质侧和类囊体腔侧各有一层。这些水分子的大部分是叶绿素的配体，其中的一些靠氢键形成的网可能是水分子裂解后产生的质子和氧分子进入类囊体腔的通道。锰簇附近的氯离子除了对放氧复合体的稳定作用外，可能还参与这种通道的运输。

PSⅡ中主要的外周天线 LHCⅡ是地球上第二丰富的蛋白质，存在于高等植物和一些藻类中。其结合的叶绿素分子之间距离为 8～11Å，便于迅速而有效的能量传递。LHCⅡ由一些结合有叶绿素和叶黄素的分子质量为 24～29kDa 的多肽组成，含有 3 个跨膜 α 螺旋。LHCⅡ和 LHCⅠ还含有叶绿素 b，使"绿色缺口"变窄，可吸收更多的光。在状态 1 向状态 2 转变的过程中，绿色植物的 LHCⅡ有 10％～20％从 PSⅡ转移到 PSⅠ。

LHCⅡ不仅有为反应中心捕获、输送光能的功能，而且在耗散过量光能、防御光破坏上发挥重要作用。当光能过剩时，它从捕光态转变为耗散态，将过量的能量无害的耗散。另外，LHCⅡ还有通过状态转换平衡两个光系统光吸收的作用。

两个光系统的比率不是固定不变的，PSⅠ/PSⅡ的比例为 0.2～10.0，随着周围环境条件的变化而变化，对光强、光质以及盐、CO_2 浓度等的变化做出响应。在优先激发 PSⅡ的光（550～620nm）下生长时，PSⅠ/PSⅡ比率高，而在优先激发 PSⅠ的光（435～680nm）下生长时，PSⅠ/PSⅡ比率低。PSⅠ/PSⅡ比率在弱光下生长时高，而在强光下生长时低。在低 CO_2 或高盐浓度下生长时高，而在高 CO_2 或低盐浓度下生长时低。PSⅡ的结构如图 5-7 所示。

（7）膜系统。叶绿体的膜系统包括双层的叶绿体被膜和叶绿体中的类囊体膜以及镶嵌在膜上的多种膜蛋白复合体。光合作用过程中的光化学反应和电子传递反应都发生在类囊体膜上，因此类囊体膜也被称为光合膜。一些类囊体垛叠呈基粒，直径为 300～600nm，含有 10～20 层类囊体膜。构成基粒的类囊体膜称为基粒片层膜，而没有形成基粒的类囊体膜称为间质片层膜。基粒的形成可能是植物适应阴生环境的结果，基粒的形成使阴生环境中的光合作用更有效。

（8）ATP 合酶。ATP 合酶（偶联因子）这种分子马达，几乎存在于从细菌到植物、动物乃至人类所有类型的生物体中。它有三种不同的类型：储能型（F）、质膜型（P）和液泡型（V）。F 型（F_1F_0-ATP 合酶）存在于细菌的细胞质膜、植物的叶绿体与线粒体和动物的线粒体中，参与光合磷酸化和氧化磷酸化，是能量代谢的关键酶，如人体内的线粒体 ATP 合酶每天产生的 ATP 总量可达 50～75kg，只是由于不断的使用掉而不会这么大量的积累下来。它利用电子传递及其偶联的质子运转形成的质子动势、跨膜质子浓度差和跨膜电位差的总和，将 ADP 和无机磷（P_i）合成 ATP。ATP 合酶的活性受依赖 ΔpH 的活化和氧化还原反应的调节。该酶的氧化还原状态通过铁氧还蛋白、硫氧

还蛋白与 $NADP^+$/NADPH 氧化还原状态相偶联，而后者在光—暗转换时发生急剧的变化。只有处于活化状态的 ATP 合酶才能够催化 ATP 的合成和水解。ATP 合酶的结构如图 5-8 所示。

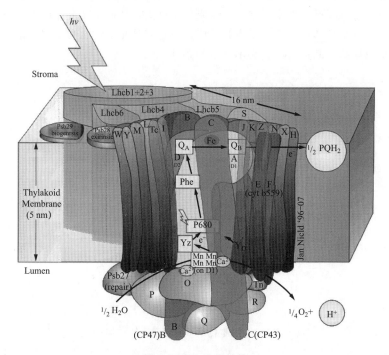

图 5-7　PS Ⅱ 的结构

（9）细胞色素 b_6f 复合体。细胞色素 b_6f 复合体（双体）是一个分子质量约为 217kDa 的构成性膜蛋白复合体，两个光系统的连接者，也是质子传递和电子传递的偶联者。双体是其功能所必需的。每个单体由 8～9 个多肽亚基组成。在线式或非循环电子传递中，细胞色素 b_6f 复合体通过质体醌从光系统 Ⅱ 接受电子，并且通过还原质体蓝素或细胞色素 c_6 将电子传递给光系统 Ⅰ。这个电子传递过程引起类囊体从叶绿体间质吸收质子，造成一个跨类囊体膜的电化学质子梯度，推动 Q 循环和 ATP 合成。细胞色素 b_6f 复合体的结构如图 5-9 所示。

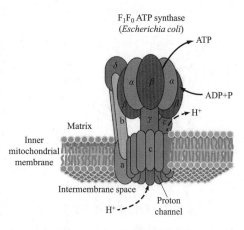

图 5-8　APT 合酶的结构

下面介绍光合作用过程：光合作用作为由几十个顺序发生于生物体内的化学反应构成的总过程，起始于光激发的原初光化学反应，继之以光合电子传递和与其偶联的光合磷酸化，为其后的碳同化提供必须的同化力，终结于淀粉和蔗糖等光合产物的形成。原初反应阶段的核心是反应中心的光化学反应，即电荷分离。天线的光能吸收与向反应中心的传递是电荷分离反应得以发生的前提，而水裂解提供的电子则使电荷分离的反应中心叶绿素分子得以复原，以便开始下一轮光化学反应，从而是光合作用不断持续下去的必要保障。虽然水裂解放氧不属于原初反应，但是它是光系统Ⅱ和光系统Ⅰ反应中心的原初反应得以连续不断进行下去必不可少的条件。

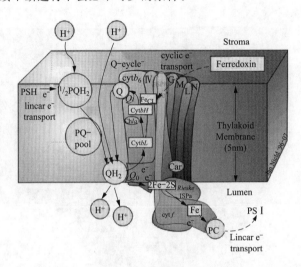

图 5-9 细胞色素 $b_6 f$ 复合体的结构

（1）光能的吸收与传递。指捕光色素分子对光能的吸收及其在不同色素分子间的传递。生长在自然界的绿色植物，进行光合作用的原动力来自太阳光照。在光合作用中，对光具有吸收作用的物质是类囊体膜中的各种色素分子。色素的吸收光谱代表它们吸收不同波长光子的能力。如图 5-10 所示，不同的色素分子对光能的吸收具有特征性的选择作用。

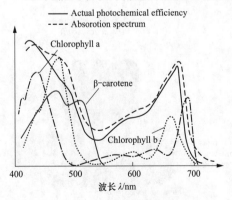

图 5-10 叶绿素的吸收光谱

叶绿素在可见光谱中有两个吸收峰，一个在蓝区，另一个在红区。叶绿素不吸收绿光，故植物的叶片呈现绿色。类胡萝卜素只在蓝区有吸收。植物光合作用可利用的波长范围与可见光谱接近。与其他物质（例如半导体）的光物理或光化学过程相比较，光合作用利用的谱带是比较宽的，这也是绿色植物利用光能效率比较高的原因所在。然而，并非植物色素吸收的光能都能全部用于光合作用。在通常的情况下，一个未被光活化的叶绿素分子处于它的最低能级状态，即基态。但当它吸收一个红光光子被激发以后，跃迁到激发单线态。处于这种高能状态的分子是极不稳定高的（寿命约为 10^{-9} s），它将通过下面三种途径去激发，释放它的能量而回到稳定高的基态：

1）非辐射去激发。能量以热的形式耗损。

2）发射荧光和磷光。叶绿素发射的荧光，其寿命约为 10^{-9} s。每 100 个吸收了光的叶绿素分子中约有 30 个会发出荧光，故肉眼都能看到。叶绿素发射的磷光寿命比荧光长得多，约为 $10^{-3} \sim 10^{-2}$ s，有的甚至长达数分钟。但强度只有荧光的 1%，故需要有比较灵敏的仪器才能测量到。叶绿色的荧光是由第一单线态回到基态时发出的，而叶绿素的磷光则是由三线态回到基态时发出的。

3）进行光化学反应。这是用于光合作用的能量部分。

以上三种过程是同时发生和相互竞争的。抑制光化学反应可使荧光发射增强。因此荧光产率变化的测定已成为光能转换研究中一种重要的监测手段。

虽然叶绿素分子对蓝光有更强的吸收，蓝光光子的能量可使色素分子跃迁到更高的激发单线态（第二单线态），但是这种高能分子更不稳定（寿命只有 10^{-12} s 左右），它迅速地经过许多小阶段（如亚稳态），以非辐射去激发的形式失去部分能量而跃迁至第一单线态，这种跃迁过程甚至在荧光发射和光化学反应之前就已完成，因此这部分能量对光合作用是无意义的。所以，一个蓝光光子所引起的光合作用与一个红光光子所引起的光合作用是相同的，如图 5-11 所示。

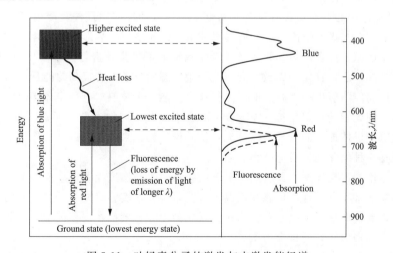

图 5-11　叶绿素分子的激发与去激发能级谱

在高等植物光合膜的各种色素分子中，只有极少数 Chl a 分子具有光敏化性质，能在光推动下引起光化学反应，人们称其为"反应中心色素"分子，即前面提过的 P_{680}（存在于 PS II-RC 中）和 P_{700}（存在于 PS I-RC 中），而其他的绝大多数色素分子仅起捕获光能，并将光能迅速传至"反应中心"的作用，故称之为"捕光色素"分子。由于"捕光色素"分子的作用与无线电中接收电磁波的天线相似，故一般也称其为"天线色素"分子。"天线色素"分子捕获的光能只有传至"反应中心色素"分子后，才能引起光化学反应，对光合作用做出贡献。

在植物体内绝大多数色素分子都是与蛋白质相结合，组成色素蛋白复合体的方式存在的，其中天线色素蛋白复合体就有 PS Ⅱ 的外周天线色素蛋白复合体 LHC Ⅱ 和内周天线色素蛋白复合体 CP43 和 CP47，以及 PS Ⅰ 的天线色素蛋白复合体 LHC Ⅰ。

（2）原初光化学反应。光合作用的原初反应指"反应中心色素"分子接受光能后，最初进行的光物理和光化学反应过程。其结果是通过电荷分离的方式将光能转换成位能，产生一个强还原剂和一个强氧化剂，其中的强氧化剂参与 H_2O 的氧化产生 e^- 和 H^+，并释放出 O_2，而其中的强还原剂则参与其后电子传递的氧化还原反应。原初光反应是在光合"反应中心"内进行的，因此"反应中心"即是进行原初光反应的最小单位。最初，人们在最适的闪光条件下测定叶绿体的光合放 O_2 发现，每释放一个 O_2 分子需要 8 个光子，约 2500 个叶绿素分子参加反应。按照爱因斯坦光化学定律：一个分子吸收一个光子，就能引起一个光化学反应。因此一个"反应中心"应含有 $2500 \div 8 \approx$ 300 个叶绿素分子。然而对高等植物 PS Ⅱ "反应中心"提纯的结果表明，一个高度纯化的"反应中心"仅含有 4～6 个 Chl a 分子、2 个 Pheo 分子和 2 个 β-Car 分子。其中只有 2 个 Chl a 分子（它们组成双分子体）具有光敏化的性质，即所谓的"反应中心色素分子"，而其余的色素分子中，除了 2 个 Pheo 分子作为原初电子受体外，其余的 Chl a 和 β-Car 分子均为辅助色素分子，它们或起捕获光能作用或起光保护作用。为了进行电荷分离，"反应中心"必须含有一个原初电子受体（即反应中最先接受电子的载体或电子递体）和一个次级电子供体，它所提供的电子用于使反应后形成的氧化态"反应中心色素"分子还原。光合作用的原初光反应大致按如下的步骤进行：当"反应中心色素"分子接受光能以后，首先变成激发态。处于激发态的分子具有很高的能量，是极不稳定的，它迅速向周围射出一个高能电子。当这个高能电子被原初电子受体接收时，即发生电荷分离，使光能转换成位能。"反应中心色素"分子因射出电子所造成的电子亏缺，将由次级电子供体提供的电子加以补充，使其恢复到原来的状态。光合作用的原初光反应实质上是一种氧化还原反应过程。

光合作用的原初光反应具有两个显著的特点：①与温度无关；②反应速度快。原初光反应既能在常温下进行，也能在低温下进行，因此在实验研究中，往往采用低温将它以别的生化反应和化学反应分开。原初光反应的速度一般都在皮秒范围内。此外，原初光反应的产物寿命短，而且量很微。

（3）电子传递及偶联的磷酸化作用。将位能转换成活泼的化学能，并携带在其形成的高能中间产物——还原的辅酶Ⅱ（NADPH₂）和三磷酸腺苷（ATP）中。光合作用原初光反应形成的位能须经过一系列电子传递（或氧化还原反应）过程方能转化成活泼的化学能，为光合碳素同化作用和体内其他耗能氧化还原过程所利用。在高等植物中，光合电子传递过程包括两个色素系统（PSⅡ和PSⅠ）以串联的方式协同动作和分布于类囊体膜中的各种电子递体参加，它们相互衔接组成一条电子传递链，通常称为"光合链"。目前公认的光合链是 1960 年英国学者 Hill 和 Bendall 根据各电子递体的氧化还原中点电位和它们彼此被光系统催化的氧化还原性质首先提出，并经过后人不断修正而日臻完善的。由于它的性状很像英文字母"Z",故又称为"Z链",如图 5-12 所示。

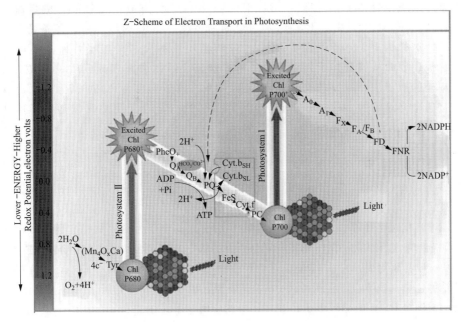

图 5-12　光合电子传递"Z链"

"Z链"具有以下特点:

1)两个光系统以串联的方式相协作,共同完成电子从 $H_2O \rightarrow NADP$ 的传递。

2)两个光系统之间通过许多中间电子递体相连接。

3)"Z链"的一端,最初的电子供体是 H_2O,它氧化时经过四个反应步骤,相继供出四个电子,分出四个质子和放出一个 O_2; "Z链"的另一端,最终的电子受体是 NADP,它接受电子和质子被还原成 $NADPH_2$。

4)在电子传递链的某些阶段上偶联着磷酸化作用,把二磷酸腺苷(ADP)和无机磷酸盐(P_i)转化成三磷酸腺苷(ATP)。

早在 20 世纪 40 年代,Emerson 根据 Warburg 的推论(光合作用包括一个光反应和一个暗反应)曾设想:如果光合作用仅含有一个光反应,而这个光反应为叶绿素所敏化的话,那么凡是这种叶绿素所吸收的光,都应表现出相同的光合量子效率。但事实并非如此。他首先用一长波红光(>690nm)照射绿藻(小球藻),发现其光合放 O_2 的量子效率下降,即所谓的"红降"现象;而后他在这种长波红光之外,同时再加一短波红光(<680nm)照射,则观察到其放 O_2 的量子效率大增,比单独使用这两种光照射的量子效率都高,即所谓"双光增益效应"。双光增益效应的发现不仅证明光合作用实际上包含两个光反应,它们分别由 PS Ⅱ 和 PS Ⅰ 两个色素系统吸收的光推动,PS Ⅱ 吸收短波红光(<680nm),PS Ⅰ 吸收长波红光(>690nm);而且说明两个光系统是以串联的方式协同动作的。

在高等植物 PSⅡ中，"反应中心色素"分子 P_{680} 受光激发后射出的高能电子，首先被它的电子受体 Pheo 接受，形成 $Pheo^-$。$Pheo^-$ 可将电子经过两个醌蛋白复合物 Q_A 和 Q_B 传给 PQ，引起 PQ 还原。PQ 是质体醌 A 和 C 的混合物。每条光合链大约含 6 个这样的 PQ 分子组成 PQ 库。PQ 的光还原不仅需要电子，而且还需要质子。它被还原时从类囊体膜外侧吸收质子；被氧化时则向膜内释放质子，其结果促使膜内外的质子进行频繁的交换，形成膜内外的质子梯度。PQ 的氧化还原过程是由连接两个光系统的中间电子递体 $Cytb_6f$ 催化的。P_{680} 在射出电子以后，迅速从它的电子供体获取电子而复原。

在 PSⅠ中，"反应中心色素"分子 P_{700} 受光激发后射出的高能电子，首先被一个距其最近的（约 2nm）、称为 A_0 的 Chl a 分子接受，然后将它传递给次级电子受体 A_1。A_1 是两个叶绿醌分子，但已有实验证明在电子传递过程中只有一个叶绿醌分子是必须的。最后这个电子经几个 4Fe-4S 原子簇（F_X、F_A 和 F_B）传至 Fd，并在 Fd-NADP 还原酶（FNR）催化下还原 NADP。P_{700} 射出电子后引起的电子亏缺，将由它的次级电子供体 PC 提供的电子加以补充，使其恢复至原来的状态。PC 供出电子以后被氧化成 PC^+。PC^+ 是一种弱氧化剂，它从 Cytf 获得电子而使 Cytf 氧化。在类囊体膜中，还存在有另一种细胞色素（$Cytb_6$），它既可被 PSⅠ光还原，也可被 PSⅠ光氧化。因此 $Cytb_6$ 亦可能是参与围绕 PSⅠ的循环电子传递过程中的中间电子递体。

在活体内，光合电子传递远比图 5-12 所示的情况复杂。据推测，一个类囊体膜上可能存在有 200 条光合链，每 10 条链组成一"束"，它们是互相沟通的。而且有些电子递体，例如 PQ 和 Cytf 并不固定属于哪一条链。因此决不可将图 5-12 所示的光合电子传递途径视为完美无缺和固定不变的模式。

（4）碳素同化作用。利用 $NADPH_2$ 和 ATP（合称同化能力）将 CO_2 还原成碳水化合物，与此同时将活泼的化学能进一步转化成相对稳定的化学能，储存在这类光合产物之中。

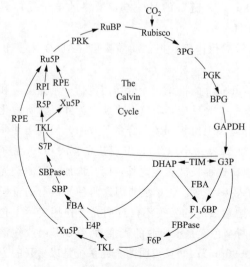

图 5-13　光合碳还原循环或 C_3 循环

光合碳还原循环，以前常备称为卡尔文（Melvin Calvin）循环。卡尔文因为阐明这个循环的成就荣获 1961 年度诺贝尔化学奖。这个循环常称为 CBB 循环，有时也被称为还原性磷酸戊糖循环。由于其第一步反应羧化固定 CO_2 的产物磷酸甘油具有 3 个碳原子，这个循环也被称为 C_3 循环或 C_3 途径。它包括 RuBP 羧化、磷酸甘油酸还原和 RuBP 再生 3 个阶段，共 13 步反应，如图 5-13 所示。

与只通过光合碳还原循环同化 CO_2 的 C3 植物不同，C_4 植物在光合碳还原循环之外又多了一个起 CO_2 浓缩作用的四碳双羧酸循环，使光合碳还原循环关键酶 Rubisco 附近的 CO_2 浓度高达 C_3 植物的十多倍，从而显著提高光合作用效率。C_4 途径如图 5-14 所示。

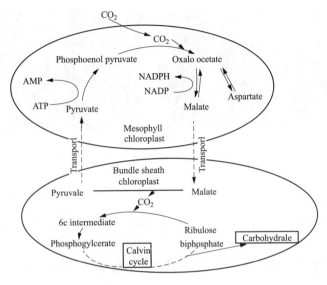

图 5-14　C_4 途径

关于光合作用的 C4 途径发现，最初是有人注意到一些植物叶片具有由两类不同细胞组成的花环结构。后来，有人观察到一些草本植物（包括玉米和高粱）具有很高的用水效率和很低的 CO_2 补偿点，非常高的光合速率，在全太阳光强的强光下光合作用也不饱和。到 1971 年，M. D. Hatch 提出了 C_4 光合作用途径的图式，至此，C_4 途径被普遍承认和接受。

在叶片的解剖结构上，C_4 植物与 C_3 植物明显不同。C_3 植物只有一种叶肉细胞，而 C_4 植物有两类不同的细胞——叶肉细胞和维管束鞘细胞，形成花环结构。两类细胞之间通过许多胞间连丝相联系，允许多种代谢物（但不允许酶等大分子）通过。四碳双羧酸循环在这两类细胞的协同作用下完成。与此相联系，两类细胞内的叶绿体在含有的酶种类、淀粉定位和超微结构上也有很大差别，即有两种不同类型的叶绿体。叶肉细胞内的叶绿体含有丰富的基粒，具有较高的光系统 Ⅱ 活性和非循环电子流（产生 NADPH 和 ATP）；而维管束鞘细胞内的叶绿体含有基粒比较少，富有光系统 Ⅰ 和循环电子流（产生 ATP）。维管束鞘细胞内的叶绿体几乎完全没有光系统 Ⅱ 活性，没有氧释放，也就几乎没有 RuBP 的氧化反应发生。同 C_3 植物相比，C_4 植物的维管束鞘细胞体积大，所含细胞器数目多，与叶肉细胞之间的胞间连丝多，并且叶脉密度高。图 5-15 为 C_4 植物叶片的花环结构。

5.1.2　非光合作用

植物对光的利用不仅限于光合作用，还把光作为调节它们整个生命周期中的最佳生长发育的信号。此外，不同的光谱（光质）还对植物中次级代谢物（有些是人类需要的营养物质）的合成和代谢有一定高的影响，例如花青素、维生素 C、类黄酮等物质的积累。光谱还会影响植物的生理，进而影响植物的抗病虫害能力。

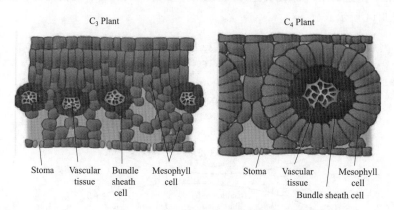

图 5-15　C₄ 植物叶片的花环结构

（1）光作为调节生长发育的信号。作为固着的光合生物，植物监测周围的光线条件并调节许多发育开关以适应不断变化的环境。应用于模式植物拟南芥上的一种分子遗传学方法揭示了多种感光体扮演了感知不同光波长光传感器的角色，如图 5-16 所示。

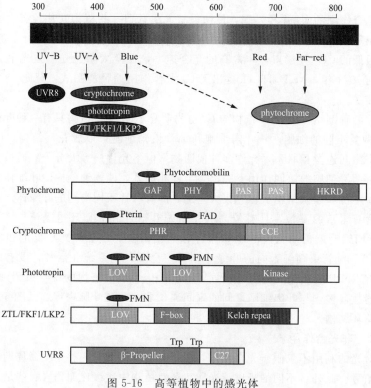

图 5-16　高等植物中的感光体

这些感光体包括光敏色素（Phy，Phytochrome）、隐花色素（Cry，Cryptochrome）、向光素（Phot，Phototropin）、Zeitlupe（ZTL/FKF1/LKP2）家族蛋白以及 UV Resistance Locus 8（UVR8）等。

光敏色素对种子萌发有影响。以生菜为例，红（远红）光（R：FR）对种子萌发具有可逆性，其中 R 光照射会诱导生菜种子萌发，但随后 FR 光照射则会逆转 R 光的作用。光逆变蛋白质色素，即光敏色素，已得到了提取和分析。光敏色素是可溶性蛋白，它与植物色素结合成发色团，并在有机体内在两种不同的光逆变形式之间转换：R 光（650～670nm）—吸收（Pr）形式以及 FR 光（705～740nm）—吸收（Pfr）形式。通常，Pr 吸收 R 光并转化为其生物活性形式，即能诱导各种生理反应的 Pfr；Pfr 吸收 FR 光并转换为 Pr，它的一种非活性形式。这种 R：FR 可逆反应，一种典型的光敏色素反应，被归类为发生在种子发芽和短光脉冲下的暗期中断（NB）中的一种低通量响应（LER）。除 LER 外，光敏色素响应还包括高辐照度响应（HIR）和超低通量响应（VLFR）。HIR 包括脱黄化（抑制下胚轴伸长和促进子叶扩张）和花青素积累反应。任意波长的极弱光强均能引发 VLFR。与 LFR 形成对比的是，HIR 和 VLFR 中并没有显示出 R：FR 的可逆性。除了光谱的 R 和 FR 区域外，Phy 还可微弱地吸收蓝光。

由于 Pr 和 Pfr 之间的吸收光谱部分重叠，饱和光强度下的光敏色素光平衡（Pfr/P，其中 $P = Pr + Pfr$）会根据光质而变化。较高的 R：FR 比率会建立较高的 Pfr/P，而较低的 R：FR 比率则创造了较低的 Pfr/P。在植被冠层下，其他植物的荫蔽创造了一个较低的 Pfr/P，诱导茎/叶柄伸长和早期开花，这是一种避荫反应。可通过计算不用光波长下的 Pfr/P 来估计光处理的效力，然而可能会发生由其他色素如叶绿素、类黄酮和类胡萝卜素造成的屏蔽。

分子遗传学的研究在拟南芥中鉴定了 5 种光敏色素基因（PhyA、B、C、D 和 E）。根据它们在光照下的蛋白稳定性，将这些光敏色素分为两类（Ⅰ型和Ⅱ型）。PhyA 被分为Ⅰ型，它会在黑暗条件下累积并在暴露于光线时迅速降解。PhyA 可在一个广泛的光照下介导 VLFR，并且可在 FR 光照下介导 HIR。PhyB 与 PhyE 是光稳定的Ⅱ型光敏色素，在光照或黑暗条件下都能相对不断的累积。PhyB、PhyD 和 PhyE 介导 R：FR 可逆性 LFR 和/或 R：FR 比率响应，即避荫反应。PhyC 在幼苗脱壳过程中介导 R 光诱导的 HIR。在开花的光周期控制中，PhyA 介导开花的蓝-和 FR-光促进作用，而 PhyB 介导开花的 R 光抑制作用。

隐花色素是含有 FAD 和蝶呤的色蛋白，与 DNA 光解酶具有相当的同源性，但缺乏光解酶活性。隐花色素具有两个结构域，即结合发色团的 N-端植物裂解酶同源区（PHR）结构域和 C-端隐花色素 C-末端（CCE）结构域，后者对于信号传导来说是必须的。在拟南芥中，存在两种作为蓝光（B）/UV-A 感光体的隐花色素（Cry1 和 Cry2），它们参与许多生物反应，例如下胚轴的伸长抑制、生物钟的转换、气孔的开放、色素的生物合成以及光周期性开花。Cry1 蛋白是光稳定的，而 Cry2 则不是。Cry2 蛋白在黑暗中累积并且在暴露于 B 光时降解，显示出昼夜节律。Cry2 通过稳定 Constans（CO）蛋白，一种长日照夜间的成花素正调节蛋白，来促进开花。

在拟南芥中，向光素被确定为介导蓝光诱导型向光响应的光感受体，但其结构与隐花色素的结构不同。向光素在其 N-末端具有两个结合 FMN 作为发色团的 LOV 结构域（LOV1 和 LOV2），并且在其 C 末端具有 Ser/Thr 激酶结构域。拟南芥含有两种调节大量蓝光/UV-A 诱导响应的向光素（Phot1 和 Phot2），从而使诸如向光性、叶绿体转移、叶扁平化和气孔开放等光合活动最大化。Phot1 能在一个很宽的光强范围内起作用，而Phot2 则主要在高光强下起作用。

Zeitlupe 蛋白家族是一类新型蓝光受体蛋白。它们调节昼夜节律和光周期性开花。ZTL 家族蛋白在 N-末端具有一个结合 FMN 作为发色团的 LOV 结构域。它们在 C-末端具有 F-box 结构域和 6 个 Kelch-repeat 结构域，并通过泛素蛋白酶复合体系统调节靶蛋白的降解。ZTL 与时钟相关蛋白 Gigantea（GI）以蓝光依赖方式形成复合物并调节Timing of Cab Expression I（TOC1）（一种核心时钟组分因子）的蛋白质降解，从而产生昼夜节律。FKF1 也已蓝光依赖方式与 GI 互相作用，并控制 CyCling Dof Factor 1（CDF1）（一种开花的负调控因子）的蛋白质降解，从而促进开花。

在拟南芥中鉴定出紫外线-B 辐射（280～315nm）感光体 UV Resistance Locus 8（UVR8），是一种含有 β-螺旋结构的 440 个氨基酸的蛋白质。UVR8 在缺乏 UV-B 的光照条件下作为一种不活跃的同源二聚体存在，但在 UV-B 照射时迅速单体化，并触发许多 UV-B 响应。与其他感光体不同，UVR8 不结合辅助发色团，但其固有的特定色氨酸会在 UV-B 感知中起到发色团的作用。单体化的活性 UVR8 与 Constitutive Photomorphogenic 1（COP1）形成复合物，并通过调节下游基因的表达而作为 UV-B 信号传导的正调节蛋白。UVR8 介导许多 UV-B 诱导的反应，例如光形态发生、色素生物合成以及病原体抗性诱导。

种子萌发是种子植物开始新生命周期的第一步。在几种物种，如生菜、烟草和拟南芥中，光是种子萌发的重要调节剂。光敏色素是负责发芽的感光体的主要类别。经典生理研究表明：植物激素、赤霉素（GA）和脱落酸（ABA）会作为关键调节剂参与种子萌发。可通过将 GA 应用于生菜种子来代替诱导萌发的 R 光，而 ABA 的一项应用则会抑制萌发。因此，GA 和 ABA 的内源水平可能会受到光照的控制。事实上，GA 和ABA 的内源水平会以光依赖的方式进行反向调节。

在黑暗中，幼苗会采取暗形态建成，这时它会发展出过长的下胚轴、钩状的顶端以及闭合的子叶。暗形态建成是通过对促成光形态建成发展的基因的活性抑制来实现的。当暴露于光照时，幼苗开始脱黄化过程，迅速转变为光形态发生并抑制下胚轴伸长，促进子叶发育，打开钩状的顶端和子叶，启动叶绿素和花青素的合成且真叶开始发育。几种类型的感光体、光敏色素、隐花色素以及向光素会参与光形态建成的发展。

植物朝向任何刺激的生长称为向性，植物朝向光刺激的生长称为向光性。向光性是植物优化其光照的重要适应性反应。蓝色波长的光在确定植物生长方向上更有效，这涉及蓝光感知以及一种植物激素—生长素的不对称分布。由于枝条两侧的细胞伸长差异，枝条朝向光线弯曲。枝条位于树荫下的一侧具有更多的生长素，因此它的细胞比光照侧的更长。植物的向光行为由蓝光受体—向光素启动。

　　避荫反应（SAR）允许植物逃避临近的竞争对手，这是为了获取最佳光能以驱动光合作用而采取的响应。SAR 的特征在于下胚轴、茎和叶柄的延展生长的增加、更加笔直的叶位、顶端优势的增加以及早花时。叶片中的光合色素，如叶绿素和类胡萝卜素，会吸收 400～700nm 光谱的光。光合色素吸收的光谱中的 FR 部分（700～800nm）很少，因此通过叶子反射或透射的阳光中富含 FR 光。光质的变化，低 R：FR，可通过多种光稳定的光敏色素（PhyB，PhyD，PhyE）被感知到。特定的 R：FR 比例反映在光敏色素的 Pfr：Pr 比率中，从而确定光敏色素的相对活性。其中，PhyB 是 SAR 中涉及的主要光敏色素。PhyA，一种对光不稳定的光敏色素，作为 HIR 中一种有效的 FR 感知器，在自然光环境中是非常重要的，因为其可以"拮抗"避荫反应。

　　许多与昼夜节律相关的基因已经在开花时间突变分析中得到了鉴定。该时间测量机制由输入路径、中央振荡器和输出路径组成。由光感受体，如光敏色素和隐花色素感知的光信号调节了该时钟。中央振荡器由相互锁联的转录环及转录后的反馈环组成，可产生一个近似 24h 自由运行的节律。正确的调节生物钟是非常重要的，因为涉及昼/夜循环的昼夜节律的阶段会影响开花时间。

　　外部刺激的任何作用都仅会在生物钟的某个阶段发生的现象被称为"门控效应"。例如，NB 对 SDP 花蕾形成的抑制作用限于夜间的某一时间，如果植物持续处于黑暗条件下，则光敏阶段每 24h 出现一次。

　　以上介绍的光作为调节生长发育的信号，其功能总结如图 5-17 所示。

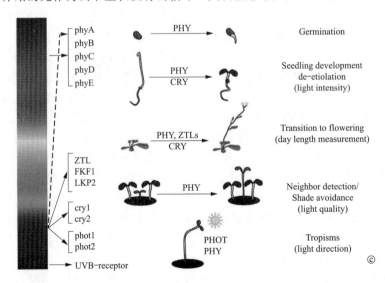

图 5-17　光调节生长发育的信号功能

　　（2）光质对绿叶植物幼苗及种子中次级代谢的影响。总酚类物质是表现抗氧化活性的功能性成分。目前已发表了许多关于光质和光强对植物中总酚类物质影响的研究，其中有许多研究了由 LED 发出的红光、蓝光效应，使用黄、绿光源的却很少。生菜幼叶的抗氧化活性由其品种和光质决定。例如红叶"Multired 4"和绿叶"Multigreen 3"中的总酚浓度在 590nm 和 470nm 波长的光照下均显著下降，浅绿叶"Multiblond 2"中的值却在 590nm 波长的光照下升高。红生菜幼叶中的花青素浓度在 455nm 以及 470nm 的辅助 LED 光照下显著升高，而在 505nm 和 550nm 的光照下降低。

关于维生素，目前已见到有关抗坏血酸、类胡萝卜素、α-生育酚以及麦角固醇的报道。红叶生菜中的维生素 C 浓度在蓝光 LED 的处理下可增加 1.5～2 倍。生菜叶中的类胡萝卜素浓度受到光质的影响。在蓝色辅助光源照射下，叶黄素增加 6％～8％，在远红光下却下降了 12％～16％。在蓝光 LED 下麦角固醇的浓度达到最大值，而在红光 LED 下达到最小值。以上都表明 PPFD 及光质（光谱）都能影响维生素的生物合成。

糖分含量与蔬菜的口味紧密相关，有很多研究已经证实光环境也会影响糖的浓度。目前已用红光 LED 辅助光研究过诸多草本植物，包括白芥菜、菠菜、芝麻菜、莳萝、欧芹、青葱等。实验中自然光是主要光源。在红光下，蔬菜中的维生素 C 浓度明显增加，果糖和葡萄糖有显著聚集，蔗糖的变化却与此不同。在红光处理下的莳萝和欧芹中，能观察到单糖（尤其是果糖和葡萄糖）含量的显著增加以及硝酸水平的降低。实验表明，嫩青叶中的蔗糖聚集与 PPFD 相关，当 PPFD 降低时，蔗糖浓度也随之降低。然而，在不同品种的嫩青中，调节 PPFD 造成的蔗糖浓度峰值也有所不同。在有关光质对植物生长与重要化合物合成的影响的研究中，许多实验使用了红光和蓝光。它们恰位于叶绿素和感光器的特定吸收谱内。一个实验使用黄光研究了芽菜、大麦草以及绿叶小萝卜。在大麦草和小萝卜幼芽中，葡萄糖含量是对照组中的 2～2.5 倍，而在大麦草幼叶中，麦芽糖的含量则略微降低。虽说黄光可以抑制叶绿素合成和叶绿体的发生，但根据这个实验中记录的单糖浓度数据看，这种抑制效应不甚显著。另一个实验研究了番茄中的脯氨酸浓度在 5 种不同光源照射下的变化。光质显著影响了番茄幼苗中脯氨酸含量。与白光相比，蓝光 LED 照射下的脯氨酸浓度在叶中和茎中为对照组的 296％和 127％。有人研究了幼叶生菜中糖类浓度的变化。在蓝光波段内波长的微小变化就能对蔗糖、葡萄糖、甘露糖和果糖的生物合成产生显著影响。绿光（535nm）对蔗糖的合成没有影响，然而绿光（535nm）之下，葡萄糖和甘露糖的浓度却高于蓝光组（455nm）。

蔬菜的颜色与其营养价值相关，研究表明颜色也受光质的影响。叶类生菜的种子在荧光灯下发芽并生长 10 天，再用不同光质的光照射幼苗至 17DAS。之后生长期幼苗被移栽到温室中，并用太阳光和辅助荧光灯照射生长至 45DAS。17DAS 时蓝光下生菜幼苗中的花青素含量高于 10DAS 时荧光灯下的幼苗。含有蓝光的 LED 光能显著增加生菜幼苗中的花青素浓度，该浓度在红蓝混合光下生长的幼苗中达到最大值，蓝光是调控花青素生物合成的最有效的波段之一。

众所周知，特定分子的生物合成受到一定波长的光的激励。由于这些实验中所用到光刺激的波长、PPFD 以及光周期均有所不同，所以结果不能直接互相比较。即便使用了完全相同的光，植物的反应也将因其品种而异。尽管如此，如果能保证可重复性，光刺激仍有望在实际中提高生产效率。

（3）绿光照明对植物的抗病性和其他生理响应的诱导。作为病虫害综合治理（IPM）的一部分，照明研究近来备受关注。随着越来越多的人寻求食品安全和保障，对能够不使用农药或减少农药使用量的培养方法的需求正在上升。另一方面，为了在栽培场所稳定的生产，疾病和虫害应该得到控制。这已经引发了对可以取代农用化学品的新的疾病控制技术的显著需求。

为了满足这些要求，IPM 的使用正在传播，在通过限制农业化学品的喷洒以减小环境冲击的同时，将农艺的、生物的以及物理的控制结合起来。黄色或绿色驱蛾灯是用于抑制枭蛾活动的 IPM 例子。

植物在受到胁迫时，如疾病损害、昆虫损伤以及与温度和水有关的胁迫，会激活各种防御反应。诱导植物抗病反应的物质称为诱导子，可分为生物诱导子，如病原微生物细胞壁中的分子，和非生物诱导子，如重金属和表面活性剂。据报告，红光和紫外光可作为非生物诱导子。

LED 已被用来对番茄幼苗进行各种可见光谱波长的照明，而各种与抗病性有关的基因表达也已经得到了检验。结果是，只有在幼苗经绿光照明时，才能明确地观察到丙二烯氧化物合酶（AOS）基因的表达，它是生物合成茉莉酸所必须的，而茉莉酸则被认为是一种与抗病性有关的植物激素。在绿光照射下也观察到了，与 AOS 基因类似，与茉莉酸的生物合成，以及几丁质酶和各种其他病程相关（PR）蛋白的基因表达有关脂肪氧合酶（LOX）基因表达的增加。

此外，使用脱氧核糖核酸（DNA）微阵列检验了由于在水稻和草莓上的绿光照明而使其表达增加了的基因。结果显示，绿光照明增加了热休克蛋白和其他胁迫相关基因以及类渗调蛋白和与各种抗病性相关基因的表达。

这些结果表明：曾经由于对植物的光合作用贡献百分比很小而经常被忽视的绿光照明，对与植物抗病性有关的基因表达具有作用。据推测，绿光照明会在植物中造成湿度的压力，从而促使抗病性的诱导。

绿光有利于控制草莓的炭疽病，还有利于控制紫苏的棒孢叶斑病。在研究绿光对草莓、紫苏和其他温室作物疾病控制的影响时，也明确了绿光对植物还有其他影响。虽然绿光曾被认为对植物的影响不大，但可以明确的是，在合适的光照条件下，绿光会影响植物的形态发生并有益于温室园艺。具体而言，在商业温室进行的示范测试中，发现绿光不仅能有效地控制植物病害，而且还能有效地控制蜘蛛螨、促进生长（果实膨大）、提高质量以及作为人造光源控制植物生长。据观察，作为草莓品质指标的糖酸比例，以及叶菜中总多酚和维生素 C 等功能性物质也得到了增加。在经过绿光照射的紫苏和生菜中，总多酚含量增加了。在绿光照射后观察到了番茄中番茄红素以及菠菜中维生素 C 的增加。多酚是通过生物合成得到的作为莽草酸途径的次级代谢产物。苯丙氨酸解氨酶（PAL）是一种能对植物莽草酸途径中从初级代谢到次生代谢的支化反应进行催化的重要酶。可以明确的是：绿光照明能刺激生菜中的 PAL 活性并增加总多酚含量。

使用绿色 LED 灯代替白炽灯和荧光灯，即用于草莓的休眠抑制和紫苏抽苔抑制的传统人造光源。结果表明，绿光具有与传统光源类似的效果，并且能在植物中诱发光周期响应。紫苏是一种短日照植物，会于夏季和秋季在一个由叶腋分化而来的茎上形成一个总状花序。人工照明常年用于紫苏的培育，以通过光周期调节来抑制抽苔，并使紫苏叶片的连续收获成为可能。在冬季，由于低温且短日照条件下的休眠，韭菜的生长受到抑制。已发现，对未曾经受用于控制其生长的人工照明的韭菜进行绿色 LED 灯照明，可大幅促进其生长并提高产量。另一方面，当使用白炽灯和含有大量红色波长的其他光源照射韭菜以创造一种长日照条件时，花芽会在早春发育。已发现绿光会抑制花芽的分化和发育。由于这被认为有益于在冬季增加产量以及早春及之后的疾病控制，所以绿色 LED 照明的使用近期在日本生产韭菜的主要地区得到了广泛的介绍。

由于绿光可调节光周期性花芽分化与休眠并抑制疾病，作为人工照明的新来源，绿色 LED 灯正在获得关注。

绿光的一些作用及对应的文献见表 5-1。

表 5-1　　　　　　　　　　　绿光的一些作用及对应的文献

[1]	光合作用	普通	单色蓝、绿、红	绿光比蓝光或红光在中下部叶片多产生 15% 的光子
[2]		菠菜	单色蓝、绿、红 $500\mu mol$（$m^2 \cdot s$）	绿光比蓝光和红光在叶片内具有更高的 CO_2 固定效率
[3]	抗病能力	番茄	单色蓝（470nm）、绿（520nm）、黄（590nm）、红（660nm）	绿光增加了与抗病相关的各种基因，如 AOS、LOX（与蓝、红、黄相比）
[4]		紫苏	白炽灯和绿色、红色 LED	绿光能有效控制植物的主要病害，如枯萎病、叶斑病等
[5]		草莓	单色蓝、绿、红 $80\mu mol/m^2 \cdot s$，每晚照射 2h，间隔 3 天	与蓝光和红光相比，绿光能有效减少 15% 和 25% 的病变
[6]	营养物质	生菜	单色蓝、绿、黄、红 $150\mu mol/m^2 \cdot s$，每天照射 16h	与蓝光、红光、黄光相比，绿光显著增加了花青素的含量

[1] Kozai, "Plant factory with artificial light" Ohmsya Pub P227 (2015).
[2] Jindong, "Green light and CO_2 fixation within leaves" Plant Cell Physiol (1998).
[3] Kudo, "Effects of green light irradiation on induction of disease systems in plants" SRI Res Rep (2009).
[4] Kudo, "Effects of green light irradiation on corynespora leaf spot disease in perilla" Horti Res (2013).
[5] Kudo, "Studies on effects of green light irradiation on strawberry anthracnose" SRI Res Rep (2010).
[6] Tao, "The effect of different spectral LED lights on the phenotypic and physiological characteristics of lettuce (Lactuca sativa) at picking stage" J Biochem Biotech (2017).

5.1.3　植物照明基本概念和参数

植物照明有关的术语和定义具体可参考 CSA 出的团体标准 T/CSA 032—2019《植物光照用 LED 灯具通用技术规范》以及国家标准 GB/T 32655—2016《植物生长用 LED 光照 术语和定义》）。以下仅介绍最常用的一些基本概念和参数。

（1）光合有效辐射（Photosynthetically Active Radiation，PAR）。一般高等植物可用于光合作用的波长范围是 400~700nm，比人眼可见光范围 380~780nm 略窄，在 PAR 范围内计算有关参数时，要把 380~400nm 和 700~780nm 这两段波长对应的光谱取零。

（2）光合光子通量（Photosynthetic Photon Flux，PPF），PAR 范围内的光子数，单位为 $\mu mol/s$。不同于 1.1 节介绍的光度学量，这是一个纯物理量，计算时只需要统计总的光子数量，而不需要用类似明视觉曲线的加权函数来加权计数。这是基于前文介绍的一个基本事实，即高等植物的叶绿体能直接吸收并完全利用其能量来进行光合作用的是 660nm 波长附近的光子。能量大于 660nm 的光子，例如 450nm 的光子，其多余的能量会被类胡萝卜素吸收转化为热能。具体计算时一般采用绝对光谱 $P(\lambda)$（单位是 W/nm）。光合光子通量一般称为 PPF，也可记作 Φ_P。一个光子的能量是 h_ν，其中 h 是普朗克常数，ν 是光的频率，通过真空中的光速 c，将频率转化为波长 λ，在 PAR 范围内积分即可得到总的光子数量为

$$\Phi_P = 10^{-3} \int \frac{P(\lambda)\lambda}{hc \cdot NA} d\lambda \tag{5-3}$$

式中：NA 是阿佛加德罗常数。值得注意的是：一般 $P(\lambda)$（能量对波长的密度）对应的波长是以 nm 为单位的，式（5-3）的积分限和波长也是以 nm 为单位的，最终光子数是以 μmol 为单位，故实际计算时要根据单位情况来调整积分符号前的系数。PPF 是植物照明产品最核心的参数之一，相当于通用照明产品的光通量。

（3）光合光子效率（Photosynthetic Photon Efficacy，PPE），即 PPF/W 效率，单位为 μmol/J。用整灯或 LED 器件的 PPF 除以电功率即可得到 PPE，PPE 也是植物照明产品最核心的参数之一，相当于通用照明产品的光效。此处顺便指出能效的概念，能效 WPE 指每瓦电能转换成多少瓦的光辐射功率，是无量纲数值，一般用百分比表示。目前 450nm 蓝光和 660nm 红光 WPE 最好的大概都是做到 80% 左右。下面推导计算单色光 PPE 的理论极限。设某植物照明产品的电功率为 P，单位为 W，对应的光功率即为 $P \cdot WPE$，由于是单色光，其 PPF 计算为

$$\Phi_P = \frac{10^{-3} P \cdot WPE \cdot \lambda}{hc \cdot NA} \tag{5-4}$$

相应的 PPE 在 PPF 的基础上除以电功率 P 即可，代入各常数近似可得

$$PPE = \frac{\lambda}{120} WPE \tag{5-5}$$

式中：波长 λ 以 nm 为单位。从式（5-5）可知，450nm 蓝光的 PPE 极限约为 3.75μmol/J，当前最高水平（按 $WPE=80\%$ 算）PPE 约为 3μmol/J。由于目前的植物照明用的白光 LED 也是由 450nm 蓝光经过荧光粉转换而来，而荧光粉转换过程都是单光子过程，即一个高能光子最多转换为一个低能光子，光子总数量是不会增加的，由于目前的荧光粉量子效率较高（可以做到 98% 以上），故光子总数量也不会大幅减少，所以白光当前的 PPE 与 450nm 蓝光的 PPE 差不多。以三星 LED 的 LM301B 为例，其量产的挡位 SL 挡的 PPE 为 3.01μmol/J。红光由于单个光子的能量较低，其 PPE 与蓝光相比，会大幅增加。以 660nm 红光为例，应用式（5-5），其理论极限为 5.5μmol/J，当前最高水平（按 $WPE=80\%$ 算）PPE 约为 4.4μmol/J，例如 Osram 的 GH CSSRM4.24，在 700mA 电流驱动时，PPE 仍有 4.0μmol/J 之高。

（4）性价比，$PPF/\$$。即 1 美元能买到多少光合光子通量。其概念与 lm/\$ 类似，一般是在同样的 PPE 下比较不同 LED 器件或方案的 $PPF/\$$，同样可类似第四章介绍的方法，绘制出 PPF/S 和 PPF/W 的曲线，进而进行 LED 选型。由于植物照明通常需

要两种以上的 LED 器件进行组合，故其选型具体操作起来相对复杂，后文会在理论上介绍一下方法，并给出计算示例程序。

（5）生物活性光子通量（Biologically active Photon Flux，BPF），300（280）～800nm 范围内的光子数。BPF 也是物理量，单位是 μmol/s，与 PPF 的计算方法基本相同，只是积分范围有所扩大，包括了一定范围的紫外和红外，超出 PAR 范围的光虽然对光合作用没多少贡献，但是对如前文所示的某些生物生理过程以及化合物质的合成有一定甚至很大的影响，所以对很多高等植物来说，这部分光照也是不能缺失的或至少在特定时期需要。

（6）产出光子通量（Yield Photon Flux，YPF），360～760nm 范围内基于 McCree 曲线加权的光子数，单位是 μmol/s。YPF 不是纯物理量，是根据几十种实际作物对光谱的吸收利用效果研究出的一条光谱加权曲线，进行加权积分后得出的光子数。在德国标准 DIN 5031-10：2018 的图 26（a）中，曲线 2 就是 McCree 曲线，记为 $A_{sy2}(\lambda)$，该曲线是按照光子数的量子效率并归一化绘制的，其峰值对应的波长为 675nm，如图 5-18 中的虚线。实际应用时，由于测量的相对光谱往往都是按照功率密度绘制的，所以将该曲线转换为功率效率并归一化更便于使用，记为 $A_{e2}(\lambda)$，如图 5-18 中的实线，转换方法为将 $A_{sy2}(\lambda)$ 除以对应波长后再归一化处理。

据此，计算 YPF（记为 Φ_y）的公式为

$$\Phi_y = 10^{-3}\int \frac{P(\lambda)A_{e2}(\lambda)\lambda}{hc\cdot NA}\mathrm{d}\lambda \tag{5-6}$$

一般可认为，在 PPF 相同的情况下，YPF 越高，某些作物的实际产出越多。

（7）德标产出光子通量（Deutsches Institut für Normung，DIN），380～750nm 范围内基于 DIN 标准曲线加权的光子数，单位是 μmol/s。DIN 不是纯物理量，也是根据几十种实际作物对光谱的吸收利用效果研究出的一条光谱加权曲线，进行加权积分后得出的光子数。在德国标准 DIN 5031-10：2018 的图 26（a）中，曲线 1 就是 DIN 曲线，记为 $A_{sy1}(\lambda)$，该曲线是按照光子数的量子效率并归一化绘制的，其峰值对应的波长为 660nm，如图 5-19 中的虚线。实际应用时，由于测量的相对光谱往往都是按照功率密度绘制的，所以将该曲线转换为功率效率并归一化更便于使用，记为 $A_{e1}(\lambda)$，如图 5-19 中的实线，转换方法为将 $A_{sy1}(\lambda)$ 除以对应波长后再归一化处理。

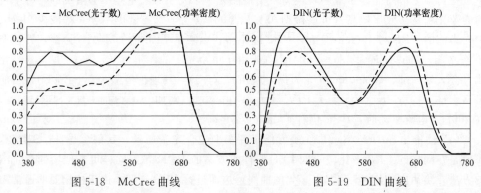

图 5-18　McCree 曲线　　　　　　　图 5-19　DIN 曲线

据此，计算 DIN（记为 Φ_d）的公式为

$$\Phi_d = 10^{-3} \int \frac{P(\lambda)A_{el}(\lambda)\lambda}{hc \cdot NA} d\lambda \tag{5-7}$$

同样可以认为，在 PPF 相同的情况下，DIN 越高，某些作物的实际产出越多。通过光谱计算这些参数，如果是三星 LED 的器件，可用前言 QQ 群文件附录 C7 的计算工具 Horticulture Calculator 来进行计算和模拟方案，如果是计算其他厂家的参数，除了可向对应厂家索要类似计算工具以外，也可用 Python 程序 5.1.1 输入绝对光谱进行计算（考虑到一般测试的光谱范围是 $380 \sim 780\text{nm}$，为方便应用，计算程序也截取这个波长范围，与标准要求的计算范围差异很小）。程序 5.1.1 的流程图如图 5-20 所示。

（8）光合光子通量密度（Photosynthetic Photon Flux Density, $PPFD$），单位是 $\mu\text{mol}/（\text{s} \cdot \text{m}^2）$，即单位面积接

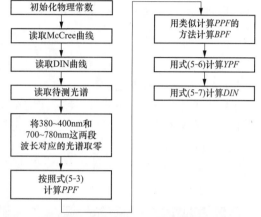

图 5-20　程序 5.1.1 的流程图

收到光合光子通量，$PPFD$ 也是植物照明产品最核心的参数之一，相当于通用照明里的照度。例如 C3 植物达到光饱和一般需要 $PPFD$ 为 $1000\mu\text{mol}/（\text{s} \cdot \text{m}^2）$，而 C4 植物达到光饱和则需要 $PPFD$ 为 $2000\mu\text{mol}/（\text{s} \cdot \text{m}^2）$。$PPFD$ 的简单计算方法是用 PPF 直接除以面积，较精确的计算要按照 1.1 节类似计算照度的方法来计算，当然如果已知光源的光分布，直接用 Dialux 等软件建模模拟更为方便准确。

（9）光子光度转换系数 $K_{p \to v}$。对于一个确定的相对光谱，根据式（5-3）可计算出光子通量 Φ_P，根据式（1-61）可计算出光通量 Φ_v，对于确定的光谱，二者有确定的关系

$$K_{p \to v} = \frac{\Phi_v}{\Phi_P} \tag{5-8}$$

对于常见的 LED 光谱，特别是 450nm 蓝光 + Ga：YAG + LuAG + S-CASN 等类似方案形成的按照 ANSI 色点制作的白光 LED 器件，其 $K_{p \to v}$ 值大约在 $70 \sim 75$。单纯 450nm 蓝光，其 $K_{p \to v}$ 值大约为 9。630nm 红光、660nm 深红、730nm 远光，各自的 $K_{p \to v}$ 值分别约为 40、13、3。已知 $K_{p \to v}$ 以后，同样光谱对应的光度学量和植物度量体系就建立了联系的桥梁，从而对应的量值之间均可换算，例如对白光来说，$PPFD$ 值为 $2000\mu\text{mol}/（\text{s} \cdot \text{m}^2）$ 大概相当于 140000lx 照度，这比通常正午的日光照度 10 万 lx 还要高一些，一方面说明了 C4 植物在日光下很难达到光饱和，另一方面可想象植物照明的功率密度，一般通用照明室内照度要求为 $300 \sim 500$lx，高级商超要求 1000lx，比植物照明的要求要低近百倍。这同时造成了植物照明用灯具的功率往往比较大，一般在 $300 \sim 1000$W。同样可定义和计算光子通量 PPF、光通量 Φ_v、YPF 和 DIN 两两之间的转换系数，此处不再赘述。

（10）每日光照积分（Daily Light Integral, DLI）。植物有自身的生理节律，既需要

光合作用，也需要休息。所以对于大部分高等植物来说，不能 24h 持续给予植物光照，而应保持一定的光期（每日光照的时间）和暗期（每日无光照的时间）比例。对于植物工厂情形，一般可考虑每日 16h 光期、8h 暗期的一个光暗循环配置。在光期内，对于温室补光，$PPFD$ 是变化的，对于植物工厂情形，$PPFD$ 是相对恒定的，$PPFD$ 的大小决定了植物冠层的净光合速率，但是每天的净光合作用则取决于每日光照积分，即每天光期内的累积 $PPFD$，计算方法为

$$DLI = \int_{光期} PPFD(t)\,\mathrm{d}t \qquad (5-9)$$

DLI 的单位为 $\mathrm{mol/s \cdot m^2 \cdot d}$，其中 d 表示每日。

5.1.4 植物照明典型应用

植物照明的应用场合主要有两种：①完全靠人工光进行植物生长的植物工厂；②主要靠自然光植物生长，人工光作为补充的温室补光。下面简要介绍两种场合的特点和对 LED 选型的一般要求。

（1）典型的植物工厂多为货架形式，灯具近距离照射植物，实现较高的 $PPFD$，从而植物可密植。植物工厂如图 5-21 所示。

图 5-21 植物工厂

植物工厂一般以水培环境居多，结合风循环系统，进而控制 CO_2 浓度，并由空调

控制温湿度，是一种旱涝保收的良好环境。在植物工厂条件下，除去初期投资，在运营阶段，电费支出是较大一部分支出，计算时一般可按植物灯总功率的 4 倍计算，这是由于即便是 LED 植物生长灯，也会产生热量，加上植物自身代谢产生的积温，往往需要空调降温，总的功率可按此系数近似计算。在这种情况下，要想保证较高的 $PPFD$ 以提高植物产出，缩短采收周期，势必须要较大功率的植物生长灯，此时如果 PPE 较低，则会产生较大的热量，进而产生较大的能耗，所以在 LED 选型时，应尽量选取 PPE 较高的 LED 器件，并尽可能多地使用红光，因为红光的 PPE 在理论上要比蓝光和基于蓝光＋荧光粉的白光要高。从经济效益上来说，也适合采用 PPE 较高的植物生长灯，以提高作物产量。以植物工厂种植大麻为例，不算育苗时间，一般是 3 个月左右一季，如果 $PPFD$ 较大，CO_2 浓度充足，也可缩短至 2 个月一季，即一年多种植两季。这对美国牌照制大麻种植来说，至关重要。对于美国基于面积的牌照（也有基于大麻颗数的牌照），比如 $100m^2$ 面积的种植牌照价格 150 万美元，有效期五年，如果一年 6 季，牌照有效期内就可以种植 30 季，平均每季 5 万美元牌照成本。

在植物工厂情形，灯具一般是厚度较薄的平板型或手指型，如图 5-22 所示。

图 5-22　植物工厂用植物生长灯

由于灯具距离作物较近（一般在 15～30cm），通常不需要加装二次透镜来配光，此时采用平面发光的 LED 器件，即不带一次透镜的 LED 器件即可。不过由于技术发展历史的原因，现在成熟的方案大多数是用三星 LED 的 3030 白光＋欧司朗的 3030 红光。三星 LED 的 3030 白光是不带一次透镜的，是塑料支架封装的；而欧司朗的红光是带一次透镜的，是陶瓷基板封装。在实际应用过程中，由于外力碰触，很容易发生一次透镜在生产和运输过程中脱落的问题，而且一般红光 LED 器件采用的是垂直结构芯片，是有金线导电的，一次透镜对金线有一定的保护作用，随着一次透镜的脱落，很大概率会造成金线断开，直接导致一路 LED 发生不亮故障。此时如果 PPE 要求允许，应尽可能采用中功率塑料支架不带一次透镜的红光产品，例如采用如图 5-23 所示的方案。

基于整灯 PPE 的考量，目前大多数厂

图 5-23　不带一次透镜的红光方案

商制作的植物照明生长灯是直接裸露灯珠的，即不带 PC 罩或玻璃罩，最多是在灯珠表面刷一层三防胶，以免焊点处在水蒸气下发生阳极氧化，进而造成开路，如图 5-24 所示。

图 5-24　不带罩直接裸
露灯珠的植物生长灯

这样设计的灯具比带罩产品，在整灯 *PPE* 上会多 5% 左右。但在灯珠选择上，一定要选取可靠性较高的灯珠，以免直接裸露的灯珠遭受湿气、有害气体等侵蚀后造成光衰甚至死灯。普通的 LED 器件由于施肥、湿气、植物腐烂产生的氨气等有害气体的侵蚀，会产生发黑变色的问题，从而造成早期光衰，如图 5-25 所示。

如果选用目前北美市场 70% 以上方案选用的三星 LED 的 LM301H 器件，则可在很大程度上避免此问题。LM301H 采用倒装芯片，没有金线，并且支架底部有二氧化钛保护层，有效防止有害气体的侵蚀。三星 LED 对于有金线的产品，往往也会溅射一层二氧化硅保护涂层，从而隔断有害气体，其主要技术和抗硫化能力如图 5-26 所示。

图 5-25　普通 LED 的硫化问题

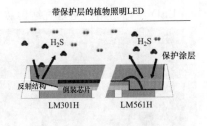

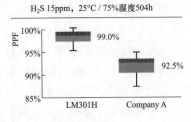

图 5-26　三星 LED 器件的抗硫化能力

基于以上考虑，植物工厂情形的 LED 选型一般考虑白光用中功率高可靠性高 *PPE* 产品，单色 LED 器件目前最好还是采用大功率陶瓷基板，以顺应主流市场。三星 LED 适合植物工厂照明应用的 LED 器件如图 5-27 所示。

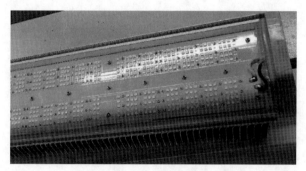

	白光LED			单色LED				
	LM301H	LM561H	LM301H ONE	LH351H Blue (450nm)	LH351H Red (630nm)	LH351H Deep Red (660nm)	LH351H Deep Red (660nm) V2	LH351H Far Red (730nm)
PPF(μmol/s)	0.56	0.51	0.49	2.80	1.57	2.32	2.63	*1.96
PPF/W(μmol/J)	3.10	2.84	2.75	2.80	2.14	3.12	3.73	**2.91
尺寸(mm²)	3.0×3.0	5.6×3.0	3.0×3.0	3.5×3.5				

*BPF，**BPF/W

图 5-27 三星 LED 适合植物工厂照明的 LED 器件

对于带罩的产品，如图 5-28 所示，如果灯具防护等级较高且有较高的气密性，则可选用可靠性略低的产品。

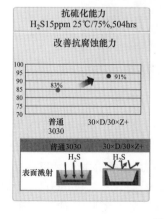

图 5-28 带防护罩的植物生长灯

此时可选择在 IEC 硫化测试标准下，光衰小于 10％的 LED 器件，如图 5-29 所示。

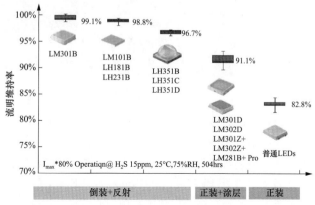

图 5-29 光衰小于 10％的 LED 器件

由图 5-29 可看出，普通的 LED 器件抗硫化能力是很弱的，即使是在带罩的植物生长灯情形，依然需要采用了一定抗硫化技术的 LED 器件，例如采用表面溅射二氧化硅的方式隔绝有害气体。

（2）温室补光。全球各地都有较多的温室或大棚，下文不对二者进行区分，因为均可进行植物补光。其中欧洲温室补光应用最多，主要种植番茄、草莓、花卉以及其他蔬菜，尤以荷兰的技术水平最高，番茄每平方米每年的产量在 50kg 左右，而我国水平一般只在 10~15kg。其中一个主要因素就是荷兰的温室采用了较完备的设施农业装备，尤其是补光设备较齐全，而我国的设施蔬菜生产的高产量仅是通过单纯靠扩大栽培面积实现的，具有诸多不利之处，经营粗放、效率低下，尤其是土地利用率低。当然从另一个角度讲，我国的设施农业装备业还有很大的市场发展空间，其中就包括温室补光装备。温室的现代程度也有较大差异，大部分温室以土培为主，也有现代化的温室采用水培模式，如图 5-30 所示。

图 5-30　现代化水培温室

温室补光用的灯具一般是高棚灯，由于通常仅在自然光照不足，或需要控制开花结果等特殊照明时才会补光，所以电费成本没有植物工厂那么显著，从而对 PPE 的要求不是很高，但是对灯具成本比较敏感，一般需要性价比较高的植物补光灯。以往采用 HID 灯较多，整灯 PPE 大约 $2.1\mu mol/J$，LED 补光灯一般做到 $2.3~2.6\mu mol/J$ 这个范围也足够了。此外在高纬度地区，例如北欧地区、加拿大北部等，用 HID 的温室较多，因为这些地带环境温度较低，采用 HID，尤其在冬季，不仅不用空调降温，反而 HID

释放的热量对提升环境温度到适合植物生长的适宜温度有益，此时 LED 补光灯过高的 PPE 反而成为劣势。这些区域往往温室较多，由于冬季日照时间短，更加需要植物补光灯参与植物的光合作用。早期 LED 补光灯多采用红＋蓝的光谱，出发点是为了匹配叶绿色 a 和叶绿素 b 的吸收峰。但是根据前文介绍的知识，从植物全株的产出角度以及光的非光合作用角度来看，全光谱更适合高等植物的生长，并且全光谱有更好的照明质量，便于观察植株的病虫害情况。全光谱和窄光谱的对比如图 5-31 所示。

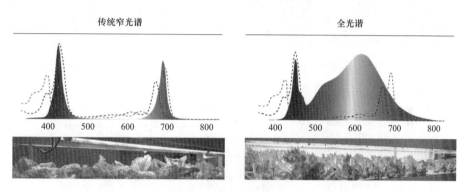

图 5-31 全光谱和窄光谱

此外，对于 HID 补光灯中应用量最大的高压钠灯来说，LED 全光谱的光质与高压钠灯更接近，有利于保持原有作物的次级代谢物比例，如图 5-32 所示。

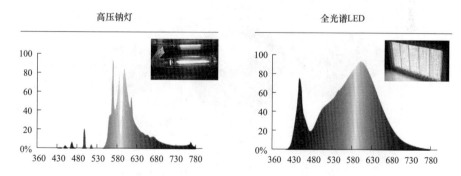

图 5-32 高压钠灯光谱与 LED 全光谱

根据温室补光的特点，在 LED 器件的选型时，宜选用 $PPF/\$$ 较高的 LED 器件。此外，由于温室白天需要接收自然光照，此时 LED 补光灯的横向面积就不宜太大，否则在温室顶部会对植物形成遮光阴影，影响作物对自然光的利用。此外，如果白天 LED 补光灯接收太大面积的光照积累，也会使灯具上升到较高温度，加速了 LED 器件的老化，降低了 LED 补光灯的寿命。LED 灯具遮光示例如图 5-33 所示。

图 5-33　LED 补光灯的遮光示例

此时可考虑使用发光面较小的 CSP 产品，不仅可减小发光面的尺寸，还可利用 CSP 较高的耐温性，减小灯具的散热结构尺寸，同时一并减小的还有灯具的质量，有利于减小对温室顶部的承重要求，并且可降低灯具的整体成本，其中 CSP 器件本身比陶瓷基板产品的价格更低也对降低整灯成本起到很大作用。CSP 可减小灯具发光面的示意图如图 5-34 所示。

基于以上考虑，温室补光情形的 LED 选型一般考虑大功率陶瓷基板以及 CSP 产品。三星 LED 适合温室补光照明应用的 LED 器件如图 5-35 所示。

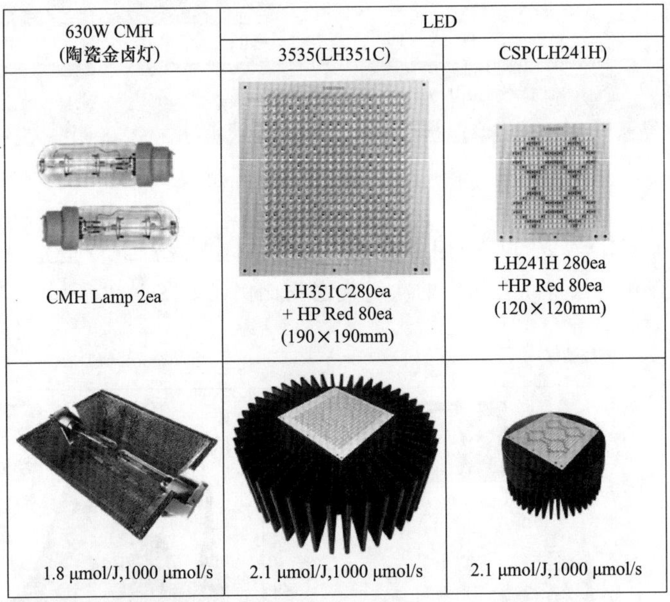

630W CMH（陶瓷金卤灯）	LED	
	3535(LH351C)	CSP(LH241H)
CMH Lamp 2ea	LH351C280ea + HP Red 80ea (190×190mm)	LH241H 280ea +HP Red 80ea (120×120mm)
1.8 μmol/J,1000 μmol/s	2.1 μmol/J,1000 μmol/s	2.1 μmol/J,1000 μmol/s

※CSP用散热器采用不同材料重新设计，以减小尺寸

图 5-34　CSP 器件可减小灯具的发光面

以下简要介绍在植物照明中的温室补光应用场合，当 $PPFD$ 为常数时，其值大小仅取决于灯具 PPF 和照射面积，与布灯高度及布灯方式无关。此外对 C3 植物和 C4 植物，为达到饱和光合作用，应设计不同的叶面 $PPFD$ 均值，以最大限度提高植物生长速度。

对于温室补光，通常温室层高较高，例如 5m 以上，此时很多厂商想到要用透镜二次配光来聚光，否则原本 LED 器件的余弦型光分布会导致灯下亮，$PPFD$ 远离中心后迅速减小。事实上植物照明与通用照明不同，按被照面的能量密度来说，前者至少是后

	白光LED					单色LED				
	LH241H	LH281H	LH351H-B	LH351H-C	LH351H-D	LH351H Blue (450nm)	LH351H Red (630nm)	LH351H Deep Red (660nm)	LH351H Deep Red (660nm) V2	LH351H Far Red (730nm)
PPF(μmol/s)	2.51	2.59	2.48	2.56	2.58	2.80	1.57	2.32	2.63	*1.96
PPF/W(μmol/J)	2.52	2.65	2.51	2.60	2.69	2.80	2.14	3.12	3.73	**2.91
尺寸(mm²)		2.4×2.4	2.8×2.8		3.5×3.5			3.5×3.5		

*BPF, **BPF/W

图 5-35　三星 LED 适合温室补光照明的 LED 器件

者的 50 倍以上，这就意味着植物照明的单灯功率密度和温室内的布灯密度远大于通用照明。此外对通用照明来说，往往只需考虑水平照度，只有体育场等特殊场合需要考虑垂直照度或柱面照度。而在植物照明中，不仅植物冠层要进行光合作用，植物下层及底层叶片对植株的光合贡献也是很大的，所以需要有侧面的 $PPFD$，甚至需要从下往上补光。在这种情况下，如果加装透镜，会带来 8% 以上的光损且对光线的偏转角度越大，光损越大，是对能量的很大浪费。在灯具密排，温室长宽显著大于层高，即墙壁反射损失可忽略的情况下，直接余弦型照射也可实现几乎均匀的 $PPFD$，并且可实现良好的柱面 $PPFD$。以下证明在均匀 $PPFD$ 的情况下，所需 PPF 与布灯高度和方式无关，仅与被照面面积有关。

（1）均匀 $PPFD$ 情况下的 PPF。用 φ 表示 PPF，用 E 表示 $PPFD$，用 I 表示基于 PPF 的光强。如图 5-36 所示，光源位于 O 处，与平面 α 内 O' 的连线与平面 α 垂直，高为 h，与被照射点 P 的距离为 R，夹角为 θ，O' 到点 P 的距离为 r，设平面 α 内的 $PPFD$ 为常数。

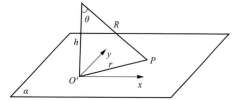

图 5-36　植物生长灯与被照面

根据平方反比定律，可得点 P 处 $PPFD$ 与光强 I 的关系为

$$E = \frac{I(\theta,\varphi)\cos\theta}{R^2} \tag{5-10}$$

式中：φ 是方位角。PPF 在球坐标系下为

$$\varphi = \iint I(\theta,\varphi)\sin\theta \mathrm{d}\theta \mathrm{d}\varphi \tag{5-11}$$

h 与 R 的关系为

$$R^2 = \frac{h^2}{\cos^2\theta} \tag{5-12}$$

把式（5-10）代入式（5-11），并对积分进行变换，从球坐标系变换到直角坐标系为

$$\varphi = \iint ER^2 \frac{\sin\theta}{\cos\theta} \mathrm{d}\theta \mathrm{d}\varphi$$

$$= \iint E \frac{(x^2 + y^2)^+ (x^2 + y^2 + h^2)}{h} d\theta d\varphi$$

$$= E \iint \frac{(x^2 + y^2)^+ (x^2 + y^2 + h^2)}{h} \frac{\partial(\theta, \varphi)}{\partial(x, y)} dx dy \tag{5-13}$$

其中 $\dfrac{\partial(\theta, \varphi)}{\partial(x, y)}$ 是球坐标系对直角坐标系的雅可比行列式为

$$\frac{\partial(\theta, \varphi)}{\partial(x, y)} = \begin{vmatrix} \dfrac{\partial \theta}{\partial x} & \dfrac{\partial \theta}{\partial y} \\ \dfrac{\partial \varphi}{\partial x} & \dfrac{\partial \varphi}{\partial y} \end{vmatrix} \tag{5-14}$$

根据图 5-36，可推导球坐标与直角的变换关系为

$$\begin{cases} \theta = \arctan \dfrac{(x^2 + y^2)^+}{h} \\ \varphi = \arctan \dfrac{y}{x} \end{cases} \tag{5-15}$$

对式（5-15）求偏导可得

$$\begin{cases} \dfrac{\partial \theta}{\partial x} = \dfrac{\frac{hx}{(x^2 + y^2)^+}}{x^2 + y^2 + h^2} \\[3mm] \dfrac{\partial \theta}{\partial y} = \dfrac{\frac{hy}{(x^2 + y^2)^+}}{x^2 + y^2 + h^2} \\[3mm] \dfrac{\partial \varphi}{\partial x} = \dfrac{-y}{x^2 + y^2} \\[3mm] \dfrac{\partial \varphi}{\partial y} = \dfrac{x}{x^2 + y^2} \end{cases} \tag{5-16}$$

把式（5-16）代入式（5-14）可得

$$\frac{\partial(\theta, \varphi)}{\partial(x, y)} = \dfrac{\frac{h}{(x^2 + y^2)^+}}{x^2 + y^2 + h^2} \tag{5-17}$$

把式（5-17）代入式（5-13）可得

$$\varphi = E \iint \frac{(x^2 + y^2)^+ (x^2 + y^2 + h^2)}{h} \cdot \dfrac{\frac{h}{(x^2 + y^2)^+}}{x^2 + y^2 + h^2} dx dy$$

$$= E \iint dx dy \tag{5-18}$$

$$= ES$$

式中：S 为被照区域面积，证毕。故而在灯具密布的情况下，没有必要考虑布灯高度，从而加装透镜也不是必须的。

（2）光饱和所需 $PPFD$。研究植物光合作用一般分为三个层次：①从微观角度出

发，研究叶绿体内部机制，特别是光合作用发生的过程，目前的研究显示，一个叶绿素吸收 8～12 个光子的能量可转化一个葡萄糖分子，绝大部分植物吸收的光子能量对应为红光光子，波长更短的光子被天线叶绿素捕获后，传递相当于红光光子的能量给光合中心叶绿素，多余的能量通过类胡萝卜素以热的形式释放，叶绿体并非时刻都可以利用光子能量转换葡萄糖分子，捕光过程称为光反应，所需反应时间很短，但是转换葡萄糖的过程所需时间较长，一般称为暗反应，所以对叶绿体来说，单位时间内可利用的光子数存在饱和值，由于绝大部分植物可分为 C3 和 C4 植物，这两种植物平均的光饱和 $PPFD$ 分别为 $1000\mu mol/（m^2 \cdot s）$ 和 $2000\mu mol/（m^2 \cdot s）$，常见的 C3 植物如小麦、大豆、烟草、棉花等，常见 C4 植物如玉米、甘蔗、高粱、苋菜；②叶片，一般要考虑叶片内叶绿体的密度，叶片的结构等因素对光合作用的影响，以上提到的光饱和典型值就是指叶片层次；③植物整体和群体，即光照射在大范围作物上，此时如何确定光饱和点。

在此必须提一下，不同植物的光饱和点不同，相同植物在不同水肥、二氧化碳浓度、温湿度等环境因素下，光饱和点也不同。文章所指的光饱和点是指在最适宜的环境条件下。对单株植物来说，光线会在叶面发生反射和透射，所以单株植物的光饱和点要大于单个叶片的光饱和点。如果用 P_i 来表示叶片的光合作用强度（一般用单位时间单位面积产出葡萄糖数量来表征，单位为 $\mu mol/m^2 \cdot s$），E 表示 $PPFD$，则二者关系为

$$P_i = \frac{AbE}{A + bE} \tag{5-19}$$

式中：A、b 为常数。当光很弱时，分母中 bE 相对于 A 来说数值很小，可忽略，因而 $P_i \approx bE$，光合作用基本上与 $PPFD$ 成正比，b 为其比例系数。当光很强时，则分母中的 A 相对于 bE 来说变得很小，因而 $P_i \approx A$，即接近了光饱和。

当植物长在一起形成一个群体时，单个叶片虽按式（5-19）进行光合作用，但其所受光照随叶片在群体中所处的位置不同而有显著差异。根据研究，群体中 $PPFD$ 的分布大体上可用兰伯特—比尔定律表示，即

$$\ln\left(\frac{E}{E_0}\right) = - KF \tag{5-20}$$

应用于温室时，式中 E_0 为植物上方的 $PPFD$；F 为叶子层数；E 为 F 层下的 $PPFD$；K 为消光系数。将式（5-19）和式（5-20）结合，计算各层叶子光合作用之和，可得到群体光合作用与 $PPFD$ 的关系为

$$P_c = \frac{A}{K} \ln \frac{A + bE_0}{A + bE_0 e^{-KF}} \tag{5-21}$$

式中：P_c 即为群体的光合作用强度。从此式推导得出，群体光合作用的光饱和强度常较个体植物的为高，事实上，水稻、小麦的群体光合作用在中午日光下也未达到饱和。另一方面，从式（5-21）可看到，当其余数值不变时，K 值越小，即 $PPFD$ 在群体中自上向下减弱较慢，群体光合作用越强。所以如何提高透过叶片的光强，如何增加侧面入射的光线，甚至增加自下向上的补光，就显得尤为重要。三星的全光谱方案，可在一定程度上解决植物冠层透光问题，如图5-37所示。实际确定某种植物的光饱和点时，

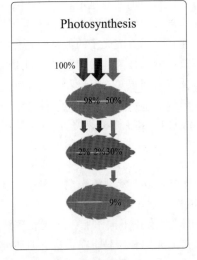

图 5-37　植物冠层透光率

需要预先做较多正交实验，以确定式（5-21）中的未知参数 A、b、K，当然 K 是随时间变化的，在植物的不同生长周期，有着不同的 K 值。

实际上即使只考虑 C3 植物的叶片饱和 $PPFD$，即 $1000\mu mol/(m^2 \cdot s)$，单位面积的能量密度仍然是很高的。以典型的温室尺寸为例，宽 8m，长 50m，则所需 PPF 至少为 $400000\mu mol/s$，如果 PPE 为 $2.5\mu mol/J$，则一个温室所需植物照明灯具总功率为 160000W，单位面积功率为 $400W/m^2$，相比 GB/T 50034 中照明场所的功率密度要求通常 $10W/m^2$ 左右，高出 40 倍，所以植物照明布灯密度以及单灯 LED 布置密度都远大于通用照明。

下面简要介绍在植物照明场合如何进行方案的理论计算。由于植物照明产品往往需要白光、红光、远红、蓝光等不同 LED 器件的组合，已达到整灯对功率、PPE、光谱比例、成本等要求。如何估算成本最低的植物照明方案，以下仅以白＋红的方案为例，列出估算最小成本方案的方法步骤，仅考虑灯珠的光效和价格，不考虑可靠性，LES 等其他特性。

首先估计灯珠使用温度，即 T_s 大小，假设为 85℃，其他温度类似。对备选灯珠在特定 T_s 下进行测试或根据灯珠厂商提供的模拟工具进行模拟，分别得到白光和红光的 PPE 和功率随电流的变化函数（曲线）为

$$E_W = f_W(I_W) \tag{5-22}$$

$$E_R = f_R(I_R) \tag{5-23}$$

$$P_W = g_W(I_W) \tag{5-24}$$

$$P_R = g_R(I_R) \tag{5-25}$$

式中：E_W、E_R 分别为白光和红光的 PPE；P_W、P_R 分别为白光和红光的功率。另设方案要求灯珠总功率为 P_T，灯珠总 PPE 为 E_T，白光和红光的灯珠数量分别为 N_W、N_R，白光和红光的灯珠单价分别为 C_W、C_R，方案总的成本为 C_T，则可列出如下非线性规划方程组为

$$
\begin{cases}
\min \quad C_T = C_W N_W + C_R N_R \\
s.t. \quad N_W P_W + N_R P_R = P_T \\
\quad N_W P_W E_R + N_R P_R W_R \geqslant P_T E_T \\
\quad 0 < I_W \leqslant I_{Wmax} \\
\quad 0 < I_R \leqslant I_{Rmax} \\
\textit{All other symbols are positive.}
\end{cases}
\tag{5-26}
$$

找一个工具求解非线性规划问题式（5-26）。对待选的每两种白＋红组合都求出最小成本解，再列入表 5-2 进行比较，最终选定最优解。

表 5-2		组 合 成 本 比 较 表		
序号	白光 1	白光 2	……	白光 n
红光 1			……	
红光 2			……	
……	……	……	……	
红光 m				

求解工具例如 Python 中的 scipy 模块中的 optimize 子模块。

如果还需要考虑光谱比例，则在测试时就要保留光谱数据，作为一阶近似，可认为相对光谱不随驱动电流变化（实际上是会变化的，因为白光和红光的材料基础不同，造成了冷热比不同），对确定的相对光谱，PPF 与其绝对光谱成正比，可按照 400～500nm、500～600nm、600～700nm 波长范围将光谱进行划分，求得每个波长区间的 PPF 占比，设置每个区间占比的额外约束条件加入式（5-26），则此时求解结果可满足对光谱比例的要求。

最后，根据白光和红光的颗数结果四舍五入为整数，再根据串并关系进行颗数的微调，并对应调整二者相应的驱动电流。本部分内容较为复杂，在与本书配套的视频讲解中将进一步讨论具体细节。以下给出一个已知光谱要求，求解所用 LED 型号的例子，如图 5-38 所示，模拟结果峰值和谷值的位置及高度都与所要求的光谱符合得较好。

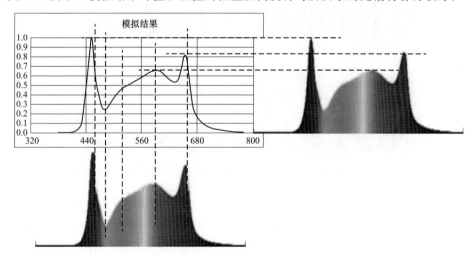

图 5-38 一个模拟结果示例

5.1.5 植物照明的发展方向及认证标准

植物照明，特别是 LED 植物照明，从 2016 年开始进入飞速发展时期，出现了很多新的发展方向和实际的应用方案。为了规范化植物照明产品，很多国家和地区都制订了与植物照明产品相关的认证标准，例如当前最主流的北美 DLC 认证。下面分别介绍 LED 植物照明发展方向和当前主要的认证标准。

（1）植物照明的发展方向。前文已经介绍了，当前无论是白光还是红光，其 WPE

都已经比较高，均可做到80％以上，由于外量子效率的限制，想进一步提升LED器件的WPE，进而提升PPE，除非有重大技术革新，否则是较为困难的。所以在一段时期内，植物照明用LED器件的发展方向可能是以保持现有PPE不变的情况下，进一步降低成本，拉近LED植物生长灯与HID植物生长灯的成本距离，降低植物照明用户的初期投入，加快LED替代HID的进程，从而更高效地利用电能，节约能源。采用全光谱替待窄光谱方案，也有利于降低植物照明的成本。其原理包括两方面：①同样性能的植物照明灯具产品，采用全光谱方案初期投入成本较低；②在大多数情形下，高等植物在全光谱下生长，可获得更多的生物量。根据三星LED的实验，对于奶油生菜和橡叶生菜，在24℃、相对湿度70％、光/暗＝16/8小时、水培、4倍大气CO_2浓度的环境条件下且$PPFD$均为$300\mu mol/s \cdot m^2$，不算育苗期，采收期都是10天，应用全光谱照明，生菜的鲜重多产出10％，如图5-39所示。

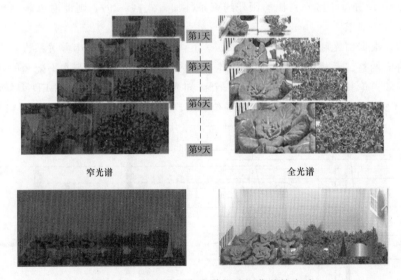

图 5-39　窄光谱与全光谱奶油生菜种植实验

进一步积累LED植物生长灯的实际使用光衰和失效案例，也是十分重要的。目前采用的LED器件都是可靠性非常高的，同时带来了较高的可靠性成本，有可能存在一定程度的品质过剩，需要在植物生长灯的实际使用过程逐渐降低LED器件的可靠性等级，进而降低LED器件的成本。此外，为了降低成本，LED器件逐渐单一化也是一个发展方向。其含义是让植物照明灯具制造商备货机种较少，减少库存成本。对LED器件的制造端来说，LED器件单一化便于更大规模的生产，降低产品的边际成本。例如目前三星LED器件的LM301H（B）产品，就是一种单一器件，目前（基于2020年10月的预估）中国每月需求量大约为160kkpcs（百万颗），虽然色温不同，但是芯片和支架是一样的，故有利于降低芯片和支架的成本。

另一个发展方向是LED器件高度专用化。其含义是针对不同的植物品种，研究和生产特定光质的 LED 器件，甚至是把所需要的不同波长的光谱都集中在同一个 LED 器件内，便于生产和制造，如图 5-40 所示。

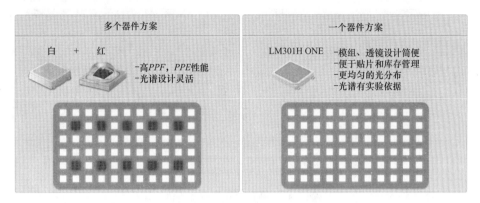

图 5-40　一个 LED 器件的优点

不过要开发一种专用光质，是需要做大量正交试验的。由于大样本标准要求至少样本容量为 30 个，考虑到植物株间的差异性，要保证一定的可靠度，一般需要用 50 个甚至 100 个样本来表征一个生长条件的结果。而主要环境因素光照（包括 $PPFD$、光周期、光谱）、温度、营养液、CO_2 浓度是互相高度耦合的，需要分别进行正交划分，就算只有这 6 个环境因素，每个环境因素划分为等间隔的 5 种条件，则对一种作物的光质试验就需要种植 $100 \times 5^6 = 1562500$ 株作物，而此时找到的最佳结果可能还不是最优结果，而是较优结果。因此，有时光质试验只进行光谱比例的改变，而取其他环境因素为同样的一般条件来进行，这种忽略环境耦合的试验，在一定程度上也是一种较优结果。三星 LED 的 LM301H One 产品就是在这种思路下开发出来的，首先做如图 5-41 所示的多种光配方试验，最终根据试验结果确定出如图 5-42 所示的较优结果。在比对试验中，仍取图 5-39 所对应的试验条件，则在灯具具有相同功率的情况下，采用 LM301H One 方案可在 7 天时完成采收，比白＋红的方案早 3 天采收，这意味着省电 30%。

LM301H	蓝	绿	红	鲜重(%)
普通6500K	1	2	1	74
普通3000K		4	4	100
增加红光	1	4	6	105
		4	7	97
		4	9	94
增加绿光	1	5	6 5	106 100
		6	6	106
		7	5	106
		8	6	110
		9	6 7	108 108
		10	6	102

植物生长试验(在相同功率下进行):

图 5-41　多种光配方组合试验

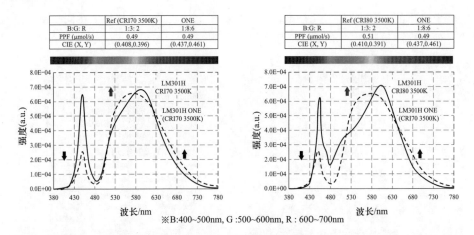

	Ref (CRI70 3500K)	ONE
B:G: R	1:3: 2	1:8:6
PPF (μmol/s)	0.49	0.49
CIE (X, Y)	(0.408,0.396)	(0.437,0.461)

	Ref (CRI80 3500K)	ONE
B:G: R	1:3: 2	1:8:6
PPF (μmol/s)	0.51	0.49
CIE (X, Y)	(0.410,0.391)	(0.437,0.461)

※B:400~500nm, G :500~600nm, R : 600~700nm

图 5-42　种植生菜的较优光谱

从长远来看，一种植物对应一种专用光谱是最理想的，当然也要考虑灯珠的成本上升幅度，最终取决于电费、财务成本等经济核算要素。

还有一个发展方向是针对目前的认证评价体系，即以 PPF 及 PPE 为主要表征指标，进行有针对性的光谱优化，其出发点并不是提高种植效果（例如植物产量、次生代谢物含量等），而仅是针对参数的提高进行的优化。例如，根据 PPF 和 PPE 的定义，可尽量减少 PAR 以外的波长成分。方法例如在外延结构中增加光学微腔（谐振腔），从而减少蓝光芯片的半峰宽，进而减少 400nm 以下的波长成分。再如采用窄带红色荧光粉，从而减少 700nm 以上的波长成分，如图 5-43 所示。

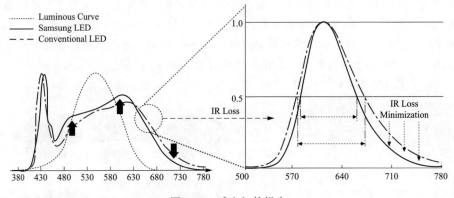

图 5-43　减少红外损失

除以上发展方向外，由于植物照明往往对于光效（PPE）要求较高且在一定范围内，光效提升的百分比就等于作物产出提升的百分比，特别是对于一些高附加值作物，例如黄精、大麻、金线莲、紫苏以及七叶一枝花等，其生物量产出的提升可带来相对客观的经济价值，此时可接受 PPE 的提升带来的 LED 器件成本的小幅上升，因此，用于提升 LED 器件光效的诸多技术基本上均可用于提升植物照明用 LED 器件的 PPE，下面举几个例子。

1）利用图形衬底技术最大化出光和最小化缺陷，如图 5-44 所示。

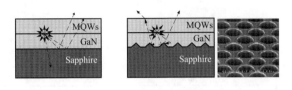

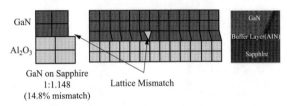

图 5-44 图形衬底技术

2）通过 V 形槽技术，可将分散的缺陷集中，提升量子效率，并有利于 LED 器件的 ESD 能力提升，如图 5-45 所示。

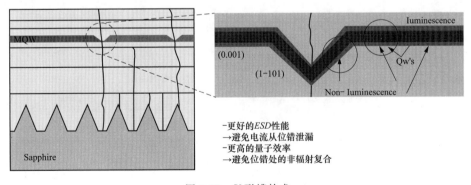

图 5-45 V 形槽技术

3）尽可能在更多的器件型号上采用倒装芯片，以提高出光效率，降低正向电压，降低热阻，实现更均匀的电流扩展，并且有更高的反射率，如图 5-46 所示。

4）采用无缺陷荧光粉，提升荧光粉的内量子效率，如图 5-47 所示。

5）采用大粒径荧光粉，以减少散射效应，提高光效，如图 5-48 所示。

6）在封装结构上采用高反射材料，提升出光率，如图 5-49 所示。

	Epi-up	Flip Chip
structure	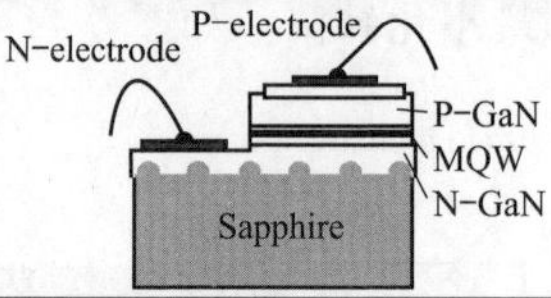	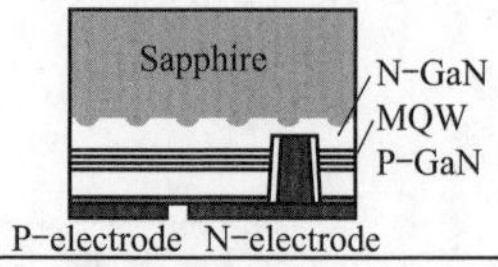
Photon Extraction	Lower	Higher
Vf	Higher	Lower
Rth	Higher	Lower
Current Spread on Die	Concentrate	Homogeneous

(a)更高的光提取率

	Epi-up	Flip Chip
Image & Current Distribution	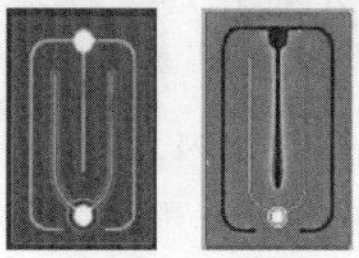	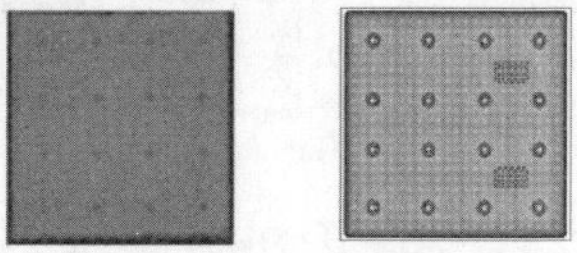
Max. Current Density	24 A/cm²	10 A/cm²
Vf	2.85 V	2.82 V
Average IQE	81%	93%

(b)更大的电流密度

	Metal Reflector	Dielectric/ Metal Reflector
Structure	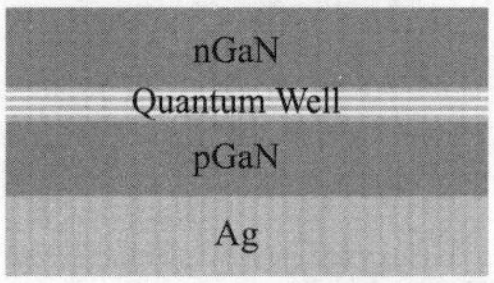	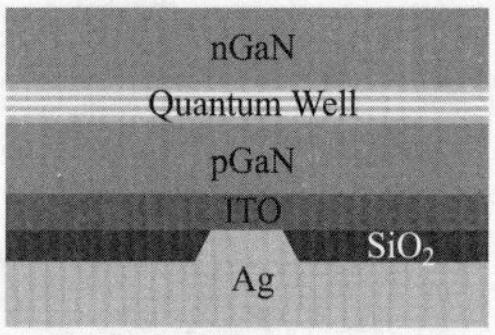
Reflectance	92%	97%

(c)更好的反射率

图 5-46　倒装芯片技术

7）由于荧光粉中的红粉和蓝绿粉存在相互干扰的问题，例如当蓝光转换为绿光时，绿光的波长有可能仍处于红色荧光粉的吸收范围内，从而有可能被红色荧光粉二次吸收，降低整体的荧光粉量子效率。但如果蓝光先经过红色荧光粉，则已被转换为红光的光子其波长较长且其能量已小于绿光光子，故不会再次被蓝绿粉吸收，所以在空间上将红色荧光粉和蓝绿色荧光粉分开是有利于提升 LED 器件光效的，如图 5-50 所示。

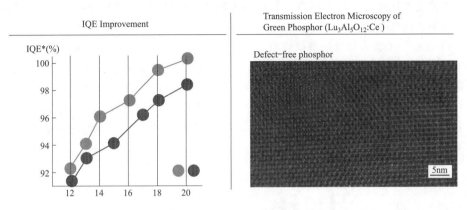

图 5-47 无缺陷荧光粉技术

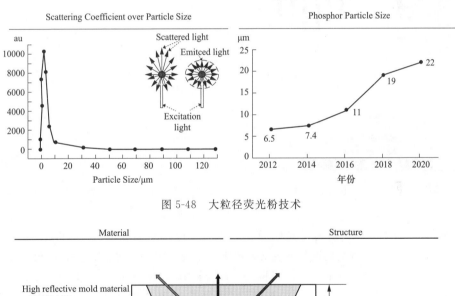

图 5-48 大粒径荧光粉技术

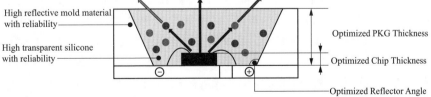

图 5-49 封装高反射材料技术

（2）主要的认证标准。在植物照明的标准方面，除了前文提到的基础标准 T/CSA 032—2019，植物光照用 LED 灯具通用技术规范和 GB/T 32655—2016《植物生长用 LED 光照 术语和定义》以外，主要的植物照明标准还有 T/SZFAA 01—2018，植物人工辐射源光谱参数规范和 DLC 的标准 Testing and Reporting Requirements for LED-based Horticultural Lighting。前者是深圳市设施农业行业协会的团体标准，后者是出口北美的植物照明产品性能标准，DLC 的标准是目前主要的规定了性能要求的标准，而其他的标准多数为基础概念标准。

1）植物人工辐射源光谱参数规范。在该标准中，大部分内容与前文所述概念一致，以下说明几处有差异的内容。在 T/SZFAA 01-2018 中，前文介绍的 BPF 概念在该标准中称为测量的光子通量（MPF，Measured Photon Flux），前者的计算范围是 300～800nm，后者的计算范围是 380～800nm。对于前文所述的 YPF 概念，该标准中也有类似的概念，也称为 YPF，并且也参考了 McCree 曲线，与前文有所不同的是该标准中McCree 曲线的能量加权曲线在下方，光子加权曲线在上方，如图 5-51 所示。

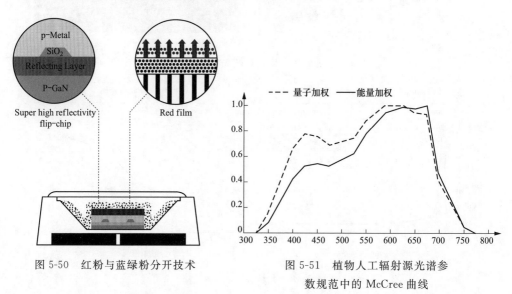

图 5-50 红粉与蓝绿粉分开技术

图 5-51 植物人工辐射源光谱参
数规范中的 McCree 曲线

McCree 曲线代表了植物对光能的平均光合反应（见图 5-52）。20 世纪 70 年代，McCree 博士在对 22 种植物进行研究的基础上，发现植物的大部分发育和对光的反应都发生在这部分光谱中。他的文章《The action spectrum, absorptance and quantum yield of photosynthesis in crop plants》主要写了"测量了 22 种作物叶片在 350～700nm 波长范围内的二氧化碳吸收的作用光谱、吸收率和光谱量子产量。以下因素是不同的：物种、品种、叶片年龄、生长条件（田间或生长室）、温度、CO_2 浓度、单色光通量、补充白光通量、叶片朝向（正面或背面）等试验条件。在所有种类和条件下，量子产额曲线都有 2 个最大展宽点，以 620nm 和 440nm 为中心，在 670nm 处有一个肩点。蓝峰平均高度为红色峰的 70%"。这项研究是关于植物吸收光最详细的研究之一，至今仍被参考和引用。从他对 22 种植物的研究数据中，McCree 博士计算出一个广义的植物光吸收曲线，也就是 McCree 曲线，看起来就是图 5-52。

这里顺便指出 McCree 曲线的局限性。尽管 McCree 曲线代表了科学，但众所周知，植物在萌发和营养生长阶段需要更多的蓝色（高能量）光，而在出芽/开花/结果阶段则需要更多的红色（低能量）光。更复杂的是，某些种类的植物，例如红叶莴苣不需要大量的红光，但在生长周期的某些阶段却需要一些紫外光。因此，没有一种植物生长光照能满足所有类型植物的需要，即使它能产生符合 McCree 曲线 90% 或以上的光照。这导致了植物生长灯的增加，其中许多具有可变光谱，设计用于特定类型的植物。

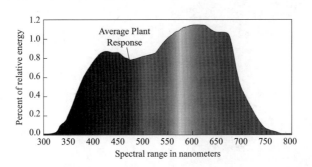

图 5-52　植物对光能的平均光合反应

前文介绍的 PPE 在该标准中称为光量子能效（QE，Quantum Efficiency），定义是相同的。

2）Testing and Reporting Requirements for LED-based Horticultural Lighting

该标准最新版本是 1.2 版本，在 2019 年 10 月 21 日生效的，在 2020 年 5 月 18 日修订过。

完成 DCL 认证的植物照明灯具产品，应按该标准中表 1 所列的技术要求项报告数据或达到阈值要求。与 LED 器件有关的技术要求项主要有如下几点：

① 在 PAR 范围内每隔 100nm 报告 PPF，即在区间 400～500nm、500～600nm 和 600～700nm 范围内报告 PPF 值。

② 在 700～800nm 范围内报告 BPF 值。

③ 在 400～800nm 范围内报告光谱量子分布，单位为 $\mu mol/s \cdot nm$。

④ 在 PAR 范围内报告 PPE，最低要求为 $1.9\mu mol/J$，允许 -5% 的公差。

⑤ 在 PAR 范围内报告光合光子通量的维持率 Q_{90}，算法可用第三章介绍的 TM21 算法针对有光合光子通量衰减数据的 LED 器件 LM80 报告进行计算，90 表示衰减到初始值的 90%，最低要求为 36000h。

⑥ 在 700～800nm 范围内报告 Q_{90}，没有阈值要求。

值得注意的是：DLC 组织有可能从 2020 年 10 月的 2.0 版本开始强推 ANSI/IES TM-33-18 格式的光学数据。

5.1.6　大麻基础知识

2020 年受新冠疫情影响，照明行业很多细分领域在上半年都出现了业绩下滑，但是植物照明却逆势增长，甚至是爆发式增长。其主要原因是从 2019 年开始，由于北美一些国家娱乐用大麻种植合法化，导致种植大麻的植物工厂激增，同时带动了 LED 植物生长灯的市场。此外，由于疫情影响，很多人不能外出，居家期间可能会网购大麻种

植家庭装备（家庭大麻种植帐篷见图5-53），这带动了线上植物生长灯的销售。2020年

上半年，LED植物生长灯市场需求增长了20%，HID植物生长灯更是增长了100%。目前从中国出口到北美的植物生长灯，每月需求大约是8万套，其中大部分产品对PPE要求较高，一般要在$2.5\sim2.8\mu mol/s$，远高于DLC认证对植物生长灯的要求$1.9\mu mol/s$。其原因一方面有厂商之间对于卖点的竞争，更重要的原因是大麻是喜光植物，在光饱和前很大范围内，产量与PPFD成正比，而在确定的配光条件下，PPFD与PPF成正比，而在确定的功率条件下，PPF与PPE成正比。

图5-53　家庭大麻种植帐篷

大麻分为工业大麻和毒品大麻，我国将工业大麻称为汉麻，是大麻科、大麻属，一年生草本植物，现在国内外广泛应用的大麻基本上都是工业大麻。工业大麻植株高大，一般在$1\sim3m$，最高可达6m，枝杈少，叶子宽阔，紧挨着芽孢。纤维含量高，其花和叶的干品中THC含量小于0.3%的是符合1961年国际主要国家签订的《麻醉品单一公约》（以下简称61公约）要求的工业大麻品种，通常为栽培大麻及其种大麻中THC含量较低的遗传变种，可区分为纤维型、种子型和种子纤维两用型，主要应用部位是茎叶和种子。欧盟、美国、加拿大、澳大利亚、南非等国家均以法律形式规定THC<0.3%的大麻品种为允许种植范围。

毒品大麻植株相对矮小，像是灌木丛，枝杈多，叶子细窄，基本长在植株顶端。纤维含量低，花与叶的干品中THC含量>0.3%，通常为印度大麻及其他大麻亚种中THC含量较高的遗传变种，主要应用部位是花、枝和嫩叶等部位。

THC即四氢大麻酚，CBD即大麻二酚。THC和CBD的合成是由连锁在一起的独立单基因控制的，而且表现出母系遗传特征。二者为同分异构体，它们能特异地将其共同前体大麻萜酚（CBG）分别转化为CBD和THC。CBD和THC的化学结构如图5-54所示。

现实中，大麻中THC和CBD含量有一种间接的比例关系，THC含量低的大麻中往往含有较高水平的CBD。THC是一种致幻剂，含有本品的大麻吸入后对中枢神经的作用，可因剂量、给药途径及用药时的特殊环境而有所不同。表现为既有兴奋又有抑制，吸食后或思潮起伏、精神激动、自觉欣快、或沉湎抑郁、惊慌失措。长期服用精神堕落，严重丧失工作能力。CBD则相反，不仅可以作用于多种疑难疾病的治疗，还可有效地消除四氢大麻酚（THC）对人体产生的致幻作用，被称为"反毒品化合物"。

大麻植物不同部位的THC含量是不同的，按递增顺序依次是：坚果（除苞叶外）、根、主干、枝杈、老而大的叶子、小而嫩的叶子、花、果实的苞片。大麻种子基本上不含THC，如果有也非常少，但也存在被苞片分泌物污染的可能，也有可能苞片没有完全去除干净而被污染，这导致大麻油和食品中可能含有微量的THC。作为大麻食品和

大麻油，要求 THC 含量很低，加拿大规定不超过 10mg/L，德国规定食用油的 THC 含量为 5mg/L，饮料中 THC 含量为 0.005mg/L，其他食品为 0.15mg/L。

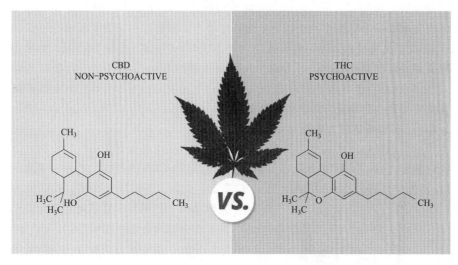

图 5-54　CBD 和 THC 的化学结构

CBD 的主要用途，作为特效药物主要治疗以下疾病：

（1）用于解除毒瘾，治疗老年痴呆、厌食症与食欲不振、焦虑、关节炎、孤独症、癌症、恶性肿瘤、小儿多动症。

（2）神经衰弱、精神萎靡、癫痫症与羊癫疯、肌肉疼痛、各种炎症与头痛。

（3）情绪失控、晕动病、各种器官硬化、恶心与神经退化。

（4）帕金森病，精神障碍，风湿病，精神分裂，皮肤病。

（5）改善睡眠，缓解压力。

大麻中的 THC 含量是由大麻的基因（内因）决定，并和生长环境（温度、湿度、土壤条件、日照等）有关。环境会对 THC 含量产生很大的影响，季节也会影响 THC 的含量，甚至昼夜之间也会有所差异。但整体上相对低 THC 含量的大麻品种，其 THC 含量变化有限。CBD/THC 主要受遗传因子控制，其分离比例符合孟德尔独立分离规律。THC 和 CBD 的合成是由紧密连锁在一起的独立单基因控制的，而且表现出母系遗传特征。现实中，大麻中 THC 和 CBD 含量有一种间接的比例关系，THC 含量低的大麻中往往含有较高水平的 CBD，反之亦然。环境湿度、温度以及土壤或营养液都对大麻酚类物质的相对比例有一定影响，甚至虫害、细菌和真菌也有一定的影响。在光照方面，特别需要注意的是：通常绿光有利于 CBD 的积累，而紫外，尤其是 UV-B，有利于 CBD 的积累。阳光除了使作物进行光合作用外，还包含破坏生物的紫外辐射。这种进化压力显然影响到大麻的某些防御进化，正像皮肤受到紫外照射会产生色素沉着一样，大麻也会产生一定的紫外线化学屏蔽功能。如果大麻处在紫外辐射较强的区域，那么 THC 具有的吸收 UV-B（波长 280～315nm）的特性将使大麻具有进化优势，使生物合成前体产生大量THC。试验上已经证明，产生THC的量会受到环境UV-B的影响，而且在高强度紫外辐射下，药物型大麻能产生大量的THC。另外，暴露在UV-B中时CBD的化学性质不稳定。所以在设计大麻用植物生长灯时，对于LED器件的选型，不仅要考虑光谱有利于提高作物干物质产出，也要考虑所追求的目标化学成分。如果以追求高的CBD产出为目的，则一般可选用白光3000K＋6500K＋红光660nm；如果需要控制花期或是兼顾育苗用灯，还可考虑加入一定比例的730nm远红光；如果以追求高的THC产出为目的，则一般可选用白光6500K＋红光660nm＋UV-B，并且要多路可调光，其中UV-B在花期进行胁迫照射效益最大。

5.1.7 植物照明在大麻照明中的应用

本节举一个植物照明的模拟实例。考虑到当前北美市场大麻照明比较火热，故本实例以大麻照明为例，主要考虑高PPE且光谱适合促进CBD的合成。本例主要演示如何由LED器件配合产生要求的已知光谱，不涉及驱动器、控制器和灯具结构的设计。有关驱动器、控制器和灯具结构设计的实例将在5.2节结合教室照明给出。

图5-55　某以获取CBD为目标的大麻品种所需的生长光谱

首先厂商需通过某种方法获知特定大麻品种生长所需的理想光谱，然后使用前言QQ群文件附录C7所示的模拟工具，选择LED器件并配出所需要实现的光谱。例如某以获取CBD为目标的大麻品种所需的生长光谱如图5-55所示。

使用前言QQ群文件附录C7，调整不同LED器件的数量和驱动电流，以及管脚温度，得出的最佳模拟方案如图5-56所示。

该方案使用了三星LED的器件LM301D和LH351H（660nm）V2，其中3000K和5000K色温的LM301D分别使用600颗和2400颗，驱动电流为65mA，管脚温度为55℃，红光660nm使用80颗，驱动电流为350mA，管脚温度为55℃。假设灯具不带透光罩，即光学效率100％，电源效率设为93％（实际在600W左右的植物照明灯具中的实际电源效率可做到95％甚至更高），则整灯的PPE为2.71μmol/J，整灯功率约为580W，满足当前主流的大麻生长灯的光效要求。其光谱与所要求的光谱比较如图5-57所示。

由图5-57可看出，模拟给出的光谱在各个主要的峰值和谷值位置，无论是波长位置还是相对高度，都比较好的相符合。

5.2　节律照明及其在教室照明中的应用

LED从1998年用于照明以来，经过20年的发展，一方面得益于LED器件光效的不断提升，另一方面也得益于LED器件性价比的不断提升，目前LED器件已逐渐成为照明主要采用的发光器件。经过技术和产业不断积累和发展，LED器件的光效已逐渐逼近理论极限，基于LED的大部分光源和灯具，其价格已低于传统的基于气体放电灯

Samsung Horticulture Lighting Calculator

LED PKG	Color	# LEDs	CCT [K]	CRI	Rank	Current [mA]	TJ [°C]	VF [V]	Electrical Power [W]	Optical Power [W]	PPF [µmol/s]	BPF [µmol/s]	YPF [µmol/s]	DIN [µmol/s]
LM301H	○	0	3000	80	SK	65	25	0.00	0.00	0.00	0.00	0.00	0.00	0.00
LM301H	○	0	5000	80	SL	65	25	0.00	0.00	0.00	0.00	0.00	0.00	0.00
LM301H CINE	○	0	CINE	CINE	SV	65	25	0.00	0.00	0.00	0.00	0.00	0.00	0.00
LM301D	○	600	3000	80	SD	65	55	1621.62	105.41	60.95	284.70	294.70	257.47	185.61
LM301D	○	2400	5000	80	SD	65	55	6486.48	421.62	266.85	1302.44	1227.91	1044.89	793.69
LM302D	○	0	3000	90	SF	200	85	0.00	0.00	0.00	0.00	0.00	0.00	0.00
LM302D	○	0	4000	90	SF	200	85	0.00	0.00	0.00	0.00	0.00	0.00	0.00
LM302Z+	○	0	3000	70	SO	45	25	0.00	0.00	0.00	0.00	0.00	0.00	0.00
LM302Z+	○	0	2700	80	SO	45	85	0.00	0.00	0.00	0.00	0.00	0.00	0.00
LM561H	○	0	3000	80	S6	65	25	0.00	0.00	0.00	0.00	0.00	0.00	0.00
LM561H	○	0	4000	80	S6	65	25	0.00	0.00	0.00	0.00	0.00	0.00	0.00
LM281B+ PRO V3	○	0	2700	80	VJ	65	25	0.00	0.00	0.00	0.00	0.00	0.00	0.00
LM281B+ PRO V3	○	0	2700	80	VJ	65	25	0.00	0.00	0.00	0.00	0.00	0.00	0.00
LH175H (CSP)	○	0	4000	70	P1	350	25	0.00	0.00	0.00	0.00	0.00	0.00	0.00
LH175H (CSP)	○	0	5000	70	P1	350	25	0.00	0.00	0.00	0.00	0.00	0.00	0.00
LH043H (CSP)	○	0	5000	70	R1	350	25	0.00	0.00	0.00	0.00	0.00	0.00	0.00
LH043H (CSP)	○	0	2700	70	M1	350	25	0.00	0.00	0.00	0.00	0.00	0.00	0.00
LH083H (CSP)	○	0	3000	70	Q8	350	25	0.00	0.00	0.00	0.00	0.00	0.00	0.00
LH083H (CSP)	○	0	4000	70	S8	350	25	0.00	0.00	0.00	0.00	0.00	0.00	0.00
LM502C	○	0	2700	80	A2	100	25	0.00	0.00	0.00	0.00	0.00	0.00	0.00
LM502C	○	0	3000	70	A2	100	25	0.00	0.00	0.00	0.00	0.00	0.00	0.00
LH351H-B	○	0	3000	70	M1	350	25	0.00	0.00	0.00	0.00	0.00	0.00	0.00
LH351H-B	○	0	5000	70	Q1	350	25	0.00	0.00	0.00	0.00	0.00	0.00	0.00
LH351H-C	○	0	3000	70	P8	350	25	0.00	0.00	0.00	0.00	0.00	0.00	0.00
LH351H-C	○	0	5000	70	R8	350	25	0.00	0.00	0.00	0.00	0.00	0.00	0.00
LH351H-D	○	0	5000	70	V2	350	25	0.00	0.00	0.00	0.00	0.00	0.00	0.00
LH351H-D	○	0	5000	70	Y2	350	25	0.00	0.00	0.00	0.00	0.00	0.00	0.00
LH351H (450nm)	●	0	-	-	-	350	25	0.00	0.00	0.00	0.00	0.00	0.00	0.00
LH351H (530nm)	●	0	-	-	-	350	25	0.00	0.00	0.00	0.00	0.00	0.00	0.00
LH351H (660nm)	●	0	-	-	-	350	25	0.00	0.00	0.00	0.00	0.00	0.00	0.00
LH351H (660nm) V2	●	80	-	-	-	350	55	158.13	55.35	37.93	206.94	207.27	196.11	167.56
LH351H (730nm)	●	0	-	-	-	350	25	0.00	0.00	0.00	0.00	0.00	0.00	0.00
TOTAL	●	**3000**						8266.23	582.37	365.79	1694.07	1729.18	1498.47	1146.85

Spectral Distribution

McCree — PAR — BAR — Chlorophyll A — Chlorophyll B — Beta Carotene

Total Performance

Corr. Factor	Optical Eff.	Driver Eff.
100%	100%	93%

PPF [µmol/s]	PPE [µmol/J]
1694.07	2.71

PPF 1694　BPF 1729　YPF 1498　DIN 1147

380 - 400 nm / 400 - 500 nm / 500 - 600 nm / 600 - 700 nm / 700 - 780 nm

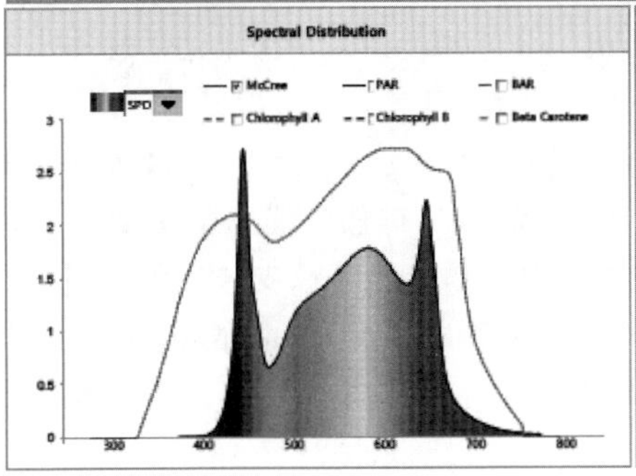

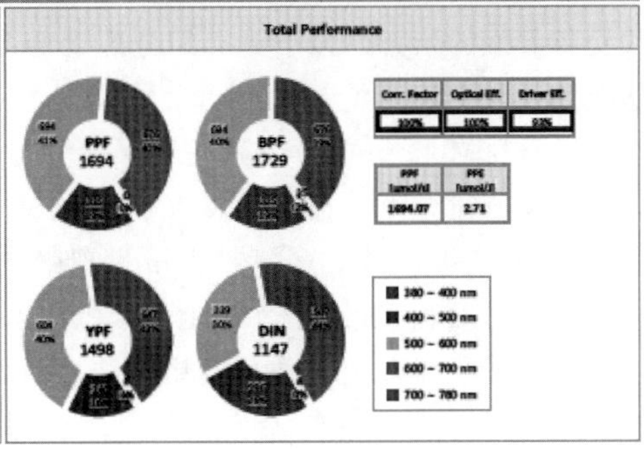

图 5-56　基于 LM301D 的植物照明方案

光源和灯具。例如 4ft、1800lm 的 LED 灯管价格已降至 ￥6 元以内，而同样光通量的荧光灯管＋镇流器却要 ￥10 元以上；可以替代 400W 高压钠灯的 150WLED 路灯价格已在 ￥300 元以内，而 400W 高压钠灯灯头＋光源＋镇流器＋触发器一套要 ￥400 元以上。在此期间，基于 LED 芯片及荧光粉技术的光谱工程也得到了长足发展。在这些背景下，LED 产业界逐渐从单纯的追求高光效、高性价比这两个维度，逐渐发展到对照明效果和光品质的追求，特别是在照明基本理论不断演进的情况下，LED 产业界开始追求以人为中心，以人为本的照明（HCL，Human Centric Lighting），即人因照明，这一照明评价新维度。

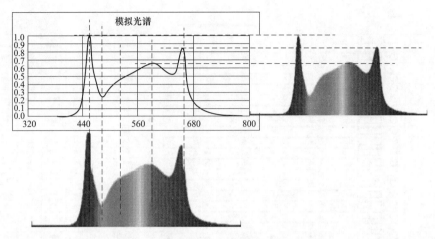

图 5-57　模拟光谱与实际要求光谱的对比

节律照明属于人因照明的一类，目前已有多种模型定量表征节律照明，特别是 2018 年国际照明委员会的标准 CIE S 026/E：2018 的发表，使得节律照明有国际通用标准可参考，从而各 LED 器件厂商的产品进入了可定量比较阶段。本节先介绍节律照明的基础知识，特别是节律照明的化学基础——褪黑素的有关知识，再举一个节律照明在教室照明的应用实例。

5.2.1　褪黑素的合成和作用

节律照明的核心是根据需要调整褪黑素的分泌量，进而影响生理节律，从而达到使人放松或警醒的状态。以下先介绍褪黑素的合成、分泌和代谢，褪黑素的生理和药理作用，褪黑素与疾病的关系。

褪黑素（Mel，melatonin）是松果体分泌的一种神经内分泌激素。松果体分泌褪黑素具有昼夜节律，由下丘脑视交叉上核（SCN）控制，与自然界光—暗周期的变化合拍。早在 1917 年，McCord 和 Allan 发现牛松果体提取物能使蟾蜍皮肤颜色变浅，首次揭示松果体提取物的生物学活性，标志着褪黑素研究的开始。1959 年皮肤病学专家 Lerner 分离纯化并确定这种活性物质结构，将其命名为 Melatonin，成为松果体研究史上的重要里程碑。

褪黑素是一种具有多种功能的光信号，通过其分泌的改变，将环境光周期的信息传递给体内有关的组织和器官，使它们的功能活动适应外界的变化。它在调节昼夜节律、季节节律，以及人体睡眠—觉醒节律方面有非常重要的作用。但褪黑素对人类的重要性并没有引起足够重视。随着社会的进步，都是居民生活节律不断改变，一些行业需要日夜不停运转，从事这些行业的人不得不昼夜颠倒地工作，这种昼夜颠倒地社会生活模式违反了人类进化过程中形成的生物节律，势必影响人群生存质量，危害健康，加速疾病发生，更为严重的是这种影响不易觉察到。有人认为，一些举世震惊的灾难就是因为昼夜节律被干扰而导致决策失误或操作失误而引起，如航天飞机挑战者号爆炸、三里岛核电事故和切尔诺贝利核电事故等，这些灾难夺走了许多人的生命，并造成难以估量的经济损失。

近年研究发现，褪黑素的生物学作用十分广泛，如镇静、催眠、免疫兴奋、抗衰老、抗肿瘤等，但其作用机制尚不十分明确，故对褪黑素生理功能应进行广泛、深入研究，探讨其与人类疾病的关系，使褪黑素基础与临床研究提高到一个新的高度。尤其是2017 年美国三位科学家因发现生物钟的分子机制而获得诺贝尔生理或医学奖这一事件，使得生理节律的重要性被极大地推到了公众视野里。

（1）褪黑素的合成、分泌和代谢。人类松果体（PG，Pineal Gland）位于丘脑的后上方、四叠体上方的凹陷内，呈圆锥形，通过 1 条细柄与第三脑室相连，形似松果，颜色灰红。成人的松果体大小为长 0.8～1.0cm、宽 0.6cm、厚 0.4cm，重约 0.1～0.2g。松果体表面被以由软脑膜延续而来的结缔组织被膜，被膜随血管伸入实质内，将实质分为许多不规则小叶，小叶主要由松果体细胞、神经胶质细胞和神经纤维等组成。松果体的血管丰富，其血流量仅次于肾脏，由左、右脉络膜后动脉分支的微动脉穿入松果体被膜，走行于结缔组织之间，然后形成毛细血管网，经静脉汇集起来穿出被膜构成松果体奇静脉，最终注入大脑大静脉。松果体的神经来自外周神经纤维，包括交感神经、副交感神经、连合神经和肽类神经。人类松果体是一个活跃的内分泌器官，主要分泌褪黑素，如图 5-58 所示。在两栖类动物中，褪黑素是促使皮肤褪色的激素，在哺乳类已失去这个作用，主要抑制促性腺激素的释放，从而使垂体的促性腺激素分泌减少，抑制生殖腺的发育和功能活动，因此，可防止性早熟。如果儿童期松果体遭到破坏（如松果体瘤），则出现性早熟和生殖腺的过渡发育；相反，在儿童期松果体过分发育，则性腺发育迟缓。

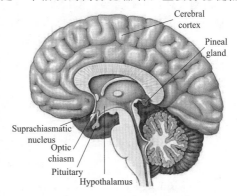

图 5-58　人类松果体

松果体的分泌活动受光照的影响，这种光照影响是种系发生保留下来的特性。光刺激由视觉器官传入脊髓交感神经中枢，颈上交感神经节发出的节后纤维作用于松果体，抑制褪黑素的合成和分泌。夜间则分泌增加，有明显的昼夜节律性变化。而破坏以上任何一个环节都可使光照作用消失。

褪黑素的化学名称为 5-甲氧基-N-乙酰色胺，其生物合成主要在松果体细胞内进行，以色氨酸为原料，由 5-羟色胺（5-HT）在酶的作用下转变而成。

首先，松果体细胞从血液中摄取色氨酸，然后：①在色氨酸羟化酶作用下，色氨酸在 5 位羟化形成 5-羟色氨酸；②5-羟色氨酸在芳香-L-氨基酸脱羧酶作用下转化为 5-羟色胺；③5-羟色胺在 N-乙酰转移酶（NAT）作用下转化为 N-乙酰色胺；④N-乙酰色胺在羟基吲哚-氧-甲基转移酶的作用下转化为褪黑素。褪黑素的合成过程如图 5-59 所示。

由于褪黑素的合成以色氨酸为基本原材料，所以日常多食用一些富含色氨酸的食物，可以帮助褪黑素的合成，从而有助睡眠，常见富含色氨酸的食物主要有小米、核桃、桂圆、莲子、红枣、牛奶等。

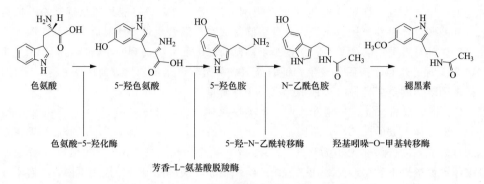

图 5-59 褪黑素的合成过程

褪黑素的合成既取决于光照，又受交感神经的影响。光感信息被视网膜光感细胞或光受体吸收后，随即发生化学转化，环境的光能转换为电脉冲信号，由神经节后视网膜神经纤维介导，通过视网膜下丘脑束到达视交叉上核（SCN），从 SCN 沿下丘脑外侧的前脑内侧束到达中脑被盖，然后经被盖脊髓束抵达脊髓侧柱，通过神经节前纤维，终止于双侧的颈上神经节（SCG），再由此发出去甲肾上腺素能节后纤维，沿小脑幕松果体神经最终到达松果体。当光信号到达 SCG，交感神经节后纤维抑制去甲肾上腺素（NE）的释放；而在黑暗时，交感神经元活性明显增强，释放较多的肾上腺素，后者作用于松果体上的 β-肾上腺素受体，激活腺苷酸环化酶，促使环磷酸腺苷（cAMP）合成增加，激活 NAT 酶，进行褪黑素的合成。如图 5-60 所示。

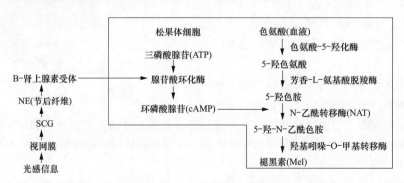

图 5-60 光照和神经调节对褪黑素生物合成的影响

松果体对 β-肾上腺素能刺激的敏感性受到其原先活性水平的影响。松果体的活性直接与可利用的 β-肾上腺素能受体的数量有关，在黑暗之初，受体数量处于高峰，随黑暗时间的消失而减少。

松果体分泌褪黑素的途径为：①分泌褪黑素进入脑脊液；②分泌褪黑素直接进入血液循环。褪黑素的分泌机制尚未完全阐明，一般认为有被动扩散和主动释放两种。两种分泌机制可能都是简单扩散，也可能以囊泡形式成批的释放。

研究显示，人类松果体褪黑素分泌量与年龄有关，随着年龄增长，褪黑素分泌逐渐减少。人在出生后数月即可有褪黑素分泌，3～6 岁分泌达最高峰，以后逐渐下降，青春期降至成人水平，老年期分泌更少，只有高峰期的 1/10。大约每 10 年衰减 10％～15％，这种衰减被认为是脑老化的标志之一。

褪黑素以脉冲分泌节律的特点最早在人体循环中发现，其后在其他动物体内也有报告。在以脉冲形式释放进入血液循环之前，褪黑素是先储存在囊泡中，受相应的信号控制而造成释放的脉冲型。褪黑素的分泌是受人体内源性的生理节律调控的，而光照一般仅影响褪黑素的合成。

光照周期是生命活动最主要的物理环境，昼夜光暗信号将体内众多的固有生理节律移行到其自身的周期上来。一般来说，光照昼夜周期与动物生命所需的信号有一定关系。对在南极过冬的人体研究发现，在无光照季节时，褪黑素的 24h 节律仍然保持，同样，持续光照的夏季，人体也保持一定的昼夜节律性，表明褪黑素分泌的昼夜节律周期机制是内源性的，是人类在漫长的进化中形成的，早已印刻到基因之中。目前的研究表明，主要受三个基因的控制，三名美国科学家杰弗里·霍尔（Jeffrey C. Hall）、迈克尔·罗斯巴什（Michael Rosbash）、迈克尔·杨（Michael W Young）因此发现而获得 2017 年诺贝尔生理或医学奖。

1）PER 蛋白基因：period——自我反馈调节。1984 年，霍尔和罗斯巴什（波士顿的布兰迪斯大学）和洛克菲洛大学的迈克尔·杨成功地分离出了 period 基因。他们把这个基因编码的蛋白命名为"PER"。他们发现，在晚上，PER 蛋白会在果蝇体内积累，到了白天又会被分解。并且发现 PER 蛋白的浓度会循环震荡，周期为 24h，和昼夜节律相同。他们猜测 PER 蛋白可让 period 基因失去活性。也就是 PER 蛋白和 period 基因之间形成了一个抑制反馈的环路，PER 蛋白可抑制基因合成自己，这样就形成了一个连续循环的完整节律。当 period 基因有活性的时候，可合成 period mRNA，然后进入细胞质后开始合成 PER 蛋白。PER 蛋白又会进入细胞核，逐渐积累，抑制 period 的活性。period 基因经过了一个完整的 24h 周期，就形成了一个抑制性的反馈机制，形成了昼夜节律，如图 5-61 所示。

2）TIM 蛋白基因：timeless——辅助 PER 蛋白工作。1994 年，洛克菲洛大学的迈克尔·杨发现了第二个节律基因：timeless。之前虽然已经发现 PER 的功能，有一个关键环节是从细胞质进入细胞核才能抑制 period 基因。但是它是如何进入细胞核的呢？实际上 Timeless 可以编码 TIM 蛋白，可帮助 PER 进入细胞核。迈克尔·杨做了一个漂亮的实验，发现 TIM 会结合到 PER 上，然后两个蛋白可一起进入细胞核，并且在那里抑制 period 基因的活性，如图 5-62 所示。

3）DBT 蛋白基因：doubletime——精确计时。上面两个基因解释了为什么会出现周期震荡，但是这种震荡的频率周期为什么是 24h 呢？这时候，洛克菲洛大学的迈克尔·杨又发现了一个基因：doubletime，这个基因可编码 DBT 蛋白。DBT 蛋白可延迟 PER 蛋白的积累，这解释了为什么震荡的周期会稳定在 24h 左右。生理节律能调节人们大部分的基因，并且最终这个生理节律能使我们的生理情况适应一天中不同时段。正是这些分子调控着人们一天的节律，如图 5-63 所示。

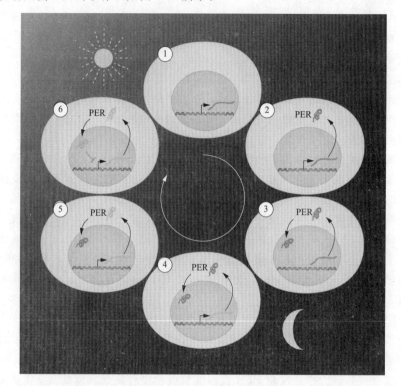

图 5-61 PER 蛋白基因的作用

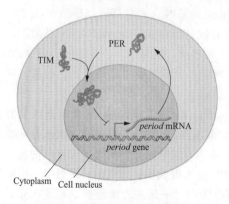

图 5-62 TIM 蛋白基因的作用

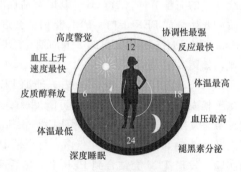

图 5-63 人一天的生理节律

褪黑素的分泌也受这种生理节律的调控。对高等动物和低等脊椎动物进行的大量研究表明，血液、尿液、脑脊液、唾液等体液中均含有褪黑素且呈现昼夜周期性变化，以夜间分泌最高，这种分泌与动物的生活习性，即夜间活动和白天活动无关。尿液中褪黑素及其代谢产物的水平、节律可反映血液中褪黑素浓度的变化，为研究褪黑素浓度的变化提供了简便易行的方法和途径。

在人体循环中，褪黑素的分泌夜间高于白天 1～2 倍，凌晨（1～5 时）是分泌高峰，然后降低。夜间褪黑素分泌呈脉冲式波动，其峰值浓度与自然觉醒有关，当夜间觉醒时出现的褪黑素高峰浓度又可使人重新入睡，因此，褪黑素能改善人类和动物的睡眠和清醒周期，当褪黑素分泌的浓度与时间发生变化，则会出现昼夜节律的紊乱，人就会出现失眠或延迟性睡眠。

褪黑素的昼夜节律分泌对人类的生长发育、生殖、睡眠、精神和健康状态有密切关系，在人体发育的全过程中，各种年龄和性别都具有特定的褪黑素昼夜分泌节律。夜间的褪黑素分泌年轻人较老年人明显延后［(22.3±1.06) h 和 (20.8±0.8) h］，早晨褪黑素的分泌年轻人也较老年人延后［(9.1±1.07) h 和 (7.1±1.09) h］；褪黑素的分泌时间与个人的睡眠习惯明显有关（青年人睡眠时间晚），内源性褪黑素水平达到峰值的浓度，老年人是 (2.4±0.86) h，较年轻人 (3.9±0.93) h 明显延后。人一天中内源性褪黑素血液浓度的平均变化水平如图 5-64 所示。

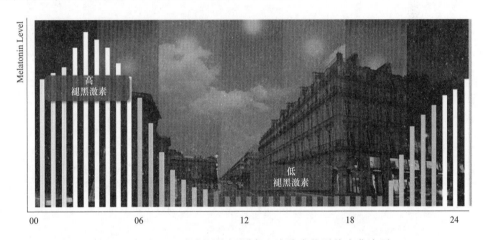

图 5-64　人一天中内源性褪黑素血液浓度的平均变化水平

褪黑素与生殖周期有关。女性血液中褪黑素波动与月经周期同步，排卵前夕黄体生成激素（LH）高峰时，褪黑激素降至最低点；而月经来潮前夕，褪黑激素升高至排卵前约 5 倍。这种周期性的变化，可能是褪黑素参与了女性月经周期的体液因素和月经周期的形成。

除此之外，季节不同褪黑素分泌水平也不同，一般春季褪黑素分泌时间短，秋、冬季分泌上升，从而出现季节性节律，这种变化可能与冬季昼短夜长有关。

当光照周期扰乱，如跨时区飞行、倒班作业等，发生地理经纬度的迅速变化，使光照周期和机体的褪黑素分泌节律产生位移。这种时差变化可引起清醒—睡眠紊乱、精神情绪反应、机体抵抗力降低、工作效率降低等，此时，如果补充外源性褪黑素，可改善昼夜节律的位移。

很多物质可调节褪黑素的分泌，其中最主要为颈上神经节释放的去甲肾上腺素。光线额刺激经视网膜转换为神经冲动，通过视交叉、下丘脑外侧部、中脑被盖、脊髓上胸部、颈上神经节（双侧）到达松果体内。节后纤维末梢释放的去甲肾上腺素通过渗透方式作用到松果体细胞，β₁-肾上腺素能受体参与调节血清褪黑素分泌的节律性。当切除颈上神经节，褪黑素的产生明显受影响，分泌节律消失。除此之外，神经 A、P 物质、钙调节相关基因、血管活性肽、催产素和加压素都对松果体有影响。

环境光照是调节体液褪黑素浓度的重要外部因素，包括光亮强度和光波长。光对褪黑素合成的影响因动物种属而异，如人类需要 $500 \sim 2500lx$ 照度，山羊 $2.3lx$，仓鼠 $1.08lx$，田鼠 $0.002lx$。而光波长对褪黑素合成抑制作用的大小顺序排列依次为蓝光＞绿光＞黄光＞紫外光＞红光，抑制效果最大时对应的峰值波长为 $480nm$ 左右。

褪黑素的半衰期约为 $10min$，在体内主要在肝脏代谢，先经肝微粒体羟化酶催化，形成 6-羟基褪黑素，$70\% \sim 80\%$ 与硫酸盐结合，5% 与葡萄糖醛酸结合，经尿排出，2% 脱乙酰基和脱氨基后形成 5-甲氧基吲哚乙酸，其他 $10\% \sim 15\%$ 形成 Ehrlich 反应阴性分子，如图 5-65 所示。

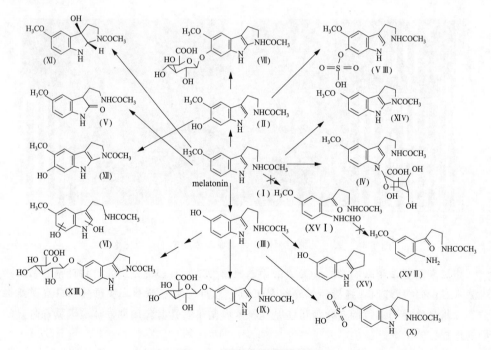

图 5-65　褪黑素的代谢产物

（2）褪黑素的生理和药理作用。褪黑素的生物学作用十分广泛，机体中许多组织细胞是褪黑素作用的靶器官和靶组织。褪黑素发挥作用的第 1 步是与靶组织上的特异性受体结合，然后通过信号传导系统而产生生物效应。现有资料表明，褪黑素受体分布相当广泛，不仅存在于神经系统，也广泛存在于外周组织系统，所以褪黑素对人体主要的生理系统都有或多或少的影响。

1）褪黑素对中枢神经系统的调节作用。大量临床和实验研究显示，褪黑素作为内源性神经内分泌激素，对中枢神经系统有直接和间接的生理调节作用，对睡眠障碍、抑郁症和精神疾病具有治疗作用。相对其他激素而言，褪黑素在调节生理节律和睡眠周期方面具有重要作用，临床已广泛用于治疗失眠和其他失眠障碍性疾病。临床上褪黑素可用于焦虑症的治疗，例如手术前给患者服用一定剂量的褪黑素，可减轻患者术前焦虑状态，与安定类相比同样有镇静作用。褪黑素浓度与睡眠周期有关。在褪黑素分泌节律上，其分泌时间和时程与每天睡眠的质量相关。褪黑素对睡眠节律同步，在转化周期性环境变化和传送日间时程长短信息到脑的过程中起着重要作用。睡眠周期时相偏移，对每天睡眠质量并不重要，长时程褪黑素分泌可增加对异常睡眠周期的耐受。褪黑素水平的降低可能诱发抑郁症，对体重减轻、狂躁和赎罪感等症状的出现也具有一定的影响。褪黑素有改善运动障碍、保护神经的作用，并对帕金森病治疗有潜在药理机制。研究显示，褪黑素具有抗谷氨酸盐和降低其兴奋性毒性保护神经的药理作用。可预防兴奋性氨基酸递质谷氨酸盐所导致的胚胎小脑皮质细胞损害。褪黑素有潜在的保护由神经毒素所导致的海马神经元损伤作用，其机制可能为直接的抗氧化作用和内源性抗氧化防护作用。动物行为测痛试验表明，褪黑素具有显著提高动物痛阈作用，并呈量效及时效关系。临床观察表明，褪黑素可使丛集性头痛患者疼痛指数明显下降且未见明显的毒性作用。睡眠性头痛是一种少见的夜间性头痛，多见于中老年人，无性别差异。其特征为发生于睡眠中，一般持续 $2\sim6h$，可以是单侧性或弥漫性，性质为跳痛或钻痛，没有自主神经系统的特征。对于睡眠性头痛的发病机制仍不清楚，但有研究认为，睡眠性头痛的起源是由于褪黑素分泌减少。褪黑素具有抗惊厥和抗癫痫的作用。此外，褪黑素对下丘脑促激素释放的调节作用是褪黑素重要的生理功能之一。一般认为褪黑素对下丘脑—垂体—性腺、肾上腺、甲状腺轴均有抑制作用。

2) 褪黑素对免疫系统的调节作用。神经内分泌系统和免疫系统是互相联系的，免疫系统和它的产物可改变神经内分泌的功能，而神经内分泌信号也同样影响免疫功能。褪黑素不仅影响免疫器官的生长发育，而且对体液免疫和细胞免疫，以及细胞因子均起调节作用。研究表明，褪黑素能对抗因光照改变或连续超声所引起的小鼠白细胞计数和淋巴细胞百分率的降低，使其恢复至正常水平。同时褪黑素还能拮抗异常光照对小鼠中性粒细胞吞噬功能的影响，显著提高其吞噬能力。一些临床资料亦支持褪黑素直接作用于人的淋巴细胞，以提高免疫力并且可升高因化疗而致继发性骨髓造血障碍患者血中白细胞和血小板计数。有证据表明褪黑素对体液免疫有刺激作用。改变褪黑素昼夜节律的分泌可使卵白蛋白抗体滴度显著降低。褪黑素可有效应用于改善免疫抑制状态的治疗。褪黑素对免疫系统的调节作用还表现在对细胞因子的调节，临床上在考虑使用褪黑素抑制肿瘤的生长。免疫器官是淋巴细胞和其他免疫细胞发生、分化成熟、定居和增值，以及产生免疫应答的场所。大量的研究表明褪黑素可通过间接或直接方式作用于免疫器官、调节免疫应答、提高机体免疫力。胸腺是中枢免疫器官之一，来自骨髓的始祖 T 细胞（胸腺细胞）可在其内发育分化成熟的具有免疫活性的 T 细胞。新生动物摘除胸腺其细胞免疫功能缺失，体液免疫功能受损。而注射松果体提取物却能促进胸腺增生，现在已知这些效应与松果体分泌褪黑素有关。骨髓是产生免疫细胞和外周血细胞的主要组织。骨髓中的多能干细胞首先分化成髓样干细胞和淋巴干细胞，前者进一步分化成红细胞系、单核细胞系、粒细胞系和巨核细胞系等；后者则发育为各种淋巴细胞的前体细胞。骨髓细胞中可能含有褪黑素特异结合蛋白，骨髓细胞中高浓度的褪黑素水平可使造血细胞因氧化而导致的损伤减轻并增加免疫细胞的免疫功能。动物实验已证实褪黑素可对应用化疗药物治疗的小鼠具有骨髓保护作用。脾脏亦是重要的免疫器官，褪黑素对脾脏同样有作用，并且脾脏自身也可能合成褪黑素。

3）褪黑素对心血管系统的调节作用。生物的昼夜节律和季节节律与心血管系统和呼吸系统的能量、氧气供给的周期性变化密切相关。研究发现，褪黑素能预防仓鼠微循环的缺血—再灌注损伤，说明褪黑素对心血管有调节作用。实际上，心血管系统的功能有明显的昼夜节律和季节节律，包括血压、心率、心输出量、肾素—血管紧张素—醛固酮等均有节律性。流行病学研究发现心肌梗死和缺血性心脏病的发病高峰大约在上午10时，说明其发病有时间依赖性。此外，心血管系统的节律性还表现血压和儿茶酚胺在夜间降低。褪黑素主要在夜间分泌，影响多种内分泌和生物功能。褪黑素与循环系统的关系可由下属实验结果所证实：夜间褪黑素分泌增加与心血管活性降低呈负相关；褪黑素能预防缺血再灌注损伤引起的心律失常，影响血压控制，调节大脑血流，调节周围动脉对去甲肾上腺素的反应性。研究表明，褪黑素能降低高血压患者的血压。口服褪黑素能影响成年男性的心血管功能，降低去甲肾上腺素水平，见表 5-3。

表 5-3　　　健康成年男性口服安慰剂或褪黑素后血压、心率和儿茶酚胺的变化

项目	安慰剂	褪黑素	P 值
收缩压/mmHg	115±3	106±3	<0.01
舒张压/mmHg	72±3	68±2	<0.02
平均血压/mmHg	87±3	81±2	<0.01
心率/（次/分）	61±2	61±2	NS
卧位去甲肾上腺素/（pg/ml）	145±30	115±25	<0.01
立位去甲肾上腺素/（pg/ml）	187±40	145±37	<0.05
卧位肾上腺素/（pg/ml）	24±5	25±3	NS
立位肾上腺素/（pg/ml）	30±6	26±5	NS

生理剂量的褪黑素能发挥对某些生理功能的最大效应，因此，外源性褪黑素有助于夜间血压降低．褪黑素对血管壁有直接的作用，可能机制是褪黑素与细胞内的钙调蛋白结合，调节 ATP 活性，或通过其清除自由基的特性，也可能通过受体介导机制。特别要注意的是：褪黑素干扰钙通道拮抗剂对高血压患者的降压作用。

动物实验已经证实褪黑素能抑制交感神经的活性，由此推测冠心病患者的血清褪黑素水平下降，或褪黑素分泌的节律异常。冠心病患者血清褪黑素水平降低的原因还不清楚。在白昼，交感神经的活性较高，此时血清褪黑素水平很低；而在夜间，血清褪黑素水平最高，对交感神经的抑制作用也最强，有利于人体的充分休息；在早晨，血清褪黑素降低，交感神经活性增强。这些变化对冠心病患者很重要。冠心病患者不能降低心脏的去甲肾上腺素转运，不能降低外周交感神经的活性。去甲肾上腺素水平反映外周交感

神经系统的活性。血小板聚集、脂质过氧化在动脉粥样硬化的形成过程中有重要的作用。已经证实褪黑素能抑制血小板聚集和脂质过氧化。褪黑素的这些作用提示它对心血管具有保护作用。

4）褪黑素对呼吸系统的调节作用。血清中褪黑素浓度的变化反映了环境光照周期中昼与夜长短的交替变化过程，而生物的昼夜节律和季节周期与呼吸系统和心血管系统供应的氧气和能量的周期变化密切相关。研究发现，褪黑素对肺阻力、顺应性、支气管和呼吸节律等都有一定的作用。

支气管哮喘又称"免疫炎症性疾病"，是以嗜酸细胞、肥大细胞为主的气道炎症反应性疾病。通常表现为夜间和（或）早晨加重。褪黑素主要在夜间分泌，而且增强免疫是褪黑素的生物学作用之一。由此可见，支气管哮喘与褪黑素存在一定的关系。

人体细胞因子，如 γ-干扰素、α-肿瘤坏死因子、IL-1 和 IL-2 等的合成均表现为昼夜节律；这些细胞因子的合成峰值出现在夜间和早晨，而此时的血浆皮质醇最低，褪黑素分泌最高。细胞因子合成的昼夜节律对人们理解一些免疫炎症性疾病，如哮喘、类风湿性关节炎等为何在夜间和（或）早晨加重，以及选择对这些疾病的合理治疗有帮助。此外，细胞因子的昼夜节律对人们选择合适的时间来检测这些患者的 T 细胞有指导作用。

褪黑素对支气管气道平滑肌的张力也有影响。褪黑素能使肺动脉和静脉血管舒张，尤其对动脉的舒张效应比静脉强，可引起气道平滑肌收缩反应。这说明夜间哮喘的加重，部分原因是由于血清中褪黑素浓度升高所致。但是褪黑素对哮喘的影响很复杂，它对参与哮喘发病的诸多因素，如细胞因子、血小板功能和气道反应性等都有调节作用。

在人类，褪黑素具有抑制肿瘤细胞生长、增强人体免疫系统的作用。褪黑素的抗肿瘤作用表现在它对肿瘤有预防作用，与其他抗肿瘤药物具有协同作用，可增强抗肿瘤药物的药效，降低其不良反应，延长患者的生命。

褪黑素通过其抗氧化作用、拮抗抗肿瘤药物的毒性，促进肿瘤细胞的凋亡，增加化疗药物对肿瘤细胞的作用。研究发现，至少在全身一般情况较差的晚期肿瘤患者中，褪黑素可提高化疗药物的药效，减轻其不良反应。褪黑素还能减轻化疗药物对骨髓的毒性作用。另外，褪黑素能协同 IL-1 对肺癌进行治疗，它还能抑制肺癌的转移扩散。

5）褪黑素对泌尿系统的调节作用。肾脏是体内一个非常重要的排泄器官，同时具有内分泌等多种功能。它的功能活动如肾素的分泌、肾小球的滤过率等均表现为昼夜周期波动，这一节律可能受到褪黑素的直接调节，因为已证实在豚鼠、鸟类和来自肾肿瘤患者的正常肾组织细胞上有褪黑素结合位点的存在。应用放射自显影技术表明，这些结合位点主要分布于肾脏的皮质。其实，褪黑素对尿液形成、肾小管的浓缩和稀释功能、电介质排泄和再吸收，以及肾素分泌具有一定的调节作用。

褪黑素与肾小球功能相互联系的基础是血浆褪黑素水平的变化可影响动物的肾小球过滤率（GFR）。研究发现，在不同的季节和光照周期，血浆褪黑素水平的变化对诱发 GFR 改变起了重要作用，但血浆褪黑素浓度增加引起 GFR 降低的机制目前尚不清楚。

肾小管的重吸收和分泌功能是肾脏的重要功能。褪黑素影响肾小管功能的可能机制是：褪黑素直接作用于分泌抗利尿激素的下丘脑视上核和室旁核，抑制其分泌和合成抗利尿激素，直接作用于肾组织中的褪黑素受体，影响肾小管的功能。

持续光照对褪黑素分泌有抑制作用，引起血清钠浓度改变，血清钙、镁和锌离子的浓度升高，提示褪黑素与电解质代谢的相关性。

实验证明在大鼠前列腺上皮细胞、人类良性前列腺增生的上皮细胞上均存在 2-[^{125}I] 褪黑素结合位点。提示褪黑素可影响前列腺功能。研究发现，前列腺癌患者血清褪黑素水平和尿中褪黑素代谢产物的浓度明显低于对照组，并且没有正常的分泌节律。提示褪黑素与前列腺癌的发生存在一定的关系。

6）褪黑素对消化系统的调节作用。生理状态下，人和其他的哺乳类动物、鸟类的血液循环中褪黑素主要由松果体分泌，但松果体外的组织，如视网膜、胃肠道、副泪腺也能合成褪黑素。在高等脊椎动物中，消化道褪黑素的浓度比包括松果体在内的其他器官的浓度要高，提示至少在某些情况下，消化道分泌的褪黑素对血循环中褪黑素的形成有一定的作用。肠道的嗜铬细胞分泌褪黑素，摄入食物中色氨酸的含量对肠道合成褪黑素有影响。进食含色氨酸的食物可造成血浆褪黑素浓度升高。胃肠道分泌的褪黑素可能属于旁分泌，只能对邻近或周围的靶细胞起作用。因此，消化道的嗜铬细胞分泌的褪黑素对消化道的功能、胃肠道蠕动、胆固醇的消化吸收等均有一定的影响。

研究显示，在消化道存在褪黑素及其合成所需的酶，提示褪黑素在消化道局部合成；而且在鸟类和啮齿动物中，消化道合成和分泌褪黑素有昼夜节律，夜间水平达最高。由此推测，褪黑素对消化道有直接的调节功能：抑制 5-羟色胺诱导的胃肠的收缩，缓解 5-羟色胺诱导的胃腺体血流的减少，降低胃肠黏膜上皮对钠的吸收和抑制空肠上皮增生。胃肠道褪黑素浓度、结合位点密度和亲和力的局部差异以及黏膜层存在褪黑素受体，提示褪黑素可能对水、电解质和营养物质的吸收都有调节作用。

胃肠道的嗜铬细胞能合成并分泌褪黑素，在某些特殊条件下，如色氨酸治疗，胃肠分泌的褪黑素对血循环的褪黑素升高有显著的贡献。在胃肠道，褪黑素调节胃肠动力，降低胃肠张力，其作用是通过影响 5-羟色胺间接的抑制胃肠平滑肌动力和张力。在脊椎动物，褪黑素通过其自由基清除和抗氧化作用保护缺血—再灌注诱导的肝脏、胃肠的损害。乙醇、阿司匹林和寒冷应激等通过诱导自由基的产生，可造成胃肠黏膜的损伤，褪黑素可预防这些因素造成胃肠黏膜的损伤。已经证实褪黑素具有免疫增强和抗应激作用。褪黑素对应激、乙醇、非类固醇类抗炎止痛药等引起的急性胃肠黏膜损害有一定的保护作用。褪黑素对胃黏膜的保护作用也可能通过抑制胃酸的分泌实现。

肝硬化患者通常出现睡眠节律失常，即夜间不能入睡而白昼入睡，这可能是肝硬化患者代谢异常引起褪黑素节律失常，进而导致睡眠节律失常。

7）褪黑素对代谢系统的作用。人体血糖波动存在着日周期节律，人们推测血糖水平的波动与胰岛素依赖性组织（如肝脏、肌肉、脂肪细胞）和胰岛素非依赖性组织（如脑细胞）对葡萄糖的摄取、胰岛素敏感性、胰岛素合成分泌等多种因素有关，并受褪黑素调节的视上核功能及睡眠节律的间接影响。早期有人提出松果体可产生降血糖因子，作用与胰岛素相似。大量的研究也证实褪黑素具有降低血糖的作用，其作用机制涉及葡萄糖的利用、胰岛素敏感性、胰岛素合成分泌、升血糖激素水平改变等多方面因素。近年来的研究也显示松果体切除后血糖水平趋于升高、胰岛素水平趋于下降，胰高血糖素升高且形态计量学显示胰岛密度有所降低，表明褪黑素除影响胰岛素敏感性外，还可直接作用于胰岛的分泌功能。

多种研究显示褪黑素参与血脂调节。至于褪黑素如何调节血脂代谢的机制尚不完全明了。有人认为其可能通过影响脂肪细胞的代谢状态、细胞低密度脂蛋白（LDL）受体水平、脂肪酶活性、内源性胆固醇清除等多方面因素来影响血脂水平。褪黑素给药后，粪胆汁酸排泄增多，胆固醇向胆汁酸代谢增多，从而推测褪黑素的降脂作用与内源性胆固醇清除代谢增加有关。

动物实验证据显示褪黑素可通过增强甲状旁腺活性、抑制降钙素释放、抑制前列腺素合成等多方面作用调节钙磷代谢。而绝经期妇女多伴有松果体钙化、褪黑素分泌量的减少。有人推测褪黑素水平下降可能是绝经后骨质疏松发生的促进因素之一。

8）褪黑素对生殖系统的调节作用。当前褪黑素对人类生殖系统作用的研究不及对动物的研究多，但研究的结果提示其对人类的生殖系统有调节作用。

褪黑素对动物的生殖生理有调节作用。在季节性升值的动物，夜间褪黑素分泌持续时间的变化对黄体生成素（LH）的脉冲式分泌有明显的影响。研究发现，功能性闭经妇女褪黑素夜间分泌振幅增大。研究表明，儿童缺乏褪黑素可能导致性早熟。褪黑素可调节动物的青春期发育、控制促性腺激素和性激素的合成和分泌，以及繁殖周期等，特别是对受光照周期控制的动物，作用更明显。在人类，褪黑素影响性发育和成熟过程，而且与生殖系统的某些疾病有一定的关系。

9）褪黑素对内分泌系统的调节作用。视交叉上核是产生昼夜节律的部位，它有自身节律，也直接接受来自视网膜光信息的传入，因此，受到昼夜明暗节律的调节。此昼夜节律影响机体的多种生理活动，如睡眠—觉醒周期、体温、摄食以及某些内分泌活动。

褪黑素对垂体促甲状腺激素（TSH）的合成或分泌有抑制作用，目前尚不清楚褪黑素抑制 TSH 的机制。研究表明，褪黑素对甲状腺的影响有双重性：①通过抑制下丘脑—垂体轴的 TSH 来抑制甲状腺的功能；②又可在环境急剧变化的情况下直接刺激甲状腺，引起甲状腺素释放入血。

很多实验结果提示，褪黑素也对肾上腺有直接的调节作用，因为肾上腺存在褪黑素受体。动物实验表明，褪黑素可阻止肾上腺质量的增长和肾上腺代偿性增生。在人体的研究结果表明，皮质酮分泌的降低与褪黑素的使用有关，推测是褪黑素抑制促肾上腺皮质激素释放激素（CRF）的结果。褪黑素能增加大脑对糖皮质激素的敏感性，增强负反馈调节，降低肾上腺皮质的活性。

10）褪黑素对人体昼夜节律的影响。生物的所有功能基本上都有周期或周期性变化，这种周期性变化主要由中枢神经系统调控。许多周期性变化都是自由运行，即为生物内源性的，有生物钟驱动，而不依赖于环境。很多自由运行节律与外界信号合拍，这些外界信号包括光暗周期、太阳周期以及白昼/黑夜时间的比例。褪黑素分泌的波动与光照周期的相关性研究表明，在体内，褪黑素通过其分泌的峰值、振幅以及持续时间的变化，担负着将外界光信号的信息传递给体内有关的组织和器官，使它们的功能活动适应外界环境的变化。实验已经证实，光信号进入体内的主要途径是视网膜—松果体通路。

昼夜节律是指周期约为 24h 的内源性波动。光暗周期并不是昼夜节律的真正原因。一般认为光暗周期只是合拍性刺激。当人和动物在没有任何外界刺激的条件下，昼夜节律仍然存在，但与自然界的光暗周期失去同步，而成为自由运行节律。此时的昼夜节律不是 24h，而是比 24h 稍长或稍短。因此，昼夜节律是内源性的节律，其频率与动物的种属、个体的发育状态等因素有关。在接受来自光照的环境条件下，自由运行节律就与自然界的光/暗周期同步。下丘脑的 SCN 是产生内源性昼夜节律的起搏点或神经中枢。

褪黑素在母婴合拍方面有一定作用。褪黑素诱导的合拍在婴儿出生后的早期也有重要作用。实验证实，在母亲的乳汁和胎盘血清中可检测到褪黑素的昼夜节律。在不能根据光周期合拍的条件下，褪黑素的作用可能是维持合拍。

在成年哺乳类动物，血液循环中的褪黑素主要来源于松果体，而生长发育期的哺乳类动物血液中的褪黑素主要来源于母亲。妊娠母亲之血循环的褪黑素节律准确地反应在胎儿，因此褪黑素作为具有时间生物学作用的信息素。已经证实，胎儿血浆褪黑素水平与其母亲血浆的褪黑素水平密切相关。在啮齿类动物、羊和非灵长类动物中，褪黑素经胎盘转移非常迅速，切除母亲松果体可致胎儿褪黑素节律消失。

妊娠母亲不仅使胎儿与外界环境分隔，而且还积极参与将外界环境的信息传递给胎儿。在妊娠期间，母亲发出的信息为胎儿所识别，作为胎儿感知光照时间和光/暗周期时相的信号。一般把这两种母婴之间的信息传递分别称为光照时间通信和昼夜节律时相通信。母亲之褪黑素昼夜节律在将上述两种光照周期的信息传递给胎儿方面具有重要的作用。所以褪黑素是胎儿感知世界的重要组成部分。

经胎盘至胎儿的褪黑素至少有两种重要的生理功能，即母婴之间的有关光照时间和昼夜节律时相。褪黑素具有将信息从母亲传递到胎儿的能力，因此，褪黑素不但是具有时间生物学作用的信息素，而且也是一种激素。

季节的变更反应在白昼/黑夜长短的比例，如春夏季节白昼比黑夜长，而冬季黑夜比白昼长。这种白昼与黑夜的变化转化为褪黑素分泌的改变，进而告知生物有关季节变化的信息，使之做出相应的反应。褪黑素通过其分泌的振幅、维持时间和时相的改变，将自然界的光照周期信息传递给机体。

11) 褪黑素的抗衰老作用。在社会不断发展的今天，人们为提高生存质量、延长寿命做了很多的工作，但一些人又不可避免地患上了老年痴呆，因此，衰老的机制成为人们关注的课题。人类衰老过程受诸多因素的影响，如自由基氧化损伤、免疫功能减退、内分泌调节异常和细胞凋亡等，这些因素导致年龄相关性疾病发生，加速衰老，缩短寿命，降低生存质量。

氧在机体内是无处不在的，而矛盾的事实是支持生命的分子也是形成有害的反应性氧素（ROS，Reactive Oxide Spicies）的前体，其形成高能量复合物的氧化反应是细胞代谢过程中的必然生物反应，氧化还原反应涉及电子的传递，而产生的副产品即自由基。同时，人类又自然产生了一系列的抗氧化防御机制，正常阻止或限制 ROS 产物和组织损伤，其中包括：①氧化磷酸化；②超氧化物歧化酶；③自由基清除剂，可直接与 ROS 反应。

褪黑素能延缓衰老是基于衰老的"自由基"理论。近几年研究显示，褪黑素对降低神经系统氧化损害有明显作用，这种作用在于：①直接清除自由基，尤其是高毒性的·OH，间接清除过氧阴离子自由基（O_2^-）；②褪黑素可兴奋各种抗氧化酶，如超氧化物歧化酶（SOD）、谷胱甘肽氧化酶和谷胱甘肽还原酶等，以此增加褪黑素的抗氧化能力。在离体实验中，药理剂量的褪黑素可有效降低各种毒性制剂、异生物素等诱导的大分子损伤；③大多数分子的抗氧化作用由于其特殊的细胞分布而受到限制，如维生素 E 位于富含脂质的细胞膜上，而褪黑素位于细胞的质、核和胞膜，并具有高脂溶性和部分水溶性，可轻易和快速穿过所有的生理屏障进入有机体的所有细胞，以保护各种生物分子，包括细胞膜的脂质、胞质的蛋白质和胞核的 DNA。褪黑素是一个高电子反应分子，作为一个强有力的电子供体，能去除有毒的 ROS；在电子提供过程中，褪黑素本身成为一个游离基，褪黑素阳离子基，反应性非常低。

与传统的抗氧化剂比较，褪黑素在衰老过程中的分泌水平逐渐降低，在 AD 患者中更加减少。在衰老的研究中发现，40 岁时总的抗氧化状态（TAS，Total Antioxidant Status）和夜间血清褪黑素水平最高，以后随年龄增长两者都降低，60 岁时，血清褪黑素和 TAS 的昼夜差异明显减少，而个别衰老的个体昼夜节律消失，提示褪黑素促进人类血清总的抗氧化能力，而这种抗氧化作用随着年龄的增加而降低，与年龄相关性降低有关。因此，重要的问题是松果体分泌的褪黑素的量和其他器官分泌的量是否足以对抗氧化反应，尤其在年龄增长时。

体内产生的自由基极易侵蚀细胞脂质中的不饱和脂肪酸，形成脂质自由基，引起脂质过氧化（LPO）反应，这种反应对生物膜内类脂结构破坏极大，衰老与其相应疾病的发生与此机制密切相关。新的资料提出，5-脂氧合酶（5-LOX，LPO 产物）在中枢神经细胞表达，与酪氨酸激酶受体、细胞骨架蛋白和细胞核起作用，参与了神经变性过程。5-LOX 基因的表达与 5-LOX 通路的花形在老年患者增加，而 5-LOX 上调的一个可能的机制是褪黑素相对缺乏和（或）糖皮质激素血症。实验显示，褪黑素可抑制人体 B 淋巴细胞与 5-LOX 基因的表达。

褪黑素还参与胆固醇代谢的调节，每天给喂养高胆固醇饮食的鼠饮用含褪黑素的水治疗 3 个月，结果显示，褪黑素治疗不影响正常饮食鼠的胆固醇和三酰甘油（甘油三酯）水平，而明显降低高胆固醇饮食鼠的胆固醇和低密度脂蛋白胆固醇（LDL-C），同时可阻止高密度脂蛋白胆固醇（HDL-C）的降低。

与其他抗氧化剂不同，褪黑素一旦被氧化，便不能被还原，这就避免了自动氧化导致的自由基形成和氧化还原反应的毒性作用，使褪黑素的作用更具优越性。

DNA 损伤是氧自由基的重要毒性机制，是氧化损伤导致细胞凋亡的重要启动点。很多情况下细胞内 DNA 修复系统无法及时修复所有的 DNA 损伤，没有修复的氧化

DNA损伤可能堆积在基因组，这种堆积被认为与突变、致癌和老化有关。因此，氧化DNA损伤的聚集于年龄相关的神经变性性疾病有关。由于褪黑素的分泌水平随着年龄减少，这种减少使得神经细胞处于高危险状态。

神经、内分泌和免疫系统存在着很多相关性，通过神经递质、激素和细胞因子介导，这些系统的功能都显示出昼夜节律，在老年人，激素与非激素节律出现了年龄相关性变化，神经内分泌出现紊乱，激素分泌随之下降，免疫功能降低，年龄相关性疾病等随之增多。

许多研究显示，下丘脑—垂体—肾上腺轴在老年患者，尤其痴呆患者明显受损。老年人血浆褪黑素的昼夜节律明显平坦，这种选择性夜间褪黑素受损与年龄和智力损伤的严重程度密切相关。神经内分泌免疫调节的研究中显示，在早期个体发育期，胸腺功能促进了松果体环的建立、生殖器官的发育和防御性免疫机制的发展。给衰老鼠服用褪黑素，可阻止性腺和脑的衰老。

在所有年龄段，睡眠对人类健康和生活质量都是重要的。睡眠不好与疾病有着密切关系，躯体和精神疾病都会增加老年人失眠的发生。随着年龄的增长，健康状态的衰退，睡眠质量也受到影响。一般而言，真正与年龄相关的睡眠减退发生在75岁以后。老年心脏病、脑卒中、呼吸疾患、夜尿多等常影响睡眠。老年性痴呆、老年抑郁也常与睡眠障碍有关。老年性痴呆（AD，Alzheimer Disease）患者常会出现睡眠障碍、夜间不宁和其他昼夜障碍。视交叉上核和松果体改变被认为是这些行为紊乱的生物学基础。

由于褪黑素具有独特的抗氧化作用、免疫调节和改善睡眠等功能，以及易于被吸收和低毒性特点，药理剂量的褪黑素和相应的衍生物可能被作为有潜力的神经保护剂，以补充老年人的褪黑素分泌不足和治疗由于氧化损害所致的神经病变，改善老化过程中的一些临床症状。而且，这种补充和干预，应在衰老进行性发展、不可逆转前的足够时间开始。

（3）褪黑素与疾病的关系。

1）褪黑素与老年性痴呆。

痴呆是脑部不可逆损害的器质性综合征，主要表现智能全面下降，影响工作和日常生活。痴呆最常见于老年期（＞65岁）。发生于老年期的痴呆统称"老年性痴呆"。痴呆的原因有多种，老年期痴呆最常见的形式有两种：老年性痴呆和血管性痴呆。这两种痴呆的发病分别与脑老化和脑血管障碍有关。

老年性痴呆是脑老化性疾病，老年性痴呆与神经内分泌功能退化的关系尤其受到重视。由于脑组织神经元具有较高的代谢活性，线粒体极易发生超氧化损伤。患者脑组织线粒体的损伤与自由基损伤一致，氧化应激是目前较公认的老年性痴呆重要的病理机制之一。褪黑素作为强有力的自由基清除剂，具有神经保护作用。当脑室中褪黑素降低时，神经元失去这些保护，发生细胞死亡。临床实践中观测到老年性痴呆存在褪黑素合成和分泌下降、节律紊乱等多方面的异常。

老年性痴呆（包括家族性和散发性）病因研究中，β淀粉样蛋白（Aβ）在脑内异常沉积形成老年斑和Tau蛋白过度磷酸化形成神经元纤维缠结是发病的核心问题。Aβ能损害生物大分子，引起细胞膜脂质超氧化等一系列的氧化损害，破坏神经元的内环境稳定，引起细胞凋亡，具有神经毒性。

目前，老年性痴呆尚无有效治疗。由于认识到本病的主要临床相是与认知功能下降和中枢乙酰胆碱能神经系统功能低下有关，治疗探索集中于提高乙酰胆碱的功能。从病因上进行防治是最理想的方法。由于老年性痴呆的病因不清，目前，做到这一点较为困难。鉴于褪黑素与老年性痴呆的关系，以及褪黑素较好的抗衰老、抗氧化、无毒、易通过血脑屏障等特性，使用褪黑素防治老年性痴呆是一条有希望的途径。

老年性痴呆的许多临床症状如日落综合征、体温、睡眠—觉醒障碍，以及休息—活动周期等多种节律紊乱症状较突出，正常老年人睡眠改变也十分常见，约 $12\%\sim15\%$ 有慢性失眠主诉，包括入睡困难、频繁或长时间的夜间觉醒、早醒后不能入睡，都是睡眠持续障碍所致，疾病状态下的失眠情况更为常见。日落综合症是痴呆老人难以管理的常见原因之一，褪黑素可能是一条有希望的途径，结合控制日间睡眠时间、暴露于亮光、参加社区活动等方法。

光线能影响褪黑素的合成，纠正温度调节器和神经内分泌系统紊乱、改善睡眠—觉醒节律紊乱的症状。

2）褪黑素与肿瘤。随着研究的深入，科学家逐渐发现褪黑素与肿瘤有着密切的关系。不同组织类型的原发性肿瘤，无论是内分泌依赖性，如乳腺肿瘤、子宫内膜瘤、前列腺癌等，还是非内分泌依赖性，如肺癌、胃癌、结肠直肠癌等，患者其血循环中褪黑素浓度降低，尤其是在晚期局部原发性肿瘤如乳腺癌、前列腺癌患者的体内褪黑素减少最明显。

研究发现，褪黑素能影响原发性或继发性肿瘤的生长。松果体切除后肿瘤生长加快，给予褪黑素能消除这种作用，而且能预防致癌物质的致肿瘤性。大部分观点认为褪黑素能保护人类，防止肿瘤发生。

虽然大多数专家认为褪黑素具有抗肿瘤作用，但是，具体的作用机制目前并不完全清楚，推测可能的机制包括：①控制原癌基因的表达；②诱导癌细胞凋亡；③抑制自由基产生；④调节免疫活性。

作为一种抗氧化剂，褪黑素已被证明能对抗化疗毒性，而且由于能增加癌细胞的凋亡，从而可降低化疗的细胞毒性。褪黑素与化疗药物合用可显著减少化疗引起的血小板减少症、神经毒性、心血管毒性、口腔炎、全身乏力等不良反应的发生率。

3）褪黑素与癫痫。早在 1929 年就发现癫痫患者短暂的抽搐发作有昼夜节律，发作的峰值时间在 22 时与 6 时之间。据统计癫痫患者中约有 25% 的发作出现在夜间，剥夺睡眠引起癫痫加重，癫痫患者的睡眠问题也较多。在这些患者中，除非睡眠方式发生变化，否则，癫痫发作的昼夜节律规律一般不会发生变化。癫痫被认为是一种时辰生物学综合征，特征时有昼夜节律周期性出现的癫痫发作和癫痫样的脑电活动。

褪黑素有中枢抑制作用且不依赖于 5-羟色胺。褪黑素通过清除氧自由基，通过抗氧化作用可减轻铁诱发的癫痫大鼠脑匀浆氧化损伤和癫痫发作。褪黑素对金属离子和氰化钾诱发的癫痫也有缓解作用。研究发现，哺乳动物昼夜节律与急慢性癫痫有一定的关系。已有证据显示癫痫易于受到昼夜节律的调控，这种调控与不同的癫痫综合征和癫痫灶的部位有关。昼夜节律的时间系统和激发的激素分泌，睡眠和觉醒节律循环，近来的环境因素，也都是影响癫痫复发的潜在因素。褪黑素是一个很好的抗癫痫药物的候选者。

4）褪黑素与昼夜节律紊乱。所有的生物都是在有周期性变化的地球环境中发生、发展和进化起来的，因此，各种生物的生理活动与地球物理变化之间有着深刻的联系。地球物理环境的变化对于机体作为常见的影响，是地球自转形成的以 24 小时为周期的昼夜节律所引起的生理活动变化。人与生活在自然界的所有其他生物一样，必须依赖和适应自然环境，有机体有节律的活动必须与昼夜节律这一客观规律相互协调一致，才能生存下来，繁衍昌盛。有机体经常是按照与外界周期性变化相同步的适应性变化，来创造体内活动的条件。在漫长的进化过程中，人体的许多生理指标，如体温、血压、脉搏、白细胞数量、血糖含量等参数，都随着昼夜的交替变化而呈节律性变动，血液中肾上腺皮质激素和其他多种激素的含量、脑组织生物化学成分等，也都具有昼夜节律的变化。因此，由于内源性或外源性因素使昼夜节律被破坏时，可能会引起各种生理功能的障碍。由此可见，维持昼夜节律的正常运转，对于人体内环境的稳定将起到非常重要的作用。在临床上，昼夜节律的紊乱常首先表现为睡眠与觉醒周期的失调，其临床特征是：睡眠与觉醒周期不能与个体所期望的或按照社会活动所要求的睡眠与觉醒周期相同步。

时差变化综合征，亦称"Jet Lag 综合征"。这是航空旅客在跨越时区高速飞行后，机体适应原来环境的昼夜节律不能立即调整以适应新的环境周期，而出现的一种临床综合征。此时，患者的睡眠与觉醒周期、体温、激素分泌等均不能与昼夜节律同步，需要经过一段时间，才能逐渐与新的环境周期取得一致。

临床表现以睡眠障碍为主，伴有白天不适、疲倦、反应迟钝、容易激动、工作效率下降，运动员的竞技状况不良，容易发生工作失误或工伤事故等。这些表现并不是飞行应激所致，也不是进入新时区的文化休克所引起，因为你在实验室内模拟时区变化时也会出现这种临床综合征。目前，多数研究认为时差变化综合征的发生主要与飞行期间的睡眠被剥夺有关。时差变化综合征的发生在 50 岁以上者多于 30 岁以下者。

经常出国旅行的人，对于这种时差变化综合征并不会产生适应现象，其症状也不会减轻，飞行的乘务员与一般旅客一样，仍然为昼夜节律的节奏改变而苦恼。旅行经验多的人，由于能适应当地的风俗习惯，因此，产生的疲劳感会少一些。外向性格的个体比内向性格者对于时差变化综合征的调节与适应会更快些。到达新时区后，人体究竟需要多长时间才能建立起适应当地时区的新的昼夜节律？许多研究资料表明个体差异很大，短者 2~3 天，长者至少需要 1~2 星期。旅客应按新时区的时间生活，包括睡眠、吃饭和社会交往。如果在新时区的起床时间仍想睡眠，则应强制自己起床并进行锻炼和日光浴。如果在暗时限后，暴露于阳光或明亮的灯光之下，有利于加速时差变化综合征患者对于新环境的适应能力。

褪黑素可促进机体节律的再适应，能显著缩短时差综合征的持续时间，显著减轻其临床症状，改善睡眠障碍、疲倦和工作效率的下降。褪黑素对于改善客场比赛运动员的竞技状态具有重要意义。

某些工作需要连续 24h（小时）有人值班，连续轮班工作使得机体内在的生物节律与环境周期不能同步，机体不能迅速适应由于轮班工作引起的环境变化，从而出现睡眠障碍。连续轮班工作干扰了自然光照周期对于人体功能的调节作用（称为"光照扰乱"）。光照周期是生命活动最主要的物理环境，作为外源性同步因子，昼夜光暗信号将体内众多固有生理节律导引到其自身的周期上来。在引导过程中，松果体起到重要作用，它分泌的褪黑素，作为机体生物钟的内源性同步因子，将光暗周期信号传递到视交叉上核，使得机体内源性节律与环境周期一致。

轮班工作主要引起三方面问题：①夜班时瞌睡；②夜班后失眠，使得睡眠补偿不足；③植物神经功能紊乱。夜班时瞌睡可引起意外工作事故，夜班后睡眠补偿不足可影响起床后的精神状态，植物神经功能紊乱可增加胃肠和心血管疾病发生率。由于患者在觉醒时存在敏锐性和清晰度下降、精神不振和植物神经功能紊乱等心理和躯体症状，患者常将大部分工作外时间用于睡眠的恢复。因此，许多患者社会活动功能受到影响，比如夫妻关系不和谐和社会关系的削弱。有的患者激惹性增高，可能与睡眠不足或睡眠需要与社会活动需要之间的心理冲突有关。

不是每个上夜班的人都会出现这些问题，那些平时晚睡晚起的人上夜班就不易出现这些情况。年轻人倾向晚睡晚起，出现这些问题的较少。老年人倾向早睡早起，出现这些问题的较多。故年轻人对夜班的耐受性较好，而老年人的耐受性则较差。

夜班工作也可能引起远期的睡眠问题，那些长期夜班工作的人即使停止上夜班，他们的失眠问题仍比普通人为多。有些问题能潜伏 20～30 年之久才出现，例如，年轻妇女夜间照顾小儿，当时因耐受性强，并不出现失眠，但是在多年之后，可能出现睡眠障碍。

正像光线有利于时差变化综合征患者适应新环境一样，轮班工作人员在工作之前处于黑暗状态一段时间，工作时暴露于亮光之下，有助于机体的再适应。

褪黑素对于轮班工作导致睡眠障碍患者具有良好的治疗作用。于睡眠之前 0.5～1h（小时）给予患者服用褪黑素 0.5～5mg，可显著加强其内源性节律与环境周期的同步效应，能从根本上解决光照扰乱给机体带来的不良影响，显著提高轮班工作者在夜班时的清醒度，并能改善其睡眠质量和维持正常的睡眠周期。因此，褪黑素对于提高轮班作业人员的工作质量和安全生产等方面具有重要价值。

睡眠时相提前综合征是指个体的入睡时间和觉醒时间均提前，临床表现为夜晚睡得早，清晨起得早，多见于老年人。老年人由于白天的活动减少或常打瞌睡，导致夜间慢波睡眠减少。老年人还由于白天精神紧张度下降导致夜间快波睡眠也减少。快波睡眠和慢波睡眠的减少导致睡眠觉醒周期缩短，睡眠时相提前，从而倾向于早睡早起。而老年人早起早睡，在家中容易引起响动，可能会影响家庭其他成员的休息，打乱他们常规的生活规律，引起家庭成员之间关系的紧张。

睡眠时相提前综合症的发生与褪黑素分泌时限提前有关。因此，纠正方法是每晚以 7000～12000lx 的强光（强度相当于太阳光）照明，以延迟褪黑素分泌时限，达到延迟睡眠时相的目的，能起到治疗作用。儿童也可患此综合征，表现为下午5～6时就入睡，早晨天不亮就醒来，可吵的家人无法再睡。此时应结合光照，逐步向后推移儿童的入睡时间和起床时间，直至睡眠时相恢复正常。

睡眠时相延迟综合症是指晚上难以入睡和早晨难以觉醒，但是，假日的迟睡不受影响。睡眠时相延迟综合症患者即使试图早睡早起也难以成功，常影响患者的工作和社交功能。睡眠时相延迟综合症大多在青春期发病，也可见到儿童发病的病例，30岁以后发病者则较少。然而，许多患者记不清本病开始于什么时候。男女之比为10∶1。

为什么睡眠时相延迟综合症患者不能将睡眠时相提前，其原因在于：①调节睡眠觉醒周期的内源性节律周期可能特别长：通常内源性节律周期是随年龄变化的，有些健康年轻人的内源性节律周期可达25.5h或更长，正常个体在接触24h的光、暗周期后可将内源性节律周期缩短至24h，然而，有些人则不能将内源性节律周期缩短至24h，因此，特别长的内源性节律周期和这种内源性节律周期调整的困难可部分解释睡眠时相延迟综合征的发生；②接触的外部时间信息不足：最重要的时间信息是白天、夜晚的长短，社交接触太少也导致时间线索的贫乏，日光太暗、户外活动太少和墨镜使用过多都可能导致时间信息的不足；③睡眠时相延迟综合症偶尔也可能与精神疾病有关：抑郁症患者的睡眠障碍虽然以早醒为特征，但也延迟入睡，更提示该病存在内源性节律周期的紊乱。

睡眠时相延迟综合症有以下临床特征：①难以在希望的时间入睡和觉醒，甚至推迟数小时；②主要的睡眠发作比希望入睡的时间延迟，但每天的入睡时间几乎相同；③一旦入睡，保持睡眠没有问题，即睡眠的质和量正常；④特别难以在希望的时间觉醒；⑤即使把入睡时间和起床时间往前挪，也不能使睡眠时相提前，患者虽然睡的时相延迟，但总的睡眠时间并不缩短，仍然保持稳定的以24h为周期的睡眠觉醒节律。少年儿童晚睡晚起还可引起心理社会性侏儒症。因为夜间10～12时是生长激素释放的高峰期，此阶段长期不能入睡容易抑制生长激素的释放，从而影响儿童的正常生长发育。因此，少年儿童于晚9时入睡有利于生长发育。

白光和自然光均可被用来作为睡眠时相延迟综合征的治疗手段。

非24h睡眠觉醒周期综合征在普通人群中十分罕见，一般认为，非24h睡眠觉醒周期综合征多见于盲人（高达40%），因此，亦称"盲人的睡眠障碍"。这些盲人存在周期性睡眠障碍的原因，是一些盲人的生物节律（包括睡眠觉醒节律）是自激运行的，不能与环境周期同步。睡眠的节律常与体温、皮质激素的分泌节律一起自激运行。在某些视力正常的个体，也可发生非24h睡眠觉醒周期综合征。这种睡眠类型的个体，光线难以调节体内生物钟的活动，其生物钟的自激运行周期大于24h（睡眠与觉醒节律的循环常常以25h为周期），褪黑素的分泌和睡眠的产生会逐日向后推迟，使睡眠周期与环境不能同步，从而导致周期性睡眠障碍。患者为了参加工作、学习或社会活动而不得不强迫自己从睡眠时限中起床，久而久之引起睡眠不足、白天头昏、记忆力下降、疲倦、嗜睡等症状。研究发现盲人与存在微弱光感者相比，周期性睡眠障碍的发生率更高、睡眠障碍的程度更严重。其原因还是由于前者的生物节律周期完全是自激运行的；后者由于仍然存在微弱光感，其生物节律周期仍然可能得到光线的部分调节。

给予褪黑素治疗，可调节睡眠觉醒周期和褪黑素分泌节律，从而改善这些患者的睡眠障碍。

5）褪黑素与抑郁症。季节性情感障碍（SAD，Seasonal Affective Disorder）最早于1984 年由 Rosenthal 等描述，包括冬季抑郁和夏季抑郁。冬季抑郁主要表现为反复出现秋冬季抑郁而到春季完全缓解，患者的心境为抑郁与焦虑的混合，伴有疲劳、情欲丧失和社交减少，多数患者主诉一些不典型的植物神经功能症状，如睡眠增加、食欲增强、喜食碳水化合物、体重增加等。夏季抑郁表现为食欲减退、体重减轻和失眠。

SAD 的发病机制目前尚未完全阐明，认为一些随季节自然出现的环境变量如气候、纬度、光照以及神经递质功能的变化等在 SAD 的发病中起重要作用，还可能与视网膜功能缺乏、体内昼夜节律紊乱有关。褪黑素是一种对行为，特别是昼夜节律和睡眠行为有很强作用的激素，可能与 SAD 发病密切相关。对褪黑素在 SAD 发病中的作用，主要有以下几种假说：

① 褪黑素水平增高假说。该假说认为与对照者相比，SAD 患者的褪黑素基础水平较高，治疗后则降低。足够强度的亮光能抑制人类褪黑素分泌而产生治疗作用，认为SAD 的发病可能与褪黑素增高有关。

② 褪黑素节律幅度变动假说。该假说提出 SAD 患者褪黑素分泌的昼夜节律幅度降低，治疗后增加。

③ 褪黑素节律周期变动假说。该假说认为 SAD 患者的昼夜节律延迟，并认为使昼夜节律时相提前的晨光治疗可改善抑郁症状，而使昼夜节律时相延迟的夜光治疗则无作用。

④ 褪黑素生成的遗传控制假说。SAD 患者具有对光高度敏感的遗传倾向，这种敏感型的生物学相关因素可包括褪黑素生成，认为褪黑素生成在遗传控制之下。有研究显示单一短暂脉冲光刺激能引起神经元中昼夜时相相关基因的表达，可用光引起的这种基因表达变化来解释光疗产生抗抑郁作用这一特殊效应。

SAD 的褪黑素假设得到下列几点支持：①SAD 的发病有季节性；②褪黑素的分泌具有年和季节周期性，并有证据表明 SAD 与光照期有关；③SAD 的发病率和严重程度与纬度之间有相互关系；④SAD 对于模拟夏季的人工亮光有反应；⑤一些抗抑郁药可增加褪黑素的血浆浓度。

由于冬季光照时间较短，褪黑素分泌期较长，可能触发一些敏感个体出现抑郁症状。500lx 以上的光通常抑制人体褪黑素的分泌，因此，有研究者提出用光照治疗SAD。一般认为光疗是一种良性治疗，不良反应很少。在对长期光疗的患者进行 5 年前瞻性研究中未发现眼睛有任何临床和电生理变化。

非季节性抑郁症（NSD，Non-Seasonal Depression）是指情感障碍发作形式中不显示季节性特点的抑郁症，对其发作时的症状特点和精神病家族史的比较研究结果提示它不同于 SAD。NSD 患者内在生物节律紊乱，包括醒—睡周期、激素节律和体温调节，因此，褪黑素也可能在其中起一定作用。比较一致的倾向是抑郁症患者发作期间褪黑素分泌下降，缓解后再度上升。研究发现抑郁症患者皮质醇/褪黑素比值增高，尤其出现于地塞米松抑制试验（DST）脱抑制者，并提出了"低褪黑素综合征"的概念。该综合征包括：褪黑素分泌降低、HPA轴机能亢进（DST异常、皮质醇24h周期节律紊乱等）。产生"低褪黑素综合征"的原因，可能与去甲肾上腺素能活动下降有关。虽然强光治疗NSD的研究不如SAD深入，但研究结果还是肯定了强光对NSD的治疗作用。大量研究证实强光对SAD和NSD有治疗作用。虽然与抗抑郁剂相比，光疗具有经济、无抗胆碱能等不良反应等优点，但光疗停止后数天内容易复发。总之，褪黑素与抑郁症之间的关系较为复杂，但多种证据表明褪黑素在SAD的发病过程中确实能发挥重要作用。在NSD（特别是双相Ⅰ型）中能起一定作用，并据此对患者进行光疗有效。

6）褪黑素与性早熟和抗生育作用。褪黑素夜间增高的变化可产生促性腺作用，使动物具有生殖能力；也可产生抗性腺作用，使动物丧失生殖能力。许多证据表明，松果体通过释放褪黑素影响许多种属的生殖行为。对性腺功能有很强季节性变化的种属，褪黑素有抗促性腺激素作用。每天黑暗时间的长短变化，褪黑素分泌的时间长短也变化，介导动物的生殖活动和季节之间的联系。外源性褪黑素改变生殖功能的作用在种属之间变化很大，随年龄和用药时间与主导的光—暗周期转换或动情周期之间关系的不同而变化。尽管人类不是季节性生殖动物，一些地区的流行病学研究发现，受孕和生育有季节性分布，居住在北极的人群中，在黑暗的冬季，垂体—性腺功能和受孕率低于夏季。这就提示褪黑素可能参与人类的生殖功能和性成熟。

现已普遍认可，松果体可能影响青春期，通过分泌褪黑素来影响性成熟，这种作用通过褪黑素水平的变化产生。褪黑素缺乏可激活垂体—性腺功能，人类的青春期发生可能与随儿童年龄的增长褪黑素分泌减少有关。而且近些年食品菜品中添加剂盛行，有报道说在某些植物催熟中使用了雌性激素，儿童摄入后会导致性早熟，而体内充足的褪黑素可抑制雌性激素的作用。另有报道显示，长期晚睡（晚于21点）的儿童，也容易发生性早熟问题。

褪黑素有一定的抗生育作用。在季节性和非季节性繁殖的动物中，褪黑素均抑制垂体对性腺激素释放激素或其脉冲式分泌的反应。在小鼠动情期的临界期给予褪黑素，可引致LH高峰的出现，从而抑制排卵。小剂量的褪黑素可对抗由光照引起的卵子生长加速和持续发情作用。褪黑素可能是调节性腺活动季节性变化的关键因子，与生育相关的昼夜节律紊乱可能激发季节性变化，褪黑素还可能是精子发生和卵泡发生所必须的。

通常认为人有持续生殖能力，但实际上，总体人口资料分析显示出生育率有季节性，根本原因在于怀孕率的季节性波动。居住在高纬度的人群中，生殖能力可能有残留的节律，受主导的光照周期驱动，因为它对夜间褪黑素产生的振幅和（或）持续时间有作用。褪黑素有抗性腺作用和抗排卵作用，并有可能作为新的避孕药。

7）褪黑素与脑血管疾病。已证实褪黑素对缺血后再灌注的脑神经元有保护作用，能抑制细胞凋亡。在体内和体外脑卒中的研究中发现，褪黑素有明显的神经保护作用。经研究证实，褪黑素的神经保护作用与抗自由基、抗凋亡和抑制一氧化氮产生有关。褪黑素还是一种脑血管收缩因子，在脑卒中时褪黑素可调节大脑循环，维持有效的供血。

8）褪黑素与骨代谢和骨关节疾病。褪黑素与机体的生长、发育、成熟和衰老过程密切相关，而褪黑素与骨代谢和骨关节疾病的关系目前尚未完全明确。体内的褪黑素合成主要产生于松果体，松果体外组织，如视网膜、副泪腺、脑和小肠等也能生成少量褪黑素。研究表明，人类骨髓细胞也有合成褪黑素的功能，并通过自分泌或旁分泌途径发挥作用。

有报道，褪黑素可调节人体生长激素的释放且可预防放疗导致的新生大鼠低钙血症，而钙离子是在肾上腺素能调节褪黑素合成作用中必要的因素，因而有人提出褪黑素对骨代谢有调节作用。新生儿和新生大鼠在接受强光照射治疗高胆红素血症后，均易出现低钙血症，给予外源性褪黑素可预防低钙血症的发生。用普萘洛尔可抑制褪黑素的合成，同样会引起低钙血症，给予褪黑素可预防。褪黑素也可预防外源性皮质醇引起血钙降低的不良反应，故褪黑素合成减少导致的皮质醇介导的骨吸收增加可能就是光照和普萘洛尔引起的低钙血症的原因。

绝经后妇女骨量减少可能与褪黑素有关。褪黑素与骨代谢标志血清 I 型前胶原羧基端前肽（PICP）和 I 型胶原交联羧基端肽（ICTP）呈显著负相关，提示褪黑素对绝经后的骨量丢失有保护作用。

近年来很多研究发现，松果体切除后的鸡易患脊柱侧凸，褪黑素对治疗脊柱侧凸有作用。有实验表明，长期黑暗的环境可加强小鼠对 II 型胶原的自身免疫反应，导致关节炎，褪黑素也有加重关节炎反应的作用，而切除松果体可明显改善其症状。预防和治疗性应用褪黑素均可明显提高类风湿性关节炎大鼠的淋巴细胞功能和痛阈，抑制关节炎，呈现出较强的抗炎免疫调节和镇痛作用。类风湿性关节炎患者的血清褪黑素水平降低且褪黑素治疗有效，可能与褪黑素的抗炎机制有关。褪黑素的抗炎机制可能是通过抑制腺苷环化酶活性和环磷酸腺苷水平有关，即 Gi 蛋白偶联的腺苷酸环化酶—环磷酸腺苷信号转导通路可能是褪黑素发挥免疫调节作用的重要机制之一。

有人推测褪黑素与骨肉瘤存在一定的联系，体内褪黑素浓度一般在青春期即开始下降，而长骨骨肉瘤的高发年龄也在 10～14 岁，因而建议可用褪黑素辅助化疗治疗骨肉瘤，因其无毒，可减轻化疗药物的不良反应，改善这类恶性肿瘤患者的愈后。

褪黑素作为目前的抗衰老药，已成为国际（尤其在欧美国家）应用最为广泛的保健品和食品添加剂，在中国，其应用也逐渐增多。由于媒体广告影响，"脑白金—褪黑素"已家喻户晓。从目前的研究结果看，褪黑素的多种生物学作用有着广泛的临床应用前景。由于是生理性激素物质，对人体又无明显毒害作用，应用是相对安全的。临床上还有一些潜在应用的可能性，如褪黑素有降血压作用，有望用于高血压病的辅助治疗；褪黑素对糖代谢紊乱和脂肪代谢紊乱的调节作用，可能用于糖尿病及高脂血症的治疗。由于老年人出现年龄依赖性的血浆激素水平下降，合理、适当的激素替代，如雌激素、脱氢去雄酮、褪黑素等的治疗，对抗衰老可能起到一定的作用。褪黑素的免疫兴奋作用，有望用于治疗免疫功能低下，但对于免疫功能过强，尤其自身免疫性疾病患者则为禁忌，以免加重病情。

与脑白金只能单向增加褪黑素血液浓度相比，控制光照的光谱、强度和时间，可起到褪黑素血液浓度的双向调节，需要褪黑素时能得到促进，不需要时能得到抑制，这是节律照明需要解决的问题。CIE 在 2018 年出版的标准 CIE S 026/E：2018 规定了人眼感光细胞对光谱的响应曲线及相关参数的计算方法，以下介绍该标准的主要内容。

5.2.2 CIE S 026/E:2018

2002 年，美国 Brown 大学的 Berson、Dunn 和 Takao 在实验中发现了哺乳动物视网膜上实际存在着第三类感光细胞——内在光敏视网膜神经节细胞（ipRGC，intrinsically photosensitive Retinal Ganglion Cell），该细胞主要分布在视网膜最内层，它并不参与视觉成像和色觉辨识。ipRGC 上有一种色素叫做"黑视素"，英文是 Melanopsin。这种黑视素在受到光照后会诱发 ipRGC 产生神经信号，经由神经通路传导至下丘脑处的"视交叉上核"（SCN，Suprachiasmatic Nucleus）。前两类感光细胞即是熟知的锥状细胞和杆状细胞，如图 5-66 所示。

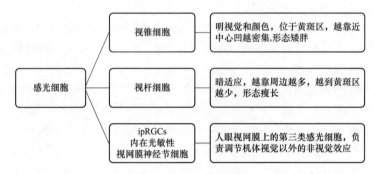

图 5-66　三种感光细胞

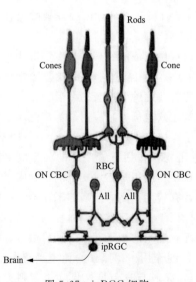

图 5-67　ipRGC 细胞

ipRGC 细胞如图 5-67 所示。

ipRGC 细胞感知到光照的强弱和光谱后，经过一系列信号传导，最终影响松果体内褪黑素的合成，如图 5-68 所示。

三种感光细胞各自对不同波长的光敏感程度不同，各有各的敏感曲线，如图 5-69 所示。

非图像形成视觉由内在光敏视网膜神经节细胞所控制，它是神经节细胞的一类亚群，缩写为 ipRGC。就像视锥细胞和视杆细胞一样，ipRGC 也是一类光感受器细胞，它共有五种亚型（M1～M5），几乎所有的哺乳动物视网膜组成中都有 ipRGC。ipRGC 五种亚型的位置与投射如图 5-70所示。

然而 ipRGC 并不是唯一一种影响昼夜节律的视网膜细胞。所有其他的视觉细胞在不同的色光条件下对 SCN 也会产生不同的影响。这些细胞包括视杆细胞（Rods）、短波视锥细胞（S-Cones）、中波视锥细胞（M-Cones）、长波视锥细胞（L-Cones）。SCN 扮演的角色就是大脑的时钟，也就是整个生物体的时钟。不同感光细胞如图 5-71 所示。

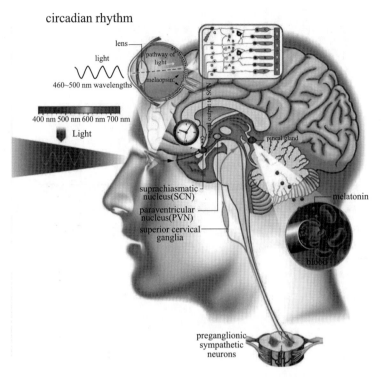

图 5-68　光照影响褪黑素合成的信号传导

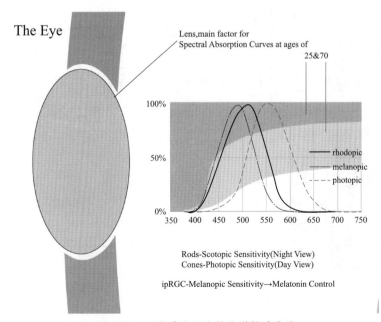

图 5-69　三种感光细胞的光谱敏感曲线

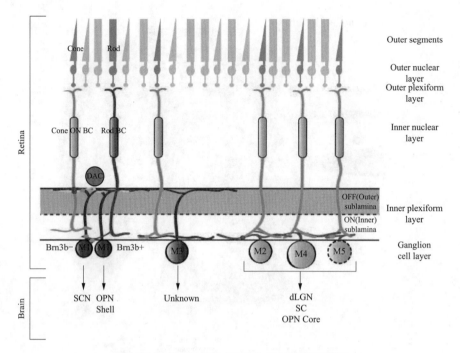

图 5-70　ipRGC 五种亚型的位置与投射示意图

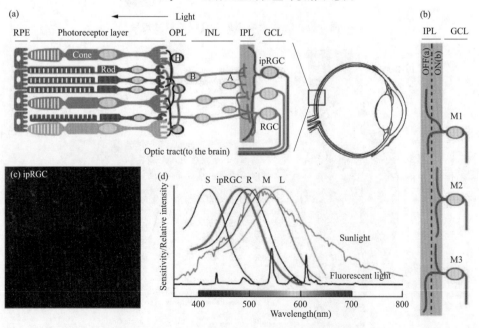

图 5-71　不同感光细胞示意图

　　CIE S 026/E：2018（以下简称 S026）的标题是 CIE System for Metrology of Optical Radiation for ipRGC-Influenced Responses to Light，即规定感光细胞的响应光谱，特别是

ipRGC 细胞对应的作用光谱。

有强有力的科学证据表明，光不仅对视觉至关重要，而且还能实现与人类健康、表现和舒适相关的重要生物效应，而这些生物效应并不依赖于视觉图像。这些光的"非成像"（NIF，Non Image Forming）效应（有时也称为"非视觉"）起源于眼睛，因此有别于皮肤对光辐射的反应（例如维生素 D 的产生、皮肤癌或太阳皮炎等）。S026 的重点是眼睛介导的光的非成像效应。这些效应取决于光谱功率分布、空间分布、曝光时间和持续时间。它们还取决于个人的具体情况，如个人的昼夜节律和光照史。在视觉科学和光生物学中，根据作用光谱（描述对光的平均敏感性）来定义标准物理量通常是有帮助的。这些量和对光的实际生理反应之间的联系可用普通的光测量概念来研究，这些概念本身并不依赖于观察任何个人的主观反应。

光是人类生物钟的主要同步器。它可改变昼夜节律的相位，并决定睡眠/觉醒周期的时间。光线会严重抑制夜间褪黑素的释放。也有报道称，光线可增加心率，提高警觉性，缓解季节性和非季节性抑郁，影响体温调节，还可影响脑电图谱。暴露在光线下会引起瞳孔反射或大脑活动的快速反应（在毫秒到秒量级）。

照明标准、规定和实践通常侧重于光的视觉和能源效率方面，而不解决对光的非视觉反应。这可能导致损害人类舒适、健康和功能的照明条件。

光的上述生物学效应是由眼内光感受器的刺激引起的。传统的视觉受体——视杆细胞和视锥细胞，在现存的 CIE 出版物中已经比较清楚的理解和描述。过去 25 年的开创性工作揭示了眼睛有另一种感光器。这种光感受器在光的非视觉效应中起着重要的作用，在可见光谱的较短波长部分具有峰值灵敏度。这种感光细胞被称为内在在光敏视网膜神经节细胞（ipRGC），其内在的光敏性是基于其中所含的光色素黑视蛋白。

对于光的非成像效应，仅根据作用光谱来描述光辐射是不够的。此外，对于非视觉反应没有单一的作用光谱。由于眼睛暴露于光环境而产生的实际非视觉效应依赖于所有光感受器的联合反应，有充分的证据表明，所有类型的光感受器都可能导致这些反应。

科学文献中包含了每种光感受器类型根据（视网膜）辐照度和其他曝光特性（如主观时间、光照史、光适应、睡眠压力、持续时间、光谱和随时间变化的情况）所表现的不同情形的例子。光线的空间分布、视场和时间等其他特征也可能影响非视觉效果。如果在确定条件下对任何响应的相对光感受器输入的不确定性能得到解决，那么就有可能从每个单独光感受器的有效光强度的组合中预测诱发反应的强度。例如，比较在各种条件下对光的诱发反应与有效光强的措施，可用来揭示哪种光感受器主导响应幅度。这需要一种描述光的方法来量化五种已知的光感受器类型的输入。然而，光谱灵敏度函数和新的数量和度量来描述黑视素光接收还没有定义。S026 提供了这些定义，以便对引起 ipRGC 反应的五种光感受器类型的输入进行表征，并将其用于与光线、光照及其对人的影响，包括其对健康和舒适方面的影响。

通过研究 ipRGC 介导的非视觉效应，S026 标准定义了光谱灵敏度函数、数量和指标，用来描述光辐射刺激五种光感受器的能力及贡献。该标准适用于波长 380～780nm 的可见光辐射。此外，在量化对 ipRGC 影响的光响应（IIL，ipRGC-influenced responses to light）的视网膜光感受器刺激时，该标准还包括有关年龄和视场的影响。

该标准不提供特定照明应用的完整信息，也不提供 IIL 响应的定量预测。

该标准不适用于比色问题，也不涉及健康或安全问题，如由光疗、闪烁或光生物安全性引起的问题，仅涉及视网膜的光接收。

在 S026 中，除了 CIE S 017 中给出的术语和定义外，还会用到以下术语和定义；

1）α 视觉（α-opic）。指特定人类光感受器的响应，其基于视蛋白的光色素，用符号 α 表示，同时也用于 ipRGC 影响的光响应情形时的参数表征。

2）S-cone 视觉。指人类短波视锥细胞由于其光色素和用于 ipRGC 影响的光响应情形时的参数而产生的响应。

3）M-cone 视觉。指人类中波视锥细胞由于其光色素和用于 ipRGC 影响的光响应情形时的参数而产生的响应。

4）L-cone 视觉。指人类长波视锥细胞由于其光色素和用于 ipRGC 影响的光响应情形时的参数而产生的响应。

5）视紫红质视觉（rhodopic）。指人类视杆锥细胞由于视紫红质和用于 ipRGC 影响的光响应情形时的参数而产生的响应。

6）黑视素视觉（melanopic）。指人类 ipRGC 细胞由于黑视素和用于 ipRGC 影响的光响应情形时的参数而产生的响应。

7）α 视觉作用光谱 α 视觉光谱权重函数 $S_\alpha(\lambda)$。该函数表示五种人类 α 视觉光感受器之一对射入角膜光辐射的相对光谱敏感度，最大值归一化为 1。

8）α 视觉辐射通量 $\Phi_{e,\alpha}(\Phi_\alpha)$。指由光谱辐射通量 $\Phi_{e,\lambda}(\lambda)$ 与 α 视觉作用光谱 $S_\alpha(\lambda)$ 加权积分得到的有效光生物辐射通量

$$\Phi_{e,\alpha} = \int \Phi_{e,\lambda}(\lambda) S_\alpha(\lambda) \mathrm{d}\lambda \tag{5-27}$$

9）α 视觉流明辐射效率 $K_{\alpha,v}$。α 视觉辐射通量 Φ_α 与光通量 Φ_v 的比值

$$K_{\alpha,v} = \frac{\Phi_\alpha}{\Phi_v} = \frac{\int \Phi_{e,\lambda}(\lambda) S_\alpha(\lambda) \mathrm{d}\lambda}{K_m \int \Phi_{e,\lambda}(\lambda) V(\lambda) \mathrm{d}\lambda} \tag{5-28}$$

式中：$S_\alpha(\lambda)$ 是五个 α 视觉作用光谱的其中一个；$V(\lambda)$ 是明视觉光谱效能函数；K_m 是辐射对应的明视觉光谱效能最大值，$K_m = 683\mathrm{lm/W}$。缩写词"α 视觉 ELR"可用于表示 α 视觉流明辐射效率 $K_{\alpha,v}$。例如，当 α 表示黑视素时，黑视素视觉 ELR 就表示黑视素视觉流明辐射效率 $K_{mel,v}$。表 5-4 所示为不同光源和发光体的流明辐射效率。

表 5-4　　　　　　　　　　不同光源和发光体的流明辐射效率

通用照明体或照明光源	S 视锥视觉流明辐射效率 $K_{sc,v}$ / (mW/lm)	M 视锥视觉流明辐射效率 $K_{mc,v}$ / (mW/lm)	L 视锥视觉流明辐射效率 $K_{lc,v}$ / (mW/lm)	视杆视觉流明辐射效率 $K_{rh,v}$ / (mW/lm)	黑视素视觉流明辐射效率 $K_{mel,v}$ / (mW/lm)
等能光谱	0.756	1.397	1.639	1.330	1.201

通用照明体或照明光源	S 视锥视觉流明辐射效率 $K_{sc,v}$ / (mW/lm)	M 视锥视觉流明辐射效率 $K_{mc,v}$ / (mW/lm)	L 视锥视觉流明辐射效率 $K_{lc,v}$ / (mW/lm)	视杆视觉流明辐射效率 $K_{rh,v}$ / (mW/lm)	黑视素视觉流明辐射效率 $K_{mel,v}$ / (mW/lm)
CIE 标准照明体 A	0.254	1.174	1.657	0.831	0.657
荧光灯 3000K（CIE 照明体 FL12）	0.293	1.163	1.636	0.736	0.534
荧光灯 4000K（CIE 照明体 FL11）	0.483	1.267	1.615	0.938	0.745
CIE 照明体 D55（日光 5500K）	0.686	1.411	1.629	1.338	1.199
CIE 标准照明体 D65（日光 6500K）	0.817	1.456	1.629	1.450	1.326
CIE 照明体 LED-B1	0.242	1.137	1.656	0.714	0.539
CIE 照明体 LED-B2	0.296	1.174	1.647	0.782	0.607
CIE 照明体 LED-B3	0.506	1.287	1.625	1.013	0.839
CIE 照明体 LED-B4	0.662	1.334	1.604	1.087	0.916
CIE 照明体 LED-B5	0.847	1.408	1.606	1.280	1.134
CIE 照明体 LED-BH1	0.268	1.149	1.644	0.746	0.546
CIE 照明体 LED-RGB1	0.199	1.199	1.660	0.976	0.766
CIE 照明体 LED-V1	0.268	1.161	1.669	0.827	0.658
CIE 照明体 LED-V2	0.489	1.323	1.644	1.152	1.000

10）α 视觉辐亮度 $L_{e,\alpha}(L_{\alpha})$（在给定方向，一个真实或虚拟的表面的给定点）。指由光谱辐亮度 $L_{e,\lambda}(\lambda)$ 与 α 视觉作用光谱 $S_{\alpha}(\lambda)$ 加权积分得到的有效光生物辐亮度，其表达式为

$$L_{e,\alpha} = \int L_{e,\lambda}(\lambda) S_{\alpha}(\lambda) d\lambda \qquad (5\text{-}29)$$

11）α 视觉辐照度 $E_{e,\alpha}(E_{\alpha})$（在一个表面的给定点）。指由光谱辐照度 $E_{e,\lambda}(\lambda)$ 与 α 视觉作用光谱 $S_{\alpha}(\lambda)$ 加权积分得到的有效光生物辐照度，其表达式为

$$E_{e,\alpha} = \int E_{e,\lambda}(\lambda) S_\alpha(\lambda) \mathrm{d}\lambda \qquad (5\text{-}30)$$

12）α 视觉日光（D65）流明辐射效率 $K_{\alpha,v}^{D65}$。指标准日光 D65 的 α 视觉辐射通量与其光通量的比值

$$K_{\alpha,v}^{D65} = \frac{\Phi_\alpha^{D65}}{\Phi_v^{D65}} \qquad (5\text{-}31)$$

标准日光（D65）是指相对光谱功率分布，代表一个相位的日光，其相关色温约为 6500K，其定义详见 CIE S 017 所示，或参见 CIE 15：2004 的 3.2 条。

13）α 视觉等效日光（D65）亮度 $L_{v,\alpha}^{D65}$（在给定方向，一个真实或虚拟的表面的给定点）。标准日光（D65）辐射体产生的亮度与作为参照辐射体基于 α 视觉提供的辐亮度 L_α 等效的明视觉亮度，表达式为

$$L_{v,\alpha}^{D65} = \frac{L_\alpha}{K_{\alpha,v}^{D65}} \qquad (5\text{-}32)$$

也可用另外一种办法计算 α 视觉等效日光（D65）亮度，即用 α 视觉日光（D65）效率指数 $\gamma_{\alpha,v}^{D65}$（在第 15 条定义），对亮度 L_v，有 $L_{v,\alpha}^{D65}=L_v \cdot \gamma_{\alpha,v}^{D65}$。在 ipRGC 影响的光响应中，$\alpha$ 视觉等效日光（D65）亮度在视野内的分布可用来表征视网膜的 α 视觉刺激。然而，由于很多因素的影响，例如头和眼睛的移动，眼睑和瞳孔收缩等，视野的指向和直径通常会随时间变化。其他 α 视觉等效日光（D65）量值［例如 α 视觉等效日光（D65）光量和 α 视觉等效日光（D65）光强］均可用对应的光度学量通过与 α 视觉等效日光（D65）亮度同样的方式计算出来。其他参照光谱（例如等能光谱）也可定义其他的 α 视觉等效亮度［例如 α 视觉等效等能光谱（E）亮度 $L_{v,\alpha}^{E}$］，方法与用 D65 定义 α 视觉等效亮度相同。这些替代量值可考虑在特殊情形使用和比较，但是 D65 光谱分布是 CIE 推荐在 ipRGC 影响的光响应情形中使用的。缩写词"α 视觉 EDL"可用于表示 α 视觉等效日光（D65）亮度 $L_{v,\alpha}^{D65}$。例如，在 α 代表黑视素的情形（指数 $\alpha=\mathrm{mel}$），黑视素视觉 EDL 代表黑视素视觉等效日光（D65）亮度 $L_{v,\mathrm{mel}}^{D65}$。

14）α 视觉等效日光（D65）照度 $E_{v,\alpha}^{D65}$（在一个表面的给定点）。标准日光（D65）辐射体产生的照度与作为参照辐射体基于 α 视觉提供的辐照度 E_α 等效的明视觉照度。表达式为

$$E_{v,\alpha}^{D65} = \frac{E_\alpha}{K_{\alpha,v}^{D65}} \qquad (5\text{-}33)$$

也可以用另外一种办法计算 α 视觉等效日光（D65）照度，即用 α 视觉日光（D65）效率指数 $\gamma_{\alpha,v}^{D65}$（在第 15 条定义），对照度 E_v，有 $E_{v,\alpha}^{D65}=E_v \cdot \gamma_{\alpha,v}^{D65}$。$\alpha$ 视觉等效日光（D65）照度通常测量在眼睛光轴向外方向（视线）的眼睛外表面的位置的数值。尽管测量眼部垂直 α 视觉等效日光（D65）照度是惯例，但有时候用这个数值来量化 ipRGC 影响的光响应是过于简略的。其他参照光谱（例如等能光谱）也可定义其他的 α 视觉等效照度［例如 α 视觉等效等能光谱（E）照度 $E_{v,\alpha}^{E}$］，方法与用 D65 定义 α 视觉等效照度相同。这些替代量值可考虑在特殊情形使用和比较，但是 D65 光谱分布是 CIE 推荐在 ipRGC 影响的光响应情形中使用的。缩写词"α 视觉 EDI"可用于表示 α 视觉等效日光

（D65）照度 $E_{v,\alpha}^{D65}$。例如，在 α 代表黑视素的情形（指数 $\alpha=\mathrm{mel}$），黑视素视觉 EDI 代表黑视素视觉等效日光（D65）照度 $E_{v,\mathrm{mel}}^{D65}$，一般也缩写为 MEDI。

15）α 视觉日光（D65）效率指数 $\gamma_{\alpha,v}^{D65}$（对于光源）。α 视觉流明辐射效率 $K_{\alpha,v}$ 与 α 视觉日光（D65）流明辐射效率 $K_{\alpha,v}^{D65}$ 的比值，即

$$\gamma_{\alpha,v}^{D65} = \frac{K_{\alpha,v}}{K_{\alpha,v}^{D65}} = \frac{\Phi_\alpha/\Phi_v}{\Phi_\alpha^{D65}/\Phi_v^{D65}} \tag{5-34}$$

缩写词"α 视觉 DER"可用于表示 α 视觉等效日光（D65）效率指数 $\gamma_{\alpha,v}^{D65}$。例如，在 α 代表黑视素的情形（指数 $\alpha=\mathrm{mel}$），黑视素视觉 DER 代表黑视素视觉等效日光（D65）效率指数 $\gamma_{\mathrm{mel},v}^{D65}$，一般也缩写为 MDER。

16）ipRGCs。内在光敏视网膜神经节细胞，网膜神经节细胞的光敏感性依靠光色素黑视素。ipRGCs 接收来自视杆细胞和视锥细胞的信号，因此联合所有五种 α 视觉光色素的贡献。然而，黑视素是唯一已知在 ipRGCs 自身发现的光色素，因此黑视素可解释 ipRGCs 内在的光敏性。ipRGCs 有时被表示为光敏视网膜神经节细胞（pRGCs），或表达黑视素的视网膜神经节细胞，或含黑视色素的视网膜神经节细胞。

17）IIL 响应。由 ipRGCs 引起的光诱导响应或效应。ipRGCs 可能在眼睛受光照后的视觉和非视觉反应中都发挥作用。目前，ipRGC 影响的光响应通常被称为非成像（NIF）或非视觉（NV）响应，以反映它们与知觉视觉的区别。该标准承认这些区别，同时允许存在由于获得了更多的知识而扩大 IIL 响应范围的可能性。IIL 可能受到视杆、视锥和黑视素输入的影响。

ipRGC 影响的光响应（IIL 响应）的 CIE 光学辐射计量系统术语和符号见表 5-5。

表 5-5　ipRGC 影响的光响应（IIL 响应）的 CIE 光学辐射计量系统术语和符号

响应	指数 α	光感受器	光色素	α 视觉作用光谱 $S_\alpha(\lambda)$	α 视觉辐照度 $E_\alpha/(\mathrm{W/m^2})$	α 视觉等效日光（D65）照度 $E_{v,\alpha}/\mathrm{lx}$
S 视锥视觉	sc	短波视锥细胞	S 视锥光视蛋白（蓝敏素）	$S_{sc}(\lambda)$	E_{sc}	$E_{v,sc}$
M 视锥视觉	mc	中波视锥细胞	M 视锥光视蛋白（绿敏素）	$S_{mc}(\lambda)$	E_{mc}	$E_{v,mc}$
L 视锥视觉	lc	长波视锥细胞	L 视锥光视蛋白（红敏素）	$S_{lc}(\lambda)$	E_{lc}	$E_{v,lc}$
视杆视觉	rh	视杆细胞	视紫红质	$S_{rh}(\lambda)$	E_{rh}	$E_{v,rh}$
黑视素视觉	mel	ipRGCs	黑视素	$S_{mel}(\lambda)$	E_{mel}	$E_{v,mel}$

需要注意的是：在该标准中短波视锥视觉、中波视锥视觉和长波视锥视觉的作用光谱是基于 10° 视角的，详见 CIE 170-1：2006。这与 Lucas 等人在 2014 年的研究论文中所用的方法是不一样的，后者把视锥细胞的响应用类似的术语定义，分别为蓝视觉、绿视觉和红视觉，其光谱敏感函数是基于光色素模板的，详见 CIE TN 003：2015。

表 5-6 为照度 100lx 下黑视素等效辐照度、D65 等效照度以及转换系数等。

表 5-6   照度及各种等效辐照度或照度

通用照明体或照明光源	照度 E_v/lx	黑视素辐照度 E_{mel}/（mW/m²）	黑视素等效日光（D65）照度 $E_{v,mel}^{D65}$/lx	黑视素流明辐射效率 $K_{mel,v}$/（mW/lm）	黑视素日光（D65）效率指数 $\gamma_{mel,v}^{D65}$
等能光谱	100	120.1	90.6	1.201	0.906
CIE 标准照明体 A	100	65.7	49.6	0.657	0.496
荧光灯 3000K（CIE 照明体 FL12）	100	53.4	40.4	0.534	0.404
荧光灯 4000K（CIE 照明体 FL11）	100	74.5	56.2	0.745	0.562
CIE 照明体 D55（日光 5500K）	100	119.9	90.4	1.199	0.904
CIE 标准照明体 D65（日光 6500K）	100	132.6	100.0	1.326	1.000
CIE 照明体 LED-B1	100	53.9	40.6	0.539	0.406
CIE 照明体 LED-B2	100	60.7	45.8	0.607	0.458
CIE 照明体 LED-B3	100	83.9	63.2	0.839	0.632
CIE 照明体 LED-B4	100	91.6	69.0	0.916	0.690
CIE 照明体 LED-B5	100	113.4	85.5	1.134	0.855
CIE 照明体 LED-BH1	100	54.6	41.2	0.546	0.412
CIE 照明体 LED-RGB1	100	76.6	57.8	0.766	0.578
CIE 照明体 LED-V1	100	65.8	49.6	0.658	0.496
CIE 照明体 LED-V2	100	100.0	75.4	1.000	0.754

需要注意的是：表 5-4 所列数据仅适用于 CIE 定义的常用发光体和光源的光谱。尽管为 LED 和荧光灯做出定义的 CIE 光源是基于典型的商业产品样品，但是不能假定它们适用于所有具有相似描述的光源。特别是，随着技术的发展，以及不同类型和不同制造商之间的差异，"典型"光源可能会发生重大变化。

下面介绍人类光感受器的作用光谱。人眼睛中央窝外和周围视网膜的五种已知感光细胞，包括三种锥类细胞、一种视杆细胞和一种黑视素细胞，其中黑视素细胞含有内在光敏视网膜神经节细胞，称为 ipRGCs，可促进 IIL 响应。Lucas 等人使用视蛋白模板和适应的晶状体透射函数，为五种光感受器及其各自的光色素生成了五种作用光谱。其中，黑视素视觉作用光谱是研究人员和照明从业者使用最广泛的。

（1）视锥细胞敏感度。关于这三种视锥类的感光特性，CIE 已经有了一个全面的出版物（CIE，2006）。在考虑 IIL 响应时，Lucas 等人（2014）和 CIE（2006）发表的视锥敏感函数之间的差异并不显著，因为这些差异并不大于同年龄健康个体之间的自然差异。因此，该标准采用 CIE 公布的视锥灵敏度。可促进 IIL 响应的光感受器位于中央凹外和周围视网膜，与 10°或以上的视野大小有关。在该标准中，对于影响 ipRGC 响应的视锥而言，用 10°观察者代表中央凹外视锥作用函数，其中黄斑色素的影响可忽略不计。

（2）视杆细胞敏感度。CIE 对于暗视觉响应的感光特性有一个标准，该标准完全基于视杆细胞的感光（ISO 23539/CIE S 010）。这就是众所周知的暗视觉流明效率函数 $V'(\lambda)$。由于如前所述的同样原因，在考虑 IIL 响应时，Lucas 等人发表的视杆视觉函数和 CIE 发表的 $V'(\lambda)$ 之间的差异并不显著，因此该标准使用后者。所有视杆细胞都位于中央凹外和周围视网膜，$V'(\lambda)$ 与适用于 IIL 响应的视网膜视场一致。

（3）ipRGC（黑视素视觉）敏感度。与视杆光感受器和视锥光感受器不同，黑视素光感受器没有建立良好的心理物理评估方法来定义其作用光谱。有几条证据表明此处使用的黑视素作用谱是适当的。采用以下步骤来推导该标准中使用的黑视素作用光谱：

1）人类黑视素蛋白的作用光谱可用一种基于视蛋白（维生素 A）的光色素模板描述，峰值约为 480nm。由此产生的光谱与其他几种哺乳动物（包括灵长类动物）黑视素驱动响应的光谱敏感性记录一致。此外，人类在强光照射后持续瞳孔收缩的作用光谱（所谓的后照明瞳孔反应），被归因于灵长类动物的黑视素，与基于模板的黑视素作用光谱一致。

2）ipRGCs 中黑视素光学色素密度的物理自屏蔽是可以忽略的。

3）考虑到周围视网膜的光路，采用前受体过滤来调整。这一调整是基于对 32 岁的参考观察者进行前受体过滤，详见 CIE2015。此外，黄斑色素的影响对黑视素作用光谱是微不足道的［例如，在 $S_{mel}(\lambda)$ 中没有黄斑色素补偿］。

4）步骤 3 中获得的黑视素作用光谱从光谱光子系统调整到光谱（能量基）辐射测量系统。

5）将步骤 4 得到的黑视素作用谱归一化，使得具有给定照度的等能光源（E）对所有五个光感受器产生相同的光谱加权量。

在定义黑视素作用光谱时，另一个潜在的考虑是黑视素可能为一种所谓的双（或三）稳态的光色素。双稳态色素在光照射下形成热稳定状态，它本身是光敏感的，可关闭光子吸收信号。在这种色素中，对一种波长的光的反应可对暴露于第二种波长的光产物非常敏感而受到强烈的影响。因此，理论上，基于暴露在窄带或单色光源的作用光谱的黑视素光谱敏感性估计，不一定能预测对多色刺激的反应。在实践中，对这种可能性的明确测试表明，在活的有机体内，这不是一个重要的需要考虑的问题。

根据这些证据，大家形成了如下共识：人类黑视素作用光谱可近似的用基于视蛋白

（维生素 A）的光色素模板，峰值在 480nm 左右，而有机体内的黑视素光感受器敏感度可采用前受体过滤调整后导出。

此 CIE 标准的方法是提供人眼中央凹外和周围视网膜的所有五种已知感光器的标准作用光谱，与它们对 IIL 响应的贡献有关。

为了确保 CIE 标准之间不会产生矛盾，该标准定义了五个作用光谱用于光谱评估，使用来自现有 CIE 出版物中的视杆细胞和视锥灵敏度函数，同时采用被广泛认可的黑视素敏感度函数。五个作用光谱绘制在图 5-72 中，1nm 间隔的作用光谱数值见前言 QQ 群文件中附录 A6 的表 A6.1。

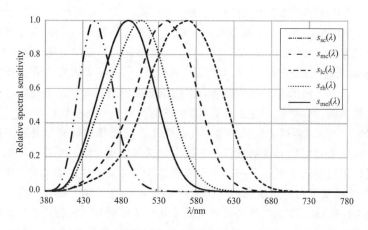

图 5-72　五个作用光谱

随着年龄的增长，人的晶状体变得越来越黄，越来越不透明，在这个老化过程中存在着巨大的个体间差异。这就需要一种可能的方法来解决因年龄而引起的前受体过滤差异的信息。Lucas 等人提供的作用光谱是基于前受体过滤的，针对年龄 32 岁的参考观察者，其与 CIE 1931 年标准色度观测者年龄相当。对于不同年龄的观测者，可进行光谱修正。修正可基于年龄依赖的透射率函数。需要强调的是：这些修正适用于平均值，因为在热带环境中存在相当大的个体差异和晶状体老化加速。做过白内障手术的人在短波长范围内的透光率会增加，因此可能需要专门的光谱修正来进行前受体过滤。

2012 年 9 月，CIE 对 CIE 203：2012 发表了一份勘误表，给出了大视场情形人眼在波长从 300～700nm 的绝对透射率近似函数。这个函数在 780nm 范围内仍然有效。因此，应用该函数可达 780nm，可计算出图 5-73 中的年龄相关数据。需要注意的是，这种方法与 Lucas 等人和 CIE 170-1：2006 中使用的方法略有不同。

由于对 32 岁观察者的绝对透射率已经包含在黑视素视觉作用光谱中，因此，在确定年龄的修正函数时，这个修正也必须与一个 32 岁的参考观察者有关。定义修正函数对 32 岁来说所有波长对应数值均为 1，然后计算光谱修正函数 c（a，λ），即对波长 λ、年龄 a 的透射率 τ（a，λ）与 32 岁的透射率 τ（32，λ）之比值为（在 CIE 203：2012 中对这些透射率函数做了定义）

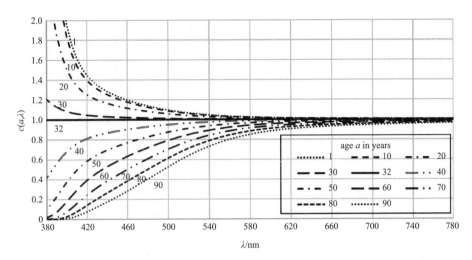

图 5-73 不同年龄的光谱修正函数

$$c(a,\lambda) = \frac{\tau(a,\lambda)}{\tau(32,\lambda)} \qquad (5-35)$$

尽管光谱年龄修正不会用于色度学方面，但它可应用于 ipRGCs 的光输入。视杆细胞和视锥细胞敏感函数的数据中心固有地包括了前受体过滤。当基于年龄的光谱修正用于黑视素视觉作用光谱时，为了保持一致性，在其他 α 视觉作用光谱中也应用同样的年龄修正。

任何一个 α 视觉量值，同样任何一个 α 视觉等效日光（D65）量值，对于确定的年龄 a，均可转化为年龄修正的 α 视觉量值。例如，年龄修正的黑视素视觉等效日光（D65）照度，$E_{v,mel}^{D65}$ 为

$$E_{v,mel}^{D65}(a) = E_{v,mel}^{D65} \cdot k_{mel,\tau}(a) \qquad (5-36)$$

其中

$$k_{mel,\tau}(a) = \frac{\int \Phi_{e,\lambda}(\lambda) c(a,\lambda) S_{mel}(\lambda) d\lambda}{\int \Phi_{e,\lambda}(\lambda) S_{mel}(\lambda) d\lambda} \qquad (5-37)$$

值得指出的是：为了计算年龄修正的黑视素视觉效率透射比 $k_{mel,\tau}(a)$，也可将式（5-37）中的光谱辐射通量 $\Phi_{e,\lambda}(\lambda)$ 换为光谱辐亮度 $L_{e,\lambda}(\lambda)$ 或光谱辐照度 $E_{e,\lambda}(\lambda)$。表 5-7 给出了几种常见发光体和照明光源的黑视素视觉效率与年龄相关的修正因子。

表 5-7　几种常见发光体和照明光源的黑视素视觉效率与年龄相关的修正因子

通用照明体或照明光源	$k_{mel,\tau}$ (25years)	$k_{mel,\tau}$ (32years)	$k_{mel,\tau}$ (50years)	$k_{mel,\tau}$ (75years)	$k_{mel,\tau}$ (90years)
等能光谱	1.052	1.000	0.835	0.589	0.459
CIE 标准照明体 A	1.042	1.000	0.863	0.646	0.523

续表

通用照明体 或照明光源	$k_{\mathrm{mel},\tau}$ (25years)	$k_{\mathrm{mel},\tau}$ (32years)	$k_{\mathrm{mel},\tau}$ (50years)	$k_{\mathrm{mel},\tau}$ (75years)	$k_{\mathrm{mel},\tau}$ (90years)
荧光灯 3000K (CIE 照明体 FL12)	1.045	1.000	0.857	0.641	0.524
荧光灯 4000K (CIE 照明体 FL11)	1.050	1.000	0.842	0.608	0.484
CIE 照明体 D55 (日光 5500K)	1.050	1.000	0.840	0.598	0.468
CIE 标准照明体 D65 (日光 6500K)	1.052	1.000	0.835	0.589	0.457
CIE 照明体 LED-B1	1.043	1.000	0.861	0.643	0.521
CIE 照明体 LED-B2	1.044	1.000	0.857	0.633	0.510
CIE 照明体 LED-B3	1.048	1.000	0.845	0.609	0.482
CIE 照明体 LED-B4	1.052	1.000	0.834	0.588	0.459
CIE 照明体 LED-B5	1.054	1.000	0.829	0.575	0.442
CIE 照明体 LED-BH1	1.042	1.000	0.864	0.653	0.536
CIE 照明体 LED-RGB1	1.036	1.000	0.879	0.679	0.560
CIE 照明体 LED-V1	1.044	1.000	0.861	0.645	0.523
CIE 照明体 LED-V2	1.048	1.000	0.848	0.616	0.488

除了光谱信息，空间变化的结果对 IIL 响应也很重要，因为眼睛视场（FOV，Field of view），特别是在垂直尺度上，随着视线角度和环境亮度的变化可能有很大变化。由于在这些 FOV 变化中，个体之间存在很大差异，因此不可能定义一个固定的 FOV。

与视网膜辐照度或视网膜照度直接相关的标准辐射度量或光度量分别是视场内直接被看到的辐亮度或亮度。对 Gu 氏人眼模型来说，视网膜照度（或辐照度），E_{retina}，与亮度（或辐亮度）L，直接成比例，对直径为 d（单位 cm）的瞳孔来说，有

$$E_{\mathrm{retina}} = \frac{\pi L \tau d^2}{4f^2} \approx (0.27 cm^{-2}) L \tau d^2 \tag{5-38}$$

式中：τ 是眼睛介质的透射率；$f=1.7cm$ 是 Gu 氏人眼模型在空气中的有效焦距。对于成像位于远离周围视网膜的刺激，通过式（5-38）计算的视网膜照度可能需要基于有效瞳孔面积的不同进行额外修正。

由于 α 视觉权重函数包括了前受体过滤，故 α 视觉量值在用式（5-38）计算时就不要再包含透射因子 τ 了

$$E_{\alpha,\mathrm{retina}} = \frac{\pi L_{\alpha} d^2}{4f^2} \approx (0.27 cm^{-2}) L_{\alpha} d^2 \tag{5-39}$$

式中：L_{α} 代表 α 视觉中的辐亮度；$E_{\alpha,\mathrm{retina}}$ 与 α 视觉中的辐照度相关。类似可计算 α 视觉等效日光（D65）中的量值

$$E_{\alpha,\text{retina}}^{D65} = \frac{\pi L_{\alpha}^{D65} d^2}{4 f^2} \approx (0.27 cm^{-2}) L_{\alpha}^{D65} d^2 \tag{5-40}$$

许多光源和场景在表面上的辐射显示出显著的空间变化，在这种情况下，在考虑ⅢL响应时使用单一的辐射测量是不合适的。两种非常不同的辐射分布可产生相同的平均角膜辐照度，但对ⅢL响应可能会有不同的影响。同样重要的是：当辐射在给定的 FOV 上平均化后，式（5-12）到式（5-13）提供了相应图像区域上的视网膜辐照度的空间平均。为了计算局部视网膜辐照度（这在 IIL 响应方面可能更重要），必须使用较小的测量 FOV。

在 CIE S026 的概念框架下，实际中一般常用黑视素视觉相关参数来描述 ipRGCs 的响应程度，而黑视素 IIL 响应的峰值 CIE 标准中为 490nm，本书采用 Lucas 等人的研究（峰值 479nm）成果，考虑最敏感峰在 480nm 附近，但是计算相关参数时按照 CIE 标准计算，实际上差异很小，根据前言 QQ 群文件附录 A6 可知，480nm 响应值为 0.966，非常接近于 1。如果需要用相对光谱计算 CIE S026 中定义的参数，可以采用前言 QQ 群文件附录 C8 所示表格。

三星 LED 作为较早发展节律照明的企业，经过多年实践和与客户交流，认为实际中采用 MEDI 和 M/P Ratio（Melanopic/Photopic Ratio）这两个参数来表征光谱的节律调控能力较好。MEDI 在前文中已有定义，M/P Ratio（MPR）的定义为

$$MPR = \frac{832 \int S(\lambda) S_{\text{mel}}(\lambda) d\lambda}{683 \int S(\lambda) V(\lambda) d\lambda} \tag{5-41}$$

式中：$S(\lambda)$ 是相对光谱，分子可视为与黑视素有关的光通量，可用符号 Φ_{m} 表示，分母即为通常的明视觉光通量 Φ_{v}。MPR 的值越大，越能有效抑制褪黑素的合成，反之，则越不抑制（"促进"，注意此处促进的含义并非真正的促进，而是表达不抑制的能力较强，或者说与通常的光谱相比，某光谱更不抑制褪黑素的合成。目前还没有任何研究结果表明有某种波长的光可真正意义上促进褪黑素的合成）褪黑素的合成。

据此三星 LED 在 6V 1W EMC3030 平台上开发了节律照明产品 LM302N，包括高 MPR 产品 Day 版本和低 MPR 产品 Nite 版本，如图 5-74 所示。

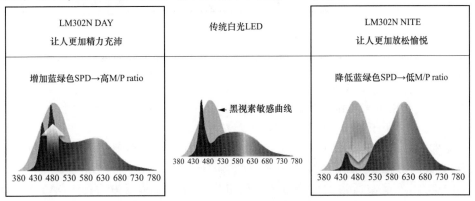

图 5-74　三星 LED 节律照明产品 LM302N

这两款产品在实现节律照明功能分同时，充分考虑了照明产品的基本特性，兼顾了如图 5-75 所示的五个方面，使得产品具有比较均衡的性能。

图 5-75　均衡的五个方面

LM302N 的 DAY 版本采用了两颗峰值波长不同的蓝光芯片，一个 450nm，一颗 480nm，从而提高了 MPR，并且由于 480nm 对蓝光危害的贡献较小，实测结果表明，在 140mA 驱动下，IEC62471 蓝光危害等级仍可达到豁免级别。与传统 LED 相比，其 MPR 数值在不同色温下的情况如图 5-76 所示。

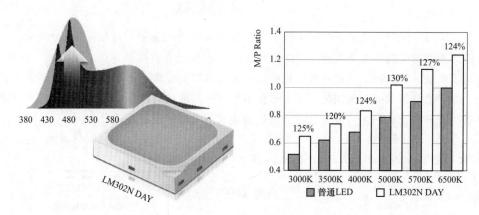

图 5-76　DAY 版本不同色温的 MPR

LM302N 的 NITE 版本采用了窄带绿光荧光粉，尽量抑制 480nm 的激发，从而降低了 MPR，但由于 450nm 芯片的半峰宽有 20～30nm，故蓝光芯片本身对于 480nm 的贡献不能忽略。由于蓝光被较好抑制，故蓝光危害普通 LED 还要小，实测结果表明，在高达 200mA 驱动下，IEC62471 蓝光危害等级仍可达到豁免级别。与传统 LED 相比，其 MPR 数值在不同色温下的情况如图 5-77 所示。

LM302N 在前文所述的五个方面，较市场上类似产品更为均衡，DAY 版本和 NITE 版本的五个方面的表现分别如图 5-78 和图 5-79 所示。

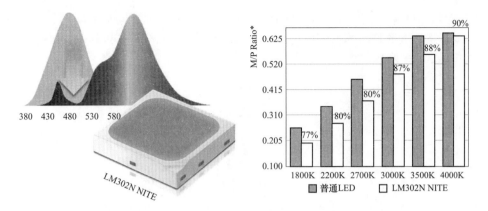

图 5-77　NITE 版本不同色温的 MPR

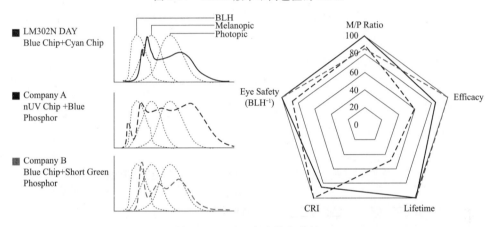

图 5-78　DAY 版本均衡特性

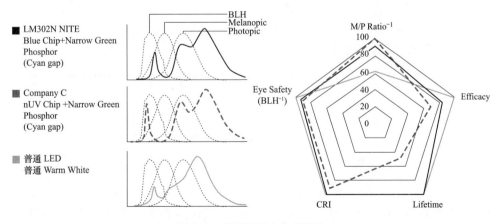

图 5-79　NITE 版本均衡特性

三星 LED 针对 LM302N 的效果开展了临床医学实验，实验的视频如以下链接所示：https：//cdn.samsung.com/led/file/video/2020/Human-centric＋Lighting/Samsung

_ HumaH-centric _ Lighting _ Solutions _ Clinical _ Test _ CN _ lowres. mp4，或参看前言 QQ 群文件附录 D2。实验表明，与普通 LED 照明相比，在 LM302N 照明下，被试者白天褪黑素水平降低 18％，晚上升高 5％。如图 5-80 所示。

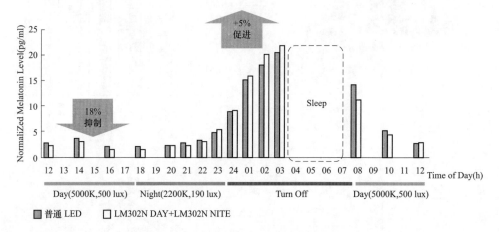

图 5-80 三星 LM302N 临床医学实验结果

此外，实验还表明，采用 LM302N 照明，白天专注度更高，晚上提早进入深睡眠，实验结果如图 5-81 所示。

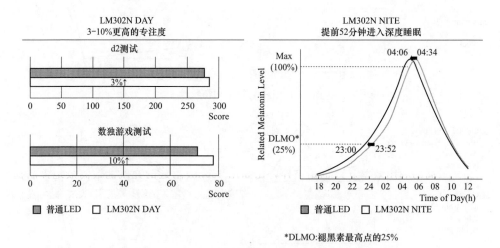

图 5-81 三星 LM302N 白天和晚上的实际作用

如果把 LM302N 的 DAY 版本和 NITE 版本很好地结合起来使用，即可使人白天更快进入警醒状态，提高学习和工作的效率，避免因犯困或疲倦而造成误操作或误决策。晚上则能得到更好的休息和放松。例如在操作危险仪器设备的工厂，或航母、潜艇、战斗机等重要军事装备上，以往都是通过 6500K 以上的色温，实现 3000lx 以上的照度，来使相关环境内的人员更加警醒，但此时如果人员长时间暴露于这种环境当中，眼睛累积的蓝光危害就会比较大。此时如果选用 *MPR* 高的 LED 产品，例如 LM302N，即可用较小的照度（例如 2400lx）实现同样的警醒程度。又如小朋友放学回家写作业，此时如果桌面照度不足（例如低于 500lx），很可能引起视力疲劳，导致近视，甚至影响正常的生理弯曲，造成圆肩驼背等严重生长发育问题。但如果采用普通的 LED 照明，在达到较高照度水平的情况下，有可能因为 *MPR* 较高而抑制褪黑素的合成，从而造成小朋友写完作业后久久不能入睡。尤其是小学生，正处在生长发育关键时期，如果 21：00 前还不能顺利入睡，则会影响生长激素的分泌，造成身体发育迟缓、发育不足等后果。在这种情况下，应采用 *MPR* 较低的 LED 产品，例如 LM302N 的 NITE 版本，此时 500lx 照度的 480nm 含量可能只相当于 400lx 甚至更低普通 LED 形成的照度水平，可在很大程度上促进褪黑素的合成，从而不影响小朋友写完作业后的睡眠状态。再例如 LM302N 的 NITE 可应用到哺乳灯上。哺乳期的母亲晚上起床哺乳，一般要起来 3～4 次，每次加上拍奶嗝的时间大约需要 20～30min，大部分母亲是用普通的小夜灯作为哺乳灯使用的。但如果小夜灯的 *MPR* 比较高，就会抑制母亲和婴儿的褪黑素合成，进而影响哺乳后的睡眠质量。特别需要注意的是：婴儿的松果体尚处于发育阶段，母乳内所含的褪黑素对婴儿来说是很好的外源性补充，新生儿一般需要每天睡眠 16h 以上来促进生长发育，这一阶段褪黑素血液浓度对新生儿的生长发育来说至关重要。因此，如果使用了 *MPR* 较高的哺乳灯，抑制了母亲的褪黑素合成，不仅会降低母亲褪黑素的血液浓度，还会降低褪黑素的母乳浓度，从而影响婴儿的褪黑素血液浓度，可能会造成不良后果。

目前产业界有不少人认为用阳光照明是最好的，作者有不同看法。首先用阳光照明分成两种情况：①加大建筑的自然采光，作者认为这是很好的，既节能又可获得充足的照度，并且光品质也很高，例如显色性指数、色保真度等；②用当前的技术 LED——近紫外芯片加荧光粉的方法模拟阳光，这种方案可能有一些问题。首先人类在几百万年进化中，靠进化逐渐适应阳光，是一种共生关系，而不是相合关系，没有证据显示人已经完全适应了阳光，否则也不用戴墨镜和涂防晒了。当然，用 LED 模拟阳光，一般是只模拟可见光部分，但即便只是可见光部分，也不能说明人类对全部可见光谱都是同等的需要。用植物就可以类比，在植物照明领域，不同的植物一般需要不同的光谱配方，才能达到最高的利用效率。人也是一样，比如用 480nm 附近的光就能最高效地抑制褪黑素，而 555nm 附近又是明视觉利用率最高效的波长。而用 LED 模拟阳光，往往要用近紫外芯片，本身近紫外芯片的电光转换效率就比较低，再激发三基色荧光粉，由于斯托克斯效应又再次浪费很多能量。退一步讲，以目前 LED 近紫外芯片加荧光粉的技术方案，也很难真正模拟阳光。且不说真实的阳光光谱在不同纬度、不同天气条件下的光谱差异很大，并且随时间变化而变化，大气层外的阳光光谱与地面的阳光光谱也不一样，就说 CIE15：2004 里面规定高的标准日光光谱，一般是 5000K 以下用黑体光谱，5000K 以上用重组日光，这部分在 1.2 节计算显色指数时有详细介绍，此处不再赘述。无论是黑体光谱还是重组日光光谱，用目前的近紫外芯片加荧光粉的技术方案都是很难实现的。作者认为将来的多基色 LED 芯片直接发光的白光方案，才能最高效地利用电能，并且通过多通道可调技术，实现光谱的按需调整。目前三星 LED 试图通过 QLED

技术来实现这一点。本节所述的节律照明产品 LM302N，还是利用传统的 LED 技术，静态地实现了光谱按需可调中的某个固定状态，但就是这样一种固定状态（即节律照明需要的状态），也实现了超越日光，至少在 *MPR* 上面的表现超过了日光，需要 *MPR* 比

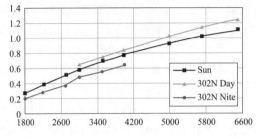

日光高的时候，即可用 LM302N 的 DAY 版本，需要 *MPR* 比日光低的时候，即可用 LM302N 的 NITE 版本，这也从事实上证明，人工光源是能实现比日光更高特定目的的光谱利用效率的。LM302N 与标准日光 *MPR* 的比较，如图 5-82 所示。

图 5-82　三星 LM302N 与标准日光的 *MPR* 比较

三星 LM302N 的 DAY 版本和 NITE 版本的相对光谱数据见前言 QQ 群文件附录 A7。除了采用 *MEDI* 和 *MPR* 来表征节律照明以外，产业界还有两种主要的表征方案，介绍如下：

1）由 IWBI（The International WELL Building Institute，是一家以通过建筑空间室内环境来改善人类健康和福祉为使命的公益性企业）公司提出的等价褪黑照度 *EML*（EquivalentMelanopic Lux）。*EML* 是由 Lucas 团队在 2014 年在 Trends in Neuroscience 上发表的 "Measuring and using light in the melanopsin age." 中提出的，IWBI 引用并推广，计算公式为

$$EML = 72983 \int_{380}^{780} S(\lambda)S_{mel}(\lambda)\mathrm{d}\lambda \tag{5-42}$$

同时提供了相应的计算工具，其界面如图 5-83 所示，感兴趣的读者可自行搜索并下载。

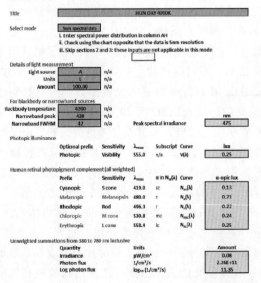
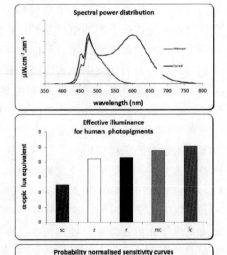

图 5-83　EML 计算工具界面

2) Lighting Research Center 在 2016 年提出的 CS 和 CLA 表征方法。CS：Circadian Stimulus（0.1～0.7），指角膜的光谱加权辐照度的有效性。CLA：Circadian Light，指在角膜处，添加人体节律敏感曲线后的辐照度。除了水平照度 E_h（桌面），更强调垂直照度 E_v（角膜）。UL：Design Guideline 24480，Dec. 2019 中引用此方法，其中 SPD、E_v/E_h、CS 是节律照明设计关键点。其对应的计算工具界面如图 5-84 所示，感兴趣的读者可自行搜索并下载。

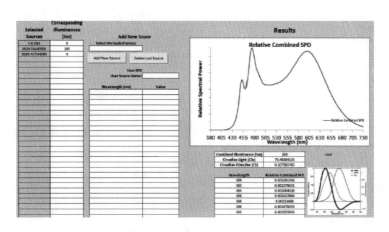

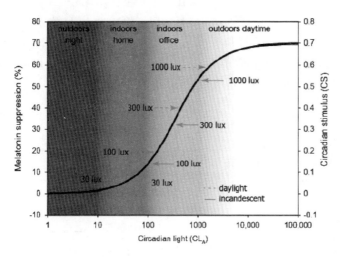

图 5-84 CS/CLA 计算工具界面

计算 EML、CS、CLA，包括前面介绍的 MPR、MEDI、MDER，均可使用三星 LED 提供的一个计算工具，见前言 QQ 群文件附录 C9。目前主流的表征方式还是 MPR 和 MEDI。如果只计算这两个参数，可用 Python 程序 5.2.1 计算，程序 5.2.1 的流程图如图 5-85 所示。

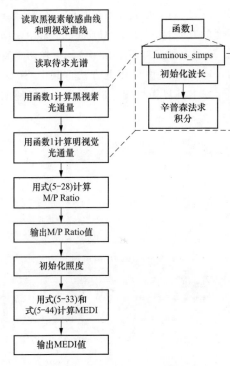

图 5-85　程序 5.2.1 的流程图

5.2.3　节律照明在教室照明中的应用

本节举一个节律照明的应用实例。考虑到当前教室照明热度较高，故本实例以教室照明为例。主要考虑早上用 M/P Ratio 较高的光谱，提高学生的专注度，快速进入学习状态，提高学习效率；下午放学之前（或晚上自习时间）调节为 M/P Ratio 较低的光谱，在保证照度的前提下，又不强烈抑制学生褪黑素的分泌，与生理节律保持一致，不影响学生回家后的休息。

以下基于 IDL8150 具有混合调光性能的降压驱动器来进行实例设计。

5.2.3.1　IDL8150 主要性能介绍

市场上能实现降压驱动的直流控制 IC 选择范围较广，而能满足 80V 耐压输入，具有混合调光性能、高转换效率、集成度高周围元件少的 IC 选择余地就不大了。ILD8150 在混合调光模式下工作，这有助于最大限度地减少 LED 色差和音频噪声。在 12.5%～100% 范围内，它在模拟调光模式下工作，在 PWM 模式下的工作范围为 0.5%～12.5%，具有固定的输出频率 f_{out}。ILD8150 可在所有条件下提供高精度，并在整个调光范围内提供 AC100 或 120Hz 输入闪烁抑制。下面就以 IDL8150 的基本性能做基本介绍。

（1）IDL8150 的主要特点。

1）输入电压范围广泛，为 8～80V。

2）可提供高达 1.5A 的输出电流。

3）高达 2MHz 的开关频率。

4）数字式软启动。

5）PWM 调光输入高达 20kHz。

6）混合输出调光。

7）典型的 ±3% 输出电流精度。

8）极低的 LED 电流温度漂移。

9）欠电压锁定（UVLO）。

10）逐周期电流限制。

11）低自耗的关机模式。

12）PG-DSO-8 封装，带或不带裸露焊盘。

13）过热保护（OTP）。

第 5 章 ● 应用实例

（2）IDL8150 的内部框图如图 5-86、图 5-87 所示，引脚功能见表 5-8。

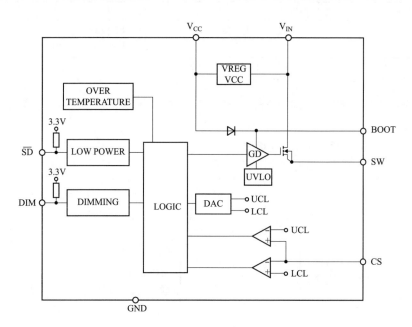

图 5-86　IDL8150 内部框图

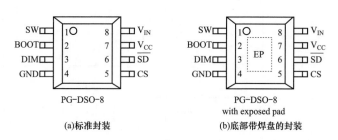

(a)标准封装　　　　　　　(b)底部带焊盘的封装

图 5-87　IDL8150 引脚图

表 5-8 <center>IDL8150 引脚功能</center>

名称	编号	功能
SW	1	内部开关输出
BOOT	2	内部开关驱动器自举，连接到自举电容器
DIM	3	输入 PWM 调光（内部拉起）
GND	4	地
CS	5	电流检测反馈
SD（neg.）	6	关闭端（内部拉起）[1]
V_CC	7	输出内部调节器，连接到旁路电容器

续表

名称	编号	功能
V_{IN}	8	输入电压
EP②		底部焊盘，连接到 GND（内部未连接）

① 要使用关机功能，3.3V 必须在 DIM 引脚外部提供。

② 只有 PG-DSO-8 封装，在 IC 底部有焊盘。

说明：两种封装形式引脚相同，只是图 5-87（b）底部带焊盘，底部焊盘与 IC 内部未连接。

5.2.3.2　IDL8150 电路工作说明

（1）IDL8150 基本工作电路如图 5-88 所示。

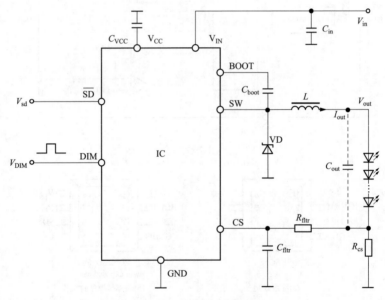

图 5-88　IDL8150 工作原理图

（2）LED 工作电流调节。图 5-88 是 IDL8150 典型的应用电路。电流由 CS 引脚控制，它将 R_{CS} 上的电压降与内部参考电压进行比较。输出电流与 R_{CS} 上的电压降成正比。当 CS 电压降低于 V_{CSL} 时，MOSFET 将导通。R_{CS} 上的电流和电压会随之升高。当 CS 电压达到 V_{CSH} 时，MOSFET 关断且电感器 L 中存储的能量通过二极管 VD 放电。这样，系统可保持恒定的平均输出电流，如图 5-89 所示。

其平均电流由式（5-43）计算

$$I_{\text{LED,AVG}} = \frac{V_{\text{CSH}} + V_{\text{CSL}}}{2R_{\text{CS}}} \tag{5-43}$$

瞬时电流的输出纹波由式（5-44）计算

$$\Delta I_{\text{OUT}} = \frac{V_{\text{CSH}} - V_{\text{CSL}}}{R_{\text{CS}}} \tag{5-44}$$

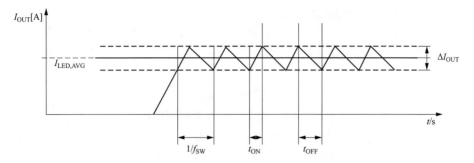

图 5-89 IDL8150 电流调节示意图

（3）电路说明。因为电路工作在连续导通模式（CCM）中运行，故电感电流永远不会降至零，其中

$$t_{ON} = \frac{\Delta I_{OUT} L}{V_{IN} - V_{OUT}}$$ (5-45)

和

$$t_{OFF} = \frac{\Delta I_{OUT} L}{V_{OUT}}$$ (5-46)

输出频率由式（5-47）确定

$$f_{SW} = \frac{R_{CS}}{L(V_{CSH} - V_{CSL}) + R_{CS} V_{IN} t_{delay}} \times \frac{V_{OUT}(V_{IN} - V_{OUT})}{V_{IN}}$$ (5-47)

式中：$R_{CS} V_{IN} t_{delay}$ 是延迟贡献，以及 $t_{delay} \approx t_{CSSW} + R_{fltr} C_{fltr}$。这部分在低频时可忽略不计，但在高频时影响很大。图 5-90 为频率曲线，上面的曲线不包含延迟，下面的曲线包含延迟。

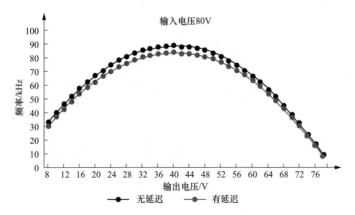

图 5-90 输出电压的典型频率变化特性曲线（$V_{IN} = 80\,V$，$L = 680\mu H$，
$R_{CS} = 0.36\Omega$，$R_{fltr} = 1.5k\Omega$，$C_{fltr} = 180pF$）

R_{fltr} 和 C_{fltr} 是构成 RC 滤波器的电阻和电容，可降低 R_{CS} 的噪声，从而避免不需要的操作。

5.2.3.3 逐周期电流限制

由于 ILD8150 在电流模式下工作，因此不允许以高于设置的电流工作。输出电流是逐周期限制的。因此，即使发生 LED 输出短路，它也能安全工作。如 R_{CS} 短路可能会造成 IC 损坏。

(1) OTP。ILD8150 基于芯片的结温测量集成了 OTP。需要 OTP 来防止 IC 在临界温度下工作。IC 关断时的高阈值是 $T_{OT,OFF}$，IC 导通时的低阈值为 $T_{OT,ON}$。

(2) UVLO。ILD8150 具有迟滞 UVLO 保护功能，可防止在电源电压不足的情况下工作。ILD8150 还具有当最小电源电压低于内部阈值（通常是 $V_{VIN\_UVLO,OFF}$）时能够关断 IC 的 UVLO，并在 $V_{VIN\_UVLO,ON}$ 时，将 IC 从锁定状态释放。

(3) 调光。输入调光信号为 PWM，最小振幅为 V_{DIM}，频率为 f_{DIM_input}。调光电流精度足够高，反馈速度也足够快，任何输入电压变化都不会影响输出电流（无闪烁）。IC 以混合调光模式运行。调光曲线如图 5-91 所示，消除了色差和声频噪声。在 12.5%～100% 范围内，它在模拟调光模式下工作，如图 5-92 所示，PWM 模式下为 0.5%～12.5%，如图 5-93 所示，具有固定的输出频率 f_{out}。

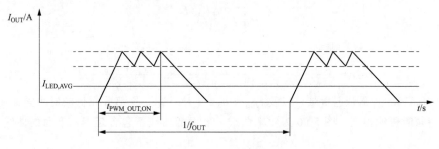

图 5-91　PWM 调光

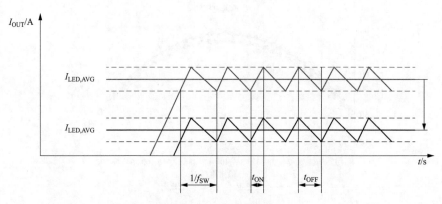

图 5-92　模拟调光

(4) 调暗至关闭。当 PWM 调光输入信号占空比小于 $D_{PWM\_IN,OFF}$ 时以及 PWM 调光输入信号占空比高于 $D_{PWM\_IN,ON}$ 时，ILD8150 关闭输出级，如图 5-94 所示。调暗至关闭迟滞算法有助于避免开/关边界的不稳定状态。

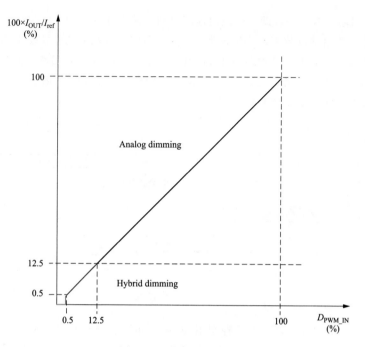

图 5-93　混合调光曲线

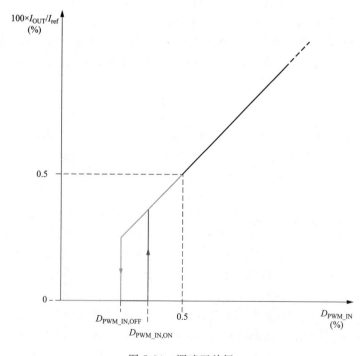

图 5-94　调暗至关闭

（5）软启动。软启动有助于在应用程序启动时减少元件压力。它进一步减少了输入电压的下冲。软启动以数字方式预设为 $t_{SS,100percent}$，定义为在未调光状态下达到全亮的最大时间，在调光状态下，可达到 $10T_{dim}$，其中 $T_{dim}=1/f_{DIM\_input}$，启动时间也可由独立于预置软启动的微控制器进行设置。软启动过程如图 5-95 所示。当前步骤的数量可以根据实际和先前的调光水平而有所不同。

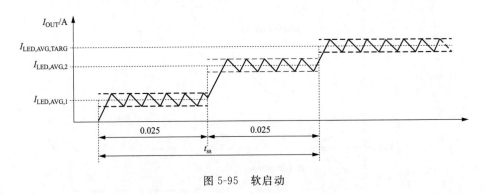

图 5-95　软启动

（6）关断。ILD8150 具有关断控制引脚 SD。如果识别时间超过 t_{SD_IL} 时，引脚上的电压低于低阈值 V_{SD_IL}，则 IC 将进入关断模式，降低自耗电流。如果识别时间超过 t_{SD_HI}，引脚上的电压高于阈值 V_{SD_IH}，则 IC 通过软启动过程恢复正常操作。浮点 SD 由内部 $I_{SD,LPU}$ 电流源上拉。要将其拉下，电流必须大于 $I_{SD,LPU}$。

（7）浮点驱动器和自举电容。高边 MOSFET 栅极驱动器由自举电路供电。当高边 MOSFET 关断且二极管 VD 从 V_{CC} 传导电流时，电容器 C_{BOOT} 充电。C_{BOOT} 的计算方法为

$$C_{BOOT} > \frac{Q_G}{\Delta V_{cboot}} \tag{5-48}$$

式中：Q_G 是内部 MOSFET 栅极电荷；ΔV_{CBOOT} 是自举电容的电压偏差。内部电源电路为自举电容器提供电压 $V_{Cboot} \approx 8.6V$，该电压略高于 V_{CC}。该电路有助于在调暗至关闭和待机状态下维持电压。较高的电压可改善内部 MOSFET 的 R_{ON}。

IC 包含一个内部自举二极管。V_{CC} 和 BOOT 引脚之间可使用外部高速信号或肖特基二极管，其电压稳健性高于 VIN，如图 5-96 所示，这降低了高开关频率下的 IC 功耗。

（8）VIN 引脚 ESD 保护。V_{IN} 引脚由内部 ESD 结构保护。如果 V_{IN} 超过了电压转换速率 V/ns 的绝对最大额定值（这可能发生在高压峰值时），则 ESD 结构会导通并吸收 ESD 应力。如果应用的是 DC-DC LED 驱动器，输入电容极低，ESD 应力持久，则建议使用外部 TVS 二极管，保护 IC。

（9）OVP 由 CS 引脚控制。如果负载断开，输出电压移动到 V_{IN} 级别，可使用外部输出过电压保护（OVP），如图 5-97 所示。当输出电压达到其电平时，TVS 二极管导通电流，CS 引脚上的电压上升到 V_{CSH} 级别，高边 MOSFET 关断，输出电压下降。TVS 二极管具有与技术和温度相关的高电压偏差。应选择 TVS 电压，因为这不会影响操作，

也会将输出电压限制在正确的水平。R_{TVS} 和 R_{PR} 会限制通过 TVS 的电流，降低耗散功率并降低 OVP 模式下的开关频率。

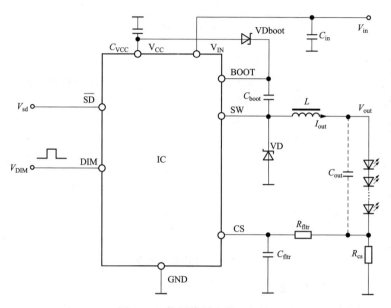

图 5-96　使用外部自举二极管

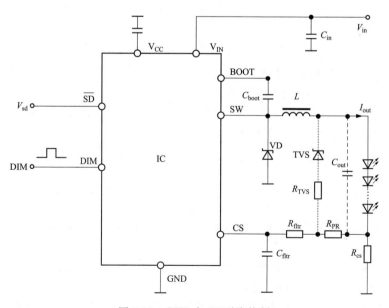

图 5-97　OVP 由 CS 引脚控制

（10）使用微控制器。微控制器可与 ILD8150 一起使用。这样可控制调光，读出输出电压并驱动 IC 进入关断模式。微控制器用例如图 5-98 所示。

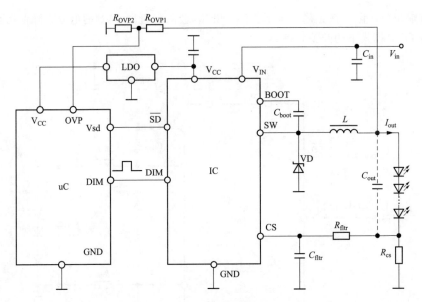

图 5-98   使用微控制器

5.2.3.4   元件选择方法

（1）电流检测（CS）电阻。平均 LED 电流由 CS 电阻 R_{cs} 的值决定。平均 CS 阈值电压为 $V_{CS} = \dfrac{V_{CSH} + V_{CSL}}{2}$，$V_{CS} = 360\text{mV}$。因此，$R_{cs}$ 的正确值通过以下公式算出

$$R_{CS} = \frac{360\text{mV}}{I_{\text{LED,AVG}}} \tag{5-49}$$

还必须考虑电阻上消耗的功率为

$$P_{dis} = R_{CS} I_{\text{LED,AVG}}^2 \tag{5-50}$$

（2）电感器与开关频率的选择。电感器 L 必须在 LED 中保持恒定电流，以便电路以 CCM 工作。电感值 L 与开关频率 f_{sw} 有关

$$L = \frac{R_{CS}(V_{\text{OUT}} - V_{\text{IN}} t_{\text{delay}} f_{sw})}{f_{sw}(V_{CSH} - V_{CSL})} - \frac{R_{CS} V_{\text{OUT}}^2}{V_{\text{IN}} f_{sw}(V_{CSH} - V_{CSL})} \tag{5-51}$$

式中：V_{IN} 为输入电压；V_{OUT} 为输出电压；V_{CSH} 和 V_{CSL} 分别为高低 CS 阈值，$t_{\text{delay}} \approx t_{\text{cssw}} + R_{\text{fltr}} C_{\text{fltr}}$，$t_{\text{cssw}}$ 是内部延迟（小于 120ns）。

应选择 f_{sw}，使其在所有条件下都不会在低于 20kHz 的可听范围内运行。电感越低导致电感器的尺寸越小，但另一方面又会导致开关损耗的增加，从而降低 IC 的耗散和效率。应该找到开关损耗不是很大的最佳频率。所选电感器的饱和电流（I_{sat}）必须高于峰值 LED 电流 $I_{\text{Pk}} = I_{\text{LED,AVG}} + \Delta I_{\text{OUT}}/2$。

由于输出纹波很小，建议使用铁粉磁体。铁芯应为闭合磁性形状或屏蔽，以免影响 IC 的敏感输入，如 CS。

（3）二极管 D 选择。一旦内部 MOSFET 关断，剩余的电感器能量就会通过二极管 VD 放电到输出电容和 LED 负载。通常，肖特基二极管用于减少由二极管正向电压和

反向恢复时间造成的损耗。

选择二极管时要考虑的第一个参数是其最大反向电压 V_{BR}。该额定电压必须高于电路的最大输入电压 V_{IN}、V_{BR} 大于 V_{IN}。

定义二极管的另外两个参数是平均值和 RMS 正向电流 $I_{D,AVG}$ 和 $I_{D,RMS}$

$$I_{D,AVG} = I_{LED,AVG}(1-D) \tag{5-52}$$

$$I_{D,RMS} = I_{LED,AVG} \sqrt{1-D} \sqrt{1 + \frac{1}{12}\left(\frac{\Delta I_{OUT}}{I_{LED,AVG}}\right)^2} \tag{5-53}$$

式中：D 是开关波形的占空比，由以下公式计算得出

$$D = \frac{V_{OUT}}{V_{IN}} \tag{5-54}$$

二极管的选择必须使其各自的额定电流高于这些值。

（4）选择输入电容 C_{IN}。降压调节器的输入电流与通过 MOSFET 的电流相同，即它是脉动的，因此在输入端产生纹波电压。VIN 引脚上的电容通过在开关导通时提供电流来降低纹波电压。通过输入电容 $I_{CIN,RMS}$ 的 RMS 电流是纯交流电，可由平均值和 RMS 输入电流 $I_{IN,AVG}$ 和 $I_{IN,RMS}$ 计算得出

$$I_{CIN,RMS}^2 = I_{IN,RMS}^2 - I_{IN,AVG}^2 \tag{5-55}$$

因此

$$I_{CIN,RMS} = I_{LED,AVG} \sqrt{D\left[1 - D + \frac{1}{12}\left(\frac{\Delta I_{OUT}}{I_{LED,AVG}}\right)^2\right]} \tag{5-56}$$

应使用低 ESR 电容，特别是在高开关频率应用中。对于低 ESR 电容，输入电压纹波可通过以下方式估算

$$\Delta V_{IN} = \frac{I_{LED,AVG}}{f_{SW}C_{IN}}D(1-D) \tag{5-57}$$

$$C_{IN} \geq \frac{I_{LED,AVG}}{f_{SW}\Delta V_{IN}}D(1-D) \tag{5-58}$$

必须选择输入电容，使其能承受计算的 RMS 电流强度并将输入电压纹波降低到可接受的水平。

（5）选择输出电容 C_{OUT}。由于输出纹波电流相对较低，因此在许多应用中不需要与 LED 并联的电容器。由于 LED 的非线性 I-V 特性，无论有无输出电容都很难估计纹波电压。一个普遍接受的模型是通过电压源 V_{FD} 模拟 LED 的 V-I 特性，该电压源用串联电阻 R_D 对 LED 的正向电压进行建模，以模拟差分电阻。这两个参数都需要从 LED 数据手册中确定。通常，对于典型的白色高功率 LED 来说，V_{FD} 为 3V，差阻 R_D 为 0.4Ω（新一代的 LED 都在此参数上有所改进），是非常合理的值。因此，对于 17 个串联 LED，V_{FD} 将变为 51V，总 R_D 为 6.8Ω。无电容的纹波电压近似为

$$\Delta V_{OUT} \approx \Delta I_{OUT}R_D \tag{5-59}$$

因此，有意义的输出电容应具有 f_{SW} 阻抗，这至少比 R_D 低五到十倍

$$C_{OUT} \geq \frac{5}{2\pi f_{SW}R_D} \tag{5-60}$$

集成高边 MOSFET 由栅极驱动器驱动。自举电容 C_{BOOT} 定义为

$$C_{BOOT} > \frac{Q_G}{\Delta V_{Cboot}} \qquad (5\text{-}61)$$

式中：Q_G 是内部 MOSFET 栅极电荷 2.5nC；ΔV_{Cboot} 是自举电容电压纹波。

5.2.3.5 布局考虑因素

优化的 PCB 布局可实现更好的性能、可靠性和更低的成本。PCB 布线时，必须牢记某些布局准则。功率元件包括内部开关、肖特基二极管、输入电容、输出电容和电感器。将输入电容靠近 IC 放置，这样可通过最小化走线长度和使用短而宽的走线来最小化寄生电感。输入电容的端子与 IC 的 VIN 和 GND 端子之间的附加寄生电感会因开关过程而产生高 dV/dt。这可能导致 IC 故障。此外，将电感尽可能靠近 IC 放置，以减少辐射 EMI。

输出电容完成所有功率元件的回路。它是连接系统电源接地端子的最后一个部件。输出电容放置不当通常会导致输出电流调节不良。为确保最佳运行，请注意尽量减小功率电流回路的面积。

小信号控制元件包括与功率转换间接相关的所有模拟和数字元件，如对噪声敏感的 CS 引脚。为了降低功率级到控制电路的噪声耦合，必须使噪声开关走线远离敏感的小信号走线。电感器产生的磁场可能会在 CS 路径上产生噪声，从而导致错误的双脉冲或三脉冲操作。为了避免这种影响，应使用屏蔽电感器，但不要将此电感器放置在敏感的 CS 路径附近。为了使噪声最小化并确保良好的输出电流调节，保持 V_{CS} 路径尽可能短是至关重要的，并且希望将小信号元件的接地返回到"干净"点。小信号元件的布线欠佳可能导致输出电流调节不良。靠近 CS 路径的功率电感器可以影响调节回路。示例布局如图 5-99 所示。

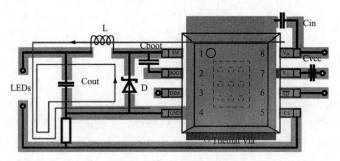

图 5-99 PCB 布局示例

对于噪声较大的电源元件和安静的小信号元件，要分开接地，然后将这两个接地连接在一起，可能是 IC 下方的裸露焊盘，也就是 IC 接地。应在裸露焊盘下方放置一个热通孔栅格，以改善导热性能。上述指南可确保良好的电源布局设计。

5.2.3.6 设计实例主要元件的选择

例如，应设计具有以下规格的 LED 驱动器：

$V_{IN} = 70V$

$I_{\text{LED,AVG}} = 1\text{A}$

$V_{\text{LED}} = 51\text{V}$ （17 个 LED）

（1）确定 R_{CS}。根据式（5-22），$R_{\text{CS}} = \dfrac{0.36\text{V}}{1\text{A}} = 0.36\Omega$

（2）选择开关频率。80～100kHz 可能是开关损耗和电感器尺寸之间的合理选择。这需要通过成品设计的测量进行验证。

（3）电感量与电流计算。根据式（5-24）

$$L = \frac{0.36\Omega[51\text{V} - 70\text{V}(120 + 270) \times 10^{-9}\text{s} \times 10^{5}\text{Hz}]}{10^{5}\text{Hz}(0.39\text{V} - 0.33\text{V})} - \frac{0.36\Omega \times 51\text{V} \times 51\text{V}}{51\text{V} \times 10^{5}\text{Hz}(0.39\text{V} - 0.33\text{V})}$$

$$= 860\mu\text{H}$$

$R_{\text{fltr}} C_{\text{fltr}}$ 假设 270ns（1.5kΩ 和 180pF，根据 $F_{\text{fltr}} \approx 600\text{kHz}$），电感器平均电流为 1A，峰值电流为 $I_{\text{Pk}} = I_{\text{LED,AVG}} + (I_{\text{OUT}}/2) = 1.083 I_{\text{LED,AVG}} = 1.083\text{A}$。电感器的饱和电流 I_{SAT} 必须高于该值。

（4）二极管选择。要计算二极管电流，需要占空比 D，根据式（5-27），$D = \dfrac{51\text{V}}{70\text{V}} = 0.7285$，$1 - D = 1 - 0.7285 = 0.2714$，RMS 二极管电流有

$$I_{\text{D,RMS}} = 1 \times \sqrt{0.2714 \times \left[1 + \frac{1}{12}\left(\frac{0.167}{1}\right)^2\right]} = 0.52(\text{A})$$

二极管平均电流为 $I_{\text{LED,AVG}} = 1 \times 0.2714 = 0.27$（A），对于 LED 数量可变的设计，最高的二极管电流将发生在最低的输出电压。在这种情况下，"1-D" 接近 1，二极管电流接近输出电流。一般来说，只要输出电流低于 1A，建议使用 1A 二极管。二极管的反向阻断电压 V_{BR} 必须高于最大输入电压 V_{IN}。在该示例中，100V 二极管就足够了。

（5）C_{IN} 电容选择。根据式（5-31），有

$$C_{\text{IN}} \geq \frac{1}{80 \times 10^{3} \times 0.01 \times 70} \times 0.7285 \times 0.2714 = 3.6(\mu\text{F})$$

决定选择 $4.7\mu\text{F}$

$$I_{\text{CIN,RMS}} = 1 \times \sqrt{0.7285 \times \left[1 - 0.7285 + \frac{1}{12} \times \left(\frac{0.167}{1}\right)^2\right]}$$

$$I_{\text{CIN,RMS}} = 0.73(\text{A})$$

在这种情况下，建议使用 4.7uF MLCC 电容器，其额定电压为 100V，RMS 电流强度大于 0.73A.

（6）C_{OUT} 电容选择。根据第 5.2.3.4 节的分析，对于典型的白光高功率 LED 来说，V_{FD} 为 3V，差阻 R_{D} 约为 0.4Ω，是非常合理的值。因此，对于 17 个串联 LED，将变成 V_{FD} 为 51V，总 $R_{\text{D}} = 0.4 \times 17 = 6.8$（Ω）。根据式（5-33）$C_{\text{OUT}}$ 的值可以估算为

$$C_{\text{OUT}} \geq \frac{5}{2\pi \times 80\text{kHz} \times 6.8} = 1.46(\mu\text{F})$$

对于较低的输出电压纹波，可使用更大的输出电容。因为即使对于低纹波要求，该电容器的值也相对较低，因此从成本、寿命和 ESR 方面来看，MLCC 电容器是最佳选

择。可以看到，开关频率非常高，所以输出电容可能不会只用 10nF 来改善 EMI。本案选择 $4.7\mu F/100V$ 瓷片电容。

（7）自举电容 C_{BOOT} 选择。根据式（5-34），自举电容 C_{BOOT} 为

$$C_{\text{BOOT}} > \frac{2.5 \times 10^{-9}}{1\text{V}} = 2.5(\text{nF})$$

（偏差电压假定为 1V，选择为 $0.22\mu F25V$MLCC）。

（8）V_{CC} 电容 C_{VCC} 选择。选用 100nF 25V MLCC 电容，将其放置在引脚 7 附近。

5.2.3.7　应用电路

以下提供有关可用参考设计的更多信息。电路板可将输出电流范围配置为 $250\sim 1500\text{mA}$，通过跳线 X9A、B 和 C 进行电流调节，如图 5-100 所示。应用案例的工作电压为 70V。TVS 管 VD2 是否与输出连接，可激活开路负载保护，防止输出过电压达到 60V。PCB 图如图 5-101 所示。

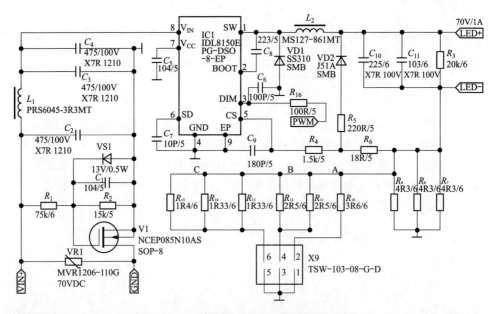

图 5-100　基于 IDL8150 高性能降压驱动器

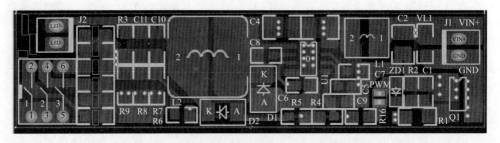

图 5-101　基于 IDL8150 组成的 LED 降压驱动器

本电路由以下几个部分组成：

1) VR1 为压敏电阻，防止在输入直流电源中存在高的冲击电压。

2) R_1、R_2、C_1、VS1、V1 组成输入电压防反接电路。由图 5-100 可见，V1 为 N-MOSFET 管，其栅极驱动电压由电阻 R_1，R_2 分压获得，将输入电压分压在大约 12V 左右，以获得 VS1 的最佳驱动性能；VS1 为稳压管，防止 V1 栅极电压超过 13V 而损坏栅极端，C_1 为 V1 栅极滤波电容。

3) 电容 C_2、C_3、C_4 与电感 L_1 组成 Ⅱ 形滤波电路。

4) IC1、VD1、L_2、C_{10} 等组成基本的降压电路，给负载提供能源。

5) VD2、R_5 组成过电压保护电路，如输出电压超过设定电压，使 VD2 导通，通过电阻 R_5 将信号加至 IC1 的 CS 端，进入过电流保护状态。

6) 电阻 R_7、R_8、R_9 为基本的恒流取样电阻。

7) 电阻 R_{10}～R_{15} 与 X9 拨码开关组成恒流电流选择电路。分为 A、B、C 三路恒流电阻选择，对应拨码开关的不同挡位实现恒流电流的调节功能。表 5-9 为跳线位置与 LED 电流关系表。

表 5-9 跳线位置与 LED 电流

跳线 X9A	跳线 X9B	跳线 X9C	输出电流/mA
—	—	—	250mA（±3%）
V	—	—	350mA（±3%）
—	V	—	600mA（±3%）
V	V	—	700mA（±3%）
—	—	V	1050mA（±3%）
V	—	V	1150mA（±3%）
—	V	V	1400mA（±3%）
V	V	V	1500mA（±3%）

注："—"表示跳线断开，"V"表示跳线连接。

5.2.3.8 实际案例的测量结果（见表 5-10）

表 5-10 典型的测量条件

V_{IN}	R_{CS}	电感	LED 负载
70V	0.36Ω	860μH	17PCS

图 5-102 显示了实际的工作波形。实际测量的 LED 电流为 1A。开关频率为 85kHz，内部 DMOS 晶体管的占空比为 74%。

(1) LED 电流与电源电压。尽管电源电压发生变化，ILD8150 仍能提供高输出电流精度。图 5-103 显示了在 52～70V 范围内的输出电流与电源电压。在整个电源范围内，输出 LED 电流偏差仅为 1%。

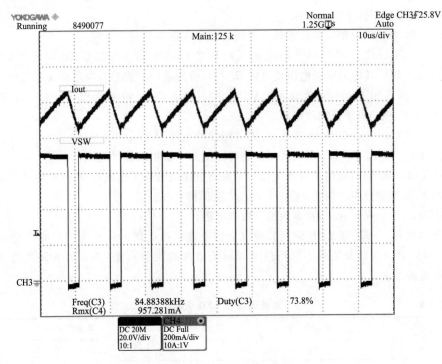

图 5-102　正常工作波形

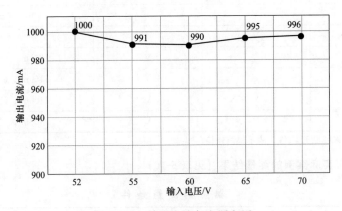

图 5-103　输出电流与电源电压

（2）调光。调光参数见表 5-11，输出电流与占空比的关系如图 5-104 所示。

表 5-11　　　　　　　　　　　　　　调 光 参 数

V_{IN}	$I_{LED,AVG}$	输入 PWM 频率	LED
70V	700mA	1kHz	17 个

（3）软启动。软启动过程有两个步骤。图 5-105 显示的数字软启动过程包含前面描述的步骤。

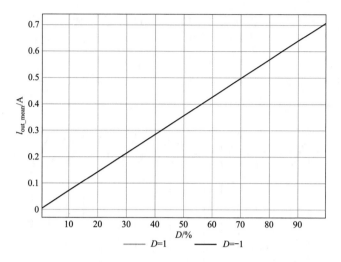

图 5-104 输出电流与占空比

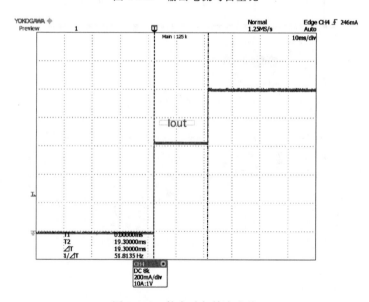

图 5-105 软启动与输出电流

（4）逐周期电流限制。图 5-106 显示了短路条件下的波形，其中 IC 逐周期限制输出电流。

（5）转换效率。对于 17 个 LED，输入范围为 52～70V 的效率，测量结果如图 5-107所示。使用不同的电感器测量效率 860、150μH 和 100μH。它反映了最大的开关频率对应为 86、360kHz 和 520kHz。从曲线的特征可看出，由于开关频率相对较低，当输入和输出电压差相当低时，所以在较大的电感范围内效率相当高。在固定输出电压接近输出电压且输入电压偏差/纹波较小的应用中，可使用小电感器。在输出电压范围和输入电压纹波范围较大（如 100Hz 或 120Hz）和 10％的纹波（这在初级层级是正常的）应用中，开关损耗会产生额外的功耗。在这种情况下，应增加电感或限制输出电流。

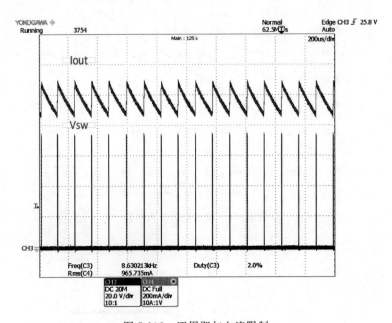

图 5-106　逐周期与电流限制

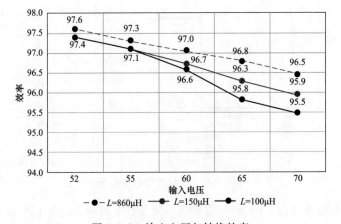

图 5-107　输入电压与转换效率

（6）热量分布。演示板达到的最高温度为 73.8℃，如图 5-108 所示。使用输入 70V 和 17 个 LED 进行测试。

（7）输出电流纹波。图 5-109 显示了电容器为 10nF 和 4.7μF 的输出电流波形。可看出，将 4.7μF 电容器与 LED 并联放置可将输出纹波电流从 21.6％降低至 5.6％。

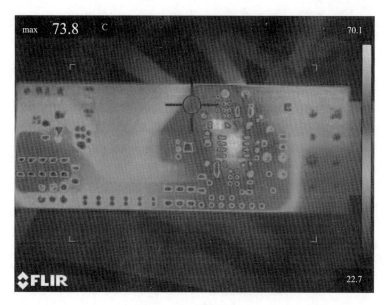

图 5-108　热量分布图

　　某些应用（如机器视觉）不允许使用 PWM 调光。在这种情况下，建议使用输出电解电容器来滤除输出 PWM。图 5-110 显示输出电流波形，输入电压为 70V，17 个 LED 或 51V，调光水平为 6.25％，输出电容 $100\mu F$。电解电容器将输出纹波降低到 12.5％ 的峰—峰值。

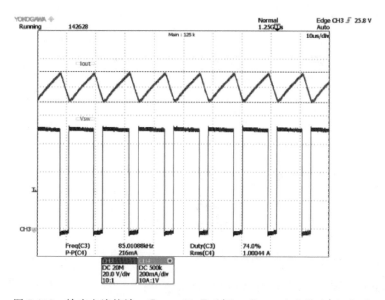

图 5-109　输出电流纹波，$C_{OUT} = 10nF$（左），$C_{OUT} = 4.7uF$（右）（一）

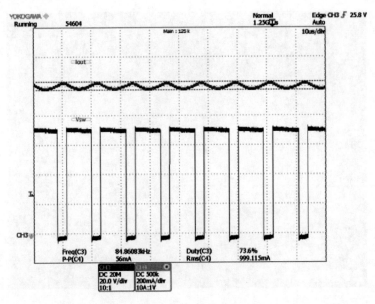

图 5-109　输出电流纹波，$C_{OUT}=10nF$（左），$C_{OUT}=4.7uF$（右）（二）

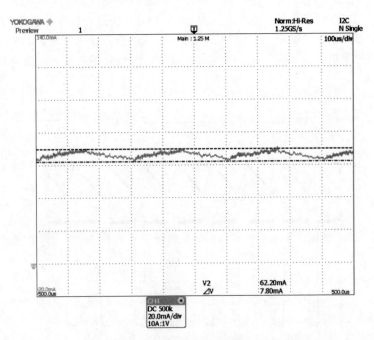

图 5-110　输出电流波形为 6.25% 调光水平，电解输出为 $100\mu F$

（8）BOM。表 5-12 是图 5-100 所示电路的 BOM。

（9）实物图。图 5-111 是本实例的灯具实物图。

表 5-12   BOM

序号	元件标号	描述	参数	供应商
1	R_1	贴片电阻	47KΩ-1206-±5％	丰华，国巨，威世
2	R_2	贴片电阻	15KΩ-0805-±5％	丰华，国巨，威世
3	R_3	贴片电阻	20KΩ-1206-±5％	丰华，国巨，威世
4	R_4	贴片电阻	1.5KΩ-0805-±5％	丰华，国巨，威世
5	R_5	贴片电阻	220Ω-0805-±5％	丰华，国巨，威世
6	R_6	贴片电阻	18Ω-0805-±5％	丰华，国巨，威世
7	$R_7 \sim R_9$	贴片电阻	4.3Ω-1206-±1％	丰华，国巨，威世
8	R_{10}	贴片电阻	3.6Ω-1206-±1％	丰华，国巨，威世
9	R_{11}、R_{12}	贴片电阻	2.5Ω-1206-±1％	丰华，国巨，威世
10	R_{13}、R_{14}	贴片电阻	1.33Ω-1206-±1％	丰华，国巨，威世
11	R_{15}	贴片电阻	1.4Ω-1206-±1％	丰华，国巨，威世
12	R_{16}	贴片电阻	100Ω-0805-±5％	丰华，国巨，威世
13	C_1、C5	贴片电容	0.1uF-25V-0805-X7R	丰华，国巨，威世
14	$C_2 \sim C_4$	贴片电容	4.7uF-100V-1210-X7R	丰华，国巨，威世
15	C_6	贴片电容	100pF-25V-0805-X7R	丰华，国巨，威世
16	C_7	贴片电容	10pF-50V-0805-X7R	丰华，国巨，威世
17	C_8	贴片电容	0.022uF-100V-0805-X7R	丰华，国巨，威世
18	C_9	贴片电容	180pF-25V-0805-X7R	丰华，国巨，威世
19	C_{10}	贴片电容	2.2uF-100V-1210-X7R	丰华，国巨，威世
20	C_{11}	贴片电容	0.01F-100V-1206-X7R	丰华，国巨，威世
21	VD1	贴片肖特基二极管	SS310-3A-100V-SMB	强茂，台半，安森美
22	VD2	贴片 TVS 管	J51A-600W-SMB	强茂，台半，安森美
23	VS1	贴片稳压管	13V-0.5W-SOD-123FL	强茂，台半，安森美
24	V1	贴片 MOS 管	NCEP085N10AS-SOP8	新洁能
25	IC1	贴片 IC	IDL8150E-PS-DSO-8-EP	英飞凌
26	RV1	贴片压敏电阻	MVR1206-820G	CQS
27	L_1	贴片电感	PRS6045-3R3MT	丰华
28	L_2	贴片电感	MS127-680MT	丰华
29	X9	2.54mm 三位拨码开关	DS-03，插件三位拨码开关	XKB
30	PCB	FR-4 双面印制电路板	FR-4-74 * 17.5 * 1.0mm-1OZ	—

（10）LED 器件选用和排布。本实例由于计划用在教室照明中，故选用 4000K 色温作为基础色温。考虑到早上及午后希望学生快速进入警醒状态从而高效学习，灯具中的一路 LED 器件选择前文介绍的 LM302N 产品的日间款；中午休息时间以及下午放学前，希望学生从警醒状态逐渐过渡到休息状态，故灯具中的一路 LED 器件选择前文介绍的 LM302N 产品的夜间款。灯具使用两片灯珠板，每片灯珠板有日间款 98 颗、夜间款 98 颗，串并方式均为 7 串 14 并，灯珠排布图如图 5-112 所示，其中细节放大图如图 5-113 所示。

其中 CW 代表日间款 4000K 的 LM302N，WW 代表夜间款 4000K 的 LM302N。两颗灯珠距离较近是考虑到实际光谱过渡时的平滑性要求，需要存在一定的中间状态，此时需要混光均匀。

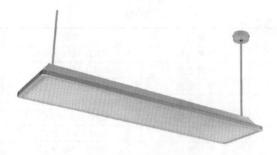

图 5-111　灯具实物图

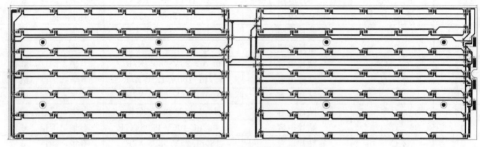

图 5-112　灯珠排布图

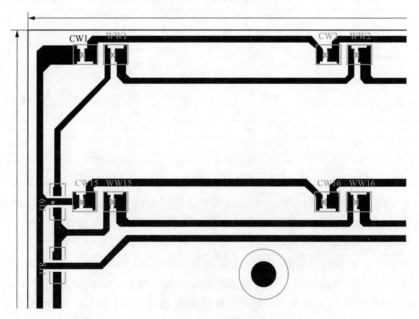

图 5-113　细节放大图

　　(11) HCL 产品实例的光谱实测数据。图 5-114～图 5-116 为本实例的光谱实测数据，分别为日间款全开、日间款和夜间款各开 50％、夜间款全开。可明显观察到光谱的变化，但是色坐标的变化并不大，所以学生基本感觉不到灯具在调光谱。

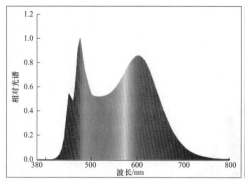
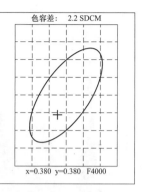

颜色参数:

色品坐标:x=0.3775　　y=0.3743/u'=0.2241　　v'=0.5001
相关色温:T_c=4065K　主波长:λ_d=579.0nm　色纯度:Pur=25.6%　质心波长:567.0nm
色比:R=21.3%　　G=72.4%　B=6.2%　峰值波长:λ_p=475.0nm　半宽度:$\Delta\lambda_p$=186.7nm
显色指数:R_a=83.6
R_1=94　　R_2=92　　R_3=80　　R_4=79　　R_5=91　　R_6=87　　R_7=77
R_8=69　　R_9=43　　R_{10}=83　　R_{11}=82　　R_{12}=74　　R_{13}=98　　R_{14}=89　　R_{15}=87
光度参数:

光通量:4756.3 lm　辐射通量:15.431 W　光效:141.0 lm/W
分级:　白光分类:OUT
电参数:

灯具电参数:U=221.6V　I=0A　P=0W　PF=0
灯电参数:　U=48.00V　I=0.7030A　P=33.74W　PF=1.000
仪器状态:

扫描范围:380.0~800.0nm　　扫描间隔:5.0nm [0]　主通道峰值:I_p=24041(G=3,D=61)
参考通道:REF=30549(R=3)　最大波动:%=−0.016%　倍增管:25.7℃　测试装置:24.8℃

图 5-114　日间款全开光谱数据

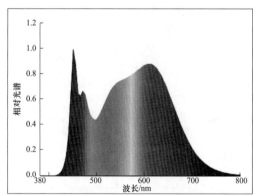
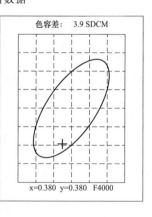

颜色参数:

色品坐标:x=0.3774　　y=0.3706/u'=0.2256　　v'=0.4984
相关色温:T_c=4038K　主波长:λ_d=580.2nm　色纯度:Pur=24.4%　质心波长:575.0nm
色比:R=21.2%　　G=74.4%　B=4.4%　峰值波长:λ_p=450.0nm　半宽度:$\Delta\lambda_p$=41.3nm
显色指数:R_a=92.1
R_1=93　　R_2=98　　R_3=98　　R_4=89　　R_5=91　　R_6=94　　R_7=91
R_8=83　　R_9=61　　R_{10}=92　　R_{11}=88　　R_{12}=72　　R_{13}=95　　R_{14}=99　　R_{15}=91
光度参数:

光通量:4372.2 lm　辐射通量:14.670 W　光效:132.8 lm/W
分级:　　白光分类:OUT
电参数:

灯电参数:U=48.00V　I=0.6860A　P=32.93W　PF=1.000
仪器状态:

扫描范围:380.0~800.0nm　　扫描间隔:5.0nm [0]　主通道峰值:I_p=15840(G=3,D=61)
参考通道:REF=28164(R=3)　最大波动:%=−0.025%　倍增管:26.1℃　测试装置:26.5℃

图 5-115　日间款和夜间款各开 50%

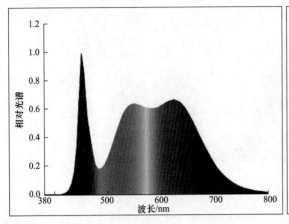
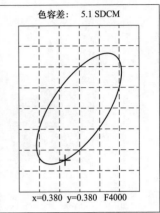

颜色参数:

色品坐标:x=0.3763 y=0.3676/u'=0 .2261 v'=0.4969
相关色温:T_c=4046K   主波长:λ_d=580.9nm   色纯度:Pur=23.3%   质心波长:579.0nm
色比:R=20.9% G=75.9% B=3.1%   峰值波长:λ_p=450.0nm   半宽度:$\Delta\lambda_p$=20.0nm

显色指数:R_a=89.4

R_1=92 R_2=91 R_3=85 R_4=90 R_5=89 R_6=84 R_7=94
R_8=91 R_9=73 R_{10}=74 R_{11}=87 R_{12}=57 R_{13}=91 R_{14}=91 R_{15}=93

光度参数:

光通量:4525.0 1m   辐射通量:15.532 W   光效:131.5 lm/W
分级: 白光分类:OUT

电参数:

灯具电参数:U=221.6V I=0A P=0W PF=0
灯电参数: U=48.00V I=0.7170A P=34.42W PF=1.000

仪器状态:
扫描范围:380 .0~800. 0nm   扫描间隔:5.0nm [0]   主通道峰值:I_p=20923(G=3,D=60)
参考通道:REF=29194(R=3)   最大波动:%=−0.031%   倍增管: 25.6℃   测试装置:24.7℃

图 5-116   夜间款全开

参　考　文　献

［1］ 杨恒，林太峰，康玉柱. LED 调光技术及应用［M］. 北京：中国电力出版社，2016.

［2］ 雷仁湛，屈炜，缪洁. 追光——光学的昨天和今天［M］. 上海：上海交通大学出版社，2013.

［3］ ZiQuan Guo，TienMo Shih，YiJun Lu，Studies of Scotopic/Photopic Ratios for Color-Tunable White Light-Emitting Diodes［J］. IEEE Photonics Journal，2013.

［4］ 沈海平，冯华君，潘建根. LED 光谱数学模型及其应用［M］. 26 届中国照明学会学术年会，2005.

［5］ 金伟其，胡威捷，辐射度光度与色度及其测量［M］. 北京：北京理工大学出版社，2011.

［6］ 郝允祥，陈遐举，张保洲. 光度学［M］. 北京：中国计量出版社，2010.

［7］ 王永昌，黄丽清. 近代物理学［M］. 北京：高等教育出版社，2006.

［8］ "10000 个科学难题"数学编委会. 10000 个科学难题 数学卷［M］. 北京：科学出版社，2009.

［9］ 康玉柱. 忽略反射面与观察点的距离对导出参数的潜在影响［J］. 光源与照明，2013.

［10］ 岩井弥. 空間の明るさ感を考慮したオフィスの視環境構築に関する研究（その2）［J］. 建築学会学術講演梗概集，2009.

［11］ Yoshiki Nakamura，Sueko Kanaya，Saeko Furuta. NEW LIGHTING DESIGN METHOD FOR ACHIEVING ELECTIRC POWER SAVING［C］. 4th Lighting Conference of China，Japan and Korea，2011.

［12］ 中村芳树. 图像变换装置和图像变换程序［J］. CN200680054253.0，东京工业大学，2006.

［13］ 康玉柱. 色容差标准比较及应用［J］，中国照明电器，2018.

［14］ 刘木清. LED，一个更光明的事业［J］，照明工程学报，2014.

［15］ 郭伟玲. 半导体照明技术与应用［J］，照明工程学报，2017.

［16］ 罗亮亮，樊嘉杰，经周. LED 白光芯片的光色一致性及光谱优化设计方法研究［J］，照明工程学报，2018.

［17］ 刘军林，莫春兰，张建立. 五基色 LED 照明光源技术进展［J］. 照明工程学报，2017.

［18］ DavidL. MacAdam. Visual sensitivities to color differences in daylight［J］. Journal of the Optical Society of America，1942.

［19］ Günter Wyszecki，Walter Stanley Stiles. Color Science：Concepts and Methods，Quantitative Data and Formula（2nd edition）［M］，Wiley-Interscience，2000.

［20］ DavidL. MacAdam. Specification of small chromaticity differences［J］. Journal of the Optical Society of America，1943.

［21］ 童敏，邵嘉平. 照明用 LED 芯片与封装器件发展概述［J］. 照明工程学报，2017.

［22］ 康玉柱. 健康照明应该限制色温吗［C］. 2018 年中国照明论坛——半导体照明创新应用暨智慧照明发展论坛论文集，2018.

［23］ 谭力，刘玉玲，余飞鸿．光源显色指数的计算方法研究［J］．光学仪器，2004．

［24］ Michael Royer，Aurelien David，Lorne Whitehead. A Technical Discussion of IES TM-30-15. 2015.

［25］ Yoshi Ohno. Practical Use and Calculation of CCT and Duv. 2013.

［26］ Wendy Davis，Yoshi Ohno, The Color Quality Scale. 2010.

［27］ 康玉柱．调光调色基本原理［J］．光源与照明，2019．

［28］ David T. Sandwell，Biharmonic splines interpolation of GEOS-3 and SEASAT altimeter data，Geophysical Research Letters，1987．

［29］ 许丰．格林样条插值算法及其应用［J］．地球物理学进展，2013．

［30］ Paul Wessel，A general-purposeGreen's function-basedinterpolator，Computers&Geosciences，2009．

［31］ 康玉柱．SUNGWOO CHOI, JEONGEUN YUN，人因照明——照明评价新维度．中国LED照明论坛论文集，2018．

［32］ 周太明，宋贤杰，周伟．LED—21世纪照明新光源［J］．照明工程学报，2001．

［33］ 刘行仁，薛胜薛，黄德森．白光LED现状和问题［J］．光源与照明，2003．

［34］ 王锦高．白光LED光效新进展介绍．第十二届中国科学技术协会年会（第二卷），2010．

［35］ 刘行仁．白光LED固态照明光转换荧光体［J］．发光学报，2007．

［36］ 刘木清．照明技术的发展趋势［J］．照明工程学报，2015．

［37］ E. Fred Schubert，Light-Emitting Diodes，Cambridge Press，2006．

［38］ 郭睿倩，阮军．光源原理与设计．上海：复旦大学出版社，2017．

［39］ Naok Watanabe，Tsunenobu Kimoto，Jun Suda，The temperature dependence of the refractive indices of GaN and AlN from room temperature up to 515℃［J］．Journal of Applied Physics，2008．

［40］ 郭伟玲，钱可元，王军喜．LED器件与工艺技术［M］．北京：电子工业出版社，2015．

［41］ 陆大成，段树坤．金属有机化合物气相外延基础及应用［J］．北京：科学出版社，2009．

［42］ 中国信息与电子工程科技发展战略研究中心．集成电路芯片制造工艺专题［M］．北京：科学出版社，2019．

［43］ 韦亚一．超大规模集成电路先进光刻理论与应用［M］．北京：科学出版社，2016．

［44］ Michael Quirk, Julian Serda. 半导体制造技术［M］．北京：电子工业出版社，2009．

［45］ 杜中一，杨天鹏，郑志远．半导体芯片制造技术［M］．北京：电子工业出版社，2012．

［46］ 金显炅，郑宁俊，金容天．倒装芯片氮化物半导体发光二极管［P］．发明专利200410059855.8，2004．

［47］ 孙刘杰，陆春生，康玉柱．一种基于MJT技术的倒装RCLED［P］．实用新型CN208111471U，2018．

［48］ 谭巧．LED封装与检测技术［M］．北京：电子工业出版社，2012．

［49］ 吴传兴，朱素爱．LED封装工艺与设备技术［M］．北京：科学出版社，2015．

［50］ 方志烈．半导体照明技术［M］．北京：电子工业出版社，2018．

［51］ 恩云飞，谢少锋，何小琦．可靠性物理［M］．北京：电子工业出版社，2015．

［52］ 蒋同敏．可靠性与寿命试验［M］．北京：国防工业出版社，2012．

［53］ 赵宇．可靠性数据分析［M］．北京：国防工业出版社，2010．

［54］ 曹晋华，程侃．可靠性数学引论［M］．北京：高等教育出版社，2012．

［55］ 庄东辰，茆诗松．退化数据统计分析［M］．北京：中国统计出版社，2013．

［56］ 王浩伟．加速退化数据建模与统计分析方法及工程应用［M］．北京：科学出版社，2019．

［57］ 张志华．加速寿命试验及其统计分析［M］．北京：北京工业大学出版社，2002．

［58］ 陈循，张春华，汪亚顺．加速寿命试验技术与应用［M］．北京：国防工业出版社，2013．

［59］ 丁其伯．高加速寿命试验与高加速应力筛选［M］．北京：航空工业出版社，2012．

［60］ 赵瑛，刘志民，周晖．松果体及褪黑素［M］．上海：上海科学文献出版社，2004．

［61］ Zheng Jiang，Wendy W. S. Yue，Lujing Chen. Cyclic-Nucleotide and HCN-Channel-Media-ted Phototransduction in Intrinsically Photosensitive Retinal Ganglion Cells［J］．Cell，2018．

［62］ Bailes，Lucas，Human melanopsin forms a pigment maximally sensitive to blue light（λmax≈479nm）supporting activation of Gq/11 and Gi/o signalling cascades. Proc. Biol. Sci. 2013．

［63］ Enezi，Lucas. A "melanopic" spectral efficiency function predicts the sensitivity of melanop-sin photoreceptors to polychromatic lights. J. Biol. Rhythms. 2011．

［64］ Lucas，Peirson，Measuring and using light in the melanopsin age，Trends. Neurosci. 2014．

［65］ Lucas，Allen，Form vision from melanopsin in humans［J］．Nature，2019．

［66］ Qi Yao，Lintao Zhang，Qi Dai. Chromaticity-based real-time assessment of melanopic and lu-minous efficiency of smartphone displays［J］．Optics Express，2020．

［67］ 康玉柱．合理设计温室补光的 PPFD［C］．2019 年中国照明论坛——半导体照明创新应用暨智慧照明发展论坛论文集，2019．

［68］ 沈允钢．地球上最重要的化学反应——光合作用［M］．北京：清华大学出版社，2000．

［69］ 沈允钢．沈允钢学术文选［M］．北京：科学出版社，2010．

［70］ 程建峰．光合作用研究述评——沈允钢院士论光合作用［M］．上海：上海科学技术出版社，2014．

［71］ 匡廷云．光合作用原初光能转化过程的原理与调控［M］．南京：江苏科学技术出版社，2003．

［72］ 匡廷云．作物光能利用效率与调控［M］．济南：山东科学技术出版社，2004．

［73］ 许大全．光合作用学［M］．北京：科学出版社，2013．

［74］ 刘文科，杨其长．设施园艺半导体照明［M］．北京：中国农业科学技术出版社，2016．

［75］ 古在丰树，藤原和弘．都市农业中的 LED 照明［M］．北京：机械工业出版社，2018．

［76］ Dodillet H-J：Der Maximalwert des phyto-photometrischen Strahlungsäquivalentes Licht-technik 13. Jahrgang，1961．

［77］ McCree KJ. The action spectrum，absorptance and quantum yield of photosynthesis in crop plants Agric. Meteorol. 1972．

［78］ 刘飞虎，杨明．工业大麻的基础与应用［M］．北京：科学出版社，2015．

［79］ 张树权．工业大麻 100 问［M］．北京：中国农业科学技术出版社，2019．